微电子与集成电路先进技术丛书

集成电路设计中的电源管理技术

陈科宏（Ke－Horng Chen） 著

陈铖颖 张宏怡 戴 澜 王兴华 译

机械工业出版社

本书主要针对低压和高压电源管理电路设计进行了详细讨论。本书力求简化电路模型的数学分析，重点研究电源管理电路的功能和实现。本书中包含了大量电路示意图，以帮助读者理解电源管理电路的基本原理和工作方式。在具体内容方面，本书分章介绍了低压和高压器件、低压差线性稳压器设计、电压模式和电流模式开关电源稳压器、基于纹波的控制技术、单电感多输出转换器、基于开关的电池充电器以及能量收集系统等方面的内容。

本书内容翔实、实例丰富，可作为高等院校电子科学与技术、电子信息工程、微电子、集成电路工程等专业高年级本科生和硕士研究生的课程教材，亦可作为从事集成电路、系统级设计，以及电源管理芯片设计和应用的工程技术人员的参考书籍。

北京市版权局著作权合同登记　图字：01-2018-0801 号。

图书在版编目（CIP）数据

集成电路设计中的电源管理技术/陈科宏著;陈铖颖等译. —北京：机械工业出版社，2020.4（2025.1 重印）
（微电子与集成电路先进技术丛书）
书名原文：Power Management Techniques for Integrated Circuit Design
ISBN 978-7-111-65223-6

Ⅰ.①集…　Ⅱ.①陈…　②陈…　Ⅲ.①集成电路-电源电路-电路设计
Ⅳ.①TN86

中国版本图书馆 CIP 数据核字（2020）第 054988 号

机械工业出版社（北京市百万庄大街 22 号　邮政编码 100037）
策划编辑：江婧婧　责任编辑：江婧婧
责任校对：刘志文　封面设计：鞠　杨
责任印制：张　博
北京建宏印刷有限公司印刷
2025 年 1 月第 1 版第 6 次印刷
169mm×239mm · 31 印张 · 638 千字
标准书号：ISBN 978-7-111-65223-6
定价：159.00 元

电话服务	网络服务
客服电话：010-88361066	机　工　官　网：www.cmpbook.com
010-88379833	机　工　官　博：weibo.com/cmp1952
010-68326294	金　　书　　网：www.golden-book.com
封底无防伪标均为盗版	机工教育服务网：www.cmpedu.com

译 者 序

进入21世纪以来，随着片上系统（SoC）在物联网、人工智能、工业控制等领域中的广泛应用，片上供电电路设计成为了工程师们面临的严峻挑战，但也为电源管理芯片带来了巨大商机。先进工艺的发展和进步，推动着电源管理芯片技术开始向着高效性、集成性、稳定性、安全性方向持续发展。因此，本书作者以集成电路中的电源管理技术为核心，深入讨论了低压差线性稳压器，开关电源稳压器，单电感多输出转换器的设计、补偿、控制技术，并辅以仿真实例进行分析，加深读者的理解。之后对新型的基于开关的电池充电器和能量收集系统进行了简要介绍。

本书的翻译工作由厦门理工学院微电子学院陈铖颖老师组织，厦门理工学院微电子学院张宏怡教授、北方工业大学电子信息工程学院戴澜副教授、北京理工大学信息与电子学院王兴华老师参与翻译。其中陈铖颖老师完成了第1～5章的翻译工作；戴澜老师翻译了第6章；张宏怡老师负责第7章的翻译；第8章由王兴华老师翻译完成。

本书的出版受到福建省本科高校一般教育教学改革研究项目（FBJG20180270）、国家自然科学基金项目（61704143）、福建省自然科学基金面上项目（2018J01566）、厦门理工学院教材建设基金资助项目的资助。

本书虽然经过译者仔细审校，但由于水平所限，且书中涉及知识和内容广泛，仍会存在不当或欠妥之处，望读者批评指正。

陈铖颖

2019年3月

原书前言

在过去的30年中，随着便携式以及可穿戴式电子设备进入千家万户，电源管理技术的重要性日益增强。如果电池寿命和电源转换效率能够大幅度提高，理解电源管理电路的设计细节，诸如低压差线性（LDO）稳压器、开关电源稳压器、开关电容设计等则是十分重要的。虽然我们可以在很多讲述模拟电路或者电力电子的书籍中找到相关电路，但读者很难获得完整的电源管理电路设计的细节。所以，我研究了近年来与电源管理设计相关的资料，并撰写了本书。

电源管理集成电路设计中包含了低压器件和高压器件。本书的主要特点就是详细介绍了低压和高压电源管理电路的设计。此外，本书的目的之一是使读者在设计之初就理解工艺发展的趋势和应用需求。本书的数学分析较为简单，因为从我的观点来看，读者理解电源管理电路的功能更重要。在此基础上，读者可以分析整个电源系统，并推导出复杂的数学结果。所以，在本书中我采用了许多容易理解的示意图，来使读者明白为什么要进行电源管理，而电源管理又是如何实现的。虽然读者在其他书籍中也可以通过公式推导来进行理解，但如果他们通过灵感而不是公式来设计并实现他们的构思，我想这会有意思得多。因为数字技术和模拟技术的结合可以有效提升片上系统中电源管理电路的性能，所以本书还介绍了数字和模拟设计技术。

我在台湾交通大学和台湾的工业界教授过本书中的许多内容。在传输给读者之前，这些内容的顺序、格式以及内容都经过了仔细的推敲。比较遗憾的是，很多内容并没有包含在本书中。然而，我鼓励读者能够将本书的设计思想应用于类似的电源管理设计中。在书中我还给出了一些设计指导，使读者能够明晰每个设计的目标。

为了方便读者对本书内容进行学习，第1章首先介绍了不同工艺节点下低压和高压器件的知识和结构。

第2章对不同电源管理电路中的低压差线性（LDO）稳压器电路设计进行了描述。本章重点介绍了补偿技术，使读者能够理解如何在输入、输出以及负载发生干扰的情况下，保证电源的稳定性。最后对低压应用的数字线性稳压器进行了分析。

第3章重点讨论了电压模式和电流模式开关电源稳压器的设计理论。同时也介绍了用于满足基本脉冲宽度调制开关电源稳压器的补偿技术。

在第4章中，首先讨论了在一些需要快速瞬态响应、低功耗、微小尺寸应用中的基于纹波的控制技术。需要注意的是，为了改善动态电压/频率缩小技术和参考源追踪技术，快速的瞬态响应是开关电源稳压器的一种发展趋势。

第5章展示了一些用于提高基本设计的基于纹波的控制技术。即使在寄生参数效应恶化的情况下，本章中介绍的技术仍可以大幅度提高电路性能。读者可以通过本书中的电路进行练习，在硅层面实现有用的电源管理电路。

第6章介绍了片上系统中的单电感多输出转换器技术，该技术可以用于减小电源模块的面积。本章包括了电源级设计和控制器设计。读者只要利用第2~5章介绍的设计技术，就可以得到电源管理设计方面的锻炼。

第7章展示了基于开关的电池充电器设计，该电路可以完成片上系统中的所有电源管理功能。通过介绍行为级仿真器的基本稳定性，可以使读者明白如何对整个电池充电器系统进行建模和扩充。

第8章讨论了能量收集技术，使读者理解从周围环境中收集能量的可能性。此外，本章还讨论了如何转换能量和提高转换效率。

致　谢

本书的出版得益于我指导的硕士生和博士生的最新研究成果。同时在该研究领域和产业界的许多专家也为本书提供了很多有用的资料。他们是 Shen - Yu Peng（台湾交通大学），Meng - Wei Chien（瑞昱半导体公司），Ying - Wei Chou（联发科技股份有限公司）。在这里我要向他们表示感谢。

此外，我也要感谢 Yu - Huei Lee（立锜科技股份有限公司），Yi - Ping Su（联咏科技股份有限公司），Wei - Chung Chen（联发科技股份有限公司），Te - Fu Yang（群联电子股份有限公司）和 Tzu - Chi Huang（联发科技股份有限公司）对本书的贡献。

同时，我的爱人 Hsin - Hua 也为本书做了很多贡献。她鼓励我用一些经过硅验证的电路来完成本书的写作，并收集了包括仿真、实验结果在内的大量有用资料。

本书的出版还要感谢 John Wiley 出版公司的工作人员。特别要感谢 James Murphy、Preethi Belkese、Maggie Zhang、Gunalan Lakshmipathy、Revathy Kaliyamoorthy 和 Clarissa Lim。正是由于大家的努力，才使得本书得以顺利出版。

作者简介

陈科宏，分别于1994年、1996年、2003年获得台湾大学电子工程学士、硕士及博士学位。1996~1998年，他任职于台北飞利浦公司，作为兼职集成电路设计工程师。1998~2000年，他在Avanti公司担任应用工程师。2000~2003年，他作为ACARD公司的项目经理，主要从事电源管理芯片的设计工作。目前，他是台湾交通大学电子控制工程学院的院长，以及电子和计算机工程研究室的教授，并创建了混合信号及电源管理集成电路实验室。他拥有多项专利，在各类期刊上发表超过200篇论文。他目前的研究领域包括电源管理、混合信号集成电路设计，以及液晶电视显示算法和驱动电路设计。

陈博士是IEEE Transactions on Power Electronics、IEEE Transactions on Circuits and Systems – Part II：Express Briefs、IEEE Transactions on Circuits and Systems – Part I的副主编。他于2013年加入《Analog Integrated Circuits and Signal Processing》期刊的编委会。同时，他也是IEEE Circuit and System（CAS）VLSI System and Applications以及IEEE CAS Power and Energy Circuit and Systems的技术委员会成员，并担任Information Display（SID）and International Display Manufacturing Conference（IDMC）Technical Program子委员会成员。他还是IEEE Asia Pacific Conference on Circuits and Systems（APCCAS）2012联席主席，IEEE International Conference on Power Electronics and Drive System（PEDS）2013中Integrated Power Electronics分会主席，同时也是IEEE International Future Energy Electronics Conference（IFEEC）2013技术委员会的联席主席。自从2015年以来，他成为CAS中国台北分会主席。自2014年起，他开始成为Europe Solid – State Circuit Conference（ESSCIRC）技术委员会的成员。

目 录

第1章　引　　言

1.1　摩尔定律

在过去的几十年里，正如摩尔定律所预测的那样，在集成电路（IC）中，每平方英寸（in^2）[⊖]晶体管的数量每18个月增长一倍，而且这种趋势保持着很好的延续性。然而，当晶体管尺寸缩小到28nm时，会出现技术性能上的限制。这时就需要使用一些性能增强技术［例如双应力薄膜（Dual Stress Liner，DSL）技术，应变硅技术和应力记忆技术（Stress Memorization Technique，SMT）］来保持晶体管的性能。因此近年来，半导体行业未能保持摩尔定律预测的趋势。如图1.1所示，晶体管尺寸缩小的速度已经放缓。

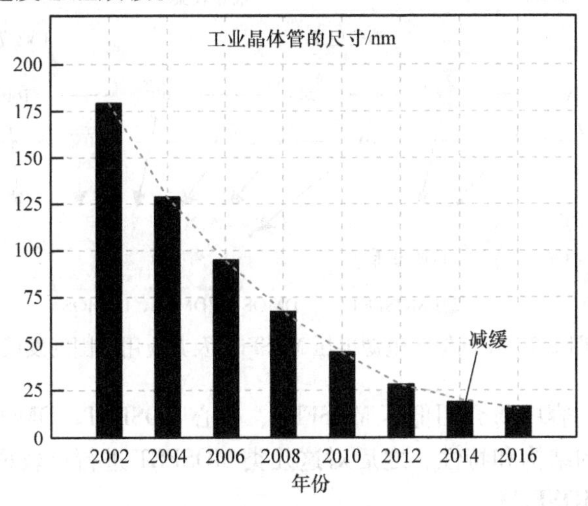

图1.1　晶体管尺寸缩小的速度变缓

1.2　工艺发展的影响：0.5μm～28nm的电源管理芯片

1.2.1　MOSFET结构

金属氧化物半导体场效应晶体管（Metal－Oxide－Semiconductor Field－Effect

⊖ $1in^2=6.4516\times10^{-4}m^2$，后同。

Transistor，MOSFET）的电压应力问题在驱动器和功率 MOSFET 方面需要慎重考虑。MOSFET 的发展及其应用是基于不同的输入电源电压（见图 1.2）。在先进工艺（即 40nm、28nm 和 22nm）中，具有小的硅面积尺寸和高速特性的核心 MOSFET 被用于低电压设计中。此外，常规低压 MOSFET 也适用于正常工艺中的低电源电压条件，例如 22nm、0.18μm、0.25μm 和 0.5μm。尽管如此，低压 MOSFET 的漏极到源极电压 V_{DS} 不能承受高电压和冲击，并且会在输入电源电压升高时导致 MOSFET 击穿。因此，双扩散金属氧化物半导体（Double – diffused Metal – Oxide – Semiconductor，DMOS），纵向双扩散金属氧化物半导体（Vertical Double – diffused Metal – Oxide – Semiconductor，VDMOS）和横向扩散金属氧化物半导体（Laterally Diffused Metal – Oxide – Semiconductor，LDMOS）设计为可以承受较大的 V_{DS}。然而，这种 MOSFET 的栅极 – 源极电压 V_{GS} 仍旧不能承受高电压，这也会导致 MOSFET 损坏。而高压金属氧化物半导体（High – Voltage Metal – Oxide – Semiconductor，HVMOS）解决了这方面问题，因为它的结构可以承受较高的 V_{DS} 和 V_{GS}。

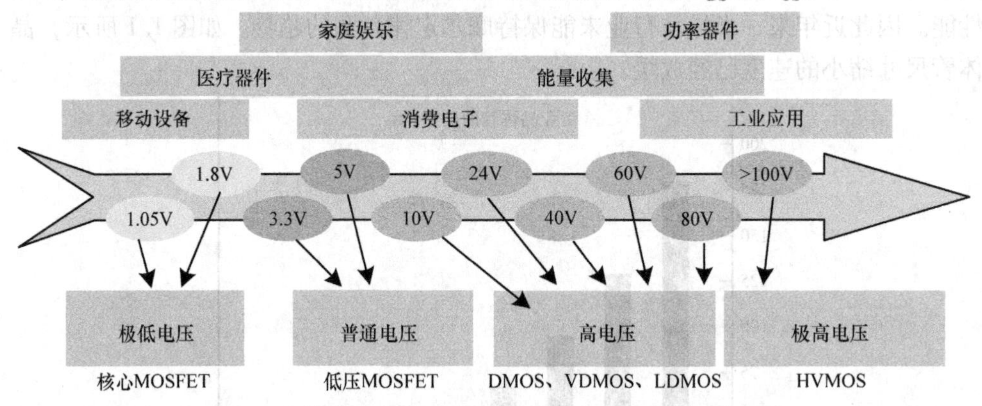

图 1.2　不同输入电源电压 MOSFET 及其应用范围的发展

在接下来的内容中将介绍低压 MOSFET、核心 MOSFET、DMOS、VDMOS、LDMOS 和 HVMOS 的结构和特性，之后对这几类 MOSFET 进行比较说明。

1.2.1.1　低压 MOSFET

典型的 N 沟道低压 MOSFET 结构如图 1.3 所示。与 LDMOS 和 HVMOS 相比，低压 MOSFET 的结构简单，且具有硅面积小，有效沟道（L_{eff}）长的优点。其中有效沟道长度定义为 N 沟道低压 MOSFET 中 P 阱和栅极的接触区域。此外，薄栅氧化层设计可以实现 MOSFET 的高速开断特性。然而，这种薄栅氧化层不能承受较高的 V_{GS}。而且，因为漏极的漂移区太小而不能承受较高的 V_{DS}，所以 V_{DS} 也只能工作于低压条件下。

1.2.1.2　核心 MOSFET

近年来，片上系统（System – on – Chip，SoC）集成技术得到了大幅度提升。一个具有小硅面积尺寸的核心 MOSFET 既减小了硅的面积，又提高了 SoC 的运行

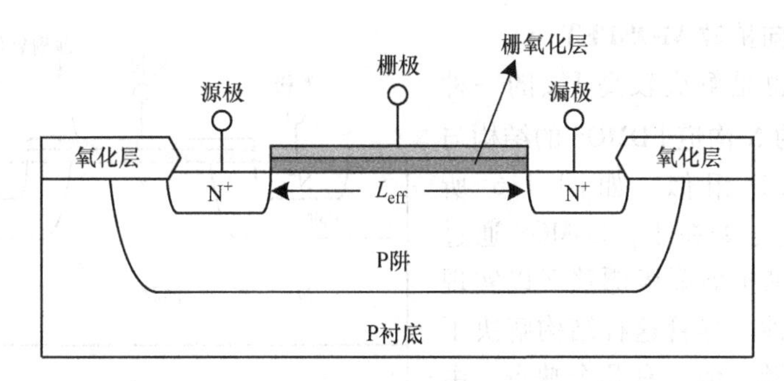

图 1.3　典型的 N 沟道低压 MOSFET 结构

速度[1,2]。此外，电源电压值发展为 1.8V、1.05V 或更低，有效地降低了系统的功耗。因此，核心 MOSFET 不能再承受常规电源电压（如 3.3V 或 5V）进行供电。这是因为核心 MOSFET 的氧化层比低电压 MOSFET 更薄。常规的电源电压会损坏这些较薄的氧化层。

1.2.1.3　双扩散型 MOSFET

图 1.4 展示了 DMOS 结构[3,4]。有效的沟道长度是由 P 型扩散区域和栅氧化层产生的。此外，在这种结构中 N 衬底具有很轻的掺杂。轻掺杂提供了足够的空间来扩展 P 型扩散区域和 N^+ 漏极接触区域之间的耗尽区域。因此，漏源之间的击穿电压增大。由于它的薄栅氧化层，这种结构可以承受较高的 V_{DS}，但不能承受较高的 V_{GS}。

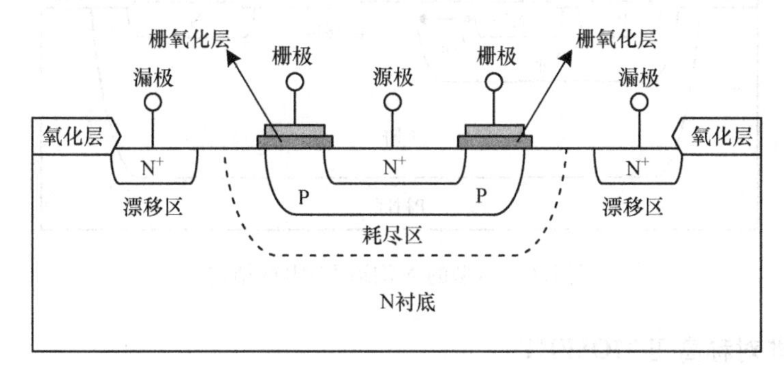

图 1.4　DMOS 结构

1.2.1.4　纵向双扩散型 MOSFET

VDMOS 结构结合了垂直电源结构和横向双扩散的概念（见图 1.5）[5]。漏极电压由 N 型层垂直支撑。此外，电流从源极横向流过平行于硅表面的沟道，然后以直角转向，垂直向下流过 N^- 型漏极层到达 N 衬底和漏极接触。如果施加足够高的栅极电压，就能形成有效的沟道，并且 N 层的额外漂移区可以容许较高电压的 V_{DS}。但是，薄栅氧化层不能承受较高的 V_{GS}。

1.2.1.5　横向扩散 MOSFET

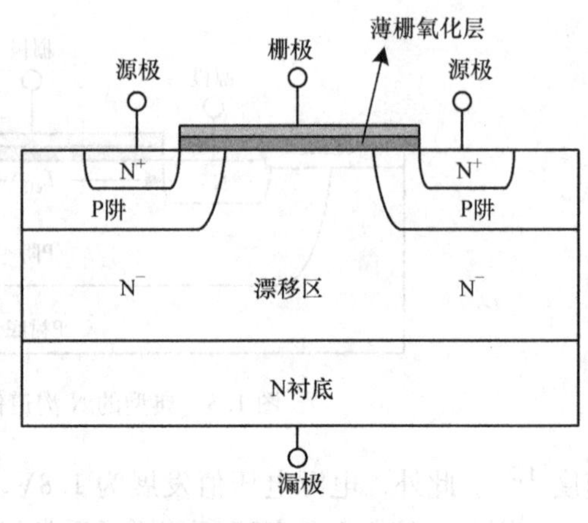

图 1.5　VDMOS 结构

LDMOS 也是解决较高 V_{DS} 的一种方案。典型的 N 沟道 LDMOS 的结构与低压 MOSFET 相似，如图 1.6 所示[6,7]。不同之处在于，LDMOS 通过添加 N 阱层来扩展漏极漂移区以实现 V_{DS}高压耐受性。尽管这种结构解决了 V_{DS}的高压问题，但它有几个缺点。由于宽漂移区域的漂移扩展，需要在栅极下方由 P 阱定义有效沟道长度。因此，该结构引起显著的栅极 - 漏极重叠区域并延伸硅面积，这与成本成正比。而且，LDMOS 在漏极和源极区域中是不对称的，因为扩展漂移区域和重叠区域仅设计在漏极侧。然而，LDMOS 栅极氧化层的厚度与低压 MOSFET 相似，也不能承受较高的 V_{GS}。

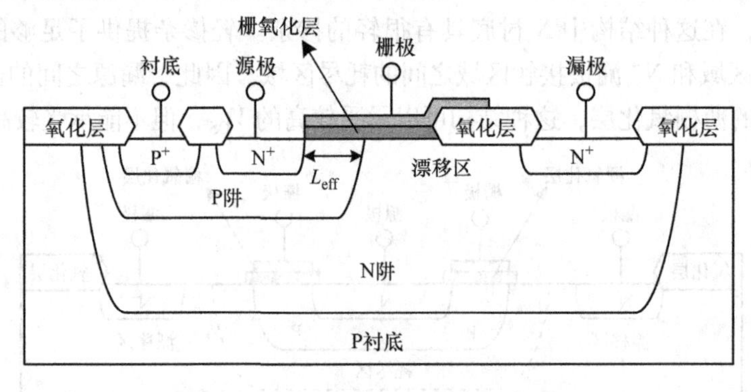

图 1.6　典型的 N 沟道 LDMOS 结构

1.2.1.6　非对称高压 MOSFET

非对称 HVMOS 由高压工艺制备，主要用于解决较高 V_{DS}和 V_{GS}的问题。N 沟道非对称 HVMOS 的结构如图 1.7 所示[8, 9]。类似地，一个额外的 N 阱用于延伸漏极的漂移区域，从而获得较高的 V_{DS}。因此，在 HVMOS 结构之中，出现了缩短的有效沟道长度和从栅极到漏极的重叠区。此外，为了能够使晶体管承受更高的 V_{GS}，非对称 HVMOS 的栅氧化层的厚度也变大了。然而，更厚的栅氧化层降低了非对称 HVMOS 的开关速度，导致了更长的系统延时。而且，非对称 HVMOS 的硅面积要比低压 MOSFET、DMOS 和 LDMOS 更大，这是因为其具有更大的漏极漂移区和更厚的栅氧化层。这个非对称 HVMOS 的漏极和源极也是非对称的，因为只有漏极有扩大的漂移区。因此，非对称 HVMOS 有许多缺点，这些缺点降低了系统效率并且

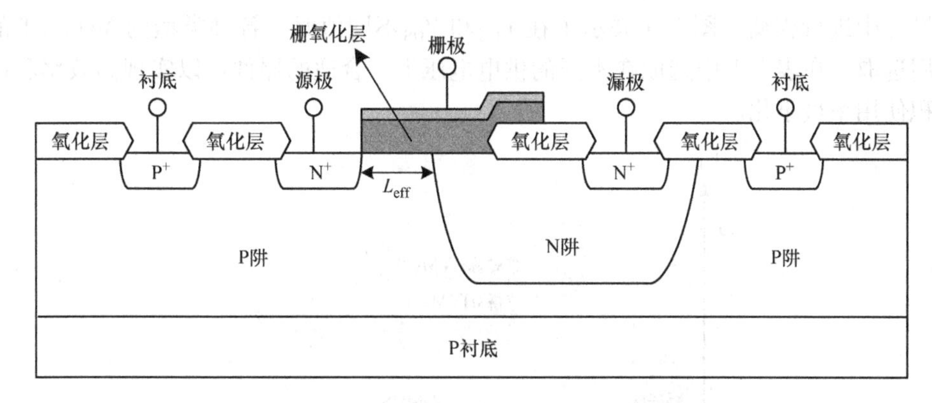

图 1.7　N 沟道非对称的 HVMOS 结构

提高了成本。然而，当系统处于较高 V_{DS} 和较高 V_{GS} 状态时，非对称 HVMOS 是必需的，前述缺点也不能避免。很遗憾，非对称 HVMOS 不能用于级联结构设计中，因为非对称 HVMOS 不能工作在较高 V_{SB} 状态中。

1.2.1.7　对称高电压 MOSFET

在对称高电压 MOSFET（HVMOS）结构中，与图 1.7 所示的漏极相比，源极并不会有一个为了漂移区而存在的额外的 N 阱。换言之，源极到基底的区域不能承受高电压。因此，对称 HVMOS 结构首要选择是能够扩大对于较高 V_{SB} 的容限并克服这个难题，如图 1.8 所示。这种结构的不同之处在于，对称 HVMOS 的源极使用了漏极的设计方法以解决 V_{SB} 的高电压问题。源极和漏极都有一个额外的 N 阱使之能在较高 V_{DS} 和 V_{SB} 下工作。此外，为了能够工作在较高 V_{DS} 下，对称 HVMOS 的栅氧化层厚度与非对称 HVMOS 厚度一致。尽管对称 HVMOS 可以工作在较高 V_{GS}、V_{DS} 和 V_{SB} 下，然而它的结构需要使用大量的硅面积，这极大地增加了成本。

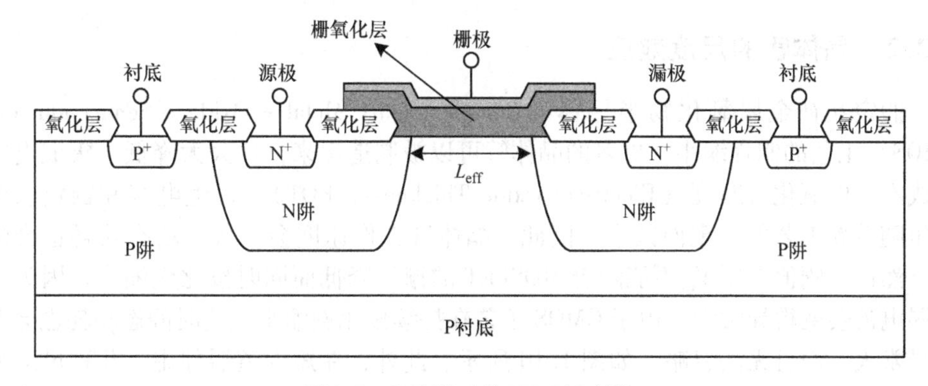

图 1.8　N 沟道对称 HVMOS 结构

1.2.1.8　几种 MOSFET 的比较

低压 MOSFET、核心 MOSFET、DMOS、LDMOS 和 HVMOS 的优点和缺点需要

在设计中进行权衡。图 1.9 展示了在 V_{GS}和 V_{DS}不同值时，各种类型的 MOSFET 的使用选取。在表 1.1 中选取在不同的供电电压下，合适的器件可以实现高效率和硅面积使用率最小化。

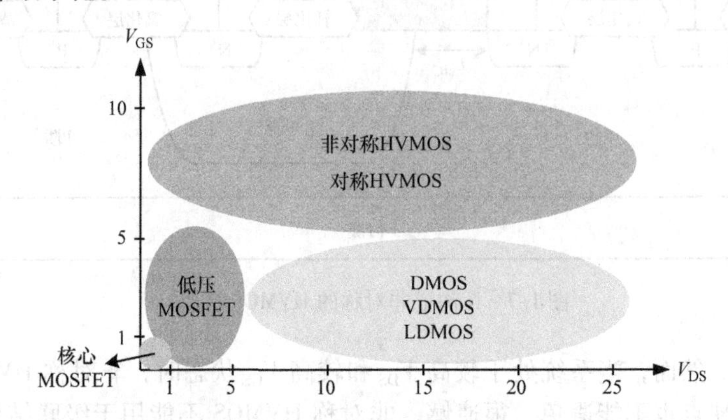

图 1.9　在 V_{GS}和 V_{DS}不同值时，不同类型 MOSFET 的比较

表 1.1　不同类型 MOSFET 的比较

	硅片面积	较高 V_{DS}	较高 V_{GS}	较高 V_{SB}
低压 MOSFET	小	损坏	损坏	损坏
DMOS	中等	安全	损坏	损坏
纵向 DMOS	中等	安全	损坏	损坏
横向 DMOS	中等	安全	损坏	损坏
非对称 HVMOS	大	安全	安全	损坏
对称 HVMOS	大	安全	安全	安全

1.2.2　晶体管的尺度效应

假定互补金属氧化物半导体（Complementary Metal - Oxide - Semiconductor，CMOS）工艺的制程缩小，更多的晶体管可以被制造出来，这大大降低了集成电路的成本。电氧化层厚度（Electrical Oxide Thickness，EOT）、寄生电容和额定供电电压随着新工艺的出现而减小。因此，晶体管工作速度会变快，动态功耗也会降低。然而，阈值电压 V_{th}不能随着 MOSFET 的栅长降低而同时按比例缩小，因为这样漏电流会变得异常大。由于 CMOS 工艺在持续按比例缩小，这时静态功耗也会变得异常大，而且无法忽略，如图 1.10 所示。此外，在短沟道器件中，几种尺度缩小带来的效应也相应出现，例如载流子速度饱和、热载流子注入、大器件不匹配、阈值电压变化和漏电流的增加。此外，电压的下降、动态范围的下降与功率密度的提升对于设计者来说都是挑战——尤其是在模拟电路设计之中。

短沟道器件中源极到漏极之间的距离减小，随之带来的是源极与漏极之间的耗尽层变短。因此，如图 1.11 所示，如果沟道长度小于一个确定的栅长（L_{nom}），V_{th}会呈指数形式下降，漏电流也会变得不可接受。这种情况叫做 V_{th} 的滚降效应，这是电路设计者希望避免的。有一种一阶模型将 V_{th} 的滚降效应描述为电氧化层与衬底掺杂的函数。所以，对于短沟道器件，提高衬底掺杂浓度使源/漏区耗尽层变窄并缩小电氧化层的厚度可以使 ΔV_{th}（V_{th}的变化量）最小化。

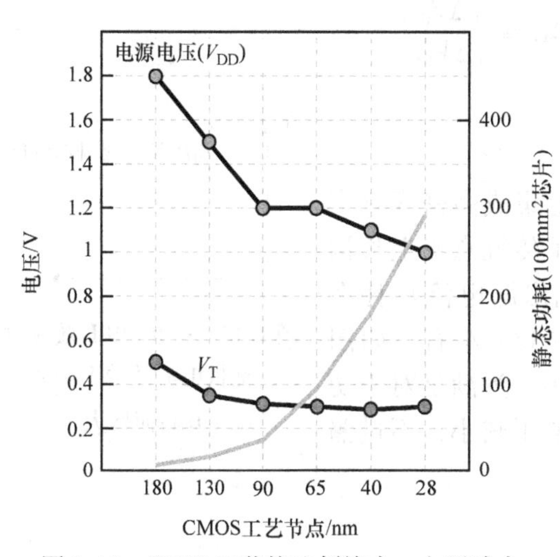

图 1.10 CMOS 工艺按比例缩小，电压减小，静态功耗增加

图 1.11 V_{th}随着沟道长度的缩短而下降；V_{th}的滚降效应

水平电场（V_{GS}）与垂直电场（V_{DS}）都能够改变短沟道器件的沟道电势。图 1.12a 展示了长沟道器件的电势是独立于漏极电压的，长沟道器件的势垒仅由栅极

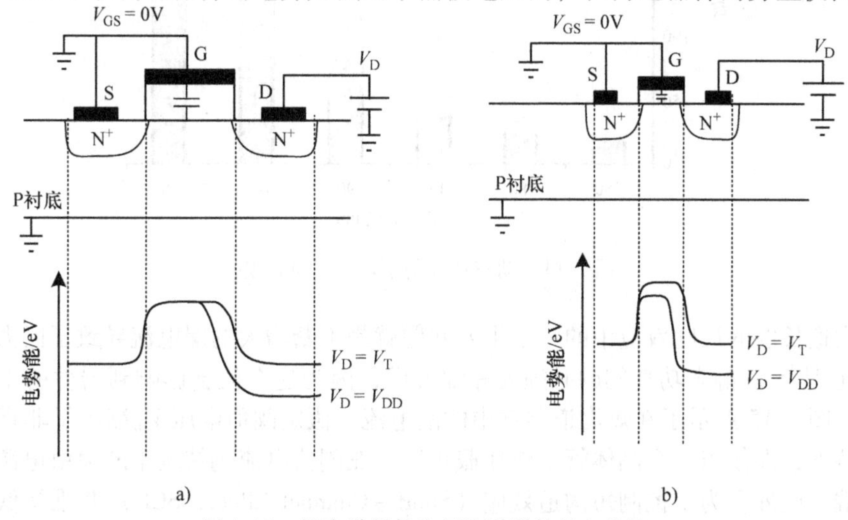

图 1.12 长沟道器件和短沟道器件的电势能

a）长沟道器件的电势能 b）短沟道器件的电势能

电压控制。如图 1.12b 所示，短沟道器件的电势也会受到漏极电压影响。栅/源极电压与漏/源极电压都会影响到漏极电流。只要 $X-Y$ 电场是耦合的，晶体管可以在栅极电压小于 V_{th} 时传导电荷。因此，当漏极偏置电压上升时，V_{th} 会下降。这种现象被称为漏致势垒降低（Drain - Induced Barrier Lowering，DIBL）效应，它由式（1.1）定义，如图 1.13 所示。

$$\mathrm{DIBL} \equiv \frac{|\Delta V_{th}|}{|\Delta V_{DS}|} \tag{1.1}$$

1.2.3　漏电流功耗

深亚微米工艺可以在一个芯片上集成高密度且多样的电路功能。这种集成已经改变了传统意义上长沟道器件的功耗概念。功耗趋势展现出漏电流功耗在 130nm 工艺以上时占总功耗比例在 1/3 左右，如图 1.14 所示。随着工艺制程进一步减小，为满足对于功率密度和系统可靠性的需求，供电电压减小，不过漏电流呈指数形式增长。

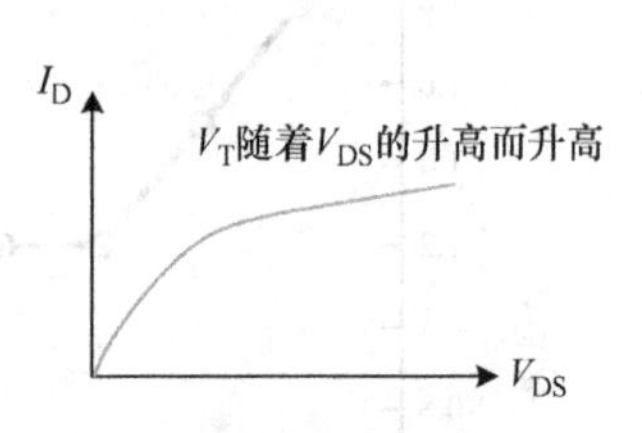

图 1.13　存在 DIBL 效应时，漏极电流随着 V_{DS} 的升高而增大

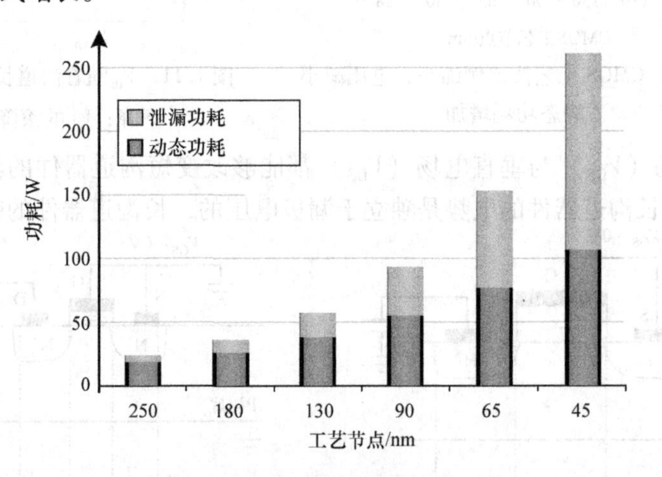

图 1.14　动态功耗与漏电流功耗趋势

沟道长度的尺度效应中的一个主要问题就是不断增大的漏电流导致了巨大的静态功耗[12,13]。静态功耗问题必须要仔细考虑，因为这个值会影响到器件的工作和性能。图 1.15 展示了在短沟道器件中的漏电流。假定阈值电压 V_{th} 缩小了非理想截止态特性，即使当一个晶体管工作在截止区，亚阈值电流仍持续不断地由电源端流向地端。此外，为了控制短沟道效应（Short - Channel Effect，SCE）并维持低电压时的驱动能力，一层较薄的栅氧化层结构也是必需的。这个结构也提高了栅极漏电流。所以，最主要的漏电流是在深亚微米 CMOS 电路中的亚阈值电流和栅氧化层隧

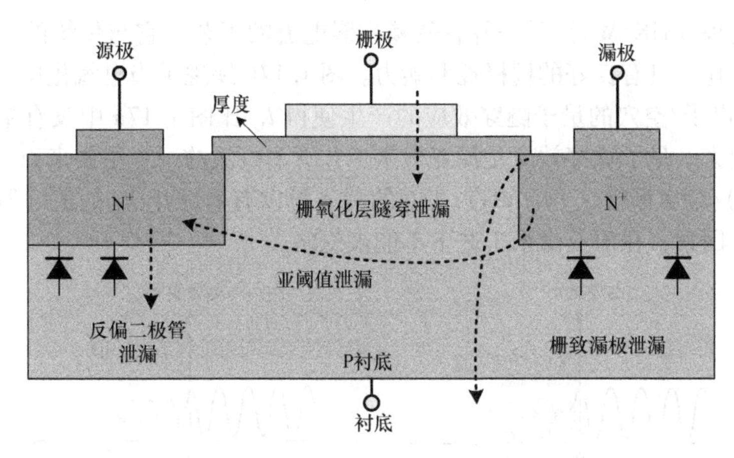

图 1.15 在短沟道器件中漏电流流经途径

穿漏电流。漏电流包括栅极直接隧穿电流（I_G），栅感应漏极电流（I_{GIDL}），反向偏置节点电流（I_{REV}）和亚阈值或弱反型电流（I_{SUB}）。I_{GIDL}是由漏极和栅极之间的重叠区域的大型水平电场引起的。它出现在漏极和基底之间，并随着漏极电压的升高而变大。I_{REV}是因为短沟道器件中 PN 结重掺杂而产生，它也被称为带间隧穿效应，并且能随着晶体管特征尺寸的持续减小而变大。

晶体管截止状态下的漏电流I_{OFF}表明 $V_{GS}=0$ 且 $I_G=0$。因此，它的值等于 $I_{GIDL}+I_{REV}+I_{SUB}$。图 1.16 表明 CMOS 工艺从 0.18μm 降到 65nm 时，由于氧化层厚度持续变薄，导致栅极漏电流增大。然而，因为一些性能的提升，40nm 的 CMOS 工艺的漏电流明显减小。然而，当沟道长度由 40nm 缩短到 28nm 时，电流的值不断增大。高介电常数（k）/金属栅极（HK/MG）工艺于 2006 年引入，它们使用高介电常数（k）的电介质材料，例如 TiO_2 和 Ta_2O_5，减小了栅氧化层的漏电流。原因是高介电常数的电介质允许较低强度的栅极绝缘厚度降低，即使在低电压操作下，在深亚微米 CMOS 技术中也能获得所需的栅

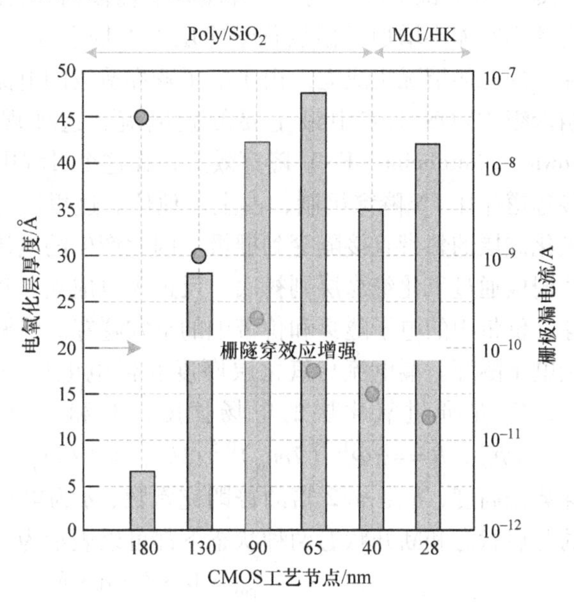

图 1.16 当氧化层厚度减小时，随着 CMOS 工艺从 0.18μm 降至 65nm，栅极漏电流增大

极。金属栅极（HK/MG）是一种有效减小漏电流的工艺，它与传统的二氧化硅栅绝缘材料相比，具有良好的栅极控制能力。图 1.17b 展现了当电氧化层（EOT）小于 20Å[⊖]，电子/空穴的量子隧穿效应的产生使得 I_G 比图 1.17a 中没有量子隧穿效应时的值要大。量子隧穿效应是深亚微米工艺下漏电流的一个主要来源。尽管高介电常数（k）/金属栅极（HK/MG）工艺的引入可以有效减小 I_G 的值，但漏电流是一个严重的因素，在深亚微米工艺下不能被忽略。

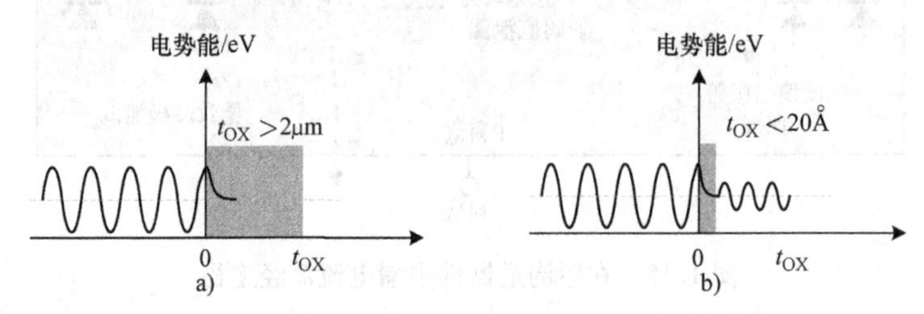

图 1.17 长沟道器件和短沟道器件的隧穿效应
a）长沟道器件的隧穿效应 b）短沟道器件的隧穿效应

如图 1.18 所示，栅氧化层隧穿漏电流由栅极到沟道的漏电流组成，包括栅极到源极的漏电流（I_{GCS}），栅极到漏极的漏电流（I_{GCD}），栅氧化层到源极的漏电流（I_{GSO}）或到漏极的漏电流（I_{GDO}）和栅极到衬底的漏电流（I_{GB}）[15]。栅氧化层厚度的不断缩小增加了栅氧化绝缘层的电场强度，并且导致了栅极到衬底的电子隧穿，反之的情况也成立。由于电子隧穿造成的电流被称为栅氧化层隧穿漏电流，是纳米级 CMOS 工艺中最主要的漏电流。这种现象存在两种机制，第一种称为 Fowler－Nordheim（FN）隧穿效应，在这个过程中，电子隧穿到氧化层的导带。直接隧道相比 FN 隧穿机制，占主要地位。这里，当厚度小于 3～4nm 时，电子通过氧化硅层的禁带直接隧穿到栅极。因此产生的电流被称为栅极直接隧穿漏电流，它从栅极通过氧化绝缘层到衬底，反过来也成立。直接隧穿机制包括导带中的电子隧穿，价带中的电子隧穿和价带中的空穴隧穿。泄漏的主要来源是通过栅氧化层的直接电子隧穿。漏电流与氧化层厚度和供电电压呈指数形式增长，如式（1.2）所示，E_{ox} 是通过氧化层的电场强度；W 和 L 是晶体管的有效长和宽；$A=q^3/16\pi^2 h\Phi_{ox}$，$B=4\pi\Phi_{ox}^{1.2}(2m_{ox})^{0.5}/3hq$，其中 m_{ox} 是隧穿粒子的有效质量，Φ_{ox} 是隧穿势垒高度，h 是 π/2 倍的普朗克常数，q 为电荷量。此外，隧穿电流在 MOSFET 的开启状态和断开状态两种状态下都可以表示为

$$I_{gox}=W\cdot L\cdot A\cdot E_{ox}^2\cdot e^{-B/E_{ox}} \tag{1.2}$$

组成 I_{OFF} 的三部分漏电流中，最主要的是 I_{SUB}，导致了 MOSFET 在弱反型区的漏/源电流。亚阈值泄漏是弱反型时 MOSFET 的漏/源电流，在这种情况下，即使 MOSFET 的电压低于阈值电压，MOSFET 依然处于开启状态。亚阈值传导不像在强

⊖ 1Å＝0.1nm，后同。

反型区，由于 MOSFET 沟道中少数载流子的扩散电流，使漂移电流占主体地位。这种情况由多方面原因引起，第一是弱反型的影响，载流子沿着表面扩散，类似于当栅极电压低于 V_{th}时，电荷通过双极型晶体管的基极传输。当栅源电压低于但是接近阈值电压时，弱反型电流就很重要；第二是 DIBL 的影响，更高的漏极电压会导致阈值电压的下降。随着 V_{th} 的减少或 T 的增加，I_{SUB} 呈指数形式增长，如式（1.3）所示。η 是与沟道长度有关的量并且取值 1 ~ 2；q 是电子的电荷量；k 是玻耳兹曼常数；T 是温度；W 和 L 分别是 MOSFET 的宽和长[2]：

$$I_{DS}(nA) = 100 \cdot \frac{W}{L} \cdot e^{q(V_{GS} - V_{th})/\eta kT} \tag{1.3}$$

I_{SUB}对工艺、电源电压和温度变化都很敏感。设计人员的目的是强反型时，在较低的 V_{th}上实现快速的瞬态响应和高的漏/源电流，如图 1.19 所示。相比之下，断开状态下低漏电流要求较高的 V_{th}。在工作速度和漏电流之间做取舍，这就解释了为什么栅极长度减少时，V_{th}不会降低。

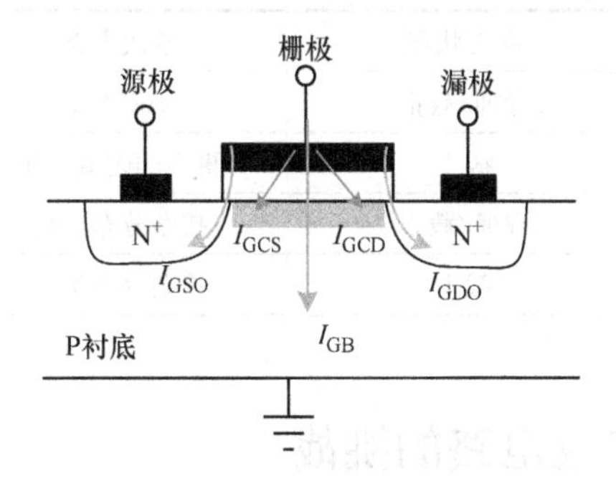

图 1.18　栅氧化层漏电流的组成

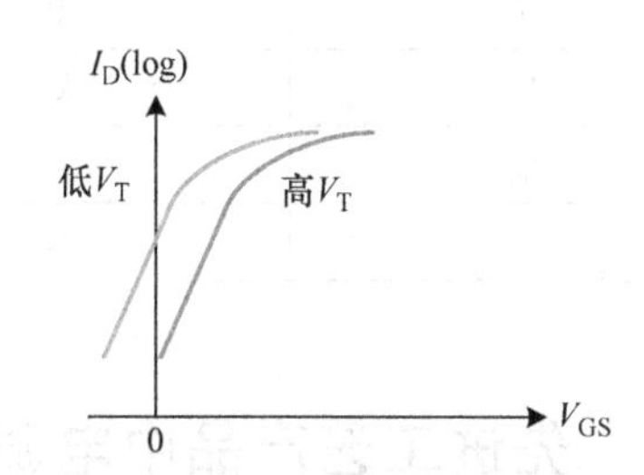

图 1.19　在不同的 V_{th}中，I_D与 V_{GS}曲线表示电路设计者在工作速度和漏电流之间的权衡

如图 1.15 所示，在晶体管中存在衬底与源/漏扩散区的寄生二极管。为保证合适的晶体管操作，这些寄生二极管必须反向偏置。这种情况是由靠近耗尽区边缘的少数载流子扩散和漂移，以及反向偏置的耗尽区中电子 - 空穴对的产生引起的。来自电源的反向偏置电流 I_{REV} 导致了晶体管的主要功耗。电流大小取决于源/漏扩散区的面积与电流密度，而这又是由掺杂浓度决定的。重掺杂浅结和晕掺杂使漏电流增加，是纳米器件中控制 SCE 的必要条件。电子隧穿效应引起 PN 结漏电流。电流可用式（1.4）和式（1.5）来表示[17]：

$$I_{BD} = A \cdot J_s \cdot (e^{q \cdot V_{BD}/kT} - 1) \tag{1.4}$$

$$I_{BS} = A \cdot J_s \cdot (e^{q \cdot V_{BS}/kT} - 1) \tag{1.5}$$

式中，A 指连接的面积；J_s是反向饱和电流密度；V_{BD} 和 V_{BS}是反向偏置电压；kT/q 为热电压。如果源/漏区域大量掺杂，反向偏置二极管的泄漏将变得至关重要。

I_{GIDL}是由 MOSFET 漏极产生的高电场效应引起的。NMOS 的硅表面和 P 衬底几乎具有相同的电势，并且当栅极在其硅表面形成积累层时，由于高掺杂，呈现 P 型反型层。当栅极电压为 0 或负电压时，漏极处于电源电压供电时，可以观察到诸如雪崩倍增和带 - 带隧穿等效应的显著增强。栅极下的少数载流子移动到衬底，形成 I_{GIDL}，见式（1.6）[18]。从式（1.6）可以看出，电源电压的升高和氧化层厚度的变薄会增加 I_{GIDL}。A 表示前指数参数；B（典型值为 23 ~ 70MV/cm）是基于物理的指数参数；E_s是表面横向电场，取决于工作频率和氧化层厚度：

$$I_{GIDL} = A \cdot E_s \cdot e^{-B/E_s} \tag{1.6}$$

在漏极处的重掺杂增加了带 - 带隧穿电流，特别是当漏极电压增加时。因此，更薄的氧化层和更高的电压使 I_{GIDL} 极大地增加。控制晶体管中漏极的掺杂浓度是控制 I_{GIDL}的最好方法。表 1.2 总结了短沟道器件中二极管漏电流的作用，并列出了解决方案。

表 1.2　短沟道器件中二极管漏电流

漏电流	影响	存在状态	解决方案
I_G	大	导通/截止	HK/MG
I_{SUB}	大	截止	更高的阈值电压
I_{REV}	非常小	导通/截止	掺杂分布优化
I_{GIDL}	小	截止	掺杂分布优化

1.3　先进工艺产品中电源管理集成电路的挑战

1.3.1　多阈值电压工艺

功率密度随着栅极长度的缩小而不断增加。因此，多阈值电压集成在各产业中被广泛应用于优化功耗和保持工作速度。在之前的 CMOS 工艺中，长沟道器件利用植入 V_{th}来控制阈值电压。今天，在深亚微米 CMOS 工艺中，多阈值器件采用不同的沟道长度和晕注入优化设计，其区域成本和布局与高阈值电压（HVT）和低阈值电压（LVT）器件相似。这方便了电路设计者实现多阈值集成电路。不同产品的工作速度与漏电流的权衡，如图 1.20 所示。例如，在超高性能的应用中，手机的处理器被超低阈值电压（U - LVT）器件控制，在非关键路径上有选择性地使用 LVT 器件或常

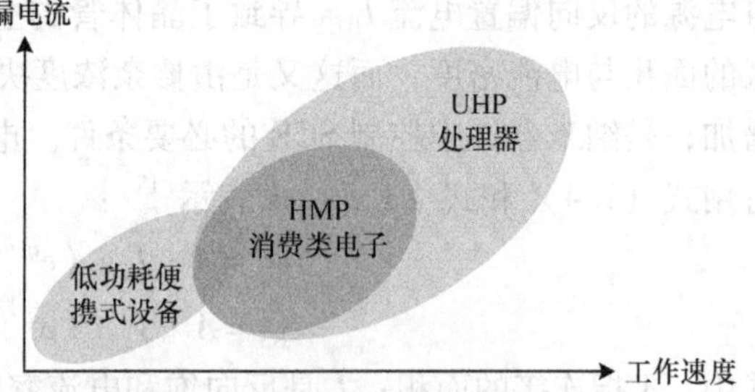

图 1.20　工作速度与漏电流的权衡

规阈值电压（RVT）器件。表1.3总结了几种具有相应需求和设计方法的器件选择。

表1.3 优化性能策略

要求	所选器件	设计方法
极高性能	U-LVT/LVT/RVT	1. 用U-LVT/LVT进行仿真 2. 在非关键路径中用RVT进行设计
高性能、中等功耗	LVT/RVT	1. 用LVT进行仿真 2. 在非关键路径中用RVT进行设计
低功耗	HVT/RVT	1. 用HVT进行仿真 2. 在大延时路径中用RVT进行设计

1.3.2 性能优化

在图1.21中，因为在90nm节点周围引进了应变硅技术，晶体管的开启状态电流密度（I_{ON}）一直在增加。如表1.4所示，持续的I_{ON}改进与性能提高的范围有关。一些工艺，如用于改善PMOS接触孔刻蚀阻挡层（Contact Etch Stop Layer，CESL）工艺，SMT以及锗硅嵌入式源漏（eSiGe）工艺，用于提高90nm和65nm工艺。CESL技术分别为NMOS和PMOS提供了张力和压缩，从而显著改善了迁移率[19]。对于低于65nm的CMOS工艺，引入了SMT，并广泛应用于提高NMOS的性能。SMT可导致纵向拉伸应力，对提高NMOS的迁移率具有良好的效果[20]。在图1.22a～c中提供了关于SMT形成的简要描述[21]。在源/漏注入后，延伸性的氮化物形成SiN沉积。去除SiN后就可以生成SMT。此外，图1.23显示了NMOS中I_{ON}随SMT的变化趋势。然而，SMT不能用于金属栅极，这是相对于40nm节点以下技术的一个重要趋势。

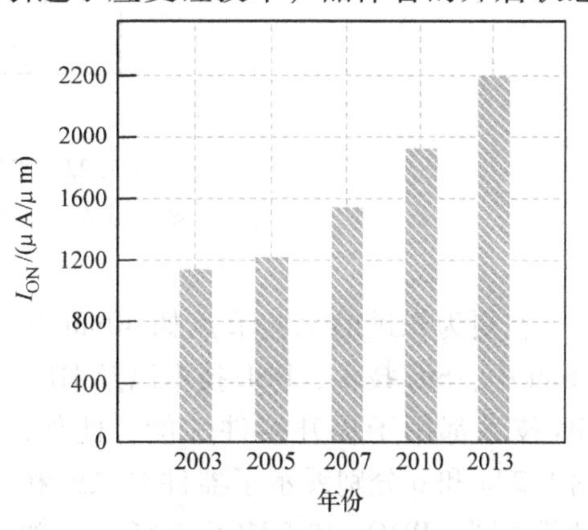

图1.21 NMOS中的I_{ON}发展趋势

表1.4 性能提升与工艺节点的关系

性能提升方案	90nm	65nm	40nm	28nm
CESL	√	√	×	×
SMT	×	×	√	√
PMOS中的eSiGe技术	√	√	√	√
NMOS中的SiC技术	×	×	√	√
DSL	×	×	√	√
HK/MG技术	×	×	√	√

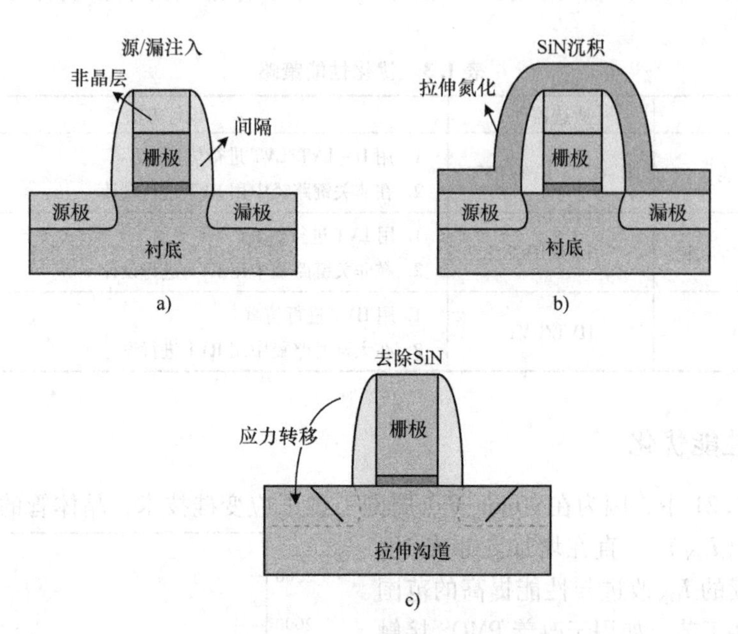

图 1.22 SMT 的形成过程
a）源/漏注入 b）SiN 沉积 c）去除 SiN

在更为先进的工艺节点如 40nm 和 28nm 中，SiC 技术、DSL 技术以及 HK/MG 技术都用于提升器件性能。此外，图 1.24a 和 b 分别展示了器件的二维和横截面图。PMOS 和 NMOS 都指向单轴应力方向，以改善性能，如表 1.5 所示。

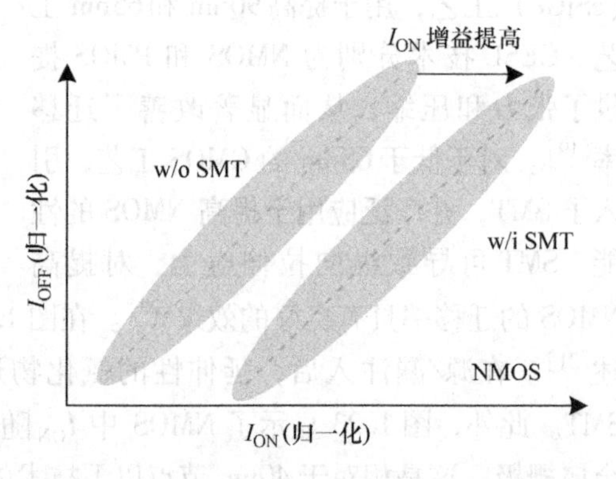

图 1.23 NMOS 中 I_{ON} 随 SMT 的变化趋势

此外，在 90nm 工艺的 PMOS 中，设计者加入一个嵌入的源/漏应力源（称为 eSiGe 源/漏技术），如图 1.25a 所示。该技术为 PMOS 迁移率提供纵向压应力，但对 NMOS 没有影响。然而，它具有许多缺点，比如较大的结泄漏[23]。所以，在 40nm 工艺中工程师利用一个 Si_3N_4 的覆盖层来增强 NMOS 的迁移率。Si_3N_4 覆盖层可以提供纵向压应力。具有应力源的 NMOS 如图 1.25b 所示。因为这种 DSL 技术采用 SiN 薄膜来产生 NMOS 的拉伸应力与 PMOS 的压应力，所以图 1.26 中的 DSL 技术可以用于提升不同 MOSFET 的性能。

当电氧化层厚度下降至 20Å 以下时，栅泄漏成为一个非常严重的问题。此外，这时掺杂渗透和介电降解现象也会伴随出现[24]。对于持续降低的电氧化层厚度，在40/28nm工艺中引入HK/MG技术，通过降低栅极漏电流，有效提高了晶体管的性能。虽然由于电氧化层厚度降低，已经导致了栅氧化层电容（C_{OX}）增大，但HK/MG技术仍然利用高k值介质层进一步增加了栅氧化层电容。随着栅氧化层电容的增大，晶体管能够产生更大的导通驱动电流，这极大地增强了晶体管的性能。因此HK/MG技术广泛应用于高性能的晶体管产品中。对于HK/MG技术，目前有两种主要的集成方式，分别是前栅极－金属插入多晶硅栅（Gate－first Metal－Inserted－Poly－Si Gate，MIPS）和后栅极－替换金属栅（Gate－last Replaced Metal Gate，RMG）。这两种方法之间的主要区别是，在制造过程中，金属电极的沉积是在高温活化退火之前还是之后。这两种方法都在持续发展中，两者的比较如表1.6所示[25－30]。

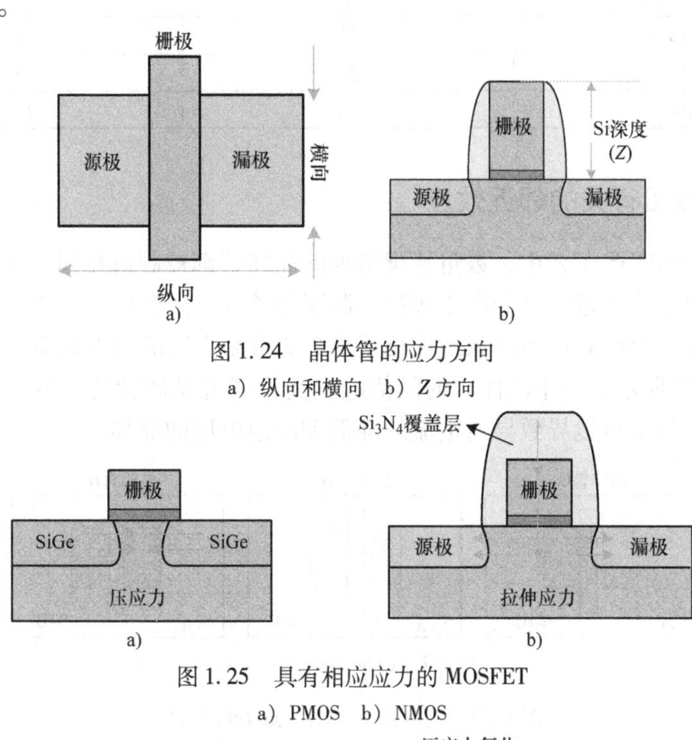

图1.24 晶体管的应力方向

a）纵向和横向 b）Z方向

图1.25 具有相应应力的MOSFET

a）PMOS b）NMOS

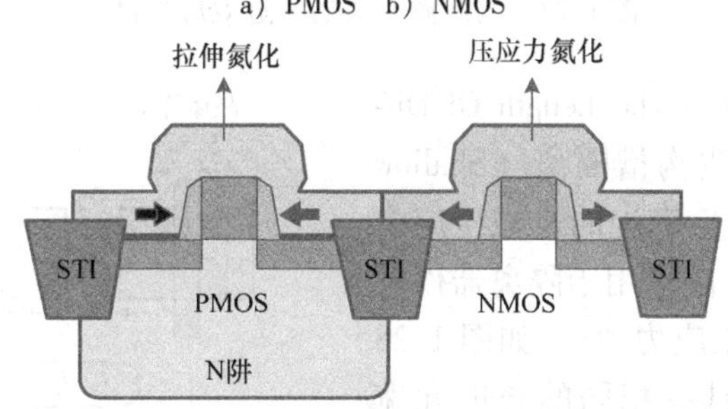

图1.26 NMOS和PMOS中的DSL技术

表 1.5 CMOS 工艺中所需要的应力

方向	NMOS	PMOS
纵向	拉伸	压应力
横向	拉伸	拉伸
Si 深度（Z 方向）	压应力	拉伸

表 1.6 前栅极－金属插入多晶硅栅与后栅极－替换金属栅的比较

	前栅极－金属插入多晶硅栅	后栅极－替换金属栅
高 k 值介质	优先	优先或者最后
金属栅	优先	最后
热预算	高	低
电氧化层	厚	薄
迁移率	低	高
工艺复杂度	低	高
成本	低	高

1.3.3 与版图有关的邻近效应

在纳米级 CMOS 工艺中，数量持续增加的晶体管都被制造在同一个阱中。晶体管之间的距离非常之近，这会产生多种与版图有关的邻近效应。由于晶体管之间相互作用的存在，这些效应不经意地违反了 1.2.2 节中介绍的应力效应。一个简单的例子如图 1.27 所示，一个晶体管的阈值电压受到邻近晶体管的影响，而发生了变化。所以邻近效应可以导致导通电流的降低和阈值电压的漂移。

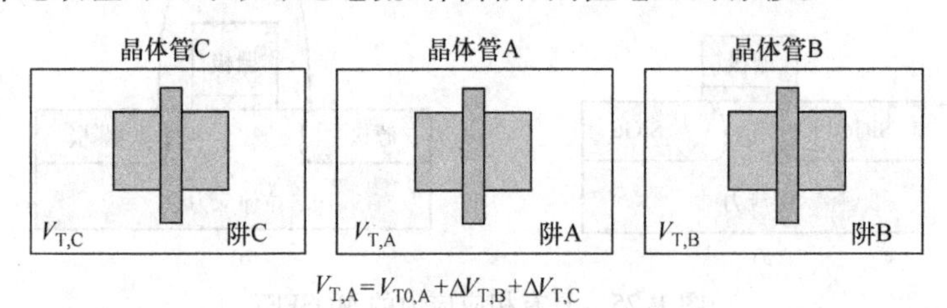

图 1.27 与版图有关的邻近效应举例

扩散效应的长度（The Length Of Diffusion，LOD）是由浅沟槽隔离（Shallow Trench Isolation，STI）产生的机械压应力引起的，通常浅沟槽隔离用于隔离器件并在晶片冷却时产生压应力[31]。如图 1.28 所示，即使晶体管具有相同的长度和宽度，扩散效应长度的不同仍然会导致不同

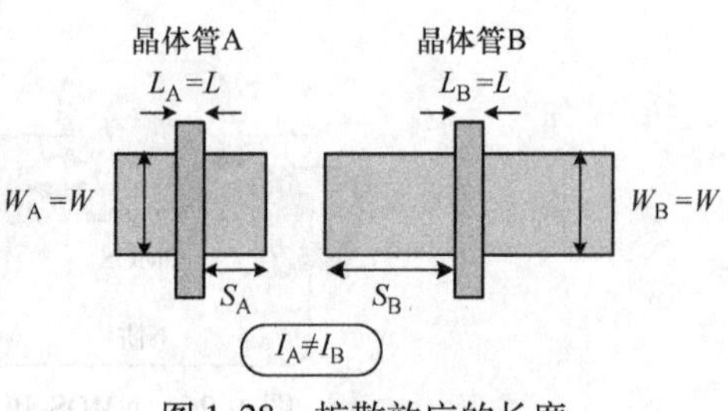

图 1.28 扩散效应的长度

晶体管之间产生电流差异。然而，由于高能掺杂离子从光刻胶掩模边缘散射到阱边缘，导致了阱邻近效应（The Well Proximity Effect，WPE）的产生，如图 1.29 所示[32]。所以由于到阱边缘距离的差异，使得晶体管产生了不同的阈值电压。同时，一个晶体管的阈值电压也会受到周围晶体管阈值电压的影响。如图 1.30 所示，邻近的第一条或者第二条多晶硅线都会导致多晶硅间隙效应（Polyspace Effect，PSE）的产生。也就是说，当晶体管之间具有最小的多晶硅间距时，晶体管的阈值电压和导通电流会产生较大的波动。综上，设计者在版图和后仿真过程中减小版图邻近效应，从而保证纳米级工艺中的芯片设计质量。

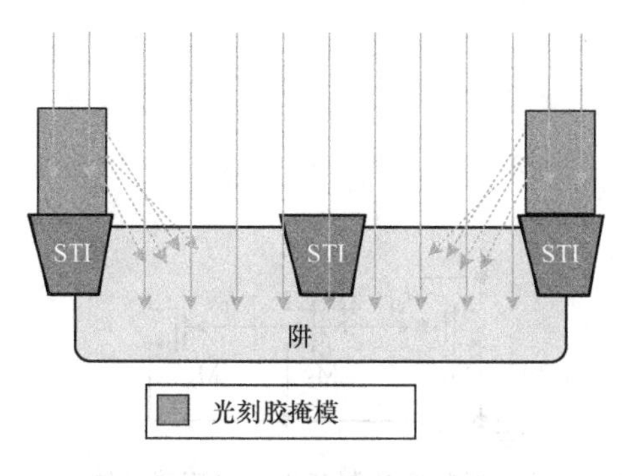

图 1.29　阱邻近效应

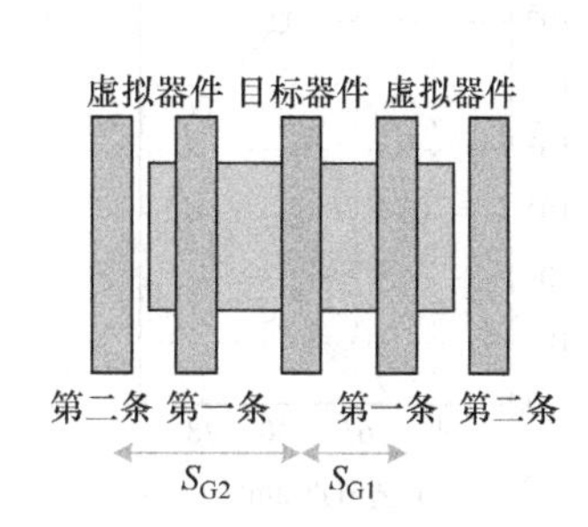

图 1.30　多晶硅间隙效应

1.3.4　对电路设计的影响

纳米级器件对物理限制以及集成电路设计，特别是模拟集成电路设计产生了巨大影响。正如 1.2.1 节讨论的那样，最主要的问题是当晶体管尺寸不断减小时出现的栅极隧穿泄漏。栅极隧穿泄漏电流会引入一个低频极点（f_{gate}），并降低系统的稳定性，同时会增加瞬态响应时间和电压变化。

锁相环（Phase - Lock - Loop，PLL）中环路滤波器性能的降低会导致输出频率产生较大的变化[33]。一个栅极隧穿泄漏电流测试电路如图 1.31a 所示，它的小信号模型如图 1.31b 所示。其中栅极隧穿电流（i_C）穿过 C_{OX}，并且与输入信号的频率相关。栅极隧穿电流主要由 i_{leak} 和 i_C 构成，其中 i_{leak} 表示不由隧穿效应产生的泄漏电流。所以在特定的频率（f_{gate}）时，i_{leak} 和 i_C 具有同样的幅度。f_{gate} 可以用公式（1.7）来表示[34]。由于工艺节点的不断减小，栅极泄漏电流增大导致 f_{gate} 不断降低，我们在设计中不得不重视的 f_{gate} 的影响，其发展趋势如图 1.32 所示。此外，电流镜晶体管的失配也会由

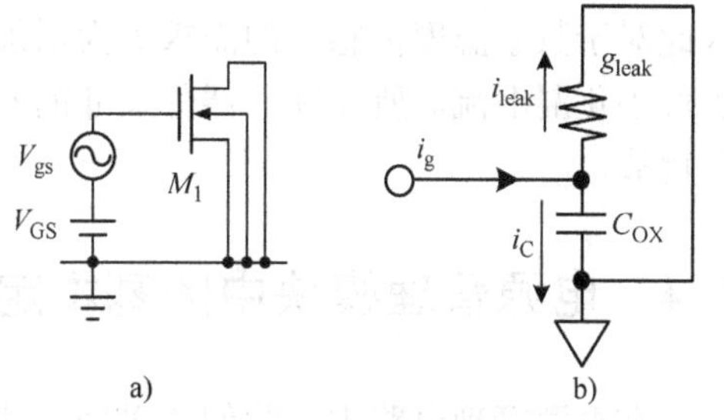

图 1.31　栅极隧穿泄漏电流测试电路
a）电路框图　b）小信号模型

于栅极隧穿泄漏的严重而恶化，如图 1. 33 所示。

$$f_{\text{gate}}=\frac{1}{2\pi C_{\text{IN}}(g_{\text{Leakage}})} \tag{1.7}$$

在深亚微米工艺中，另一个主要的变化就是晶体管的对称性遭到破坏。举个例子，在 28nm 工艺中，所有核心器件的多晶硅栅必须呈纵向排列，这导致其中一个晶体管会受到几个微米以外晶体管的影响。这种对称性降低的描述如图 1. 34 所示。

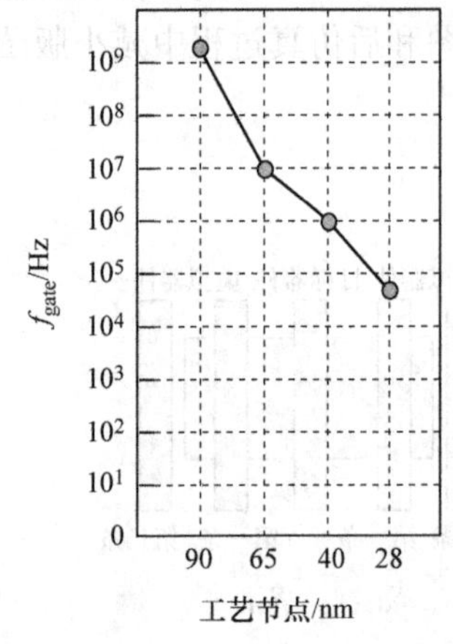

图 1. 32 f_{gate}与工艺节点的关系

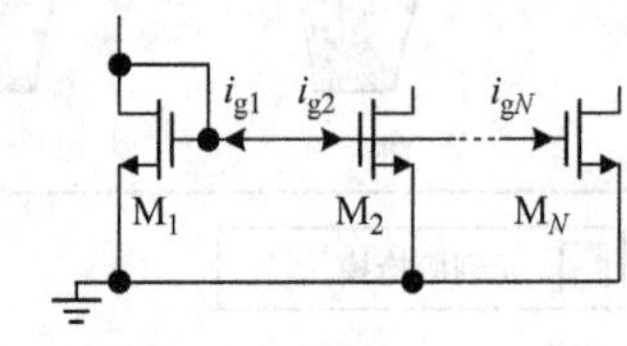

图 1. 33 由于栅极隧穿泄漏产生的电流镜晶体管的失配

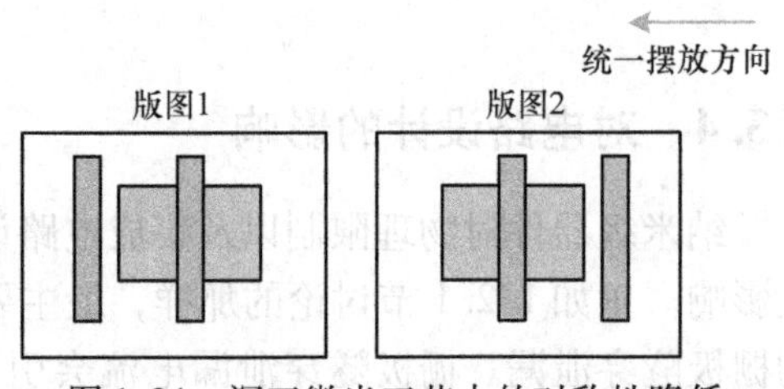

图 1. 34 深亚微米工艺中的对称性降低

模拟设计者广泛采用特定的数字电路或电路技术来最小化器件失配，从而解决由于工艺节点减小带来的失配问题。例如，以修调逻辑和自校准电路为代表的数字电路，广泛应用于重要的模拟系统和反馈环路中。由于在工艺减小过程中，温度变化是一个重要的因素，因此对于数字温度传感器的需求大大增加了。此外，如堆叠器件电路技术也可以用于最小化漏电流。所以随着器件尺寸的不断减小，电路设计者也面临着越来越复杂的挑战。

1.4 电源管理模块中的基本定义

在电源管理电路中，我们会采用一些设计参数来评估它们的性能。这些参数包括瞬态参数和稳态参数。

1.4.1 负载调整率

如式（1.8）定义，负载调整率是影响输出电压准确度的稳态参数之一。不同的负载状况表明了电源管理模块对输出电压的调整能力。较小的负载调整率意味着输出电压具有更高的准确度。负载调整率与电压转换器的开关增益有关。所以，为了保证较好的调整率，需要电路具有较高的开环增益，但这会导致系统的稳定性降低。补偿技术的运用需要首先得到输入电压变化和输出电压调整范围之间的关系。对于输入电压的变化，较小的线性调整率意味着电路具有更好的抗干扰能力。因此，好的线性调整率可以使电路在应对输入电压变化时，具有较好的鲁棒性。

$$\text{线性调整率}=\frac{\Delta v_{OUT}}{\Delta v_{IN}}(\mathrm{V/V}) \tag{1.8}$$

1.4.2 瞬态电压变化

在SoC应用中，不同的操作模式会产生不同的瞬态响应。电源管理模块需要处理多种负载瞬态响应，并且保证SoC的性能。当负载突然发生变化时，较好的瞬态响应意味着较小的电压瞬态变化和输出电压的快速建立时间。通常系统带宽决定了瞬态响应的性能，也就是说，在电源管理模块中，较大的系统带宽意味着快速控制环路可以使响应时间变得很短。我们可以执行时域和频域分析来获得电路的瞬态响应。

在电源管理模块的频域分析中，当瞬态负载发生变化时，不同的极点和零点位置会产生不同的响应。如果系统的主极点位于高频区域，那么电路可以获得较大的带宽和快速的响应时间，然而这时却很难保证系统的稳定性。而当主极点位于低频段时，会导致电路的瞬态响应时间过长，但却很容易获得稳定的工作状态。为了正确分析频域响应，对于负载瞬态响应的时域分析如图1.35所示。电路的输出节点通常包括反馈分压器（R_1 和 R_2）、输出电容（C_{OUT}）、等效串联电阻（R_{ESR}）。负载瞬态响应的输出电压波形如图1.36所示。当负载由小变大时，产生负载瞬态响应，瞬态周期 t_1 和电压降 v_{DROP} 由系统的带宽和输出电容 C_{OUT} 及其等效串联电阻 R_{ESR} 决定。输出电容的作用在于它等效为一个电流源，能够维持输出负载所需要的电流。负载瞬态响应中的电压降 v_{DROP} 可以表示为

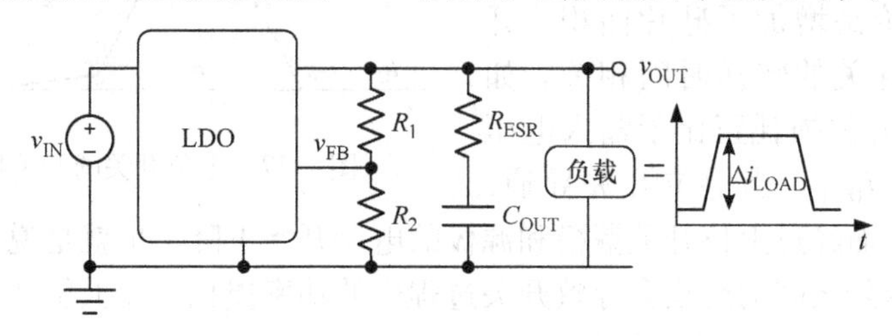

图1.35 负载瞬态响应的时域分析

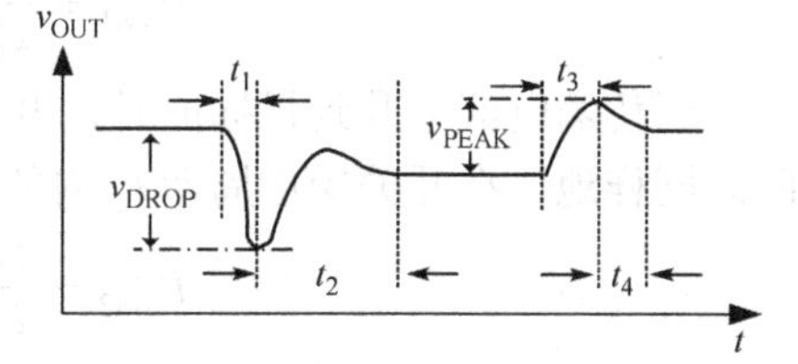

图1.36 负载瞬态响应的输出电压波形

$$v_{\mathrm{DROP}} = v_{\mathrm{ESR}} + v_{\mathrm{cap}} = \Delta i_{\mathrm{OUT}} R_{\mathrm{ESR}} + \frac{\Delta i_{\mathrm{OUT}} \cdot t_1}{C_{\mathrm{OUT}}} \tag{1.9}$$

当上位开关对输出电容充电，使输出电压调整到稳定电压时，这段时间称为瞬态周期 t_2。控制环路的相位裕度和零极点对都会对瞬态建立时间产生影响。包括 t_1 和 t_2 在内的整个周期被称为瞬态恢复时间。当输出负载突然由大变小时，电压变化 v_{PEAK} 相应产生。瞬态周期 t_3、t_4 分别和 t_1、t_2 类似。电压变化 v_{PEAK} 可以表示为

$$v_{\mathrm{PEAK}} = v_{\mathrm{ESR}} + v_{\mathrm{cap}} = \Delta i_{\mathrm{OUT}} R_{\mathrm{ESR}} + \frac{\Delta i_{\mathrm{OUT}} \cdot t_3}{C_{\mathrm{OUT}}} \tag{1.10}$$

1.4.3 传输损耗和开关损耗

当大的驱动电流流过电源管理模块的输出电源极，传输损耗会明显地影响电源转换效率。在降压转换器中，上位开关的传输损耗可以表示为式（1.11）。上位开关的导通电阻 R_{onp} 反比于电源晶体管尺寸，表示为

$$P_{\mathrm{conH}} = (i_{\mathrm{LOAD}})^2 \cdot R_{\mathrm{onp}} \cdot \frac{v_{\mathrm{OUT}}}{v_{\mathrm{IN}}} \tag{1.11}$$

而在降压变换器中，下位开关的传输损耗表示为式（1.12），下位开关的导通电阻为 R_{onn}。

$$P_{\mathrm{conL}} = (i_{\mathrm{LOAD}})^2 \cdot R_{\mathrm{onn}} \cdot \frac{v_{\mathrm{IN}} - v_{\mathrm{OUT}}}{v_{\mathrm{IN}}} \tag{1.12}$$

设计者需要在传输损耗和有源硅片面积中进行折衷设计。在输出电源级采用大尺寸的上位开关可以直接降低导通损耗。但是代价是增加了硅片面积。开关损耗和上位开关的转换时间相关。如图 1.37 所示，开关损耗正比于输入电压 v_{IN} 和负载电流 i_{OUT}。当上位开关导通，驱动电流增加，而经过上位开关漏极和源极的电压开始下降。也就是说，开关电源的传导电流和压降之间的交集会导致开关过程中的功率损耗。在上位开关开断操作的周期 t_1 内，开关损耗可以表示为

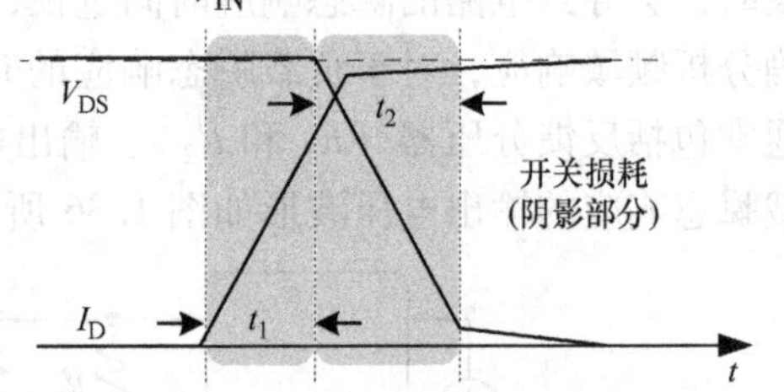

图 1.37　上位开关的开关损耗

$$P_{\mathrm{swt1}} = \frac{1}{2}(v_{\mathrm{IN}} \cdot i_{\mathrm{LOAD}}) \cdot t_1 \tag{1.13}$$

当传输电流上升到目标值时，电流维持不变，而经过上位开关的电压降开始下降。同样地，在开关操作周期 t_2 内的开关损耗可以表示为

$$P_{\mathrm{swt2}} = \frac{1}{2}(v_{\mathrm{IN}} \cdot i_{\mathrm{LOAD}}) \cdot t_2 \tag{1.14}$$

对于一个上位开关，在其工作周期内，开关损耗是 P_{swt1} 和 P_{swt2} 的总和。在电源管理模块中，当开关频率为 f_{sw} 时，总的开关损耗为

$$P_{swt}=P_{swt1}+P_{swt2}=(v_{IN}\cdot i_{LOAD})\cdot(t_1+t_2)\cdot f_{sw} \tag{1.15}$$

1.4.4　功率转换效率

功率转换效率是最为重要的设计参数，特别是在靠电池维持的电源管理模块中。功率转换效率定义为输出功率与输入电源获得的总功率的比值，可表示为

$$\eta=\frac{P_{OUT}}{P_{IN}}=\frac{P_{OUT}}{P_{OUT}+P_{con}+P_{sw}+P_Q+P_{others}} \tag{1.16}$$

从输入电源上获得的总功率包括输出功率 P_{OUT}、功率级的传输损耗功率 P_{con}、功率级的开关损耗功率 P_{sw}、控制电路的静态电流功率 P_Q，以及在实际硅工艺中的寄生参数损耗功率 P_{others}。所以最小化功率损耗可以产生高的功率转换效率，增强电源管理模块的竞争性。

参 考 文 献

[1] Kim, K. (2015) Silicon technologies and solutions for the data-driven world. *IEEE International Solid-State Circuits Conference (ISSCC), Digest of Technical Papers*, San Francisco, CA, February 22–26, pp. 1–7.

[2] Hu, C.C. (2010) *Modern Semiconductor Devices for Integrated Circuits*. Prentice-Hall, Upper Saddle River, NJ.

[3] Lin, H.C. and Jones, W.N. (1973) Computer analysis of the double-diffused MOS transistor for integrated circuits. *IEEE Transactions on Electron Devices*, **20**(3), 275–283.

[4] Yang, S., Sheu, G., Guo, J., and Tasi, J.R. (2011) Application of multi-lateral double diffused field ring in ultra-high-voltage device MOS transistor design. *International Conference on Electronic Measurement & Instruments (ICEMI)*, August 16–19, 2011, pp. 85–88.

[5] Anghel, C. (2004) High voltage devices for standard MOS technologies—characterisation and modelling. PhD thesis, EPFL, Lausanne.

[6] Radhakrishna, U., DasGupta, A., DasGupta, N., and Chakravorty, A. (2011) Modeling of SOI-LD MOS transistor including impact ionization, snapback, and self-heating. *IEEE Transactions on Electron Devices*, **58**(11), 4035–4041.

[7] Ma, Y., Jeng, M.-C., and Liu, Z., *HVMOS and LDMOS Modeling Review*. Cadence Design Systems, Inc., 2007.

[8] Tien, W.W.-Y. and Chen, F.-H. (2008) Recessed drift region for HVMOS breakdown improvement. US Patent 20080246083 A1, October 9, 2008.

[9] Tien, W.W.-Y. and Chen, F.-H. (2012) Recessed drift region for HVMOS breakdown improvement. US Patent 8138559 B2, March 20, 2012.

[10] Jain, S., Khare, S., Yada, V., et al. (2012) A 280 mV-to-1.2 V wide-operating-range IA-32 processor in 32 nm CMOS. *IEEE International Solid-State Circuits Conference (ISSCC), Digest of Technical Papers*, San Francisco, CA, February 19–23, pp. 66–68.

[11] Synopsys Inc. (2008) Low Power Trends and Methodology. http://www.synopsys.com/Solutions/EndSolutions/advanced-lowpower/Documents/lp_trend08_godwin.pdf (accessed November 14, 2015).

[12] Lee, D., Blaauw, D., and Sylvester, D. (2004) Gate oxide leakage current analysis and reduction for VLSI circuits. *IEEE Transactions on Very Large Scale Integration (VLSI) Systems*, **12**(2), 155–166.

[13] Choi, C.-H., Nam, K.-Y., Yu, Z. and Dutton, R.W. (2001) Impact of gate direct tunneling current on circuit performance: A simulation study. *IEEE Transactions on Electron Devices*, **48**(12), 2823–2829.

[14] Takeda, E., Matsuoka, H., Igura, Y., and Asai, S. (1988) A band to band tunneling MOS device (B/sup 2/T-MOSFET)—A kind of 'Si quantum device.' *International Electron Devices Meeting (IEDM), Technical Digest*, December 11–14, 1988, pp. 402–405.

[15] Agarwal, A., Kim, C.H., Mukhopadhyay, S., and Roy, K. (2004) Leakage in nano-scale technologies: Mechanisms, impact and design considerations. *Proceedings of the Design Automation Conference*, July 7–11, 2004, pp. 6–11.

[16] Lee, W. and Hu, C. (2001) Modeling CMOS tunneling currents through ultrathin gate oxide due to conduction- and valence-band electron tunneling. *IEEE Transactions on Electron Devices*, **48**(7), 1366–1373.

[17] Allen, P.E. and Holberg, D.R. (2002) *CMOS Analog Circuit Design*. Oxford University Press, New York,

pp. 531–571.

[18] Lindert, N., Yoshida, M., Wann, C., and Hu, C. (1996) Comparison of GIDL in p+-poly PMOS and n+-poly PMOS devices. *IEEE Electron Device Letters*, **17**(6), 285–287.

[19] Lin, C.-T., Fang, Y.-K., Yeh, W.-K., *et al.* (2007) Impacts of notched-gate structure on contact etch stop layer (CESL) stressed 90-nm nMOSFET. *IEEE Electron Device Letters*, **28**(5), 376–378.

[20] Pandey, S.M., Liu, J., Hooi, Z.S., *et al.* (2011) Mechanism of stress memorization technique (SMT) and method to maximize its effect. *IEEE Electron Device Letters*, **32**(4), 467–469.

[21] Ortolland, C., Okuno, Y., Verheyen, P., *et al.* (2009) Stress memorization technique—fundamental understanding and low-cost integration for advanced CMOS technology using a nonselective process. *IEEE Transactions on Electron Devices*, **56**(8), 1690–1697.

[22] Ghani, T., Armstrong, M., Auth, C., *et al.* (2003) A 90 nm high volume manufacturing logic technology featuring novel 45 nm gate length strained silicon CMOS transistors. *IEEE Electron Devices Meeting (IEDM), Technical Digest*, December 8–10, 2003, pp. 11.6.1–11.6.3.

[23] Mistry, K., Armstrong, M., Auth, C., *et al.* (2004) Delaying forever: Uniaxial strained silicon transistors in a 90 nm CMOS technology. *Proceedings of the IEEE Symposium on VLSI Circuits*, June 2004, pp. 50–51.

[24] Ang, K.-W., Chui, K.-J., Bliznetsov, V., *et al.* (2004) Enhanced performance in 50 nm N-MOSFETs with silicon-carbon source/drain regions. *IEEE Electron Devices Meeting (IEDM), Technical Digest*, December 13–15, 2004, pp. 1069–1071.

[25] Ragnarsson, L.-A., Li, Z., Tseng, J., *et al.* (2009) Ultra-low EOT gate first and gate last high performance CMOS achieved by gate-electrode optimization. *IEEE Electron Devices Meeting (IEDM), Technical Digest*, December 7–9, 2009, pp. 663–666.

[26] Auth, C., Cappellani, A., Chun, J.-S., *et al.* (2008) 45 nm high-k + metal gate strain-enhanced transistors. *Proceedings of the IEEE Symposium on VLSI Circuits*, June 2008, pp. 128–129.

[27] Mistry, K., Allen, C., Auth, C., *et al.* (2007) A 45 nm logic technology with high-k+metal gate transistors, strained silicon, 9 Cu interconnect layers, 193 nm dry patterning, and 100% pb-free packaging. *IEEE Electron Devices Meeting (IEDM), Technical Digest*, December 5–8, 2007, pp. 247–250.

[28] Henson, K., Bu, H., Na, M.H., *et al.* (2008) Gate length scaling and high drive currents enabled for high performance SOI technology using high-k/metal gate. *IEEE Electron Devices Meeting (IEDM), Technical Digest*, December 15–17, 2008, pp. 645–648.

[29] Tomimatsu, T., Goto, Y., Kato, H., *et al.* (2009) Cost-effective 28-nm LSTP CMOS using gate-first metal gate/high-k technology. *Proceedings of the IEEE Symposium on VLSI Circuits*, June 2009, pp. 36–37.

[30] Choi, K., Jagannathan, H., Choi, C., *et al.* (2009) Extremely scaled gate-first high-k/metal gate stack with EOT of 0.55nm using novel interfacial layer scavenging techniques for 22nm technology node and beyond. *Proceedings of the IEEE Symposium on VLSI Circuits*, June 2009, pp. 138–139.

[31] Sheu, Y.-M., Chang, C.-S., Lin, H.-C., *et al.* (2003) Impact of STI mechanical stress in highly scaled MOSFETs. *Proceedings of the IEEE Symposium on VLSI Circuits*, June 2003, pp. 269–272.

[32] Drennan, P.G., Kniffin, M.L., and Locascio, D.R. (2006) Implications of proximity effects for analog design. *Proceedings of the IEEE Custom Integrated Circuits Conference (CICC)*, September 2006, pp. 169–176.

[33] Chen, J.-S. and Ker, M.-D. (2009) Impact of gate leakage on performances of phase-locked loop circuit in nanoscale CMOS technology. *IEEE Transactions on Electron Devices*, **56**(8), pp. 1774–1779.

[34] Soumya, P., Chittaranjan, M., and Amit, P. (2014) *Nano-Scale CMOS Analog Circuits: Models and CAD Techniques for High-Level Design Citation*. CRC Press, Boca Raton, FL.

第2章　低压差线性（LDO）稳压器设计

由于低压差线性（Low Dropout，LDO）稳压器具有较小的芯片面积，且占据的印制电路板（PCB）面积较小，所以广泛应用于便携式电子设备中。这种稳压器的性能优势包括低静态电流和较大的带宽，而较大的带宽则会产生快速的瞬态响应。与开关稳压器（Switching Regulator，SWR）不同，LDO稳压器通过线性操作转换电压，因此可以输出高质量的输出电压，而不会产生输出电压纹波。然而，LDO稳压器也存在一个固有的缺陷，当输出电压与输入电压的比值较小时，我们称之为较差的电源转换效率（Power Conversion Efficiency，PCE），这是因为大电压加载在传输晶体管时，产生了较大的功率损耗。当考虑其具有较小的硅面积、紧凑的PCB面积以及较小的离散器件成本，LDO稳压器仍然是用于电压转换调整和电压缩减的重要电路。LDO稳压器经常用于与开关稳压器串联的后级稳压器，以抑制由其大开环增益引起的开关操作所产生的电压纹波。总的来说，如果LDO稳压器的输出电压与输入电压比、开环增益都能保持较大值，那么LDO稳压器与开关稳压器串联就可以视为是一种简单而有效的电源管理模块。我们还可以将LDO稳压器看作是一个电压缓冲器，它牺牲一部分电源转换效率来降低输出电压的纹波。

LDO稳压器可以根据它们的控制方式和补偿技术来划分结构。如图2.1所示，LDO稳压器可以是模拟LDO稳压器或者数字LDO稳压器。模拟LDO稳压器的控制器由模拟电路设计完成，而数字LDO稳压器的控制器则是数字电路。模拟LDO稳压器主要分为两类，分别称为主极点补偿结构和无电容结构。主极点补偿结构在输出节点含有一个较大的补偿电容 C_{OUT}；而无电容结构则是由密勒补偿电容来产生一个主极点。

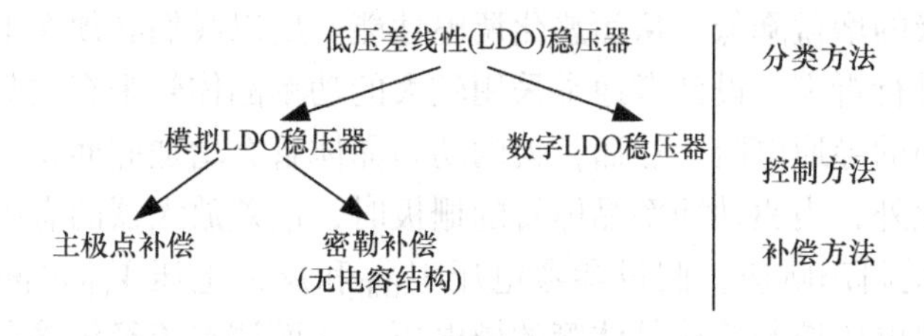

图2.1　LDO稳压器的分类

不同的应用也决定了我们需要使用不同类型的LDO稳压器。多媒体和便携式设备需要进行SoC集成。SoC通常需要紧凑的尺寸、快速的响应和低的噪声电压。无电容结构LDO稳压器以较大的静态电流和瞬态电压变化为代价，可以获得紧凑的电路尺寸。具有主极点补偿的LDO稳压器可以改善瞬态电压变化，降低静态电流，但这又是以大的输出电容为代价而获得的。当LDO稳压器用作后级稳压器时，瞬态响应和稳压器尺寸的改善有利于提高集成的灵活性。然而，我们也必须在调整性能和静态电流时进行折衷。

在本章中，我们首先介绍基本的LDO稳压器电路。之后，我们讨论用于环路稳定性的补偿技术，以此来介绍主极点补偿和无电容结构LDO稳压器。我们也会阐述设计流程和技巧，使读者了解模拟LDO稳压器的参数和性能。随后，我们分别讨论模拟LDO稳压器和数字LDO稳压器的特性，并进行比较。紧接着，我们会介绍LDO稳压器的特点，以满足不同应用的需求。此外，为了与SoC应用兼容，我们最后对低功耗技术，包括动态电压缩减（Dynamic - Voltage Scaling，DVS）和模拟动态电压缩减（Analog Dynamic - Voltage Scaling，ADVS）进行介绍。

2.1 LDO稳压器的基本结构

总的来说，LDO稳压器功率晶体管中的电压降不可避免地会在功率晶体管中产生热量。由于热耗散，LDO稳压器非常适用于低功耗应用。一个简单的LDO稳压器包括误差放大器和功率晶体管，用于消除纹波并调整输出电压。LDO稳压器具有最小的版图和电路板面积，而且静态电流较小，可以提供小尺寸的电路解决方案和高的电流效率。LDO稳压器的基本结构如图2.2所示。经过晶体管的电压降定义为输入供电电压和输出电压之间的电压差。

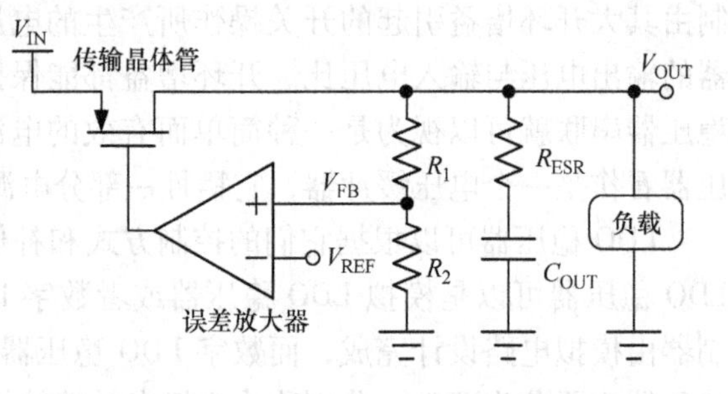

图2.2 LDO稳压器的基本结构

较小的电压降意味着较好的电源转换效率。然而，降低LDO稳压器的电压降会使得电路最后一级的增益降低，从而恶化调整性能。所以我们必须在电源转换效率和调整性能之间进行折衷。设计者通常采用较大的功率晶体管来有效降低电压降，并同时利用其较小的导通电阻。然而，大的功率晶体管会增加硅面积，所以芯片的成本也会增加。此外，当驱动功率晶体管的栅极时，误差放大器的有限压摆率也会降低LDO稳压器的瞬态响应。假设参考电压V_{REF}和反馈电压V_{FB}之间存在差值，误差放大器的输出电压控制传输晶体管的栅电压，从而调整流经传输晶体管的电流。

给定负反馈控制，如果环路增益足够大的话，LDO稳压器可以调节输出电压，而不管负载电流和输入电压如何变化。比如在开关稳压器中，预调整器中的开关串扰可以通过有效环路增益降低。然而，增加的环路增益可能导致稳定性恶化，因为高频极点将高于交叉频率。因此，我们又必须在调整性能和系统稳定性之间进行折衷。

如图 2.3 所示，LDO 稳压器的运行可以由一个模拟的蓄水池和水盆系统来解释，该系统由一个带有闭环系统的浮标控制。输入电压 v_{IN} 由蓄水池模拟。功率晶体管起到水龙头的作用，存储在输出电容中的电荷可视为存储在水盆中的水。水龙头的管口表示驱动能力。水盆中水的高度代表输出电压的水平。负载电流可以看作是在水盆底部流出的水。为了控制水位的恒定高度，类似于在 LDO 稳压器中用 v_{OUT} 标记调节电压水平，这里使用浮标形成闭环系统来检测水位。当检测的水位下降，并与预设的参考电压 v_{REF} 比较，就可以得到误差控制信号 v_{EA}。也就是说，v_{EA} 可以决定水龙头的松紧程度。v_{EA} 的值对应于水流出水龙头的量。在动态平衡机制下，流进和流出水盆的水保持动态平衡，这是由负反馈系统维持的。在模拟的蓄水池和水盆系统中，我们只监测与 LDO 稳压器输出电压水平类似的水位高度。所以，该系统称为电压模式控制系统。

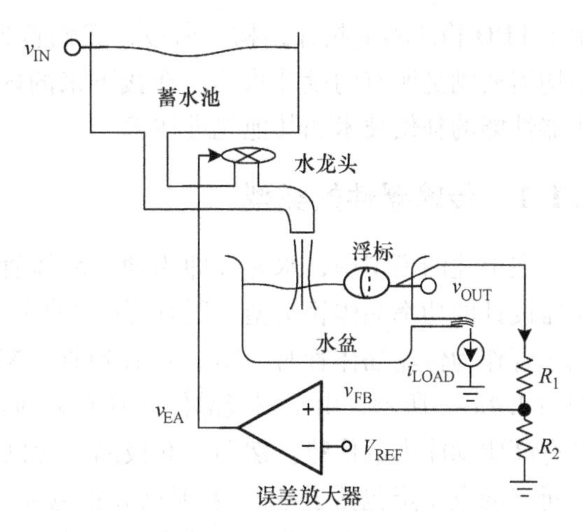

图 2.3　利用具有闭环系统浮标控制的模拟蓄水池和水盆系统解释 LDO 稳压器的工作原理

水龙头可以快速或缓慢地旋转，以确定在输出负载电流突然变化的情况下，水位能多快达到期望的水位。在模拟的蓄水池和水盆系统中，水位由负反馈闭环系统控制，其中水位由浮标感测。水龙头的大管口可以向水盆内输送高电流，但是水龙头会受到误差放大器输出驱动能力的限制。因此，将水龙头控制在合适的位置，需要误差放大器具有良好的驱动能力。此外，在一个大体积的水池中，水位很容易保持在一个恒定的水平，因为即使水龙头还没有转到适当的位置，负载电流的突然大幅度变化也不会立即干扰大流域的水位。此外，如果输出负载电流从高到低变化，那么由于没有多余的水流出水盆的额外路径，水位将在很短的时间内一直保持较高的水平。为了达到所需的水位，需要一个额外的路径，水可以迅速流出水盆，这会导致宝贵的水资源的浪费。显然，这种方法不够节能，也不利于环境。如果考虑到成本和能源效率，对于保持水位恒定，笨重的水盆不是一种合适的设计方法。

总的来说，有两个问题值得关注。首先，误差放大器的驱动能力与水龙头的尺寸有关，并且会影响到从蓄水池到水盆的快速电流传输；其次，水盆的尺寸决定了其中存储水的容量，而且在输出负载电流突然发生变化时，也会影响到水位的保持水平。这两个问题都需要考虑到类似的 LDO 稳压器设计中，因此我们必须在 LDO 稳压器设计中考虑加入两个大的电容。第一个电容位于输出节点，第二个电容位于误差放大器的输出，也就是图 2.3 中 v_{OUT} 和 v_{EA} 处的两个电容。这两个电容的值决定了 LDO 稳压器的拓扑结构。所以，我们首先需要考虑应用场景。其中一种拓扑结构需要满足所有的设计指标。在接下来的内容中，我们将介绍用于增强 LDO 稳压器性能的补偿技术和其他先进技术。

2.1.1　传输器件的类型

在上述的模拟中，水龙头即为功率晶体管。所以，我们要确定适用于 LDO 稳压器设计的功率晶体管类型。所有可能的传输晶体管设计如图 2.4 所示。考虑双极晶体管作为传输晶体管时，NPN 达林顿管、NPN 晶体管和 PNP 晶体管的场景分别如图 2.4a~c 所示，由于双极晶体管具有大的电流增益，所以在作为传输晶体管时具有高驱动能力的优势。然而，双极晶体管也具有两个明显的缺点。首先，电压裕度所需的电压降包括了基极/发射极和集电极/发射极电压，为了使得双极晶体管工作在有源区，这个电压降会比较大。在图 2.4a~c 中，电压降分别为 $V_{ce(sat)}+2V_{be}$、$V_{ce(sat)}+V_{be}$和 $V_{ec(sat)}$。所以，在低静态电流和低功耗 SoC 应用中，由于 NPN 达林顿管、NPN 晶体管具有大的电压降，所以它们并不适用。相比之下，因为 PNP 结构具有最小的电压降，其典型值为 0.4V，所以它是一种更为合适的结构。第二个重要的缺点是在基极会产生大的漏电流。基极电流正比于 I_C/β_n 或 I_C/β_p，其中 I_C 为集电极电流，β_n 和 β_p 分别为 NPN 晶体管和 PNP 晶体管的电流增益。总的来说，β_n 和 β_p 分别在 50~100 和 5~10 的范围内。由非零基极电流产生的漏电流会受到

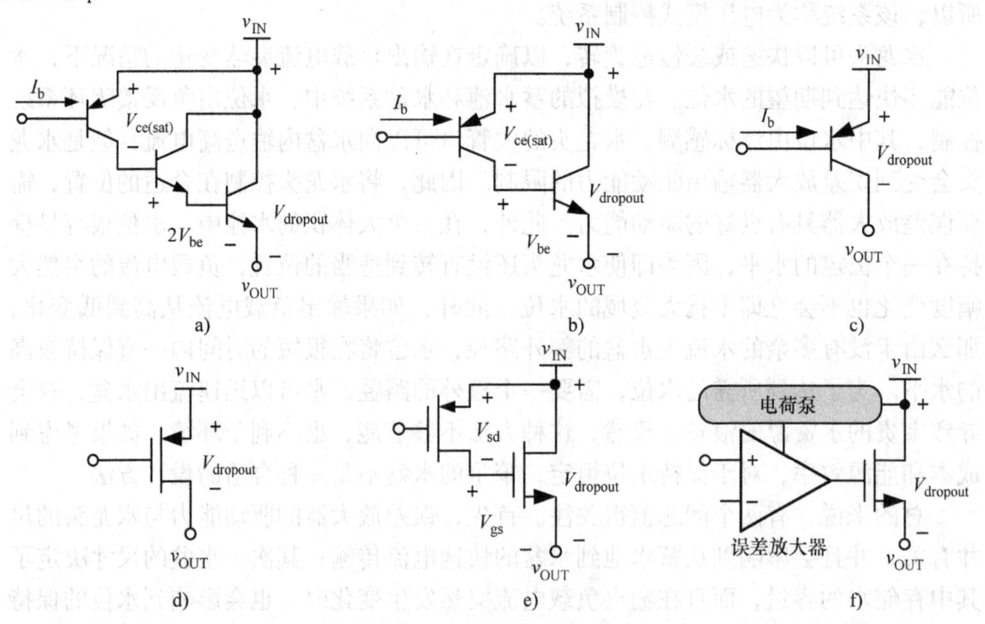

图 2.4　传输晶体管

a）NPN 达林顿管　b）NPN 晶体管　c）PNP 晶体管

d）NMOS　e）PMOS　f）具有一个电荷泵电路的 NMOS

电流增益的影响。如果我们需要一个 LDO 稳压器的电压，那么 PNP 晶体管是最合适的晶体管。然而，由于 PNP 晶体管的 β_p 和 NPN 晶体管的 β_n 相比会更小一些，所以 PNP 晶体管具有更大的漏电流。

我们可以选择用 MOSFET 来替换双极晶体管，从而消除上述两个明显的缺陷，如图 2.4d ~ f 所示。总的来说，在 MOSFET 的栅极没有直流电流流入或流出，所以我们可以完全解决静态漏电流问题，因此就可以保证传输晶体管具有较小的静态电流。然而，MOSFET 的驱动能力要小于双极型晶体管。所以 MOSFET 需要具有更大的尺寸比例来获得与双极型晶体管相同的驱动电流。这使得 MOSFET 具有较大的硅面积，这也是使用 MOSFET 的一个明显缺陷。

在图 2.4d 中，具有大尺寸比例的 PMOS 相比于 PNP 晶体管具有更小的电压降，其电压降最小可以接近 0.2V。也就是说，如果 LDO 稳压器需要较高的输出电压和较小的静态电流，那么 PMOS 在众多结构中是一个最优的选择。

然而，PMOS 也有许多缺点。例如，相比于 NMOS，PMOS 需要更大的硅面积来补偿更低的迁移率 μ_p。此外，在 LDO 稳压器中，PMOS 作为共源极使用。栅漏电容 C_{gd} 会被密勒效应放大，从而增加了环路补偿的困难性。相比之下，图 2.4e 中的 NMOS 作为源极跟随器，在 LDO 稳压器中主要起缓冲器的作用。所以，具有 NMOS 的 LDO 稳压器的补偿难度要小于具有 PMOS 的 LDO 稳压器。考虑到 NMOS 的电压降，其较大的 $V_{sd}+V_{gs}$ 电压空间是一个重要的缺陷，这个所需的电压空间几乎与双极晶体管相同。为了解决商用产品中的这个问题，我们可以加入一个电荷泵电路来降低电压降，如图 2.4f 所示。误差放大器的供电电压提升可以最小化电压降，但是 LDO 稳压器也会受到电荷泵电路开关噪声的影响。因此我们需要在噪声抑制和电压降之间进行折衷。因为难以在片上集成低通滤波器，所以我们在控制信号和 NMOS 之间插入一个片外的低通滤波器。所以，该方法的缺陷是需要额外的片外器件，同时会占据较大的 PCB 面积。

表 2.1 中的产品采用 PMOS 作为功率晶体管，这是因为 PMOS 具有较小的静态电流和 LDO 电压，但这是以复杂的补偿技术为代价实现的。在接下来的章节中，我们假设使用 PMOS 作为功率晶体管来讨论补偿技术。在本节结束前，我们观测 PMOS 的 $I-V$ 曲线如图 2.5 所示。PMOS 的工作状态与图 2.3 中的水龙头类似。PMOS 控制源栅电压 V_{SG} 的值，就好比控制水龙头的打开程度，可以决定流经 PMOS 的电流。在轻负载状态下（见图 2.5 中的 i_{D1}），较小的 V_{SG} 表示流出供电电压 V_{IN} 的电流较小。相比之下，在重负载时增加 V_{SG}（例如 i_{D2}）可以放松水龙头，使得大电流流过功率 PMOS。当负载由轻转重时（即从 i_{D1} 跳变到 i_{D2}），大的电压降 $V_{dropout}$ 可以保证功率 PMOS 工作在饱和区，从而在共源结构中获得较大的增益，其中 $V_{dropout}$ 为 PMOS 的源漏电压。

表 2.1 不同传输器件的比较

	NPN 达林顿管	NPN 晶体管	PNP 晶体管	NMOS	PMOS
I_{LOAD}	高	高	高	中等	中等
I_q	中等	中等	大	低	低
$V_{dropout}$	$V_{ce(sat)}+2V_{be}$	$V_{ce(sat)}+V_{be}$	$V_{ce(sat)}$	$V_{gs}+V_{ds(sat)}$	$V_{sd(sat)}$
速度	快	快	慢	中等	中等
补偿	简单	简单	复杂	简单	复杂

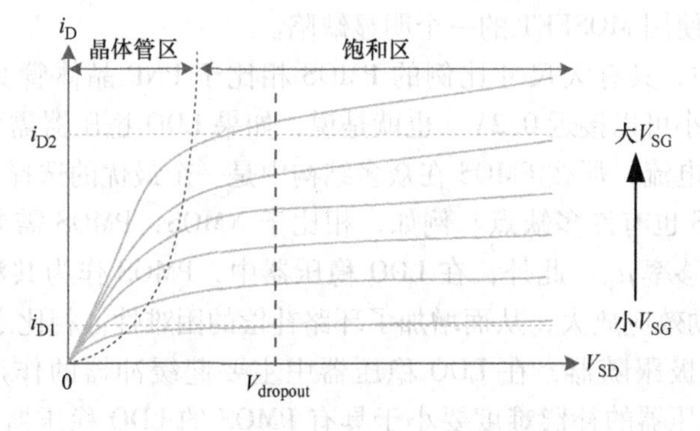

图 2.5 功率 PMOS 的 $I-V$ 曲线

在系统环路中的高增益可以产生调整良好的输出电压。然而，如之前讨论的那样，大的 $V_{dropout}$ 值意味着 LDO 稳压器具有较差的电源转换效率。确保功率 PMOS 工作在饱和区需要具有恒定的 $V_{dropout}$，同时在重负载时 $V_{dropout}$ 的值也要比较大，但是在轻负载时由于较小的 V_{SG} 会出现功率冗余和功耗低效。如果 $V_{dropout}$ 可以根据输出负载电流情况进行调整，那么电源转换效率可以在一个较宽的范围内保持较高值，这就涉及模拟动态电压缩减技术。我们将随后介绍模拟动态电压缩减技术和数字动态电压缩减技术。

2.2 补偿技术

如图 2.2 所示，LDO 稳压器由负反馈环路构成，所以输出电压可以被调整到需要的电压水平上。所以，我们必须仔细设计频率响应，不仅是为了维持稳定性，也是为了得到更好的瞬态响应。总的来说，补偿技术必须保证 LDO 稳压器具有不同的性能，这其中包括了轻负载时较小的静态电流、高电流效率、低电压工作和高驱动能力。对应不同的系统和应用的指标，不同的补偿技术会面临不同的挑战。在本节中，极点和零点的特性为 LDO 稳压器提供了补偿技术的基本概念。我们首先介绍极点的分布。

2.2.1　极点分布

首先，在如图 2.6a 中的 LDO 稳压器设计中，我们可以清晰地得到极点 P_0 和 P_1，它们分别位于 LDO 稳压器的输出和第一级的输出。不考虑密勒效应对栅漏电容的影响，并且在输出节点加入输出电容，使得 P_1 小于 P_0，如图 2.6b 所示。这是因为我们分别在功率 MOSFET 的栅极和误差放大器的输出端观察到大的寄生电容 C_{par} 和大的输出电阻 $r_{OUT(ea)}$。因为我们要求静态电流较小，所以 $r_{OUT(ea)}$ 的值较大。当功率 PMOS 的尺寸需要比较大，以提供高驱动能力时，因为功率 PMOS 提供的增益使得密勒电容栅漏电容 C_{GD} 足够大。所以，密勒电容 C_{GD} 将 P_0 和 P_1 分裂开。也就是说，P_0 向高频移动，形成新的高频极点 P_0'，而 P_1 向原点移动，形成新的低频极点 P_1'。由于大容值 C_{GD} 引起的极点分裂效应的根轨迹如图 2.6b 所示。因此，如果两个极点由 C_{GD} 分裂开，系统的稳定性得以保证。也就是说，功率 MOSFET 的栅极低频极点 P_1' 可以认为是系统的主极点，而不会受到其他低频极点的影响，这是因为第一个非主极点 P_0' 现在位于高频段。

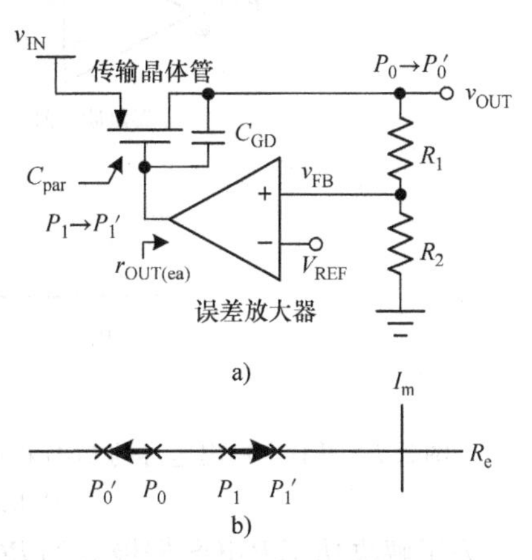

图 2.6　LDO 稳压器基本结构
a）电路图　b）具有密勒电容 C_{GD} 极点分裂效应的根轨迹

当检验 LDO 稳压器需求时，我们必须使 LDO 稳压器通过突发负载变化的检测。正如之前讨论的那样，在蓄水池和水盆系统中，突发的负载变化无法快速地改变大水盆中的水位。所以说，在输出端连接一个大的输出电容以维持调整良好的输出电压是非常容易的，如图 2.7a 所示。一个大的输出电容可以解决突发负载变化的问题，但是因为大的输出电容使得输出极点向原点移动，靠近主极点，所以系统稳定性降低。同时，功率 MOSFET 栅极的极点不再是主极点。输出极点从 P_0' 变为 P_0''。因为输出电容很大，所以 P_0'' 小于 P_0'。当采用大的输出电容时，P_0'' 成为系统新的主极点。然而，我们应该牢记 LDO 稳压器中存在两个低频极点 P_0'' 和 P_1'（输出极点和功率 PMOS 的栅极极点）。因此，两个低频极点会引起相位裕度的恶化，如图 2.7b 所示。设输出极点此时为主极点，之前的非主极点位于功率 MOSFET 的栅极，并需要向高频移动以增加系统的稳定性。明显地，我们必须决定如何将 P_1' 推向高频，或者增加补偿零点来抵消它的影响。如果我们仔细回顾这个问题，因为需要较小的静态电流，所以我们需要误差放大器的输出电阻非常大。在功率 PMOS 栅极的电阻/电容时间（RC 常数）则会非常大。所以，如果仍然需要很小的静态电流，那么误差放大器无法直接驱动功率 PMOS 栅极大的寄生电容。

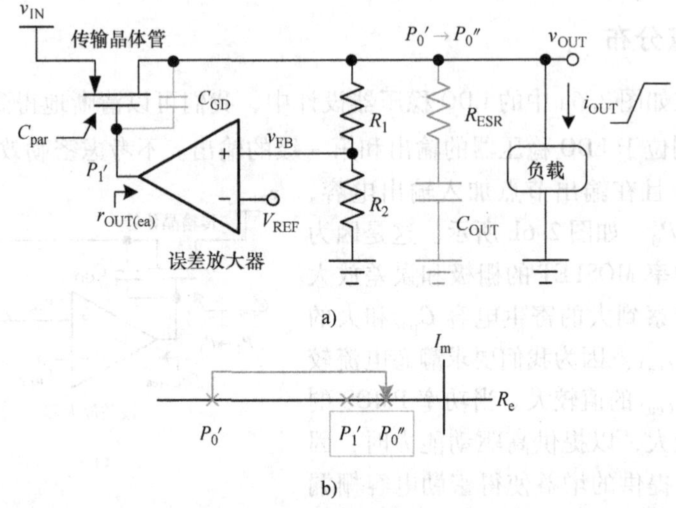

图 2.7 具有大输出电容的 LDO 稳压器基本结构，可以处理突发的负载电流变化

a）电路图 b）根轨迹

为了解决功率 PMOS 栅极大的 RC 时间常数问题，我们可以在误差放大器输出和功率 MOSFET 栅极之间插入一个缓冲级，如图 2.8a 所示。因此，通过插入缓冲级可以同时提高驱动能力和相位裕度。缓冲级将低频极点 P_1' 分裂为两个高频极点，称为 P_1^* 和 P_1^{**}，如图 2.8b 所示。P_1^* 和 P_1^{**} 具有小的 RC 时间常数，分别为 $C_{par}r_{OUT(ea)}$ 和 $C_{IN(buf)}r_{OUT(ea)}$，其中 $C_{IN(buf)}$ 和 $r_{OUT(ea)}$ 分别为缓冲级的输入电容和输出电阻。由于电压缓冲器的特性，所以 $C_{IN(buf)}$ 和 $r_{OUT(ea)}$ 的值非常小。当采用缓冲级时，大的 RC 时间常数停止增大。因为在功率 PMOS 的栅极存在大的寄生电容 C_{par}，P_1^* 小于 P_1^{**}。当插入缓冲级之后，P_1^* 变为第一非主极点。

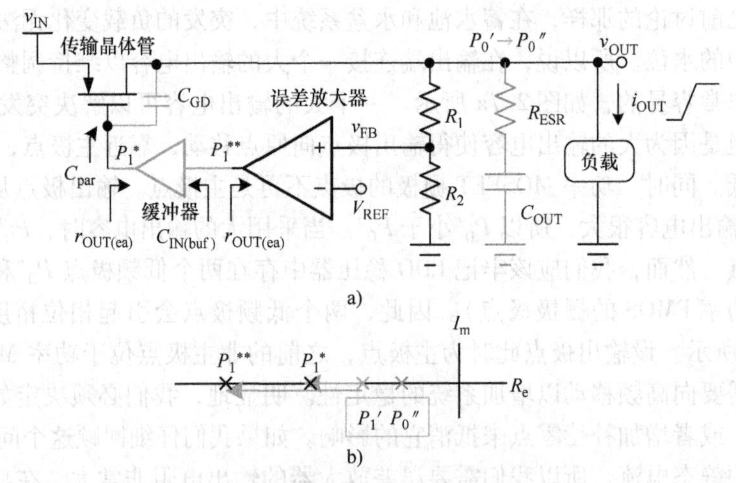

图 2.8 具有缓冲级的 LDO 稳压器的基本结构

a）电路图 b）根轨迹

在插入缓冲级之后，低频极点 P_1^* 得到一个小的 RC 时间常数。如果 P_1^* 位于单位增益处，且除了输出极点 P_0''再没有低频极点低于 P_1^*，我们可以画出一条斜率为 -20dB/十倍频程的线来决定 P_0''的位置，如图 2.9 所示。同样地，在缓冲级插入之前，我们也可以从 P_1'的位置画出一条斜率为 -20dB/十倍频程的线，从而确定 P_0''的位置。我们会发现此时 P_0''也位于单位增益处。P_0''可能的工作区间如图 2.9所示。总的来说，如果 P_0''位于高频，因为 P_1^* 高于 P_1'，那么 P_0''的 RC 时间常数可以减小。这时 P_0''中更小的 RC 时间常数这一优势得到加倍。首先，LDO 稳压器可以承受大的负载电流，这也意味着更小的等效输出电阻。其次，如果在中等负载时采用小的输出电容，用于替换传统设计而没有采用缓冲级，那么 LDO 稳压器可以保持稳定。

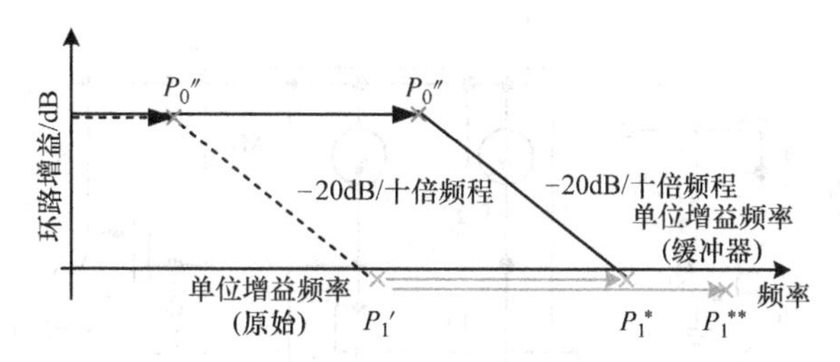

图 2.9　在插入缓冲级之前和之后，频域中主极点和非主极点的关系

基本上，缓冲器可以是一个简单的源极跟随器，如图 2.10a 所示，其具有等效输出电阻 $1/g_{m1}$。然而，$1/g_{m1}$不足以小到将极点推向高频。所以，我们的设计目标是为了降低等效输出电阻。当测试等效输出电阻时，我们在源 M_1 中加入一个测试电压 v_t，如图 2.10b 左上侧所示。小信号电流 $i_t(\approx g_{m1}v_t)$重新加载到晶体管 Q_1 的基极，从而产生放大电流 βi_t。这种技术的优势在于小信号 i_t 会被晶体管的电流增益 β 放大。在局部负反馈条件下，缓冲器的等效输出电阻被降低（$\beta+1$）倍，可以表示为

$$r_{OUT(buf)} \approx \frac{1}{g_{m1}} \cdot \frac{1}{(\beta+1)} \tag{2.1}$$

总的来说，在标准 CMOS 工艺中只提供横向 PNP 晶体管或者 NPN 晶体管。所以，设计中可以使用 BCD（Bipolar - CMOS - DMOS）工艺来优化设计，但这是以成本和硅面积为代价获得的。为了解决这个问题，晶体管的功能可以用 $M_{U1} \sim M_{U4}$ 的组合来替换，如图 2.10c 所示。一个新的等效输出电阻表示为式（2.2），这表明无需额外的工艺条件，由 $M_{U1} \sim M_{U4}$ 提供的局部负反馈控制将输出电阻降低了 $g_{m2}r_{o1}+g_{m3}g_{m4}r_{o1}r_{o4}$倍：

$$r_{OUT(buf)} \approx \frac{1}{g_{m1}} \cdot \frac{1}{(g_{m2}r_{o1}+g_{m3}g_{m4}r_{o1}r_{o4})} \tag{2.2}$$

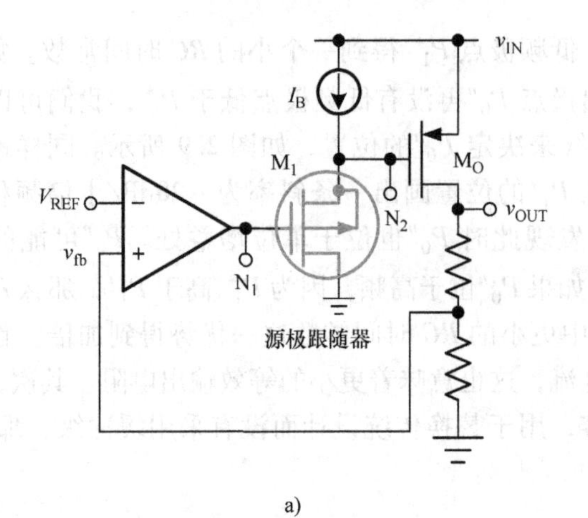

a)

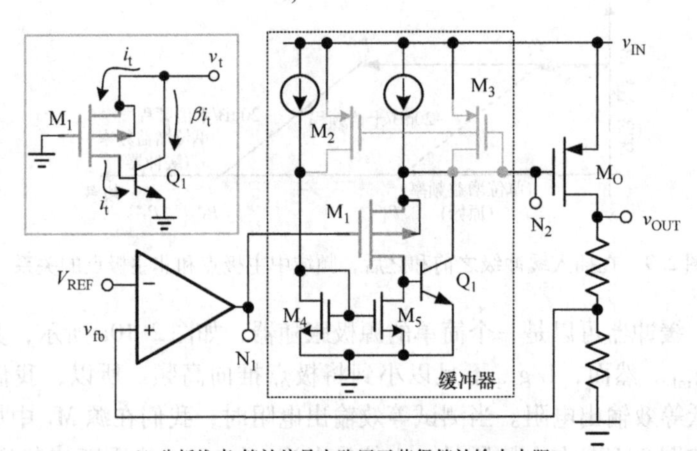

b) 分析线索:等效信号电路用于获得等效输出电阻

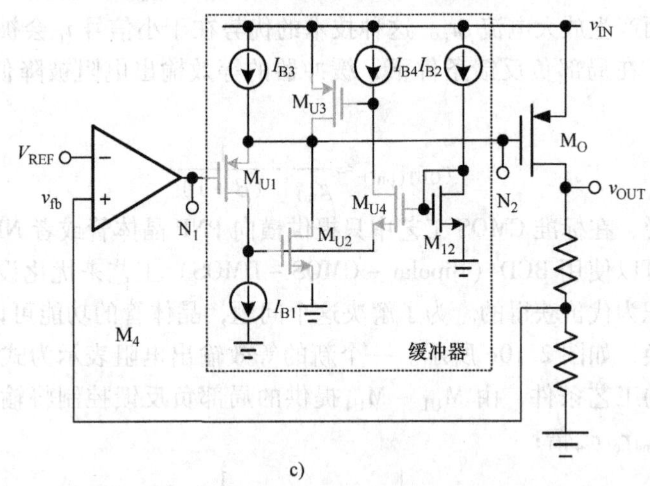

c)

图 2.10　具有缓冲级的 LDO 稳压器结构

a）源极跟随器结构　b）由晶体管实现的局部负反馈的源极跟随器

c）由 CMOS 器件实现的源极跟随器，以降低输出电阻

之前讨论过，如果使用缓冲级的话，输出电容的尺寸可以减小。要将图 2.9 中的 P_1^* 推至高于 P_1'点，输出电容不能放置在同一块硅片上，因为片上电容的范围在几皮法，而外部输出电容范围为几微法。也就是说，与传统无缓冲级的 LDO 稳压器设计相比，缓冲级的好处在于可以使外部输出电容更小一点。然而，即使使用了缓冲级，外部输出电容也太大了，不能使用片上电容取代。

为了找到一个 LDO 稳压器小型化的解决方法，可以使用图 2.7 中的输出电容，因为大电容的大电荷容量可以应对突然的负载改变。如果输出大电容被移走，功率晶体管应该迅速打开或者关上，因为存储在寄生输出电容上的少量电荷不能满足系统对于负载变化的需求。如果系统带宽十分大的话，即使外部大电容被移走，LDO 稳压器也可以应对瞬间负载变化。与主极点补偿完全相反，密勒补偿可以在不加入外部输出电容的情况下应用在 LDO 稳压器上。如果一个增益极放大器放置于误差放大器和功率晶体管之间的话，密勒补偿技术可以使系统具有一个大带宽。这样，可以获得一个大带宽，不过需要加入密勒电容。栅极到漏极的固有电容 C_{GD} 可以作为一个密勒电容。只有一个密勒电容 C_m 是必需的，见图 2.11a。上述两种补偿技术的特征与特点需要被考量和比较，以确定哪一种技术更适用于 SoC 的应用上。

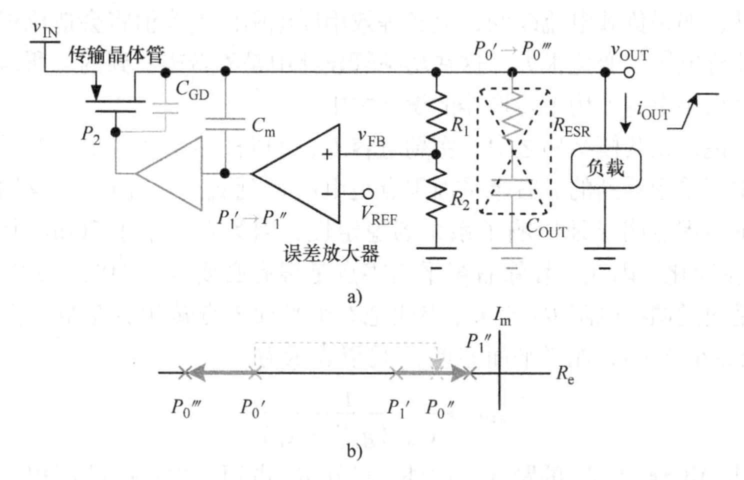

图 2.11　带有密勒补偿的基本 LDO 稳压器

a）电路图　b）根轨迹图

图 2.11a 是加入密勒电容 C_m，去掉输出大电容 C_{OUT} 的电路图。图 2.11b 中，V_{OUT}处的极点向高频率方向移动，从 P_0'移至 P_0'''，与此同时，误差放大器输出端的极点向低频率方向移动，从 P_1'移至 P_1''。因为密勒效应，在主极点补偿技术中，P_1''取代了 P_0'作为新的主极点。这个方法的好处在于密勒电容 C_m 相比原本的 C_{OUT} 相当的小，因为密勒效应放大了等效电容。此外，另一个密勒电容 C_{GD} 可以将 P_2 和 P_0''向高频率分离。然而，没有大电容 C_{OUT}，如果两种补偿形式被认为具有相同的单位增益频率，任何负载的瞬态响应将会造成一个比主极点补偿更大的输出瞬态电压的变

化，因为如果带宽不增大的话，就如同小水盆不能承载大型供水系统一样。

当负载由大变小，等效输出阻抗变小，V_{OUT}端的极点 P_0'''将会向低频方向移动。为了维持瞬态响应的性能，提升单位增益频率是一个挑战，尤其是在极轻负载条件下。

2.2.2 零点分布和右半平面零点

在 SoC 应用中，LDO 稳压器面临很大的负载变化。因而，为了能有一个良好的瞬态负载响应，LDO 稳压器的带宽需要很大。为了进一步拓宽带宽，左半平面（LHP）零点被用来消除第一非主极点的影响。我们提供了几种通用的方法来产生 LHP 零点，并且不影响到右半平面（RHP）零点。第一种为人所熟知的方法，如图 2.12a 所示，由等效输出阻抗公式可知，可在输出电容处用等效串联电阻来产生左半平面零点。

$$Z_{OUT}=R_{ESR}+\frac{1}{sC_{OUT}}=\frac{1+sR_{ESR}C_{OUT}}{sC_{OUT}} \tag{2.3}$$

等效串联电阻的值随温度而变化，在设计之中设定一个确定的值是一件困难的事情。此外，如果负载电流改变，流经等效串联电阻的电流值将会造成很大的电压下降。晶体管电压的变化很大，这在功率管设计中是不希望看到的。所以，等效串联电容的输出小电容被用于转换器的设计之中。

总的来说，在共模结构之中，密勒电容 C_m 可以提供一个右半平面零点，这通常是设计中不希望看到的。右半平面零点是由从 v_i 到 v_o，穿过 C_m 的反馈回路造成的。右半平面零点明显地影响了系统的稳定性，因为它带来了 20dB/十倍频程和 $-90°$的相位变化。因此，移除右半平面零点是很有必要的。如图 2.12b 所示，第二个技术是通过调零电阻 R_Z 与 C_m 串联把右半平面零点转化成左半平面零点。如果 $1/g_{m1}$明显小于 R_Z，左半平面零点 ω_Z可以表示为

$$\omega_Z\approx\frac{1}{C_m\ (g_{m1}^{-1}-R_Z)} \tag{2.4}$$

式中，g_{m1}是 MOSFET M_1 的跨导。此外，已知 R_Z 占用了大量的硅面积，可以使用工作在线性区的传统 MOSFET 电阻。然而，它的等效电阻的阻值受输出电压变化的影响。图 2.12c 展现出来了一个有效地去除右半部分零点的方法，通过在从 v_o 到 v_i 的反馈回路上加入一个源极跟随器串联密勒电容 C_m 来实现，这意味着 C_m 两端电压差保持在 v_i-v_o。然而，在 v_i 处观察的输入电容是由 C_m 和 C_{gs}生成的串联等效电容。因此，等效电容会比原始设计更小，也就是说，右半平面零点会向无穷远的方向移动，因此，生成了一个左半平面零点，经过计算，这个传递函数可以表示为

$$\frac{v_o}{i_i}=\frac{-g_{m1}R_oR_i(1+C_m/g_{m2}s)}{R_oC_oC_m(1/g_{m2}+R_i)s^2+[(1/g_{m2}+g_{m1}R_oR_i)C_C+R_oC_o]s+1} \tag{2.5}$$

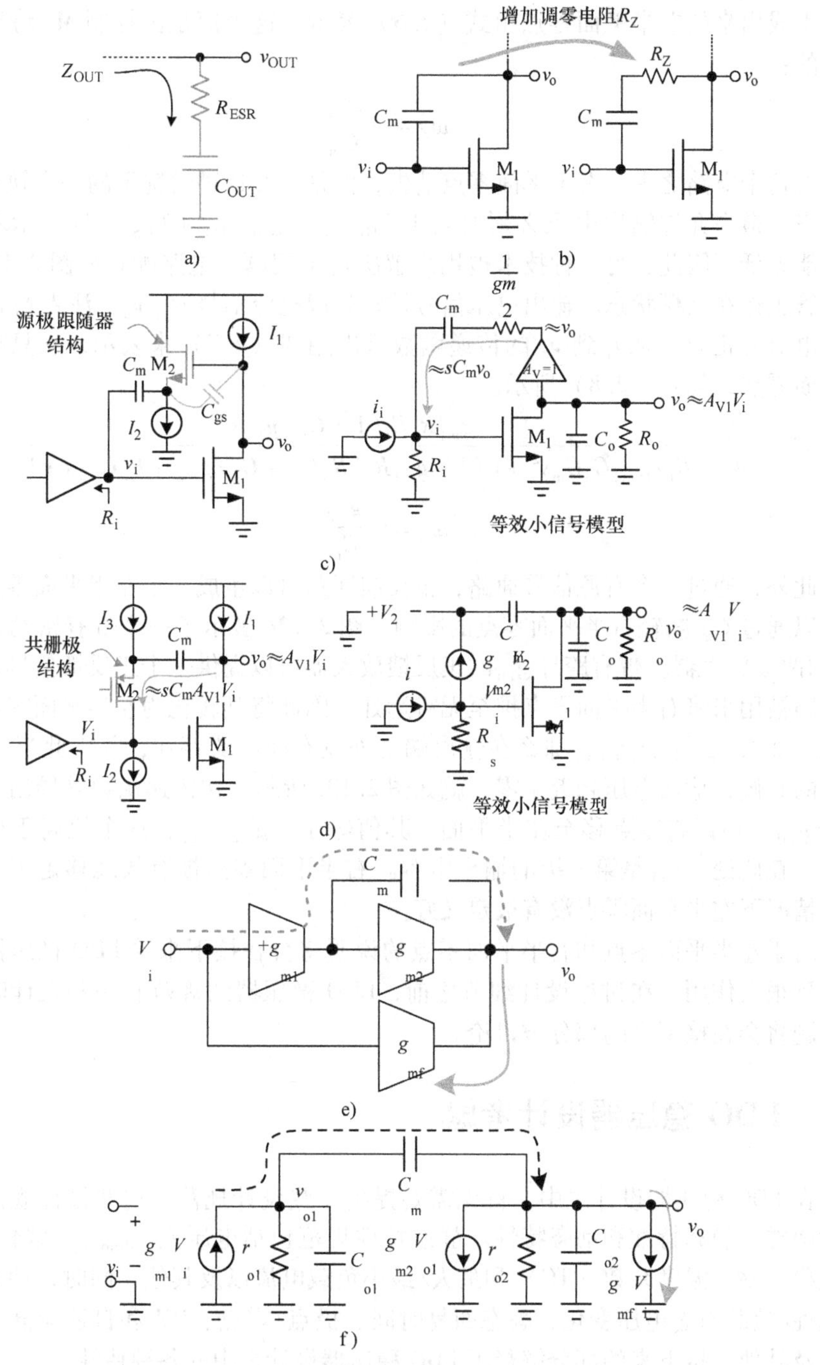

图 2.12　左半平面零点生成方法

a）输出电容处的等效串联电阻　b）带有调零电阻 R_Z 的密勒电容　c）用来消除右半部分零点的源极跟随器　d）消除右半部分零点的共栅结构　e）反馈回路形成了并联结构并获得了一个左半平面零点　f）图 e）的小信号模型显示前馈路径的作用力

生成出来的左半平面零点由式（2.6）表示，这个值是由控制 M_2 跨导的值来决定的：

$$\omega_Z = -\frac{g_{m2}}{C_m} \tag{2.6}$$

在这个电路之中，右半平面零点消失，但是，在这种情况下的一个缺点必须要指出来。最高允许输出电压必须要高于 $V_{OD(\text{current source I2})} + V_{GS2}$，这预示着输出电压不能太低。因此，另一种技术被用来解决这个问题。电路配置如图 2.12d 所示，晶体管工作在共栅状态。输出电压信号被转化成电流信号 $sC_m v_o$，注入到 v_i 端，与输入电流 i_i 汇合。从 i_i 到 v_o 的传递函数可以用式（2.7）来表示，它只有一个左半平面零点，如式（2.8）所示。

$$\frac{v_o}{i_i} = \frac{-g_{m1}R_oR_i(1 + C_m/g_{m2}s)}{R_o/g_{m2}C_oC_ms^2 + [(1 + g_{m1}R_i)R_oC_m + C_m/g_{m2} + R_oC_o]s + 1} \tag{2.7}$$

$$\omega_Z = -\frac{g_{m2}}{C_m} \tag{2.8}$$

此外，通过一个有源信号通路，正反馈回路可以生成一个左半平面零点，因为它可以通过 C_m 减轻右半平面零点的影响。图 2.12e 展示了一个带有密勒补偿电容 C_m 的两级放大器。带有跨导 g_{mf} 的正反馈放大器可以提供一个正反馈信号通路，这个通路被用来将右半平面零点推至无穷远处，因此将其转化为左半平面零点。也就是说，如果 g_{mf} 等于 g_{m1}，那么在输出端之外没有净电流存在，并因此当 ω 趋近于无穷的时候，输出电压趋近于零，就如图 2.12f 所示。在传递函数被导出以后，令 $g_{mf} = g_{m1}$，可以将零点移至左半平面，其值等于 $-g_{m2}/C_{o1}$，这个值高于单位增益频率，在此处，C_{o1} 是第一级的输出电容。右半平面零点被有效地移走了，即使在这种情况下左半平面零点没有被定义好。

对于左半平面零点和右半平面零点的说明将会在接下来的 LDO 稳压器设计之中起到很大作用。在讨论设计细节之前，LDO 稳压器的规范和一些设计时要考虑的问题将会在接下来的部分被讨论。

2.3 LDO 稳压器设计考虑

在 LDO 稳压器设计之中，首先需要提到一些设计规范。这些设计规范可以被分为两类，静态特性和动态特性。静态特性规范包括电压差 $V_{dropout}$、线性稳压率、负载稳压率、温度系数（TC）和最大/最小负载电流以及其他。同时，动态特性包含线性/负载瞬态电压变化、瞬态回复时间、极点/零点、PM 和自适应静态工作电流以及其他。接下来的部分解释了 LDO 稳压器设计之中的各种特性。

2.3.1 电压差

如图 2.13 所示，在特定的负载环境下假定出来某一个特定的 V_{OUT}，不同的

V_{IN}导致了不同的工作区，包括截止区、漏压区和稳压区。不同的工作区导致了不同的 V_{OUT}的值。在稳压区，V_{OUT}可以调整到允许电压差 $V_{dropout}$的范围之内。当 V_{OUT}偏离正常稳压电压的值大概2%时，电压差 $V_{dropout}$的值可以由输入电压与输出电压确定下来。也就是说，功率晶体管两端的电压被定义为 $V_{dropout}$。当 $V_{dropout}$上升而 V_{IN}下降的时候，功率晶体管最终增益消失，V_{OUT}最终偏离了希望的值。一旦功率晶体管的功能从模拟放大级转变成为开关，系统的环路增益就会大幅度下降，因此，LDO 稳压器失去了调节 V_{OUT}的能力。V_{OUT}的值由 V_{IN}、I_{LOAD}和 R_{on}决定，此处 R_{on}是功率晶体管的等效阻抗。在这种情况之下，就进入了漏压区。功率晶体管两端的电压可以表示为

$$V_{dropout} = I_o R_{on} \tag{2.9}$$

当 V_{IN}进一步减小，因为驱动功率晶体管的输入电压太小了，所以 R_{on}继续增大。在这种情况下，V_{OUT}减小到地电位，进入了截止区。

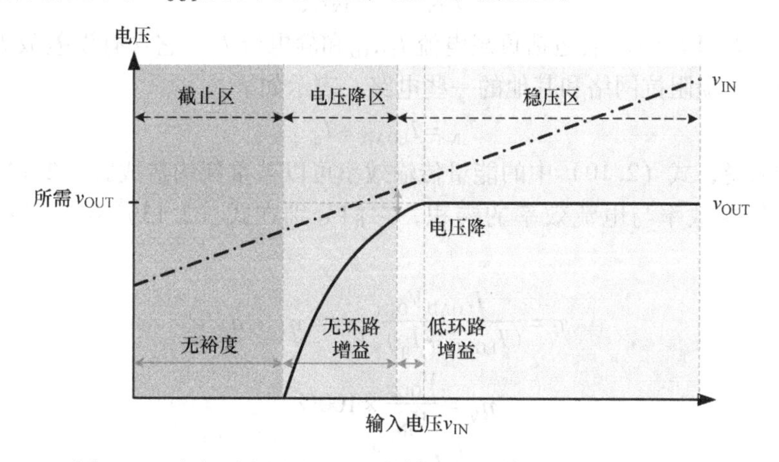

图2.13 定义了电压差 $V_{dropout}$的输入电压输出电压的特征曲线

为了具有稳压能力和驱动能力，对于 LDO 稳压器来说工作在稳压区是必需的。当需要小电压差 $V_{dropout}$和大电流负载 I_{LOAD}的时候，LDO 稳压器应该工作在稳压区之外。反馈控制器可以调整对应于 $V_{dropout}$的 R_{on}使之能够在工作于稳压区时调节 V_{OUT}。在稳压区的时候，$V_{dropout}$取最小值的时候是最差的情况，此时 LDO 稳压器稳压区的 I_{LOAD}最大，R_{on}最小。为了保证 LDO 稳压器工作在稳压区，提升功率晶体管的尺寸可以减小 R_{on}，然后解除 $V_{dropout}$的限制。然而，这个设计提高了补偿网络的复杂度。

LDO 稳压器主要有两个用途。第一个用途是作为电压转换器来提供步降供应电压。在这种情况下，需要保证的是结构简单、硅面积要小、低成本，以及最小限度地使用例如电感和电容等无源元件。然而，大电压差 $V_{dropout}$是必然的，因为 LDO 稳压器被用来调整步降电压变化。与开关稳压器相比，LDO 稳压器可牺牲电源传

输效率，这时功率晶体管的能量损耗相当大。

LDO稳压器的第二个用途是作为一个后级稳压，在敏感模拟电路中减小低噪声电压的噪声。我们希望$V_{dropout}$最小，以减小能量损失。在现代LDO稳压器设计之中，需要对效率与功率晶体管占用的硅面积进行取舍。因此，$V_{dropout}$被设计在200mV范围之内。

2.3.2 效率

功率传输效率被定义成输出功率P_{OUT}与输入功率P_{IN}的比值，如等式（2.10）所示。输出功率P_{OUT}等于输出电压V_{OUT}和输出负载电流I_{LOAD}的乘积。输入功率P_{IN}等于输入电压V_{IN}和输入电流I_{IN}的乘积。

$$\eta = \frac{P_{OUT}}{P_{IN}} = \frac{V_{OUT} I_{LOAD}}{V_{IN} I_{IN}} \tag{2.10}$$

在式（2.11）中，I_{IN}包括负载电流I_{LOAD}和静电流I_q，它含有误差放大器、带隙基准源、反馈阻抗网络和其他的一些电路，表示如下：

$$I_{IN} = I_{LOAD} + I_q \tag{2.11}$$

总的来说，式（2.10）中的能量传输效率可以被重新构造成式（2.12），它的值为电压转换效率与电流效率的乘积，它们分别在式（2.13）和式（2.14）中体现。

$$\eta = \frac{I_{LOAD} V_{OUT}}{(I_{LOAD} + I_q)\ V_{IN}} = \eta_V \cdot \eta_I \tag{2.12}$$

$$\eta_V = \frac{V_{OUT}}{V_{IN}} \times 100\% \tag{2.13}$$

$$\eta_I = \frac{I_{LOAD}}{I_{LOAD} + I_q} \times 100\% \tag{2.14}$$

在重负载之下，式（2.12）的能量传输效率等于V_{OUT}与V_{IN}的比值，因为I_{LOAD}远大于I_q。这个结果表明，电压差$V_{dropout}$限制了效率的提升。同时，在轻负载表示能量传输效率时，电流效率η_I不能忽略。在便携设备之中，处于绝大多数时间的是待机状态和轻负载状态。也就是说，高η_I值是决定电池使用时间的一个重要因素。因此，要获得高电流效率，静电流I_q应该匹配负载电流I_{LOAD}的变化，以保持高负载变动范围时的高效率η_I。在轻负载时，静电流I_q的值通常被设置在很小的值以获得高效率η_I。工作在待机状态，系统负载电流很小时保持低静电流I_q是一个挑战。在重负载环境之下，如果I_q增长到与负载电流匹配，高效率η_I可以保持住。即使I_q被调整至与负载电流匹配，保持LDO稳压器的性能也是一个问题，因为运算放大器的带宽和压摆率有限。LDO稳压器设计的性能是首先要评估的。其次，满足规格的可行的技术将在本书的后面进行讨论。

2.3.3　线性/负载调整率

线性/负载调整率是 LDO 稳压器的两个重要的稳态性能，因为它预示了当输入电压和输出负载电流分别出现扰动的时候，输出电压变化的百分率。线性调整率定义为因输入电压线性变化导致的输出电压变化，如图 2.14 所示。线性调整率可以在式（2.15）中表示出来，在此处 L_o 是 LDO 稳压器的环路增益；g_m 和 r_o 分别是跨导和功率 MOSFET 的输出阻抗；β 是反馈系数。为了保证优秀的线性调整率，高环路增益是必需的，不过稳定性可能会恶化。因此，在调整率性能/准确度和稳定性之间存在取舍：

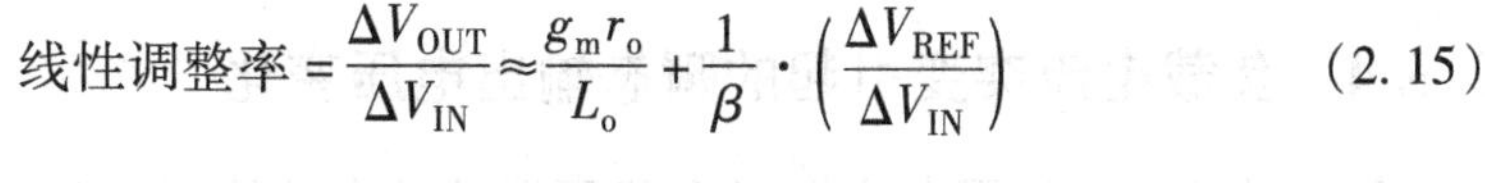

$$\text{线性调整率} = \frac{\Delta V_{OUT}}{\Delta V_{IN}} \approx \frac{g_m r_o}{L_o} + \frac{1}{\beta} \cdot \left(\frac{\Delta V_{REF}}{\Delta V_{IN}}\right) \tag{2.15}$$

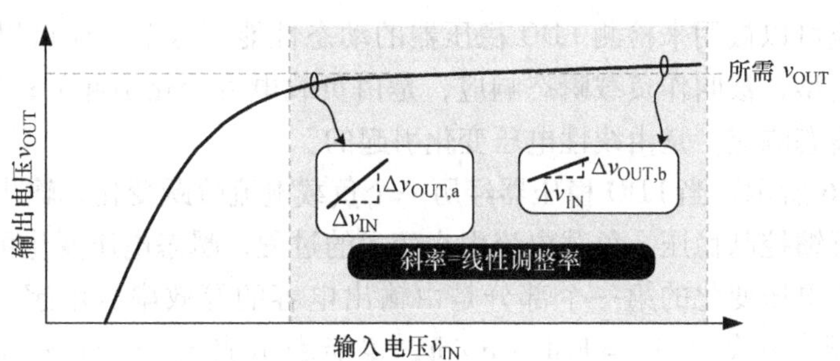

图 2.14　线性调整率的定义

当 V_{IN}下降的时候，电压差也下降了。在图 2.14 中，当 V_{IN}被减小到一个特定水平，线性调整率彻底下降。考虑到电压差存在约束，因为 V_{IN}下降，LDO 稳压器的环路增益下降。也就是说，$\Delta V_{OUT,a} > \Delta V_{OUT,b}$，假定输入电压变化 ΔV_{IN}与图 2.14 一样。

负载调整率被定义为假定负载电流变化，如图 2.15 所示，输出电压的变化。为了获得优良的负载调整率，高环路增益是必需的，不过稳定性更差了，补偿变得

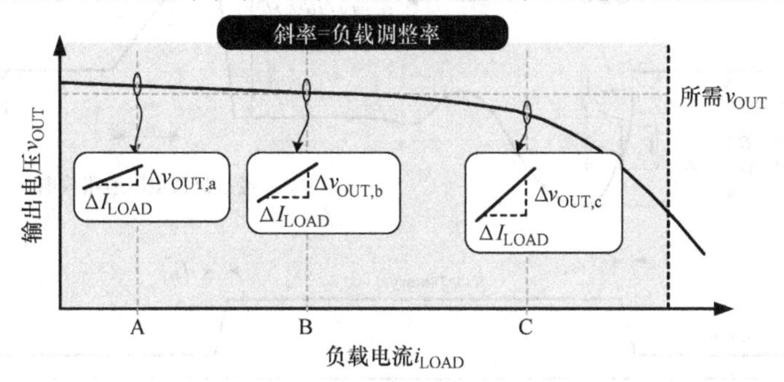

图 2.15　负载调整率的定义

复杂。负载调整率的表达式在式（2.16）中给出，在此处 L_o 是 LDO 稳压器的环路增益；r_o 是功率 MOSFET 的输出阻抗。

$$负载调整率 = \frac{\Delta V_{OUT}}{\Delta V_{IN}} = -\frac{r_o}{1+L_o} \tag{2.16}$$

如果选用 PMOS 作为功率晶体管，LDO 稳压器的环路增益取决于负载状态。重负载状态下增益减小，因此负载调整率逐渐降低，如图 2.15 所示。当负载电流变化（ΔI_{LOAD}）相同时，在重负载状态下输出电压变化很大。也就是说，$\Delta V_{OUT,c} > \Delta V_{OUT,b} > \Delta V_{OUT,a}$（见图 2.15），因为 C 点处的负载电流明显高于 A 点处的负载电流。

2.3.4　负载电流突变引起的瞬态输出电压变化

瞬态响应可以被用来检测 LDO 稳压器的动态性能。这个响应可以分为两个类型。第一个类型，被叫作负载瞬态响应，是由负载电流变化引起的；第二个类型，被叫作线性瞬态响应，是由线性电压变化引起的。

如图 2.16 所示，当 LDO 稳压器经历一个负载电流阶跃变化，输出电压需要时间来实现负反馈控制稳压。负载电流由小变大的过程，瞬态电压变化可以被分成四个部分。输出电压变化的第一个部分是由输出电容的等效串联电感（ESL）引起的，因为电压变化等于 $V_1 = \text{ESL} \times \mathrm{d}i/\mathrm{d}t$，也能表示成 $V_1 = \text{ESL} \times (I_{LOAD(heavy)} - I_{LOAD(light)})/T_{rise}$。与之类似，输出电容的等效串联电感在第二部分造成了电压差 V_2。当负载电流被设置在 $I_{LOAD(heavy)}$ 时，等效串联电感在第三部分中展现了上升效果。最后，在第四部分之中，输出电压经过瞬态响应，这个瞬态响应由转换器的动态特性和所使用的控制方法决定。等效串联电阻在某些时候可以作为电流传感器，在纹波控制中使输出纹波作为脉冲宽度调制（PWM）的上升下降沿。将等效串联

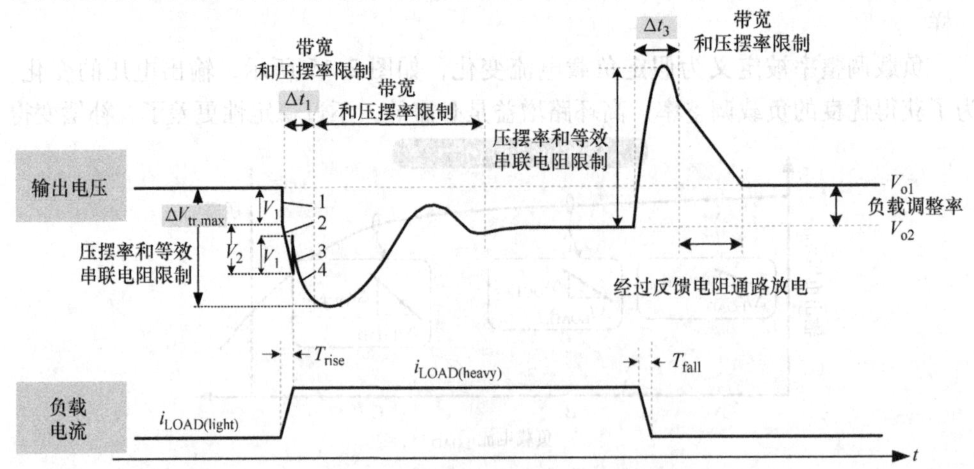

图 2.16　假设负载电流变化，负载瞬态响应

电阻作为电流传感器使用将会在接下来的内容中详细讨论。

假定负载电流变化，因为这个器件工作与水龙头相似，传输器件不能马上提供足够的负载电流，需要一定的时间来打开以获得大电流。因此，输出电压经历了电压降，下降时间 Δt_1 取决于闭环带宽 BW_{cl}和功率晶体管的栅极引出线的转换速率。响应时间接近于式（2.17）所示，此处，C_{par}是功率晶体管栅极端的寄生电容；I_{sr}是误差放大器的偏置电压。

$$\Delta t_1 \approx \frac{1}{BW_{cl}} + t_{sr} = \frac{1}{BW_{cl}} + C_{par}\frac{\Delta V}{I_{sr}} \tag{2.17}$$

式中，BW_{cl}是轻负载时的带宽。

与之类似，Δt_3 由式（2.18）所示，然而，Δt_1 和 Δt_3 的值是不同的，因为带宽在轻负载和重负载的时候不同：

$$\Delta t_3 \approx \frac{1}{BW_{cl}} + t_{sr} = \frac{1}{BW_{cl}} + C_{par}\frac{\Delta V}{I_{sr}} \tag{2.18}$$

式中，BW_{cl}是重负载时的带宽。

在这种情况下，我们可以导出瞬态响应的时间，最大瞬态电压变化 $\Delta V_{tr,max}$。为了简化表达式，等效串联电感的效应第一个被忽略掉。因此，万一负载分别由轻变重和由重变轻，分别如图 2.17 和图 2.18 所示，功率晶体管流向输出负载的电流或者过小或者过大。考虑到输入电压源和输出负载之间的能量不同，输出电容作为缓冲器工作，在动态平衡建立起来之前，以维持输出电压稳定。换句话说，输出电容可以首先传输能量到输出端，功率 MOSFET 的栅 - 源电压被调整到足够大的电压值（见图 2.17）。与之相比，在功率 MOSFET 关断以达到一个合适的工作状态之前（见图 2.18），额外的能量被注入到输出电容。也就是说，瞬态输出电压变化 $\Delta V_{tr,max}$可以通过式（2.19）导出，表示负脉冲/过冲电压。

$$\Delta V_{tr,max} = \frac{I_{LOAD(heavy)} - I_{LOAD(light)}}{C_{OUT}} \cdot \Delta t_1 (\text{或}\ \Delta t_3) + \Delta V_{ESR} \tag{2.19}$$

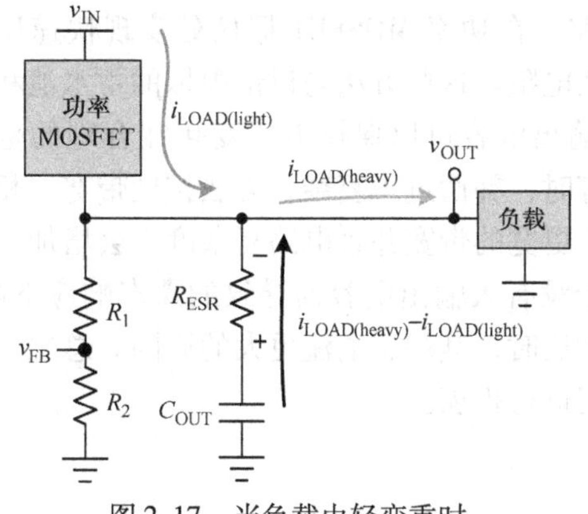

图 2.17　当负载由轻变重时，输出电压下降

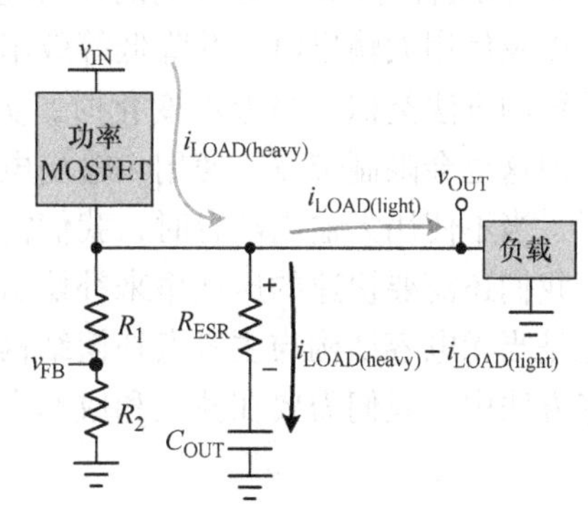

图 2.18　当负载由重变轻时，输出电压过冲

式（2.19）中的第一项表明，在时间 Δt_1 或 Δt_3 之后，以及功率 MOSFET 正常工作之前，输出电容 C_{OUT} 的功能相当于一个缓冲器。在这段时间内，功率 MOSFET 开始分别从轻负载到重负载或者重负载到轻负载变化。同时，电流流入或流出输出电容。式（2.19）中的第二项可以表示等效串联电阻产生的电压降。由等效串联电阻引起的电压降会导致输出瞬态电压的明显变化。因此，我们不希望 LDO 稳压器中存在等效串联电阻。在目前可用的商业产品中，我们应选择具有小阻值等效串联电阻的电容。例如，LDO 稳压器经常采用多层陶瓷电容器，以确保低输出电压纹波。

图 2.16 右侧所示的过冲电压可以通过反馈分压电阻的漏电流来耗散，如图 2.19 所示。因此，输出电压的下降斜率取决于分压电阻的值。然而，当下一级的 SoC 采用具有低电压特性的先进纳米工艺时，大的过冲电压可能会损坏该 SoC。因此，在传统的 LDO 稳压器中，虚拟电阻负载可以连接到输出端以消耗额外的能量。但是，这个过程是以效率为代价来实现的。

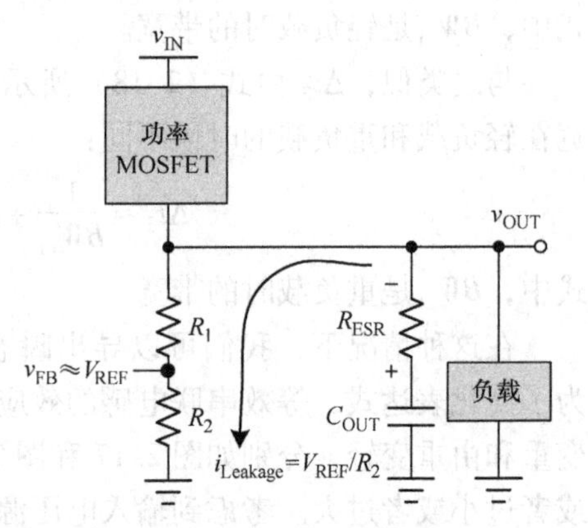

图 2.19 通过反馈分压器电阻耗散输出过冲电压

另一种动态性能是线性瞬态响应。当输入电压降低到更小的值时，功率 MOSFET 将提供减小的负载电流，从而导致电压下降。这种响应类似于轻负载到重负载电流变化情况下的负载瞬态响应。相比之下，当输入电压升高到更大值时，功率 MOSFET 将提供一个比所需输出负载电流更大的负载电流，从而产生过冲电压。这种响应类似于重负载到轻负载电流变化情况下的负载瞬态响应。

根据前面的讨论，我们得出结论可以使用哪种通用方法来改善动态和瞬态响应。这些方法包括采用宽带宽的闭环电路、在功率 MOSFET 栅极处实现快速压摆率，以及使用大输出电容并降低等效串联电阻。这些方法与讨论模拟的蓄水池和水盆系统的方法类似。当温度变化时，大输出电容可以保持电压变化在合理的范围内，但这也会限制带宽。使用大输出电容时，补偿过于复杂，无法扩展带宽。相比之下，当不使用大输出电容时，我们需要更宽的带宽并且电路复杂度也会增加。此外，我们还需要快速的压摆率来补偿由于没有大输出电容而导致的瞬态响应下降。这也是当无电容结构与主极点补偿结构相比时，其静态电流更大的原因。总之，在这些方法中，我们需要在性能和成本之间进行折衷。

2.4　模拟 LDO 稳压器

如 2.2 节和 2.3 节所述，模拟 LDO 稳压器的设计策略根据补偿技能可以分为两个基本类别。也就是说，首先确定主极点的位置。在第一类中，由于使用了大输出电容，主极点位于输出端；第二类称为无电容或少电容 LDO 稳压器，主极点由密勒电容产生，而不需要使用大的输出电容。

传统的 LDO 稳压器使用一个具有几微法（μF）的大输出电容来设置输出节点的主极点。考虑到使用大型物理电容，补偿方法被称为主极点补偿技巧。这种方法的一个明显缺点是使用了一个大的片外电容，这会增加 PCB 的面积。

相反，主极点可以通过密勒效应由放大的电容产生。使用大的物理片外电容来形成主极点是不必要的。无电容型 LDO 稳压器的名称源于不需要使用大型片外电容，该片外电容由一个小型片上密勒电容取代，形成主极点并提高系统稳定性。当考虑针对 SoC 应用的高度集成的 LDO 稳压器时，无电容型 LDO 稳压器能够降低键合线效应，并减少输入/输出焊盘占用的硅片面积以连接片外无源元件。

根据以下小节的讨论，便携式 LDO 稳压器电子产品的规格应包括三个基本要求：低静态电流、宽输入操作范围和改进的调节性能。根据这些要求，我们研究了两类 LDO 稳压器的优缺点，以确定这些设计之间的差异。我们首先分析具有主极点补偿技术的 LDO 稳压器。

2.4.1　主极点补偿的特性

图 2.20 展示了具有主极点补偿的 LDO 稳压器。通常，当下一级电路的等效输出电容未确定时，我们可以利用主极点补偿技术。即使下一级电路的输入电容未知，插入大输出电容 C_{OUT} 也可确保主极点位于输出节点。而且，它可以处理下一级电路中出现的重负载阶跃。

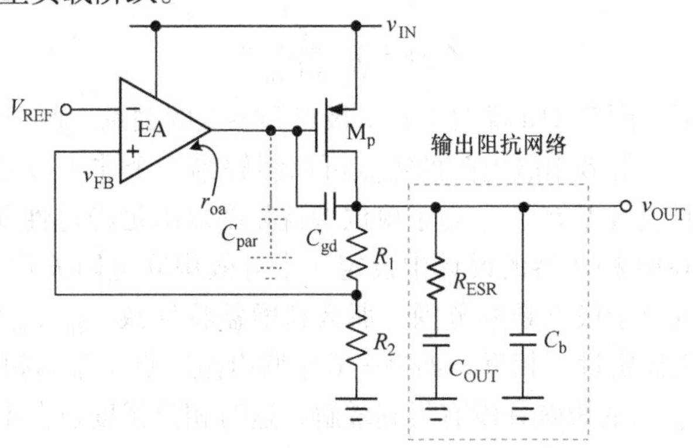

图 2.20　传统 LDO 稳压器

一个基本的 LDO 稳压器包括一个误差放大器、反馈分压电阻 R_1 和 R_2 以及一个功率 PMOS。在该稳压器中，在 PMOS 的栅极和漏极端之间存在大的栅－漏电容 C_{gd}。也就是说，PMOS 的栅极处的总寄生电容 C_{par} 由密勒电容 C_{gd} 与 $(1+A_{v(Mp)})$ 的乘积确定，其中 $A_{v(Mp)}$ 为共源结构中的 PMOS 电压增益。而且，由于便携式电子产品的静态电流很低，误差放大器的输出电阻 r_{oa} 很大。在 PMOS 的栅极处的极点 P_{1st_non} 被称为第一非主极点，该极点处于低频并且通过以下式（2.20）表示，即

$$P_{1st\_non}=\frac{1}{r_{oa}C_{par}} \tag{2.20}$$

主极点补偿技术将合适的输出阻抗网络连接到输出节点。输出阻抗网络的构成包括两个电容：大输出电容 C_{OUT} 和旁路电容 C_b，C_b 的值小于 C_{OUT}。C_b 可以在高频时产生一个极点来提高十倍频程的环路增益，并降低高频噪声。此外，在稳定性分析中应考虑 C_{OUT} 的等效串联电阻 R_{ESR}，而 C_b 的等效串联电阻可以忽略不计，因为 $C_{OUT}>C_b$。在这种情况下，如果使用输出阻抗网络，则需要确定该网络中所有的极点和零点。等效输出阻抗 Z_{OUT} 可以用式（2.21）表示，其中 r_{out} 表示等效输出电阻：

$$\begin{aligned}Z_{OUT}&=r_{out}\parallel(R_1+R_2)\parallel\frac{(1+sR_{ESR}C_{OUT})}{sC_{OUT}}\parallel\frac{1}{sC_b}\\&=\frac{[r_{op}\parallel(R_1+R_2)]\cdot(1+sR_{ESR}C_{OUT})}{s^2[r_{op}\parallel(R_1+R_2)]R_{ESR}C_{OUT}C_b+s[r_{op}\parallel(R_1+R_2)+R_{ESR}]C_{OUT}+s[r_{op}\parallel(R_1+R_2)]C_b+1}\end{aligned} \tag{2.21}$$

式（2.21）中的分母是一个二阶多项式，表示由 C_{OUT} 和 C_b 贡献的两个极点，分别由式（2.22）和式（2.23）表示：

$$P_0=\frac{1}{r_{out}C_{OUT}}，如果(R_1+R_2)\gg r_{op}\gg R_{ESR} \tag{2.22}$$

$$P_{2ndhskip-1pt\_non}=\frac{1}{R_{ESR}C_b} \tag{2.23}$$

同时，式（2.12）中的分子是一阶多项式。R_{ESR} 提供的零点位于低频处。

$$Z_{ESR}=\frac{1}{R_{ESR}C_{OUT}} \tag{2.24}$$

在这种情况下，图 2.21a 说明了三个极点和零点的关系。两个低频极点小于单位增益频率。因此，等效串联电阻的零点可以缓解第一个非主极点 P_{1st_non} 的影响，同时确保第二个非主极点 P_{2nd_non} 高于单位增益频率以满足稳定性要求。也就是说，稳定性要求会在 LDO 稳压器的设计中设定一个等效串联电阻的稳定值范围。如果等效串联电阻零点位于极点频率范围，那么高增益将导致 P_{2nd_non} 小于单位增益频率，从而降低系统稳定性。相反，如果等效串联电阻零点位于高频处，那么低于单位增益频率的 P_{2nd_non} 的影响并没有得到缓解，这时相位裕度也会不足。如图 2.21b 所示，负载电流与等效串联电阻值的关系展示了由稳定性要求设定的等效串联电阻的稳定值范围。

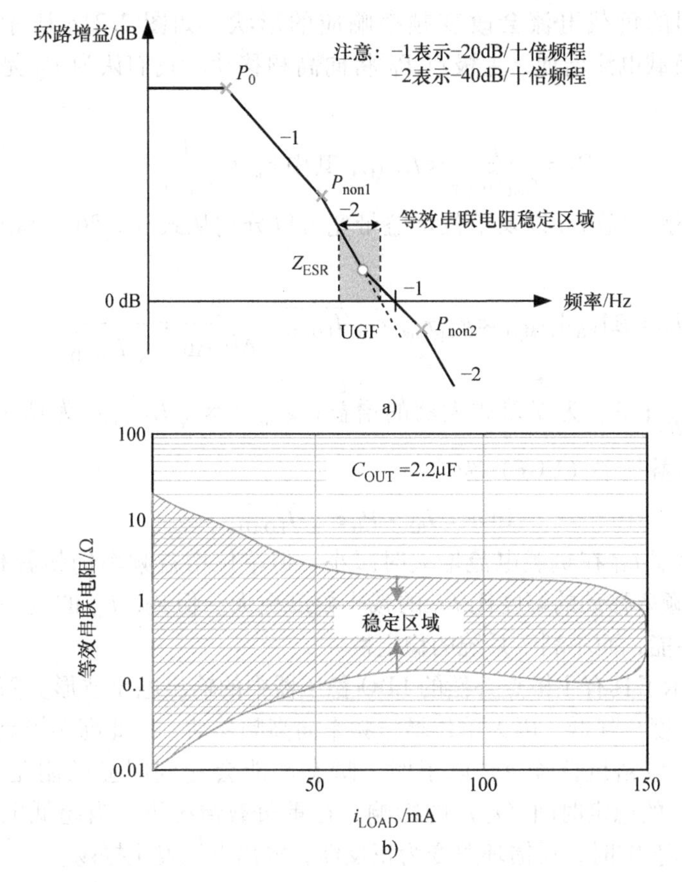

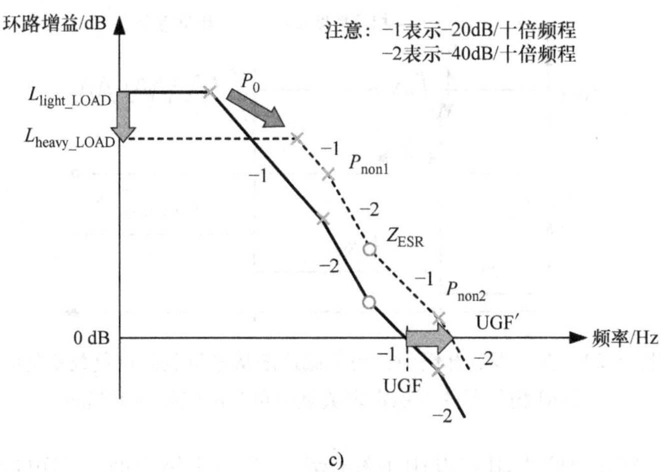

图 2.21　具有主极点补偿 LDO 稳压器的频率响应分析

a）等效串联电阻稳定区域　b）负载电流与等效串联电阻的关系　c）不同负载电流条件下的频率响应

此外，不同的负载电流会改变频率响应的形状，如图 2.21c 所示。根据式(2.25)，如果负载电流增加，主极点 P_0 将向高频移动。我们认为 P_0 是与负载有关的极点：

$$P_0 = \frac{1}{r_{out}C_{OUT}} \propto I_{LOAD}\text{，其中 } r_{out} \propto \frac{1}{I_{LOAD}} \tag{2.25}$$

同样地，环路增益 L_O 以及单位增益带宽可以分别从式（2.26）和式（2.27）中得到。

$$L_O = \beta A_{EA} A_{v(Mp)} \propto g_{mp} r_{out} \propto \sqrt{I_{LOAD}} \times \frac{1}{\lambda I_{LOAD}} = \frac{1}{\sqrt{I_{LOAD}}} \tag{2.26}$$

式中，$\beta = \dfrac{R_2}{R_1 + R_2}$；$A_{EA}$ 为误差放大器的增益；g_{mp}（$\propto \sqrt{I_{LOAD}}$）为功率 MOSFET 的跨导。单位增益频率（UGF）为

$$\text{UGF} = L_O \cdot P_0 \propto \sqrt{I_{LOAD}} \tag{2.27}$$

虽然环路增益 L_O 在负载电流增大时减小，但单位增益频率仍朝着高频移动，因为 P_0 向这些频率移动的幅度比 L_O 的减小幅度更大。但是，L_O 的进一步减小会降低电压调节性能，而不利于系统的稳定性。

图 2.22 显示了具有主极点补偿的 LDO 稳压器中的输出电压波形。随着负载由轻变重，相位裕度会降低，因为单位增益频率向高频移动，因此高频极点低于单位增益频率。当相位裕度降至 45°以下时，瞬态性能会受到明显的阻尼电压变化（ΔV_{OUT}）和较长的稳定时间（t_s）的影响。在重负载情况下，当超低电压下相位裕度值下降到小于 0°时，反馈环路变为正反馈，输出电压发生振荡。

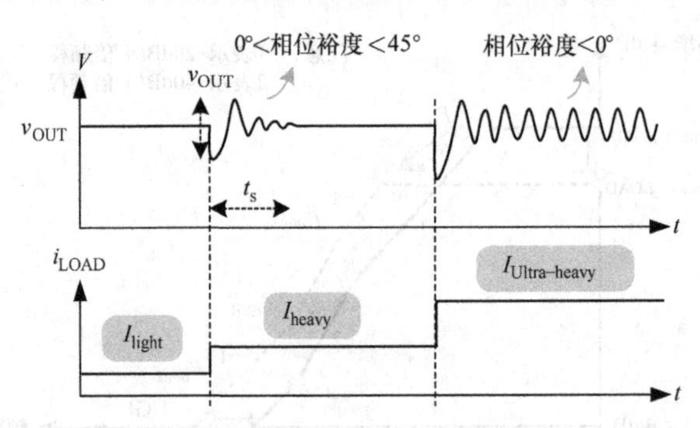

图 2.22　在主极点补偿中，当负载逐渐从轻负载向重负载变化时，LDO 稳压器的不稳定现象是由负载电流限制引起的

此外，当等效串联电阻零点用于补偿第一个非主极点时，它可以设计为低于或高于 P_{non1} 的频率，如图 2.23a、b 所示。当 P_{non2} 明显高于单位增益频率并且可以忽略不计时，图 2.23a 所示的情况更加稳定，因为 Z_{ESR} 的频率低于 P_{non1} 并且可以将相位裕度增加到大约 90°。然而，具有 90°相位裕度的 LDO 稳压器表现出稳定的瞬

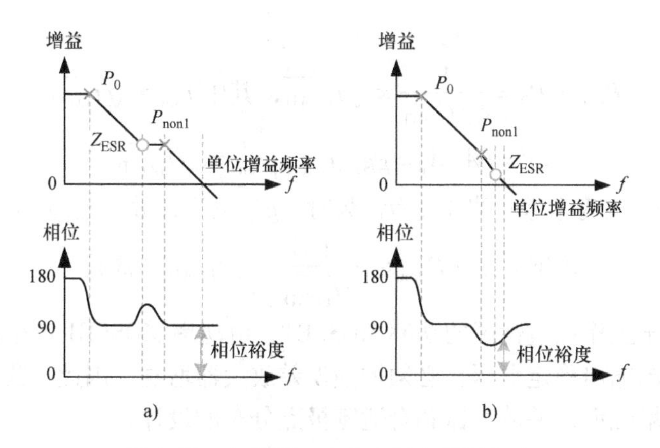

图 2. 23 如果第二个非主极点可以忽略

a）大阻值的等效串联电阻产生一个完整和稳定的系统

b）一个小阻值的等效串联电阻可以实现一个短的恢复瞬态时间

态响应，但恢复时间较长。此外，低频 Z_{ESR} 意味着较大的 R_{ESR} 值，这会严重影响瞬态响应的骤降电压。相比之下，图 2. 23b 所示的情况可以改进瞬态响应，并具有大约 60°的相位裕度。

此外，由温度变化引起的 R_{ESR} 的变化导致难以实现系统稳定性。变化的 R_{ESR} 会产生不同的 Z_{ESR} 频率。即使负载条件没有改变，这反过来会导致单位增益频率的变化。当单位增益频率越接近 P_{non2} 时，P_{non2} 会使得相位裕度更加恶化。

因此，由于不存在恒定的单位增益频率，等效串联电阻补偿技术难以确保在不同负载条件下的稳定性。也就是说，没有简单的规则可以定义等效串联电阻补偿。确保稳定性的最佳方法是在最坏的情况下使用大阻值的等效串联电阻。然而，当负载改变时，大阻值等效串联电阻可能导致意外的电压骤降。因此，为了进行主极点补偿，我们可以利用其他技术来产生额外的零点，而这些技术都无需使用大阻值的等效串联电阻。此外，如我们在 2. 2 节讨论的那样，插入一个缓冲级可以使非主极点向高频移动，从而缓解单位增益频率的限制。

2. 4. 1. 1 在线性区域考虑功率 MOSFET

在前面的讨论中，频率响应的特性是基于工作在饱和区的功率 MOSFET。一般来说，当 LDO 稳压器的电压转换比较大时，$V_{dropout}$ 压降也很大，这使得功率 MOSFET 在可接受的硅片面积内容易工作在饱和区。相比之下，当 $V_{dropout}$ 压降较小或负载范围较大时，让功率 MOSFET 工作在饱和区内是很困难的。也就是说，功率 MOSFET 将工作在线性区。例如，在 SoC 应用中，电池电压和为核心器件供电的转换率同时降低。结果，$V_{dropout}$ 下降，功率晶体管工作在线性区。频率响应的特性与式（2. 27）不同。主极点和环路增益的特性可以从式（2. 28）和式（2. 29）中得到。另外，在式（2. 30）中表示的单位增益频率是恒定的，并且与负载电流条件无关：

$$P_{\rm don}=P_0=\frac{1}{r_{\rm out}C_{\rm OUT}}\propto\sqrt{I_{\rm LOAD}}，其中\ r_{\rm out}\propto\sqrt{I_{\rm LOAD}} \tag{2.28}$$

$$L_{\rm O}=\beta A_{\rm oa}A_{\rm p}=\beta g_{\rm ma}r_{\rm oa}g_{\rm mp}r_{\rm out}\propto\sqrt{I_{\rm LOAD}} \tag{2.29}$$

式中，β、$g_{\rm ma}$和$r_{\rm oa}$为常数；当$V_{\rm DS}$为常数时，$g_{\rm mp}$也为常数；$r_{\rm out}\propto\sqrt{I_{\rm LOAD}}$。

$$\mathrm{UGF}=L_{\rm O}\cdot P_{\rm don}\propto\frac{1}{\sqrt{I_{\rm LOAD}}}\cdot\sqrt{I_{\rm LOAD}}=常数 \tag{2.30}$$

而且，对于工作在线性区的功率MOSFET，由功率MOSFET产生的增益会急剧下降。为了提高输出稳定电压，必须增强误差放大器增益。因此，我们会在接下来重点讨论增益增强型误差放大器和合适零极点分布的设计。

2.4.2 无电容结构特点

如果下一级的输出电容是已知的，则具有密勒补偿的模拟LDO稳压器可用于向SoC提供电源。由于无需额外的输出电容，因此该稳压器被称为无电容LDO稳压器。由于没有输出电容，该稳压器的优势在于在整个SoC中的高集成度，并且具备嵌入式电源管理系统。假设输出电容由寄生电容组成，即使只使用一个小的旁路电容$C_{\rm b}$来防止在负载电流变化的情况下发生大的电压降，无电容型LDO稳压器的瞬态响应与主极点补偿结构的瞬态响应也大不相同。

在图2.3所示的模拟蓄水池和水盆系统中，水盆太小而不能承受任何突然的负载电流变化。因此，解决负载电流突然变化的唯一方法是快速打开水龙头，为输出提供足够的水。因此，无电容型LDO稳压器应该设计为多级架构，以使其具有较大的直流增益，从而可以扩展带宽。此外，小的密勒电容通常用于保证系统稳定性，即使直流增益通过多级架构增加时也是如此。

但是，移除输出电容也会导致稳压输出电压的几个缺点。如果没有大输出电容，输出电压容易受到任何噪声干扰或负载瞬态变化的影响。由于缺少合适的旁路路径，输出节点处的噪声干扰难以抑制。这种路径由主极点补偿技术中的大输出电容构成，以产生高频噪声信号。当发生重负载/轻负载的瞬变时，多余的或不足的能量会分别导致电压过冲或下冲。为了抑制瞬态电压变化，需要一个大的单位增益频率来立即控制功率晶体管并提供足够的功率输出。当设计者为了获得快速瞬态响应而设计一个大单位增益频率时，所有非主极点都必须移动到远大于单位增益频率的高频带。我们还应该仔细设计多级误差放大器，以有效抑制任何噪声干扰。

图2.24显示了最简单的LDO稳压器，其设计采用三级运放，该运放采用密勒电容$C_{\rm m}$作为单一的密勒补偿。考虑到栅-漏电容$C_{\rm gd}$较大，LDO稳压器采用内嵌的巢式密勒补偿结构。第一级由差分对的跨导$g_{\rm m1}$组成，以提供大增益。第二级利用$g_{\rm m2}$作为单级正增益提升级。第三级为功率级，包括功率PMOS和其输出阻抗。在这三级中，该结构至少具有三个极点。由密勒电容$C_{\rm m}$提供的第一级输出的主极

点 P_{non1} 位于低频处。由于功率 PMOS 的尺寸较大，第一个非主极点 P_{non2} 出现在功

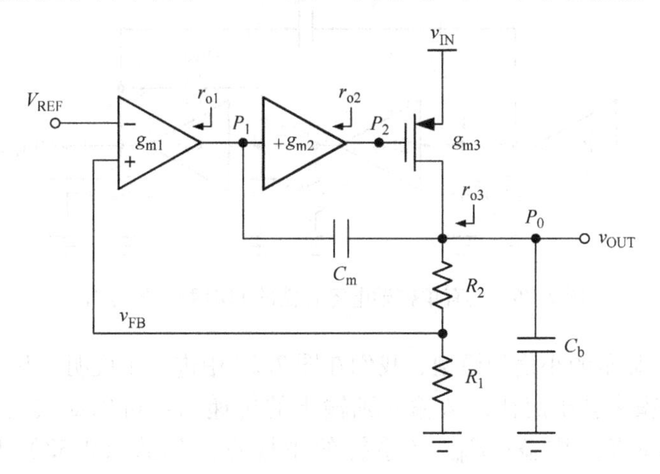

图 2.24 三级 LDO 稳压器的单密勒补偿

率 PMOS 的栅极。由于 PMOS 自身的寄生电容，第二非主极点由输出阻抗产生，但实际上是由子供电电路的电源线和等效输出电阻共同产生的。

图 2.25 显示了由单个密勒电容 C_m 补偿的 LDO 稳压器的晶体管级电路。第一级由差分放大器实现，由晶体管 M_{P1} ~ M_{P3} 和 M_{N4}、M_{N5} 组成，g_{m1} 是输入差分对 M_{P2}、M_{P3} 的跨导；晶体管 M_{N6}、M_{P7}、M_{P8} 形成第二级以提供正增益提升效应，其中是 g_{m2} 是 M_{N6} 的跨导，g_{m3} 是 M_{POWER} 的跨导；功率 MOSFET 和它的输出阻抗构成第三级。

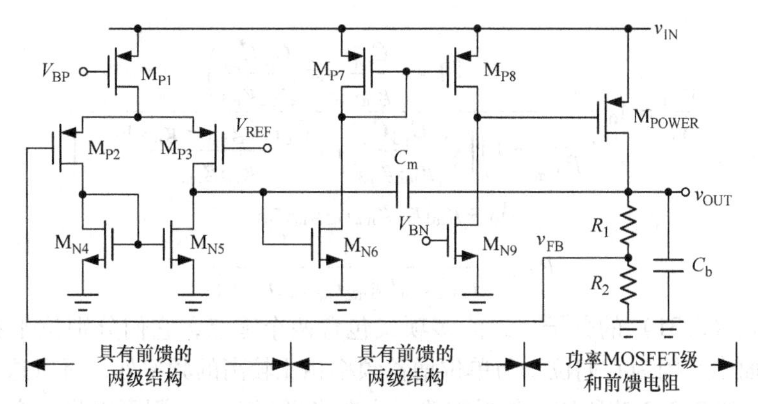

图 2.25 三级 LDO 稳压器的单密勒补偿电容

当我们考虑所有等效寄生电容来分析频率响应时，简化的开环结构如图 2.26 所示。其中 g_{m1}、g_{m2}、g_{m3} 分别是第一级、第二级和第三级的跨导。r_{o1}、r_{o2} 和 r_{o3} 是各级的等效输出电阻。C_1、C_2 和 C_b 是各级的等效输出电容。特别是，由于功率 PMOS 贡献的大电容，C_{gd} 也包括在内。

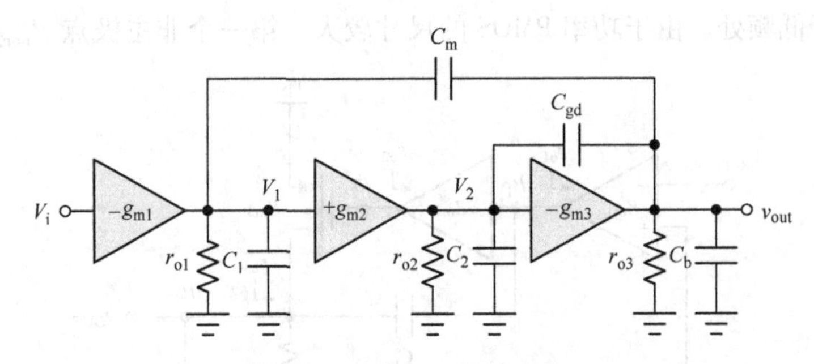

图 2.26　具有单密勒电容补偿的 LDO 稳压器分析

图 2.26 中显示的小信号模型，我们在图 2.27 中进一步说明。基于基尔霍夫电流定律和基尔霍夫电压定律，从输入到输出的传递函数可以如式（2.31）所示，其中 A_0 是开环直流增益；P_{dom}（系统的主极点）用式（2.32）和式（2.33）表示：

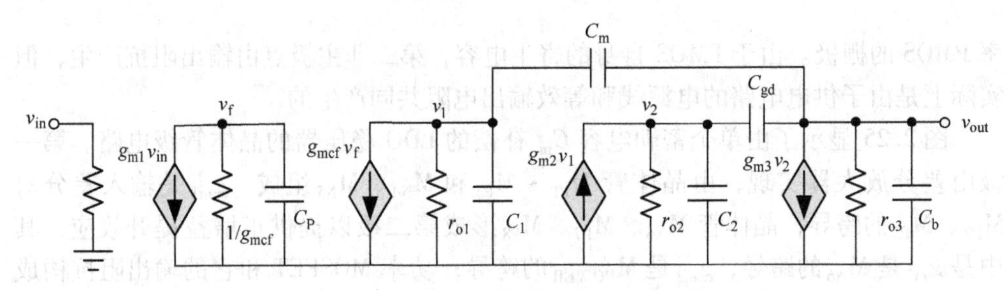

图 2.27　三级无电容 LDO 稳压器的等效小信号模型

$$\frac{v_{out}}{v_i}=A_0\frac{\left(1+s\dfrac{C_{gd}}{g_{m3}}-s^2\dfrac{C_mC_{gd}}{g_{m2}g_{m3}}\right)}{\left(\dfrac{s}{P_{dom}}+1\right)\left[s^2\dfrac{C_{gd}C_b}{g_{m2}g_{m3}}+s\dfrac{C_{gd}\ (g_{m3}-g_{m2})}{g_{m2}g_{m3}}+1\right]} \tag{2.31}$$

$$A_0=g_{m1}r_{o1}g_{m2}r_{o2}g_{m3}r_{o3} \tag{2.32}$$

$$P_{dom}=\frac{1}{r_{o1}[C_m(g_{m2}r_{o2}g_{m3}r_{o3})]} \tag{2.33}$$

基于式（2.31）的分子，二阶多项式包含两个零点，它们分别位于右半平面和左半平面中。因为它们位于与单位增益频率相比较高的频率处，所以这两个零点可以忽略。如 2.2.2 节所述，如果需要一个左半平面零点，则可以将一个零电阻与密勒电容串联以将右半平面零点转换为左半平面零点。在式（2.34）的单位增益频率中可以观察到一个有趣的结果，该式表明单位增益频率的值与输出电容无关，这是因为所有非主极点都被移动到单位增益频率以外：

$$\mathrm{UGF}=A_0\cdot P_{dom}=\frac{g_{m1}}{C_m} \tag{2.34}$$

当负载电流减小时，无电容 LDO 稳压器的根轨迹如图 2.29 所示。在重负载下，两个非主极点在左半平面中分离。两个高频的非主极点，P_{non1} 和 P_{non2} 分别用式（2.35）和式（2.36）表示。这些极点分别由功率 MOSFET 的栅—漏电容 C_{gd} 和输出电容 C_3 产生：

$$P_{non1} \approx \frac{g_{m2}}{C_{gd}} \tag{2.35}$$

$$P_{non2} \approx \frac{g_{m3} C_{gd}}{C_2 C_6} \tag{2.36}$$

因为 P_{non2} 位于输出节点，所以 P_{non2} 与负载有关。就是说 P_{non2} 在重负载和轻负载情况下分别向高频和低频移动。在负载电流减小的情况下，两个分离的极点将向彼此移动从而成为复数极点，如图 2.28 所示。在这种情况下，这些极点仍然位于左半平面，因此系统是稳定的，但是相位裕度不断减少。一旦负载电流进一步降低到轻或极轻的负载条件，这两个极点可能会从左半平面移动到右半平面。这个系统将变得不稳定，如图 2.28 的点 C 所示。式（2.27）和式（2.28）分别给出固有频率 ω_o 和阻尼系数 Q 为

$$\omega_o = \sqrt{\frac{g_{m2} g_{m3}}{C_2 C_3}} \tag{2.37}$$

$$Q = \sqrt{\frac{C_2 C_b}{g_{m2} g_{m3}}} \frac{g_{m2} g_{m3}}{(g_{m3} - g_{m2}) C_{gd}} \tag{2.38}$$

类似地，我们可以解释在不同 Q 值下的轻负载下的复数极点的情况。在轻负载下，g_{m3} 减小，其分母变小甚至成为负值，这表明在轻负载下高 Q 值效应变得严重。

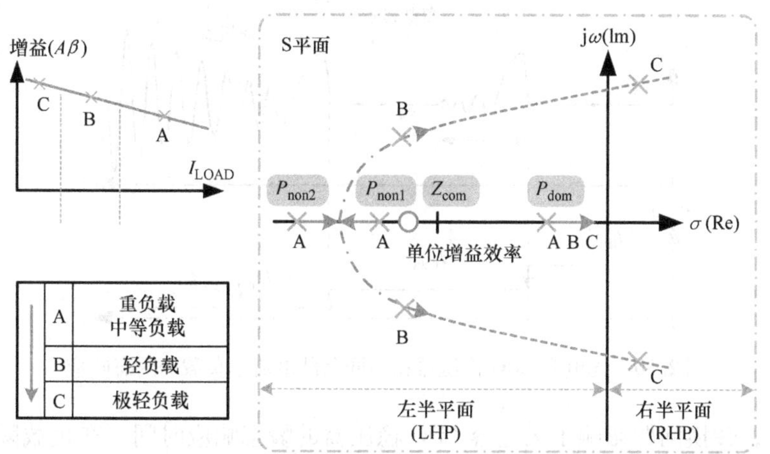

图 2.28 当负载电流减小时，无电容 LDO 稳压器的根轨迹

当 $g_{m3} < g_{m2}$ 时，复数极点从左半平面移动到右半平面，系统变得不稳定。图

2.29a 和 b 分别显示了在重负载和轻负载下两个非主极点的位置。在图 2.29b 中，假设频率峰值是由高 Q 值效应引起的，那么增益裕度和相位裕度就不足以保证系统的稳定性。

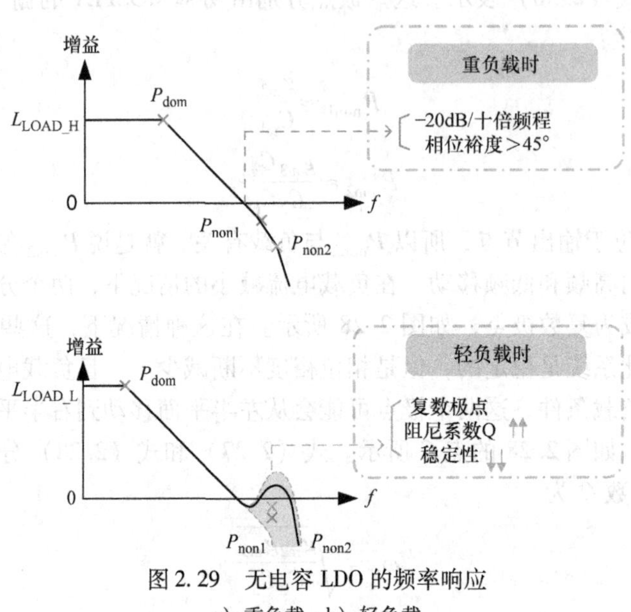

图 2.29　无电容 LDO 的频率响应

a）重负载　b）轻负载

如图 2.30 所示，由于复数极点的变化和 Q 值的增加，输出电压逐渐变得不稳定，当负载电流不断下降到极轻负载条件时，这种现象是可预知的。在瞬态期间，输出电压振铃和长稳定时间（t_s）是由足够的增益裕度和相位引起的。

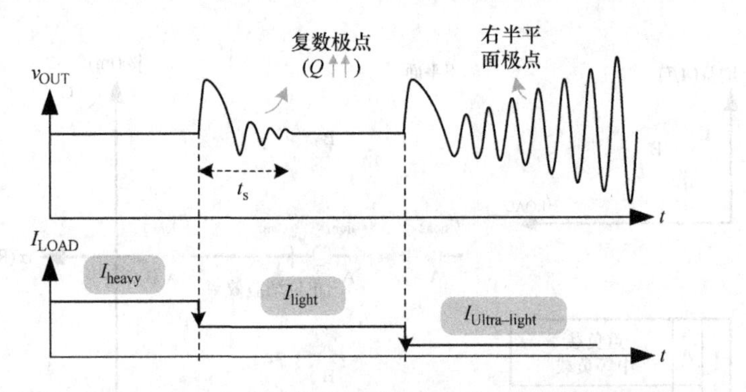

图 2.30　无电容 LDO 稳压器在不同负载电流下负载的瞬态响应

此外，转换问题影响了无电容 LDO 稳压器的瞬态响应时间。在负载瞬态期间，如果没有输出电容的帮助，则可以通过稍高的静态电流来提高瞬态响应，以达到低阻抗和高转换效率。然而，在轻负载下，目前的效率很低。此外，第二阶段的偏置电流应该足够大，可以驱动功率 MOSFET，满足瞬态要求。因此，高静态电流增加了g_{m2}和Q值。也就是说，最小负载电流约束将大于预期值，因为根据式（2.45）增加的V_{OAR}会使分母减小。与具有主极点补偿的LDO稳压器设计相比，如果静态电流在补偿技术中被限制为相同的值，则无电容LDO稳压器表现出较差的瞬态性能。在设计无电容LDO稳压器时，最小负载电流要求约束在轻负载或无负载条件下，这严重地降低了电源转换效率。因此我们需要V_{OUT}具有一个在数十或数百微安（μA）范围内的最小负载电流。也就是说，为了避免不稳定的轻负载现象，负载电流应该大于最小负载电流约束。无电容LDO稳压器具有最小负载电流约束的缺点，这可能会导致在相当轻的负载下效率降低。在电池驱动的电子产品中，这样的稳压器将缩短电池的使用时间。基本的最小负载电流可以通过反馈分配器电阻产生的漏电流来确定。在输出端，有时会消耗虚拟负载电流。因此，效率受到限制，因为漏电流（I_{Leak}）或虚拟负载电流（I_{Dummy}）的消耗以满足最小负载电流需求，如图2.31a和b所示。虽然当一个SoC进入待机模式时，需要超小的负载，但是通过功率MOSFET的电流仍然很大，并且会导致大量的能量损失。因此，便携式电子设备的电池使用时间缩短了。

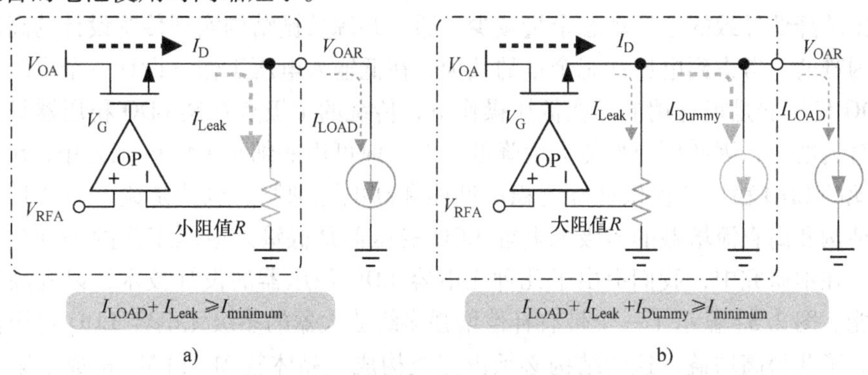

图2.31 减小无电容LDO稳压器的最小负载限制的传统解决方案

a）增大静态电流 b）虚拟负载电流

2.4.2.1 输出电容LDO稳压器和无电容LDO稳压器的比较

前面的讨论提出了主极点补偿LDO稳压器和无电容LDO稳压器结构的特点。主极点补偿LDO稳压器和无电容LDO稳压器结构的比较结果见表2.2。考虑到SoC的应用，与主极点补偿LDO稳压器相比，无电容LDO稳压器得到了广泛的应用。然而，基于该表，无电容LDO稳压器由于没有采用较大容值的输出电容，性能有所下降。为了提高性能和提升竞争力，下面的内容将介绍无电容LDO稳压器的设计方法。

表2.2 主极点补偿LDO稳压器和无电容LDO稳压器的比较

	主极点补偿LDO稳压器	无电容LDO稳压器
主极点	输出电容	密勒电容
单位增益频率与负载的关系	1. 饱和区功率MOSFET→有关 2. 线性区功率MOSFET→无关	无关

（续）

	主极点补偿 LDO 稳压器	无电容 LDO 稳压器
负载范围	最大负载限制	最小负载限制
静态电流	增大静态电流可获得良好的转换效率和瞬态响应	1. 增大静态电流可获得良好的转换率 2. 增大静态电流可将非主极点移动到更高的频率 3. 在极轻负载时增大静态电流可以保证稳定性
电压变化的抵抗能力	优秀	差
动态电压缩减速度	慢	快

2.4.3 低电压无电容 LDO 稳压器的设计

对于在先进工艺的 SoC 应用，核心器件可以承受的电压压力大幅降低。由于输入电压的降低导致的电压动态余量减少，通过共源共栅结构实现传统设计的高增益是很困难的。考虑到电压动态余量的减少，在低输入电压工作下设计一个多级无源的 LDO 稳压器是很有用的。在低压操作下，传统的主极点补偿 LDO 稳压器具有较低的直流增益，因此调节性能大大降低。在目前可用的纳米 CMOS 工艺中，SoC 要求本地的 LDO 稳压器提供良好的稳压性能和高电源抑制。也就是说，一个具有无电容结构和高直流增益的多级无电容 LDO 稳压器是低输入电压工作的一种合适的设计。在本研究中，我们提出了几种无电容 LDO 稳压器的设计技术，以提高其稳压性能。图 2.32 显示了一个带有补偿增强多级放大器的多级无电容 LDO 稳压器电路。为了获得高增益，这个结构必须由三级构成。晶体管 M_7 和 M_8 构成了第一个增益级，第二级由带有电流镜的晶体管 M_{11} 组成，是为了获得正的增益。同时，功

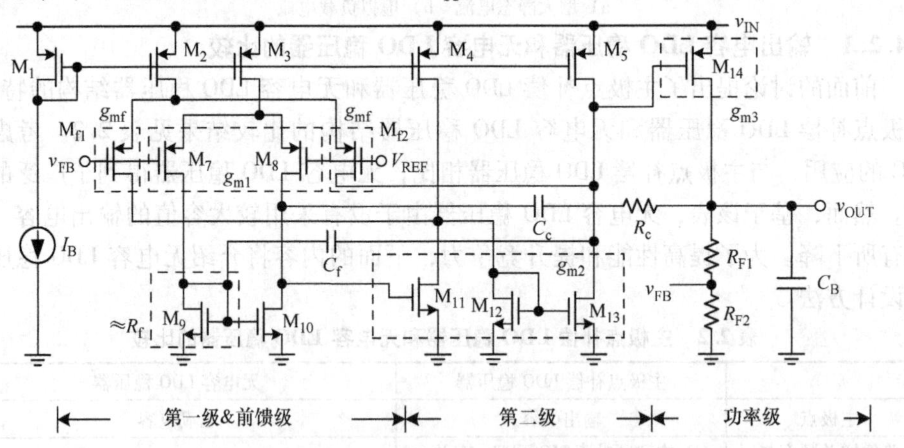

图 2.32 带补偿增强多级放大器的多级无电容 LDO 稳压器

率 MOSFET M_{14}构成了第三级增益。前馈阶段由晶体管 M_{f1}和 M_{f2}组成，产生一个补偿零点。等效电阻 R_f是由二极管连接的晶体管 M_9 组成的，因此具有等效电阻为 $1/g_{m9}$。该结构可由小于 1V 的电源提供电压，以克服模拟设计中小的电压动态余量，同时利用两个小补偿电容实现芯片上的补偿。考虑到级联结构，即使在低电压下，多级放大器的电压增益也可以增加。高增益和大的单位增益频率仍然可以通过多级放大器来维持，以实现良好的调节性能和快速的瞬态响应。

图 2.33 显示了多级无电容 LDO 稳压器设计的等效电路，其中 C_c、C_f、R_c、R_f为补偿器件。式（2.39）显示了开环传递函数 $L_O(s)$。简化式（2.39）后，直流增益和零极点的位置由式（2.40）给出，其中包括了三个极点（ω_{pL2}、ω_{ph1L2}和 ω_{ph2L2}）和两个零点（ω_{zL2}和 ω_{zhL2}）。

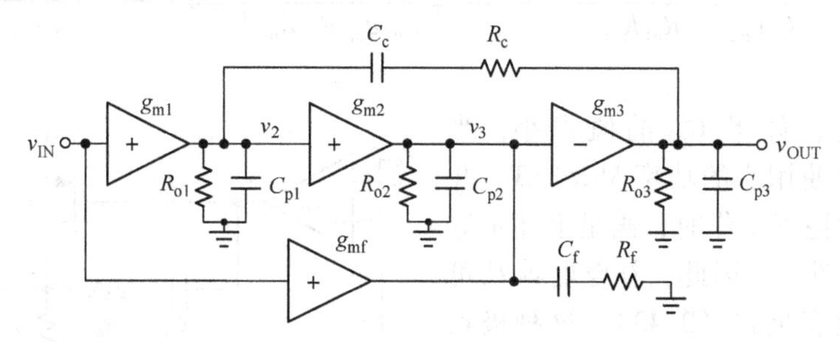

图 2.33　开环中，补偿增强多级放大器结构的小信号模型

$$L_O(s) \approx \frac{K[1 + a_1 s + a_2 s^2]}{(1 + sC_c g_{m2} g_{m3} R_{o1} R_{o2} R_{o3})[1 + b_1 s + b_2 s^2]} \tag{2.39}$$

其中

$$K = g_{m1} g_{m2} g_{m3} R_{o1} R_{o1} R_{o3}$$

$$a_2 = \frac{g_{m1} g_{m2} R_{o1} R_c C_c C_f}{g_{m1} g_{m2} R_{o1} + g_{mf}}, a_1 = R_c C_c + \frac{g_{mf} R_{o1} C_c}{g_{m1} g_{m2} R_{o1} + g_{mf}} + R_f C_f$$

$$b_1 = \frac{(C_f + C_{p2})[C_c(R_{o1} + R_{o3} + R_c) + C_{p3} R_{o3}]}{C_c g_{m2} g_{m3} R_{o1} R_{o3}} + \frac{C_{p3}(R_{o1} + R_c)}{g_{m2} g_{m3} R_{o1} R_{o2}}$$

$$b_2 = \frac{C_{p3}(C_f + C_{p2})(R_{o1} + R_c)}{g_{m2} g_{m3} R_{o1}}$$

$$L_O(s) \approx \frac{K\left(1 + \frac{s}{\omega_{zL2}}\right)\left(1 + \frac{s}{\omega_{zhL2}}\right)}{\left(1 + \frac{s}{\omega_{pL2}}\right)\left(1 + \frac{s}{\omega_{ph1L2}}\right)\left(1 + \frac{s}{\omega_{ph2L2}}\right)} \tag{2.40}$$

根据密勒定理，极点 ω_{pL2}由式（2.41）中的片上电容 C_c提供，范围在几皮法（pF）之内，我们认为它是系统的主极点：

$$\omega_{pL2} = \frac{1}{C_c g_{m2} g_{m3} R_{o1} R_{o2} R_{o3}} \tag{2.41}$$

式（2.42）表示的补偿零点 ω_{zL2}，是由补偿增强多级放大器的前馈增益级产生的。此外，芯片上的补偿电阻 R_c 可以进一步将 ω_{zL2} 推向低频，从而获得足够的相位裕度。

$$\omega_{zL2} \approx \frac{g_{m1}g_{m2}}{C_c(g_{mf}+R_c g_{m1}g_{m2})} \tag{2.42}$$

生成的低频零极点对，ω_{pL2} 和 ω_{zL2}，可以保证系统的稳定性。考虑到其他两个非主极点［由二阶多项式（2.39）表示］，当复数极点形成时，稳定性将会恶化。为了避免使用复杂的极点，应该采用式（2.43）的标准。

$$b_1^2 \geqslant 4b_2$$

$$\Rightarrow\left(\frac{(C_f+C_{p2})(C_c(R_{o1}+R_{o3}+R_c)+C_{p3}R_{o3})}{C_c g_{m2}g_{m3}R_{o1}R_{o3}}+\frac{C_{p3}(R_{o1}+R_c)}{g_{m2}g_{m3}R_{o1}R_{o2}}\right)^2 \geqslant 4\cdot\frac{C_{p3}(C_f+C_{p2})(R_{o1}+R_c)}{g_{m2}g_{m3}R_{o1}} \tag{2.43}$$

特别地，如果 C_{p2} 的值很小，当LDO稳压器使用小的功率MOSFET，并需要在低功耗下工作时，满足上述不等式就变得困难了。因此，补偿电容 C_f 可以很容易地满足式（2.43）。这种极点分裂技术是通过在高频率的短路径上提供 $1/g_{mf}$ 的低阻抗来实现两个非主极点的。也就是说第二级的输出处的极点可以被移向更高的频率。为了更好地理解多级无电容LDO稳压器的优点，图2.34展示了带有两级结构的无电容LDO稳压器结构，以进行详细的比较。

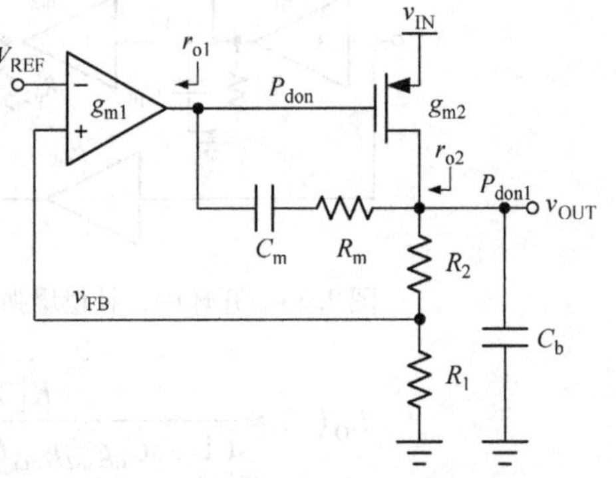

图 2.34　两级无电容LDO稳压器

图2.35举了一个例子说明两级无电容LDO稳压器。

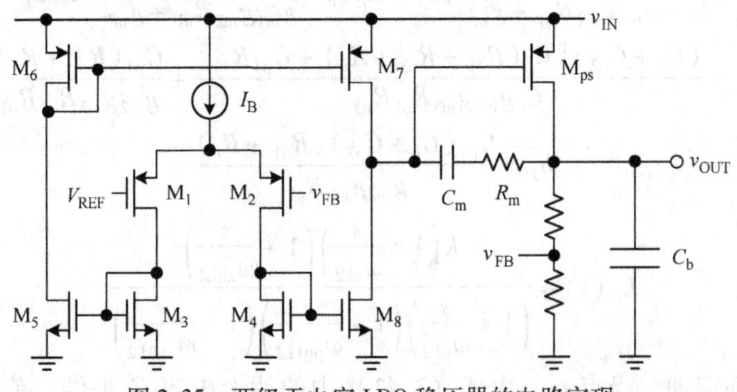

图 2.35　两级无电容LDO稳压器的电路实现

根据图2.36显示的小信号模型，给出传递函数，如式（2.44）所示。

$$L'_0(s) \approx A_0 \frac{\left(1+\frac{s}{z_1}\right)}{\left(\frac{s}{P_{\mathrm{dom}}}+1\right)\left(\frac{s}{P_{\mathrm{non1}}}+1\right)} \tag{2.44}$$

其中

$$A_0 = g_{m1} r_{o1} g_{m2} r_{o2}$$

$$P_{\mathrm{dom}} \approx \frac{1}{r_{o1}[(C_m + C_{gd}) g_{m2} r_{o2}]}$$

$$P_{\mathrm{non1}} = \frac{1}{r_{o2} C_b}, Z_1 = \frac{1}{R_m C_m}$$

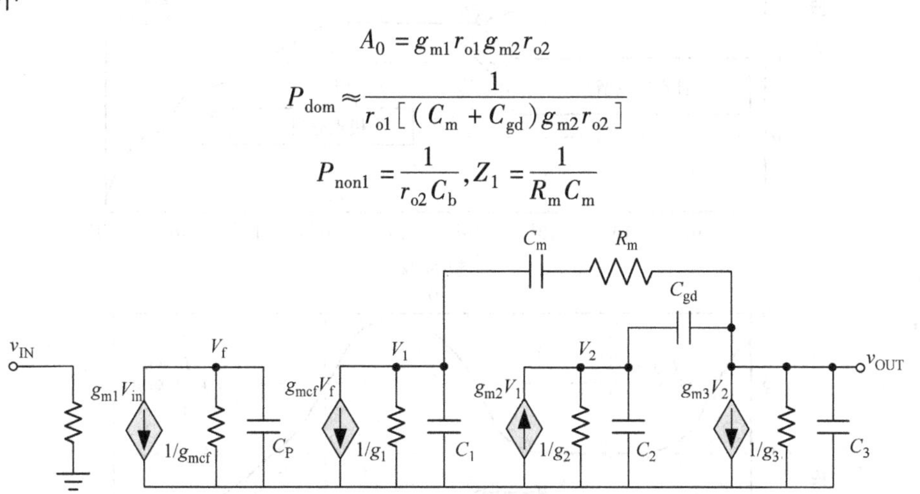

图 2.36　两级无电容 LDO 稳压器的等效小信号模型

在式（2.44）中，主极点 P_{dom}是由密勒电容和功率 PMOS 的栅极节点处的 C_{gd}所产生的。考虑到功率 MOSFET 的尺寸足够大，C_{gd}就像密勒电容一样，不需要额外的物理电容。相比较，唯一的非主极点 P_{non1} 由输出节点产生。为了进一步扩展单位增益频率，零点 Z_1 由 C_m和 R_m提供，可以用来抵消 P_{non1}的影响。然而，两级无电容 LDO 稳压器不能实现高增益。此外，在轻负载下，单位增益频率受到 P_{non1}的限制，因为 Z_1 不能补偿宽负载范围内的相位裕度。图 2.37 给出了两级结构、三级结构和具有补偿增强多级放大器的三级结构的 LDO 稳压器频率响应的比较。两级的无电容 LDO 稳压器中 $L'_0(s)$获得的直流电压增益明显小于 40dB，这不能保证电源管理模块中稳定的输出驱动电压。同时，补偿增强多级放大器三级结构中的 $L'_0(s)$，即使在 1V 的低电压下工作，也可以有效地提供高的直流增益。也就是说，直流电压增益可以提高到 80dB 以上，以达到良好的校准性能。此外，该结构也实现了补偿增强多级放大器中的补偿零点增强和非主极点分裂。图 2.37 也提供了 DC/DC 转换器的输出滤波极点位置。在不同的负载条件下，系统的相位裕度在 55°~80°变化。

2.4.4　在多级无电容 LDO 稳压器中通过使用电流反馈补偿减少最小负载电流限制

一般来说，LDO 稳压器应该保证高的电源抑制比和快速的瞬态响应。因此，

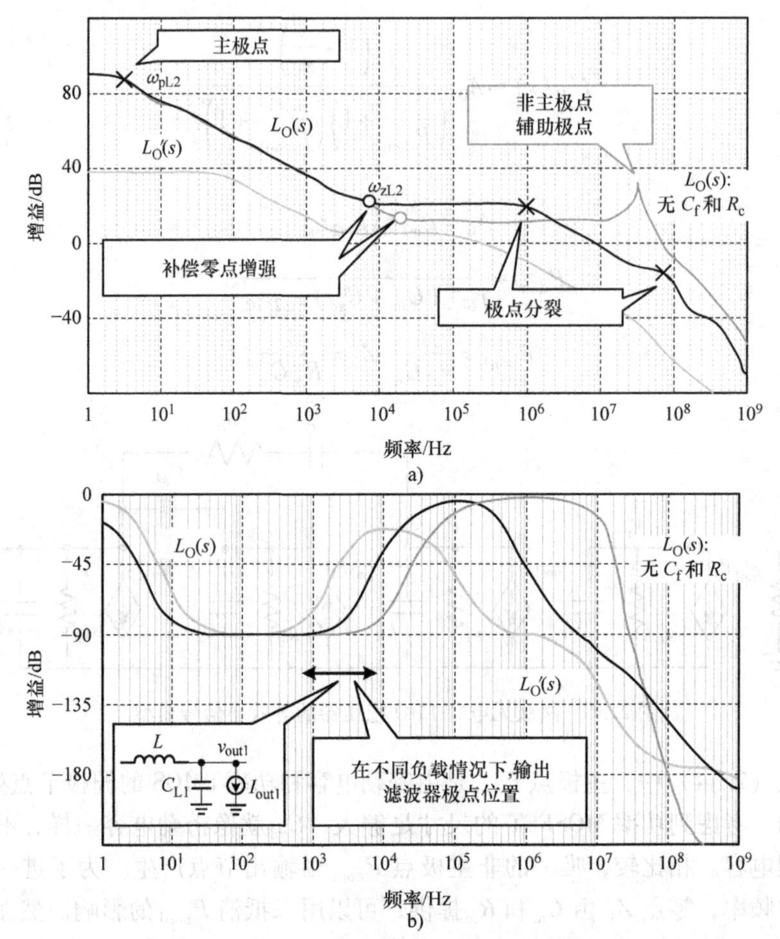

图 2.37 三种不同的误差放大器频率响应的比较

a）增益 b）相位

这两个因素应该同时与最小的负载电流加以考虑。在这种情况下，利用电流反馈补偿（Current Feedback Compensation，CFC）的多级 LDO 稳压器技术可以用来减小无电容 LDO 稳压器的最小负载限制，同时实现高电源抑制比和快速的瞬态响应。

如图 2.38 所示，电流反馈补偿结构由三级组成。第一级包括 $M_1 \sim M_6$，将不同的信号转换为单端输出信号并获得高增益；第二级包括 $M_7 \sim M_{12}$ 和 R_B，在这一级，晶体管 $M_7 \sim M_{10}$ 形成一个宽带级，并创建一个参照的地电位。同时，晶体管 M_{11} 和 M_{12} 构成了一个共源极的负载电阻 R_B，以达到较高的电源抑制比性能。第三级是由带有共源组态的功率 PMOS 组成的。反馈分压电阻 R_{F1} 和 R_{F2} 形成分流反馈来调节输出电压。密勒电容连接到地面参考节点，这是第一级的输出，输出节点是为了避免直接从电源传递到输出的噪声。在第一级，补偿网络 C_a 和电阻 R_z 用于在不同负载下动态控制增益和相位。电阻 R_z 的值可以通过由 M_{SEN} 和 R_S 组成的电流传感网络进行调整。

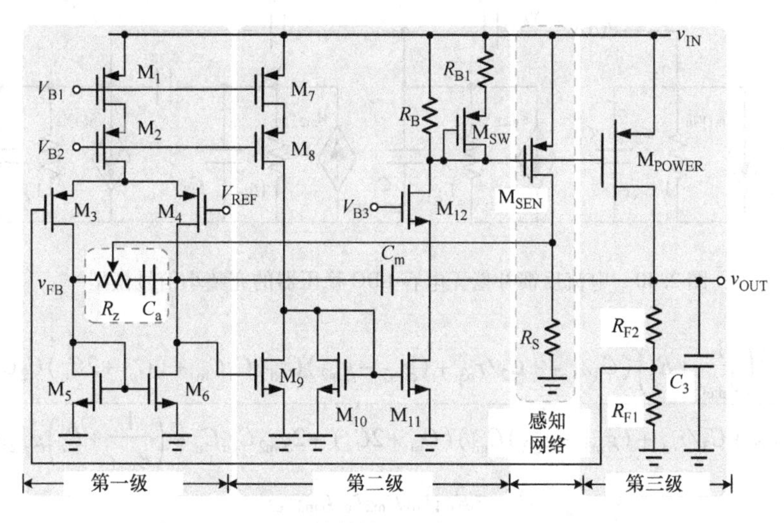

图 2.38　电流反馈补偿无电容 LDO 稳压器的结构

电流反馈补偿无电容 LDO 稳压器的分析结构，如图 2.39 所示。g_{m1}、g_{m2} 和 g_{m3} 是每级的等效跨导。r_{o1}、r_{o2} 和 r_{o3} 是每级的等效输出电阻。C_1、C_2 和 C_3 是每级的集总寄生电容。考虑到功率 PMOS 的栅－漏电容的值很大，应该考虑寄生电容，并将其表示为 C_{gd}。

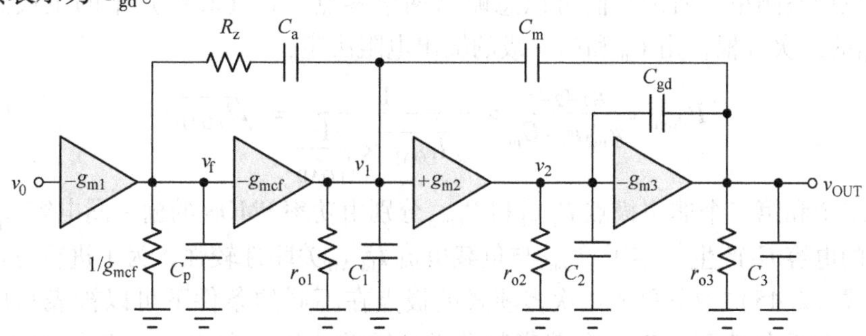

图 2.39　电流反馈补偿无电容 LDO 稳压器的等效小信号模型

基于基尔霍夫电压定律和基尔霍夫电流定律，式（2.40）中从输入到输出的传递函数可以从式（2.45）中得到，其中 A_o 是开环直流增益，由式（2.46）给出。这个系统的主极点是 P_{dom}。

$$\frac{v_{OUT}}{v_0} = -A_{vo}\frac{(sC_aR_z+1)(a_2s^2+a_1s-1)}{\left(1+\frac{s}{P_{dom}}\right)\left(1+\frac{s}{P_{non1}}\right)}\cdot\frac{1}{(b_2s^2+b_1s+1)} \tag{2.45}$$

其中，$a_2=\dfrac{C_mC_2}{g_{m2}g_{m3}}$，$a_1=\dfrac{g_{m2}C_{gd}}{g_{m2}g_{m3}}$，$b_2=\dfrac{C_2C_3}{g_{m2}g_{m3}}$。

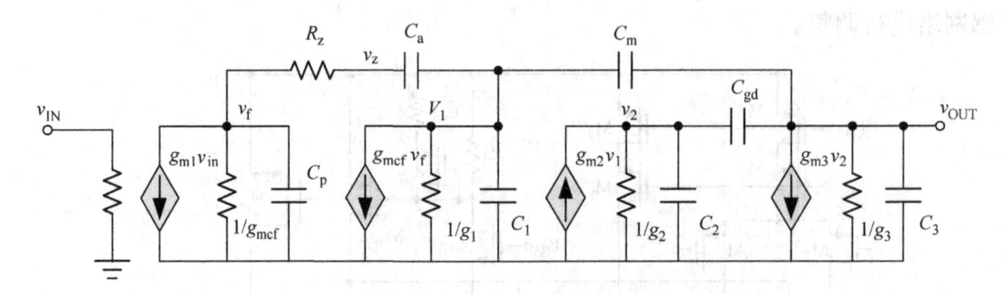

图 2.40 电流反馈补偿无电容 LDO 稳压器的完整小信号模型

$$b_1=\frac{\left(\dfrac{1}{g_{mcf}}+R_z\right)(C_3/r_{o2}+C_2/r_{o3}+(g_{m3}-g_{m2})C_{gd})C_aC_m+(C_m+2C_a)C_2C_3}{(C_3/r_{o2}+C_2/r_{o3}+(g_{m3}-g_{m2})C_{gd})(C_m+2C_a)+2g_{m2}C_{gd}C_a+\left(\dfrac{1}{g_{mcf}}+R_z\right)g_{m2}g_{m3}C_aC_m}$$

$$A_{vo}=g_{m1}r_{o1}g_{m2}r_{o2}g_{m3}r_{o3} \tag{2.46}$$

系统由四个极点和三个零点组成。电容 C_a 和电阻 R_z 组成了用于动态补偿的左半平面的零点 Z_{LHP}。

$$Z_{LHP}=\frac{1}{C_aR_z} \tag{2.47}$$

二阶多项式所提供的两个零点分别在左半平面和右半平面。因为这两个零点远高于单位增益频率，所以我们可以忽略这两个零点。式（2.48）中的主极点正比于 I_{LOAD} 的二次方根，由 C_m 和第一级的输出电阻决定：

$$P_{dom}=\frac{g_1g_2g_3}{g_{m2}g_{m3}C_m}\propto\frac{1}{\sqrt{I_{LOAD}}\times\dfrac{1}{I_{LOAD}}}=\sqrt{I_{LOAD}} \tag{2.48}$$

第二个和第三个非主极点 P_{non2} 和 P_{non3} 分别由功率 PMOS 的栅 - 漏电容 C_{gd} 和输出结点的电容 C_3 产生。鉴于 P_{non3} 与负载电流 I_{LOAD} 关联性较强，为了进行更详尽地分析，式（2.45）中分母的二次多项式的极点在不同的条件下可以被表示成不同的形式。在重负载下，P_{non3} 向着高频移动，因此，P_{non2} 和 P_{non3}，正如式（2.49）中所粗略表示的，彼此相距较远。与之相对，当 P_{non3} 在轻负载下向低频率移动时，P_{non2} 和 P_{non3} 彼此接近。

在重负载情况下：

$$P_{non2}=\frac{g_{m2}}{C_{gd}},\quad P_{non3}=\frac{g_{m3}C_{gd}}{C_2C_3} \tag{2.49}$$

为了讨论复数极点的影响，P_{non2} 和 P_{non3} 中本征频率 ω_o 和阻尼系数可以表示为（在轻负载情况下）

$$\omega_o=\sqrt{\frac{g_{m2}g_{m3}}{C_2C_3}}$$

$$Q=\sqrt{\frac{C_2C_3}{g_{m2}g_{m3}}}\frac{(g_2C_3+g_3C_2+(g_{m3}-g_{m2})C_{gd})(C_m+2C_a)+2g_{m2}C_{gd}C_a+(\frac{1}{g_{mcf}}+R_z)g_{m2}g_{m3}C_aC_m}{(\frac{1}{g_{mcf}}+R_z)(g_2C_3+g_3C_2+(g_{m3}-g_{m2})C_{gd})C_aC_m+(C_m+2C_a)C_2C_3} \tag{2.50}$$

为了减轻轻负载下两个非主极点的高 Q 值效应，一个额外的极点，正如式（2.51）所表述的那样，被插入到单位增益频率的附近。

$$P_{non1}=\frac{g_{m2}g_{m3}C_m}{\left(\frac{1}{g_{mcf}}+R_z\right)g_{m2}g_{m3}C_aC_m+(C_2/r_{o3}+g_{m3}C_{gd})(C_m+2C_a)}\propto\frac{1}{k_1+k_2\sqrt{I_{LOAD}}} \tag{2.51}$$

其中，$k_1=C_a\left(\frac{1}{g_{mcf}}+R_z\right)$；$k_2=\frac{C_2(C_m+2C_a)}{g_{m2}C_m}$。

当负载电流从小到大变化时，极点和零点的根轨迹图如图 2.41 所示。在前述的无电容结构中，单位增益频率近似是一个常量。根据式（2.48）和式（2.51），主极点 P_{dom} 向高频移动，而 P_{non1} 向低频移动。低频极点 P_{non1} 使相位裕度恶化，因此，为了保证稳定性，在重负载下，具有大电阻 R_z 的补偿零点能够动态地向低频移动。并且，随着负载电流的增大，复数极点会分成两个极点。这个现象说明，在重负载下，P_{non2} 和 P_{non3} 的影响可以被忽略。

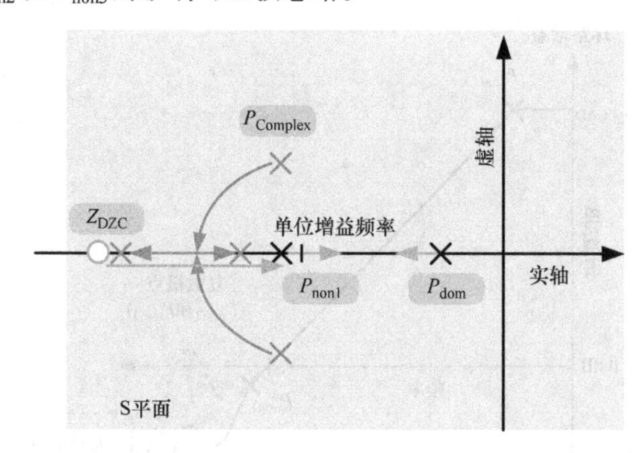

图 2.41　当负载增加时，电流反馈补偿 LDO 的极点和零点分布

与式（2.38）中所示的无电容 LDO 稳压器相比，电流反馈补偿技术利用 C_a、R_z 和第二级的一个动态输出阻抗来引入其他因素，并且在一个较宽的负载条件下维持低 Q 值，正如式（2.50）所示。此外，即使在极轻负载下，这项技术能够通过一个左半平面的极点来实现最低负载的限制。

2.4.4.1　具有小阻值 R_z 的极轻负载条件

在轻负载时，P_{non2} 和 P_{non3} 形成了三级 LDO 稳压器中的复数极点。在这种情况下，式（2.50）可以被简化成为式（2.52），Q 值的分母减少了第二项和第三项，即 $C_2C_3(C_m+2C_a)/((1/g_{mcf})+R_z)$ 和 $g_2C_aC_mC_3$，为如下所示：

$$Q=\sqrt{\frac{C_2C_3}{g_{m2}g_{m3}}\frac{g_{m2}g_{m3}C_aC_m}{(g_{m3}-g_{m2})C_{gd}C_aC_m+g_2C_aC_mC_3+C_2C_3(C_m+2C_a)/(1/g_{mcf}+R_z)}} \tag{2.52}$$

补偿电阻 R_z 的值通常较小，以期达到一个低的 Q 值。基于直接观察，我们发现 R_z 通过高频下的 C_m 支路提高了输出节点的等效电阻。也就是说，等效电阻是 R_z 与 $1/g_{mcf}$的串联。传感网络能够调节 R_z 在极轻的负载下取一个较小的值。Q 和 P_{non1}能够从式（2.53）和式（2.54）中分别推出，如下所示：

$$P_{non1}=\frac{g_{mcf}}{C_a} \tag{2.53}$$

$$Q=\sqrt{\frac{C_2C_3}{g_{m2}g_{m3}}\frac{\frac{1}{g_{mcf}}g_{m2}g_{m3}C_aC_m}{C_2C_3(C_m+2C_a)}}=\sqrt{\frac{C_2C_3}{g_{m2}g_{m3}}\frac{\frac{1}{g_{mcf}}g_{m2}g_{m3}C_m}{C_2C_3\left(\frac{C_m}{C_a}+2\right)}} \tag{2.54}$$

尽管 R_z 对减小 Q 值很有用，Q 值的剧烈增加仍然会影响稳定性。为了进一步地改进最小电流的限制，极点 P_{non1} 设置在单位增益频率附近。P_{non1} 的影响如图 2.42 所示。可以看出其在超过单位增益频率之后，加快了增益的衰减速度。

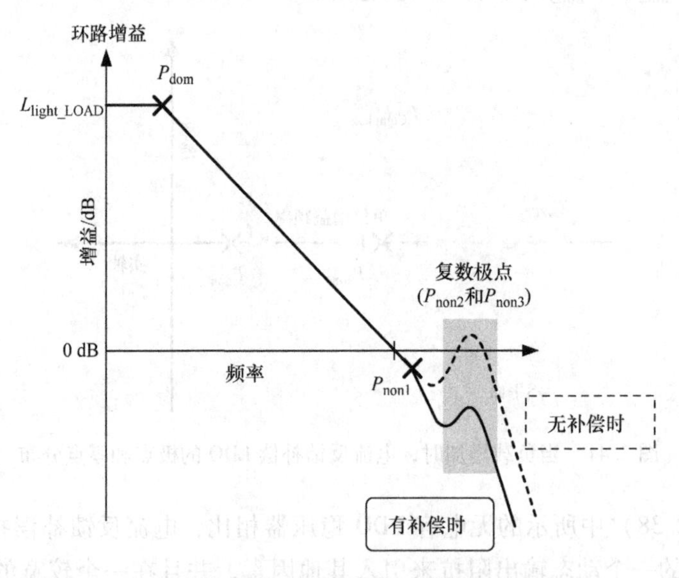

图 2.42　在轻负载情况下，电流反馈补偿无电容 LDO

正如式（2.55）所示，为了维持相位裕度在60°左右，P_{non1}必须设置为大于单位增益频率的 2 倍，这就产生了一个值为 5 的低 Q 值。

$$P_{\text{non1}} > 2 \cdot \text{UGF} = 2\frac{g_{\text{m1}}}{C_{\text{m}}} \tag{2.55}$$

为了避免复数极点和一个不稳定系统的产生，第一个非主极点必须被设置为本征频率的一半，如式（2.56）中所示。鉴于在单位增益频率之后，频率以 -20dB/十倍频程的速度下降，在第一个非主极点之后以 40dB/十倍频程的速度下降，对于复数极点和低 Q 估计值来说，存在着一个至少为 18dB 的增益裕度。

$$P_{\text{non1}} < \frac{1}{2}\omega_{\text{o}} \tag{2.56}$$

与单位增益频率相比，由于 R_{z} 较小，补偿零点位于一个相对较高的频率上。相应地，系统整体的相位裕度能够由式（2.57）决定，大概是 60°。

$$\begin{aligned}\text{PM} &= 180° - \arctan\left(\frac{\text{UGF}}{P_{\text{don}}}\right) - \arctan\left(\frac{\text{UGF}}{P_{\text{don1}}}\right) - \arctan\left(\frac{\dfrac{\text{UGF}}{\omega_{\text{o}}}}{Q\left[1-\left(\dfrac{\text{UGF}}{\omega_{\text{o}}}\right)^2\right]}\right) \\ &= 90° - \arctan\left(\frac{\text{UGF}}{P_{\text{don1}}}\right) - \arctan\left(\frac{\dfrac{\text{UGF}}{\omega_{\text{o}}}}{Q\left[1-\left(\dfrac{\text{UGF}}{\omega_{\text{o}}}\right)^2\right]}\right) = 90° - 26.56° - 2° \approx 60°\end{aligned} \tag{2.57}$$

基于先前的分析，补偿电容 C_{m} 和 C_{a} 可以分别从式（2.58）和式（2.59）中得到，如下所示：

$$C_{\text{m}} = 2\frac{g_{\text{m1}}}{g_{\text{mcf}}}C_{\text{a}} = 4g_{\text{m1}}\sqrt{\frac{C_2C_3}{g_{\text{m2}}g_{\text{m3}}}} \tag{2.58}$$

$$C_{\text{a}} = 2g_{\text{mcf}}\sqrt{\frac{C_2C_3}{g_{\text{m2}}g_{\text{m3}}}} \tag{2.59}$$

2.4.4.2　轻负载到中等负载条件下的分析

随着负载从轻负载转到中等负载，也就是负载电流从 1mA 升高到 10mA 时，由于电阻 R_{z} 的增大，P_{non1} 向低频移动。随着 R_{z} 阻值的升高，P_{non1}、ω_{o} 和 Q 能分别从式（2.60）~式（2.62）中推出。在这种情况下，我们可以维持一个低的 Q 值。由于 R_{z} 的小概率性，式（2.63）仍然成立。

$$P_{\text{non1}} = \frac{1}{\left(\dfrac{1}{g_{\text{mcf}}} + R_{\text{z}}\right)C_{\text{a}}} \tag{2.60}$$

$$\omega_{\text{o}} = \sqrt{\frac{g_{\text{m2}}g_{\text{m3}}}{C_2C_3}} \tag{2.61}$$

$$Q = \sqrt{\frac{C_2C_3}{g_{\text{m2}}g_{\text{m3}}}} \cdot \frac{g_{\text{m2}}}{C_{\text{gd}}} \tag{2.62}$$

$$P_{\mathrm{non1}} > 2 \cdot \mathrm{UGF} \tag{2.63}$$

系统整体的相位裕度可以由 P_{dom} 和 P_{non1} 决定，如式（2.64）所示。

$$\begin{aligned}\mathrm{PM} &= 180^\circ - \arctan\left(\frac{\mathrm{UGF}}{P_{\mathrm{dom}}}\right) - \arctan\left(\frac{\mathrm{UGF}}{P_{\mathrm{non1}}}\right)\\ &= 90^\circ - \arctan\left(\frac{\mathrm{UGF}}{P_{\mathrm{non1}}}\right) \approx 60^\circ\end{aligned} \tag{2.64}$$

2.4.4.3 具有大阻值 R_z 的重负载情况

随着负载电流进一步从 10mA 提升至 100mA，如式（2.65）所示，P_{non1} 将会移动至一个更低的频率，因为输出阻抗 g_3 和阻值 R_z 都升高了。低频零点 Z_{DZC}，正如式（2.66）所示，将会减轻 P_{non1} 影响。

$$P_{\mathrm{non1}} = \frac{g_{\mathrm{m2}} g_{\mathrm{m3}} C_{\mathrm{m}}}{\left(\frac{1}{g_{\mathrm{mcf}}} + R_{\mathrm{z}}\right) g_{\mathrm{m2}} g_{\mathrm{m3}} C_{\mathrm{a}} C_{\mathrm{m}} + g_3 C_2 (C_{\mathrm{m}} + 2C_{\mathrm{a}})} \tag{2.65}$$

$$Z_1 = \frac{1}{R_{\mathrm{z}} C_{\mathrm{a}}} \tag{2.66}$$

在重负载时，式（2.45）中的二阶多项式能够被简化成式（2.67）。如果式（2.67）中的二阶多项式的判别式方程是小于零的，那么系统中便存在着一对复数极点。但是，三个极点存在于高频区域，并且对系统的稳定性没有影响。如果式（2.67）中的二阶多项式的判别式方程是大于零的，那么系统中存在着两个不同的极点。最后，如果存在着第二个非主极点，那么极点的位置便如式（2.68）中所示，位于较高的频率位置上，并且对系统稳定性的影响可以忽略。

$$s^2 \frac{C_2 C_3}{g_{\mathrm{m2}} g_{\mathrm{m3}}} + s\frac{g_3 C_2 + g_{\mathrm{m3}} C_{\mathrm{gd}}}{g_{\mathrm{m2}} g_{\mathrm{m3}}} + 1 \approx s^2 \frac{C_2 C_3}{g_{\mathrm{m2}} g_{\mathrm{m3}}} + s\frac{g_{\mathrm{m3}} C_{\mathrm{gd}}}{g_{\mathrm{m2}} g_{\mathrm{m3}}} + 1 \tag{2.67}$$

$$\begin{aligned} &P_{\mathrm{non2}} = \frac{g_{\mathrm{m2}} g_{\mathrm{m3}}}{g_3 C_2 + g_{\mathrm{m3}} C_{\mathrm{gd}}},\ P_{\mathrm{non3}} = \frac{g_3 C_2 + g_{\mathrm{m3}} C_{\mathrm{gd}}}{C_2 C_3}\\ &\Rightarrow P_{\mathrm{non2}} = \frac{g_{\mathrm{m2}}}{C_{\mathrm{gd}}},\ P_{\mathrm{non3}} = \frac{g_{\mathrm{m3}} C_{\mathrm{gd}}}{C_2 C_3}\end{aligned} \tag{2.68}$$

整体系统包含两个低频极点和一个低频零点。系统的稳定性由下式（2.69）决定。

$$\begin{aligned}\mathrm{PM} &= 180^\circ - \arctan\left(\frac{\mathrm{UGF}}{P_{\mathrm{don}}}\right) - \arctan\left(\frac{\mathrm{UGF}}{P_{\mathrm{1st-non}}}\right) + \arctan\left(\frac{\mathrm{UGF}}{Z_{\mathrm{LHP}}}\right)\\ &= 90^\circ - \arctan\left(\frac{\mathrm{UGF}}{P_{\mathrm{1st-non}}}\right) + \arctan\left(\frac{\mathrm{UGF}}{Z_{\mathrm{LHP}}}\right) \approx 60^\circ\end{aligned} \tag{2.69}$$

2.4.4.4 电流反馈补偿无电容 LDO 稳压器总结

图 2.43 总结了在不同负载条件下的电流反馈无电容 LDO 稳压器的频率响应。在小于 1mA 的极轻负载下，主极点贡献了 90°的相移。第一个非主极点贡献了将近 30°的相移，复数极点贡献了最小的相移。整体的系统稳定性能够被保持在 60°。

在轻负载到中等负载条件下，电流大约是 1 ~ 10mA，主极点贡献了相同的相移。第一个非主极点移动到更低频率的位置，并且贡献了 30°的相移。复数极点向更高频率的位置移动，但是没有贡献任何的相移。因此，系统稳定性保持在 60°。最后，在中等负载到重负载的条件下，即大约 10 ~ 100mA，主极点贡献了相同的相移。第一个非主极点进一步向更低的频率移动，动态零点也向更低的频率移动，来缓解极点的影响。因此，在整个负载范围内，电路反馈无电容 LDO 的相位裕度都能保持在 60°以内。

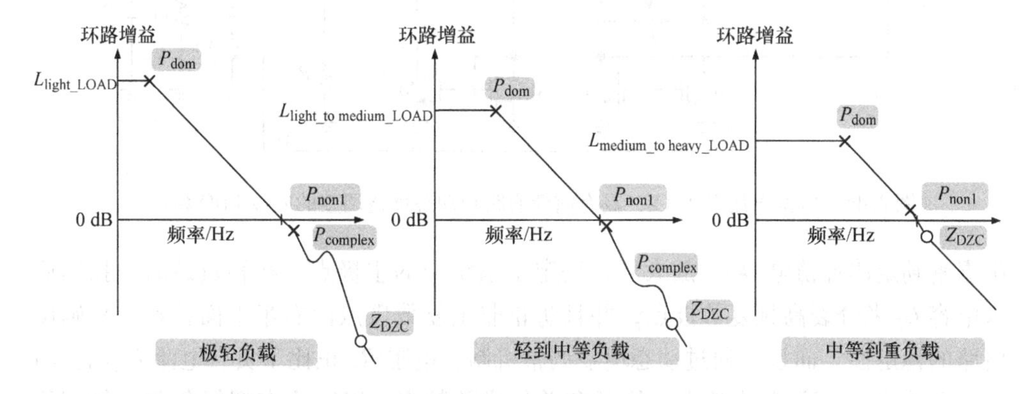

图 2.43　在较宽负载范围内，电流反馈补偿无电容 LDO 稳压器不同的极点和零点分布

2.4.5　具有前馈通路和动态增益调整的多级 LDO 稳压器

随着近些年现进纳米工艺的不断发展，供电电压持续在下降。相应的，LDO 稳压器需要工作在低于 1V 的电源电压下。为了进一步理解设计的细节，我们在此以一个 65nm 工艺下的 CMOS 的 LDO 稳压器为例。设计参数如下所描述：输入电压能够从 0.9V 变化到 1.2V，其中 1.2V 是 65nm 核心器件的电源电压。电压降大约是 200mV，最大负载电流为 100mA。为了保持稳定的工作状态，我们要求最小的负载电流是 50μA。

图 2.44 展示了一个具有前馈通路和动态增益调整的四级 LDO 稳压器的电路图。此外，我们引入 M_{13}所构成的前馈增益级来加快功率 PMOS（M_p）的栅极瞬态响应。正如之前所提到的，前馈路径贡献了频域分析中的左半平面零点，来提高电路的稳定性。由 M_{14} 和 R_s 所组成的动态增益调整机制，可以在极轻负载情况下，用于感知负载变化，并调节 R_p 的阻值，从而来保证电路的稳定性。

图 2.45 展示了电源电压低于 1V 的多级 LDO 稳压器的结构图。考虑到它的级联结构，多级放大器的电压增益在低压运转下能进一步提升。高电压增益主要由三部分组成：g_{m1}（包括 g_{md}、g_{m2}和 g_{mL}），此外，前馈增益级 g_{mf}加速了传输器件的栅极压摆率，并且产生了一个左半平面极点来提高 LDO 稳压器的稳定性。而且，

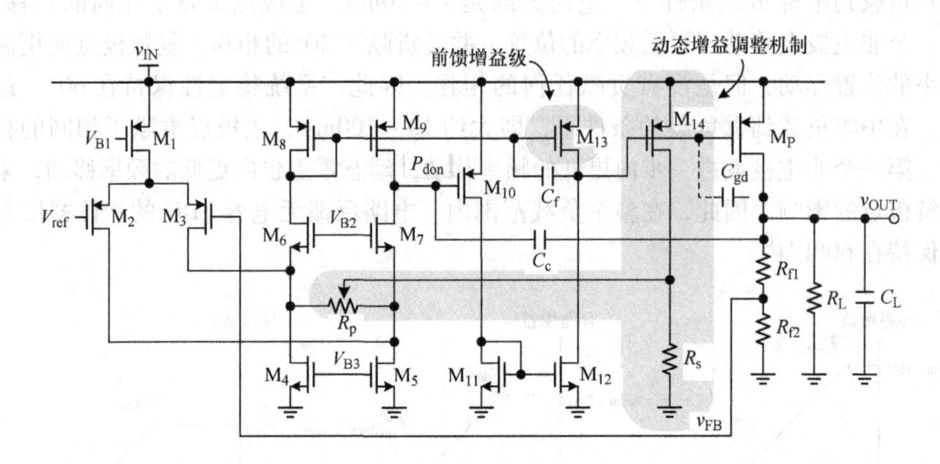

图 2.44 电源电压低于 1V，具有前馈通路和动态增益调整的四级 LDO 稳压器

根据密勒定律补偿电容 C_c 放大后，决定了系统中的主极点。在轻负载时，我们插入电容 C_f 来分裂高频复数极点，并且防止非主复数极点向右半平面移动，来确保电路的稳定性。而且，通过动态增益调整机制，电阻 R_p 正比于负载电流 I_{LOAD}。因此，R_p 能被用于调节直流电压增益和单位增益频率，以防止在超轻负载下的相位恶化。根据图 2.45，传递函数如式（2.70）所示。在接下来的小节中，通过不同的输出负载条件，我们可以更加详细地分析多级 LDO 稳压器。

$$\frac{v_{OUT}}{v_{IN}} \approx \frac{g_{m1}g_{m2}g_{mL}R_{o1}R_{o2}R_L \dfrac{R_f(g_{md}R_p-1)}{(R_p+g_{md}R_{o1}R_f)}\left[1+s\left(R_fC_f+\dfrac{g_{mf}R_{o1}C_c}{g_{m1}g_{m2}R_{o1}+g_{mf}}\right)\right]}{(1+sC_cg_{m2}g_{mL}R_{o1}R_{o2}R_L)\left[1+s\dfrac{(R_p+R_f)(g_{mL}(C_{gd}+C_f)-g_{m2}(C_c+C_L)+g_{mf}(C_f+C_2+C_c))}{g_{m2}g_{mL}}+s^2\dfrac{C_L(C_{gd}+C_f+C_2)}{g_{m2}g_{mL}}\right]} \tag{2.70}$$

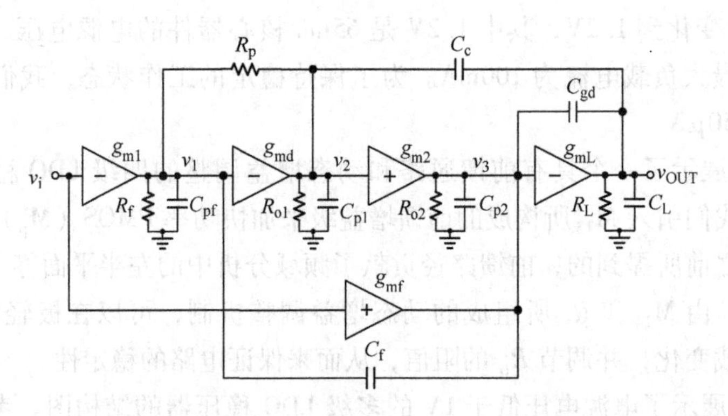

图 2.45 电源电压低于 1V 的多级 LDO 稳压器电路

2.4.5.1　中等负载电流到重负载电流（g_{mL}显著大于g_{m1}和g_{m2}）

随着负载电流从 10mA 增大到 100mA 时，式（2.70）中的传递函数可以表示为

$$\frac{v_{OUT}}{v_{IN}} \approx \frac{g_{m1}g_{m2}g_{mL}R_{o1}R_{o2}R_L\left(1+s\dfrac{g_{mf}C_c}{g_{m1}g_{m2}}\right)}{(1+sC_cg_{m2}g_{mL}R_{o1}R_{o2}R_L)\left[1+s\dfrac{(R_p+R_f)(C_{gd}+C_f+C_c)}{g_{m2}}+s^2\dfrac{C_L(C_{gd}+C_f+C_2)}{g_{m2}g_{mL}}\right]} \tag{2.71}$$

主极点 ω_{don}，前馈左半平面零点 ω_{zf}，系统的单位增益频率分别表示如下：

$$\omega_{don}=\frac{1}{C_cg_{m2}g_{mL}R_{o1}R_{o2}R_L} \tag{2.72}$$

$$\omega_{zf}=\frac{g_{m1}g_{m2}}{C_cg_{mf1}} \tag{2.73}$$

$$\text{UGF}=\frac{g_{m1}}{C_c} \tag{2.74}$$

功率 MOSFET 栅极处的非主极点与前馈零点 ω_{zf}距离相近。此外，由于 g_{mL}的值较大，输出节点处的第二个非主极点位于高频处。因此，我们实现了一个理论相位裕度为 90°的单极点系统。因此，我们便通过分裂左半平面高频非主极点实现了中等负载到重负载情况下多级 LDO 稳压器的稳态工作。

2.4.5.2　轻负载到重输出负载电流（g_{mL}略大于g_{m1}和g_{m2}）

随着负载电流从轻负载增大到重负载范围，亦即大约 1 ~ 10mA，输出节点的非主极点向原点移动，导致复数极点和功率 MOSFET 栅极处第一个非主极点的出现。非主复数极点之间的关系可以表示为

$$\text{UGF}=\frac{g_{m1}}{C_c} \tag{2.75}$$

在这种情况下，复数极点位于高频率范围内，但是仍然对相移有着影响。复数极点频率 ω_o 和 Q 可以表示为

$$\omega_o=\sqrt{\frac{g_{m2}g_{mL}}{C_L(C_{gd}+C_f+C_2)}} \tag{2.76}$$

$$Q=\sqrt{\frac{C_L(C_{gd}+C_f+C_2)}{g_{m2}g_{mL}}}\times\left[\frac{g_{m2}g_{mL}}{(R_p+R_f)(g_{mL}(C_{gd}+C_f)-g_{m2}(C_c+C_L)+g_{mf}(C_f+C_2+C_c))}\right] \tag{2.77}$$

增加 g_{mL} 和 C_f 能够把极点推向更高的频率，因此能够降低 Q 值来提高系统的稳定性。因此，引入 C_f 能够最小化在轻负载到中等负载条件下复数极点所引起的非期望的相移。

2.4.5.3 极轻负载电流（g_{mL} 小于 g_{m1} 和 g_{m2}）

在极轻负载下（例如，电流小于 1mA），较小的 g_{mL} 值将会使 LDO 稳压器变得不稳定。正如轻负载到中等负载条件下所讨论的那样，有着高 Q 值的非主复数极点会减小相位裕度。相应的，减小 g_{mL} 的值会产生一个更高的 Q 值。非主极点会向右半平面移动，会使系统的稳定性恶化。稳定工作和不稳定工作的边界条件可以表示为

$$g_{mL}(C_{gd}+C_f)-g_{m2}(C_c+C_L)+g_{mf}(C_f+C_2+C_c)>0$$
$$\Rightarrow g_{mL}>\frac{g_2(C_c+C_L)-g_{mf}(C_f+C_2+C_c)}{(C_{gd}+C_f)} \tag{2.78}$$

当等式（2.70）中的二阶项中的 s 项为正时，我们可以消除右半平面的极点。因此，我们必须包含一个 g_{mL} 的最小值，来确保系统的稳定性。通过获得一个多级 LDO 稳压器的最低负载电流，可以保持一个最小的 g_{mL} 值。

尽管如此，极轻负载下的非主复数极点仍然会影响单位增益频率附近的相移。我们利用一个正比于输出负载电流的，且与负载有关的电阻 R_p，在动态增益调节机制中调节直流电压增益。鉴于极轻负载下的高电压增益，降低直流电压增益和单位增益频率并不会明显影响瞬态响应。动态增益调节机制能够最小化非主极点带来的不良影响，从而确保了 LDO 稳压器的稳定性。

有、无飞跨电容 C_f 和动态增益调整机制条件时，在 50μA 极轻负载情况下的频率响应如图 2.46 所示。在无 C_f 和动态增益调整机制条件下，非主复数极点出现在单位增益频率附近，因而产生了较低的相位裕度。在引入 C_f 电容的情况下，Q 因子降低，但是相位裕度仍然不足。动态增益调整机制能够稍微地降低直流电压增益和 LDO 稳压器的单位增益频率，以增加系统的相位裕度。因此，我们就可以实现极轻负载下的工作状态。

在不同负载条件下（从 50μA 到 1mA，再到 100mA）的频率响应如图 2.47 所示。当具有动态增益调整机制时（该机制可以通过负载监测动态地调整直流增益），那么我们就可以在所有的负载情况下实现正确的工作功能。

在输入电压为 1V 情况下的负载瞬态响应如图 2.48 所示。在图 2.48a 中，当负载从 50μA 变化到 100mA 时，输出电压被调整为 0.8V，下冲电压和过冲电压大约分别为 52 mV 和 85mV，并反方向变化时，其中负载阶跃为 1μs。瞬态恢复时间大概为 0.6μs。作为对比，0.6V 输出电压下的瞬态响应在图 2.48b 中给出。下冲电压和过冲电压分别为 43mV 和 70mV，负载阶跃从 50μA 变化到 100mA，并反方向变化时，瞬态恢复时间大概为 0.6μs。

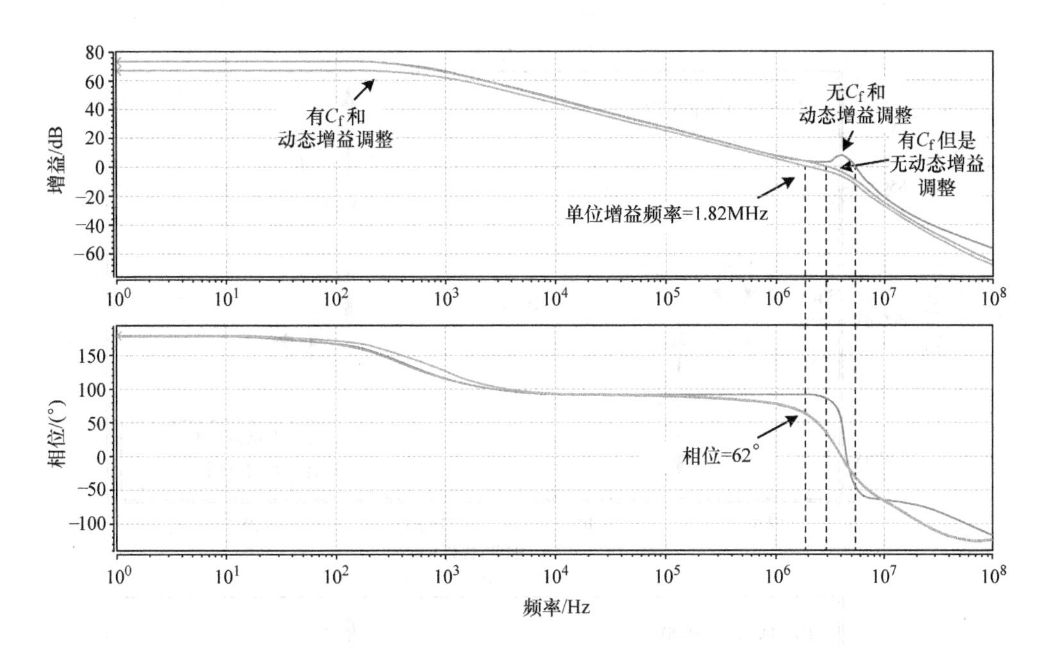

图 2.46　在 50μA 极轻负载情况下，不同电路实现的频率响应比较

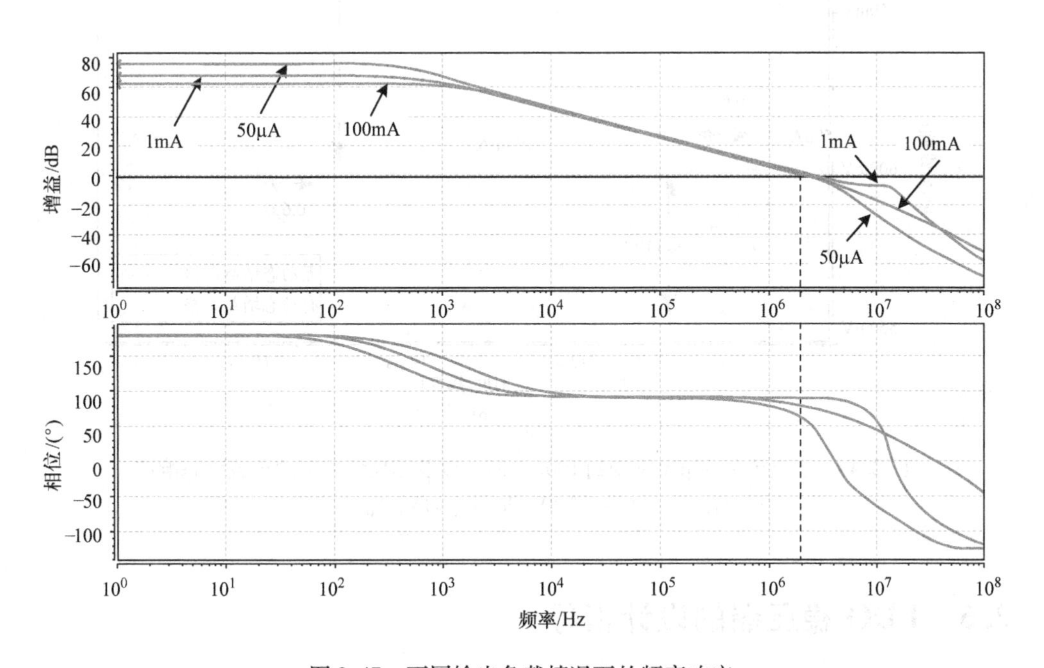

图 2.47　不同输出负载情况下的频率响应

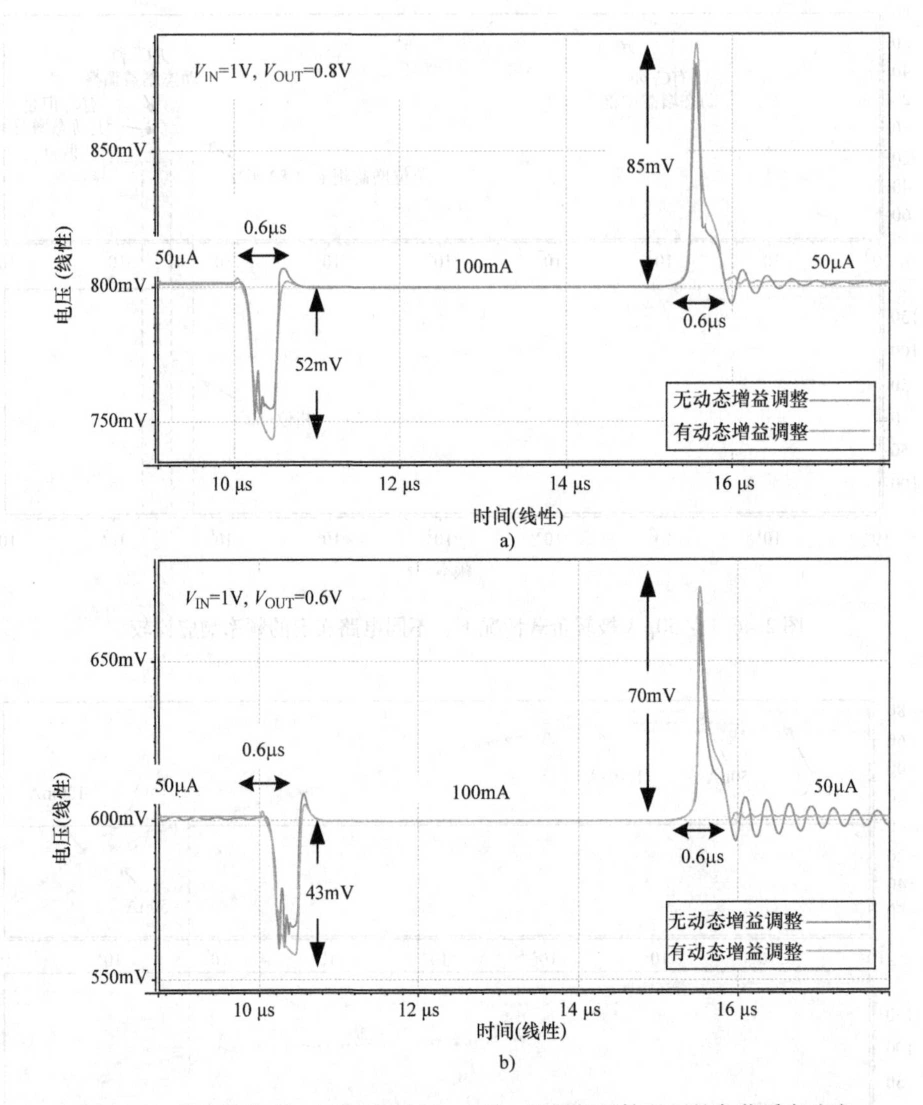

图 2.48　当电流从 50μA 跳变到 100mA 时，以及相反情况下的负载瞬态响应
a）V_{IN} = 1V，V_{OUT} = 0.8V　b）V_{IN} = 1V，V_{OUT} = 0.6V

2.5　LDO 稳压器的设计指导

在本小节中，我们提供了一些 LDO 稳压器的设计指导。在实现电路之前，需要仔细考虑一些重要的设计参数：

- 仔细阅读设计的说明书
- 负载考虑

- 输出电容考虑
- 片上电容考虑
- MOSFET 电容考虑
- 系统补偿考虑
- 电压范围
- 功率 MOSFET 尺寸估计

在开始设计之前，必须仔细阅读设计规范。各种补偿方法和技巧都有各自的优点和限制，亦即，实际的设计是对电路性能的折衷。相应的，设计明细中一些重要的条件能够帮助设计者选择适合的结构。

例如，关于负载的考虑包括了所要求的驱动能力和负载范围。驱动能力要求设计者在不同的负载条件下提供一个宽带宽、较大的压摆率，或者较大的输出电容来保持 V_{OUT}的恒定。设计者在采用主极点补偿或者无电容结构的时候必须仔细考虑最大/最小的负载限制，来满足负载变化范围的要求。在一些应用中，例如在供应端的从纳法到微法级别的大电容是不可避免的，这样一个大电容能提供低频率。对于想要的增益、相位裕度和单位增益频率，无论是采用主极点补偿还是无电容结构，都会存在一个极点阻碍频率响应补偿。与之对比，我们都采用一个片上电容来得到我们想要的极点或零点，从而提供合适的频率响应。在这种情况下，考虑到硅片面积的花费，需要仔细地考量电容的容值。片上的电容能够通过多种方式实现，例如多晶硅 - 绝缘层 - 多晶硅电容，金属 - 绝缘层 - 金属电容或者 MOSFET 电容。特别的是，当使用 MOSFET 电容的时候，交叉电压能够直接改变电容。因此，设计者应该确保交叉电压在所有负载，以及输入电压、输出电压变化的条件下都足够大。总之，负载和输出电容的考量给了设计者充分的信息，来制定补偿策略。同时，因为不同的交叉电压能够改变增益、小信号阻抗和工作区域，输出电压或输入电压便与频率响应和稳定性有关。一旦在不同的输出/输入电压下的功率晶体管工作在线性区和饱和区，晶体管的小信号电阻和增益便产生剧烈的变化，并大大影响频率响应。在这种情况下，对于不同的运行条件，电路补偿应该被适当地调整。最后，功率晶体管的尺寸便可被估计。根据想要的电压差和驱动能力，我们基本上可以决定功率晶体管的最小尺寸。因此，设计尺寸应该比最小尺寸大。与之对比，功率晶体管应该有最大尺寸的限制，不仅仅是出于避免使用不必要的硅片面积的考虑，也是出于极大的功率晶体管会降低误差放大器在轻负载下的直流工作性能。例如，为了在轻负载下驱动大尺寸 P 型功率晶体管，驱动电压的水平必须非常高。这个电压可能会达到最后一级误差放大器上的净空电压，因此增益会大幅度降低。相应的，应该设计一个合适尺寸的功率晶体管。

2.5.1　仿真提示和结果分析

在电路实现之后，我们可以通过如下的仿真来检查电路的性能。交流分析被用于分析频率响应，包括增益、相位裕度和单位增益频率。此外，检查放大器的压摆率以防止进入大信号工作状态也很重要。直流扫描分析用于检查每个 MOSFET 的工作区域和一些直流工作信息，例如线性和负载情况。瞬态扫描分析被用于检查在瞬态周期和上电顺序的电路动态性能。为电路计划一个软启动的上电顺序对于电路的安全工作十分重要，在瞬态工作建立之前能够防止由过载电流、过载电压等引起的电路损坏。

最后，我们应该仔细进行整体芯片的仿真。在这一步骤中，设计者应该考虑存在于硅基和 PCB 上的可能的寄生元器件。这些元器件包括后端电路的电容，功率传输路径中的开启电阻，以及键合线中的电阻、电容和电感。此外，设计者仍需考虑工艺、电压和温度的变化。但是，仿真时间决定了我们需要考虑的因素。正如之前所描述的那样，合适的设计和仿真考虑能够有效保证芯片制造后的良率：

- 交流分析
- 直流扫描分析
- 瞬态分析
- 上电顺序和软启动设计
- 全芯片仿真
- PVT 变化的考虑（工艺、电压、温度）

设计者应该知道如何使用仿真工具来分析电路性能，正如前面的段落中所说的。这些工具也能够被用来验证制造后的原始功能和良率。因此，作者强烈地鼓励设计者预测芯片在实际中可能遇到的各种可能性的情形。设计者首先应该学习如何建立仿真环境。理解设计和实际系统运作环境对此很有帮助。但是，检查所有的可能性是不现实的，因为这样一个过程不仅仅会提高设计复杂度，也会耗费大量的仿真时间。因此，应该仔细平衡如何在需要花费精力的仿真和有效的设计过程之间取得折衷。

2.5.2 在交流分析仿真中打破闭环的方法

我们可以利用一个没有反馈的开环结构来减少复杂度或者减轻对带宽的限制，而由于负载效应，稳压电压将会剧烈的变化。为了保证稳压电压的质量，一个闭环的结果被用作设计功率稳压器的基础。闭环结构的稳定性应该被仔细设计。稳定性指标能够被增益裕度和相位裕度证明。但是，因为施加激励和获取输出信号的过程应该首先被决定，所以闭环结构在交流分析中会遇到困难。闭环系统的稳定性能够从开环分析中得到，开环分析的伯德图能够反映相应的增益裕度和相位裕度。亦即，通过打破电路的闭环，我们可以利用开环来简化分析。因此，决定如何合适地打破闭环，对于保持仿真的准确性，同时又不受负载效应的影响是至关重要的。我们推荐使用如下的两个方法来实现这个目标。

具有反馈环路的一种典型功率转换器结构如图 2.49 所示。模块 A 提供开环增益，而β提供了输出电压v_{OUT}的反馈路径，从而使基准电压V_{REF}能够调节输出电压。

当打破闭环时，为了构建更加准确的模型，断点处的输出阻抗和输入阻抗都应该被考虑到。在图 2.50 中，模块β的输出阻抗$Z_{o,\beta}$被插入到打断点前端处，而模块A的输入阻抗$Z_{i,A}$被加到打断点的后端。在图 2.51 中，交流测试信号源v_{ac}，测试电感L和测试电容C被用于在仿真过程中提取传递函数。测试电感L被用来传导直流信息，以保持直流工作电压的稳定。同时，电感隔断了交流信号，因此，从小信号的角度来看，就形成了一个开环电路。与之对比，测试电容C只传导交流测试信号v_{ac}，阻碍直流信号的传输。相应的，v_x的直流电压不会受到交流信号的影响。鉴于L和C是值为无穷大的理想元器件，它们的值应该非常高，通常在几兆的量级。例如，电感为 100MH，电容为 100MF。传递函数能够通过观察v_{FB}/v_{ac}的值得到。

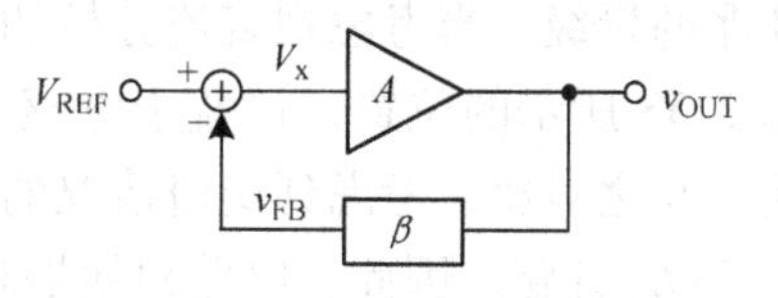

图 2.49　典型转换器电路的模型

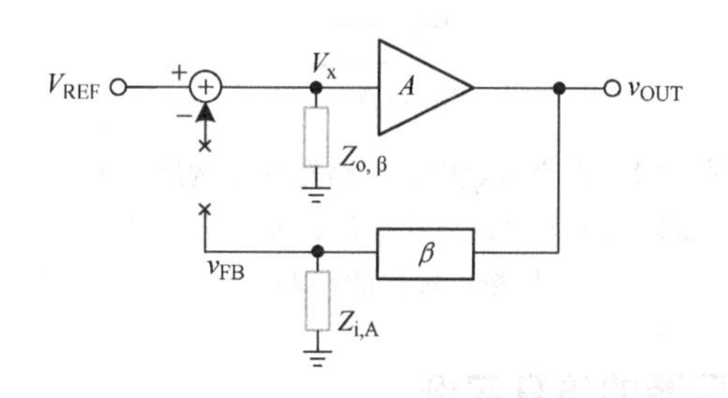

图 2.50　打破反馈环路的基本原理

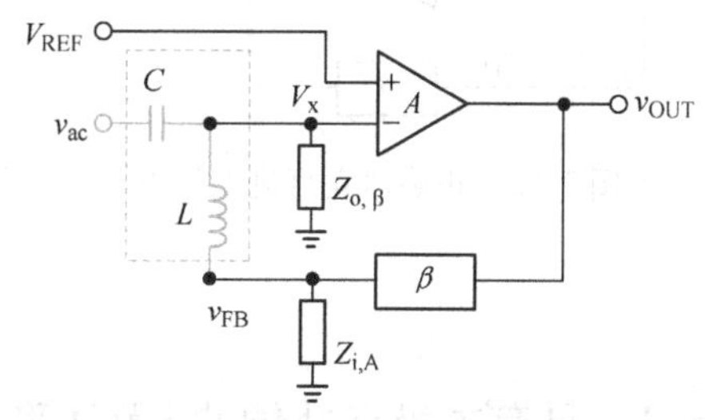

图 2.51　打破反馈环路的基本方法

但是，推导出输出/输入阻抗的准确值既不容易，也不方便。因此，一个打破闭环的可能的方法是选择一个高阻抗的结点作为打断点，来减少分析过程的复杂度。例如，MOSFET 的栅极通常被选作打断点，因为它的高阻抗。相应的，输入阻抗$Z_{i,A}$便可被忽略。此外，输出阻抗$Z_{o,\beta}$也可被忽略。V_x处的直流和交流分量能分别被通过L和C的v_{ac}和v_{FB}直接决定，来推导传递函数。这个过程并不能为传递函数提供直接的解法，因为是假设功率 MOSFET 的栅极具有高阻抗。此外，设计者可能会经历很难找到环路中高阻抗点的情况。当打断点不是高阻抗点的时候，相应的阻抗$Z_{i,A}$就需要被考虑在内。但是，这种行为会增加分析的复杂度。

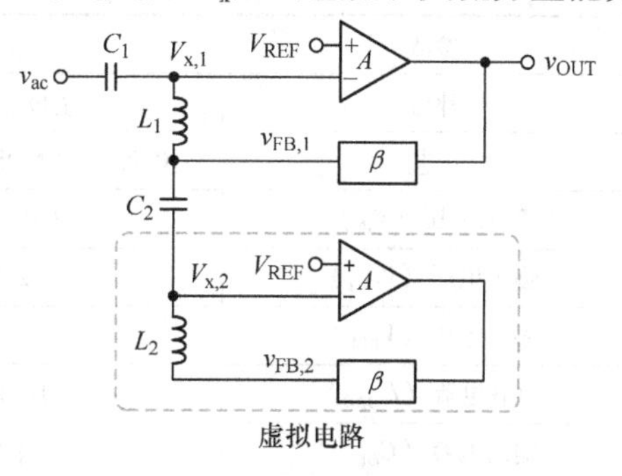

图 2.52　打破反馈环路的精确模型

图 2.52 代表了建立与原始电路相对

应的准确模型的另一种方法。测试电容 C_1、C_2 和测试电感 L_1 和 L_2 提供了合适的交流路径和直流路径，为了达到与之前相同的目的。这些测试元器件的值被设定为几兆的量级。当考虑到直流分析的时候，每个电路模块的直流工作点都被设定在如图 2.53 所示的位置，得益于电感 L_1、L_2 带来的短路路径和 C_1、C_2 带来的开路路径。与之对比，考虑到交流情况的时候，图 2.54 表明，电阻 C_1 和 C_2 短路，电感 L_1 和 L_2 开路。因此，电路模块展现出开路特性，虚拟电路用于提供 $Z_{i,A}$。相应的，我们便可确认电路的交流特性和直流特性。这个方法可以得到一个不受打断点选择影响的准确模型。类似的，传递函数能够通过观察 $v_{FB,1}/v_{ac}$ 的值得到。

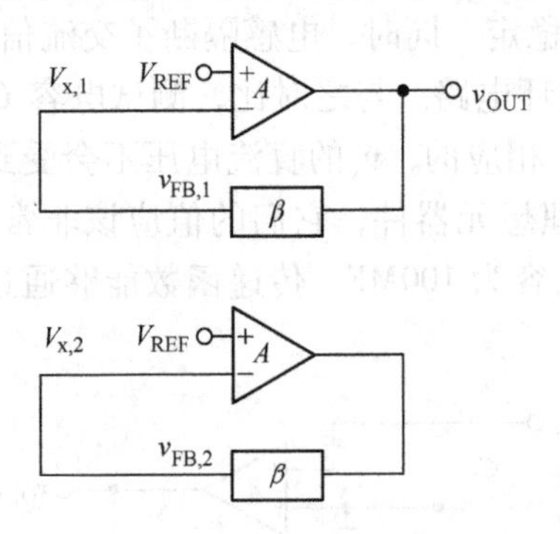

图 2.53　正确建立直流工作点

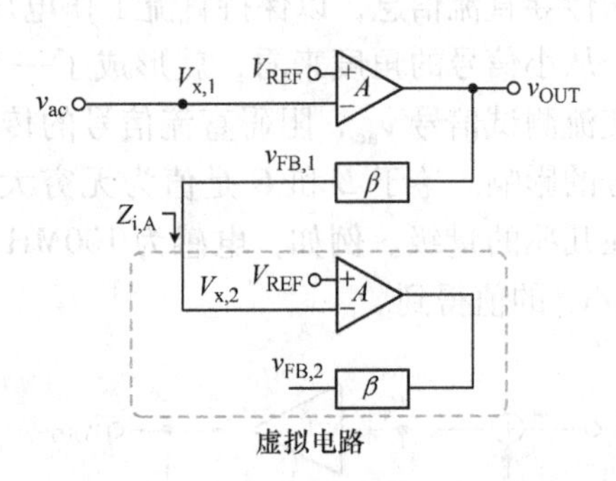

图 2.54　在交流域中，电路拓扑结构反映了提取传递函数的解决方法，而不会受到打断点选择的影响

2.5.3　具有主极点补偿的 LDO 稳压器的仿真实例

在这一小节中，我们提供了验证电路参数如表 2.3 所示的表征 LDO 稳压器的性能和功能的基本仿真方法。这些指南将会指导读者一步步进行仿真。需要验证的电路性能参数包括稳定性、电压差、线性调整率、负载调整率、过冲和下冲电压，以及瞬态扫描分析中的建立时间。

表 2.3　LDO 稳压器的参数

参数	值	单位
补偿	主极点补偿	
工艺	0.25μm CMOS (5V 器件)	
输入电压（V_{IN}）	3.0～4.5	V
输出电压（V_{OUT}）	2.7	V
参考电压（V_{REF}）	1.2	V
负载电流（I_{LOAD}）	1～100	mA
输出电容（C_{OUT}）	4.7	μF
输出电容的等效串联电阻（R_{ESR}）	5	Ω

在交流分析中，图 2.55 描述了带有主极点补偿的 LDO 稳压器的闭环电路图。第一步是确定整个 LDO 稳压器的可能的打断点的位置。总之，由于第一级是通过共源放大器实现的，误差放大器的输入阻抗被设定为无穷大。因此，图 2.56a 表明，打断点选择在从 V_{FB} 到误差放大器的同相输入端的路径上。图 2.56b 表明理想电容 C_{ideal} 和理想电感 L_{ideal} 被加到电路中，分别用于传输交流和直流信号，然后分别决定电路的静态工作点和传递函数。直流信号的传导路径能够保持直流工作的功能在合适的 V_{IN}、V_{OUT}、V_{REF} 和 I_{LOAD} 值上。以直流工作为基础，交流信号的传输路径能够决定电路的频率响应。读者可能认为这个过程是直接连接直流电压源到打断点，作为静态工作点的一种替代方法。但是，如果出现了静态工作点偏移引起的小误差，LDO 稳压器的高环路增益将会产生一个严重的误差。

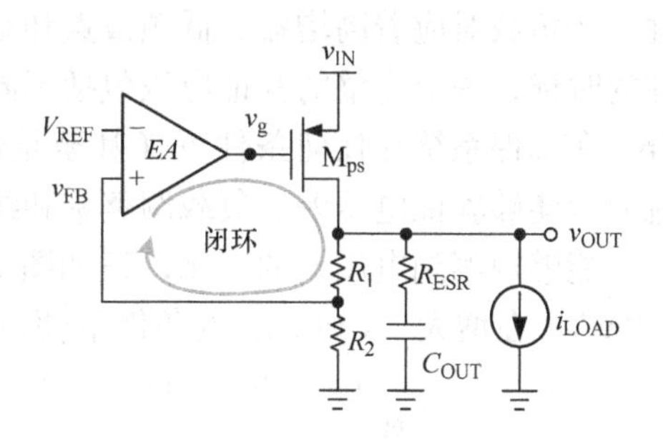

图 2.55　用于交流分析的 LDO 稳压器

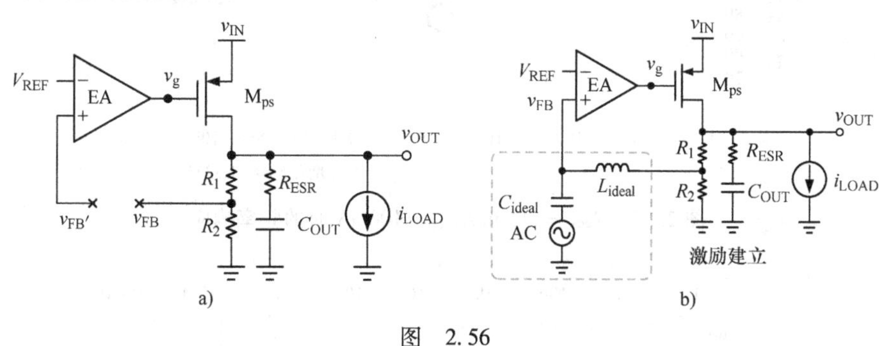

图　2.56

a）在高阻抗节点打破环路的方法　b）建立激励

鉴于简单的单级设计，误差放大器的极点和零点通常位于高频段，可以被忽略。因此，两个极点 P_1 和 P_2，分别位于 V_{OUT} 和 v_g，可以用来进行稳定性分析。此外，由 V_{OUT} 处的 R_{ESR} 和 C_{OUT} 产生的等效串联电阻零点 Z_1 会有一个大约为 90°的相位提升。图 2.57 显示了当 V_{IN}、V_{OUT}、I_{LOAD} 分别为 3V、2.8V、100mA 时的主极点补偿下的频率响应。P_1 大约坐落在 1kHz 处，零点 Z_1 被设计在大约 4kHz 处来抵消 P_2 的效应。与图 2.57 相对比，图 2.58 和图 2.59 中的频率响应展示了零点 Z_1 的不同位置和不同表现。在图 2.58 中，由于更大的电阻 R_{ESR}（大约为 50Ω）使 Z_1 坐落在与 P_2 相比更低的位置，单位增益频率和相位裕度分别上升和下降。在图 2.59 中，单位增益频率和相位裕度分别下降和上升，因为较小的电阻 R_{ESR} 使 Z_1 坐落在与 P_2 相比更高的位置。相应的，$R_{ESR}=1\Omega$ 能提供合适的频率补偿。图 2.60 验证了在不同的负载条件下的频率响应，包括 1mA 的负载条件和 100mA 的负载条件。轻负载对应着高增益、低频极点和更小的单位增益频率。此外，在检查仿真条件的时候，一个完整的验证应该包括不同 V_{IN}、V_{OUT}、I_{LOAD} 和温度的所有不同的组合，在确保系统在任何条件下（甚至是最糟糕的工作条件下）都能正常工作。直流分析能够验证电压差、负载调整率和线性调整率。首先，当 V_{IN} 和 V_{OUT} 持续增加时，能够观察到电压差的变化，正如图 2.61 中所示。如果负载电流被设为最大值 100mA，在增大 V_{IN} 和 V_{REF} 的条件下便可观察到 V_{OUT} 的变化。由于负反馈的控制，

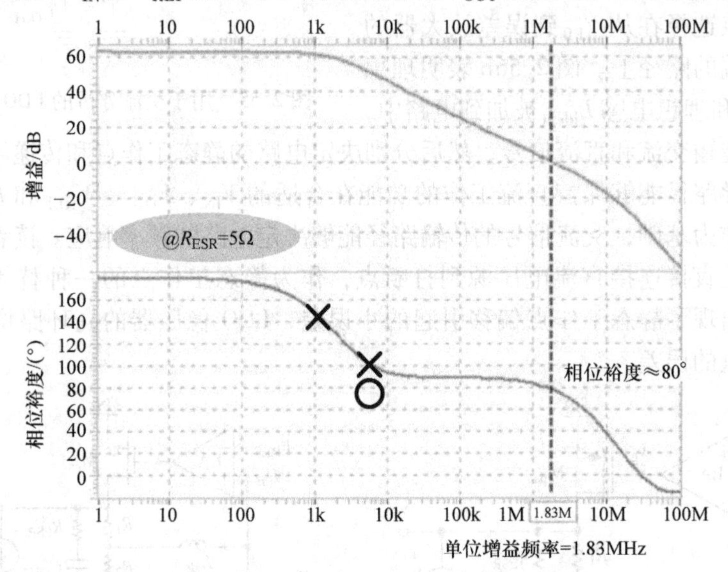

图 2.57　$R_{ESR}=5\Omega$ 和 $I_{LOAD}=100mA$ 时的频率响应

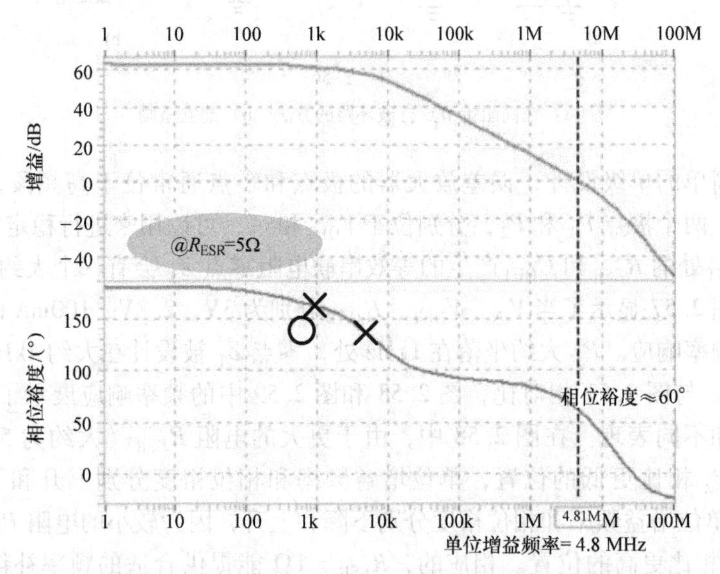

图 2.58　$R_{ESR}=50\Omega$ 和 $I_{LOAD}=100mA$ 时的频率响应

理想输出值 $V_{OUT(ideal)}$ 的轨迹与参考电压 V_{REF} 的轨迹相同。当输入电压 V_{IN} 被设为 3V，V_{REF} 的增大将引起 V_{OUT} 的增大。正如图 2.62a 中所示，当 V_{IN} 被设为 3V，环路增益将会变小，电压差大约为 140mV，V_{OUT} 的曲线与 $V_{OUT(ideal)}$ 的曲线偏离。与之类似，图 2.62b ~ d 分别展示了电压差为 3.5V、4V、4.5V 时的情况。

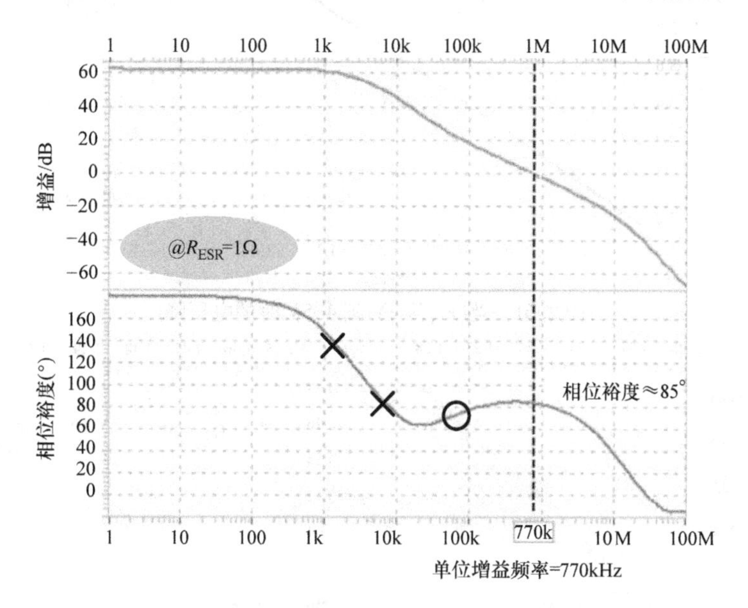

图 2.59 $R_{ESR}=1\Omega$ 和 $I_{LOAD}=100mA$ 时的频率响应

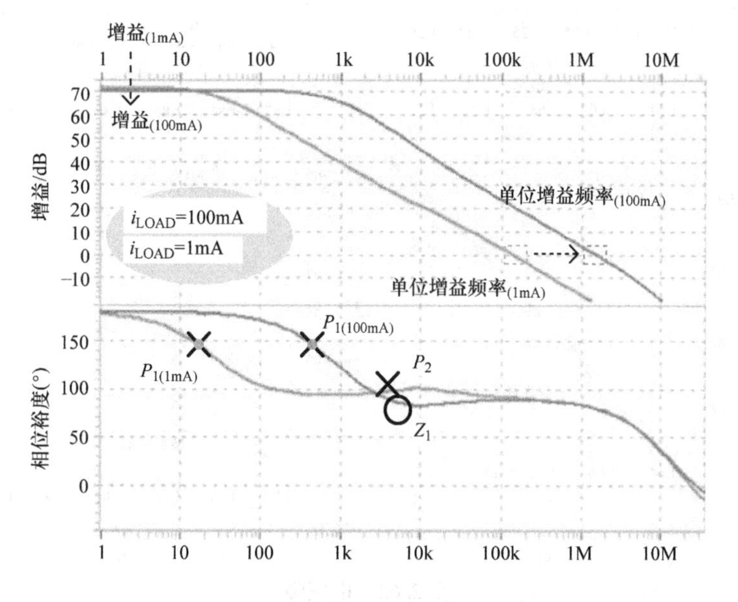

图 2.60 $I_{LOAD}=1mA$ 和 $I_{LOAD}=100mA$ 时的频率响应比较

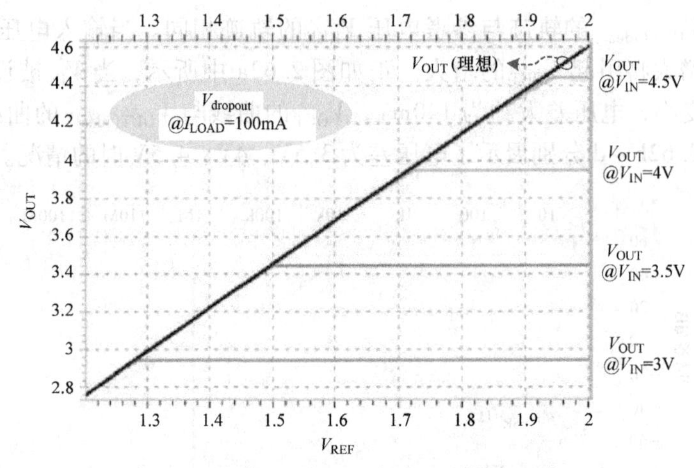

图 2.61　当 V_{IN}从 3V 到 4.5V 时的电压降

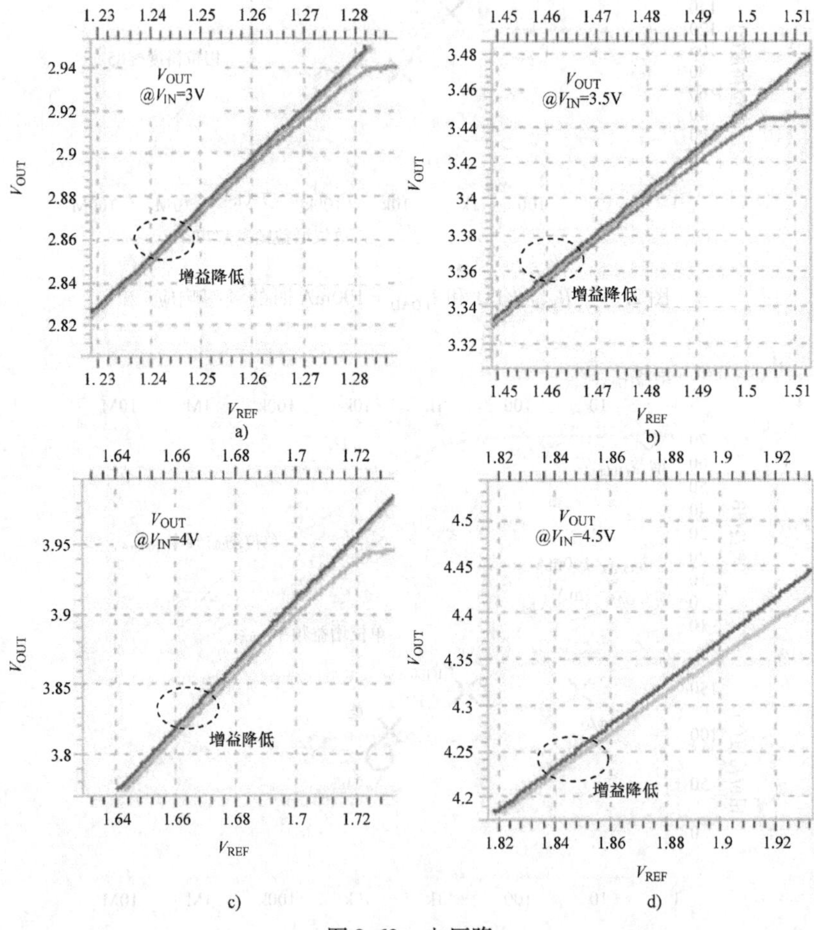

图 2.62　电压降

a）$V_{IN}=3V$　b）$V_{IN}=3.5V$　c）$V_{IN}=4V$　d）$V_{IN}=4.5V$

图 2.63 和图 2.64 分别展示了负载调整率和线性调整率。在图 2.63 中，验证了 V_{IN}为 3V，V_{OUT}为 2.7V，负载电流 I_{LOAD}从 1mA 变化到 100mA 时的负载调整率。输出电压 V_{OUT}的变化范围为 2mV，表明负载调整率大约为 20.2mV/A。在图 2.64 中，负载电流 I_{LOAD}被设为它的最大值 100mA，因为这样会产生一个最糟糕的环路增益。验证了当 V_{IN}从 3V 变化到 4.5V 时，V_{OUT}是 2.7V，负载电流是 100mA 时的线性调整率。输出电压 V_{OUT}的变化范围为 12mV，表明负载调整率大约为 8mV/V。

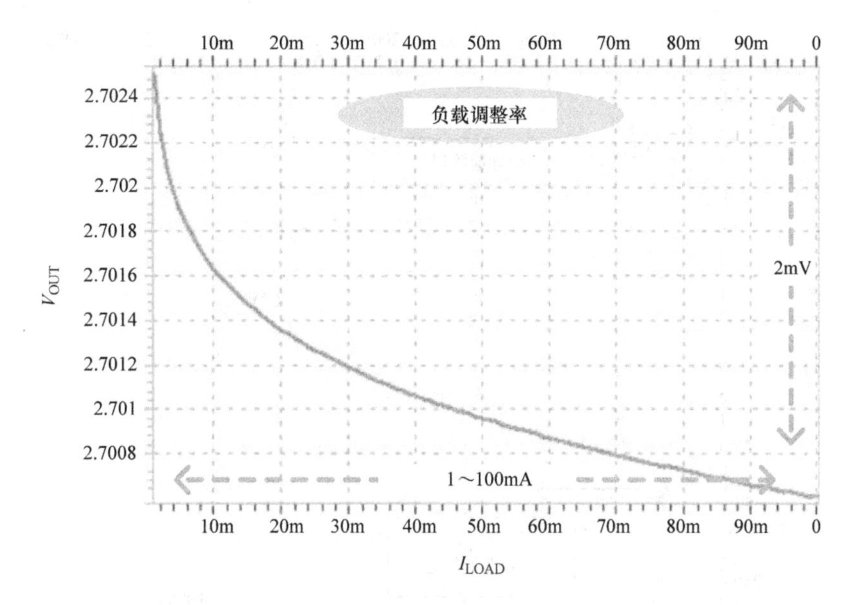

图 2.63　当 I_{LOAD}从 1mA 变化到 100mA 时的负载调整率

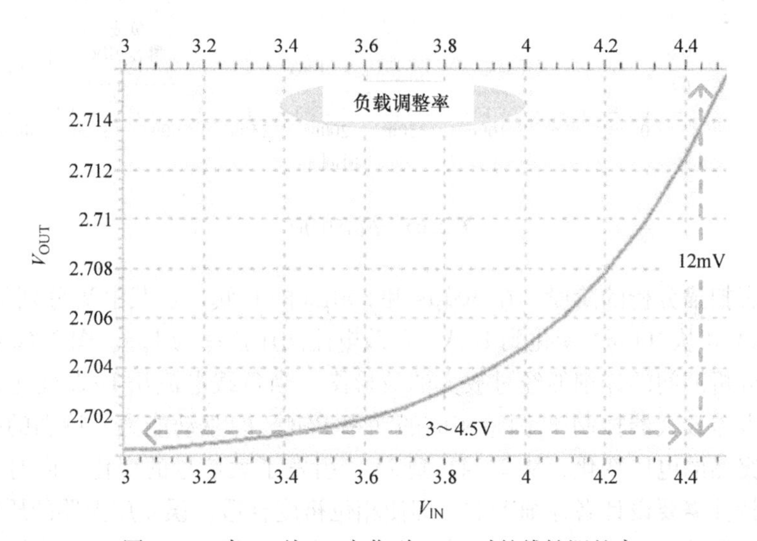

图 2.64　当 V_{IN}从 3V 变化到 4.5V 时的线性调整率

图2.65给出了瞬态扫描分析下的仿真结果。起初，V_{IN}被设定为在50μs内从0变化到3V，用来模拟实际情况中的上电操作。在50ms的上电周期后，系统并没有稳定下来是因为V_g和I_{MPS}仍然在变化，尽管V_{OUT}被调整到2.7V的位置。V_{OUT}是由C_{OUT}和R_{ESR}上的电压组成的。这个变量表明，C_{OUT}还没有被充电到所要求的2.7V的电压。为了分析负载的瞬态响应，设计者应该避免在这个不稳定的时间内设置负载的任何变化。

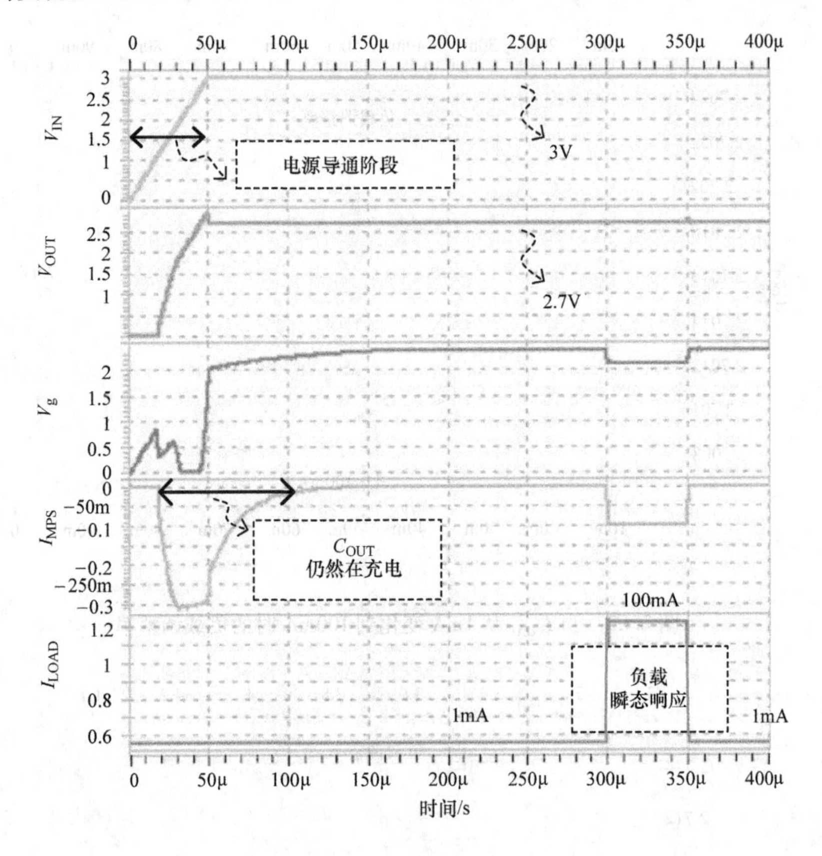

图2.65 瞬态响应

在瞬态扫描分析的阶段，在300μs和350μs的时候，负载电流分别从1mA变化到100mA和从100mA变化到1mA。负载电流的压摆率为1μs。图2.66提供了在负载扫描分析期间的详细的经过放大的波形图。当负载电流从1mA变化到100mA的时候，误差放大器控制V_g调整相应的功率PMOS的驱动能力。特别的是，V_g经历了一个突然的电压变化，从2.34V到2V，引发了大信号的变化，同时表明电路的大信号特性需要设计者仔细考虑。即使相位裕度合适，误差放大器的压摆率也会影响瞬态扫描分析。图2.67～图2.68展示了电压下冲、上冲和设置时间。此外，正如图2.69中所示，负载调整率的性能可以通过在不同负载电流条件下的稳态分析得到。

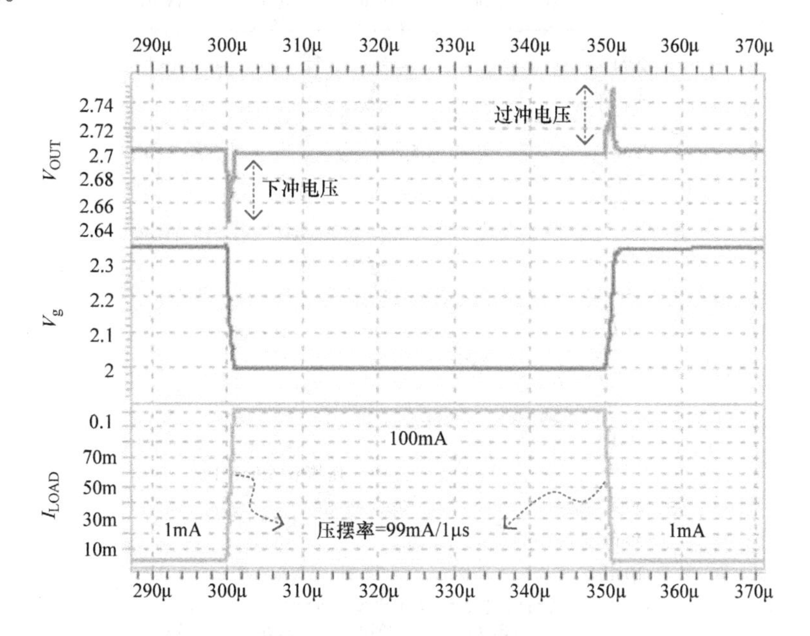

图 2.66　当 I_{LOAD}从 1mA 变化到 100mA，再反向变化时的瞬态响应

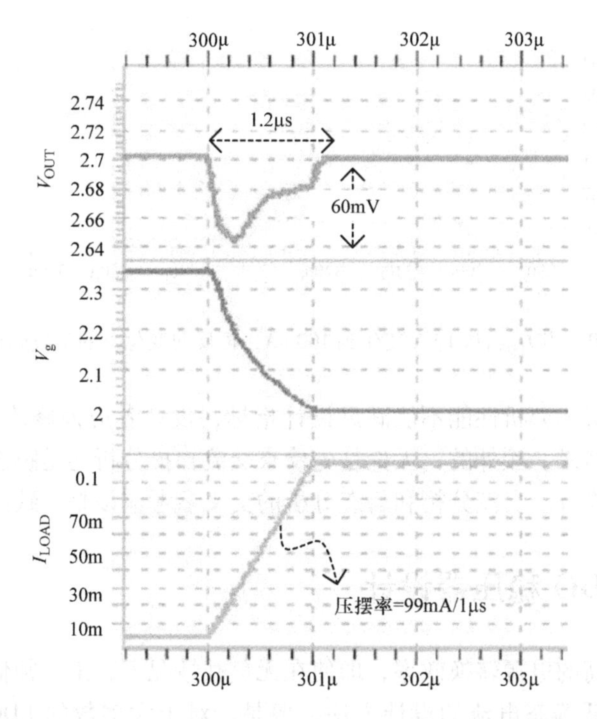

图 2.67　从轻负载到重负载的负载瞬态响应

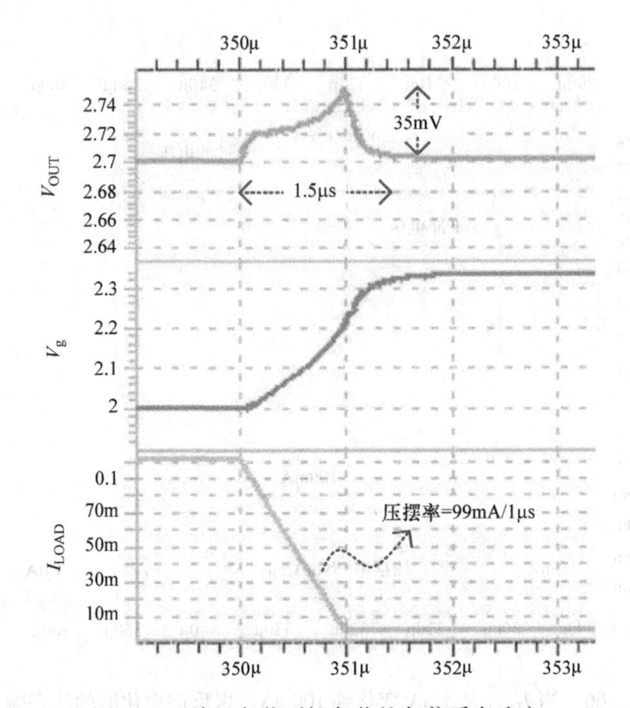

图 2.68　从重负载到轻负载的负载瞬态响应

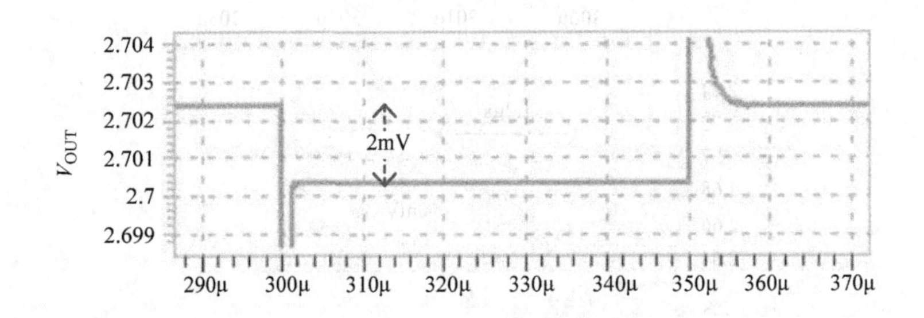

图 2.69　当 I_{LOAD}从 1mA 变化到 100mA，再反向变化时的负载调整率

如果负载的瞬态分析性能不能满足设计指标，设计者应该修改设计或者补偿，来重新检查仿真结果。额外的，无论是先检查交流扫描分析还是瞬态扫描分析，另外一个都需要被检查。交流分析和瞬态分析的交叉参考应该是一致的。

2.6　数字 LDO 稳压器设计

为了获得较高的电源转换效率，即使在无负载情况下，工程师们已经发现了几种保持稳定性和低静态电流的设计方法。但是，对于大多数的 LDO 稳压器来说，较小的静态电流将会给电路性能的提高带来困难。此外，为了获得合适的相位裕度和瞬态响应，电路结构将会变得更复杂，设计花费也会相应地提高。因此，工程师们提出了数字 LDO 稳压器的设计。这些稳压器的控制是通过数字电路实现的，来完全开启/关闭功率 MOSFET 的阵列。考虑到数字实现的优点，数字 LDO 稳压器具有如下的特点：较快的瞬态响应，简化的补偿网络，并且它们能够在极低的电源电压下工作。我们首先介绍数字 LDO 稳压器的概念，然后提供一个更先进的控制器来进一步提升电路的性能。

2.6.1　基本数字 LDO 稳压器

图 2.70 给出了数字 LDO 稳压器的基本结构，由功率 MOSFET 的阵列、比较器和数字控制器共同组成。在功率 MOSFET 的设计中，一个大的 MOSFET 阵列被分为几个子 MOSFET 单元。每个单元都通过数字控制器产生的 n 位的数字控制信号驱动。一个比较器用于监控输出电压 V_{OUT} 并把它和基准电压 V_{REF} 比较，而不是用复杂的不敏感的模拟放大器。亦即，比较器输出信号的高低电平被反馈进入到数字控制器，来决定开启的子 MOSFET 单元数。不同数目的子 MOSFET 单元的开启可以被看作是几个电阻的开启，与功率二极管的等效开启电阻相同。相应的，与不同负载电流条件相对应的驱动能力就可以被调整。例如，在大负载条件下，较多的子 MOSFET 单元被开启，等效开启电阻减小，可以获得较高的负载驱动能力。

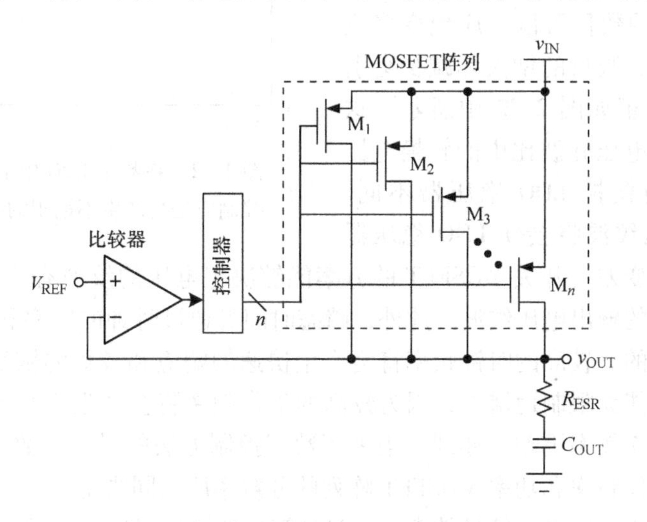

图 2.70　数字 LDO 稳压器的基本结构

总之，一个简单的数字控制器能够通过一位输出控制的升序/降序计数器或者移位寄存器实现。此外，一个附加的时钟信号可被用于同步所有的控制信号。MOSFET 阵列中子 MOSFET 单元的尺寸可以被设计为二进制码的形式。正如图 2.71 中所示，数字控制器能够通过移位寄存器实现，而 MOSFET 阵列中的子 MOSFET 单元被设计成统一的尺寸。

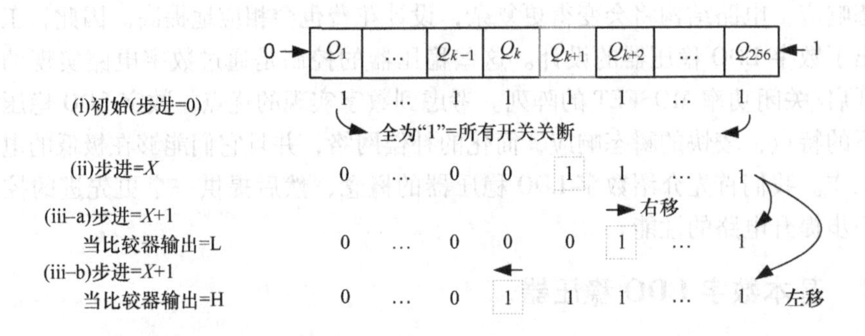

图 2.71 用于控制功率 MOSFET 阵列开关导通/关断的移位寄存器

与模拟放大器控制的功率 MOSFET 对比，数字控制器的方法能够完全开启或关闭各个 MOSFET 阵列中的子 MOSFET 单元。从数字的角度来看，完全开启或者关闭一个系统表明系统具有较高的噪声免疫能力。在稳态的时候，开启的功率 MOSFET 的数目代表着负载电流的条件。当控制码在两个控制码之间发生振荡时，移位寄存器具有动态稳定能力。亦即，如果平衡建立的话，开启的子 MOSFET 单元的数目可以相应地变多或者变少。但是，数目的增大和减少会引起电压纹波，正如图 2.72 中所示。这些电压纹波与电压驻波比中的转换电压纹波类似。与模拟 LDO 稳压器不同，不期望的电压纹波将会使 LDO 稳压器无纹波的优点变差。开关 MOSFET 的方案能够决定电压的纹波有多大。高分辨率将会产生较低的输出电压纹波。此外，瞬态时间是通过时钟的频率和开关 MOSFET 阵列共同决定的。较高的时钟频率将会产生快速的响应和较短的恢复时间。然而，工作频率并不能无限制地增大，因为较高的工作频率将会产生不必要的功率损耗，进而使电源转换效率更差。亦即，当采用数字控制方法的时候，数字 LDO 稳压器的带宽通过工作频率和功率 MOSFET 阵列的分辨率所共同决定。

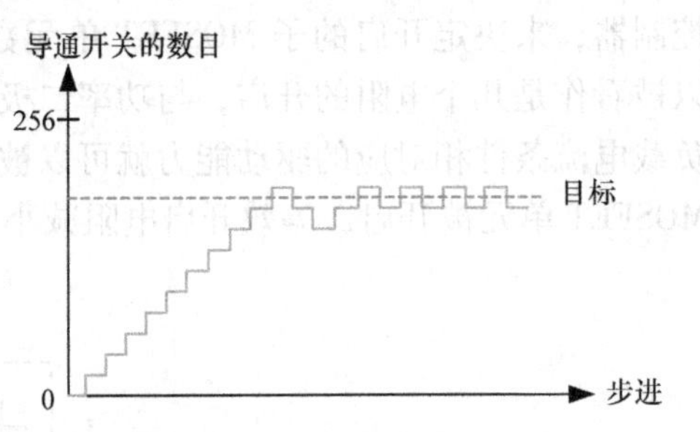

图 2.72 在数字 LDO 中上/下计数控制方法会产生不期望的电压纹波

如果可以不考虑电源转换效率，而只是简单地增加工作频率时，相比于模拟办法，通过数字办法更容易实现快速的瞬态响应。此外，数字控制方法还有一个优点，亦即，只有输出端的极点需要考虑，因为全摆幅信号会把极点和零点推到高频区域。系统能够被简化成单极点的系统，解除负载电流范围的限制，尤其对于无电容 LDO 稳压器的最小负载要求。

鉴于快速瞬态响应的优点和较宽的负载范围，数字 LDO 稳压器更加适合基于动态电压缩减的应用。此外，工作电压的变化范围很广，从器件的阈值电压到接近最高的电源电压（甚至是使用了最小的偏置电流来确保电压调整）。当考虑到更先进的纳米工艺时，数字 LDO 稳压器可以用于负载点功率转换器。接下来的章节介绍了几种数字 LDO 稳压器的先进控制方法。例如，网格异步自定时控制（Lattice Asynchronous Self - timed Control ，LASC）技术被用于有效地减少同步时钟控制和双稳态操作中输出电压的功率消耗。将动态电压缩减技术的概念从任务层扩宽到指令层，基于指令周期的动态电压缩减（instruction cycle - based Dynamic Voltage Scaling ，iDVS）技术就可以用于实现有效的功率节约。如果采用基于 iDVS 技术，在构建层面和电路层面均可节省可观的功率。

2.6.2　具有网格异步自定时控制（LASC）技术的数字 LDO 稳压器

基本的数字 LDO 稳压器能够使用事先定义的基准时钟来调整驱动能力。尽管与模拟 LDO 稳压器相比，数字 LDO 稳压器更能获得一个快速的瞬态分析和低电压的操作，数字 LDO 稳压器的功率消耗仍然受到同步时钟的限制。为了提高电路的性能，如图 2.73 中所示，对于无电容的数字 LDO 稳压器的网格异步自定时控制方法已经被实现出来。由于异步控制，该方法不需要任何的时钟信号。LASC 的工作与无时钟双向移位寄存器类似，而无时钟双向移位寄存器决定了每个子 MOSFET 单元的活动状态。在没有同步时钟的情况下，非同步时钟控制实现了毗邻的辅助控制单元之间的握手操作。因此，在电源转换效率和瞬态响应速度之间的折衷便可实现。亦即，不需要改变负载，等效的时钟频率被大大提高来获得较快的频率响应。与之对比，在备用模式中，等效时钟频率被自动地降低了，为了节省功耗。这种情况表明，异步时钟控制下的数字 LDO 稳压器能够同时展现出高电源转换效率和快

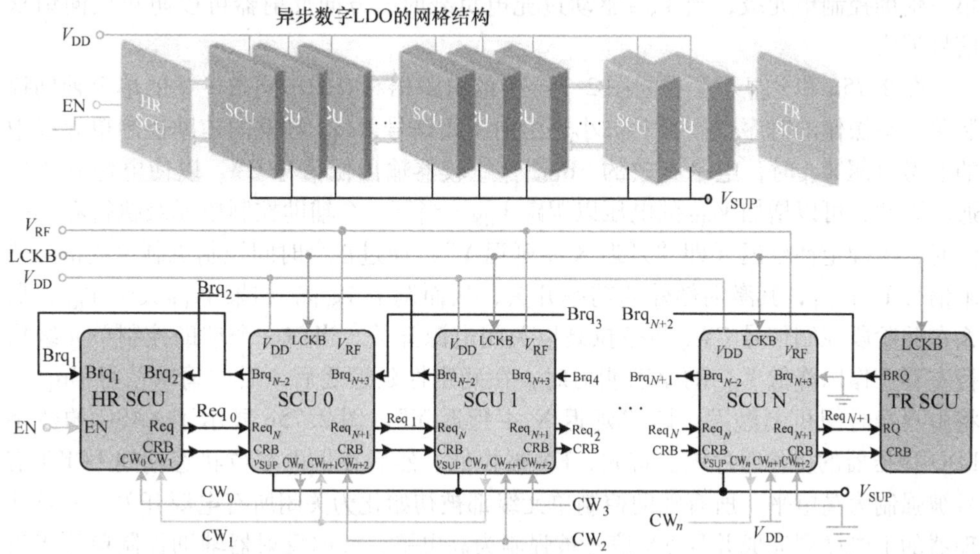

图 2.73　具有 LASC 技术的异步数字 LDO[11]

速瞬态响应的优点。

驱动源是一个事件，因此不会出现时钟偏移和同步浪涌电流的问题。如图 2.74 所示，LASC 数字 LDO 稳压器由一个辅助控制单元（Secondary Control Unit，SCU），一个 SR 锁存比较器，一个方向反射器（HR）和一个终端反射器（TR）组成。如图 2.74a 所示，辅助控制单元包含一个 Muller C 门、一个 SR 锁存比较器、一个电源开关、一个路径多路复用器和控制逻辑来调制电源开关，以确保稳定的输出电压 V_{SUP}。在图 2.74b 中，SR 锁存比较器由一个有源高使能信号 EN 触发，该信号由前一级的前向请求脉冲控制。动态比较器比较 V_{SUP} 和 V_{RF} 以产生信号 $CW_0 - CW_n$，从而使相应的电源开关导通/关闭。

根据结果 CW_n、CW_{n+1} 和 CW_{n+2}，路径多路复用器决定了或者从前级，或者从后级请求信号 Brq_{N+3} 中获得前向请求信号 Req_{N+1}。图 2.74a 中的表格显示了基于辅助控制单元的 Muller C 门自定时控制的整体工作原理。如图 2.74c 所示，方向反射器确保 LASC 的数字 LDO 稳压器中的所有辅助控制单元都将返回其初始状态。通过将 EN 信号强制为低电平，基于信号电流纹波变为低电平，方向反射器还可确保电源开关关闭。图 2.74d 所示的 Muller C 门是异步电路的基本组成部分。如果所有输入均为高电平，n 输入 Muller C 门的输出状态将变为高电平，如果所有输入均为低电平，则输出状态变为低电平。否则，n 输入 Muller C 门保持与前一状态相同的输出。如图 2.74e 所示，当 EN 从低变高时，上升沿检测器（RED）电路产生一个单脉冲触发方向反射器，从而生成第一个请求脉冲，从而激活 LASC 的数字 LDO 稳压器。为了解决边界条件，如图 2.74f 所示，在最后的辅助控制单元级，V_{SUP} 无法获得足够的电源时，终端反射器电路有助于从终端反射正向请求信号。此外，在第一辅助控制单元级，当 V_{SUP} 驱动过充电负载时，方向反射器可以防止反向请求信号消失。

图 2.75a 和 b 显示了在与图 2.74a 中的电路相对应的不同条件下的单个辅助控制单元级操作的时序图。当 V_{SUP} 小于由前一级信号 Req_N 触发的辅助控制单元级中的参考电压 V_{RF} 时，电平有效的 SR 锁存比较器输出低信号 CW_n 以使电源开关导通。因此，可以增加 V_{SUP} 的电压以跟踪 V_{RF}。当下一个辅助控制单元级执行右移操作时，由确定性延迟（即“延迟 X + 延迟 Y”）通过自身时间控制机制生成正向请求信号 Req_{N+1}，其激活额外的功率开关，从而调节 V_{SUP}。如果 V_{SUP} 大于 V_{RF}，那么在此阶段控制信号 CW_n 将被拉高以关闭电源开关。当前一个辅助控制单元级执行左移操作以降低 V_{SUP} 的驱动能力时，在确定性延迟之后，后向请求信号 Brq_{N-2} 将由自身时间机制触发，即“延迟 X + 延迟 Y”。图 2.75c 显示了 LASC 的数字 LDO 稳压器的操作时序图。首先，EN 被拉低，然后在上电复位状态期间 LCKB 信号被强制为高电平。所有辅助控制单元级都被初始化为关闭所有电源开关。一旦处理器的上电序列完成并且 EN 信号被强制为高电平，方向反射器辅助控制单元将第一请求信号 Req_0 泵入网格异步自定时控制器，因此根据所需的功率，异步数字

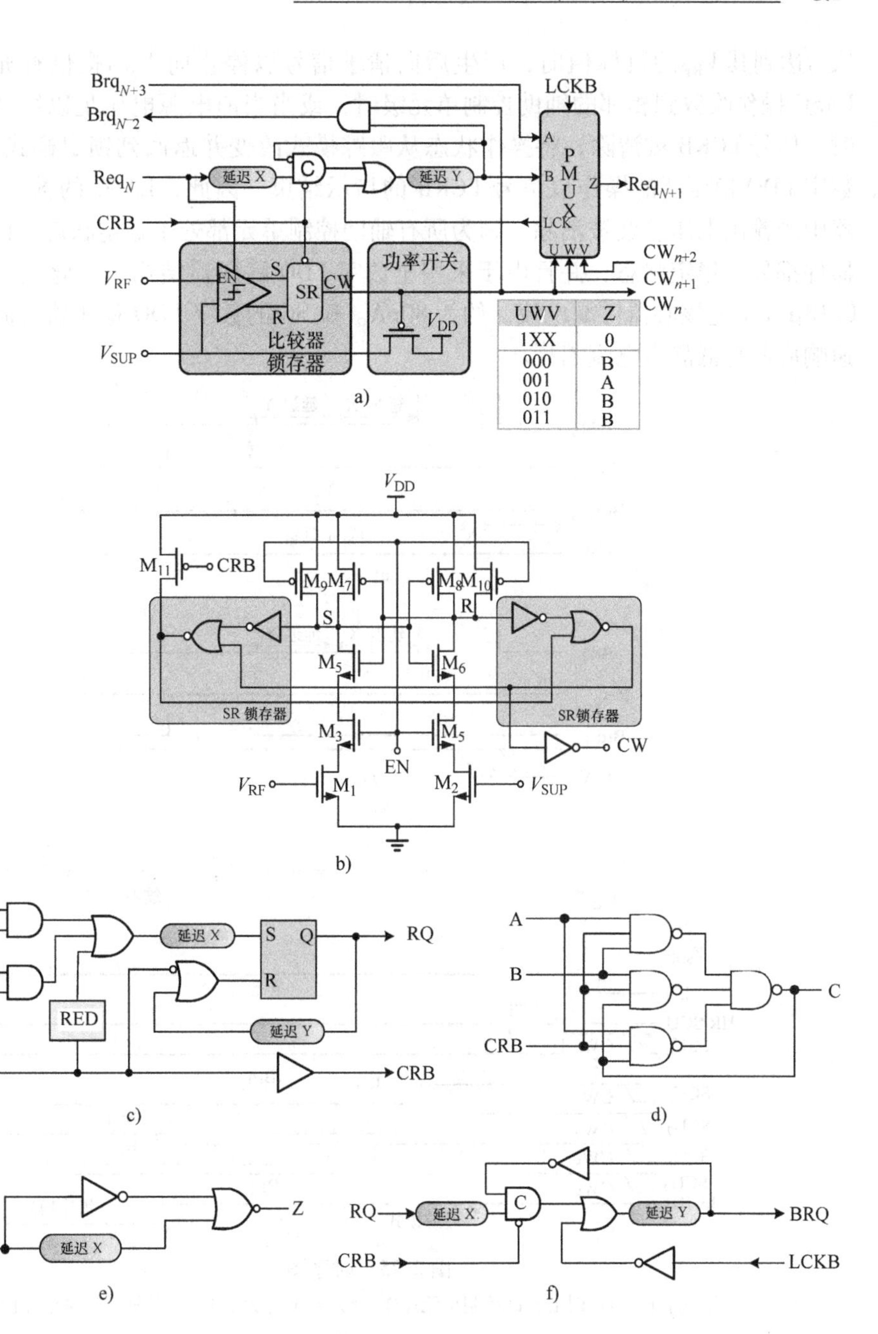

图 2.74　电路实现

a）辅助控制单元　b）SR 锁存器比较器　c）方向反射器　d）Muller C 门　e）上升沿　f）TR

LDO 稳压器输出电压 V_{SUP}可以开始跟踪参考电压 V_{RF}。在上升跟踪期间，LASC 用作右移操作，通过将控制信号从 CW_0移到 CW_n来增加开启电源开关的数量。当

V_{SUP}达到其V_{RF}的目标值时，产生后向请求信号以停止向V_{SUP}提供补充电源。当LASC操作收敛到相邻的辅助控制单元级时，或当当前电源电压足以维持正确操作时，信号LCKB被清除，将操作状态从跟踪模式改变并返回到锁定模式。LASC的数字LDO稳压器的操作以信号LCKB的指示结束。因此，LASC的数字LDO稳压器中的输出电压纹波被消除，因为所有辅助控制单元都处于稳定状态。因此，所有器件都处于稳定状态，并且由于采用全数字LDO稳压器结构，因此电流消耗接近0.18μm工艺核心器件漏电流，约为80nA。LASC的数字LDO稳压器可同时实现快速响应和超低静态电流消耗。

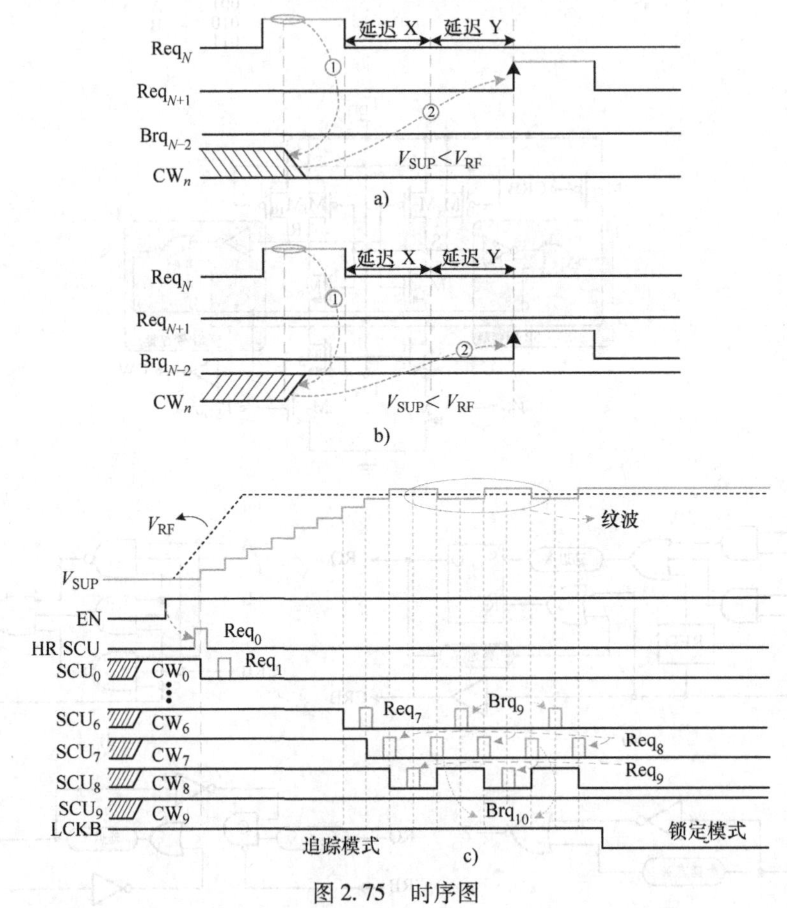

图2.75 时序图

a）当V_{SUP}小于V_{RF}时的辅助控制单元操作 b）当V_{SUP}大于V_{RF}时的辅助控制单元操作

c）当使能信号EN激活时，LASC技术的操作

2.6.3 动态电压缩减（DVS）

2.6.3.1 基本DVS技术

便携式电子产品是我们日常生活中不可缺少的产品，涵盖了广泛的应用领域，

包括用于娱乐、通信和生物医学的设备和配件。这些电子产品包含处理器，如数字信号处理器（DSP），高级精简指令集计算机（ARM）和微控制器单元（MCU）作为核心组件。因此，设计低功耗处理器以尽可能节省功耗，延长便携式设备的电池使用寿命至关重要。

图 2.76 显示了分层处理器体系结构。该图还表明，程序是从高级操作系统（OS）层到最低的晶体管器件层执行的。存储在存储器中的程序被 OS 访问以调度，并调度不同的优先级任务。任务的基本单位是单独的指令。在处理器解码指令之后，逻辑门电路被激活以执行特定的计算。然后相应的层接受逻辑控制信号以启用或禁用数百万个晶体管。因此，已经提出了各种技术来根据分级处理器架构降低处理器的功耗。在图 2.76 中，采用了最先进的多阈值电压和体偏置调节技术，将功耗降低到体系结构的最低层，也就是晶体管元件层。为简单起见，由于每个功能模块的特性具有不同的群电压缩减，因此采用逻辑门层上的群电压缩减技术来降低功耗。这些技术表现出有限的功率降低能力，需要代工厂支持特定的工艺，或者使用多功率电网精心布局逻辑单元。相比之下，OS 层中的 DVS 技术是降低功耗的有效手段，因为动态功耗 P 是关于电源电压 V 的二次方和时钟频率 f 的函数，如公式（2.79）所示，其中 C 是等效动态工作电容：

$$P \propto CV^2 f \tag{2.79}$$

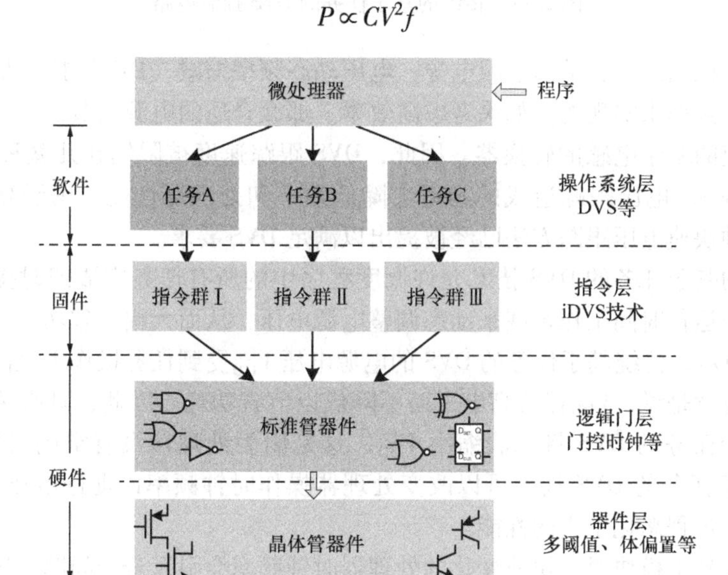

图 2.76 处理器的低功耗策略

DVS 技术适用于使用标准 CMOS 工艺制造的低功耗 DSP 设计。传统的基于 DVS 任务的控制电路如图 2.77 所示，使用一个闭环来确保时钟频率（$f_{DESIRED}$）满足所需的处理器工作时钟频率，该频率由 OS 分配并存储在频率寄存器中以进行特定的任务执行。如果不需要峰值性能，则可以降低工作时钟频率以节省相当大的功率。为评估工作时钟频率，环形振荡器提供实时电源电压 V_{SUP}，该电压由一个基于电感的开关稳压器产生，以确定数字时钟频率（f_{CLOCK}）。此外，将供电确定的 f_{CLOCK} 与 $f_{DESIRED}$ 进行比较，以识别数字频率误差信号（f_{ERROR}），并通过使用数字滤波器产生控制信号。最后，位于数字环路滤波器之后的驱动器打开/关闭功率 MOSFET 以修改输出电压 V_{SUP}。考虑到闭环的情况，V_{SUP} 可以调整到足够高以保证 f_{CLOCK} 接近 $f_{DESIRED}$。

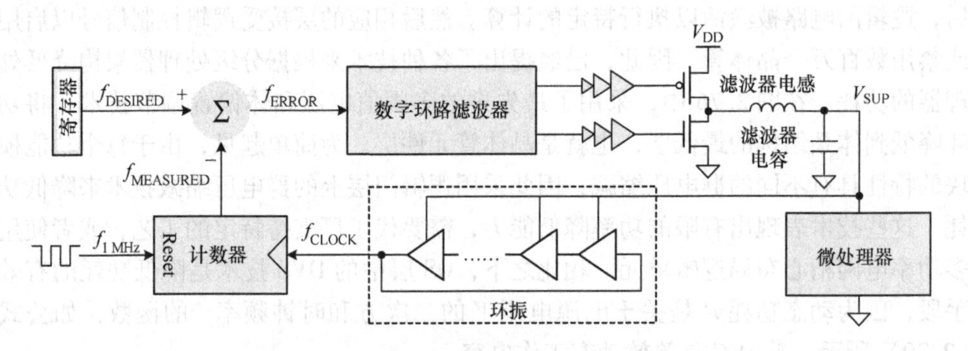

图 2.77　传统的基于任务的 DVS 控制电路

因此，根据最小和动态缩减电源，电压动态频率缩减（DFS）技术是通过快速处理器时钟频率来实现的。如果考虑高效率，那么合适的电源调节器就是一个具有低瞬态响应的基于电感的转换器。因此，DVS 跟踪速度被限制在几微秒（μs）到几毫秒（ms）。电压跟踪造成的延迟会降低效率和处理器性能。用于高性能 DVS 响应的各种快速电压跟踪方法已经被提出以满足 DVS 要求。

传统的基于任务的 DVS 技术允许调度程序中的所有任务完成即时操作。操作系统依赖于运行时间工作负载来动态调整电源电压，从而大幅节省功耗。但是，如图 2.78a 所示，传统基于任务的 DVS 的电源电压 V_{DD} 受到任务操作中最高功率指令的限制。也就是说，V_{DD} 保持高电平而不降低以节省功耗。因此，具有传统调度器的传统基于任务的 DVS 将无法缩小 V_{DD}，这是因为处理器没有空闲时间。或者，传统的基于任务的 DVS 技术可以改变处理器操作时钟频率以促进电压缩放操作，然而，这个过程恶化了它的性能。

当控制外围模块时，快速变化的处理器时钟频率会引发若干问题。这些问题包括控制外围设备［如同步动态随机存取存储器（SDRAM）、内部集成电路（I^2C）、模数转换器（ADC）、数/模转换器（DAC）、通用异步收发器（UART）和闪存外设接口）］中的信号定时错误和丢失的通信数据。这种问题的原因是 SoC 中的外围设备对恒定时钟和可预测控制信号的依赖性。另一种 iDVS 技术在指令层采用了 DVS 技术来克服上述缺点。一项任务由多个指令组成，如图 2.78b 所示。如果将 DVS 技术应用于指令层，则可以在 iDVS 技术中导出更多的松弛时隙。与传统的基

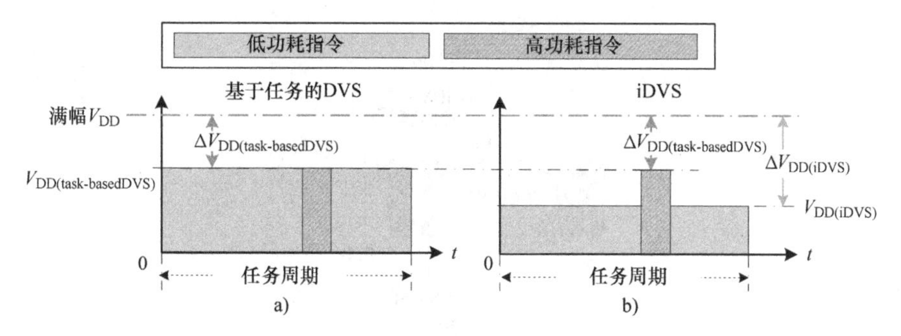

图 2.78　a）基于高功率指令限制的传统任务型 DVS　b）iDVS 技术有效降低了功耗

于任务的 DVS 技术相比，该技术可以降低功耗。

为了进一步理解这一点，处理器被认为是一个动态加载，并通过一个由指令控制的可调电阻进行仿真，如图 2.79a 所示。基于不同指令的 iDVS 技术不会改变或停止处理器的工作时钟频率。因此，处理器以最小的电源供电来节省电力。通过基于任务的 DVS 技术，如果操作任务的功耗较低，则可以降低功耗。如果将 DVS 技术应用于指令层，那么低功耗 DSP 设计可以具有强大的节能能力。图 2.79b 显示了使用 iDVS 技术来节省功耗的 DSP 的示例，其中 LASC 的数字 LDO 稳压器用作电压缓冲器以改善瞬态响应。开关稳压器不能满足 DSP 内核的转换速率要求。因此，LASC 的数字 LDO 稳压器可以展现快速参考跟踪能力，以满足电压转换速率要求。因此，DSP 性能和效率可以同时保持。而且，在 DSP 内核侧，iDVS 控制器需要自适应指令周期控制（AIC）电路来保证快速的电压跟踪速度和较高的工作频率。此外，还需要在计算机辅助设计（CAD）工具的帮助下，为 iDVS 技术提供额外设计流程，以最大限度地提升性能。

2.6.3.2　iDVS

处理器旨在提供多功能的应用程序。在浏览闪存设备中的图片并收听 MP3 时，操作系统将调度文件系统访问和 MP3 / JPEG 解码算法。同样，在拨打电话时，一旦嵌入式系统的操作系统按下手机按钮，就会启动键盘扫描服务和语音压缩/解压缩代码激励线性预测（CELP）算法。虽然这些任务的程序有不同的特点，但它们的基本单位是指令单位。处理器中程序执行的基本步骤是取指令、解码、执行和存储，如图 2.80a 所示，最复杂的部分是执行单元，如图 2.80b 所示，它可以提供所有类型的硬件电路来支持不同的复杂指令。每条指令都有相应的关键数据路径来完成执行。关键路径只占芯片内路径总数的一小部分。但是，同步处理器的时钟速度取决于关键路径的最差延迟。这些关键路径通常映射为高功耗和长数据路径指令，而这些指令又受到单指令多数据（SIMD）指令的影响，例如除法（DIV）、归一化（NORM）和乘加累加（MAC）。非关键路径指令中会出现很长的空闲时间。

不同的指令表现出不同的空闲时间，如图 2.81a 所示。图 2.81b 显示了测量的

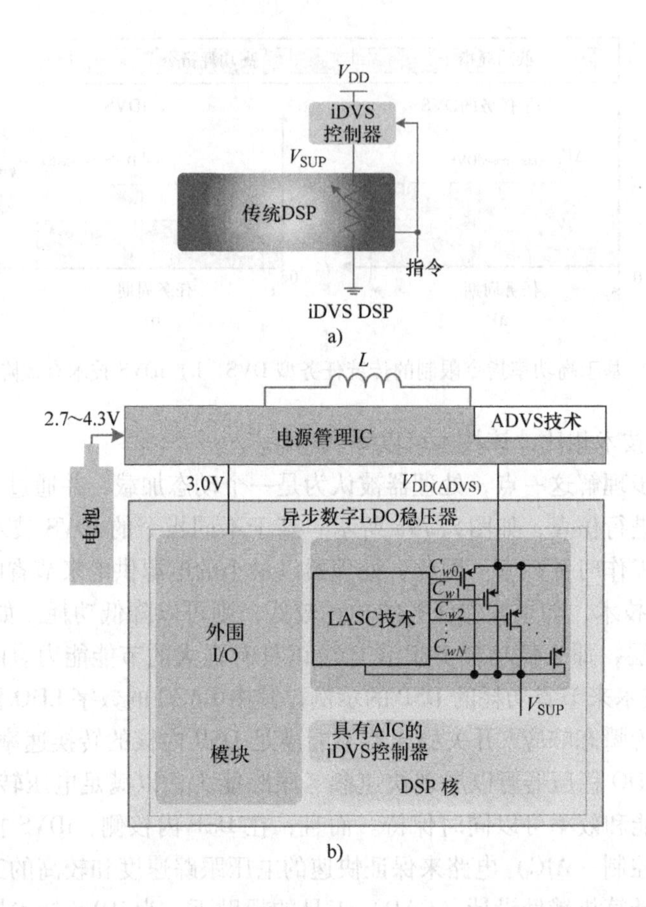

图 2.79　a）iDVS 技术的基本概念　b）具有 iDVS 技术的 DSP 实现

空闲时间及其对应的功耗，其中电源电压固定为 1.8V。总之，通过 iDVS 技术，由于提供的电源电压较小，较长的空闲时间对应于较低的功耗。降低 CMOS 电路中的电源电压会影响传播延迟 T_d，用公式（2.80）表示。T_d 与 V_{DD}和最大工作频率 f_{max}成反比：

$$T_d \propto \frac{V_{DD}}{(V_{DD}-V_t)^n} \propto \frac{1}{f_{max}} \tag{2.80}$$

其中，V_t 是由工艺参数决定的阈值电压。为了简单起见，可以将指令分为不同的功率组，即组 1 – 4，以便 iDVS 技术提供相应的 V_{DD}。采用 0.18μm CMOS 工艺的 23 级环形振荡器的测试芯片使用 1.8V 核心器件。图 2.82 显示了最大工作频率 f_{max}和相对于电源电压变化的总功耗。根据在 1.8V 电源电压下测得的数据，y 轴的单位是归一化的工作频率和标准化的功耗。电路工作频率和电源电压 V_{DD}之间的线性关系范围为 1.2 ~ 1.8V。如果 V_{DD}从 1.8V 缩小至 1.4V，则 f_{max}仍然大于 1.8V 时最

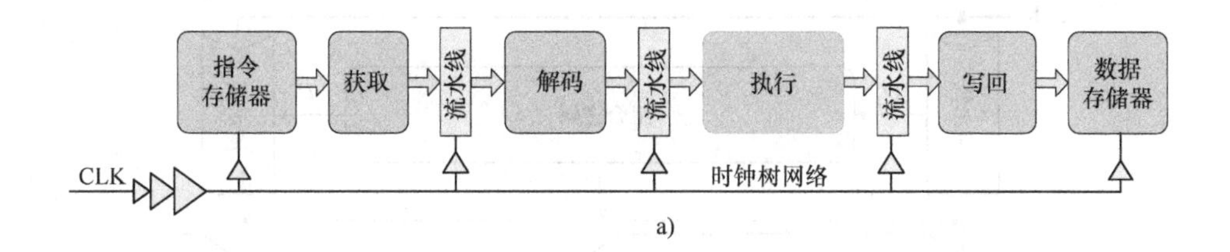

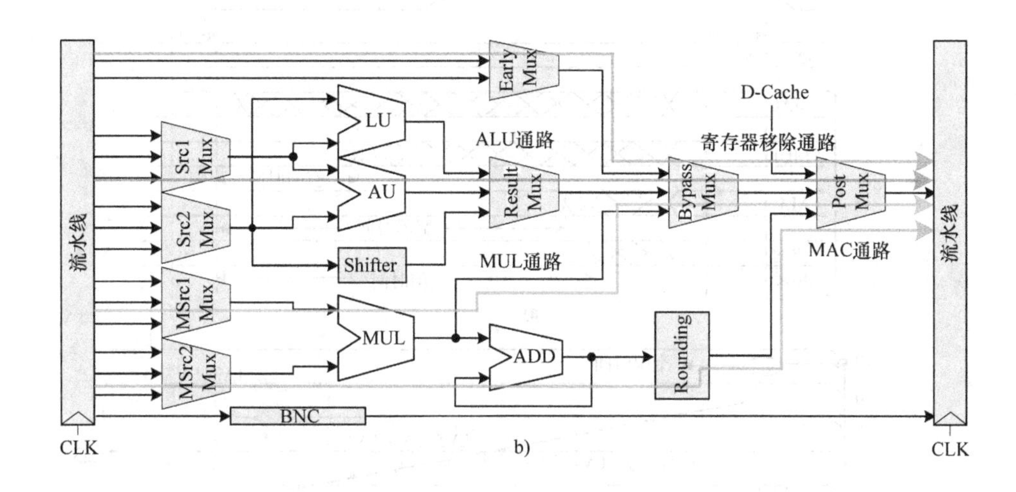

图 2.80　a）程序执行的基本步骤　b）指令执行期间的关键路径

大工作频率的一半。因此，在 iDVS 技术正常工作时，V_{DD} 的电压范围为 1.2 ~ 1.8V，不包括暂停和无操作（NOP）指令。最小 V_{DD} 应该大于 1V，否则，当电平转换信号从电平转换电路传输到外围 I/O 模块时，电平转换信号将经历严重的延迟。如果 iDVS 技术在非关键路径上降低 V_{DD}，同时在关键路径上保持高电源电压以满足复杂的指令时序请求，则可以降低功耗。iDVS 技术根据指令周期域动态调整 V_{DD}，以保证足够的功率来适当执行指令。

在传统 DVS 系统中，电压转换会使整个处理器运行停止直到指令所需的功率可用，这会导致每秒百万条指令（MIPS）程度的性能严重下降。相比之下，iDVS 技术采用低静态电流的嵌入式全数字 LASC 的 LDO 稳压器来实现高速电压跟踪能力，并为指令执行提供按需供电。此外，LASC 数字 LDO 稳压器接受来自 AIC 电路的帮助以避免上述缺点。AIC 方案可自适应调整指令执行周期，以确保在执行高性能指令周期的 DVS 操作的电压跟踪期间正确执行每条指令。也就是说，iDVS 的处理器在 DVS 操作期间不改变处理器时钟频率或停止整个处理器时钟。因此，时钟频率保持恒定，这适合于控制 SoC 中的外围 I/O 设备。

2.6.3.3　AIC

指令单元在精简指令集计算（RISC）设计中占用一个时钟周期。在 AIC 电路

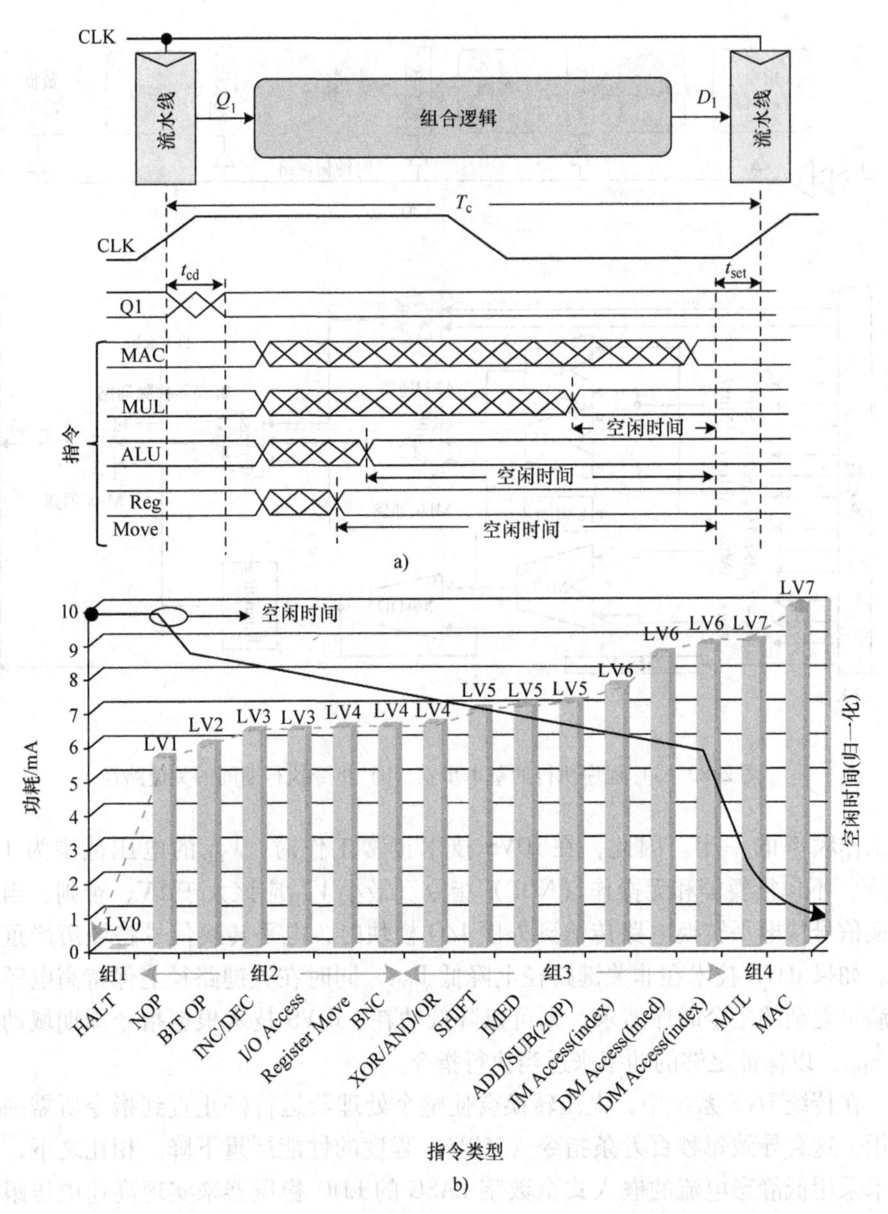

图 2.81　a）不同指令中的空闲时间　b）在不同指令中，测量的空闲时间和功耗

中，我们需要一个实时自适应指令周期以适应 LASC 数字 LDO 稳压器的电源电压电平。图 2.83a、b 分别显示了 iDVS 控制器和 AIC 电路的拓扑结构。图 2.83b 中所示的指令关键路径（ICP）模拟相对指令组关键路径的延迟，该指令关键路径延迟通过图 2.84 中所示的 iDVS 的 CAD 设计流程进行定时验证后，由标准单元延迟单元合成。鉴于处理器具有数千条数据路径和数百万个逻辑门，识别每条指令的相应关键数据路径，以及 iDVS 技术的相对工作电压是一个重要问题。手动分析关键数

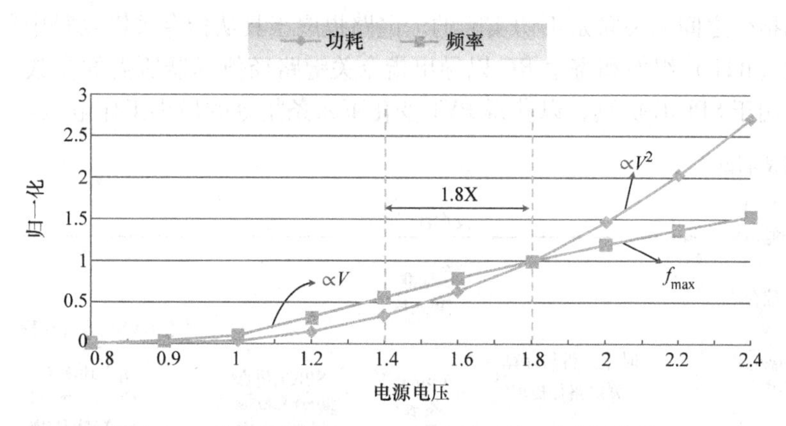

图 2.82　采用 0.18μm CMOS 工艺的 23 级环形振荡器中，归一化工作频率和归一化功耗与电源电压的关系

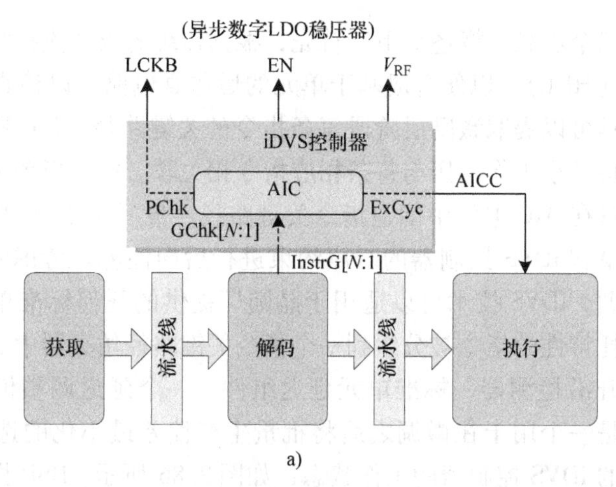

a)

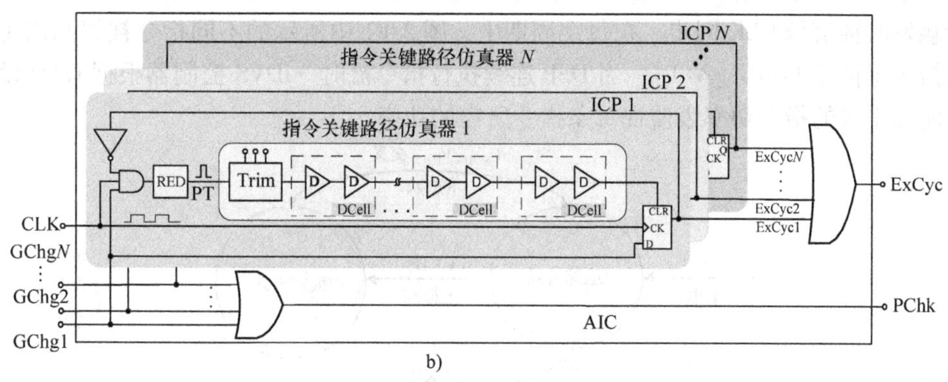

b)

图 2.83　a）具有 AIC 电路的 iDVS 控制器拓扑结构　b）AIC 电路

据路径和指令之间的关联是不切实际的。电路提取工具从指令关键路径中获取寄存器传输级（RTL）组件和寄生RC以导出指令关键路径仿真器所需的参数。提取的电路网表用于SPICE仿真，以获得PVT变化下每条指令的最小工作电压。

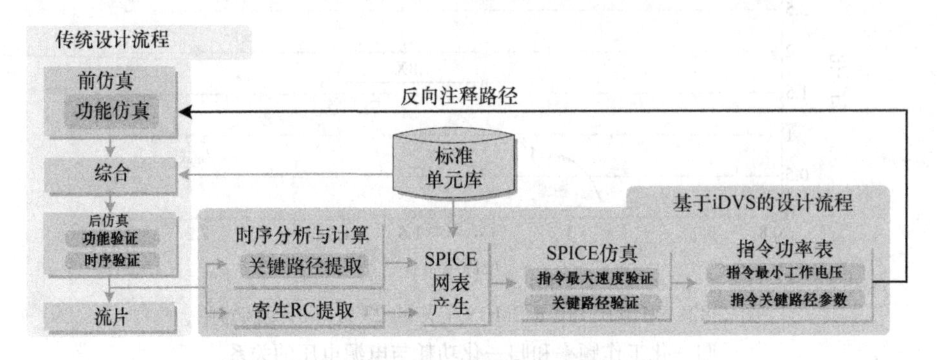

图2.84　结合iDVS设计流程的标准单元库设计流程

设计流程包含三个步骤，概述如下。首先，根据传统的设计流程将硬件规格编码为硬件描述语言（HDL），以便合成基于单元的后仿真电路，以检查功能并验证时序。时序分析工具可以提取激励后阶段每条指令的关键路径。SPICE仿真器用于建立关键路径表，将最小工作电压与每条相应指令相关联。每个指令关键路径的时序参数也被提取，以在AIC电路中创建指令关键路径。最后一步是对HDL设计中的每个指令电源目录和iDVS控制器的时序约束进行后向注释。考虑到RC提取和时序分析工具的协助，iDVS技术可以适用于晶圆厂提供的任何标准单元库。具有相同数据路径或功耗特性的指令被分组到一个指令关键路径仿真器中。每个指令关键路径包含一个上升沿检测器、标准单元延迟组件、一个延迟调整模块和控制逻辑。延迟微调模块是一个用于在微调之后将批量生产偏差最小化的选项。图2.85显示了具有时序图的iDVS控制器的工作状态，如图2.86所示。DSP指令周期与边沿触发时钟信号CLK同步。在每个周期中，图2.81中所示的不同指令被解码以生成指令组信号InstrG［N:1］。当DSP连续执行指令流时，iDVS控制器根据CAD设计流程生成的指令功率表监视每条指令所需的功率。

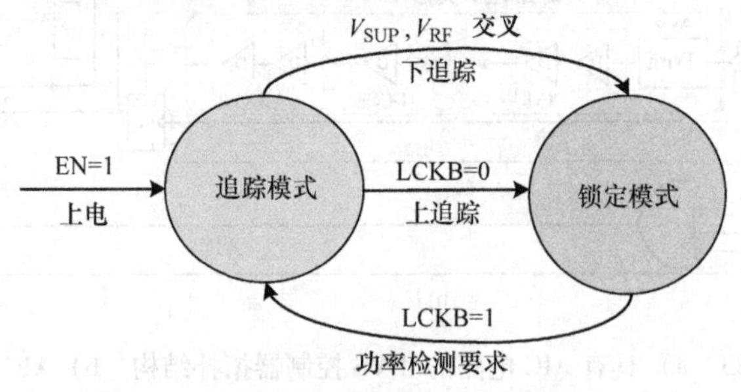

图2.85　iDVS控制器的工作状态

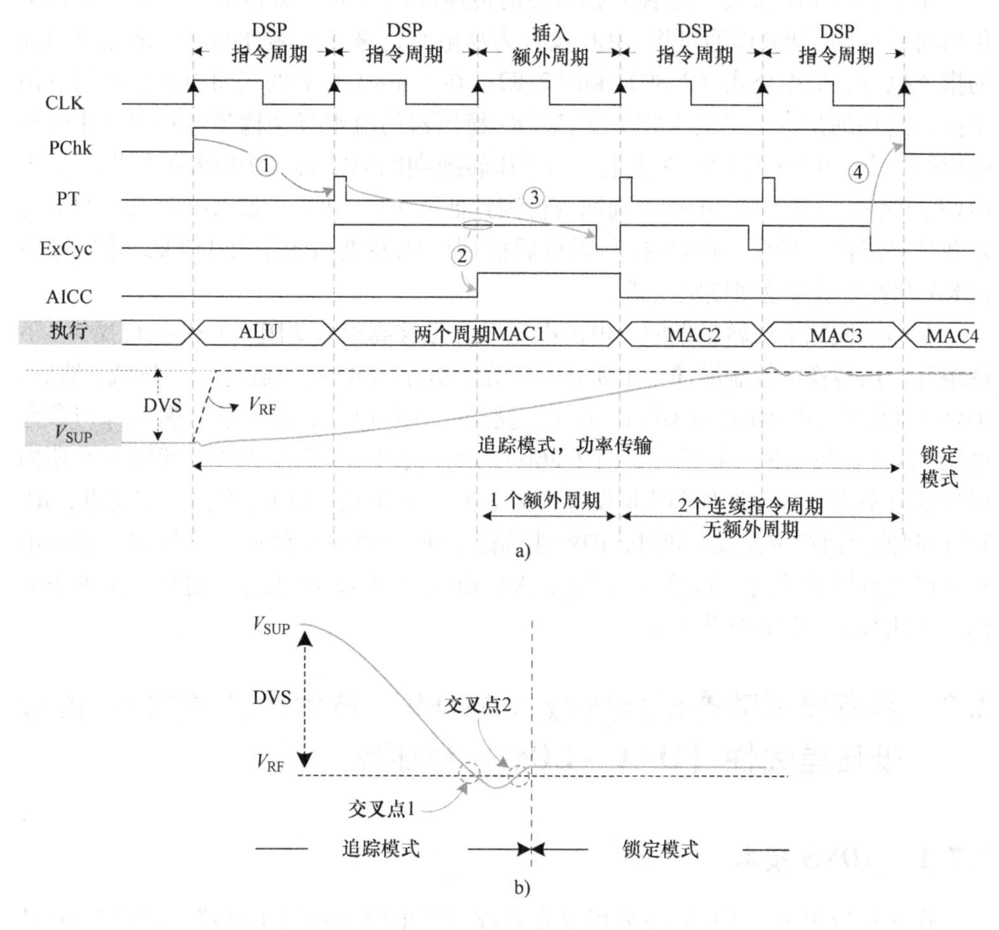

图 2.86　iDVS 工作的时序图

a）上追踪状态　b）下追踪状态

一旦 iDVS 检测到下一条指令所需的执行功率与当前执行指令组的不同，指令组会将改变信号 GChg［N:1］，并输出到 AIC 电路。

在下一阶段，iDVS 控制器从其工作状态进入跟踪模式，通过将信号 LCKB 设置为高电平来激活 LASC 数字 LDO 稳压器。如图 2.86a 所示，考虑到 DSP 流水线结构的特点，电压转换命令在一个时钟周期之前的指令执行之前发出。一旦上升沿监测器检测到与 CLK 同步的指令组更改信号，上升沿监测器将向指令关键路径仿真器感应一个脉冲信号 PT。AIC 电路的下一个操作类似于竞争条件，以测试指令是否能够在当前电源电压 V_{SUP} 的一个指令周期内完成执行操作。如果 PT 通过指令关键路径仿真器并同时超过 CLK 的上升沿，则 AIC 电路会将信号 ExCyc 拉低，由 iDVS 控制器同步以产生信号 AICC。因此，信号 AICC 被设置为低，以通知 DSP 执行单元在指令周期期间不需要额外的周期。

相反，PT 通过指令关键路径仿真器的传递以及 CLK 上升沿的滞后表明 V_{SUP}提供的功率不足。DSP 应通过将 AICC 设置为高电平，来插入额外的周期来完成当前的指令执行。根据公式（2.80）和图 2.82，在 1.4 ~ 1.8 V 的区间内不需要超过两个执行周期的指令。给定 LASC 数字 LDO 稳压器的流水线结构预解码和快速转换响应的指令，iDVS 的 DSP 在上电跟踪电压转换期间只需要一个额外的周期。如果 iDVS 控制器在两个连续的指令周期内检测到低电平的 AICC，那么电源电压调节良好并且足以执行指令。iDVS 控制器然后撤回电源检查请求信号 PChk，并通过将 LCKB 设置为低来返回锁定模式。

在向下跟踪电压转换期间，电源电压 V_{SUP}足够高以避免阻止 DSP 执行操作。下降跟踪电压转换的控制顺序如下所述：首先，数字 LDO 稳压器将 V_{SUP}拉低。然后，iDVS 控制器将组变化信号 GChg［N: 1］发送到 AIC 电路，并连续监视 V_{SUP}与参考电压 V_{RF}的比较结果。最后，如图 2.86b 所示，信号 AICC 在两个连续指令周期内保持低电平之后，通过将 LCKB 设置为低电平，直到 V_{SUP}和 V_{RF}有两个交叉点，iD-VS 控制器返回锁定模式。同时，iDVS 控制器撤回功率检查请求信号 PChk。电源电压足以执行锁定模式下的指令。因此，AIC 机制在 iDVS 电压转换期间，实现正确的指令执行而不停止操作时钟。

2.7　具有模拟动态电压缩减（ADVS）技术的开关数字/模拟低压差线性（D/A – LDO）稳压器

2.7.1　ADVS 技术

在 SoC 应用中，子电路主要可以分为数字子电路和模拟子电路。根据模拟/数字特性，对驱动能力、输入/输出电压变化、瞬态响应、抗噪声等电源电压质量提出了不同的要求。也就是说，电源管理在 SoC 中是一个重要的设计问题，它需要为不同的子电路分配电压和电流。图 2.87a 显示了具有模拟子电路和数字子电路的 SoC，分别由电源管理的电源电压 V_{OA}和 V_{OB}提供。而且，功耗降低能力是电源管理的另一个必要特性。DVS 是降低功耗的最有效的技术。DVS 功能通常以数字模块实现，因此数字电路功耗也可以通过 SoC 中的不同操作指令或任务来优化。为了实现基于 DVS 的电源管理，电源转换器与系统处理器一起工作，系统处理器可以向电源转换器发送电压指示信号以调节输出电压。如图 2.87b 所示，如果 SoC 进入数据传输操作，则 V_{OB}增加以满足 SoC 速度要求。当数据传输结束时，V_{OB}的减少也节省了功率。相比之下，模拟电路不能在数字电路中使用类似的 DVS 技术，因为模拟电路的电源电压应保持恒定以保持一些重要的性能。此外，当使用一个开关稳压器提供 V_{OA}时，V_{OA}上的开关电压纹波会降低精度、电源抑制比（PSRR）等。相比之下，LDO 稳压器可用于抑制高质量电源电压的噪声，当 LDO 稳压器直接将

V_{OA}从输入电压 V_{IN}转换时，会以较大的电压差来牺牲效率。为了降低 LDO 稳压器电压差所产生的功耗，LDO 稳压器通常与开关电源转换器串联。因此，完整的转换效率表示为

$$\eta_{complete} = \eta_{switching} \times \eta_{LDO} \tag{2.81}$$

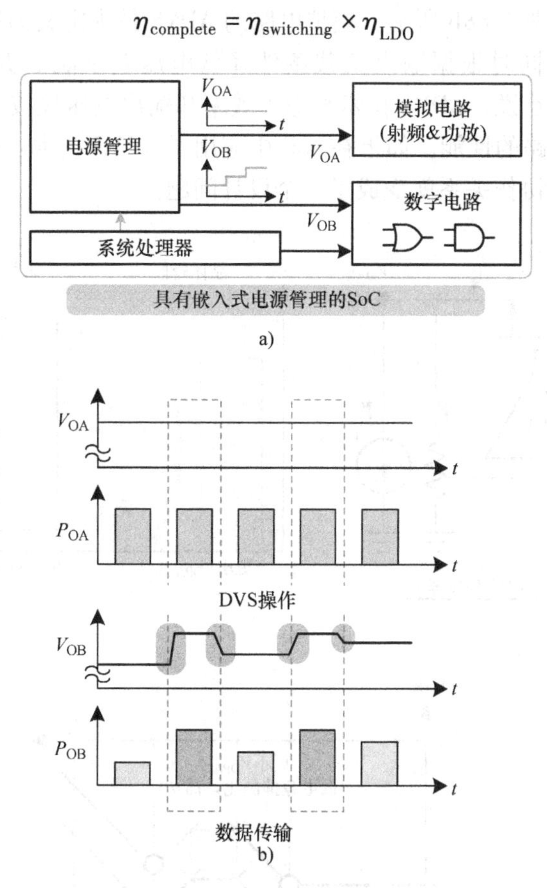

图 2.87　a）SoC 中的电源管理单元分别为数字和模拟电路提供两个独立的电源：V_{OA}和 V_{OB}
b）SoC 中 V_{OB}的 DVS 技术，与之相比 V_{OA}为固定电压

为了保持模拟子电路的高效率和高质量的电源电压，基于开关的电源转换器用于产生较宽的转换效率，而 LDO 稳压器则负责抑制开关噪声，并具有足够的电压差。为了进一步延长便携式设备的使用时间，我们需要考虑是否有可以进一步提高效率的解决方案。尽管基于开关的电源转换器得益于使用电感和电容等存储器件，从而可以获得最完整的转换效率，但 LDO 稳压器的电压差仍然是限制完整转换效率的严重因素。例如，当 $\eta_{switching}$为 90% 和 η_{LDO}为 90% 时，最大 $\eta_{complete}$约为 81%。因此，我们应该更仔细地设计 LDO 稳压器的电压差以提高效率。

图 2.88a 展示了在模拟稳压器中，电压差 V_{DPA}和功率 MOSFET 的电流之间的关系。电压纹波抑制的性能取决于传输晶体管的电压差，我们认为电压差是输入电

源电压和输出电压之间的缓冲。在晶体管区的功率 MOSFET，可以工作在很小的电压差下条件下，并表现为 1V 的受控电阻。然而它的电源抑制比在深饱和区中更差。通过对比可知，在深饱和区中，大的电压差可以提高电源抑制，但是却降低了电源转换效率，如图 2.88b 所示。模拟电路的 ADVS 技术定义为动态地缩放开关稳压器的输出电压，同时根据输出负载条件降低电压差 V_{DPA}，并保持模拟电路的 V_{OAR} 为常数。也就是说，ADVS 技术考虑了效率和输出电压纹波之间的权衡，而不影响 SoC 中模拟电路的性能。如果在 SoC 中应用了 ADVS 技术，那么开关稳压器和 LDO 稳压器之间的协作关系就变成了一个设计问题。

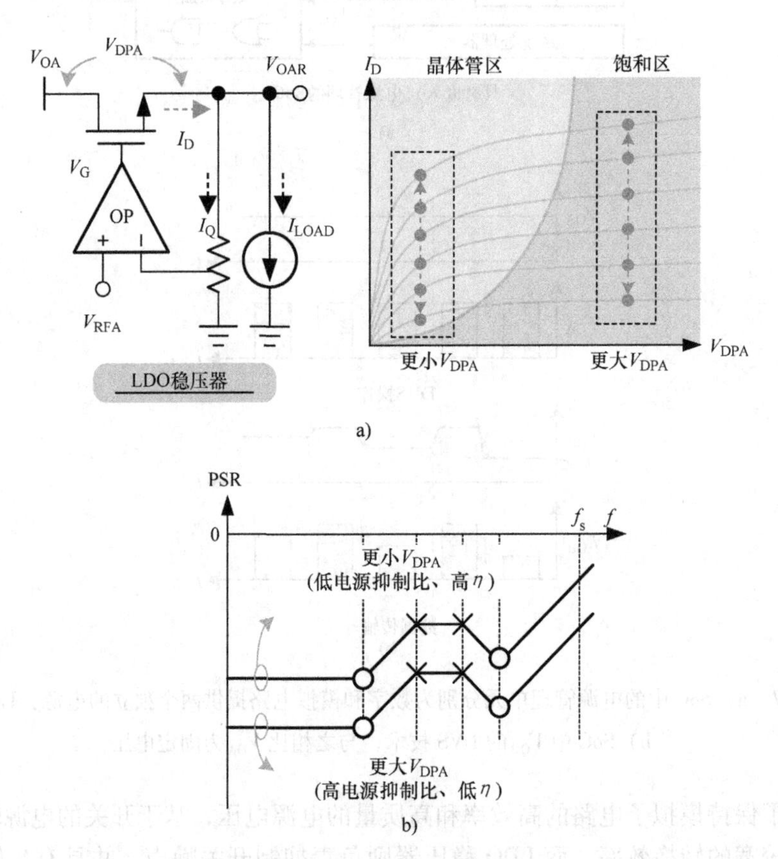

图 2.88 a）LDO 稳压器的电压差 V_{DPA} b）电压差 V_{DPA} 和电源抑制比之间的关系

式（2.82）表示在饱和区内的漏电流。式（2.83）中，晶体管区和饱和区之间的边界条件是 V_{DS} 等于 V_{OV}。如果忽略沟道长度调制参数 λ，V_{DS} 与电流 I_D 的二次方成正比。

$$I_D = \frac{1}{2}k'_n\left(\frac{W}{L}\right)V_{OV}^2(1+\lambda V_{DS}) \text{，式中 } V_{DS} \geqslant V_{OV} \tag{2.82}$$

$$V_{DS} = V_{OV} \propto \sqrt{I_D} \tag{2.83}$$

当负载电流减小时，只需要一个很小的电压差，就可以确保功率 MOSFET 在饱和区正常工作并获得很好的电源抑制比。因此，一个小的电压差可以消除多余的传输功率损失，提高电源转换效率。

图 2.89 比较了数字电路中 DVS 功能和模拟电路中 ADVS 功能。当 SoC 进入到工作模式时，系统处理器所指示的 DVS 功能被激活以降低功耗。ADVS 功能还可以动态地调节 LDO 稳压器的电压差，以保证较高的电源抑制比和电源转换效率。这个过程根据 V_{OAR} 处的负载电流情况，相应地调节 V_{OA} 的输出电压水平来实现。

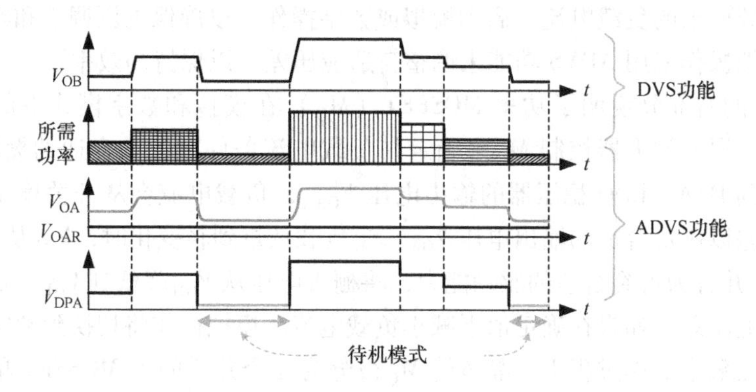

图 2.89　数字电路中 DVS 功能和模拟电路中 ADVS 功能的工作

2.7.2　可切换的 D/A－LDO 稳压器

为实现 SoC 中不同的电源管理性能，减少待机时间内的电源损耗是延长电源寿命的关键考虑因素。正如前面所讨论的，无电容 LDO 稳压器在极轻负载下遇到了稳定性方面的问题。为了应对无电容 LDO 稳压器设计的缺点，输出应消除最小负载电流，以确保稳定性，但这牺牲了功率效率。因此，工程师已经开发出可切换的数字/模拟低压差线性（D/A－LDO）稳压器。

当可切换的 D/A－LDO 稳压器工作在模拟状态时，功率 MOSFET 由模拟放大器所驱动。通过 ADVS 技术，LDO 稳压器可以表现出良好的噪声抑制能力。相比之下，如果 SoC 进入静默或待机模式，可切换的 D/A－LDO 稳压器工作在数字状态下。MOSFET 是由一个数字控制器驱动的，比如数字 LDO（D－LDO）稳压器。虽然纹波抑制的能力下降，但大多数应用的电路在待机模式下可以承受大的电压变化。此外，对于一个节能的操作来说，电压差可以降低到一个相对较小的值。

在先前的研究中，通过电阻分压器的电流和静态电流等于数十或数百微安（μA）。为了将负载电流降到低于传统的无电容 LDO 稳压器所要求的最小负载电流，D/A－LDO 稳压器从模拟切换到数字模式。因此，在极轻负载下，输出极点向原点移动，稳定性急剧下降。如果没有虚拟负载电流的帮助，功率 MOSFET 由数字控制器调制而不是模拟控制器（误差放大器）来显著降低静态电流。因此，D/A－LDO 稳压器的数字工作状态打破了无电容 LDO 稳压器的最小负载电流的限制。数字状态下的 LDO 稳压器即使在无负载状态下也能确定稳定性，同时在控制器中只消耗 50nA 的静态电流，在分压电阻串中只消耗 0.5μA 的电流。这种稳压器的一个优点是数字控制器具有较低的静态电流，并进一步提高了电源转换效率。反过来说，在 SoC 电源管理问题上，采用了紧凑型的方法，在较大的负载电流范围内，实现了较高的电流效率。

可切换的 D/A－LDO 稳压器的概念可由图 2.90 中的 $I-V$ 特性曲线进行说明。根据 SoC 电源要求的负载电流，启动模拟或数字操作，以确保电压调节和实现高电源效率。模拟操作采用 ADVS 功能来调整自适应压差，以保持高效率。

图 2.90 的右部分说明了功率 MOSFET（M_Q）在模拟和数字模式下的工作过程。特别地，误差放大器控制 M_Q 来确定与负载电流条件有关的合适的栅极电压。此外，考虑到 D/A－LDO 稳压器的输出电压 V_{OAR}，负载电流会从开关稳压器中通过调节电压差以确定合适的输出电压 V_{OA}。当负载从重到轻变化时，V_{OA} 从 V_{OA_H} 变化到 V_{OA_L}，并且为得到合适的驱动能力，将栅极电压从 V_{GH} 降低到 V_{GL}，从而获得一个较小的电压差。如果在确定值下减小负载电流，模拟操作将切换到数字操作以节省功耗。在数字操作过程中，晶体管 M_Q 被分为几个并联的子 MOSFET 单元。根据负载电流，由数字控制器开启或关闭部分子 MOSFET 单元。开启的子 MOSFET 单元的数量表示为 m。当负载电流持续减少时，m 的值就会减小。因此，可切换的

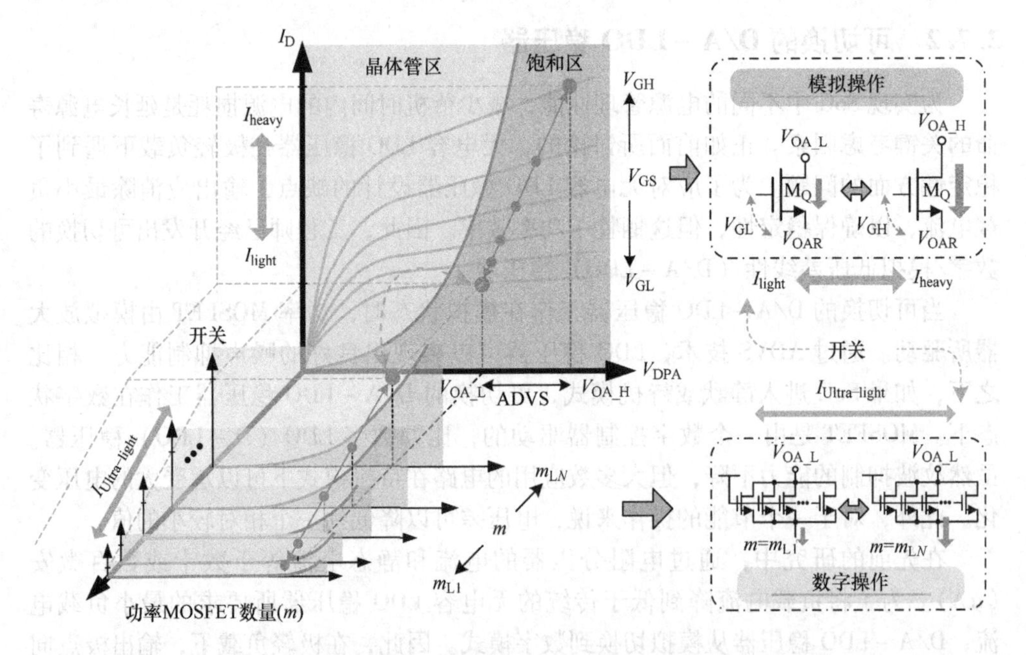

图 2.90　在模拟和数字操作中具有可切换功能的 $I-V$ 特性曲线

D/A－LDO 稳压器通过选择合适的模拟和数字操作来满足 SoC 中模拟电路的需求。

2.7.2.1　可切换的 D/A－LDO 稳压器

图 2.91 是可切换的 D/A－LDO 稳压器的电路图。模拟和数字操作表明了 MOSFET 单元分别由 LASC 技术和误差放大器控制。平滑切换技术（Smooth Switch Technique，SST）决定了是否在负载电流条件下使用数字或模拟操作。关键点在于要在数字和模拟操作之间进行连续、平滑的切换操作。D/A 选择器是由一组多路复用器组成的，由与负载有关的信号 V_{AtoD} 和 V_{DtoA} 控制。数字控制器信号 V_{D1} 到 V_{DN} 或者模拟控制器信号 V_{GA} 控制传输晶体管 M_{Q1} 到 M_{QN}。

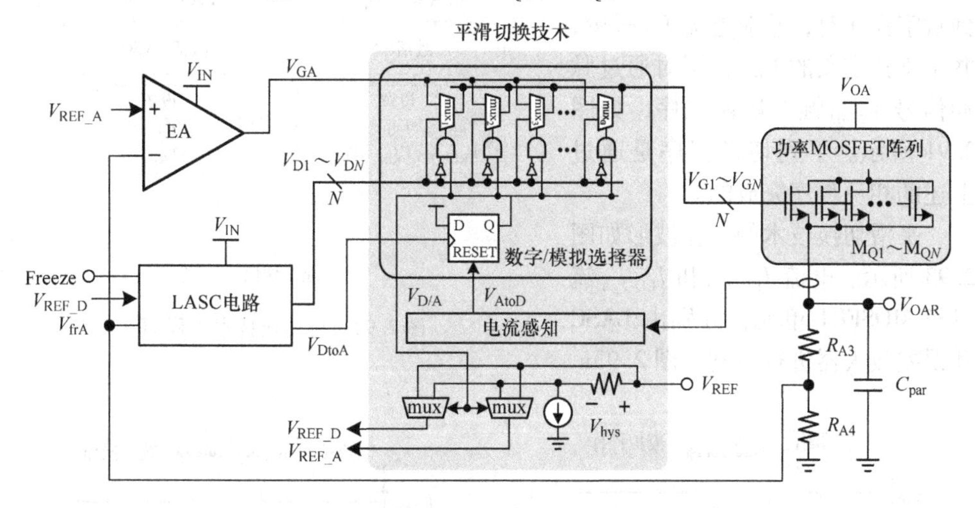

图 2.91　可切换的 D/A－LDO 稳压器的电路图

在模拟操作中，误差放大器产生误差信号 V_{GA}，以保证在不同的输出负载电流情况下的输出电压 V_{OAR}。从 V_{G1} 到 V_{GN} 的每一个晶体管的栅极电压都连接到误差信号 V_{GA}。与此相反，当 SoC 进入静默模式时，LASC 电路会产生每一个传输晶体管的温度计控制码。为了使得系统能够保持电源效率，数字控制方法仅仅能够释放几微安（μA）的最轻负载限制。此外，在 LASC 电路中停止操作将静态电流降低到极低值，以达到较高的能量效率。可切换的 D/A－LDO 稳压器以一种独特的方式，高效实现了纹波抑制和节能操作。

2.7.2.2　平滑切换技术（SST）

可切换的 D/A－LDO 稳压器表明，在负载电流变化时，只有模拟或数字操作可以启动。平滑切换技术确保了在模拟和数字操作之间连续和平滑的过渡，以防止产生振荡，而这些振荡会产生不期望的输出电压纹波。在切换过程中，迟滞窗口 V_{hys} 调节了 D/A－LDO 稳压器的参考电压。图 2.92 描述了切换过程中的流程图。m 值增加，并超过预定义的 m 值，且当负载电流增加时，LDO 稳压器从数字切换到模拟操作，通过脉冲信号 V_{DtoA} 触发操作过程。因此，误差放大器被激活，LASC 的参考电压，也就是 V_{REF_D}，从 V_{REF} 转换到 $V_{REF}-V_{hys}$。误差放大器 LASC 暂时同时运行。同时，当反馈电压 V_{frA} 大于 V_{REF_D} 时，误差放大器在子 MOSFET 单元的控制中占优势。误差放大器和 LASC 分别代表主要和次要控制。最后，当误差放大器完成控制并自动关闭 LASC 时，切换过程结束。相比之下，当 LDO 稳压器的负载电流减少，从模拟切换到数字操作时，感应电流 I_{SA} 减少，并小于预定义的 $I_{D/A}$，同时通过脉冲信号 V_{AtoD} 触发切换程序，如图 2.91 所示。下列切换程序是通过上述的相反程序完成的。

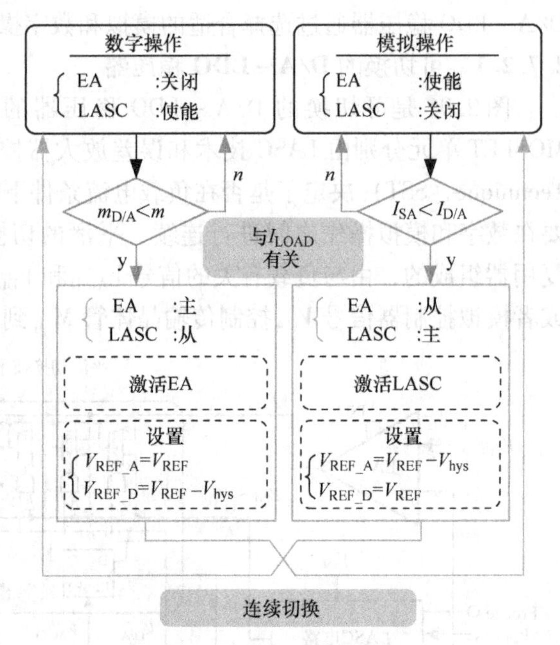

图 2.92 可切换技术流程图

平滑切换技术的工作波形如图 2.93 所示。电流 I_{LDO_D} 和 I_{LDO_A} 流过子 MOSFET 单元，分别由 LASC 和误差放大器进行控制。图 2.93a

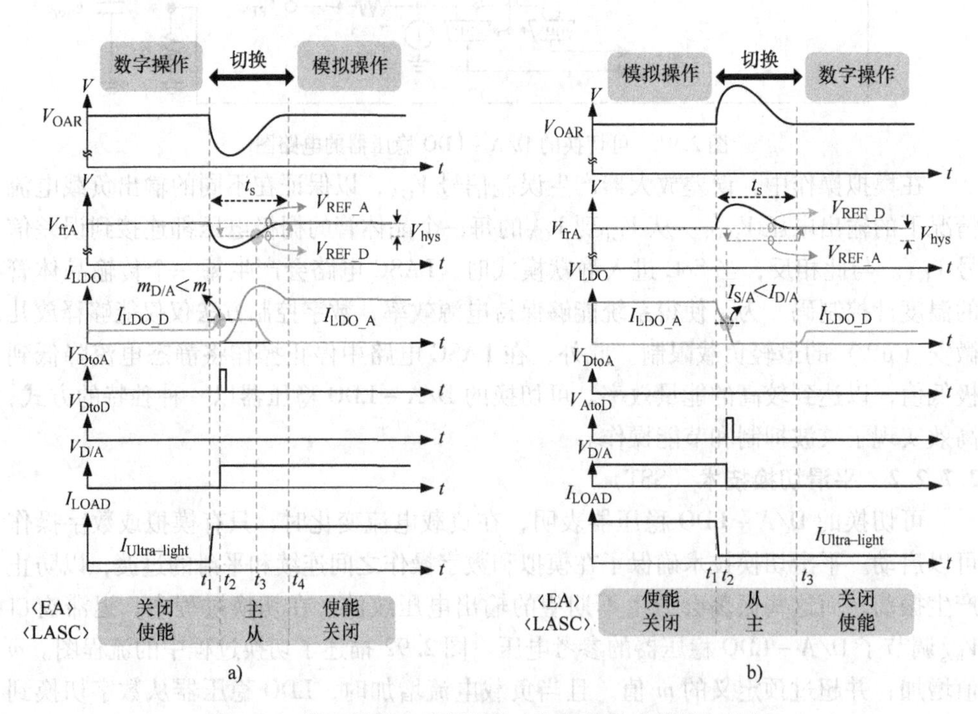

图 2.93 数字操作和模拟操作之间切换技术的控制机制

a）从数字操作切换到模拟操作 b）从模拟操作切换到数字操作

所示是在负载电流增大的情况下，数字操作切换到模拟操作。在 $t = t_1$ 时，开启的子 MOSFET 单元数量增加，相应的 I_{LDO_D}增加。在 $t = t_2$ 时，如果 m 大于 D/A - LDO 中的 m，误差放大器被激活，且 LASC 的参考电压，V_{REF_D}从 V_{REF}变化到 $V_{REF} - V_{hys}$。因此，误差放大器和 LASC 功能有一个主 - 从关系。在此期间，误差放大器控制继续断开的子 MOSFET 单元，I_{LDO_A}随后增大，以调节输出电压 V_{OAR}。在 $t = t_3$时，一旦反馈电压 V_{frA} 增加到高于 V_{REF_D}的值，I_{LDO_D}就会减小为 0，而 LASC 会自动禁用。最后在 $t = t_4$时，V_{OAR}恢复后，转换过程完成。模拟操作接管操作，并使能误差放大器。LASC 关闭，此时只有模拟环路控制开始工作。

如果负载电流降低到足够低的值，模拟操作可以切换回数字操作，如图2. 93b所示。在 $t = t_1$ 时，由误差放大器控制的 I_{LDO_A}不断减小。在 $t = t_2$ 时，一旦 $I_{SA} < I_{D/A}$，就启用了 LASC，并且误差放大器的参考电压 V_{REF_A}从 V_{REF}变化到 $V_{REF} - V_{hys}$。因此，I_{LDO_D}逐渐增大，而 I_{LDO_A}则减小到 0。在 $t = t_3$时，当 V_{OAR}恢复，切换过程完成。

根据负载情况，子 MOSFET 单元通过平滑切换技术确定模拟或者数字控制器控制。在轻负载条件下，大约 10% 的子 MOSFET 单元由数字控制器所驱动。同时，90% 的子 MOSFET 单元关闭。在负载由重到轻变化的数字到模拟切换过程中，模拟控制器控制着功率 MOSFET 单元，而数字控制器控制其他部分。在负载变化的最后，模拟控制器控制所有功率 MOSFET 单元，没有一个子 MOSFET 单元由数字控制器所控制。因此，传递到输出的能量是连续的，为了保持低输出电压变化。通过反馈网络反应输出网络的变化，条件 $m_{D/A} < m$，$I_{SA} < I_{D/A}$反映了哪个控制器适合使用。因此，负载条件的变化比切换时间快，子 MOSFET 单元也能得到充分地控制。通过将参考电压设置为 $V_{REF} - V_{hys}$，如果将一个中等或较长的周期用作迟滞窗口，则可以确保其稳定性。

2.7.2.3　SoC 中具有开关稳压器（SWR）和切换 D/A - LDO 的 ADVS 电源管理单元

在现有的先进电源管理单元设计中，可以采用单电感双输出转换器来进一步减小电源管理单元的尺寸。在这里，两个输出电压分别是用于 SoC 的模拟和数字子电路的 V_{OA}和 V_{OB}，如图 2. 94 所示。单电感双输出转换器的优点是由于使用了一个片外电感来获得紧凑的尺寸，而其他转换器则是使用多个片外电感。下一章将提供详细的设计指南。

为了提高效率，可以在电源管理单元的设计中实现 ADVS 技术。也就是说，开关稳压器（SWR）和可切换的 D/A - LDO 稳压器的组合可以为 SoC 提供 ADVS 的电源管理单元。考虑到在 SoC 的电源管理单元中使用双 DVS 技术，如图 2. 95 所示的单电感双输出转换器有两个输出，第一个输出是用于数字子电路，第二个输出带有可切换的 D/A - LDO 稳压器，用于模拟子电路。

只有一个片外电感，单电感双输出转换器的功率级由从 M_1 到 M_4的电源开关组成。这些开关将能量从输入电池传送到所有输出，V_{OA}和 V_{OB}。V_{OB}直接向 SoC 数字

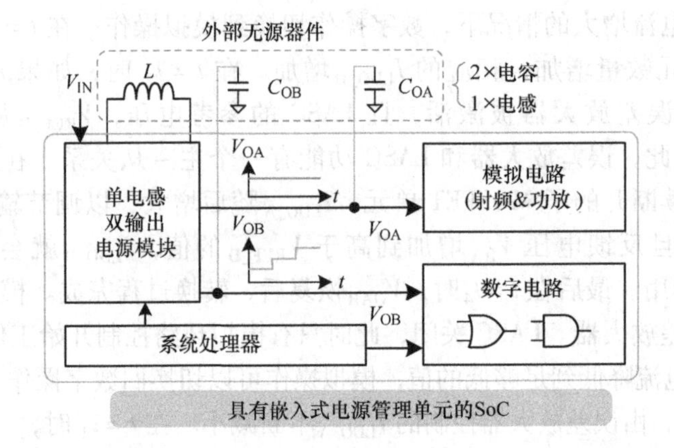

图 2.94 电源管理单元设计中的单电感双输出转换器具有紧凑尺寸的解决方案的优点

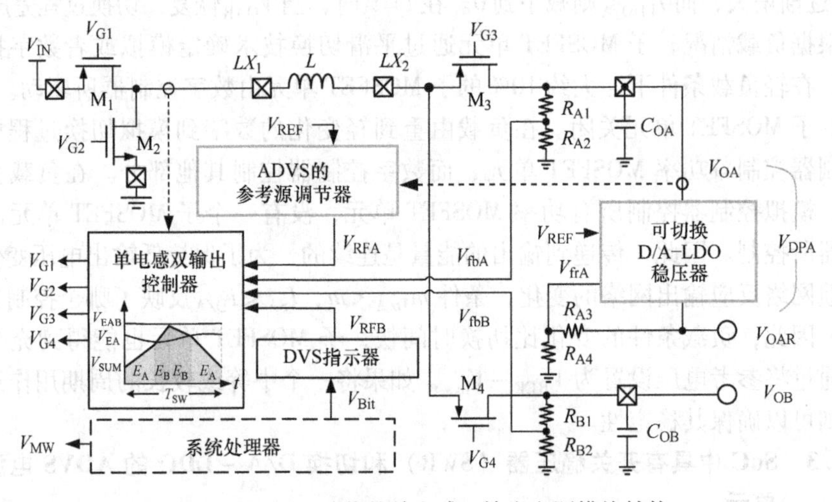

图 2.95 双 DVS 功能的单电感双输出电源模块结构

电路供电。在 DVS 操作中，DVS 指示器从系统处理器接收控制信号 V_{Bit}，为 V_{OB} 生成参考电压 V_{RFB}。相比之下，可切换的 D/A - LDO 稳压器和单电感双输出转换器的 V_{OA} 串联在一起，以保证模拟电路的电源质量。

当 D/A - LDO 稳压器使用模拟功能进行操作时，V_{OA} 的负载电流状态反映在 ADVS 调制的参考调节器上，以动态调整电压差，从而导致电压纹波抑制或电源保护。如果 V_{OA} 的输出负载减小到极轻状态时，可切换的 D/A - LDO 稳压器将被转换为数字操作。因此，由于数字控制器和电压差最小化，进一步提高了功率效率，故静态电流降低了。负载依赖技术表明了在 D/A - LDO 稳压器中模拟和数字操作之间的切换过程。因此，在单电感双输出功率模块的反馈控制回路中，分别通过 V_{OA} 和 V_{OB} 实现 ADVS 和 DVS 功能。单电感双输出控制器采用电流可编程控制机制实现功率级的功率传输功能，并保证高的电源效率[26]。

ADVS 中参考源调节器的电路如图 2.96 所示。在模拟 LDO 稳压器中，必须对通过晶体管的电流进行监测，以便可以动态地调节电压差。负载感知电路获得了电源电流信息。然后，复制感应电流I_{SA}通过电阻R_F产生参考电压，对V_{OA}的输出电压水平进行调制，并在模拟操作下，使可切换的D/A-LDO稳压器达到最佳电压差。V_{SA}反映了在模拟LDO稳压器中与负载电流所对应的电压差。也就是说，在模拟LDO稳压器的负载电流条件下，保证足够的电压差。在模拟LDO稳压器中可以保持高效率和电源抑制比。相比之下，在轻负载下的负载电流情况下，可切换的D/A-LDO稳压器将转换为数字操作。这个过程的主要原因是要打破无电容LDO稳压器的限制。D/A-LDO稳压器的数字操作将最小负载电流要求减小到接近零。与此同时，在极轻负载情况下，电压差抑制最小化，静态电流可以进一步降低，从而保持高效率。可切换的D/A-LDO稳压器确保了在宽负载范围内的高效率，并在电源管理单元的设计中实现了ADVS技术。

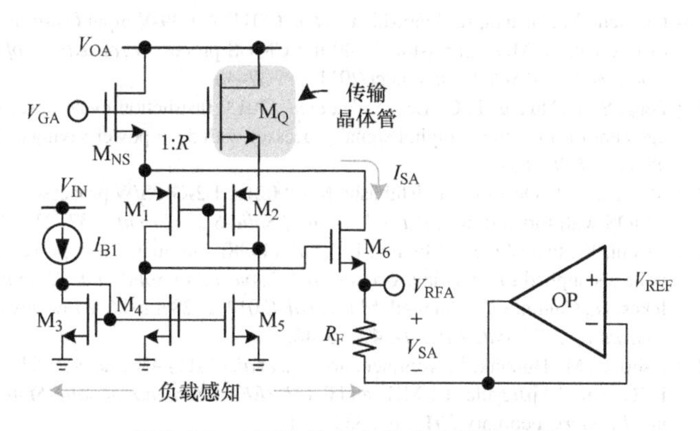

图2.96　ADVS技术中的参考源调节器

参考文献

[1] Fan, X., Mishra, C., and Sánchez-Sinencio, E. (2005) Single Miller capacitor frequency compensation technique for low-power multistage amplifiers. *IEEE Journal of Solid-State Circuits*, **3**, 584–592.

[2] Fan, X., Mishra, C., and Sanchez-Sinencio, E. (2004) Single Miller capacitor compensated multistage amplifiers for large capacitive load applications. *Proceedings of the IEEE International Symposium on Circuits and Systems*, May 2004, vol. **1**, pp. 23–26.

[3] Cannizzaro, S.O., Grasso, A.D., Mita, R., *et al.* (2007) Design procedures for three-stage CMOS OTAs with nested-Miller compensation. *IEEE Transactions on Circuits and Systems I: Regular Papers*, **54**(5), 933–940.

[4] Eschauzier, R.G.H., Kerklaan, L.P.T., and Huijsing, J.H. (1992) A 100-MHz 100-dB operational amplifier with multipath nested Miller compensation structure. *IEEE Journal of Solid-State Circuits*, **27**(12), 1709–1717.

[5] Pernici, S., Nicollini, G., and Castello, R. (1993) A CMOS low-distortion fully differential power amplifier with double nested Miller compensation. *IEEE Journal of Solid-State Circuits*, **28**, 758–763.

[6] Leung, K.-N. and Mok, P.-K.T. (2001) Analysis of multistage amplifier–frequency compensation. *IEEE Transactions on Circuits and Systems I (TCAS-I)* **48**(9), 1041–1056.

[7] Lee, Y.-H., Huang, T.-C., Yang, Y.-Y., *et al.* (2011) Minimized transient and steady-state cross regulation in 55-nm CMOS single-inductor d-output (SIDO) step-down DC–DC converter. *IEEE Journal of Solid-State Circuits*, **46**, 2488–2499.

[8] Hirairi, K., Okuma, Y., Fuketa, H., *et al.* (2012) 13% power reduction in 16b integer unit in 40nm CMOS by adaptive power supply voltage control with parity-based error prediction and detection (PEPD) and fully integrated digital LDO. *IEEE International Solid-State Circuits Conference Digest of Technical Papers*, February 2012, pp. 486–487.

[9] Okuma, Y., Ishida, K., Ryu, Y., *et al.* (2010) 0.5-V input digital LDO with 98.7% current efficiency and 2.7-μA quiescent current in 65nm CMOS. *Proceedings of the IEEE Custom Integrated Circuits Conference (CICC)*, September 2010, pp. 1–4.

[10] Onouchi, M., Otsuga, K., Igarashi, Y., *et al.* (2011) A 1.39-V input fast-transient-response digital LDO composed of low-voltage MOS transistors in 40-nm CMOS process. *Proceedings of the IEEE Asian Solid-State Circuits Conference (A-SSCC)*, November 2011, pp. 37–40.
[11] Peng, S.-Y., Huang, T.-C., Lee, Y.-H., *et al.* (2013) Instruction-cycle-based dynamic voltage scaling power management for low-power digital signal processor with 53% power savings. *IEEE Journal of Solid-State Circuits*, **48**(11), 2649–2661.
[12] Miyazaki, M., Ono, G., and Ishibashi, K. (2002) A 1.2-GIPS/W processor using speed-adaptive threshold voltage CMOS with forward bias. *IEEE Journal of Solid-State Circuits*, **37**, 210–217.
[13] Usami, K., Igarashi, M., Minami, F., *et al.* (1998) Automated low-power technique exploiting multiple supply voltages applied to a media processor. *IEEE Journal of Solid-State Circuits*, **33**, 463–472.
[14] Ickes, N., Gammie, G., Sinangil, M.E., *et al.* (2012) A 28 nm 0.6 V low power DSP for mobile applications. *IEEE Journal of Solid-State Circuits*, **47**, 35–46.
[15] Ashouei, M., Hulzink, J., Konijnenburg, M., *et al.* (2011) A voltage-scalable biomedical signal processor running ECG using 13 pJ/cycle at 1 MHz and 0.4 V. *IEEE International Solid-State Circuits Conference Digest of Technical Papers*, February **2011**, pp. 332–334.
[16] Sridhara, S.R., DiRenzo, M., Lingam S., *et al.* (2011) Microwatt embedded processor platform for medical system-on-chip applications. *IEEE Journal of Solid-State Circuits*, **46**(4), 721–730.
[17] Burd, T.D., Pering, T.A., Stratakos, A.J., and Brodersen, R.W. (2000) A dynamically voltage scaled processor system. *IEEE Journal of Solid-State Circuits*, **35**(11), 1571–1580.
[18] Lee, Y.-H., Chiu, C.-C., Peng, S.-Y., *et al.* (2012) A near-optimum dynamic voltage scaling (DVS) in 65nm energy-efficient power management with frequency-based control (FBC) for Soc system. *IEEE Journal of Solid-State Circuits*, **47**(11), 2563–2575.
[19] Lee, Y.-H., Peng, S.-Y., Wu, A.C.-H., *et al.* (2012) A 50nA quiescent current asynchronous digital-LDO with PLL-modulated fast-DVS power management in 40nm CMOS for 5.6 times MIPS performance. *Proceedings of the IEEE Symposium on VLSI Circuits*, pp. 178–179.
[20] Liu, Y. and Lin, M. (2009) On-line and off-line DVS for fixed priority with preemption threshold scheduling. IEEE Conference of Embedded Software and Systems, pp. 273–280.
[21] Wang, W. and Mishra, P. (2010) PreDVS: Preemptive dynamic voltage scaling for real-time systems using approximation scheme. *Proceedings of the 47th ACM/IEEE, Design Automation Conference (DAC)*, 2010, pp. 705–710.
[22] Peng, S.-Y., Lee, Y.-H., Wu, C.-H., *et al.* (2012) Real-time instruction-cycle-based dynamic voltage scaling (iDVS) power management for low-power digital signal processor (DSP) with 53% energy savings. *Proceedings of the IEEE Asian Solid-State Circuits Conference*, November 2012, pp. 377–380.
[23] Chen, W.-C., Su, Y.-P., Huang, T.-C., *et al.* (2014) Switchable digital/analog (D/A) low dropout regulator for analog dynamic voltage scaling (ADVS) technique. *IEEE Journal of Solid-State Circuits (JSSC)*, **49**(3), 740–750.
[24] Das, S., Roberts, D., Lee, S., *et al.* (2006) A self-tuning DVS processor using delay-error detection and correction. *IEEE Journal of Solid-State Circuits*, **41**(4), 792–804.
[25] Le, H.-P., Chae, C.-S., Lee, K.-C., *et al.* (2007) A single-inductor switching DC–DC converter with five outputs and ordered power-distributive control. *IEEE Journal of Solid-State Circuits*, **42**(12), 2076–2714.
[26] Lee, Y.-H., Yang, Y.-Y., Wang, S.-J., *et al.* (2011) Interleaving energy-conservation mode (IECM) control in single-inductor dual-output (SIDO) step-down converters with 91% peak efficiency. *IEEE Journal of Solid-State Circuits*, **46**(4), 904–915.

第3章 开关电源稳压器的设计

3.1 基本概念

DC/DC 开关稳压器（Switching Regulator，SWR）由于其高效率，输出电压可调，高驱动能力的优点，在电源管理单元得到了广泛的应用。图 3.1 是 DC/DC 开关转换器的基本组成。正如“开关”这个名字所暗示的那样，开关 S_1 和 S_2 控制能量从输入直流电压源 v_{IN} 传输到输出 v_{OUT}。当 S_1 和 S_2 分别开启和关闭时，能量由 v_{IN} 传递到 v_{OUT}。当 S_1 和 S_2 分别关闭和开启时，从 v_{IN} 到 v_{OUT} 没有能量传递。通过选择性地开断 S_1 和 S_2，可以适当地控制传输到 v_{OUT} 的能量。接下来，需要一个低通滤波器来过滤那些高频分量。直流分量，也可以得到类似的推导，其值等于傅里叶分析的平均值。最后，在 v_{OUT} 中提供直流电压，为输出负载提供能量。

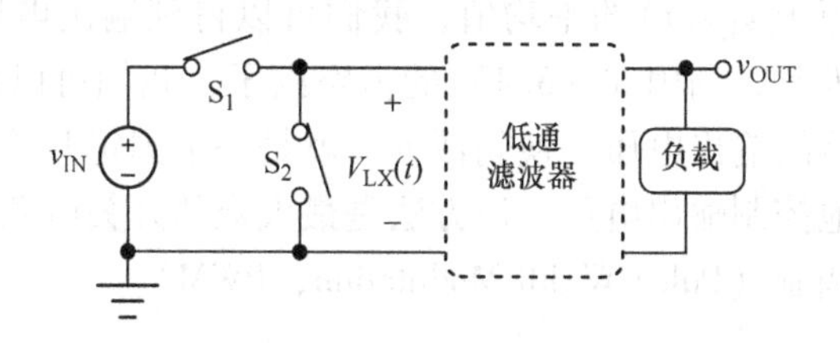

图 3.1 DC/DC 开关转换器的基本组成部分

这里应该提到，S_1 和 S_2 不能同时打开，即使是很短的时间。同时打开 S_1 和 S_2，能量将会从输入流到地面，造成巨大的能量损失。

控制 S_1 和 S_2 的开启时间是一个很重要的问题。当要求确定负载的输出电压时，无论 S_1 和 S_2 交替打开多少次，S_1 和 S_2 的开启时间比例必须相同以确保将恒定的能量传递给输出。开关频率 f_S 与交换周期 T_S 之间的关系为

$$f_S = \frac{1}{T_S} \tag{3.1}$$

对于 DC/DC 开关转换器来说，在转换周期中，将能量从输入传递到输出的时间称为占空因子或占空比，如式（3.2）所示。占空因子等于 S_1 打开时间与开关周期的比率。由于开关周期一次又一次地重复，故产生了一个固定的开关频率操作。

$$D = \frac{S_1\ \text{的导通时间}}{T_S} \tag{3.2}$$

转换活动可以很容易地从连接两个开关 S_1 和 S_2 的节点 LX 看出，如图 3.2 所示。图 3.2 还显示了在切换周期里 S_1 和 S_2 的开启时间。

如图 3.2 所示，当 S_1 打开时，LX 连接到输入电压 v_{IN} 并且 $v_{IN}(t) = V_{IN}$，V_{IN} 是 $v_{IN}(t)$ 的直流分量。当 S_2 打开时，LX 被下拉到零电平。低通滤波器滤除了高频分量，以获得 $v_{LX}(t)$ 的直流分量。也就是说，在一个周期内，$v_{LX}(t)$ 的平均值等于傅里叶分析得到的直流分量。转换节点 $v_{LX}(t)$ 的直流值是

$$\overline{v_{LX}}(t) = \frac{1}{T_S}\int_0^{T_S} v_{LX}(t)\,dt = DV_{IN} \tag{3.3}$$

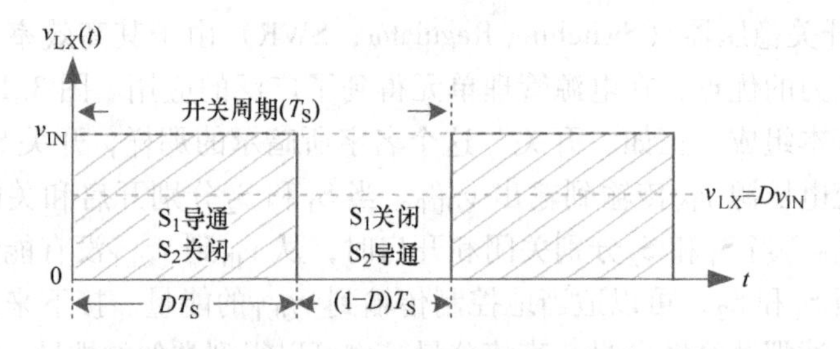

图 3.2　开关节点的周期波形

由于输出电压等于 $v_{LX}(t)$ 的平均值，我们可以得到输出电压等于输入供电电压乘以占空因子。因此，利用式（3.4）的占空因子，我们可以设置利用该拓扑结构的开关电源稳压器的输出电压。换句话说，就是一个固定开关频率工作，调节其占空因子可以有效地控制输出电压。该方法是最大众的开关电源稳压器控制方法之一，称为脉冲宽度调制（Pulse Width Modulation，PWM）。

$$D = \frac{v_{OUT}}{v_{IN}} \tag{3.4}$$

从图 3.2 中，我们可以看出 D 只能在 0 ~ 1 之间取值，因为 $v_{LX}(t)$ 是一个周期信号。在开关电源稳压器的这种类型中，输出电压等于或小于电源电压。只可以获得降压（“buck”或者“step - down”）（与电源电压相比）。因此，该拓扑结构是一个降压型转换器。另外，其他开关电源稳压器的基本拓扑结构包括升压型和降压 - 升压型转换器。一个升压型转换器可以将电源电压转换成更高的电压，而降压 - 升压型转换器可以实现降压和升压。

与降压转换器类似，升压型和降压 - 升压型转换器由开关和滤波器组成。滤波器由二阶 LC 滤波器实现，二阶 LC 滤波器由片外的电感和电容组成。电感电流的连续性决定了负载的电流，而电容则稳定了输出电压。表 3.1 是三种基本的基于电感的开关稳压器拓扑结构的总结。三种拓扑结构都包含了开关和滤波器，因为该拓扑结构可以提供大量到负载的能量，因此被称为功率级。这些转换器能保证良好的能量驱动能力和较高的功率转换效率。

表 3.1 三种基本的基于电感的 SWR 拓扑结构的总结

名称	拓扑结构	转换比
降压转换器（step - down）	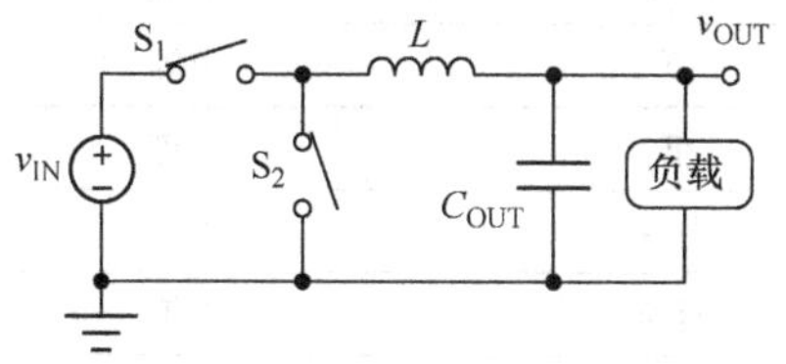 S_1 L v_{OUT} v_{IN} S_2 C_{OUT} 负载	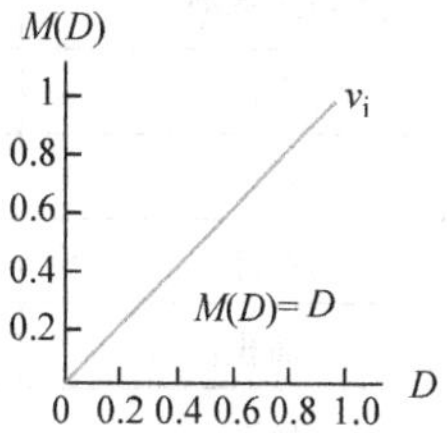 $M(D)$ 1 0.8 0.6 0.4 0.2 v_i $M(D)=D$ 0 0.2 0.4 0.6 0.8 1.0 D
升压转换器（step - up）	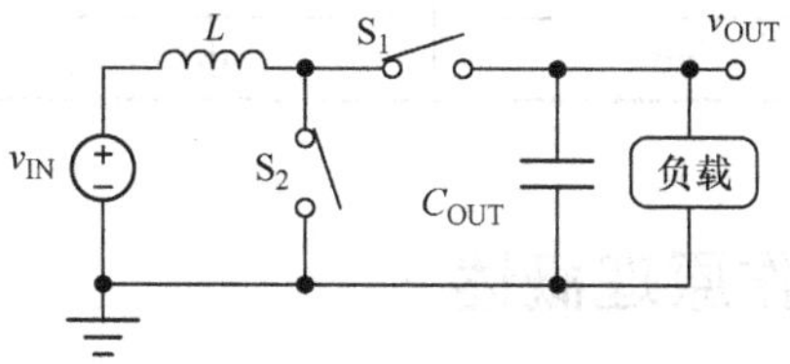 L S_1 v_{OUT} v_{IN} S_2 C_{OUT} 负载	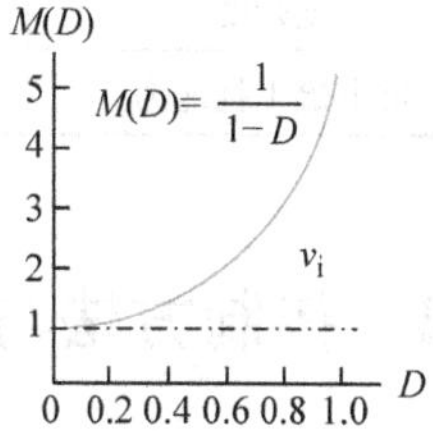 $M(D)$ 5 4 3 2 1 $M(D)=\frac{1}{1-D}$ v_i 0 0.2 0.4 0.6 0.8 1.0 D
升压/降压转换器（step - up 和 step - down）	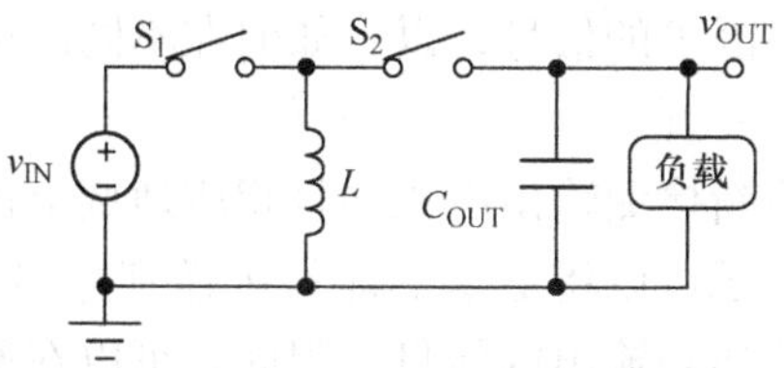 S_1 S_2 v_{OUT} v_{IN} L C_{OUT} 负载	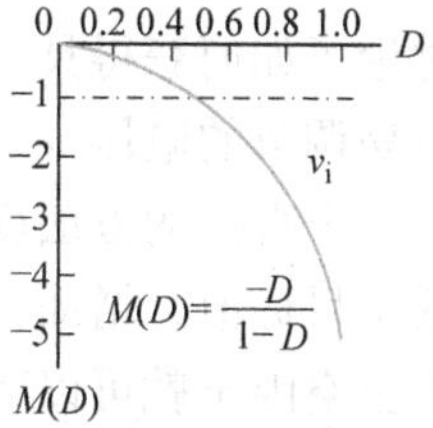 0 0.2 0.4 0.6 0.8 1.0 D −1 −2 −3 −4 −5 v_i $M(D)=\frac{-D}{1-D}$ $M(D)$

转换比率表示从电源电压转换到输出电压的能力。考虑到占空因子的某一确定的值，输出电压可以由 $M(D)$ 表示的转换比来决定。当 $M(D)$ 等于 1 时，输出电压等于电源电压。就像前面所提到的，在一个降压型转换器中，输出电压等于输入电源电压乘以占空因子。因此，降压型转换器的转换比率可以用 $M(D)=D$ 来表示。升压型转换器提供了一个升压操作，输出电压大小高于输入电压。升压型转换器的转换比 $M(D)$ 可以表示为 $M(D)=1/(1-D)$。降压 - 升压型转换器进行的是升压或降压的操作，转换比为 $M(D)=-D/(1-D)$。因此，不同的电源管理拓扑结构在不同的应用中实现了不同的电源功能。

表 3.2 列出了不同的基本电源管理模块。一个简单的低压差线性（LDO）稳压器会产生一个无纹波的输出电压，但牺牲了功率转换效率。相比之下，开关式电源管理器会导致开关输出电压波动，从而降低电源供电的性能。输出电压纹波可能导致对噪声敏感的子电路产生不恰当操作。由切换操作引起电磁干扰（EMI）问题也需要解决，以提高电源管理模块的性能。然而，它的高功率转换效率是电池驱动电子产品的主要设计考虑因素。

表 3.2 不同的基本电源管理模块的比较

	线性稳压器	电荷泵	开关稳压器
稳压类型	降压	降压/升压	降压/升压
噪声	低	中等	高
效率	低	中等	高
功率能力	中等	中等	高
面积	紧凑	中等	大
成本	低	中等	高
复杂度	低	中等	高
抗电磁干扰能力	低	中等	高

3.2 控制方法与工作原理概述

如在第 3.1 节中所讨论的，开关稳压器的输出电压可以由占空因子来控制。我们讨论了如何获得具有占空因子的信号，以及如何在不同的负载条件下开关稳压器产生易调节的电压。

一个直接的方法就是不断检测输出电压并且相应地调节占空因子。如果输出电压低于目标值，增加占空因子可以将更多的能量传递到输出。如果超过了目标值，减少占空因子就可以减少传递到输出的能量。因此，可以在所有负载条件或输入电压变化下对输出电压进行控制。这样的控制方法如图 3.3 所示。

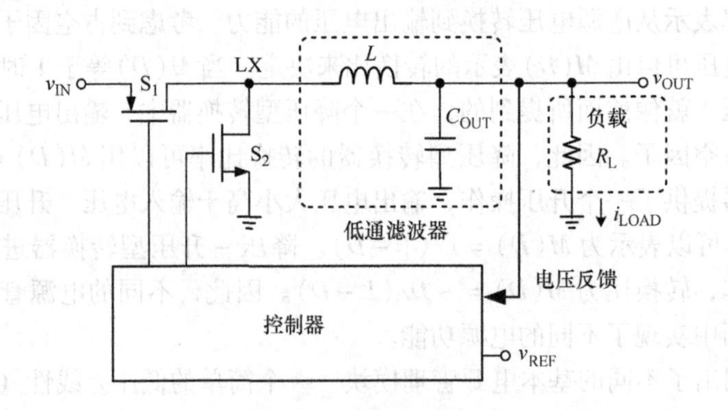

图 3.3 开关降压转换器的控制方法

如果没有控制器，输出电压由一个固定的占空因子（根据输入和目标输出值预先设定）决定。在没有检测到输出电压的情况下，能量被功率级转移到输出。这是一个“开环控制”。负载变化会导致输出电压与目标电压不同。相比之下，“闭环控制”是由电压反馈构成的。通过调整占空因子，输出电压由目标值调节。

闭环控制可以看作是一种反馈系统，它可以改变降压转换器的输出阻抗。

如图 3.3 所示，目标输出电压由参考电压 V_{REF} 设置，它通常由一个带隙电路产生。输出电压被发送到控制器，形成电压反馈回路。该控制器可根据 V_{REF} 的输出电压偏差调整占空因子。

下一步是设计控制器来实现闭环控制。开关稳压器控制方法的分类如图 3.4 所示。控制方法可分为两大类：固定频率控制和基于纹波控制。固定频率控制是 PWM，如图 3.2 所示。需要一个时钟信号来定义切换频率。固定频率控制包含电压模式控制，它由图 3.3 所示的基本电压反馈和需要额外电流感知信息的电流模式控制组成。相比之下，基于纹波的控制不需要时钟信号来指示每个切换周期的开始。相反，开关切换频率随输出电压或感应电流的要求而变化。基于纹波控制由时间常数、持续时间、滞后和电压二次方（V^2）控制。

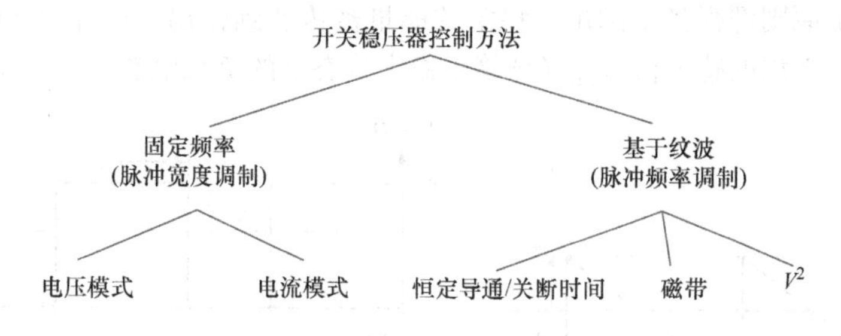

图 3.4 开关稳压器控制方法的分类

图 3.5 显示了图 3.3 中的电压模式控制器。首先，反馈电压 V_{fb} 和参考电压 V_{REF} 之间的差异，来表示占空因子的趋势（即增加或减少）。通常使用单端误差放大器（EA）放大 v_{fb} 和 V_{REF} 之间的差异来生成误差信号 v_C。接下来，根据 v_C 生成控制 S_1 和 S_2 的占空因子。通过闭环控制，最终 v_{fb} 等于 V_{REF}，以此来实现电压调节。在这里，R_{f1} 和 R_{f2} 形成一个分压器，以获得与 v_{OUT} 成比例的电压反馈信号。通过调整 R_{f1} 和 R_{f2} 的比值，可以根据 V_{REF} 调节目标输出电压。

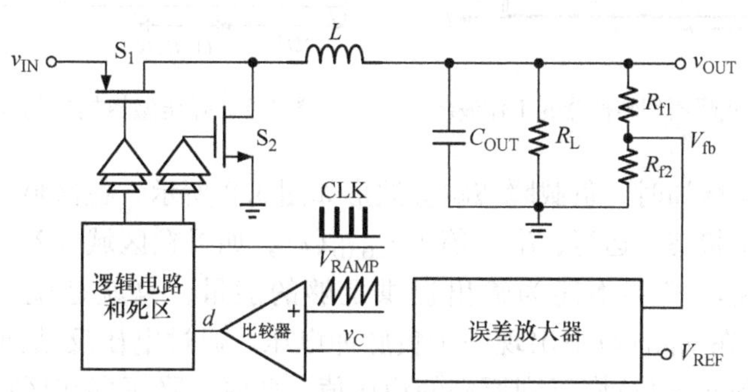

图 3.5 电压模式控制的降压型转换器的结构

为了实现固定频率的控制，时钟信号 $CLK(t)$ 定义了切换频率，并指出每个开关周期的开始时间。斜坡信号 v_{RAMP}，与 $CLK(t)$ 同步，是用来产生占空因子的，如图 3.6 所示。通过比较 $v_C(t)$ 和 $v_{RAMP}(t)$，得出了占空因子。通过对比，$v_C(t)$ 被转换为占空因子,这表明时域内 $v_{OUT}(t)$ 直流值的偏差。当 $v_{RAMP}(t)$ 小于 $v_C(t)$ 时，$d(t)$ 为高，S_1 打开，S_2 关闭。当 $v_{RAMP}(t)$ 比 $v_C(t)$ 高时，$d(t)$ 为低，S_1 关闭，S_2 打开。这个控制方法，包含输出电压反馈，是电压模式控制。

在稳定状态下，降压型转换器的功率级波形如图 3.7 所示。在开关周期 T_S 内，开关节点 LX 在 DT_S 时，与 v_{IN} 相连接；在 $(1-D)T_S$ 时，与地相连接。因此，通过电感 L 的电压分别为 $v_{IN}-v_{OUT}$ 和 $-v_{OUT}$。因此，电感电流的斜率分别为 $(v_{IN}-v_{OUT})/L$ 和 $-v_{OUT}/L$。在恒定的 $v_{DCR}(t)$ 和负载条件下，系统工作在稳定状态。在每个切换周期结束时，$v_{OUT}(t)$ 和 $i_L(t)$ 返回到相同的值。L 的二次电压平衡原则和 C_{OUT} 电荷平衡原则都得到了满足。稳定的能量被传递到输出，$v_{OUT}(t)$ 在 Dv_{IN} 的值上得到调节。平均电感电流 $i_{L,avg}(t)$ 等于稳定状态下的负载电流。

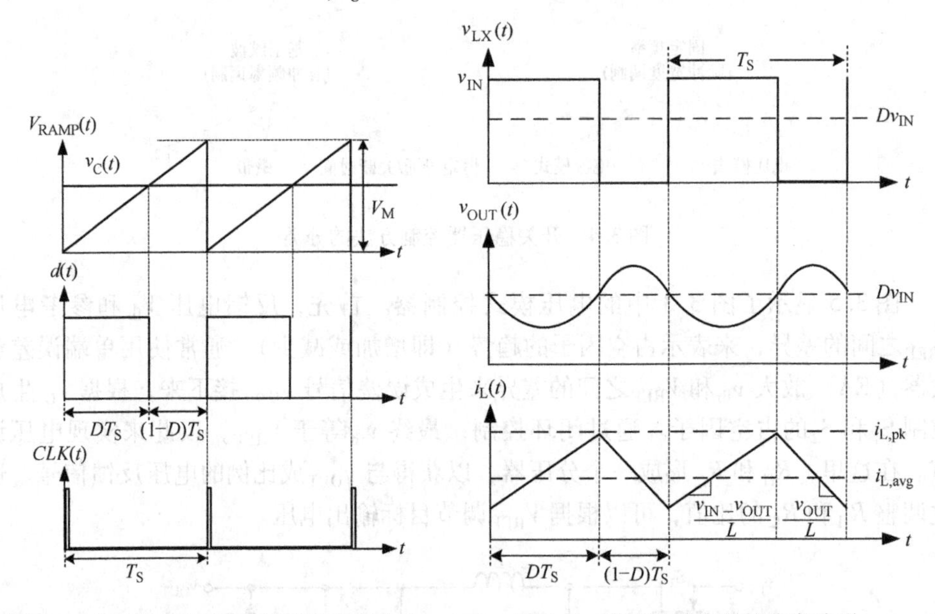

图 3.6 电压模式降压型转换器的工作波形

图 3.7 降压型转换器的稳态波形

当负载电流增加时，负载瞬态响应波形如图 3.8 所示。在区域（1）中，降压型转换器在稳定状态下运行，$i_{L,avg}$ 等于 $i_{LOAD}(t)$，如果在区域（2）负载电流突然增加，则降压型转换器不能为输出提供足够的能量，也就是说，$i_{L,avg}(t)$ 小于 $i_{LOAD}(t)$ 因此，在 $v_{OUT}(t)$ 中出现一个负脉冲电压。通过电压反馈回路，占空因子开始增加，直到 $v_{OUT}(t)$ 恢复到原来的稳压值。此时，降压器在区域（3）的稳定状态下运行，电感电流等于新的负载电流。

当负载变换时（如负载瞬态），电压模式转换器可以通过电压反馈回路检测到

v_{OUT}的微扰，并且可以通过调节占空因子调节 v_{IN}。当 v_{IN} 变化时（即，线性瞬态响应），必须调节占空因子的值，以保证 v_{OUT} 为规定值。然而，控制器只能通过电压反馈回路调节占空因子。因此 v_{OUT}必须偏离其原始的规定值，以帮助调整误差信号和占空因子。这就会在 v_{OUT}中产生大量的正脉冲/负脉冲电压。例如，当 v_{IN}增加时，v_{OUT}不调节占空因子，但其值会增加，接下来是电压反馈，减少了 v_C，从而减小了占空因子。最后，v_{OUT}恢复到原来的设定值。在影响到 v_{OUT}之前，是否获得了关于 v_{IN} 的信息？如果有另一条路径反映来自线电压的微扰，答案是显而易见的。也就是说，前馈技术可以帮助提高线性瞬态响应。

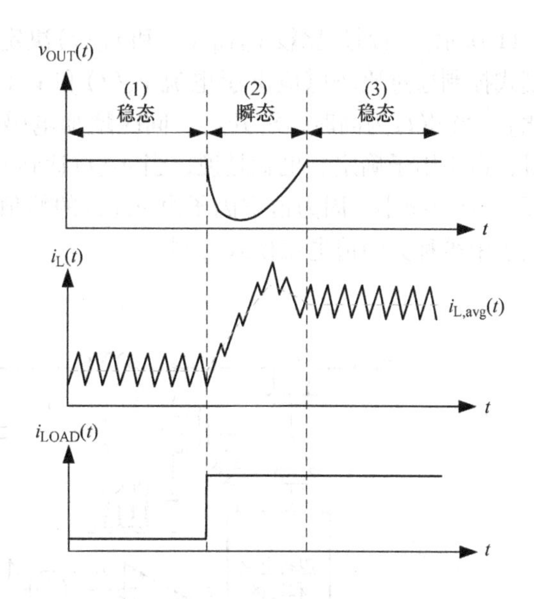

图 3.8　降压型转换器的负载瞬态波形

值得注意的是，电感电流不仅直接表明了不同的负载电流条件，而且还包括了 v_{RAMP}信息。通过感应电感电流，感应电流信息被添加到控制器中，如图 3.9 所示。感应电流信息可以在影响 v_{OUT}之前直接提供 v_{IN} 信息。换句话说，感应电流提供了一个前馈路径，以提高线性瞬态的性能。利用感应电流信息的控制方法称为电流模式控制。相比之下，电压调节仍然需要电压反馈，因为电流反馈不能直接获得 v_{OUT}信息。

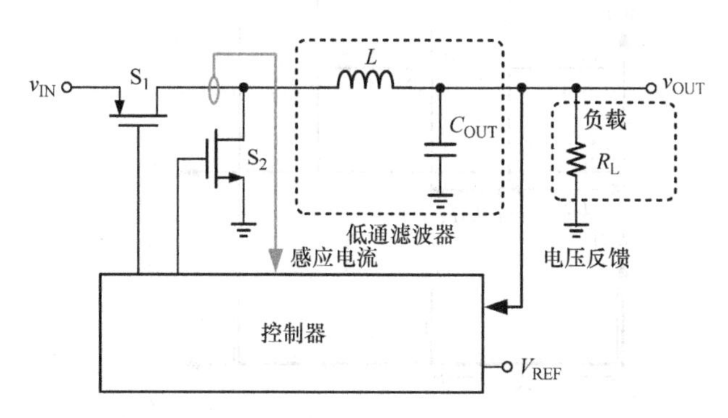

图 3.9　将感应电流信息添加到降压型转换器

电流模式控制的降压型转换器结构如图 3.10 所示。除了原始的电压模式控制模块，感应电感电流 v_S 被添加到 v_{RAMP} 来产生求和信号 v_{SUM}。工作波形图如图

3.11 所示。与通过比较 $v_{RAMP}(t)$ 和 $v_C(t)$ 决定 $d(t)$ 的电压模式控制相比较，电流模式控制通过比较感应电感电流 $v_S(t)$ 和 $v_C(t)$［在这里忽略 $v_{RAMP}(t)$ 来进行简化］。当 $d(t)$ 为高时，S_1 开启，同时增加电感电流和 $v_S(t)$。当 $v_S(t)$ 等于 $v_C(t)$ 时，占空因子确定。也就是说，当 $v_S(t)$ 达到 $v_C(t)$ 时，$d(t)$ 变为低，S_1 关闭，S_2 打开，$v_S(t)$ 减小。因为占空因子由 $v_S(t)$ 的峰值决定，这种控制方法在传统的电力电子中被称为峰值电流模式控制。

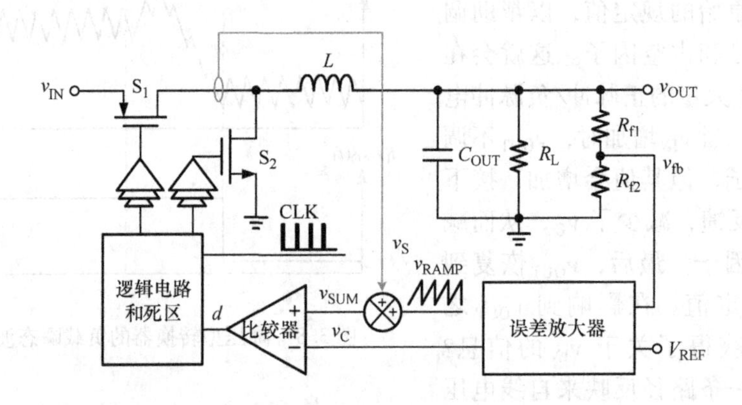

图 3.10　峰值电流模式控制的降压型转换器结构

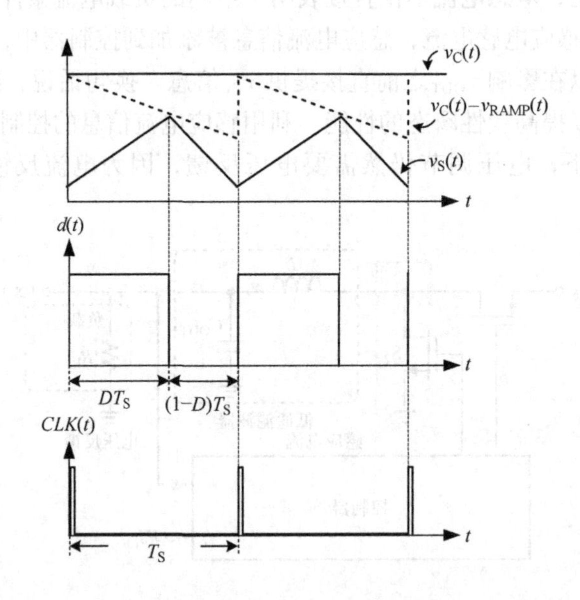

图 3.11　峰值电流模式控制的降压型转换器的工作波形

在电流模式控制中，当 $D>0.5$ 时，由于出现次谐波振荡，所以对于稳定输出电压，$v_{RAMP}(t)$ 是十分必要的。防止次谐波振荡器出现的条件可以表示如下：

$$m_{\mathrm{a}} \geqslant \frac{v_{\mathrm{OUT}}}{2L} \tag{3.5}$$

在这里，m_{a} 是 $v_{\mathrm{RAMP}}(t)$的斜率。

表 3.3 中列出了电压模式控制与电流模式控制的比较，同时也介绍了相应的补偿方法，以区分两种控制方法的优势与劣势。

表 3.3　电压模式控制与电流模式控制之间的比较

	电压模式控制	电流模式控制
电压反馈	是	是
电流反馈	否	是
前馈	否	是
典型补偿方法	Ⅲ型	Ⅱ型

3.3　开关稳压器的小信号模型与补偿方法

如 3.2 节所讨论的那样，降压转换器的功率级可以通过使用几种不同的方法来控制以实现调节性能。这些控制方法包括电压负反馈以及电流正反馈，它们分别组成了外部与内部回路。系统稳定性通过功率级、控制单元、整个系统的建模以及小信号来进行分析。

3.3.1　电压模式开关稳压器的小信号建模

如之前所讨论的那样，占空因子是一个由 v_{IN}以及 v_{OUT}所控制的理想直流量，事实上，扰动可能出现在输入直流源上，输出负载上以及控制器中的电流器件中，因此，通过自动调整工作周期，负反馈控制可以减少扰动以展现一个稳定的输出电压。在频域上，工作周期 $d(s)$可以表示成为公式（3.6）的形式，在这里，D 代表了工作周期中的直流部分，以确定直流偏置点（静态工作点），并且交流部分 $\hat{d}(s)$表示了直流偏置点上所带有的小信号部分。从转换器的角度来看，D 代表了如果 v_{OUT}调节完善的情况下处于稳态时的工作周期，在这里 $\hat{d}(s)$表示了小信号的变化，这包含了传输线/负载变化和噪声部分。

$$d(s) = D + \hat{d}(s) \tag{3.6}$$

在这里，$D >> d(t)$。

在 3.1 节所提到的那样，$v_{\mathrm{LX}}(s)$的平均值等于 $d(s)$乘以 v_{IN}。从平均值的角度来说，降压转换器的输出电压可以被视为一个关于 $v_{\mathrm{LX}}(s)$、L、C_{OUT}和 R_{L} 的分式：

$$v_{\mathrm{OUT}}(s) = d(s) v_{\mathrm{IN}} \frac{\frac{1}{sC_{\mathrm{OUT}}} \parallel R_{\mathrm{L}}}{sL + \frac{1}{sC_{\mathrm{OUT}}} \parallel R_{\mathrm{L}}} \tag{3.7}$$

在这里，$v_{OUT}(s)=V_{OUT}+\hat{v}_{OUT}(s)$，$d(s)=D+\hat{d}(s)$。

小信号模型可以通过将直流部分移除以后获得。从负载到输出的小信号模型以及转移函数在图 3.12 和等式（3.8）中分别展示了出来。换句话说，对于某一个给定的工作点（例如，输入电压 V_{IN}，输出电压 V_{OUT}，负载阻抗 R_L 和工作周期 $D=V_{OUT}/V_{IN}$），降压转换器的功率级的小信号模型可以表示成如图 3.12 所示。传递函数代表了由负载到输出的小信号，它被定义为由负载到输出的传递函数 $G_{vd}(s)$：

$$G_{vd}(s)=\frac{\hat{v}_{OUT}(s)}{\hat{d}(s)}=V_{IN}\cdot\frac{1}{1+s\dfrac{L}{R_L}+s^2LC_{OUT}} \tag{3.8}$$

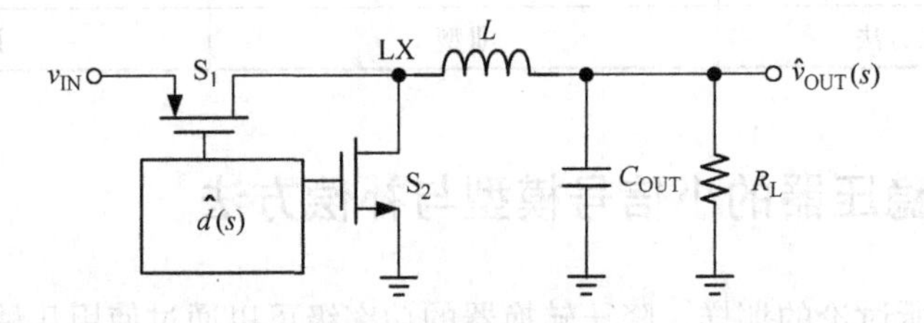

图 3.12　降压转换器功率级由负载到输出的小信号模型

在等式（3.8）中，降压转换器的 $G_{vd}(s)$ 包含分母中的一个二阶多项式，这意味着滤波器在降压转换器系统中提供了两个极点。考虑到了如下性质，我们可以使用一个二阶多项式的形式来改写等式（3.8）：

$$G_{vd}(s)=\frac{1}{1+\dfrac{2\xi s}{\omega_0}+\left(\dfrac{s}{\omega_0}\right)^2} \tag{3.9}$$

在这里 ξ 是阻尼系数，ω_0 是无阻尼本征频率。阻尼系数描述了在干扰后系统的振荡衰减。无阻尼本征振荡频率是系统在无阻尼阻力干扰时的系统振荡频率。在一个 DC/DC 转换器系统与滤波应用中，标准二阶多项式形式通常如式（3.10）所示：

$$G_{vd}(s)=\frac{1}{1+\dfrac{s}{Q\omega_0}+\left(\dfrac{s}{\omega_0}\right)^2} \tag{3.10}$$

在这里 Q 是品质因数，它表征系统的损耗，也就是说，是最大存储能量除以每个周期消耗掉的能量。此外，品质因数 Q 预示了两个极点的形式。当 $Q<0.5$ 时，存在两个分开的实数极点。当 $Q>0.5$，存在复数共轭对。ξ 与 Q 的关系可以表示如下：

$$Q=\frac{1}{2\xi} \tag{3.11}$$

通过比较等式（3.8）与等式（3.10），Q 与 ω_0 可以表示成为

$$Q = \frac{R_L}{\sqrt{\frac{L}{C_{OUT}}}}, \quad \omega_0 = \frac{1}{\sqrt{LC_{OUT}}} \tag{3.12}$$

本征频率由电感、电容乘积的开方决定，品质因数与 R_L、L 和 C_{OUT}有关。等式（3.10）不同 Q 值的归一化伯德图由图 3.13 表示。不同品质因数的本征频率归一化为 1。因为这两个极点存在的原因，相位由 0°减小到 180°。然而，在相位变化接近 1rad/s 时是不同的。在 Q 值较小的时候，两个极点是分开的，相位缓慢变化，而且没有峰值。在一个高品质因数状态下，复数共轭极点引入了一个幅值上的峰值，相位在 1rad/s 处有一个急剧的下降，不同的 Q 值严重影响了为了系统稳定而带来的频率补偿。

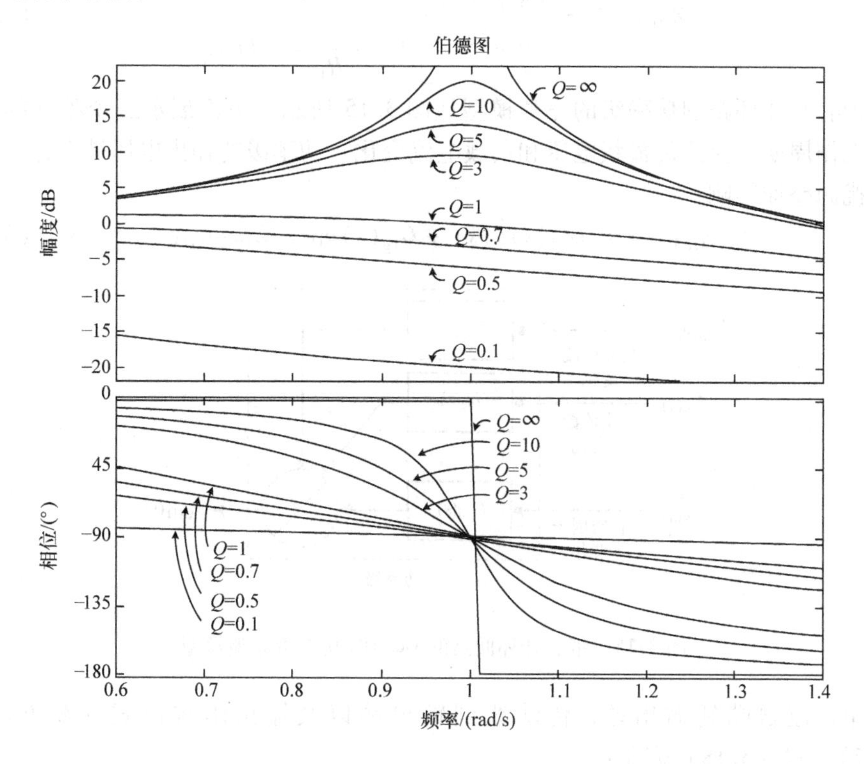

图 3.13　不同 Q 值情况下等式（3.10）的归一化伯德图

考虑到功率级中所有的小信号源，除了工作周期的变化外，输入线性电压的变化以及负载电流状态的变化也会影响到输出电压。工作周期变化，传输线变化以及负载变化可以视为三个系统的小信号。因此，传输线到输出以及输出负载的函数可以分别转化为式（3.13）以及式（3.14），以描述如图 3.14 所示的干扰（它与负载到输出负载的函数类似）。

$$G_{\mathrm{vg}}(s)=\frac{\hat{v}_{\mathrm{OUT}}(s)}{\hat{v}_{\mathrm{IN}}(s)}=D\cdot\frac{1}{1+s\dfrac{L}{R_{\mathrm{L}}}+s^{2}LC_{\mathrm{OUT}}}\tag{3.13}$$

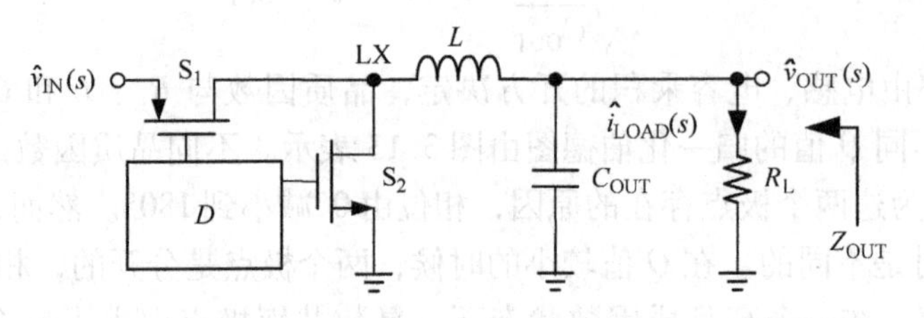

图 3.14　功率级中的干扰

$$Z_{\mathrm{OUT}}(s)=\frac{\hat{v}_{\mathrm{OUT}}(s)}{\hat{i}_{\mathrm{LOAD}}(s)}=\frac{sL}{1+s\dfrac{L}{R_{\mathrm{L}}}+s^{2}LC_{\mathrm{OUT}}}\tag{3.14}$$

带有开环环路的功率级的完整模型如图 3.15 所示。下面展示三个独立的干扰源：工作周期、交流传输线电压和负载电流变化。功率级的输出电压被上述三个独立干扰源叠加影响：

$$\hat{v}_{\mathrm{OUT}}(s)=G_{\mathrm{vd}}(s)\hat{d}(s)+G_{\mathrm{vg}}(s)\hat{v}_{\mathrm{IN}}-Z_{\mathrm{OUT}}\hat{i}_{\mathrm{LOAD}}\tag{3.15}$$

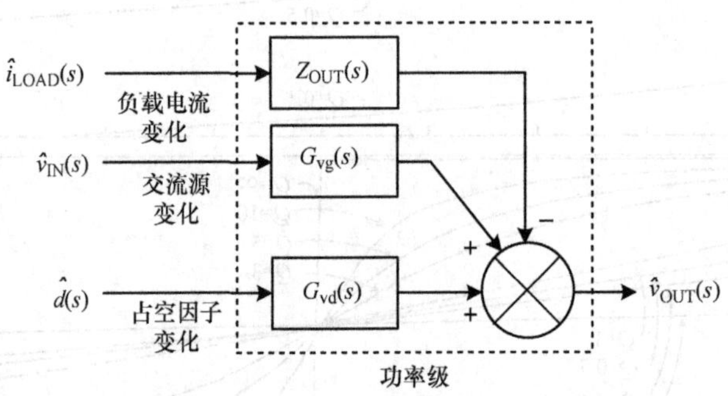

图 3.15　带有开环回路的 DC/DC 功率级完整模型

在这里，控制端到输出端，传输线到输出端以及输出阻抗由式（3.16）、式（3.17）、式（3.18）表示：

$$G_{\mathrm{vd}}(s)=\left.\frac{\hat{v}_{\mathrm{OUT}}(s)}{\hat{d}(s)}\right|_{\substack{\hat{v}_{\mathrm{IN}}=0\\ \hat{i}_{\mathrm{LOAD}}=0}}\tag{3.16}$$

$$G_{\mathrm{vg}}(s)=\left.\frac{\hat{v}_{\mathrm{OUT}}(s)}{\hat{v}_{\mathrm{IN}}(s)}\right|_{\substack{\hat{d}=0\\ \hat{i}_{\mathrm{LOAD}}=0}}\tag{3.17}$$

$$Z_{OUT}(s) = \left.\frac{\hat{v}_{OUT}(s)}{\hat{i}_{LOAD}(s)}\right|_{\substack{\hat{v}_{IN}=0\\ \hat{d}=0}} \tag{3.18}$$

事实上，电感与电容都有它们自己的寄生电阻，直流电流阻抗 R_{DCR} 以及等效串联阻抗 R_{ESR}。如图 3.16 所示，R_{DCR} 对于多相转换器应用的效率评估和电流平衡非常的重要。同时，R_{ESR} 引入了一个零点并且影响到了频率响应。因此，在计算 $G_{vd}(s)$ 的时候，需要将 R_{DCR} 与 R_{ESR} 考虑在内。

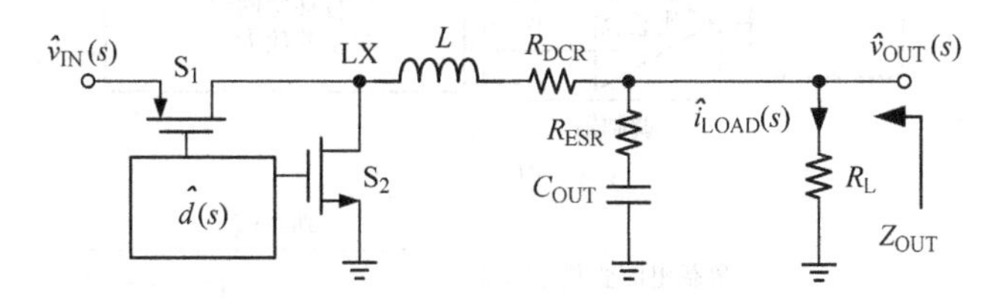

图 3.16　带有寄生电阻的功率级的干扰

C_{OUT} 中的寄生参数 R_{ESR} 引入了一个左半平面的零点，在进行稳定性分析的时候需要将其考虑到。通过对于 $G_{vd}(s)$ 的引出方法的分析可以得知，ω_0 是一个独立于 R_{DCR} 与 R_{ESR} 的值。然而，R_{DCR} 与 R_{ESR} 影响了品质因数 Q，这改变了在 ω_0 的相位图的形状，并且影响了系统的稳定性。为了简便，通常在频率响应中我们会忽略掉 Q 值的变化。考虑到 R_{ESR}，$G_{vd}(s)$ 可以大概表示如下：

$$G_{vd}(s) \approx V_{IN}\frac{1+\dfrac{s}{C_{OUT}R_{ESR}}}{1+s\dfrac{L}{R_L}+s^2LC_{OUT}} \tag{3.19}$$

3.3.2　闭环电压模式中开关稳压器的小信号建模

图 3.17a 中展示了一个带有全部电路模块的基本电压模式控制 DC/DC 降压转换器。整个系统相应的模型也在图 3.17b 中展示了出来。反馈网络 $H(s)$ 由两个反馈阻抗 R_{f1} 与 R_{f2} 组成，它的公式表示为公式（3.20）。通过一个反馈网络，输出电压 v_{FB} 被反馈成 $H(s)v_{OUT}$：

$$H(s) = \frac{R_{f2}}{R_{f1}+R_{f2}} \tag{3.20}$$

在反馈电压 $\hat{v}_{FB}$ 和参考电压 $\hat{v}_{REF}$ 之间的误差信号被误差放大器放大，它含有补偿网络并且可以表现成为 $A(s)$。调制器将误差信号 $\hat{v}_C$ 与 v_{RAMP} 进行比较以生成工作周期，它的调制增益由 F_m 表示出来。由图 3.6 所示，由 $\hat{v}_C$ 到 $\hat{d}$ 的传递函数可以表示如下：

$$F_m = \frac{\hat{d}(s)}{\hat{v}_C(s)} = \frac{1}{V_M} \tag{3.21}$$

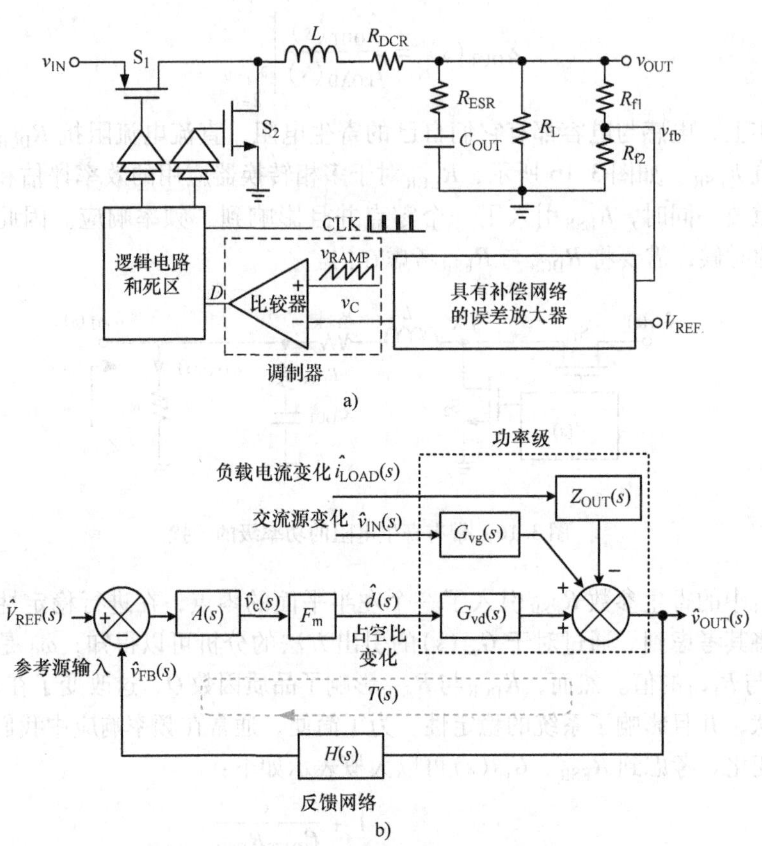

图 3.17　电压模式控制 DC/DC 降压转换器

a）整个转换器的电路模型　b）相对应的系统模型

在这里，V_M 是信号 v_{RAMP} 的增益。

图 3.17 展示了一个完整的电压模式控制 DC/DC 降压转换器模型。三个传递函数 - G_{vd}、G_{vg} 与 Z_{OUT} 表示了控制端输入、输出、干扰之间的关系。G_{vd} 是开环控制 - 输出传递函数，G_{vg} 是开环传输线—输出传递函数，Z_{OUT} 是等效输出阻抗。通过反馈网络 $H(s)$、补偿网络 $A(s)$ 以及调制增益 F_m 进行了负反馈控制以减轻由干扰引起的变动。

考虑到来自于参考电压、输入信号和负载电流扰动产生干扰的完整输出电压闭环表示，如式（3.22）所示。负反馈回路可以减轻扰动，使系统更加稳定，保持电压稳定。环路增益 $T(s)$，它是由电压反馈回路的正反馈和负反馈的增益产生，可以表示成等式（3.23）。

$$\hat{v}_{OUT}(s) = \hat{v}_{REF}(s)\frac{1}{H(s)}\cdot\frac{T(s)}{1+T(s)} + \hat{v}_{IN}\frac{G_{vg}(s)}{1+T(s)} - \hat{i}_{LOAD}\frac{Z_{OUT}}{1+T(s)} \tag{3.22}$$

当 $H(s)=1$ 时，$T(s) = G_{vd}\cdot A(s)\cdot F_m\cdot H(s) = G_{vd}\cdot A(s)\cdot F_m$　(3.23)

为了设计一个稳定的降压转换器，环路增益 $T(s)$ 应该要进行分析。通常来说，为了在低频段获得一个高直流增益，45°相位裕度以及至少 10dB 的增益裕度是需要的。然而，$G_{vd}(s)$ 含有两个极点并且导致了 180°的相位延迟以及系统不稳定，如式（3.19）所示。$A(s)$ 在之前的讨论中还没有确定下来，它可以调整直流增益并且生成极点和零点以补偿之前不足的相位裕度。补偿的方法在 3.3.3 节中有介绍。

相位裕度决定了在负载改变时的瞬时振荡值。不同相位裕度的瞬态响应值的波形如图 3.18 所示。对于快速瞬态响应，60°的相位裕度是足够的。然而，对于所有输入、输出以及负载情况来看保持 60°相位裕度并不简单。因此，至少 45°相位裕度才是足够的。需要注意的是，在图 3.18 中的振荡频率与 $T(s)$ 中的分频频率 f_c 是有关的。

除了增益以及相位裕度，一个宽带宽也是必要的，以保持快速瞬态响应。最重要的是，最高分频频率的设计被限制在转换器开关频率 f_S 的 1/5 或者 1/10，以保证转换噪声不再继续增加。

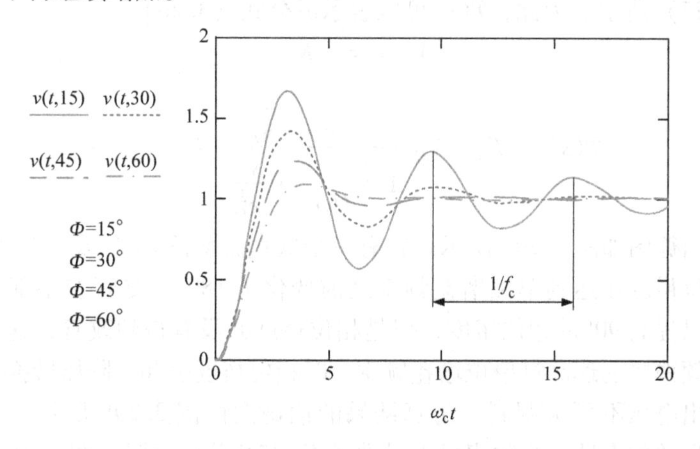

图 3.18　不同相位裕度下的瞬态响应

3.3.2.1　在电压模式开关稳压器中的频率补偿设计

在频率补偿设计之中，关键问题是设计一个从输出到控制端的转换。由输出到控制端的路径包括感应增益 $H(s)$，补偿误差放大器 $A(s)$，以及调制增益 F_m。因此，补偿技术可以用在传递函数上。对于一个电压模式降压转换器，如果 $H(s)=1$，环路传递函数 $T(s)$ 可以表示成式（3.24）的形式。功率级上存在一个零点以及两个极点，ω_O 是两个极点的频率，是由输出滤波器 L 与 C_{OUT} 组成的。等效串联阻抗零点 $\omega_{Z(ESR)}=1/(C_{OUT}R_{ESR})$ 是由等效串联电阻以及输出滤波器电容所决定的。由控制端到输出端的传递函数的伯德图如图 3.19 所示。

$$T(s)=G_{vd}(s)\cdot F_m\cdot A(s) \tag{3.24}$$

在此处

$$G_{\mathrm{vd}}(s) = V_{\mathrm{IN}}\frac{1+\dfrac{s}{\omega_{\mathrm{Z(ESR)}}}}{1+\dfrac{s}{Q\omega_{\mathrm{O}}}+\dfrac{s^2}{\omega_{\mathrm{O}}^2}},$$

$$\omega_{\mathrm{O}} \approx \frac{1}{\sqrt{LC_{\mathrm{OUT}}}},\ \omega_{\mathrm{Z(ESR)}} = \frac{1}{R_{\mathrm{ESR}}C_{\mathrm{OUT}}},$$

$$Q \approx \frac{R_{\mathrm{L}}}{\sqrt{\dfrac{L}{C_{\mathrm{OUT}}}}}$$

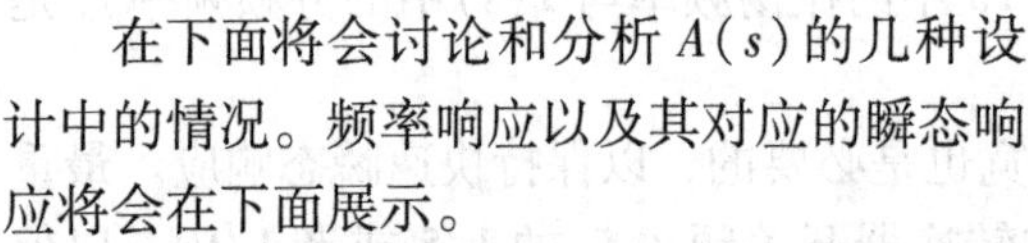

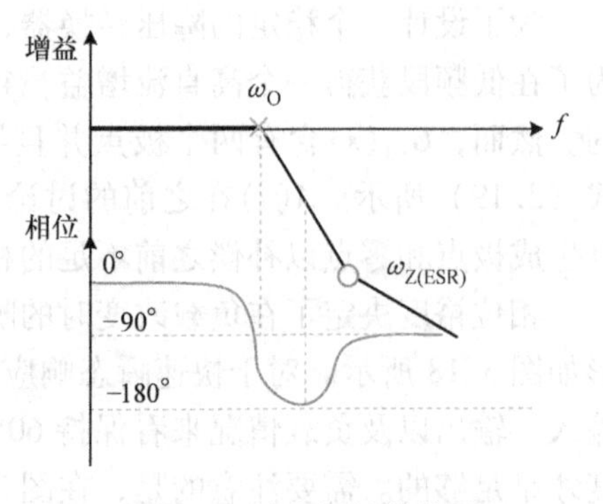

图 3.19　功率级的伯德图

在下面将会讨论和分析 $A(s)$ 的几种设计中的情况。频率响应以及其对应的瞬态响应将会在下面展示。

首先，我们使用了比例补偿。也就是说，补偿网络包含一个低直流增益 K_{L}，如公式（3.25）所示。因此，$T(s)$ 可以表示成公式（3.26）。

$$A(s) = -K_{\mathrm{L}} \tag{3.25}$$

$$T(s) = F_{\mathrm{m}}\cdot V_{\mathrm{IN}}\frac{1+\dfrac{s}{\omega_{\mathrm{Z(ESR)}}}}{1+\dfrac{s}{Q\omega_{\mathrm{O}}}+\dfrac{s^2}{\omega_{\mathrm{O}}^2}}\cdot(-K_{\mathrm{L}}) \tag{3.26}$$

对应的伯德图如图 3.20a 所示。在有一个低直流增益 K_{L} 以及 LC 双极点 ω_{O} 的情况下，相位裕度在达到单位增益频率之前变化了 180°。尽管左半部分串联等效电阻零点可以提高 90°的相位裕度，但是相位裕度并没有得到改善，这是因为等效电阻零点的频率要远远高过单位增益频率。0°相位裕度引起了降压转换器中的不稳定。因此输出电压不可被调制。仿真结果的伯德图由图 3.20b 所示。在频率提高时，存在于误差放大器的高频率极点导致了 K_{L} 与相位的下降。图3.20c表明了对应的仿真结果。电压模式降压转换器并不稳定，其谐振电压范围为 1.32～1.42V。

一个简单的方法可以在不更改 $A(s)$ 的情况下保证电压模式降压转换器的稳定工作，方法是使用一个带有高等效电阻零点的输出电容。将等效串联电阻的零点置于低于单位增益频率，可以提高相位裕度。如图 3.21a 所示，如果 $\omega_{\mathrm{Z(ESR)}}$ 在一个低频率，可以使系统获得一个更大的相位裕度以提高稳定性。如图 3.21b 所示，$\omega_{\mathrm{Z(ESR)}}$ 被置于 $3\omega_{\mathrm{O}}$ 频率处，在单位增益带宽的地方，相位裕度仍能保持 57°。由轻负载到重负载情况下以及反之的情况，其相应的瞬态响应如图 3.21c 所示。输出电压被调整到接近稳定状态下的预设值。

然而，如果额外的零点没有提升相位裕度，接下来直流增益将不会提升到一个较高的水平，这是因为相位裕度下降到低于 0°。这一现象的发生是因为误差放大器中本身存在的高频极点。一个低直流增益预示着低负载调节能力以及低输出电压准确度。除此以外，如果等效串联电阻的零点被作为一个抵消双极点的效果，那

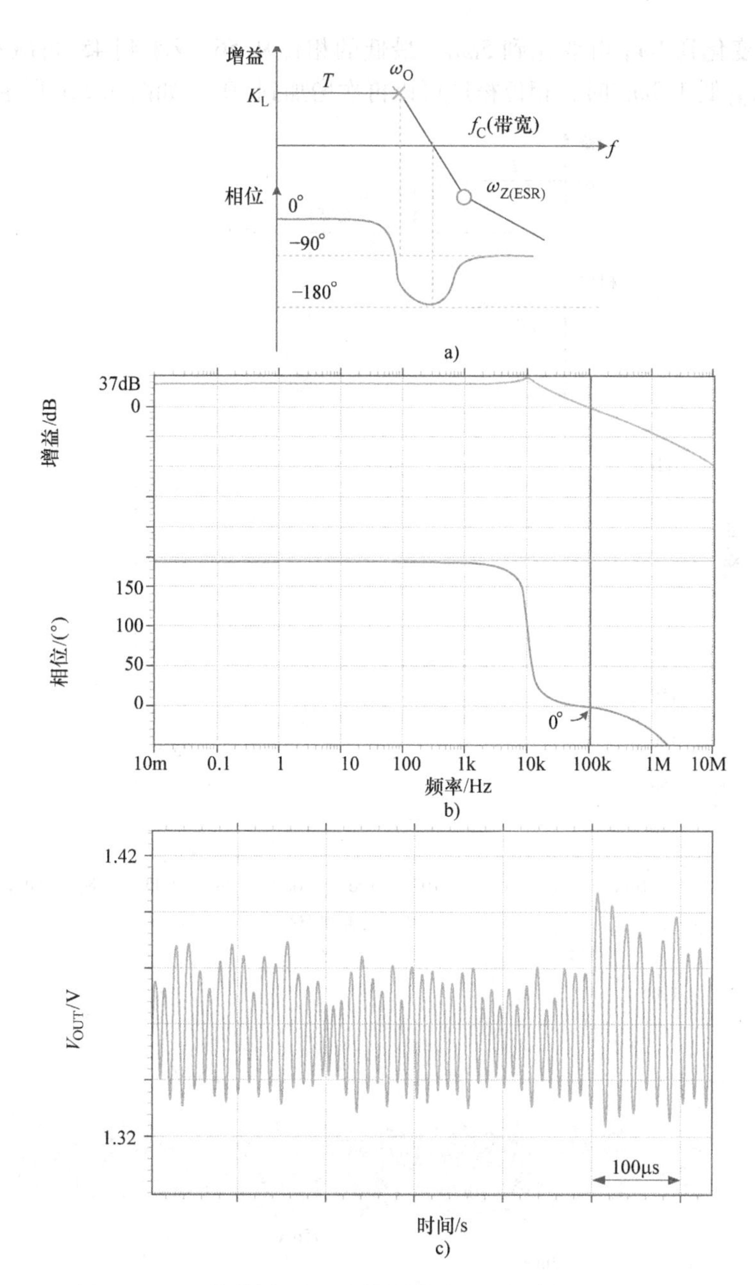

图 3. 20　a）伯德图　b）由仿真结果所知的伯德图　c）在 $A(s) = -K_L$ 时，仿真结果中的不稳定 V_{OUT}

么，$\omega_{Z(ESR)}$将会移向原点以提高系统的稳定性。等效串联电阻的零点的设计标准是其必须置于低于 $3\omega_O$ 处以保证有足够的相位裕度，因为低相位裕度会导致在负载变化的时候有一个大的瞬态响应。如图 3. 22 所示，如果等效串联电阻零点的位

置从 $3\omega_O$ 变化到 $4\omega_O$ 再变化到 $5\omega_O$，最低的相位从 56°减小到 45°再减小到 40°。如果 $\omega_{Z(ESR)}$ 低于 $3\omega_O$ 时，相位裕度可以再次增加到90°，如图 3.21a 所示。

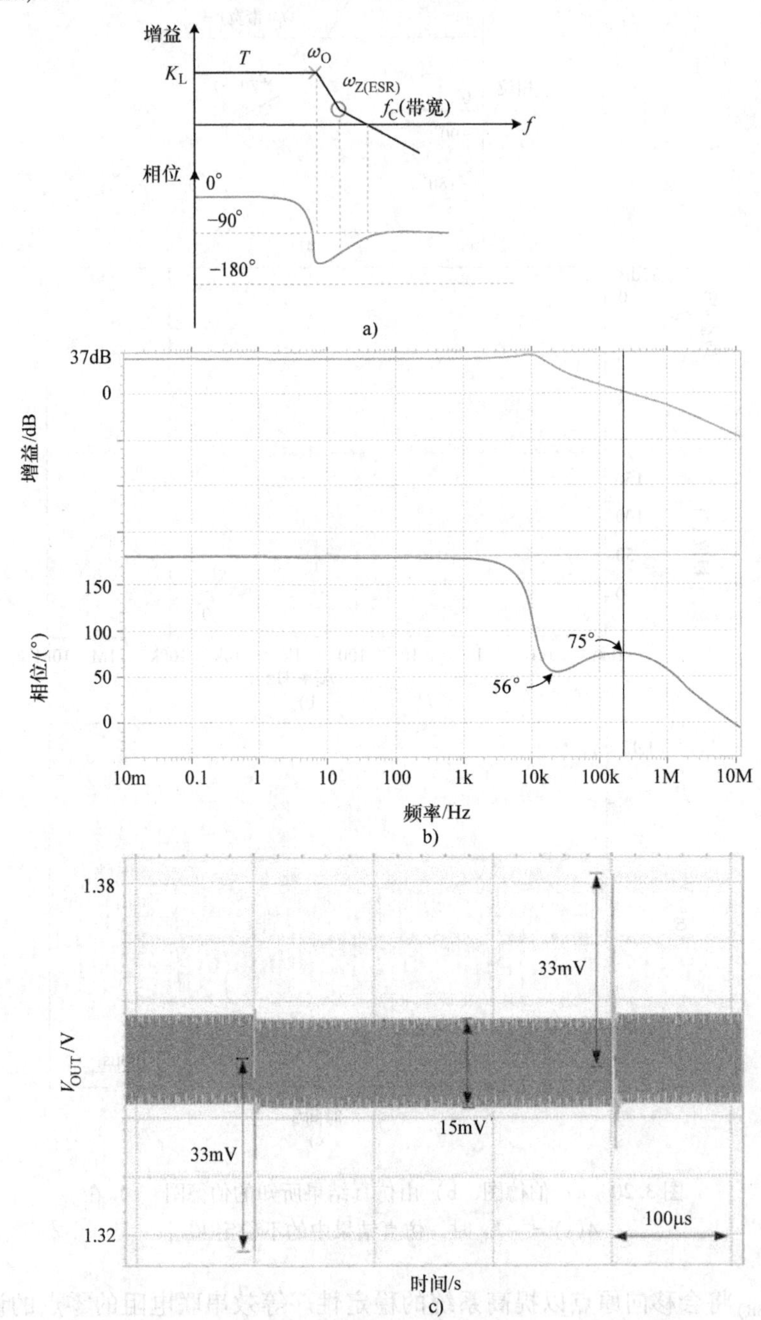

图 3.21　a）伯德图　b）由仿真结果所知的伯德图　c）在 $A(s) = -K_L$ 时，有一个大阻值的等效串联电阻，仿真结果中的 V_{OUT}

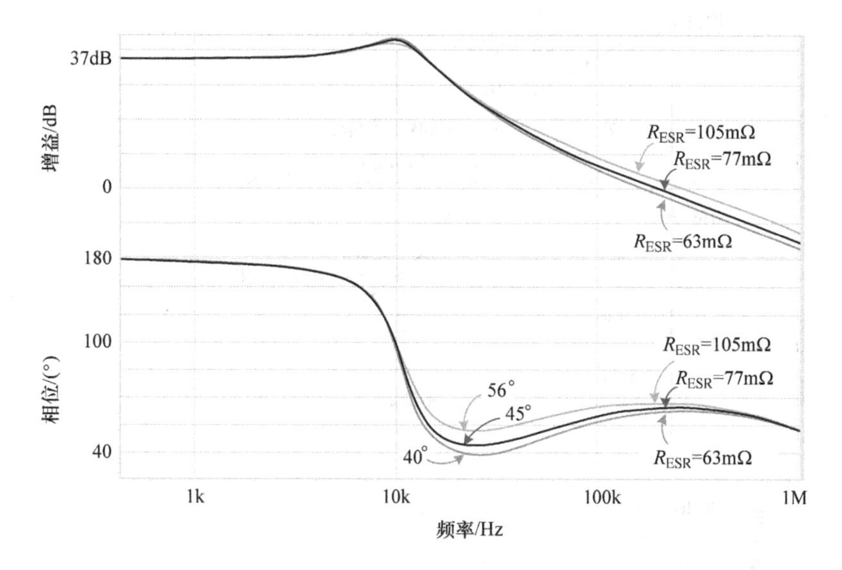

图 3.22　在等效串联电阻零点被置于 $3\omega_O$（R_{ESR} = 105mΩ）、$4\omega_O$（R_{ESR} = 77mΩ）、$5\omega_O$（R_{ESR} = 63mΩ）

输出电压可以通过一个大阻值等效串联电阻来控制。然而，$\omega_{Z(ESR)}$ 是由等效串联电阻以及输出电容来决定的。电流的流入、流出会引入一个等效串联电阻的电压下降。如图 3.21c 所示，一个较大的纹波电压（例如仿真中的 15mV）以及负脉冲/过脉冲电压（例如仿真中为 33mV）出现，因为等效串联电阻上的电流变化引起了电压降。使用等效串联电阻零点可以简化补偿技术，这是以损失调节性能为代价的。

为了提高调节性能，一个积分器被用来提升直流增益，式（3.27）中描述了这种现象。因此，式（3.26）可以被改写成式（3.28），式（3.28）带有一个高直流增益 K_H。

$$A(s) = -\frac{K_H}{s} \tag{3.27}$$

$$T(s) = F_m \cdot V_{IN} \frac{1+\dfrac{s}{\omega_{Z(ESR)}}}{1+\dfrac{s}{Q\omega_O}+\dfrac{s^2}{\omega_O^2}} \cdot \left(-\frac{K_H}{s}\right) \tag{3.28}$$

由式（3.28）所示，在使用了积分器以后，环路传递函数含有三个极点。一个极点在原点处，是由理想积分器产生的，它带来了 90°的延迟。在经过了对于理想积分器的补偿以后，两种可能的方案会出现，如图 3.23 所示。

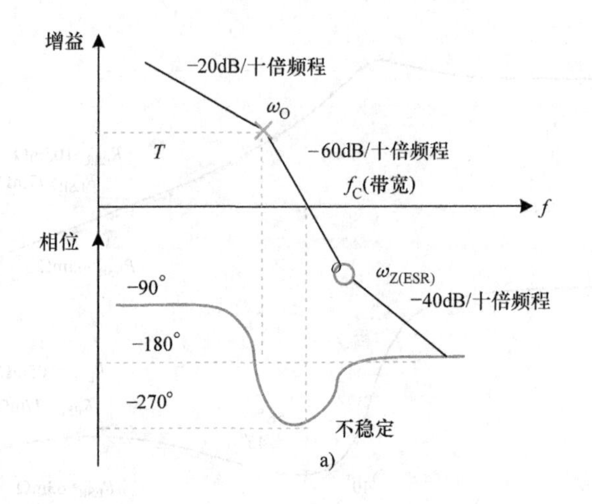

a)

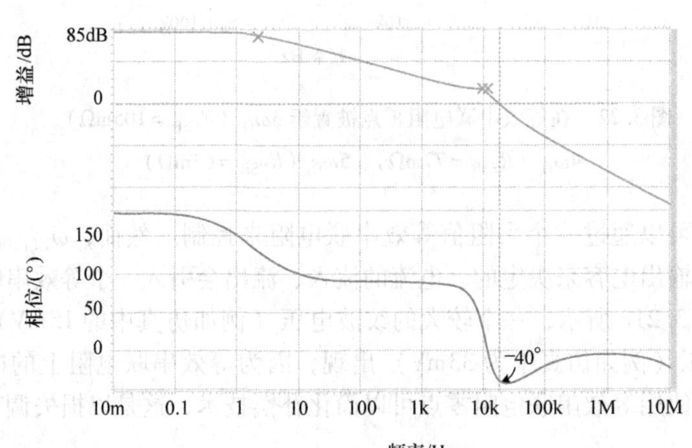

b)

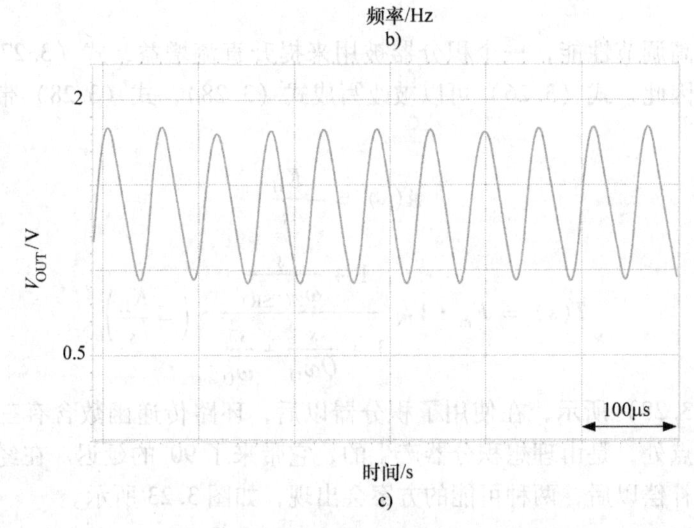

c)

图 3.23　a）伯德图　b）由仿真结果所知的伯德图　c）仿真结果出来的带有高直流增益误差放大器的 V_{OUT}

在图 3. 23a 之中，如果直流增益增加到一个较高的水平，系统必然将会变得不稳定，这是因为相位裕度远远低于零点。在图 3. 23b 中，仿真出来的相位裕度变成 -40dB/十倍频程。在仿真结果中，由积分器所产生的主极点并不在原点处，因为非理想误差放大器有一个有限的低频率增益。相应的瞬态响应如图3. 23c所示，它有一个不稳定的输出电压。减少直流增益可以从根本上使环路传递函数产生一个在 LC 双极点之前的低交叉频率f_C。因此，如果f_C 明显小于 LC 双极点的话，降压转换器可以被当作一个带有改进相位裕度 90°的单极点系统。不幸的是，低直流增益会使得输出电压的准确度降低，低f_C 减慢了反相器的瞬态响应速度。

另一个可能的现象被展示在图 3. 24a 中，它没有降低直流增益。一个高补偿电容被放置在误差放大器的输出端以进一步将主极点推向原点。如图 3. 24b 所示，相位裕度变成了 88°，带宽相当的低。考虑到低带宽，双极点可以被当作高频率极点。因此，系统变得更加稳定。然而，动态响应被牺牲掉了，如图3. 24c所示。对于任何的负载变化，瞬态复位时间都非常的长。这种方法可以在快速瞬态响应不是主要因素的领域上使用，以简化电源模块设计。

总的来说，两种可能的情况不可能获得高直流增益以及较大带宽以使得调节性能和快速瞬态响应同时发生。为了解决这些问题，在需要一个高直流增益的时候，两个低于交叉频率f_C 的左半平面零点被用来提高相位裕度。Ⅲ型补偿方法可以获得两个左半平面零点，主要用于电压模式降压转换器，我们将在下面的小节中进行介绍。

式（3. 29）描述了Ⅲ型补偿方案的零极点情况，它有三个左半平面极点和两个左半平面零点，以保证同时获得高直流增益和大带宽。

$$A(s) = -\frac{K_H}{s}\cdot\frac{\left(1+\frac{s}{\omega_{z1}}\right)\left(1+\frac{s}{\omega_{z2}}\right)}{\left(1+\frac{s}{\omega_{p1}}\right)\left(1+\frac{s}{\omega_{p2}}\right)} \tag{3.29}$$

对应的频率响应如图 3. 25 所示。在有两个零点 ω_{z1} 与 ω_{z2} 的帮助之下，由 LC 双极点带来的 180°相位延迟可以被抵消。另外两个高频补偿极点 ω_{p1} 与 ω_{p2} 被用来降低高频噪声，每个极点会带来 -20dB/十倍频程的效果。因为 ω_{z1} 与 ω_{z2} 补偿了 ω_O 带来的相位延迟，$T(s)$在带宽内可以被认为是一个单极点系统，这个系统不是无条件稳定的。换句话讲，高直流增益以及足够的相位裕度可以同时通过Ⅲ型补偿方案得到。通常来说，ω_{z1} 被放置于低于 ω_O 的位置以实现相位超前，此时 ω_{z2} 被置于 ω_O 之前以减少相位下降。为了保证一个合适的相位裕度以及一个较大带宽，交叉频率f_C 通常会被设计在 ω_{z2} 与 ω_{p1} 之间。为了进一步扩大带宽，将 ω_{p1} 置于等效串联电阻的零点 $\omega_{Z(ESR)}$ 处，可以有效增大交叉频率的值并加快瞬态响应。在使用Ⅲ型补偿以后，环路传递函数可以写为如下形式：

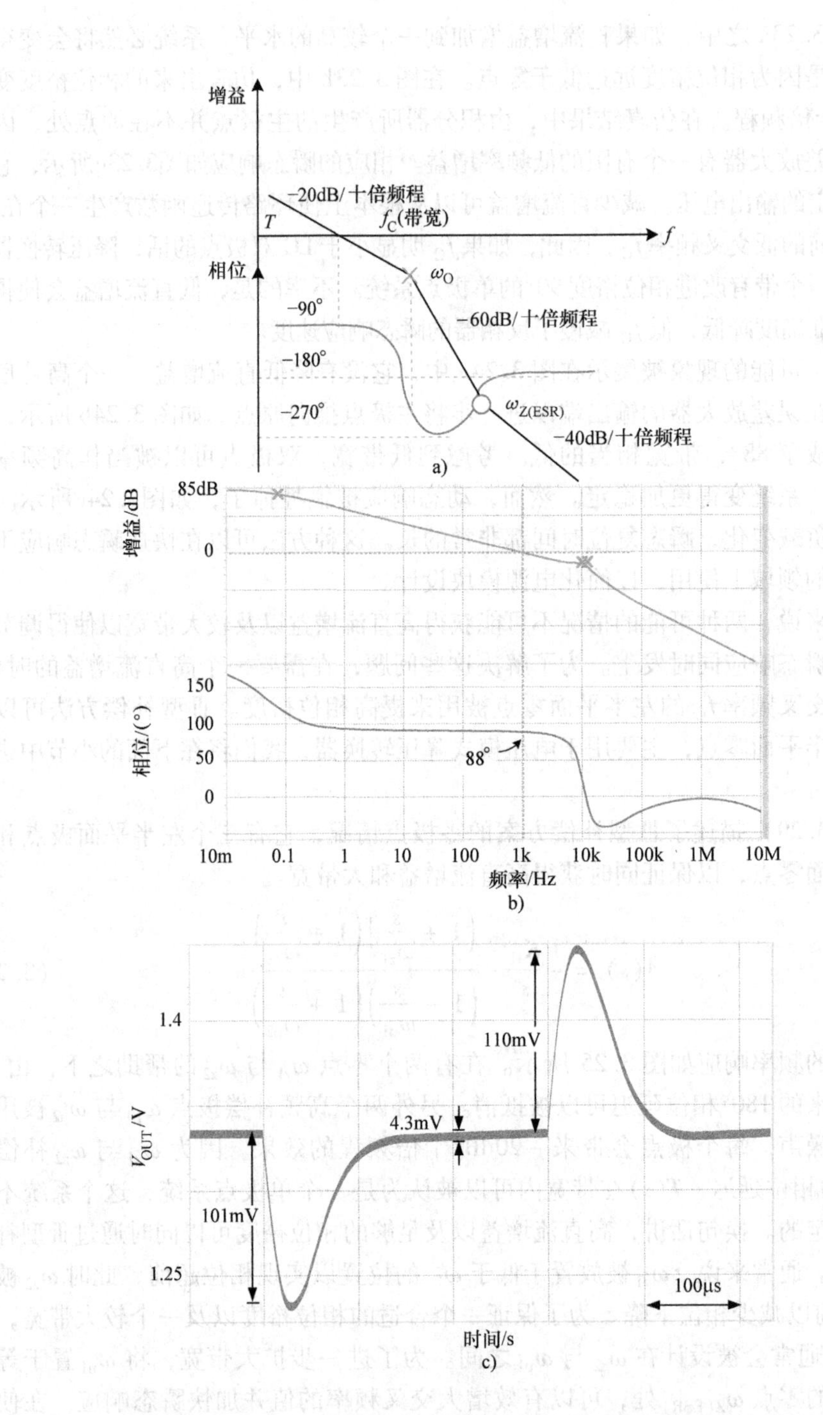

图 3.24　a）伯德图　b）由仿真结果所知的伯德图　c）在高增益误差放大器输出有一个补偿电容的仿真结果的 V_{OUT}

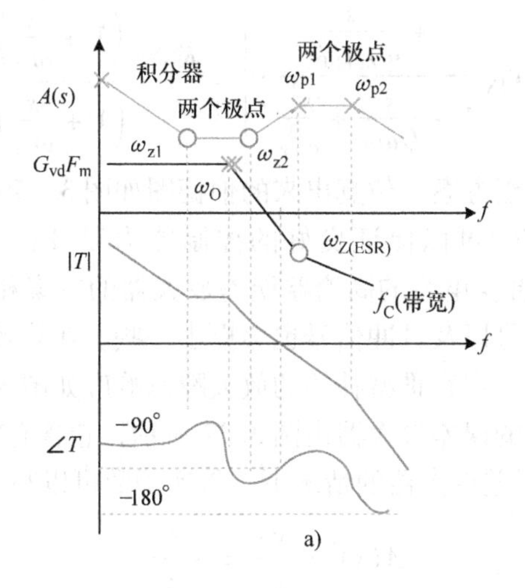

a)

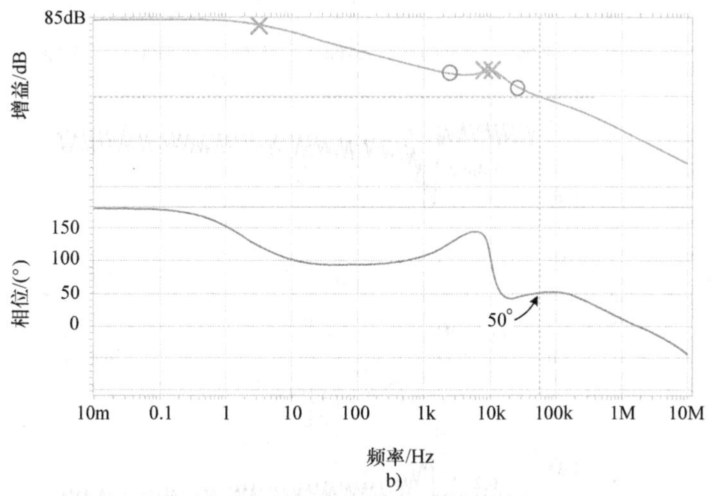

b)

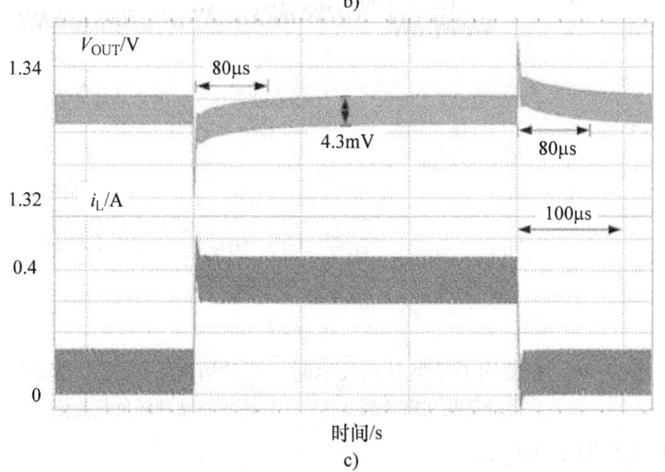

c)

图 3.25　a）伯德图　b）由仿真结果所知的伯德图　c）在使用Ⅲ型补偿时的仿真结果的 V_{OUT}

$$T(s) = F_{\mathrm{m}} \cdot V_{\mathrm{IN}} \frac{1 + \dfrac{s}{\omega_{\mathrm{Z(ESR)}}}}{1 + \dfrac{s}{Q\omega_{0}} + \dfrac{s^{2}}{\omega_{0}^{2}}} \cdot \left[-\frac{K_{\mathrm{H}}}{s} \cdot \frac{\left(1 + \dfrac{s}{\omega_{\mathrm{z1}}}\right)\left(1 + \dfrac{s}{\omega_{\mathrm{z2}}}\right)}{\left(1 + \dfrac{s}{\omega_{\mathrm{p1}}}\right)\left(1 + \dfrac{s}{\omega_{\mathrm{p2}}}\right)} \right] \tag{3.30}$$

如果使用了Ⅲ型补偿方案，仿真出来的伯德图如图 3. 25b 所示。直流增益达到 85dB，相位裕度达到 50°可以保证良好的控制能力以及稳定的工作能力。如图 3. 25c 所示，与带有大补偿电容的高增益误差放大器的方案相比，Ⅲ型的瞬态响应要更快一些。负脉冲信号以及过冲信号也会更小一些。在等效串联电阻值较小的时候，电压纹波也会更小。带有Ⅲ型补偿的放大瞬态响应如图 3. 26 所示。

带有Ⅲ型补偿方案的误差放大器由图 3. 27 所示，它含有输入阻抗 Z_{I} 和反馈阻抗 Z_{F}。在有一个理想误差放大器的情况下，传递函数可以写成如下形式：

$$A(s) = \frac{\hat{v}_{\mathrm{C}}}{\hat{v}_{\mathrm{o}}} = -\frac{Z_{\mathrm{F}}}{Z_{\mathrm{I}}} \tag{3.31}$$

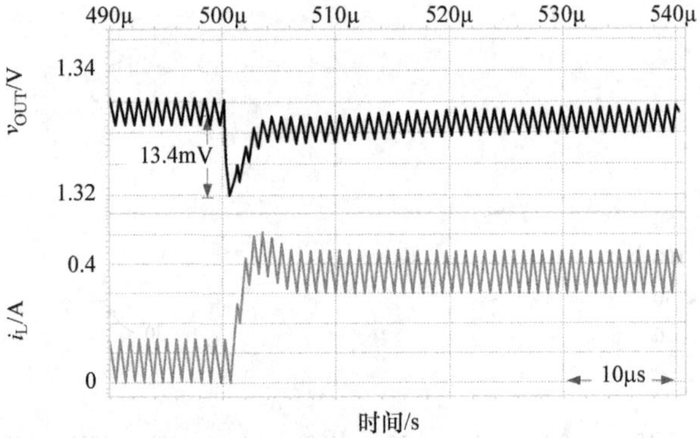

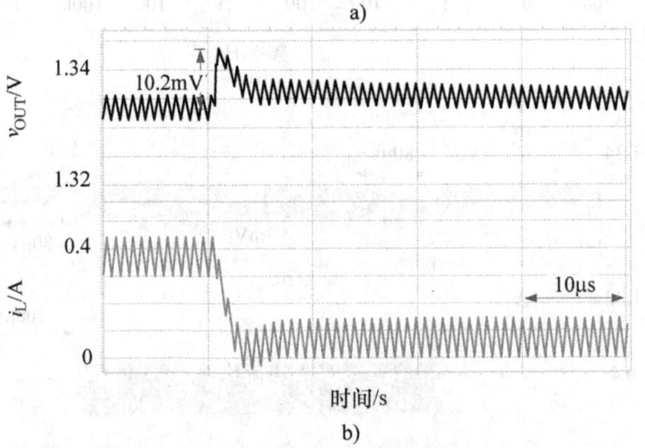

图 3. 26　在使用了Ⅲ型补偿技术时，两种情况下的放大的瞬态响应

a）由轻负载到重负载变化　b）由重负载到轻负载变化

在这里［式（3. 31）中］，

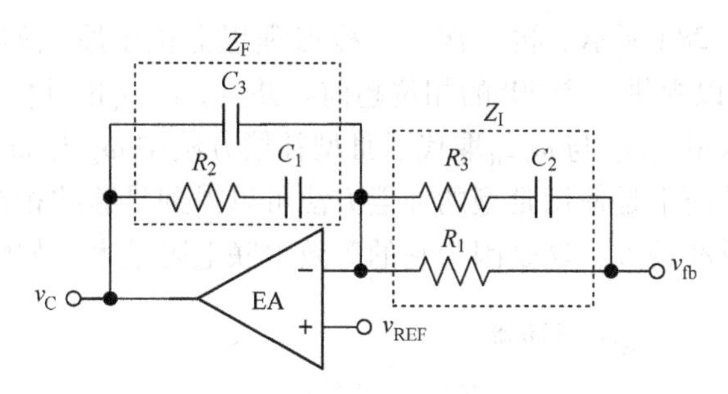

图 3.27　Ⅲ型补偿技术

$$Z_F = \frac{1}{sC_3} \parallel \left(R_2 + \frac{1}{sC_1}\right),\ Z_I = R_1 \parallel \left(R_3 + \frac{1}{sC_2}\right)$$

通过对式（3.31）与式（3.30）进行的比较，三个极点以及两个零点如下所示：

$$\omega_{z1} = \frac{1}{R_2 C_1},\ \omega_{z2} = \frac{1}{C_2(R_1 + R_3)}$$

$$\omega_{p0} = 0,\ \omega_{p1} = \frac{1}{R_3 C_2},\ \omega_{p2} = \frac{1}{R_2\left(\dfrac{C_1 C_3}{C_1 + C_3}\right)} \approx \frac{1}{R_2 C_3}\text{，如果 } C_1 >> C_3 \tag{3.32}$$

为了从 ω_{z1}、ω_{z2} 中获得一个接近 ω_O 的相位补偿，R_1、R_2、C_1 和 C_2 将不可避免的取一个相对大的值。因为 ω_{p1} 与 ω_{p2} 被用来减少转换噪声而不影响稳定性，因而需要 $R_3 << R_1$ 和 $C_3 << C_1$ 来避免相位减少。

大电阻与大电容并不容易使用硅工艺来实现。因此，Ⅲ型的方法中需要含有大量的外部补偿器件，导致成本过高，占用大量 PCB 上的面积以及较大的转换噪声，这些都严重影响了转换器的性能。

如同之前所提到的，一个更高的等效串联电阻可以在交叉频率以内提供 90°的相位超前。因此，使用等效串联电阻可以简化补偿网络而不影响带宽。因此，补偿网络只需要一个补偿零点，一个位于原点的主极点，还有一个为了减轻噪声的高频率极点。换句话说，Ⅱ型补偿可以在存在等效串联电阻零点的时候使用。Ⅱ型补偿以及其对应的 $T(s)$ 如下式（3.33）与式（3.34）所示：

$$A(s) = -\frac{K_H}{s} \cdot \frac{\left(1 + \dfrac{s}{\omega_{z1}}\right)}{\left(1 + \dfrac{s}{\omega_{p1}}\right)} \tag{3.33}$$

$$T(s) = F_m \cdot V_{IN} \frac{1 + \dfrac{s}{\omega_{Z(ESR)}}}{1 + \dfrac{s}{Q\omega_O} + \dfrac{s^2}{\omega_O^2}} \cdot \left[-\frac{K_H}{s} \cdot \frac{\left(1 + \dfrac{s}{\omega_{z1}}\right)}{\left(1 + \dfrac{s}{\omega_{p1}}\right)}\right] \tag{3.34}$$

伯德图如图3.28a所示。再一次，主极点理想上位于原点的位置。ω_{z1}被放置于低于ω_0的位置以提供一个90°的相位超前。并且，ω_{ESR}也补偿了因为ω_0而带来的相位延迟。在这里，ω_{z1}与ω_{ESR}取代了Ⅲ型补偿方法中ω_{z1}与ω_{z2}的功能。通过使用少量的外部器件而不是使用Ⅲ型的补偿方法可以得到足够的相位裕度。然而，这种情况下的输出纹波较大，这是因为它的等效串联电阻较大，如图3.28c所示。

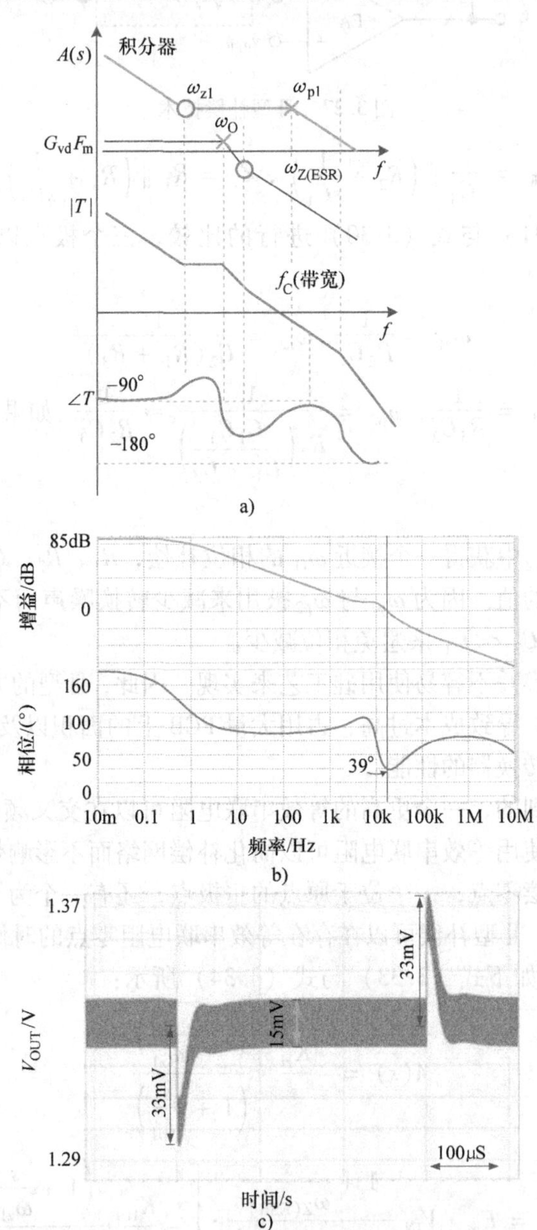

图3.28 a）伯德图 b）由仿真结果所知的伯德图 c）在使用Ⅱ型补偿以及大等效串联电阻时的仿真结果的V_{OUT}

由上述讨论可知，为了使降压转换器稳定工作的补偿方法可以被分成四个种类，如表 3.4 所示。同时具有低直流增益与等效串联电阻零点会导致最快的瞬态响应，因为它具有最宽的带宽。积分器补偿需要一个大补偿电容，这会导致瞬态响应速度变慢。通过带有等效串联电阻零点的Ⅱ型和Ⅲ型的补偿方法引入的两个零点，可以在获得一个高直流增益并且缩短瞬态响应时间的情况下提升带宽。Ⅲ型补偿方法需要六个外部器件，这占用了 PCB 的面积。相应的仿真工具“Hspice”和仿真结果的细节都列在了表 3.5 中并且进行了比较。如果有一个大等效串联电阻，补偿网络可以在以电压纹波以及负脉冲/过冲信号性能为代价的情况下得到简化。在保证低电压纹波、良好的瞬态响应和调节性能的情况下，Ⅲ型补偿方式是电压模式降压转换器中最常用的技术。一个完整的电压模式降压转换器的结构在图 3.29 中展现了出来。

表 3.4　电压模式降压转换器中不同补偿方法的比较

方法	$A(s)$	拓扑结构	纹波/瞬态响应/电压调整
低直流增益 + 等效串联电阻零点	$-K_L$	v_C, EA, −, +, v_{fb}, V_{REF}	更大/最快/差
积分器	$-\dfrac{K_H}{s}$	v_C, C_1, EA, −, +, v_{fb}, V_{REF}	更小/最慢/好
Ⅲ型	$-\dfrac{K_H}{s}\cdot\dfrac{\left(1+\dfrac{s}{\omega_{z1}}\right)\left(1+\dfrac{s}{\omega_{z2}}\right)}{\left(1+\dfrac{s}{\omega_{p1}}\right)\left(1+\dfrac{s}{\omega_{p2}}\right)}$	C_3, R_2, C_1, R_3, C_2, R_1, v_C, EA, −, +, v_{FB}, V_{REF}	更小/更快/好
Ⅱ型 + 等效串联电阻零点	$-\dfrac{K_H}{s}\cdot\dfrac{\left(1+\dfrac{s}{\omega_{z1}}\right)}{\left(1+\dfrac{s}{\omega_{p1}}\right)}$	v_C, R_1, C_1, C_2, EA, −, +, v_{fb}, V_{REF}	更大/更快/好

表 3.5　使用不同补偿方法的情况之下的 Hspice 仿真结果的比较

方法	Hspice 环境	电压纹波 /mV	恢复时间 /μs	过冲/下冲电压 /mV
低直流增益 + 等效串联电阻零点	$K_L = 37\text{dB}$, $R_{ESR} = 105\text{m}\Omega$	15	7	33/33

（续）

方法	Hspice 环境	电压纹波/mV	恢复时间/μs	过冲/下冲电压/mV
积分器	$K_H=85\text{dB}$，$C_1=2000\text{pF}$，$R_{ESR}=30\text{m}\Omega$	4.3	240	101/10.2
Ⅲ型	$K_H=85\text{dB}$，$C_1=22\text{pF}$，$C_2=68\text{pF}$，$C_3=0.2\text{pF}$，$R_1=100\text{k}\Omega$，$R_2=2.2\text{M}\Omega$，$R_3=1\text{k}\Omega$，$R_{ESR}=30\text{m}\Omega$	4.3	80	13.4/10.2
Ⅱ型+等效串联电阻零点	$K_H=85\text{dB}$，$C_1=150\text{pF}$，$C_2=0.2\text{pF}$，$R_1=150\text{k}\Omega$，$R_{ESR}=105\text{m}\Omega$	15	88	33/33

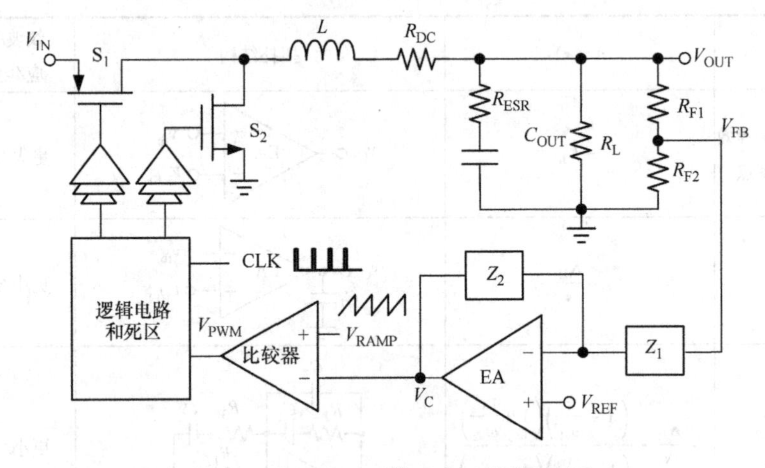

图 3.29 完整的电压模式降压转换器结构

3.3.3 电流模式开关稳压器的小信号建模

电压模式降压转换器补偿网络的设计是非常复杂的，因为它的功率级的零点情况是复杂的。为了提升线性瞬态响应的输入电压反馈技术将进一步增加设计的复杂程度。

此外，还需要另一个电流传感器来实现过电流保护功能，这是电源管理单元中为提高可靠性所必需的。因此，我们考虑哪种控制技术可以解决电压模式控制技术所遇到的问题。电流模式控制是目前电源管理电路中流行的一种解决方案。电流检测本来就存在于电流模式控制的转换器中，如图 3.10 所示。利用检测到的电感电流，同时获得输入电压信息。电流模式控制技术中的控制系统和补偿网络比电压模式控制技术更简单。

在讨论电流模式控制降压转换器中的频率补偿之前，我们再次推导小信号模型。降压转换器的功率级模型（包括 G_{vd} 和 G_{vg}）已经在图 3.15 中得出。但是，传递函数仅代表占空因子对输出以及输入对输出的特性。在电流模式控制中，需要与电感电流相关的传递函数和模型。在这里，必须导出占空因子到电流和输入到电流的传递函数。图 3.30 说明了占空因子到电流和输入到电流传递函数的小信号模型的推导。

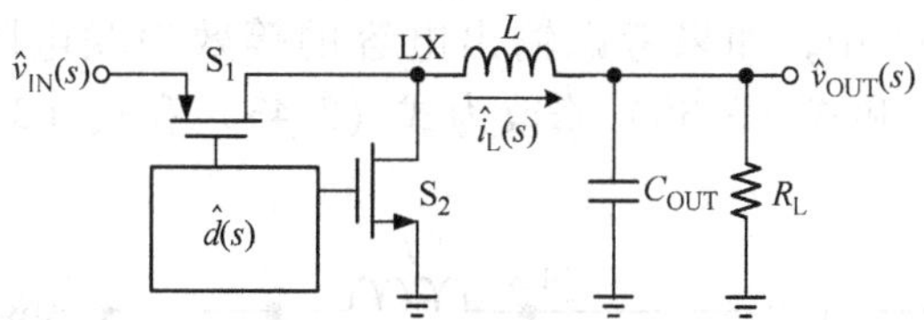

图 3.30　用于推导占空因子电流和输入电流传递函数降压转换器功率级的小信号模型

运用平均的概念，i_L 可以用 V_{LX} 除以阻抗来表示，V_{LX} 是对地的电压如式（3.35）所示。每个信号的直流静态工作点和扰动用公式（3.36）表示。

$$i_L(s) = d(s) \cdot v_{IN}(s) \cdot \frac{1}{sL + \frac{1}{sC_{OUT}} \parallel R_L} \tag{3.35}$$

$$i_L(s) = I_L + \hat{i}_L(s), v_{IN}(s) = V_{IN} + \hat{v}_{IN}(s), d(s) = D + \hat{d}(s) \tag{3.36}$$

根据式（3.35）和式（3.36），占空因子电流、线性电流传递函数，分别用 $G_{id}(s)$、$G_{ig}(s)$ 表示，如式（3.37）、式（3.38）所示。

$$G_{id}(s) = \frac{\hat{i}_L(s)}{\hat{d}(s)} = \frac{V_{IN}}{DR_L} \cdot \frac{1}{1 + s\frac{L}{R_L} + s^2 LC_{OUT}} \tag{3.37}$$

$$G_{ig}(s) = \frac{\hat{i}_L(s)}{\hat{v}_{IN}(s)} = \frac{D}{R_L} \cdot \frac{1}{1 + s\frac{L}{R_L} + s^2 LC_{OUT}} \tag{3.38}$$

结合图 3.15 和式（3.37）、式（3.38），DC/DC 转换器完整的功率级模型，包括 i_L，如图 3.31 所示。

功率级的输出电压可以用式（3.39）表示，它由两个独立的干扰源叠加而成。类似地，功率级的电感电流可以用式（3.40），也是由两个独立的干扰源叠加而成。

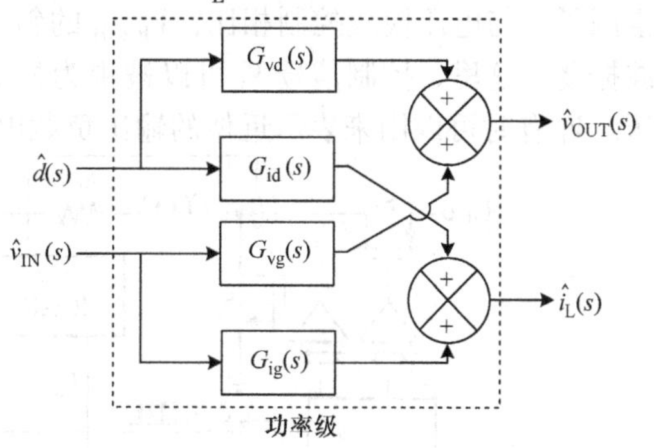

图 3.31　完整的 DC/DC 转换器的功率级模型

$$\hat{v}_{OUT}(s) = G_{vd}(s) \cdot \hat{d}(s) + G_{vg}(s) \cdot \hat{v}_{IN} \tag{3.39}$$

$$\hat{i}_L(s) = G_{id}(s) \cdot \hat{d}(s) + G_{ig}(s) \cdot \hat{v}_{IN} \tag{3.40}$$

同时式（3.41）和式（3.42）也表示了控制电流和线性电流。

$$G_{id}(s) = \left.\frac{\hat{i}_L(s)}{\hat{d}(s)}\right|_{\hat{v}_{IN}=0} \tag{3.41}$$

$$G_{ig}(s) = \left.\frac{\hat{i}_L(s)}{\hat{v}_{IN}(s)}\right|_{\hat{d}=0} \tag{3.42}$$

此外，在图3.32中，如果考虑输出电容的等效串联电阻值，忽略电感的R_{DCR}，则式（3.37）和式（3.38）修改为式（3.43）和式（3.44），等效串联电阻为零。

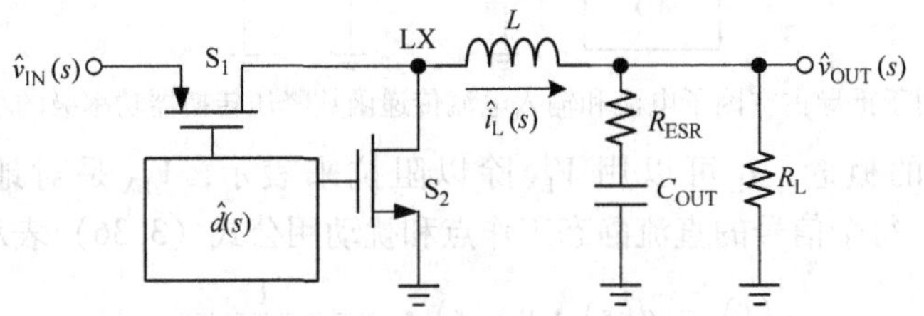

图3.32　功率级中寄生电阻的分布

$$G_{id}(s) \approx \frac{V_{IN}}{DR_L} \cdot \frac{1 + \dfrac{s}{C_{OUT}R_{ESR}}}{1 + s\dfrac{L}{R_L} + s^2 LC_{OUT}} \tag{3.43}$$

$$G_{ig}(s) \approx \frac{D}{R_L} \cdot \frac{1 + \dfrac{s}{C_{OUT}R_{ESR}}}{1 + s\dfrac{L}{R_L} + s^2 LC_{OUT}} \tag{3.44}$$

图3.33展示了电流检测闭环的电流模式控制的DC/DC降压转换器，电感电流由电流传感器检测并加到V_{RAMP}以产生总和信号V_{SUM}。通过比较V_{SUM}与V_C，生成占空因子。与电压模式控制相比，V_{RAMP}的斜率应该遵循不等式（3.5），以防止次谐波振荡。这里，控制信号V_C可以被视为控制降压转换器的峰值电流的电流参考电压。V_C有时可以用来表示近似的输出负载电流。

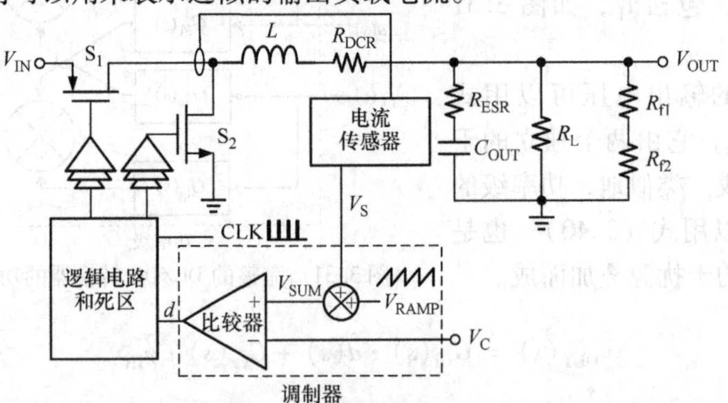

图3.33　具有电流感测闭环的电流模式控制的DC/DC降压转换器

工作波形通常如图 3. 34a 所示。当检测到的电感电流 v_S 的峰值达到控制信号 v_C 时，我们就可以直观地确定占空因子。为了避免次谐波振荡，引入 V_{RAMP} 进行斜率补偿。相反，占空因子是在 v_S 峰值达到 $v_C - V_{RAMP}$ 时确定的。为了简化电流模式控制模型的推导，三个信号 v_C、V_{RAMP} 和 v_S 以不同的方式组合并示出，如图 3. 34b 所示。抑制次谐波振荡的 V_{RAMP} 的斜率为 m_a，而 v_S 的斜率为 m_1，其与 $v_{IN} - V_{OUT}$ 成正比。通过结合 V_{RAMP} 和 v_S，在 v_{SUM} 达到 v_C 之前，斜率 v_{SUM} 等于 $m_1 + m_a$，$m_1 + m_a$ 有助于确定电流模式控制中的占空因子。

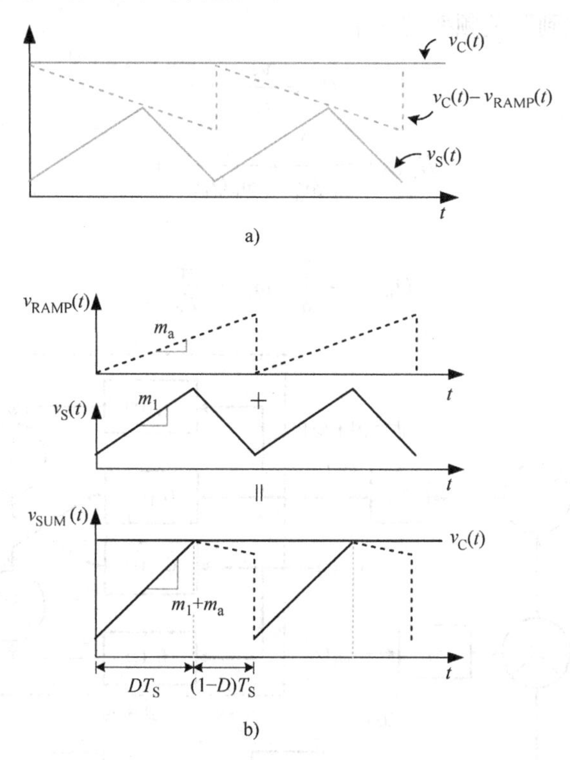

图 3. 34　峰值电流模式降压转换器的工作波形

a）v_S 与 v_C 和 V_{RAMP} 的相减结果相比较以确定占空因子　b）v_{SUM}，它是 v_S 和 V_{RAMP} 的总和，与 v_C 相比以确定的占空因子

在电压模式控制中使用与 F_m 相同的推导概念，调制增益是斜坡幅度 V_M 的倒数。这里，假设 $(1-D)T_S$ 中的斜率不涉及占空因子确定，V_M 的有效幅度可以被视为 $(m_1 + m_a)T_S$。然后在公式（3. 45）中导出调制增益，其中 M 用于表示补偿斜率 m_a 与电感电流充电斜率 m_1 之比，如式（3. 45）所示。如果不同的 M 值应用于方程式，电流模式控制的特性将完全不同，如式（3. 45）所示，我们将在稍后讨论。

$$F_m = \frac{\hat{d}(s)}{\hat{v}_C(s)} = \frac{1}{V_M} = \frac{1}{(m_1 + m_a)T_S} = \frac{1}{Mm_1T_S} \tag{3.45}$$

$$M = 1 + \frac{m_a}{m_1} \tag{3.46}$$

图 3.35 显示了电流闭环的电流模式控制等效模型。电流传感器检测到电感电流值 I_L 并将其转换为电压信号 V_S，具有电阻 R_i 的传递函数如式（3.47）所示。如果开关频率是恒定的，PWM 中的电流模式控制可以认为是一个采样保持系统，采样时刻发生在 DT_S[6]。因此，我们对当前的采样效果进行建模并转换为连续时间表示，如式（3.48），其中 $H_e(s)$ 包含两个右半平面零点。在这个分析中，$H_e(s)$ 是精确的从 0 变化到开关频率的一半。

$$R_i = \frac{v_S}{i_L} \tag{3.47}$$

$$H_e(s) \approx \frac{s^2}{\omega_n^2} + \frac{s}{\omega_n Q_n} + 1 \tag{3.48}$$

此时

$$Q_n = -\frac{2}{\pi},\ \omega_n = \frac{\pi}{T_S}$$

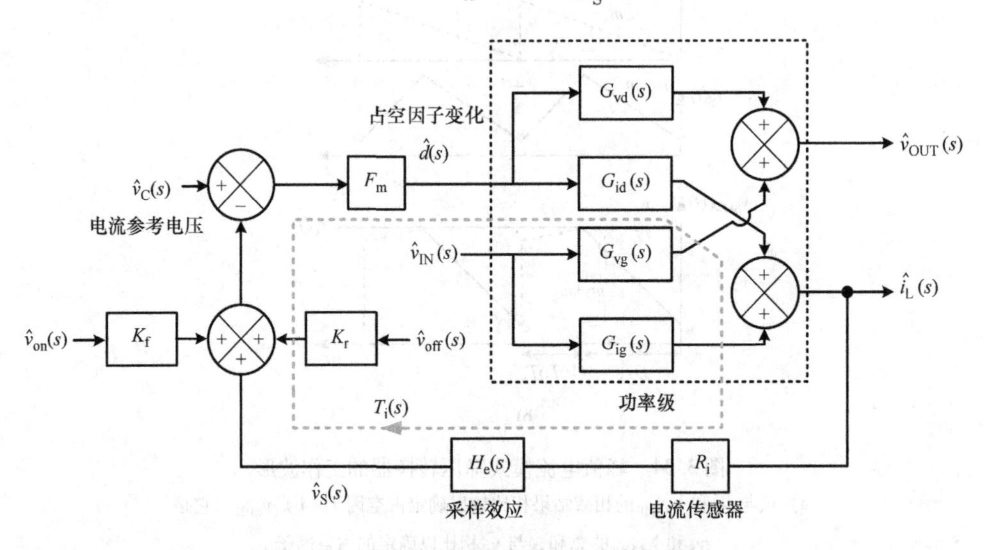

图 3.35　电流闭环的电流模式控制等效模型

K_f 和 K_r 列于式（3.49）和式（3.50）分别在导通时间和关断时间内提供电感两端的前馈电压[6]。在导通时间和关断时间内，电感两端的电压分别为 $v_{IN} - v_{OUT}$ 和 v_{OUT}。

$$K_f = -\frac{DT_S R_i}{L} \cdot \left(1 - \frac{D}{2}\right) \tag{3.49}$$

$$K_r = \frac{(1-D)^2 T_S R_i}{2L} \tag{3.50}$$

开关时间周期的扰动分别为v_{on}和v_{off}，如式（3.51）、式（3.52）所示，并且会影响占空因子。

$$\hat{v}_{on} = \hat{v}_{IN} - \hat{v}_{OUT} \tag{3.51}$$

$$\hat{v}_{off} = \hat{v}_{OUT} \tag{3.52}$$

图3.35中的电流模式控制包含一个带传输功能的电流环路$T_i(s)$。通过比较感应电感电流和电流参考电压，占空因子可由调制器获得。在功率级，电感电流根据占空因子产生。电流环路增益$T_i(s)$推导为

$$T_i(s) = \frac{LR_i}{R_L(1-D)T_S M} \cdot \frac{1+\dfrac{s}{C_{OUT}R_{ESR}}}{1+s\dfrac{L}{R_L}+s^2 LC_{OUT}} \cdot H_e(s) \tag{3.53}$$

在演示电流模式控制的特性时，控制到输出的传递函数是理想的。对于闭环电流环$T_i(s)$，电流模式控制到输出的传递函数如式（3.54）所示。$F_p(s)$和$F_h(s)$分别如式（3.55）和式（3.56）所示。

$$\frac{\hat{v}_{OUT}}{\hat{v}_C} \approx \frac{D \cdot \left[M(1-D) - \left(1-\dfrac{D}{2}\right)\right]}{\dfrac{L}{R_L T_S} + M(1-D) - 0.5} \cdot F_p(s) \cdot F_h(s) \tag{3.54}$$

$$F_p(s) = \frac{1+sC_{OUT}R_{ESR}}{1+\dfrac{s}{\omega_p}} \tag{3.55}$$

此时

$$\omega_p = \frac{1}{R_L C_{OUT}} + \frac{T_S}{LC} \cdot [M(1-D) - 0.5]$$

$$F_h(s) = \frac{1}{1+\dfrac{s}{\omega_n Q}+\dfrac{s^2}{\omega_n^2}} \tag{3.56}$$

同时

$$Q = \frac{1}{\pi[M(1-D) - 0.5]}$$

图3.36显示了两种不同情况下电流模式控制电流的伯德图。电流模式控制的典型特性如图3.36a所示，具有适当的M值，即$m_a = m_2$，其等式如式（3.5）。直流环路增益大于零以调节电感电流值。控制到电流的传递函数包含一个由ω_p贡献的主极点。值得一提的是，ω_p近似等于$1/R_L C_{OUT}$，其值为M。换句话说，电流模式控制降压转换器可以看作是一个单极点系统，其主极点位于输出端，由R_L和C_{OUT}组成。只有一个极点时，补偿设计比电压模式控制简单得多，并且在设计和仿真时是一个有用的近似值。

然而，由于ω_p向较高的频率稍微移动，并且其中一个高频极点向低频移动，

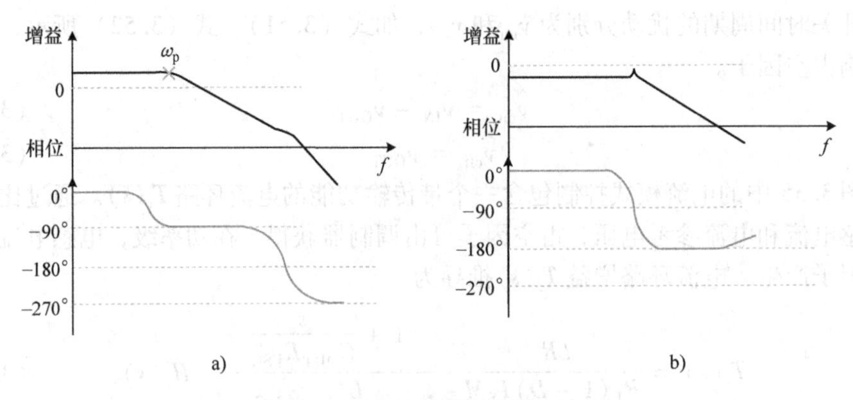

图 3.36 电流模式的控制电流

a）具有适当小的 M 值 b）具有较大的 M 值

所以较大的 M 值意味着较大的补偿斜率和可能形成的复数极点。由于较大的 M 值代表远大于所检测的电感电流的补偿斜率的比率，所以电流信息被极大地抑制。因此，直流增益降至零以下。典型电流模式控制的特性消失。在较大的补偿斜率下，电流检测信号被忽略。因此，占空因子只是通过比较 v_C 和 V_{RAMP} 来确定的，这与电压模式控制方法类似，并且与电压模式中存在的复极点一起控制降压转换器。由于过大的 M 值表示较大的补偿斜率，电流模式控制退化为电压模式控制。

相反，线性输出的传递函数可以用来表示线性瞬态响应的特性。电流模式控制中的线性输出传递函数的推导如下：

$$\frac{\hat{v}_{OUT}}{\hat{v}_{IN}} = \frac{D \cdot \left[M(1-D) - \left(1-\frac{D}{2}\right)\right]}{\frac{L}{R_L T_S} + M(1-D) - 0.5} \cdot F_p(s) \cdot F_h(s) \tag{3.57}$$

图 3.37 显示了电流模式线性输出传递函数中适当小的 M 值和较大的 M 值的比较。线性输出传递函数可以代表转换器的输入噪声抑制能力。具有适当的 M 值，低直流增益可以在很大程度上抑制输入电压扰动。相反，当 M 值较大时，高直流增益会降低输入电压扰动抑制的能力。此外，它与电流模式控制在线性调节性能方面的优势相吻合，因为它具有固有的前馈特性。相反，由于输入，在电压模式控制降压转换器中较差的输入电压扰动抑制信息不会直接馈入电压模式控制器。

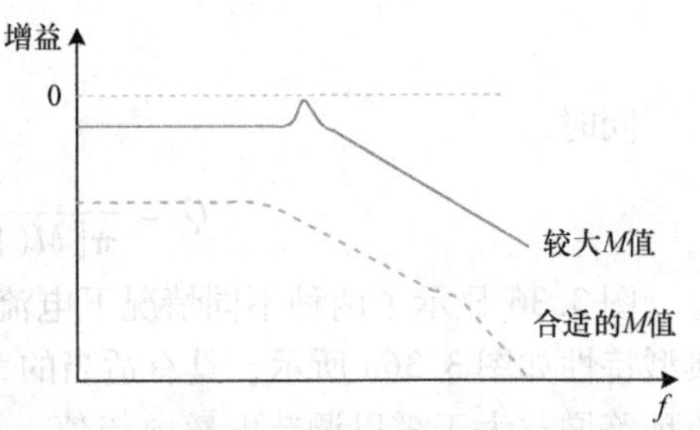

图 3.37 电流模式控制中线性输出传递函数适当小的 M 值和较大的 M 值的比较

3.3.3.1 电流模式开关稳压器中的频率补偿设计

在推导电流回路的小信号模型时，控制信号 v_C 可以适度地被认为是控制降压转换器的峰值电流的电流基准电压。实际上，电流参考需要根据不同的输出负载条件进行调整。为了产生一个动态电流参考电压，输出电压被反馈回参考电压 V_{REF}，如图3.38所示。当 v_{OUT} 低于 V_{REF} 时，电感电流 I_L 小于输出负载电流 i_{LOAD}。较低的 v_{OUT} 也会导致输出电压下降。因此，电流参考的动态增加可以增加 i_L，以满足 i_{LOAD} 的要求。通过电压反馈回路，电流参考的产生和电压调节可以同时实现。

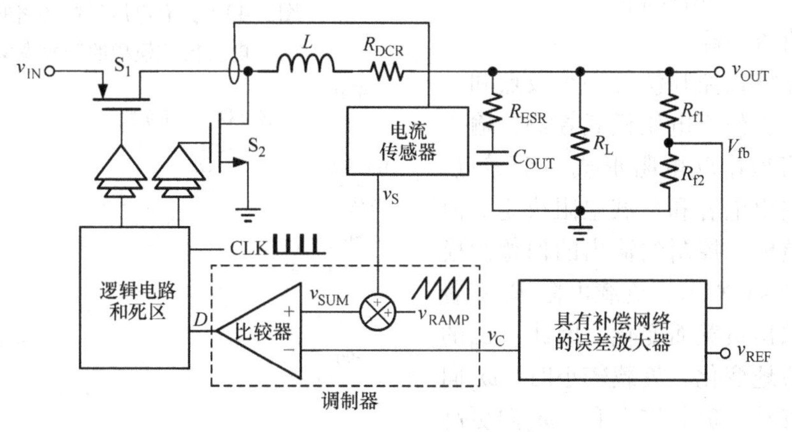

图3.38 带有电流检测闭环和外部电压反馈环路的电流模式控制的DC/DC降压转换器

通过电压反馈，图3.35中的电流模式可以修改为图3.39中的模式。控制－输出传递函数先前已经在式（3.54）中推导出。因此，具有电压反馈环路的完整电流模式控制的等效模型可以简化为图3.40。

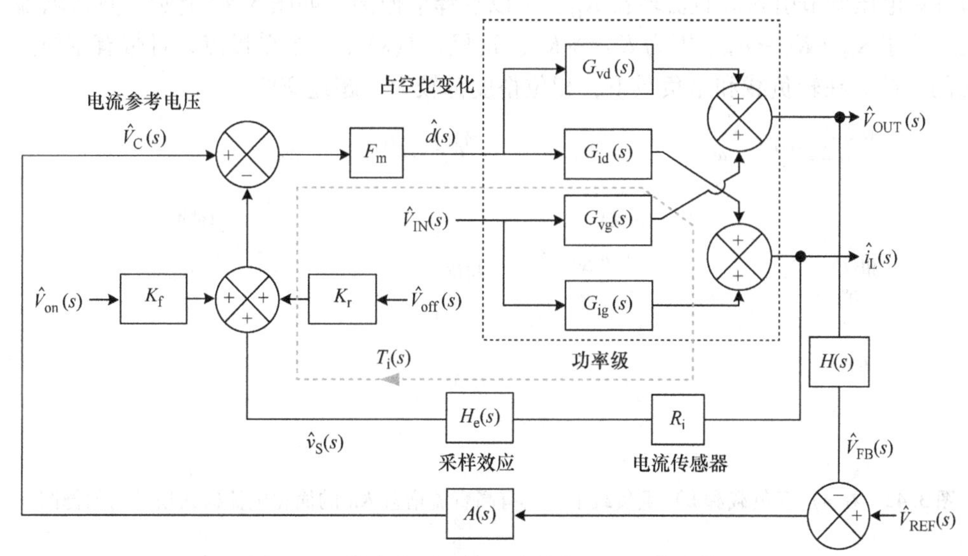

图3.39 带有电压反馈环路的完整电流模式模型

使用简化模型，可以很容易地获得图 3.40 中的近似 $T(s)$：

$$T(s) \approx \frac{\hat{v}_{OUT}(s)}{\hat{v}_C(s)} \cdot A(s) = K \cdot \frac{1 + sC_{OUT}R_{ESR}}{1 + \frac{s}{\omega_p}} \cdot A(s) \tag{3.58}$$

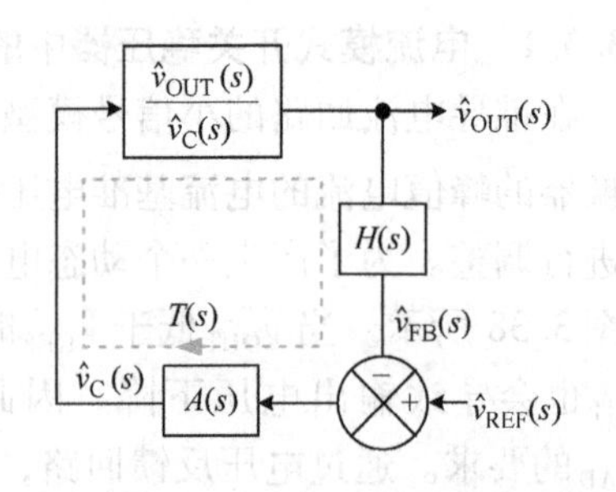

图 3.40　具有电压反馈环路的完整电流模式模型的等效模型

同时 $\omega_p \approx \frac{1}{R_L C_{OUT}}$，$K$ 代表式（3.54）中推导的直流增益。

电流模式控制包含一个极点和一个零点。类似于电压模式控制，输出电容和等效串联电阻形成一个零点。极点由输出电容和负载电阻决定。简化的电流模式控制到输出的伯德图模型如图 3.41 所示。负载电阻 R_L 随着不同的输出负载而变化。因此，ω_p 的位置相应地变化。负载较小时，ω_p 向着原点移动。负载较大时，ω_p 向更高的频率移动。

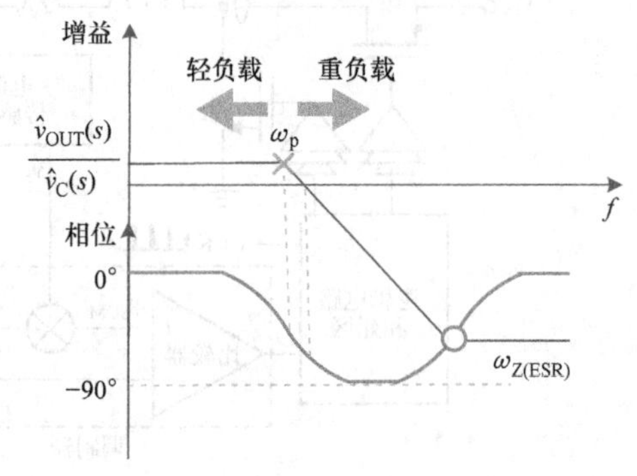

图 3.41　简化的电流模式控制到输出模型的伯德图

当前模式的频率响应特性不如以前那种电压模式复杂。因此，补偿网络设计可以被简化。此外，具有补偿网络的误差放大器由 $A(s)$ 表示。必须调整适当的$A(s)$以适应以下分析中的不同负载条件。通过对电压调节引入高直流增益 K_H，可以解释伯德图，如图 3.42 所示。直流增益大约等于 $K_H + K(\approx K_H$，因为 $K_H >> K)$。这里，$T(s)$是一个单极点，且带有主极点 ω_p的系统。在轻负载和重负载下，相位裕度都较大，超过 90°。

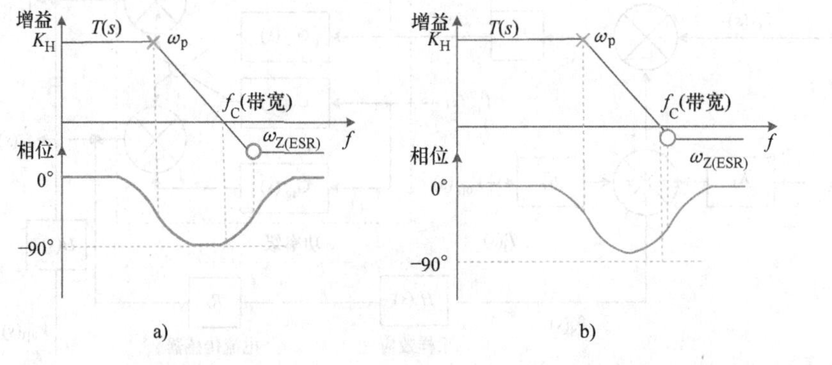

图 3.42　在 a）轻负载和 b）重负载下，具有高直流增益 K_H 的简化电流模式模型的伯德图

具有高直流增益 K_H 的电流模控制的仿真结果如图 3.43 所示。如图 3.43a 所示，轻负载和重负载的相位裕度为 31°和 24°，分别表示转换器稳定。有趣的是，v_{OUT}在图 3.43b 中是不稳定的，这是由于设计的带宽太大，导致结果不稳定。交叉频率应低于开关频率的 1/10 或 1/5。因为转换频率是 1MHz，所以在这种情况下，6MHz 的交叉频率是不合适的，此外，式（3.58）是一个近似模型，不包括高频极点和零点。此外，还有一个低频主极点是必须要介绍的。

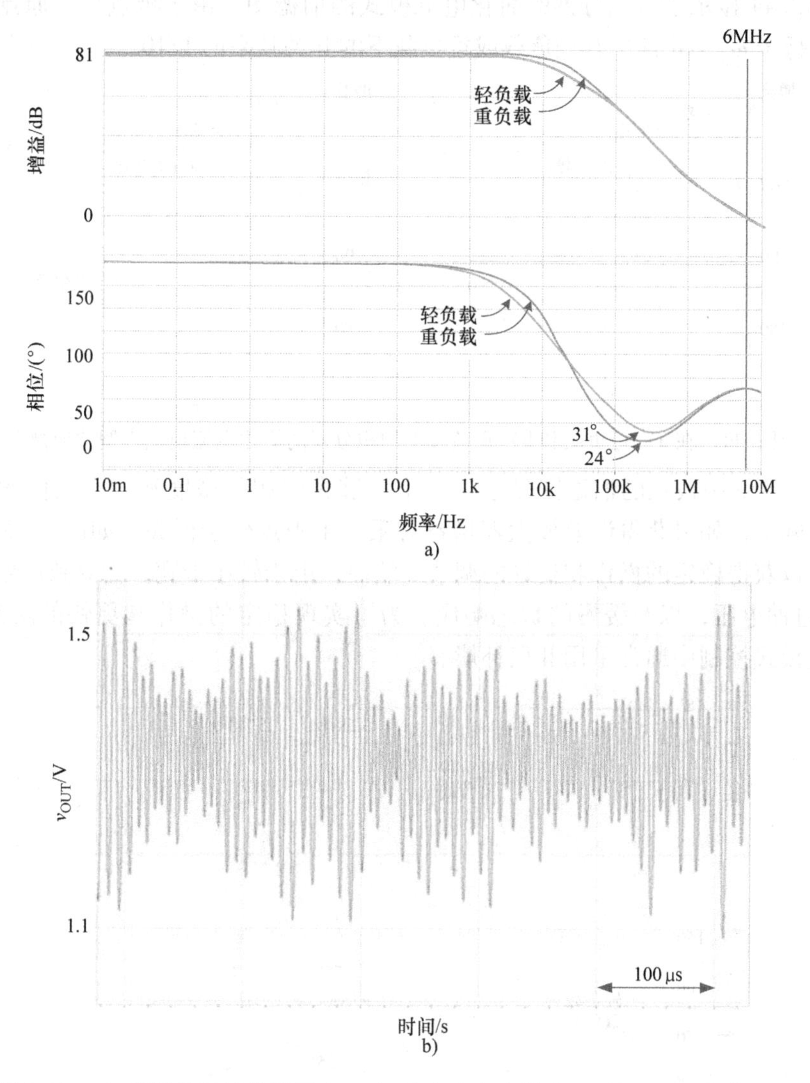

图 3.43　a）模拟结果的伯德图和　b）具有高直流增益 K_H 的 V_{OUT}的仿真结果

式（3.59）中所示的具有传递函数的积分器，在理想情况下用于在原点处插入一个主极点。在电路的实现中，需要放置一个大的补偿电容在误差放大器的输出端，从而进一步将主极点引向原点。相应的 $T(s)$ 用式（3.60）表示。

$$A(s) = -\frac{K_H}{s} \tag{3.59}$$

$$T(s) \approx K \cdot \frac{1 + sC_{OUT}R_{ESR}}{1 + \frac{s}{\omega_p}} \cdot \left(-\frac{K_H}{s}\right) \tag{3.60}$$

图 3.44 显示了带积分器的简化电流模式的伯德图。由于极点位于原点处，交叉频率低于 ω_p，并且只有轻负载或重负载下的开关频率的 1/10。

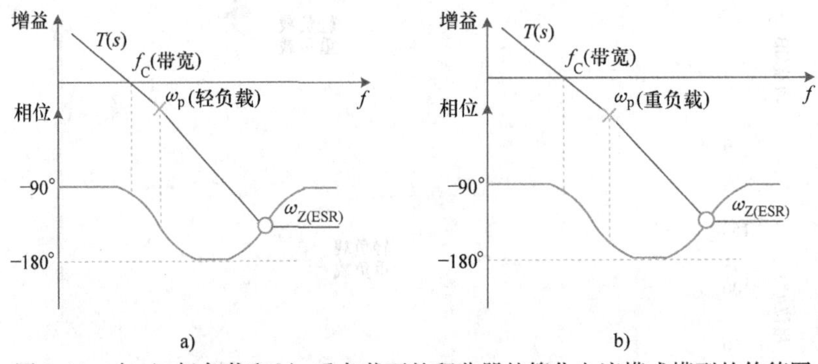

图 3.44　在 a）轻负载和 b）重负载下的积分器的简化电流模式模型的伯德图

图 3.45a 中模拟的伯德图显示了一个足够大的相位裕度和一个低值的交叉频率。实际上，如果获得误差放大器增益有限，主极点位于低频。如图 3.45b 所示，我们可以获得稳定的操作和良好的调节。然而，由于较小带宽，会导致产生较大的下冲/过冲电压，以及缓慢的瞬态响应。为了实现稳定的操作和更快的瞬态响应，在电流模式控制中通常采用Ⅱ型补偿。

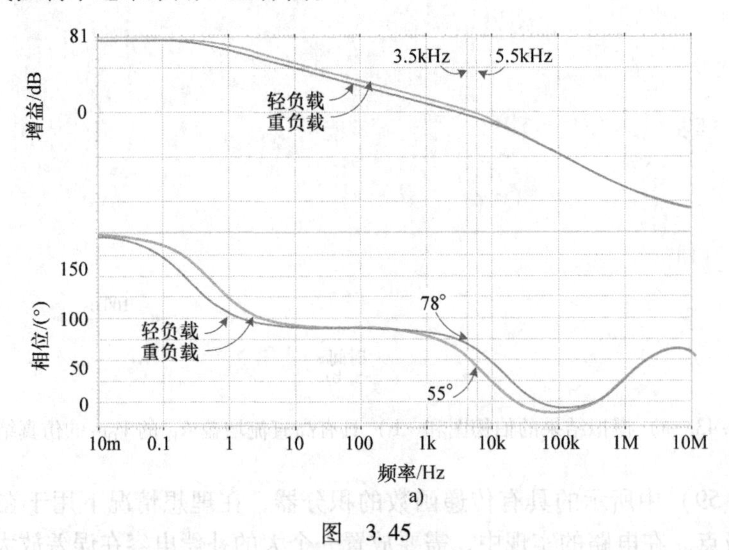

图　3.45

a）模拟结果的伯德图

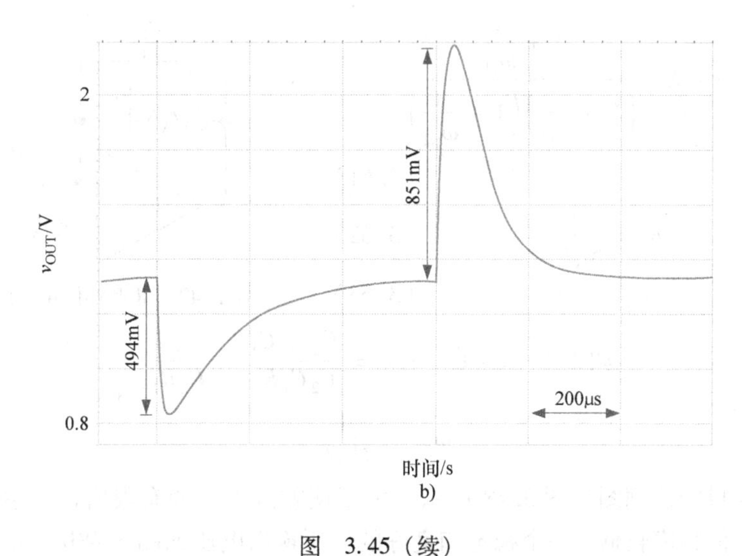

图　3.45（续）

b）当大补偿电容器放置在高增益电流输出端时 V_{OUT}的模拟结果

Ⅱ型补偿包含两个极点和一个零点。如图 3.46 所示，ω_{p1}作为主极点并引入 ω_{z1}来补偿由较高频率的输出极点 ω_p。ω_{p2}引起的相位延迟，从而用于抑制高频开关噪声。如图 3.46a 和 b 所示，负载变化会导致不同的相位裕度——虽然可以通过适当的 ω_{z1}设计确保操作稳定。

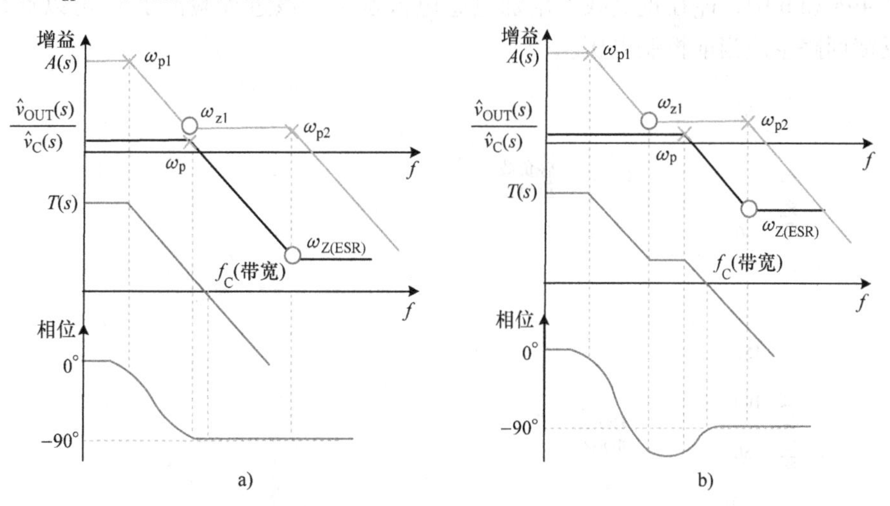

图 3.46　在 a）轻负载和 b）重负载下，Ⅱ型补偿的简化电流模式模型的伯德图

类型Ⅱ补偿的电路实现如图 3.47 所示。假设理想的误差放大器有无限的增益，我们可以得到式（3.61）。两极点和一个零点用式（3.62）~式（3.65）表示。

$$A(s) \approx -K \cdot \frac{1+\dfrac{s}{\omega_{z1}}}{\left(1+\dfrac{s}{\omega_{p1}}\right)\left(1+\dfrac{s}{\omega_{p2}}\right)} \tag{3.61}$$

$$K = \frac{1}{R_{f1}C_2} \tag{3.62}$$

$$\omega_{p1} = 0 \tag{3.63}$$

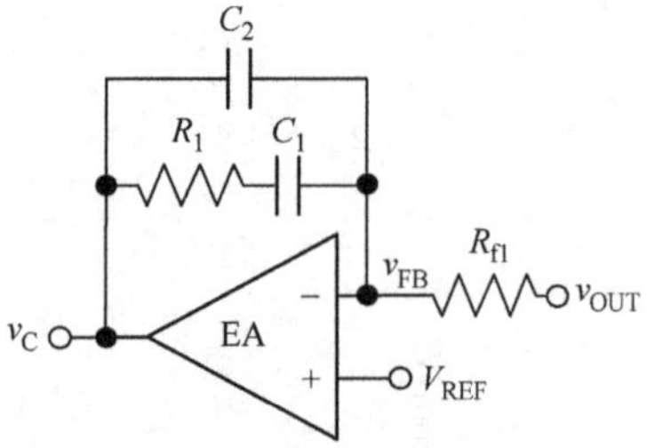

图 3.47　Ⅱ型补偿拓扑结构

$$\text{如果 } C_1 >> C_2,\ \omega_{z2} = \frac{C_2 + C_1}{C_2 C_1 R_1} \approx \frac{1}{C_2 R_1} \tag{3.64}$$

$$\omega_{p2} = \frac{1}{C_1 R_1} \tag{3.65}$$

仿真结果的伯德图如图 3.48 所示。由于误差放大器的有限增益，主极点不是位于原点，但频率较低。一个稳定和良好的稳压输出电压如图 3.48b 所示，即使相位裕度在轻重负载下稍有不同。此外，下冲/过冲电压和瞬态响应得到显著改善，因为在Ⅱ型补偿中通过引入零点来扩展带宽。

电流模式控制降压转换器的详细模拟波形如图 3.49 所示。上位 MOSFET 导通，电流传感器将电感电流确定为信号 v_S。如图 3.49b 所示，随着电感电流的增加，v_S 的直流值增加。v_{SUM} 表示 v_S 和 v_{RAMP} 的总波形。当 v_{SUM} 达到 v_C，确定占空因子。在图 3.49a 和 b 中，v_C 在重负载下增加电感电流水平。该过程验证了 v_C 可以通过电压反馈回路生成当前控制电压。

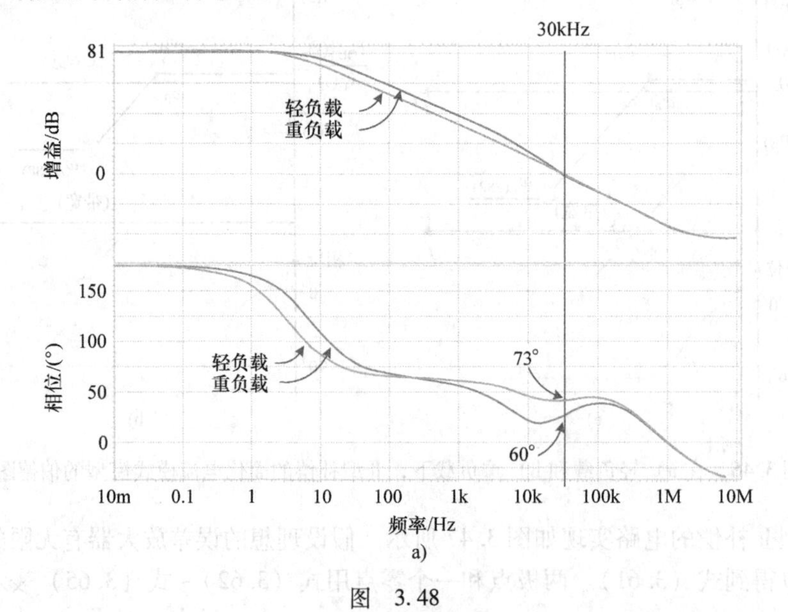

图　3.48

a）模拟结果的伯德图

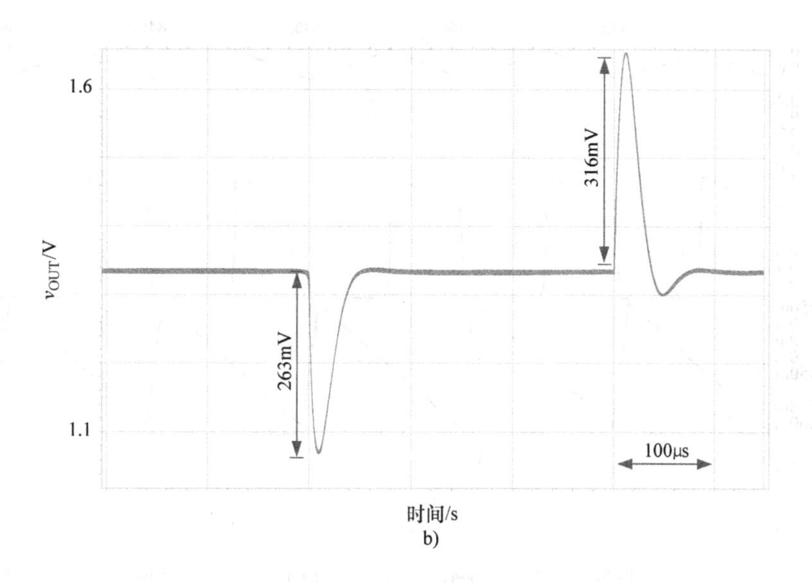

图　3.48（续）

b）Ⅱ型补偿的 v_{OUT} 的仿真结果

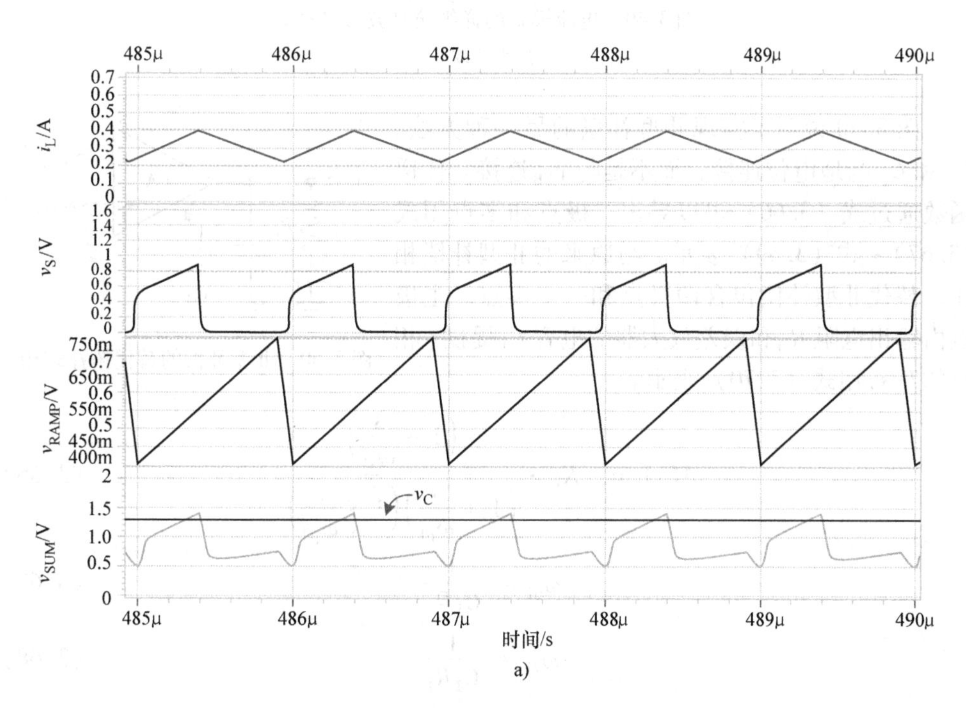

图 3.49　电流模式的详细仿真波形

a）轻负载下

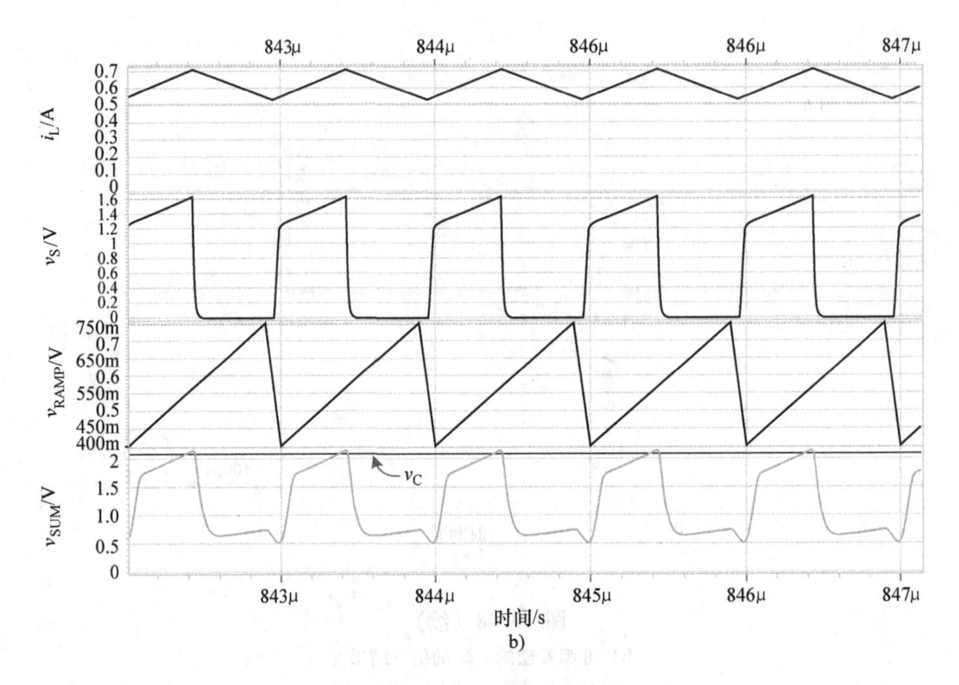

图 3.49 电流模式的详细仿真波形（续）

b）重负载下

图 3.50 说明了实现Ⅱ型补偿的另一种方法。C_1 和 C_2 与地电位连接，而不是与 v_{FB} 连接。传递函数通过式（3.66）可以导出。极点和零点用式（3.67）~式（3.69）表示。与原来的Ⅱ型补偿相比，替代Ⅱ型补偿包含两极点和一个零点。主极点由输出电阻 R_O 和误差放大器的电容 C_1 提供。相应的 $T(s)$ 用式（3.70）表示。

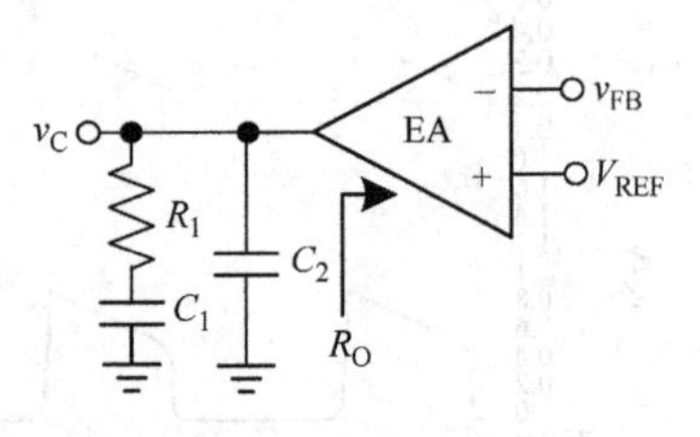

图 3.50 Ⅱ型补偿的替代拓扑结构

$$A(s) = -K_H \cdot \frac{\left(1+\frac{s}{\omega_{z1}}\right)}{\left(1+\frac{s}{\omega_{p1}}\right)\left(1+\frac{s}{\omega_{p2}}\right)} \tag{3.66}$$

$$\omega_{p1} \approx \frac{1}{C_1 R_O} \tag{3.67}$$

$$\omega_{z1} \approx \frac{1}{C_1 R_1} \tag{3.68}$$

$$\omega_{p2} \approx \frac{1}{C_2 R_1} \tag{3.69}$$

$$T(s) \approx K \cdot \frac{1 + sC_{\mathrm{OUT}}R_{\mathrm{ESR}}}{1 + \dfrac{s}{\omega_{\mathrm{p}}}} \cdot \left(-K_{\mathrm{H}} \cdot \frac{\left(1 + \dfrac{s}{\omega_{\mathrm{z1}}}\right)}{\left(1 + \dfrac{s}{\omega_{\mathrm{p1}}}\right)\left(1 + \dfrac{s}{\omega_{\mathrm{p2}}}\right)} \right) \tag{3.70}$$

仿真结果如图 3.51 所示。如果 C_1、C_2 和 R_2 具有相同的值，则最终的交叉频率从 30kHz 扩展到 90kHz。图 3.51b 中的瞬态响应显示了一个较小的过冲/下冲电压和一个比原来的Ⅱ型补偿短的恢复时间。因此，我们可以得出结论，通过替代的Ⅱ型补偿可以获得更大的带宽和更好的瞬态响应，其元件值与原始的Ⅱ型补偿相同。

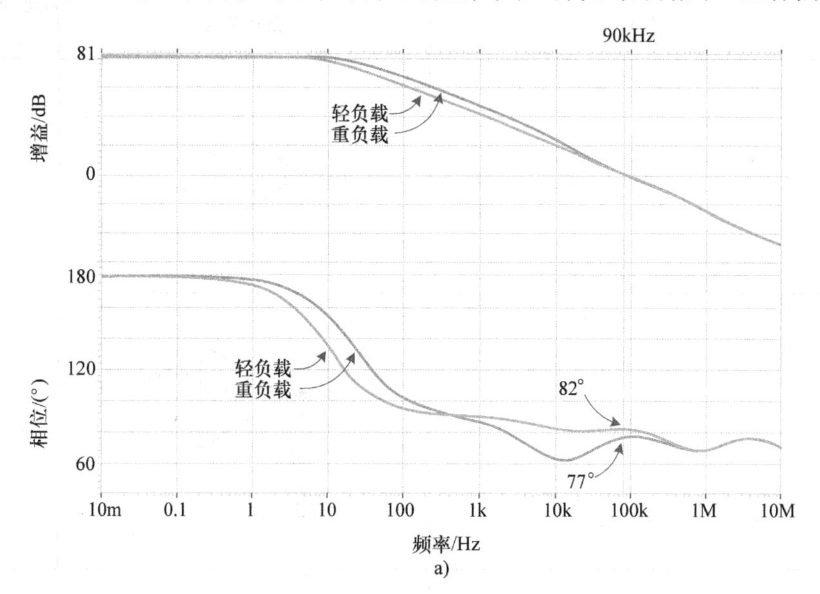

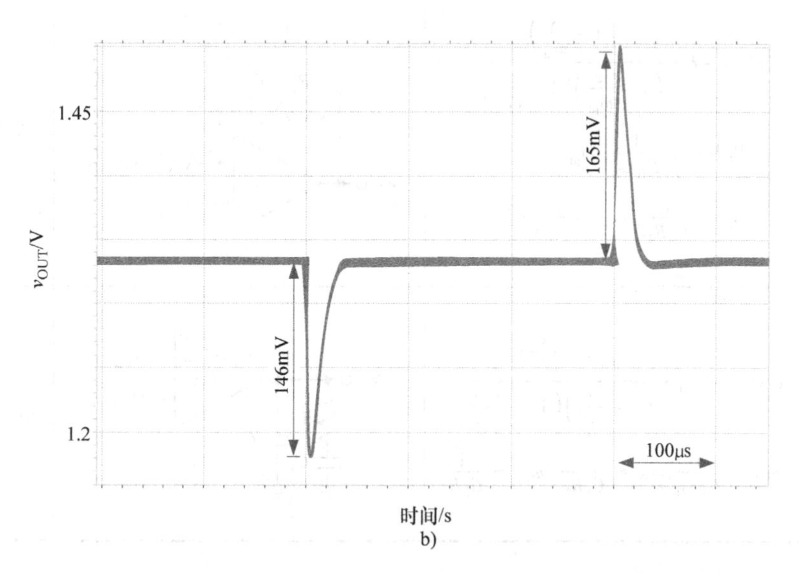

图 3.51　a）模拟结果的伯德图　b）替代Ⅱ型补偿的 V_{OUT} 的仿真结果

如表3.6所示，对电流模式降压转换器不同补偿方法进行比较并总结。在不插入任何极点和零点的情况下，电流模式降压转换器变得不稳定，因为开关噪声涉及其带宽。通过在误差放大器的输出端增加一个大电容，积分器可以提供稳定的操作和缓慢的瞬态响应。为了加速瞬态响应，Ⅱ型补偿引入两个极点和一个零点。采用替代的Ⅱ型补偿拓扑来进一步扩展电流模式降压转换器的带宽，可以实现更快的瞬态响应（见表3.7）。

表3.6　电流模式降压转换器中不同补偿方法的比较

方法	$A(s)$	拓扑结构	纹波/瞬态响应/电压调整
高直流增益	$-K_H$	EA，v_C，v_{FB}，V_{REF}	不稳定
积分器	$-\frac{K_H}{s}$	EA，v_C，v_{FB}，V_{REF}，C_1	小/最慢/好
Ⅱ型补偿	$A(s) \approx -K \cdot \frac{\left(1+\frac{s}{\omega_{z1}}\right)}{\left(1+\frac{s}{\omega_{p1}}\right)\left(1+\frac{s}{\omega_{p2}}\right)}$ 其中$K=\frac{1}{R_{f1}C_2}$，$\omega_{p1}=0$， $\omega_{z2} \approx \frac{1}{C_2R_1}$，$\omega_{p2} \approx \frac{1}{C_1R_C}$	EA，C_2，R_1，C_1，R_{f1}，v_{FB}，v_{OUT}，v_C，V_{REF}	小/快/好
替代型Ⅱ型补偿	$A(s) \approx -K_H \cdot \frac{\left(1+\frac{s}{\omega_{z1}}\right)}{\left(1+\frac{s}{\omega_{p1}}\right)\left(1+\frac{s}{\omega_{p2}}\right)}$ 其中$\omega_{p1} \approx \frac{1}{C_1R_0}$，$\omega_{z2} \approx \frac{1}{C_1R_1}$，$\omega_{p2} \approx \frac{1}{C_2R_1}$	EA，v_C，v_{FB}，V_{REF}，R_1，C_1，C_2	小/最快/好

表 3.7　Hspice 仿真结果与不同补偿方法的比较

方法	Hspice 环境	纹波/mV	恢复时间(μs)/f_C(kHz)	过冲/下冲电压/mV
高直流增益	$K_H=81dB$	无	无	无
积分器	$K_H=81dB$, $C_1=2000pF$	6	400/3.5	494/851
Ⅱ型补偿	$K_H=81dB$, $C_1=50pF$, $C_2=2pF$, $R_1=150k\Omega$	6	110/30	263/316
替代型Ⅱ型补偿	$K_H=81dB$, $C_1=50pF$, $C_2=2pF$, $R_1=150k\Omega$	6	54/90	13.4/10.2

注：$L=4.7\mu H$，$C_{OUT}=4.7\mu F$，$f_s=1MHz$，$R_L=4.3/2.15\Omega$（轻负载/重负载），$R_{ESR}=30m\Omega$。

参考文献

[1] Patounakis, G., Li, Y.W., and Shepard, K.L. (2004) A fully integrated on-chip DC–DC conversion and power management system. *IEEE Journal of Solid-State Circuits*, **39**(3), 443–451.

[2] Alimadadi, M., Sheikhaei, S., Lemieux, G., *et al.* (2007) A 3GHz switching DC–DC converter using clock-tree charge-recycling in 90nm CMOS with integrated output filter. *IEEE International Solid-State Circuits Conference Digest of Technical Papers (ISSCC)*, February 2007, pp. 532–533.

[3] Ma, F.-F., Chen, W.-Z., and Wu, J.-C. (2007) A monolithic current-mode buck converter with advanced control and protection circuit. *IEEE Transactions on Power Electronics*, **22**(5), 1836–1846.

[4] Mulligan, M.D., Broach, B., and Lee, T.H. (2007) A 3MHz low-voltage buck converter with improved light load efficiency. *IEEE International Solid-State Circuits Conference Digest of Technical Papers (ISSCC)*, February 2007, pp. 528–529.

[5] Erickson, R.W. and Maksimovic, D. (2001) *Fundamentals of Power Electronics*, 2nd edn. Kluwer Academic Publishers, Norwell, MA.

[6] Ridley, R.B. (1991) A new, continuous-time model for current-mode control. *IEEE Transactions on Power Electronics*, **6**(2), 271–280.

第4章　基于纹波的控制技术（第1部分）

DC/DC 转换器的控制技术可以简单地划分为三类：电流模式控制、电压模式控制和基于纹波的控制方法。在 DC/DC 转换器中，电流模式和电压模式控制技术的瞬态响应受限于电路带宽，而电路带宽又是由工作模式［连续导通模式（Continuous Conduction Mode，CCM）或者非连续导通模式（Discontinuous Conduction Mode，DCM］和电路自身的补偿技术决定的。总的来说，补偿技术决定了转换器的稳定性和调整性能。相比较而言，基于纹波的控制技术在保持系统稳定性的同时，不需要复杂的补偿网络，具有快速瞬态响应的优点。它的另一个优点是简单的结构导致其具有很低的静态电流，在便携式设备中有效地延长了电池的使用时间。

近年来，以电池为动力的便携式电子设备需要将其重负载和轻负载的效率延长，以增加电池的使用时间，这是可穿戴电子设备设计中的一个主要问题。因为基于纹波的控制技术具有快速瞬态响应和高效率的优点，能够满足大压摆率和大负载电流范围的设计要求，因此得以应用在可穿戴电子设备的应用中。例如，即使负载电流发生变化时，作为基于纹波控制技术的一种，导通控制技术仍具有快速瞬态响应和高效率的特点。“恒定导通时间”顾名思义，它是一个常量值，并且是由导通时间周期和具有前馈功能的输入电压组成的。通过对比可知，在轻负载时，负载电流持续下降，关断时间可自动延长。在稳态时，关断时间近似保持为常数。所以，该转换器表现为伪恒定频率的工作状态。在任何负载电流变化的情况下，关断时间周期与负载电流成反比，以实现快速瞬态响应。恒定导通时间控制技术因其在轻负载时的前馈功能、快速瞬态响应和效率高的优势，而成为目前一种众所周知的控制技术，同时它能够满足高品质便携式电子产品的需求。

在接下来的章节中，我们首先对几种基本的基于纹波控制的技术进行回顾，分析每种结构的特点和优劣势。最初的设计将会呈现电路的工作原理以及稳定性分析过程。之后，我们介绍几种技术用于提高电压调整性能，包括减少电磁干扰、输出电压纹波以及线性/负载调整率提升。最后我们介绍在高压应用中的自举结构，该结构对于高输入电压是十分有效的。

4.1　基于纹波控制的基本拓扑结构

我们所说的基于纹波控制技术，通常应用在 DC/DC 转换器中，它的原理在于将输出电压纹波信息与参考电压相比较，从而控制功率开关的通断，进而决定恰当的电源输出路径。基于纹波控制技术的 DC/DC 降压转换器的电路如图 4.1 所示。

包含功率开关的功率级和电感 - 电容（LC）滤波器存储或释放能量。所以，功率级将高输入电压（V_{IN}）转换为低输出电压（V_{OUT}）。输出电压直接输入或者通过一个反馈分压器输出到基于纹波的控制器中，其中 V_{FB} 为反馈信号。基于纹波的控制器通常包括一个脉冲信号调制器和一个比较器。通过 V_{FB} 和 V_{REF} 的比较，控制器可以决定比较器的输出 V_{CMP}。通过脉冲信号调制器决定输出主要取决于 V_{OUT} 与 V_{IN} 的比值。因此，输出信号 V_{DRI} 可以用于控制功率级的 PWM 信号，从而调整 V_{OUT}。

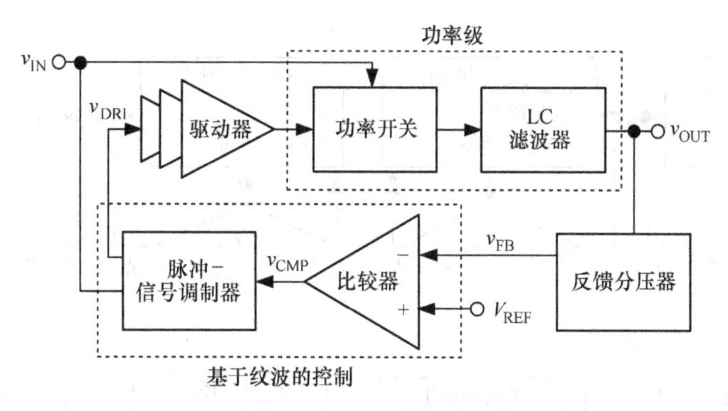

图 4.1　基于纹波控制技术的 DC/DC 降压转换器

基于纹波的控制器检测输出电压水平，直接决定了传输的能量是否充分。假设比较器具有快速的瞬态响应，根据负载的瞬态变化，在控制器的控制下功率级可以立即从 V_{IN} 将能量传输至 V_{OUT}。因此，通过采用 PWM 信号作为输出电压纹波，且保证足够能量对输出电容进行周期性充电/放电操作，输出电压可以得到精确的调整。

根据脉冲信号调制器决定的通断时间，基于纹波的控制技术可以进一步进行归类，如图 4.2 所示。用于决定电源传输路径的控制参数主要包括峰值/波谷电压、功率开关的通/断时间、时钟控制或者无时钟操作。

导通周期和关断周期分别定义为电感电流增加或者减少的时间周期。在一个开关周期内，如果电感电流波形增加和减少的部分相等，则电感伏—秒平衡的稳态得以建立。考虑能量守恒和互补定律，在稳态中如果输出电容如果没有保存额外的净电荷，那么电容电荷 - 秒平衡也可以得到保证。

在接下来的讨论中，我们会分析这些控制方法是如何决定脉冲宽度、开始时间和结束时间。我们将开始时间和结束时间分别定义为脉冲宽度的置位点（S）和复位点（R）。例如，图 4.2 中的迟滞控制利用峰值和波谷电压与两个预设的参考电压进行比较（高比较电压 $V_{REF,1}$ 和低比较电压 $V_{REF,2}$），从而决定了 PWM 信号的置位点和复位点。在这个应用中，电路需要两个比较器。

然而，图 4.2b 中关断时间控制利用一个恒定的关断周期（Constant Off - Time，COT）来决定下一个脉冲起始点（S），同时高参考电压来决定脉冲的结束时间

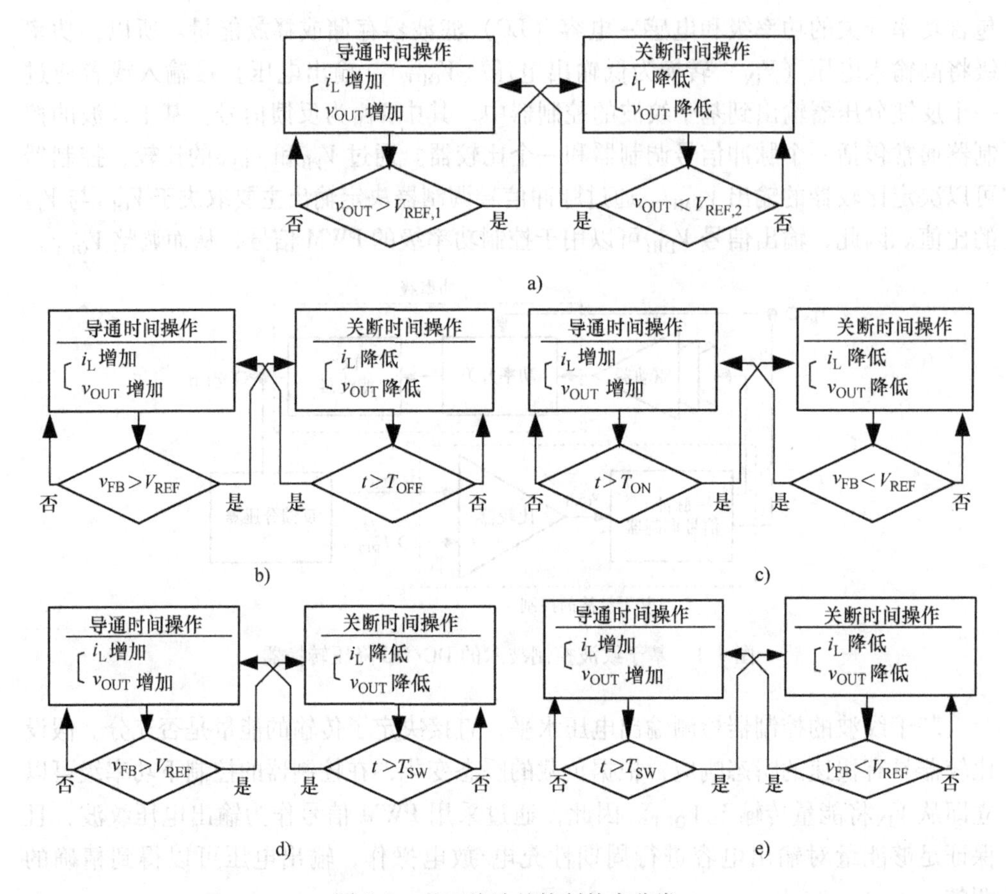

图 4.2　基于纹波的控制技术分类

a）迟滞控制模式　b）峰值电压控制的恒定关断时间　c）波谷电压控制的恒定导通时间　d）峰值电压控制的恒定频率　e）波谷电压控制的恒定频率

(R)，这称为峰值电压检测；作为对比，图 4.2c 中导通时间控制利用一个恒定的导通周期来决定脉冲的结束时间（R），同时低参考电压来决定下一个脉冲起始点(S)，这称为波谷电压检测。在这种实现方式中，只需要一个比较器，如图 4.2b 和 c 所示。

因为图 4.2a ~ c 中的方法没有时钟发生器产生的恒定频率进行控制，所以称为无时钟控制技术。因为开关频率是变化而且不可预计的，所以滤除这些开关噪声有时是非常困难的。所以具有峰值电压控制的恒定频率技术利用一个恒定开关频率和峰值电压检测来调整输出电压。同样的，图 4.2e 中的技术利用波谷电压控制和恒定频率来调整输出电压。假设恒定开关周期（T_{SW}）已知，那么设计者很容易设计输出滤波器来滤除开关噪声。

与基于纹波控制的降压转换器不同，如果采用基于纹波控制技术，升压转换器面临着许多设计挑战。例如，输出节点使用非连续电感电流会增加通过输出电容的等效串联电阻的感应电流的难度，因为如果当低功率开关导通时，我们缺乏一部分电感电流的信息。此外，固有的右半平面零点会使得稳定性分析更加困难。总的来说，因为右半平面零点增加了电路增益但是却降低了相位裕度，所以右半平面零点必须大于单位增益频率。补偿系统环路设计的目的就是将右半平面零点推出单位增益频率。

因此，最大的单位增益频率不仅受限于它的固有开关频率，也受限于右半平面零点位置。有限的单位增益频率会导致瞬态响应性能降低。在介绍完基于纹波控制的降压转换器之后，我们会介绍一些特定的技术来分析升压转换器，在不受右半平面零点影响的同时获得快速的瞬态响应性能。

在接下来的章节中，我们也会讨论不同类型的基于纹波控制的降压转换器的细节和设计原理。我们利用降压转换器的异步功率级来简化分析。降压转换器的异步功率级包括高开关（M_S）、异步二极管（D）、电感（L）和电容（C）。此外，在考虑稳定性和细节分析之前，我们假设输出电容的等效串联电阻足够大，因为输出电压的纹波正比于电感电流的纹波。

4.1.1　迟滞控制

具有迟滞控制的降压转换器结构如图 4.3 所示。比较器中的迟滞窗口（V_H）可以决定输出的直流电压水平和峰峰值电压纹波。在稳态中，输出电压受限于预定义的迟滞窗口。

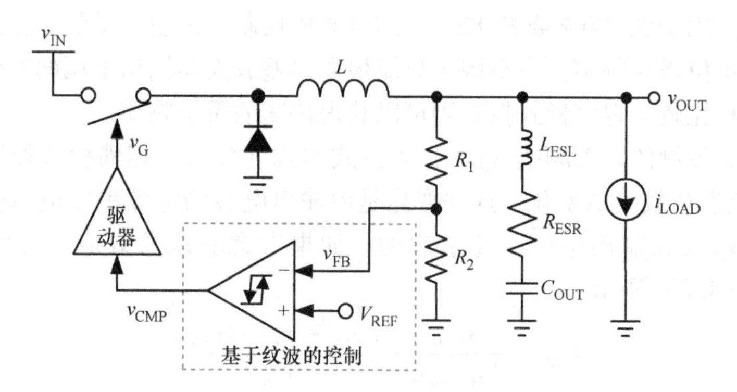

图 4.3　具有迟滞控制的 DC/DC 降压转换器

反馈电压（v_{FB}）、驱动信号（v_G）、电感电流（i_L）和输出负载状况（i_{LOAD}）的波形如图 4.4 所示。将 v_{FB} 和 V_{REF}、$V_{REF}+V_H$ 分别进行比较决定了导通周期和关断周期，其中 V_H 为比较器迟滞窗口。当比较器工作在导通周期，开关 M_S 导通并将能量存储在电感 L 中。所以 i_L 增加使得 v_{OUT} 和 v_{FB} 上升。当 v_{FB} 超过 $V_{REF}+V_H$，导通周期终止。转换器跳转到关断周期。换句话说，开关 M_S 关断使得存储在电感 L 中的能量释放到输出。所以，i_L 降低使得 v_{OUT} 和 v_{FB} 下降。当 v_{FB} 小于 V_{REF} 时，关断周期终止。另一个开关周期开始。

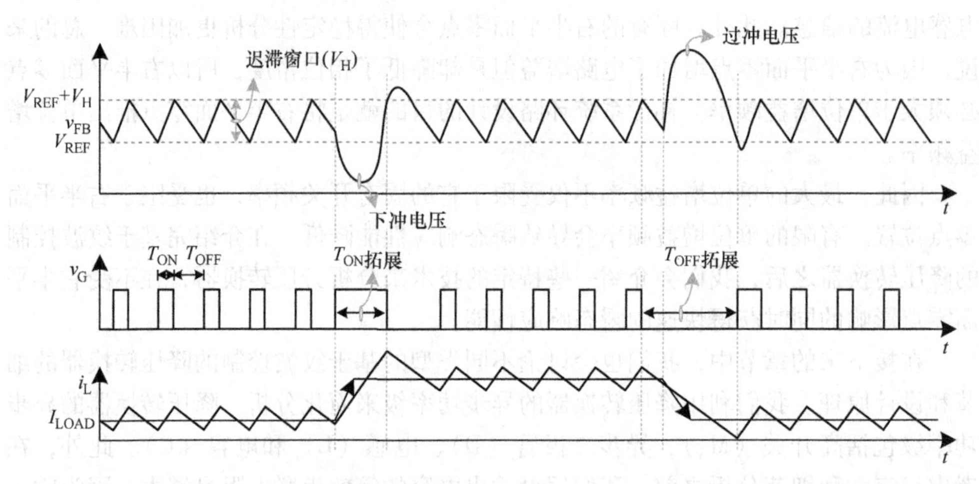

图 4.4　具有迟滞控制的 DC/DC 降压转换器输出波形

当负载从轻变重，在 v_{OUT} 处的下冲电压使得导通周期延长，直到 v_{FB} 超过 $V_{REF}+V_H$。相反的，当负载从重变轻时，在 v_{OUT}处的过冲电压使得关断周期延长，阻止多余的能量传输到输出端。当 v_{FB}小于 V_{REF}，关断周期终止，另一个导通周期开始。由于对输出的有效能量控制，导通/关断周期可以加速瞬态响应。与 PWM 控制相比，即使当负载由重转轻或者由轻转重时，基于纹波控制的迟滞模式也可以快速调整占空因子到100%或者0%。对于 PWM 控制，占空因子的变化速度取决于系统环路的单位增益频率。占空因子只能根据误差放大器输出电压的变化逐渐增加或者降低。相比较，迟滞模式控制则可以获得快速的瞬态响应。

迟滞模式控制的开关频率（f_{SW}）表达式如式（4.1）。迟滞模式控制的主要缺点在于f_{SW}会发生较大的变化。这些变化是由输出电容的等效串联电阻变化、输出电感变化、输入和输出电压变化引起的。如果考虑非现象效应，有效迟滞窗口 $V_{H(eff)}$如式（4.2）所示：

$$f_{SW}=\frac{R_{ESR}}{V_{H(eff)}L}\cdot\frac{(v_{IN}-v_{OUT})v_{OUT}}{v_{IN}} \tag{4.1}$$

其中，
$$V_{H(eff)}=V_H\cdot\left(1+\frac{R_2}{R_1}\right)-\frac{L_{ESL}}{L}\cdot v_{IN}+T_{OFF}\cdot\frac{v_{IN}-v_{OUT}}{L}\cdot R_{ESR}+T_{ON}\cdot\frac{v_{OUT}}{L}\cdot R_{ESR} \tag{4.2}$$

因此，由以上讨论可知，与其他基于时钟控制的技术相比，定义工作频率是比较困难的。因为其变化的开关频率，迟滞模式控制并不适用于一些对电磁干扰敏感的电路。这是因为当转换器工作在非连续导通模式时，会出现开关频率降低的现象。如图 4.5 所示，在连续导通模式下 f_{SW}的值和输出电压波形与非连续导通模式时不同。在非连续导通模式下，在下一个导通周期开始前，电感电流复位为零。假设输出电感的等效串联电阻 R_{ESR} 足够大，并且 v_{OUT} 和 i_L 具有同相关系。由于具有恒定的导通周期，即 $T_{ON,1}=T_{ON,2}=T_{ON,3}$，迟滞窗口的恒定值表明恒定功率传输到了电感中。相比较，如果在轻负载时存在更长的关断周期，能量耗散率将会降低。所以，如果设置恒定的导通周期，那么关断周期将会延长。也就是意味着，$T_{OFF,1}<T_{OFF,2}<T_{OFF,3}$。所以，开关频率下降。也就是说 $f_{SW,1}>f_{SW,2}>f_{SW,3}$，因此开关损耗降低，功率转换效率得以提升。

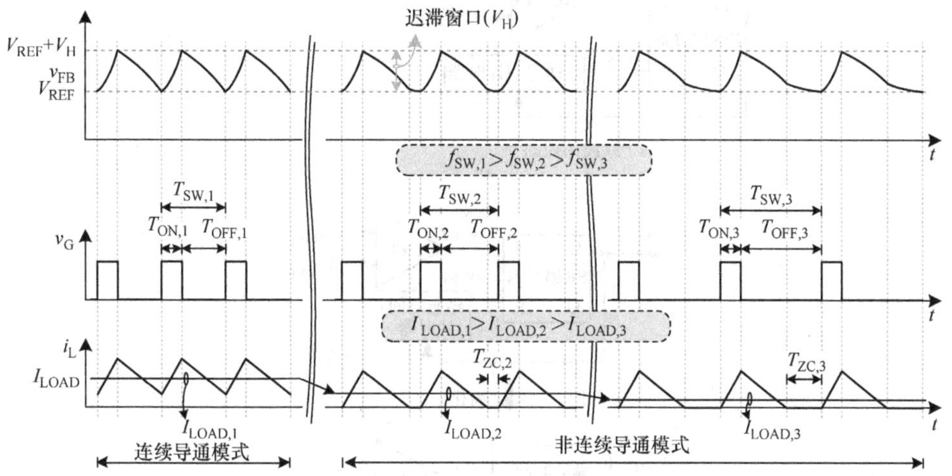

图 4.5　不同负载条件下，工作在连续导通模式下和非连续导通模式下，具有迟滞模式控制的降压转换器频率变化特性

迟滞模型控制具有简单的结构和快速的瞬态响应。然而，因为输出电压纹波和开关频率严重依赖于 V_H、v_{IN}、v_{OUT}、L 和其他寄生参数，所以通过决定迟滞窗口 V_H 来获得所需要的参数指标，并且在输出电压纹波和电压调整性能之间进行折衷都是非常困难的。

4.1.2　导通时间控制

具有导通时间控制的降压转换器结构如图 4.6 所示。为了简化分析，电路框图如图 4.6b 所示。具有压摆率锁存器的导通时间控制器包括一个常数导通时间计时器和一个比较器，它们分别用于决定导通时间和关断时间。在导通周期中，电感电流增加会引起 v_{OUT} 和 v_{FB} 的同步增加。在导通时间计时器定义一个周期后，复位脉冲产生，导通周期结束，关断周期开始。同样的，电感电流下降会引起 v_{OUT} 和 v_{FB} 的同步下降。当 v_{FB} 小于低参考电压 V_{REF} 时，比较器输出置位脉冲，输出由低到高的跳变信号，终止关断周期并开始另一个导通周期。

非连续导通模式时，具有恒定导通控制的 DC/DC 降压转换器稳态和瞬态波形如图 4.7 所示。当负载电流从轻负载到重负载跳变时，就会产生 v_{OUT} 处的下冲电压

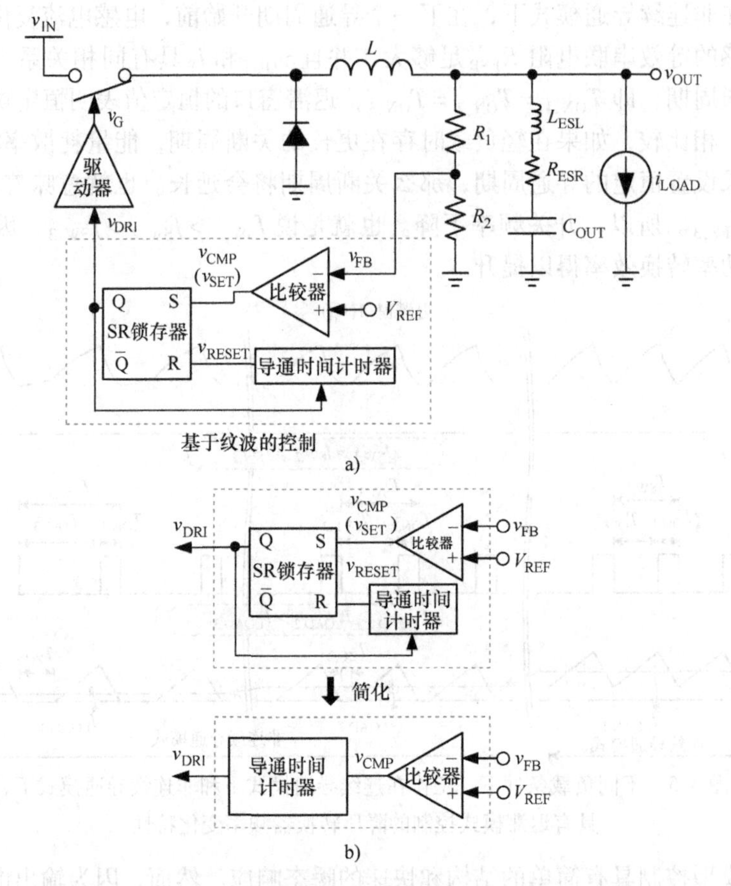

图 4.6　a）具有恒定导通时间控制技术的 DC/DC 降压转换器
b）导通时间控制器的简化电路框图

和 v_{FB}。一旦 v_{FB} 小于 V_{REF} 时，导通周期开始，直到 v_{FB} 再次大于 V_{REF}，在每一个导通周期之间，多个导通周期以及最小的关断周期都会连续产生。虽然最大占空因子受限于最小关断时间，但在负载瞬态响应情况下占空因子可以快速地从稳态值跳变到最大值。所以与 PWM 控制中通过误差放大器的逐渐调整相比，导通时间控制可以获得快速的瞬态响应。与之形成对比的是，当负载由重转轻时，由于 v_{OUT} 和 v_{FB} 的过冲电压，关断时间得以延长，从而保证有足够的能量释放到输出负载中。因此，通过分别延长导通时间和关断时间，在负载瞬态响应中采用合适的功率传输路径有利于输出电容的快速充电和放电。

在瞬态响应和过冲电压中的最差情况是如果采用恒定导通周期，在导通周期内突然释放负载。这是因为导通周期不能瞬间终止，而只能等到预设的恒定导通周期结束。不期望出现的功率传输路径会导致多余的能量在输出端产生大的过冲电压。特别是在纳米级工艺中，过冲电压可能对后级电路产生永久性的伤害，这意味着电

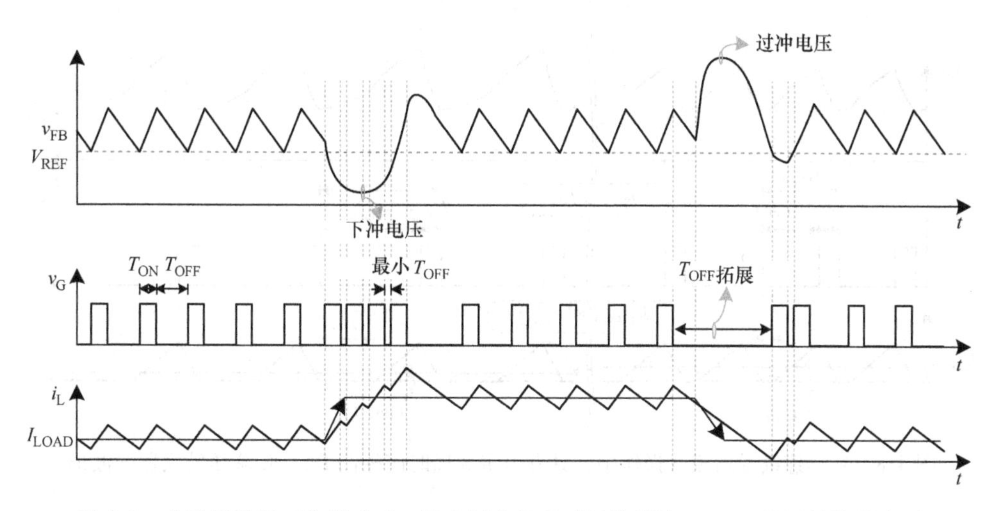

图 4.7　非连续导通工作模式时，具有恒定导通时间控制的 DC/DC 降压转换器波形

路仅能承受低电压的工作能力。

连续导通模式和非连续导通模式的开关频率如式（4.3）和式（4.4）所示：

$$f_{SW} = \frac{v_{OUT}}{v_{INT} \cdot T_{ON}} \tag{4.3}$$

$$f_{SW} = \frac{2Li_{LOAD}v_{OUT}}{T_{ON}^2(v_{IN} - v_{OUT})v_{IN}} \tag{4.4}$$

在连续导通模式中，由于没有任何内在的时钟发生器，所以开关频率f_{SW}可以很容易地用v_{IN}、v_{OUT}和T_{ON}来定义。如果已经确定了一个预定义导通周期，那么连续导通模式中的f_{SW}可以保持恒定。相反的是，非连续导通模式中的f_{SW}正比于输出负载情况i_{LOAD}，这种情况与脉冲频率调制控制相类似。

因为在轻负载时开关频率降低，开关功耗损失下降如图 4.8 所示。在预定义的恒定导通周期内，电感电流增加到相同的峰值并产生相同的能量传输到输出端。在关断周期开始时，电感电流开始下降到零。此时，输出电压仍高于额定电压，表明传输到输出端的能量是不必要的。在v_{FB}达到V_{REF}之前，输出电容可以为输出负载提供能量。因为在轻负载时功率耗散率变慢（$T_{ZC,1} < T_{ZC,2}$），轻负载情况拓展到关断周期内（$T_{OFF,1} < T_{OFF,2}$）。因此，如果在一个恒定导通相位内（$T_{ON,1} = T_{ON,2}$），同样的能量存储在电感中，那么必须拓展开关周期（$T_{SW,1} < T_{SW,2}$）。当负载电流持续降低，开关周期延长意味着开关频率的持续降低（$f_{SW,2} < f_{SW,1}$），同时对于高电源效率而言也降低了开关功率损耗。在连续导通模式中，恒定导通控制近似具有恒定的开关频率设计。同时，在非连续导通模式中，转换器可以自动调整到可变频率控制模式，在没有增加任何模式判决控制电路的情况下，有效节约了功耗。在这种控制模式中，连续导通模式可以无缝过渡到非连续导通模式，反之亦然。由于在轻负载时的功耗节约能力，恒定导通控制广泛应用在目前的便携式电子设备中。

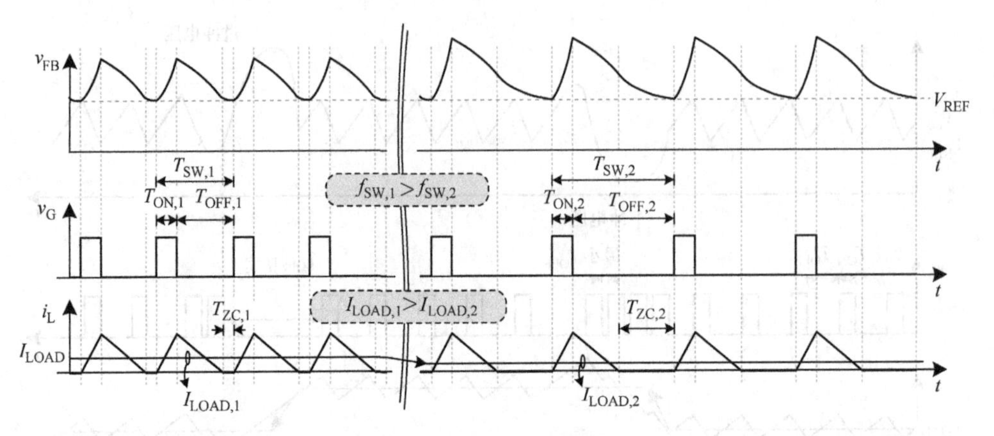

图 4.8　在非连续导通模式操作中，具有恒定导通时间控制 DC/DC 降压转换器的波形

在恒定导通时间控制降压转换器中，非连续导通模式提高转换效率的例子如图 4.9 所示。当降压转换器的工作模式设置为强制连续导通模式时，不论是重负载还是轻负载时，电感电流呈现三角形波形，无需零电流检测，当平均负载电流小于电感电流纹波的一半时（$I_{LOAD}<1/2\Delta i_L$），电感电流跨越零点转变为负电流，其中 Δi_L 为电感电流纹波。这种工作模式具有近似恒定的开关频率。然而，因为开关损耗决定了功率损耗，同时负电感电流会消耗额外的传输损耗，这时轻负载电源转换效率会极大地降低。相比之下，当转换器的工作模式设置为自动忽略模式时，且负载电流大于电感电流纹波的一半时（$I_{LOAD}>1/2\Delta i_L$），这时电感电流工作于连续导通模式。当负载电流小于电感电流纹波的一半时（$I_{LOAD}<1/2\Delta i_L$），转换器自动跳转到非连续导通模式中，对于负载下降的情况，开关频率下降。开关功率损失也相应地降低。

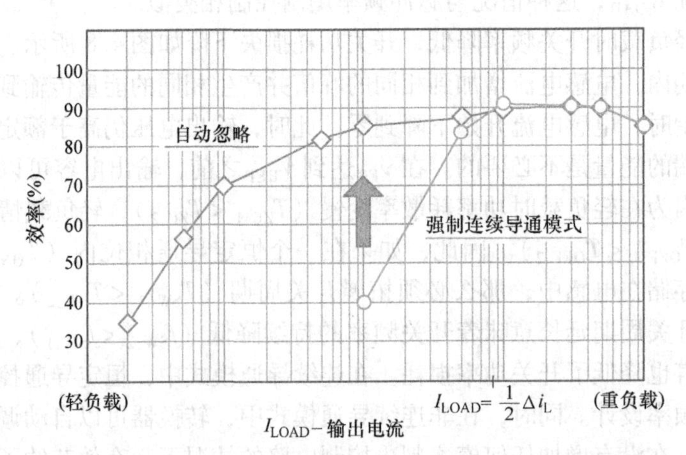

图 4.9　具有恒定导通时间控制的 DC/DC 转换器的电源转换效率

4.1.3 关断时间控制

具有恒定关断时间控制的降压转换器结构如图4.10所示。与恒定导通时间控制相比，恒定关断时间控制采用一个常数关断时间计时器取代恒定导通时间计时器。所以比较器将v_{FB}和上边界参考电压V_{REF}进行比较来决定导通周期。当v_{FB}超过V_{REF}时，复位脉冲产生，导通周期终止，同时关断周期开始。同样的，电感电流下降会导致v_{OUT}和v_{FB}下降。当关断周期结束，恒定关断时间计时器提供一个预定义的关断周期来决定复位脉冲。假设关断周期为常数，在稳定工作状态下开关频率可以在一个小范围内波动。当具有恒定关断时间控制时，导通周期也会变化相应的值，以满足转换效率和负载条件的要求。因为在非连续导通模式中，导通周期降低，所以我们不能用降低开关频率来获得转换效率的提升，也不能延长电池使用时间。因为这种控制模式具有恒定关断周期，且不能提高转换效率，所以恒定关断时间控制不适用于便携式电子设备中。

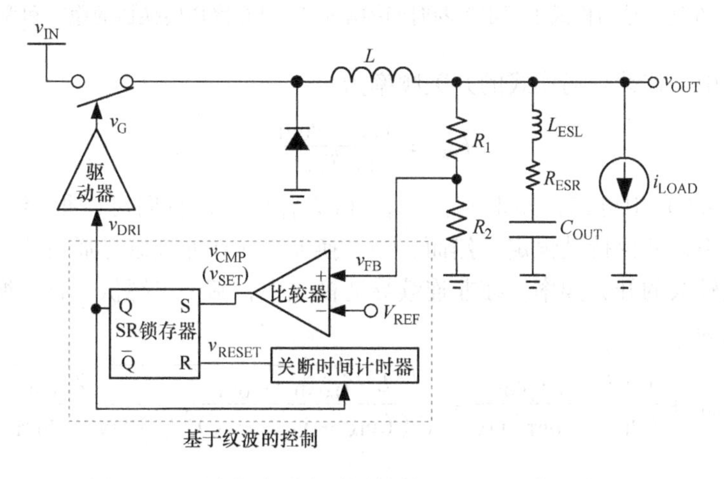

图4.10 具有恒定关断时间控制的DC/DC降压转换器

恒定关断时间控制的DC/DC降压转换器的稳态和瞬态波形如图4.11所示。当负载由轻转重时，v_{OUT}和v_{FB}的下冲电压会触发导通周期，直到v_{FB}超过V_{REF}为止。相比之下，当负载从重转轻时，转换器在多个预定义的关断周期中保持操作，并加入最小的导通周期。换句话说，与迟滞模式控制相比，当负载由轻转重时，关断时间控制具有相同的负载瞬态性能，但是当负载由重转轻时，它的性能有所下降。然而，与具有误差放大器的PWM控制相比，在负载瞬态变化期间立即调整适当的功率传输路径仍然可以导致输出电容上的快速充电和放电，使之分别具有可调的导通时间和关断时间。由于导通周期的下降，恒定关断时间控制的缺点在于，当轻负载时，开关频率增加。所以，恒定关断时间控制不适用于便携式电子设备应用。此外，在恒定关断周期内如果负载由轻转重，不期望的功率传输路径会产生大的下冲电压，并使得传输到输出端的能量不充分。

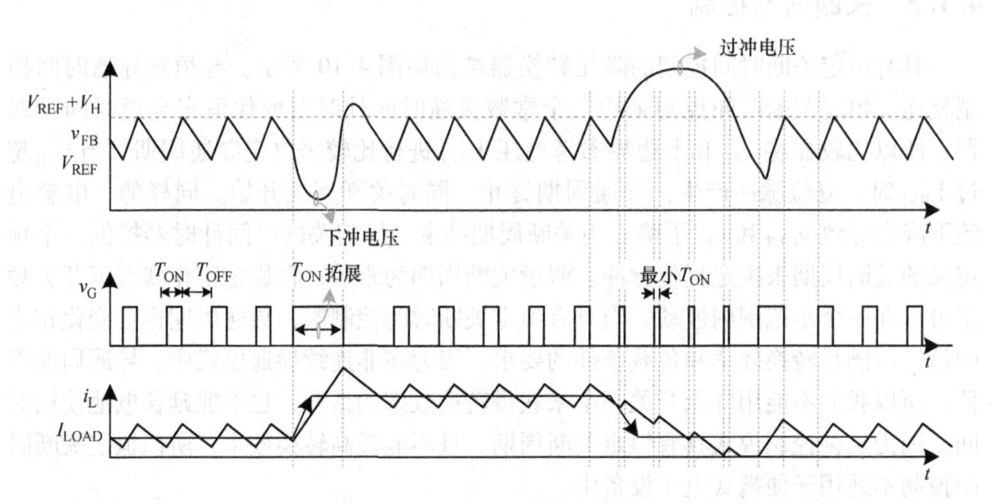

图 4.11 在连续导通模式中恒定关断时间控制的 DC/DC 降压转换器的稳态和瞬态波形

在稳态中，连续导通模式的开关频率为

$$f_{SW} = \frac{v_{IN} - v_{OUT}}{v_{IN} T_{OFF}} \tag{4.5}$$

从式（4.5）中可知，如果 v_{IN}、v_{OUT} 和 T_{OFF} 已知，我们可以很容易地设计电路的开关频率，并保持其恒定。然而，当转换器工作在非连续导通模式中，轻负载情况会产生较大的开关频率。在非连续导通模式中，基于电感伏—秒平衡原则，开关频率表示为

$$f_{SW} = \left[T_{OFF} + \frac{L \cdot i_{LOAD} \cdot v_{OUT}}{(v_{IN} - v_{OUT}) v_{IN}} + \sqrt{\frac{(L \cdot i_{LOAD} \cdot v_{OUT})^2}{((v_{IN} - v_{OUT}) v_{IN})^2} + \frac{2T_{OFF}}{(v_{IN} - v_{OUT}) v_{IN}}}) \right]^{-1} \tag{4.6}$$

因为在每一个开关周期内都具有恒定的关断周期（$T_{OFF,1} = T_{OFF,2}$），当负载电流下降时，导通周期缩短（$T_{ON,1} > T_{ON,2}$）会产生更低的峰值电感电流。在输出电容中的能量存储和释放可以处于平衡状态。所以，输出电压得到相应的调整。然而，在轻负载情况下，开关频率增加（$f_{SW,1} < f_{SW,2}$）会导致较大的开关功率损耗和较低的电源转换效率。

恒定关断时间控制具有良好的瞬态响应和简单的结构，可以用于连续导通模式中的开关频率设计。然而，恒定关断时间控制在非连续导通模式中具有较差的电源转换效率。相比之下，因为发光二极管（Light - Emitting Diode，LED）需要恒定电流驱动控制，所以商用发光二极管中的电源转换器中，具有恒定关断时间控制的峰值电压控制具有恒定的电流驱动能力。

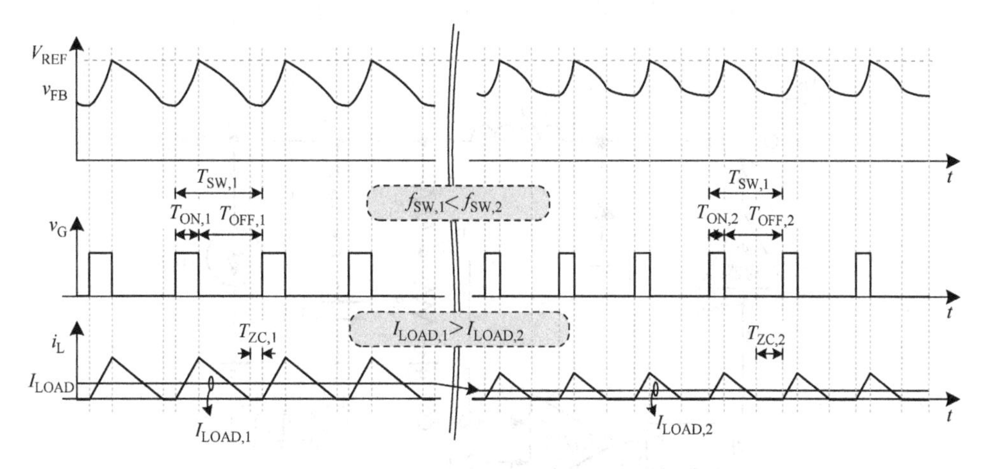

图 4.12　在非连续导通模式中，具有恒定关断时间控制的 DC/DC 降压转换器波形

4.1.4　具有峰值电压控制和波谷电压控制的恒定频率技术

具有峰值电压控制和波谷电压控制的恒定频率技术分别如图 4.13a 和 b 所示。根据之前的讨论，恒定导通时间和关断时间控制分别决定了导通时间、关断时间以及关断周期、导通周期的开始时间。同样的，具有峰值电压控制的恒定频率通过简单的时钟和峰值电压检测决定了导通时间和关断时间的起始时间。相比之下，具有波谷电压控制的恒定频率通过采用波谷电压检测和时钟分别决定了导通时间和关断时间的起始点。

此外，开关频率恒定降低了电磁干扰的影响，这是因为如果开关频率已知，电磁干扰滤波器的设计就较为容易。然而，相比于其他控制结构，恒定开关频率会导致较慢的瞬态响应和较高的功耗。这个结果归因于在连续导通模式和非连续导通模式中，恒定开关频率不会根据快速瞬态响应和节约功耗的需求分别增加或者降低频率。同时，降低开关频率不能减少开关功率损耗，因此相比于恒定导通时间控制，在非连续导通模式中电源转换效率较低。在轻负载时，以电路复杂度增加为代价，我们可以增加一个负载相关控制器来动态地调整开关频率。

如果等效串联电阻足够大，电感电流纹波是通过输出电容的充电或者放电得到的。相比电流模式或者电压模式 PWM 控制，无需采用误差放大器，我们就可以得到快速的瞬态响应。一个额外的锯齿信号可以添加到反馈路径，以改善比较器两个输入端之间的噪声容限。由于比较器两个输入之间的差异足够大，已经具有高的抗噪声性，所以在增加噪声裕度之后不会出现双脉冲现象。参考电压 V_{REF} 也可以用一个集成误差放大器的两个输入端（V_{REF} 和 v_{OUT}）替代以增加精度。从输出端的两个反馈信号增加到电压二次方控制设计中，同时也保证了快速的瞬态响应和较高的精度。

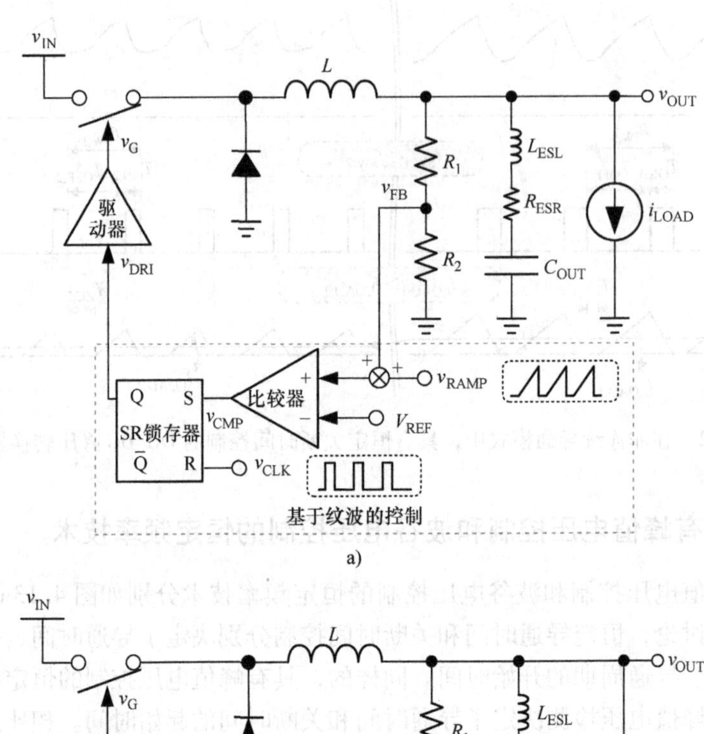

a)

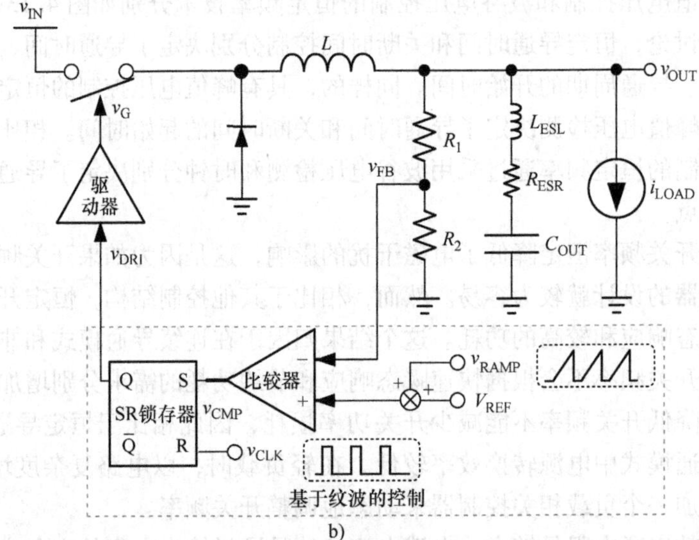

b)

图 4.13 a）具有峰值电压控制的恒定频率技术 b）具有波谷电压控制的恒定频率技术

4.1.5 基于纹波控制拓扑结构总结

基于纹波控制拓扑结构的优点总结如下：

（1）调制信号直接从比较器导出，而不使用任何误差放大器。

（2）对于快速瞬态响应，比较器具有较大的带宽。

（3）由于不需要误差放大器和外加补偿网络，基于纹波控制拓扑结构较为简单。

（4）除了恒频控制，无时钟工作模式不需要任何时钟产生器。

（5）在迟滞模式和恒定导通时间控制中，在轻负载情况下，由于开关频率可变，可以获得较高的电源转换效率。

简单的基于纹波的控制技术不需要任何复杂的补偿网络，因而具有低成本的优点。特别是，由于采用了比较器电路，较大的带宽可以保证快速的瞬态响应特性。此外，当工作在轻负载状态时，不用增加额外复杂的频率调整器，只需要利用过零电流检测器根据输出负载状况进行检测，开关频率就可以得到自动的调整。换句话说，在便携式电源设备中，在轻负载情况下需要高的电源转换效率，转换器可以由可变频率调制（Variable Frequency Modulation , VFM）进行控制，从而节约大量开关功率损耗。因此，在许多电源管理电路设计中，基于纹波的控制技术成为了设计的合理选择。

然而，基于纹波的控制技术仍然有许多现实的问题和限制：

（1）由于输出电容的选择约束，需要在次谐波不稳定和输出电压纹波之间进行折衷。

（2）由无时钟特性的开关频率定义不良引起的电磁干扰（除了恒定频率控制）。

（3）低噪声抗扰度引起的抖动特性。

（4）低增益环路和直接峰值/波谷控制引起的直流电压调节不准确。

最近发展的一些技术可以改善以上问题。在DC/DC降压转换器中，不同的基于纹波控制的结构比较如表4.1所示。在便携式电子设备中，导通时间控制的优越性能使其得到了广泛应用。

表4.1 在DC/DC降压转换器中，不同的基于纹波控制的结构比较

	瞬态响应	连续导通模式中的频率	非连续导通模式中的频率	非连续导通模式中的效率
迟滞控制	卓越	难以确定并保持恒定	随着负载降低，频率下降	非常好
导通时间控制	非常好	易于确定并保持恒定	随着负载降低，频率下降	卓越
关断时间控制	非常好	易于确定，但难以保持恒定	随着负载降低，频率上升	非常差
具有峰值电压控制的恒定频率	好	恒定	恒定	差
具有波谷电压控制的恒定频率	好	恒定	恒定	差

4.2 导通时间控制型降压转换器的稳定标准

在以上的拓扑结构中，因为导通时间控制具有快速瞬态响应和高效率的特点，因而在降压转换器中得到了广泛应用。由于这类电源转换器具有较大的负载范围，而且在瞬态响应和稳态中具有最小的电源电压变化，所以目前成为了 SoC 最为可行的电源管理方案。基于此，我们应该归纳出导通时间控制的稳定性准则。这也将在之后的章节中讨论。同时其他的拓扑结构也可以采用相同的标准来保证转换器的稳定性。然而，与 PWM 控制相同，只有恒定频率控制受到次谐波振荡的影响。为了避免次谐波振荡干扰，我们还可以考虑斜坡补偿的策略。

4.2.1 稳定性判据的推导

在电源开关和 LC 滤波器的协助下，功率级具有能量存储和功率转移的功能。一个 LC 滤波器如图 4.14 所示。电感模型包括一个理想电感 L 和一个寄生的直流电阻 R_{DCR}。输出电容模型包括三个器件：等效串联电感 L_{ESL}、等效串联电阻 R_{ESR} 和一个理想输出电容 C_{OUT}。由于电感电流的变化导致每个器件中的电压发生变化，从而产生输出电压波形。在基于纹波的控制中，输出电容中的两个寄生参数 L_{ESL} 和 R_{ESR} 必须考虑其中，因为输出电压波形会受到这些寄生参数的影响。因此，即使受到寄生参数的影响，转换器的稳定性也必须得到增强。

输出电容中流过每一个器件的电感电流和电压波形如图 4.15 所示。电感电流的交流部分流过输出电容，并产生 v_{ESL}、v_{ESR} 和 v_{COUT}。它们分别由 L_{ESL}、R_{ESR} 和 C_{OUT} 产生。这些电压纹波的公式分别如式（4.7）~式（4.9）所示。

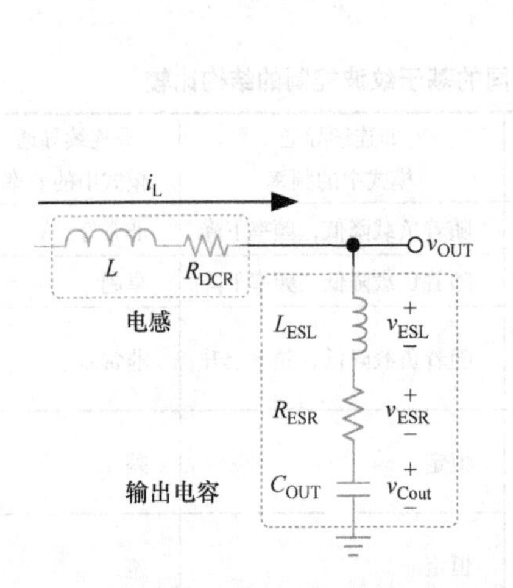

图 4.14 包括理想电感、电容和相应寄生参数的输出滤波器模型

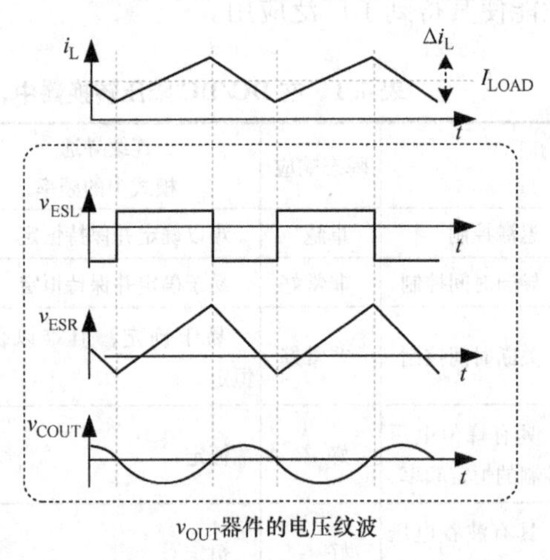

图 4.15 完整输出电容模型中，每一个器件中的电感电流和电压波形

导通时间相位：$v_{ESR}(t)=R_{ESR}\left(\dfrac{\Delta I\cdot t}{D\cdot T_{SW}}-\dfrac{\Delta I}{2}\right)$

关断时间相位：$v_{ESR}(t)=R_{ESR}\left(\dfrac{\Delta I}{2}-\dfrac{\Delta I\cdot t}{(1-D)\cdot T_{SW}}\right)$　(4.7)

导通时间相位：$v_{ESL}(t)=\dfrac{L_{ESL}\cdot\Delta I_{L}}{D\cdot T_{SW}}$

关断时间相位：$v_{ESL}(t)=\dfrac{L_{ESL}\cdot\Delta I_{L}}{(1-D)\cdot T_{SW}}$　(4.8)

导通时间相位：$v_{COUT}(t)=\dfrac{\Delta I_{L}\cdot t^{2}}{2C_{OUT}\cdot D\cdot T_{SW}}-\dfrac{\Delta I_{L}\cdot t}{C_{OUT}}$

关断时间相位：$v_{COUT}(t)=\dfrac{\Delta I_{L}\cdot t}{C_{OUT}}-\dfrac{\Delta I_{L}\cdot t^{2}}{2C_{OUT}\cdot(1-D)\cdot T_{SW}}$　(4.9)

因此，输出波形的不同部分都是由不同的分量（v_{ESL}、v_{ESR}和v_{COUT}）产生的。不同L_{ESL}、R_{ESR}和C_{OUT}值的波形如图4.16所示。

为了进行比较，我们将L_{ESL}和R_{ESR}设置为变量，而C_{OUT}设置为常数。在图4.16a中，L_{ESL}和R_{ESR}的值较小，电感电流对C_{OUT}的充电和放电产生电压纹波，是v_{OUT}的主要部分。对输出电压纹波进行微分就可以得到电感电流信息。虽然大容值的C_{OUT}可以用于滤除开关电源型稳压器的输出电压纹波，获得纯净的供电电压。小幅度的电压纹波意味着微分后的电压纹波将会更小。换句话说，如果采用大容值的C_{OUT}，那么由微分得到的电感电流具有较小的抗噪声性能。于是，通过微分得到大幅度的电感电流信息与采用大容值的C_{OUT}得到低输出电压纹波，实际上在设计需求上这是矛盾的。此外，在图4.16b中，L_{ESL}和R_{ESR}的值较大，由等效串联电感产生的电压纹波占了v_{OUT}的主要部分。由L_{ESL}产生的电压纹波也会使所有的输出电压纹波更加恶化。特别是，由于微分信号受到等效串联电感的影响，采用微分功能来获得电感电流会更加困难。在图4.16c中，L_{ESL}和R_{ESR}的值较小，由等效串联电阻产生的电压纹波占了v_{OUT}的主要部分。输出纹波与电感电流同相位，也就是，大阻值的R_{ESR}可以用于产生电感电流。无论开关通断的情况下，由等效串联电感产生的电压纹波都不会影响到电流感应性能。因此，基于纹波的控制技术大都采用大阻值的R_{ESR}来获得电感电流信息。考虑一种可能的应用场景，大感值L_{ESL}和大阻值R_{ESR}同时出现，如图4.16d的情况。当开关导通或者关断时，由R_{ESR}产生的电感电流都会开始恶化。虽然感应信号的直流分量会发生改变，但电感电流信息仍然可以通过基于纹波的控制技术得到。所以，我们总结一下：电感电流信息可以通过采用大阻值的R_{ESR}得到，这是传统基于纹波控制技术采用的方法，或者采用下一节中介绍的微分功能也可以实现。重要的是这两种方法都可能受到等效串联电感的影响。这一发现表明，可以提出几种技术以抑制等效串联电感效应，以确保基于纹波的控制技术的工作鲁棒性。

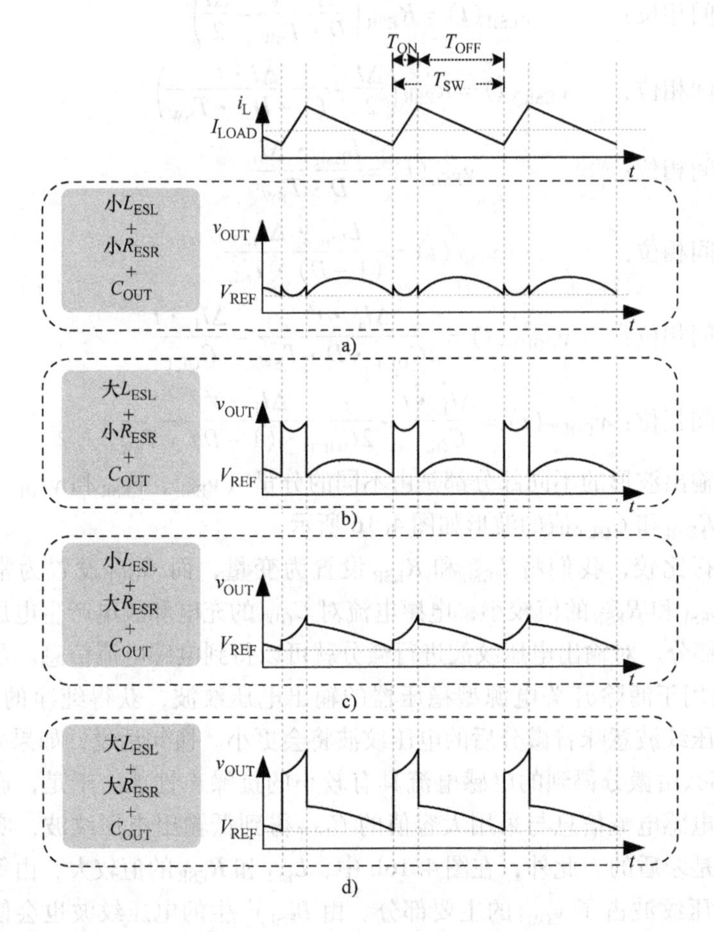

图 4.16　不同 L_{ESL}、R_{ESR}和 C_{OUT}的值产生的输出电压纹波波形

应注意选择具有一定数量寄生元件的输出电容，以保证基于纹波的控制的稳定性。如图 4.17 所示，具有不同 R_{ESR}值的输出电容会产生不同的输出纹波特性。这种现象可以转化为与由不同 R_{ESR}值引起的电感电流 i_L相关的相位延迟（$\Delta\Phi$）。一个小的 R_{ESR}值导致在 v_{OUT}的最低值下观察到较长的相位延迟。由于小的 R_{ESR}值，系统的稳定性降低，这是因为电感电流纹波和输出电压纹波之间的线性关系不足。小阻值的 R_{ESR}会降低系统稳定性。

我们将详细回顾 S 域和时域导出的稳定性准则，并建立相应的设计指导准则。

4.2.1.1　S 域推导（基于右半平面极点的考虑）

在图 4.18 中，如果确定了直流工作点，我们可以将一个交流测试信号注入到 V_{REF}的节点中来分析 S 域的稳定性。

根据 Pade 逼近，从参考电压到输出端的传递函数近似为四阶等式，如式

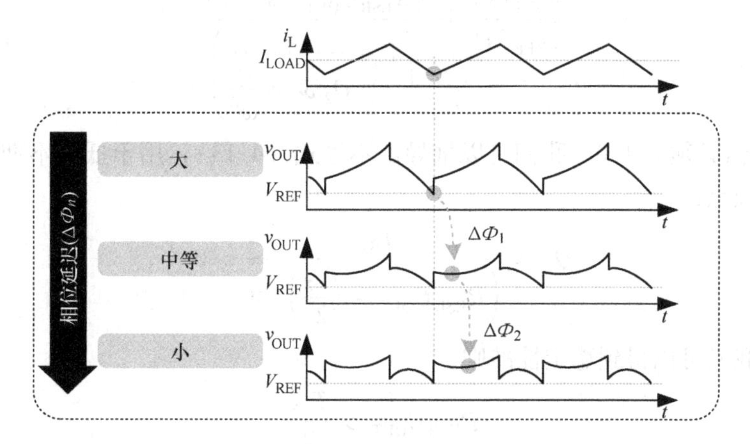

图 4.17　不同 R_{ESR} 值时，i_L 和输出电压纹波之间的关系

（4.10）和式（4.11）所示：

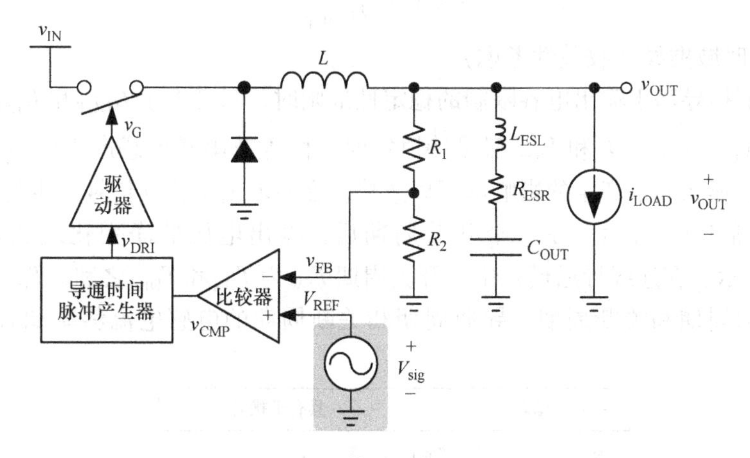

图 4.18　传递函数的推导

$$\frac{\hat{v}_{OUT}(s)}{\hat{v}_{REF}(s)} \approx \frac{(R_{ESR}C_{OUT} \cdot s + 1)}{\left(1 + \frac{s}{Q_1\omega_1} + \frac{s^2}{\omega_1^2}\right)\left(1 + \frac{s}{Q_2\omega_2} + \frac{s^2}{\omega_2^2}\right)} \tag{4.10}$$

其中

$$\omega_1 = \frac{\pi}{T_{ON}}, Q_1 = \frac{2}{\pi}, \omega_2 = \frac{\pi}{T_{SW}}, Q_2 = \frac{T_{SW}}{\left(R_{ESR}C_{OUT} - \frac{T_{ON}}{2}\right) \cdot \pi} \tag{4.11}$$

当导通时间 T_{ON} 的值足够小，且 ω_1 位于高频段，传递函数可以简化为二阶等式：

$$\frac{\hat{v}_{OUT}(s)}{\hat{v}_{REF}(s)} \approx \frac{(R_{ESR}C_{OUT} \cdot s + 1)}{\left(1 + \frac{s}{Q_2\omega_2 + \frac{s^2}{\omega_2^2}}\right)} \tag{4.12}$$

假设 Q_2必须大于0，我们可以推导出不等式（4.13），用于抵消不期望出现的右半平面极点：

$$Q_2 = \frac{T_{SW}}{\left(R_{ESR}C_{OUT} - \frac{T_{ON}}{2}\right) \cdot \pi} > 0 \tag{4.13}$$

于是我们可以得到稳定性准则：

$$R_{ESR}C_{OUT} > \frac{T_{ON}}{2} \tag{4.14}$$

时间常数和 R_{ESR}的选择必须满足条件：

$$R_{ESR} > \frac{T_{ON}}{2C_{OUT}} \tag{4.15}$$

4.2.1.2 时域推导（收敛性考虑）

当我们推导基于输出电容限制的稳定性准则时，只考虑了 C_{OUT}和 R_{ESR}的影响。因为如果 v_{IN}、v_{OUT}、L 和 L_{ESL}都保持恒定时，由等效串联电感产生的电压纹波也保持恒定，那么 L_{ESL}产生的影响就可以忽略。在时域内由扰动信号产生的稳态和扰动波形如图 4.19 所示。在一个开关周期后，输出电压的净变化应为零，如式（4.16）所示。在连续导通模式中，开关周期 T_{SW}为 T_{ON}和 T_{OFF}之和。T_{ON}和 T_{OFF}分别表示导通周期和关断周期。导通周期和关断周期的电感电流斜率如式（4.17）所示。

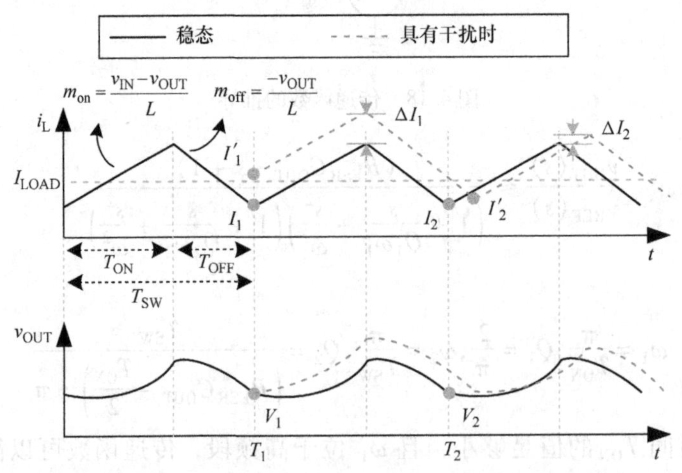

图 4.19 由扰动信号产生的稳态和扰动波形

$$V_2 - V_1 = \frac{1}{C_{OUT}} \int_0^{T_{SW}} [i_L(t) - i_{LOAD}] dt + (I_2 - I_1) R_{ESR} = 0 \tag{4.16}$$

其中有

$$T_{SW} = T_{ON} + T_{OFF}$$

且在导通周期内

$$\frac{di_L(t)}{dt} = \frac{v_{IN} - v_{OUT}}{L}$$

在关断周期内

$$\frac{di_L(t)}{dt} = \frac{-v_{OUT}}{L} \tag{4.17}$$

其中，T_{OFF}可以表示为

$$T_{OFF} = \left(\frac{v_{IN}}{v_{OUT}} - 1 \right) T_{ON} \tag{4.18}$$

将式（4.18）代入式（4.16）中，我们可以得到：

$$\frac{v_{IN}}{v_{OUT}} \cdot \frac{T_{ON}}{C_{OUT}} (I_1 - I_{OUT}) + \frac{T_{ON}^2}{2C_{OUT}L} \cdot \frac{v_{IN}}{v_{OUT}} (v_{IN} - v_{OUT}) + R_{ESR}(I_2 - I_1) = 0 \tag{4.19}$$

为了归纳稳定性准则和线性化［式（4.19）］，我们在稳态电感电流 I_1 和 I_2 中考虑小幅度扰动信号 ΔI_1 和 ΔI_2 的影响。如式（4.20）所示，根据图 4.19 中的电感电流波形，这些电流分别是 T_1 和 T_2 时刻的电流。

$$I_1 = i_{LOAD} - \frac{T_{ON}}{2L} (v_{IN} - v_{OUT})$$

$$I_2 = i_{LOAD} - \frac{T_{ON}}{2L} (v_{IN} - v_{OUT}) \tag{4.20}$$

所以，在 T_1 和 T_2 时刻由扰动产生的扰动电感电流 I'_1 和 I'_2 分别为

$$I'_1 = \Delta I_1 + i_{LOAD} - \frac{T_{ON}}{2L} (v_{IN} - v_{OUT})$$

$$I'_2 = \Delta I_2 + i_{LOAD} - \frac{T_{ON}}{2L} (v_{IN} - v_{OUT})$$

且

$$I'_2 - I'_1 = \Delta I_2 - \Delta I_1 \tag{4.21}$$

将式（4.21）代入式（4.19），可得：

$$\Delta I_1 \left(R_{ESR} - \frac{v_{IN}}{v_{OUT}} \frac{T_{ON}}{C_{OUT}} \right) - \Delta I_2 R_{ESR} = 0 \tag{4.22}$$

在稳态中，$\Delta I_2 / \Delta I_1$ 必须逐渐收敛到 0 来增加稳定性。所以，可以得到不等式（4.23），并简化为式（4.24）。

$$\left| \frac{\Delta I_2}{\Delta I_1} \right| = \left| \frac{R_{ESR} - \frac{v_{IN}}{v_{OUT}} \frac{T_{ON}}{C_{OUT}}}{R_{ESR}} \right| < 1 \tag{4.23}$$

$$R_{ESR} \cdot C_{OUT} > \frac{v_{IN}}{v_{OUT}} \frac{T_{ON}}{2} \tag{4.24}$$

最终，基于式（4.25）和式（4.26）的定义，我们可以得到式（4.27），证明稳定性不仅和R_{ESR}和C_{OUT}相关，也会受到开关频率的影响。

$$f_{SW} = \frac{v_{OUT}}{v_{IN}} \frac{1}{T_{ON}} \tag{4.25}$$

$$f_{ESR} = \frac{1}{2\pi \cdot R_{ESR} C_{OUT}} \tag{4.26}$$

$$f_{SW} > \pi f_{ESR} \tag{4.27}$$

电容值的选择受限于系统稳定性。式（4.27）中的稳定性准则也对应于图4.20中的频率响应。

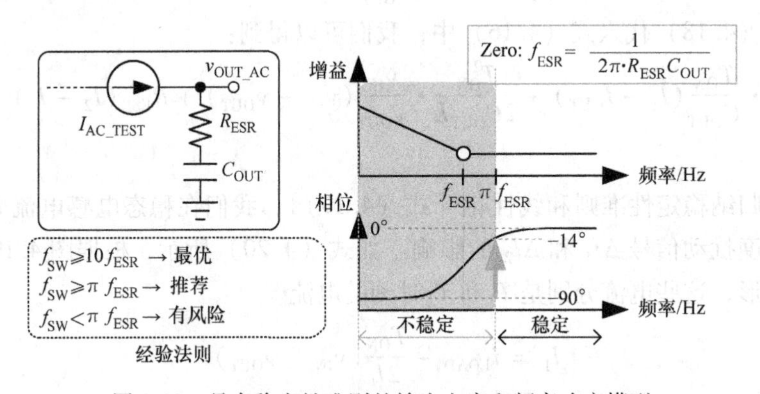

图4.20 具有稳定性准则的输出电容和频率响应模型

输出（v_{OUT_AC}）的交流响应为我们提供了设计准则。R_{ESR}和C_{OUT}共同产生了一个零点，从而降低了电感电流纹波和输出电压纹波的相位延迟。在所需要的工作开关频率上，因为相位从－90°提升到－14°，所以系统稳定性得到保证。因此，我们需要保证有足够高的开关频率来导出两个信号之间的同相关系。

基于稳定性准则，当采用具有一定等效串联电阻的特定电容时，开关频率必须足够高。当工作在较高开关频率时，相位延迟的问题可以得到解决。因为开关功率损耗会降低电源转换效率，所以无限制增加开关频率来解决稳定性问题也是不现实的。此外，比较器延迟也会影响电路稳定性。所以当开关频率超过兆赫兹时，电路中的任何延迟都需要加以考虑。相比之下，大阻值的等效串联电阻可以增加系统稳定性。

然而，在瞬态响应过程中，大阻值的等效串联电阻也会极大地增加下冲/过冲电压，并产生大的输出电压纹波。等效串联电阻也会随着温度的变化而变化，并影响输出电压的平均值。也就是说，输出电压的变化和开关噪声也会很容易影响供电电源电路。因此，适当地选择具有适当等效串联电阻的电容是十分重要的。基于纹波的控制系统稳定性和输出性能依赖于选择合适的输出电容。下面的例子展示了采用特殊聚合物电容的设计。如果开关频率增加到足够高的水平，那么系统的稳定性就可以得到保证。

例 4.1　基本导通时间控制的 DC/DC 降压转换器受到 R_{ESR} 值的影响

导通时间控制 DC/DC 降压转换器的基本结构如图 4.21 所示。参数值如表 4.2 所示。此外，其他的参数如下：$R_1=200\text{k}\Omega$，$R_2=400\text{k}\Omega$。

加入反馈环路后，当系统稳定时，v_{OUT} 为 900mV，f_{SW} 为 1MHz，占空因子为 18%。采用式（3.8）或者式（3.21），并基于稳定性准则，导通时间控制的稳定性依赖于 R_{ESR}。

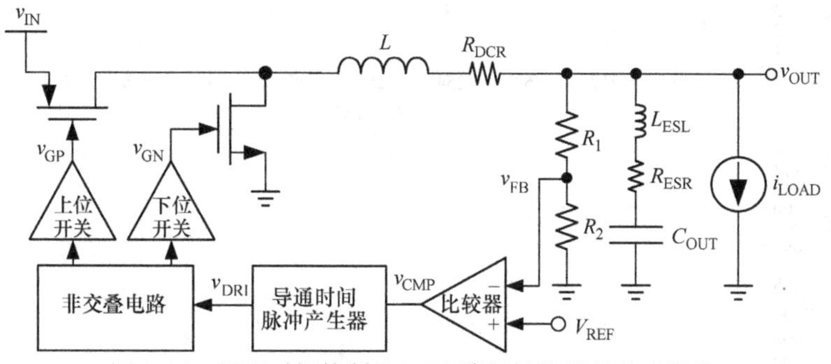

图 4.21　导通时间控制 DC/DC 降压转换器的基本结构

表 4.2　基本参数表

V_{IN}	V_{OUT}	V_{REF}	L	R_{DCR}	C_{OUT}	L_{ESL}	T_{ON}	f_{SW}
5V	900mV	600mV	4.7μH	0mΩ	4.7μF	0nH	180ns	1MHz

不同电阻值 R_{ESR}（如 100mΩ、28mΩ 和 10mΩ，见表 4.3）的仿真结果如图 4.22a ~ c 所示。我们使用的仿真工具为 SIMPLIS。当具有足够大的 R_{ESR} 值时，稳定工作波形如图 4.22a、b 所示。此外，v_{OUT} 也得到调整。从图 4.22a、b 的比较看出，大阻值的 R_{ESR} 会产生较大的输出纹波 $v_{OUT,pp}$。图 4.22a 中，100mΩ 的 R_{ESR} 会产生约 16mV 的 $v_{OUT,pp}$。图 4.22b 中，28mΩ 的 R_{ESR} 会产生约 6mV 的 $v_{OUT,pp}$。图 4.22a、b 中 v_{OUT} 的波谷电压都为 900mV，这是因为 v_{OUT} 的检测都是采用波谷电压控制实现的。然而，v_{OUT} 的平均值 $v_{OUT,avg}$ 的表达式为

$$v_{OUT,avg}=V_{REF}\cdot\left(\frac{R_1+R_2}{R_2}\right)+\frac{1}{2}v_{OUT,pp}\tag{4.28}$$

因此，与图 4.22b 中的 $v_{OUT,avg}=903\text{mV}$ 相比，图 4.22a 中的 $v_{OUT,avg}=908\text{mV}$ 具有更差的失调电压。当电压精度要求比较严格时，电感、输出电容和开关频率必须仔细设计，因为 $v_{OUT,pp}$ 严重依赖于 i_L 的纹波、C_{OUT} 和 R_{ESR}。

在图 4.22c 中，因为 R_{ESR} 阻值较小，无法保证系统的稳定工作，所以 10mΩ 的 R_{ESR} 并没有产生最小的 $v_{OUT,pp}$。不稳定的工作状态会增加 $v_{OUT,pp}$ 和 Δi_L。换句话说，不稳定的 v_{OUT} 会产生不希望的过电压，而对后级电流产生影响。此外，峰值电感电流会显著增加而破坏输出级的器件。

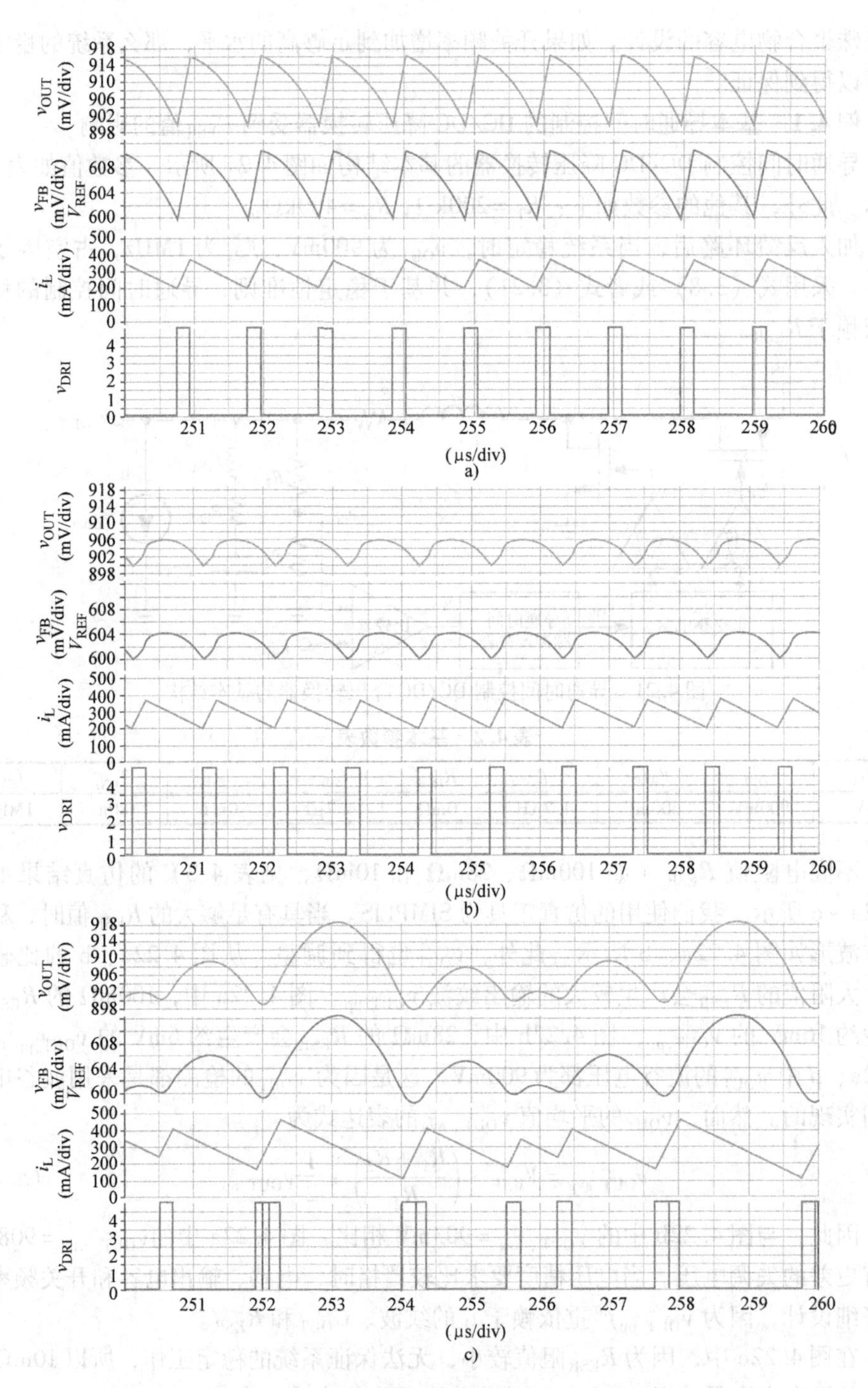

图 4.22 当 R_{ESR}阻值不同时，采用 SIMPLIS 对导通时间控制 DC/DC 降压转换器的仿真结果

a）100mΩ b）28mΩ c）10mΩ

表 4.3　三种情况下的 R_{ESR} 阻值

序号	R_{ESR}/mΩ
(a)	100
(b)	28
(c)	10

SIMPLIS 的设置

在电路仿真软件 SIMPLIS 中建立的电路如图 4.23 所示，对应于图 4.21 中的电路框图。上位开关和下位开关都具有一个并联的二极管，从而构成一个 MOSFET。

图 4.23 中部分细节如图 4.24 和图 4.25 所示。需要设置 4 个主要器件。参数设置窗口如图 4.26 所示。图 4.26a 的窗口是用于编辑输出电容参数，其中电容值为 4.7μF。“Level” 设置为 “2”，用于激活等效串联电阻的设置。在不同的情况下，等效串联电阻的阻值设置为 100mΩ、28mΩ 和 10mΩ。

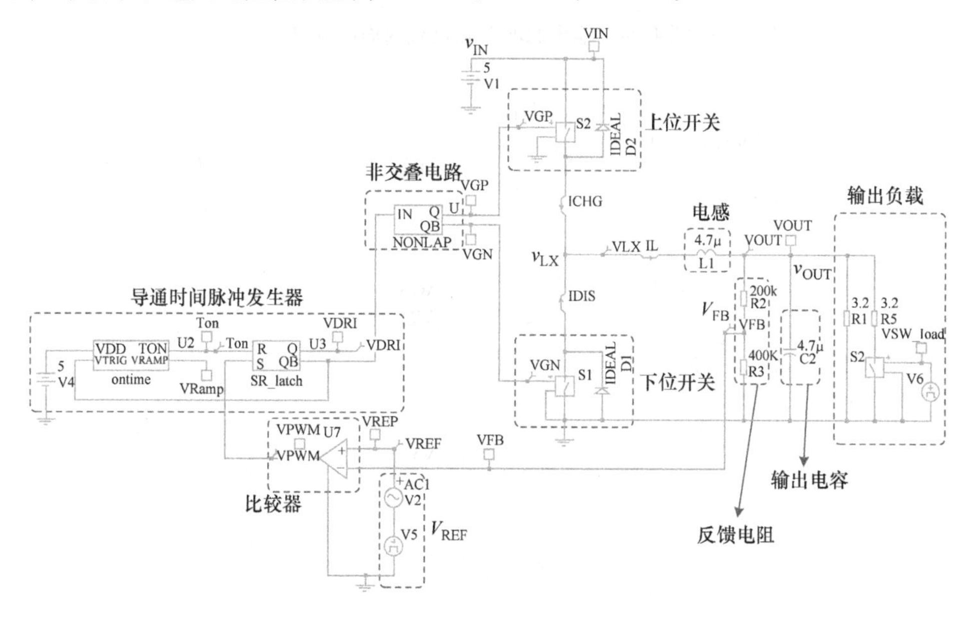

图 4.23　在电路仿真软件 SIMPLIS 中建立的电路

图 4.26b 的窗口是用于编辑电感的器件参数，其中电感值为 4.7μH。“Series Resistance” 为 R_{DCR}，设置为 0。

图 4.26c 的窗口是用于编辑加入负载情况下的器件参数。首先 “Wave shape” 选择为 “one pulse”。之后 “Time/Frequency” 设置为负载变化的时间。在这个设置中，负载一直保持为轻负载状况，直到 500μs。之后经历 2μs，变为重负载。重负载情况一直维持到 550μs，再经过 2μs 转为轻负载。此外，负载变化的值由图 4.24 中的 “Resistance load” 进行设置。图 4.26d 的窗口是用于编辑反馈通路中比

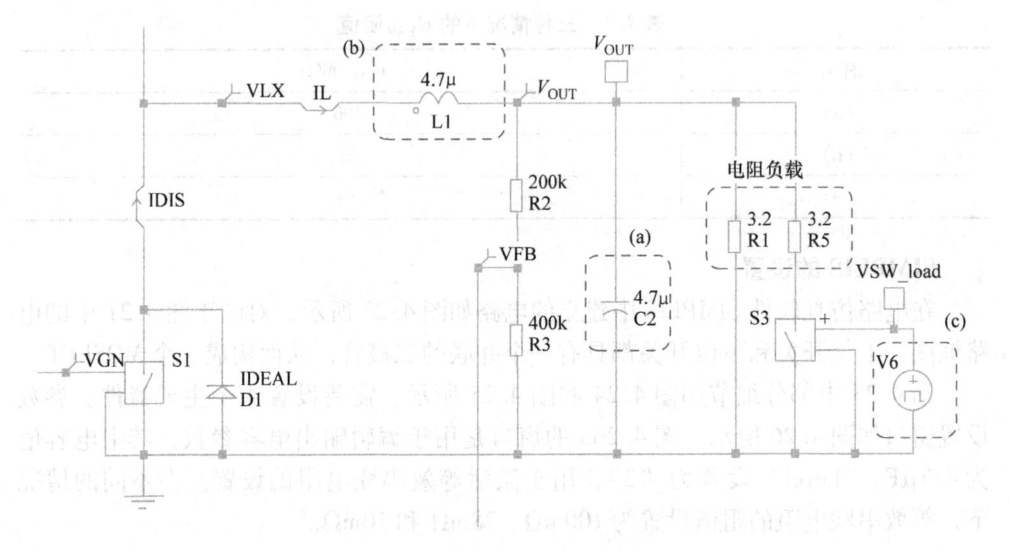

图 4.24　输出滤波器和负载的局部电路

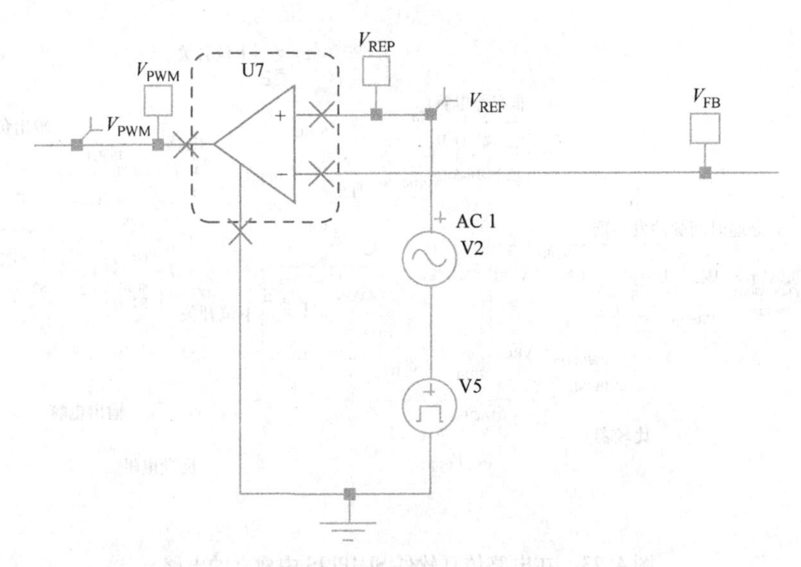

图 4.25　反馈通路的局部电路

较器的器件参数。需要注意的是“Input Resistance”的设置，因为这个电阻值会对从 V_{OUT}经过反馈电阻返回的 V_{FB}的电压值产生负载效应。

例 4.2　如果采用小阻值 R_{ESR}时，通过增加开关频率来满足稳定性准则

100μF 特种聚合物电容的 R_{ESR}阻值为 10mΩ，这表明f_{ESR}大约为 78kHz。如图 4.27a 所示，f_{SW}必须大于 240kHz 来获得最大 14°的相位延迟。选择合适的特种聚合物电容来增加导通时间控制系统的稳定性是比较容易的，但是这会增加成本且产生较大幅度的输出纹波。同时，当同样采用 100μF 的电容时，多层陶瓷电容的

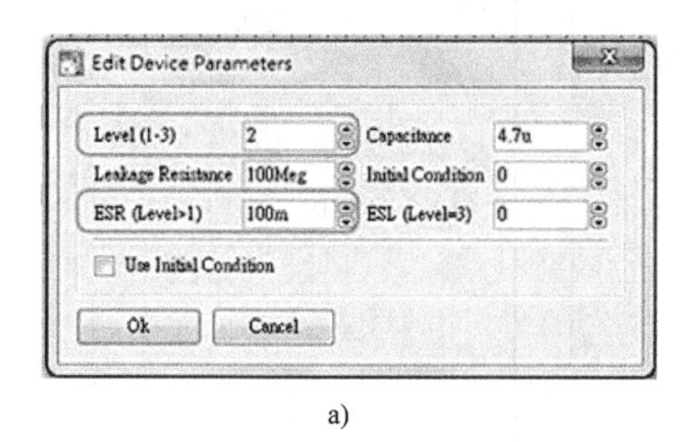

a)

b)

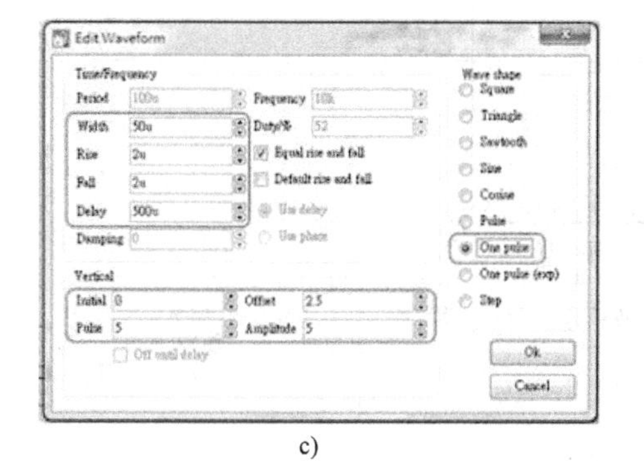

c)

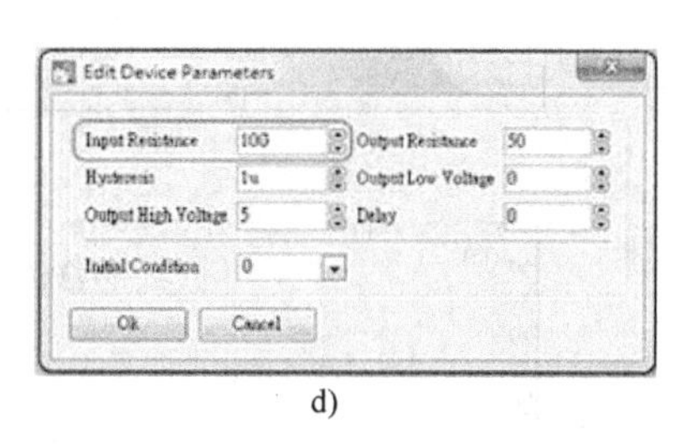

d)

图 4.26　设置器件参数窗口

a）输出电容　b）电感　c）输出负载　d）比较器

R_{ESR}仅为几毫欧。在图 4.27b 中，R_{ESR}的值只有 2mΩ，f_{ESR}大约为 800kHz。这会产生最低允许的开关频率，使得开关频率接近或者高于 2.4MHz。然而，高开关频率也会导致较大的开关功率损耗和更差的抖动问题。

总的来说，多层陶瓷电容不适用于传统的可调导通时间控制方法。所以我们必须选择合适的电容来增加系统稳定性。

4.2.2　输出电容的选择

开关型调整器设计需要在多维参数之间进行折衷设计，这包括输入电压、输出电压、具有电容和电感的输出滤波器和开关频率。电路设计需要仔细的进行参数折衷，从而获得需要的输出电压。电容具有能量存储和电压纹波滤波器的功能。所以，输出电容特性是决定调整率和输出电压恒定性的因素之一。特别是对于基于纹波的控制，输出电容的特性，包括理想电容、等效串联电阻和等效串联电感，都决定了系统的稳定性。因此，正确选择合适的电容型号和电容值对转换器性能有着直接的影响。

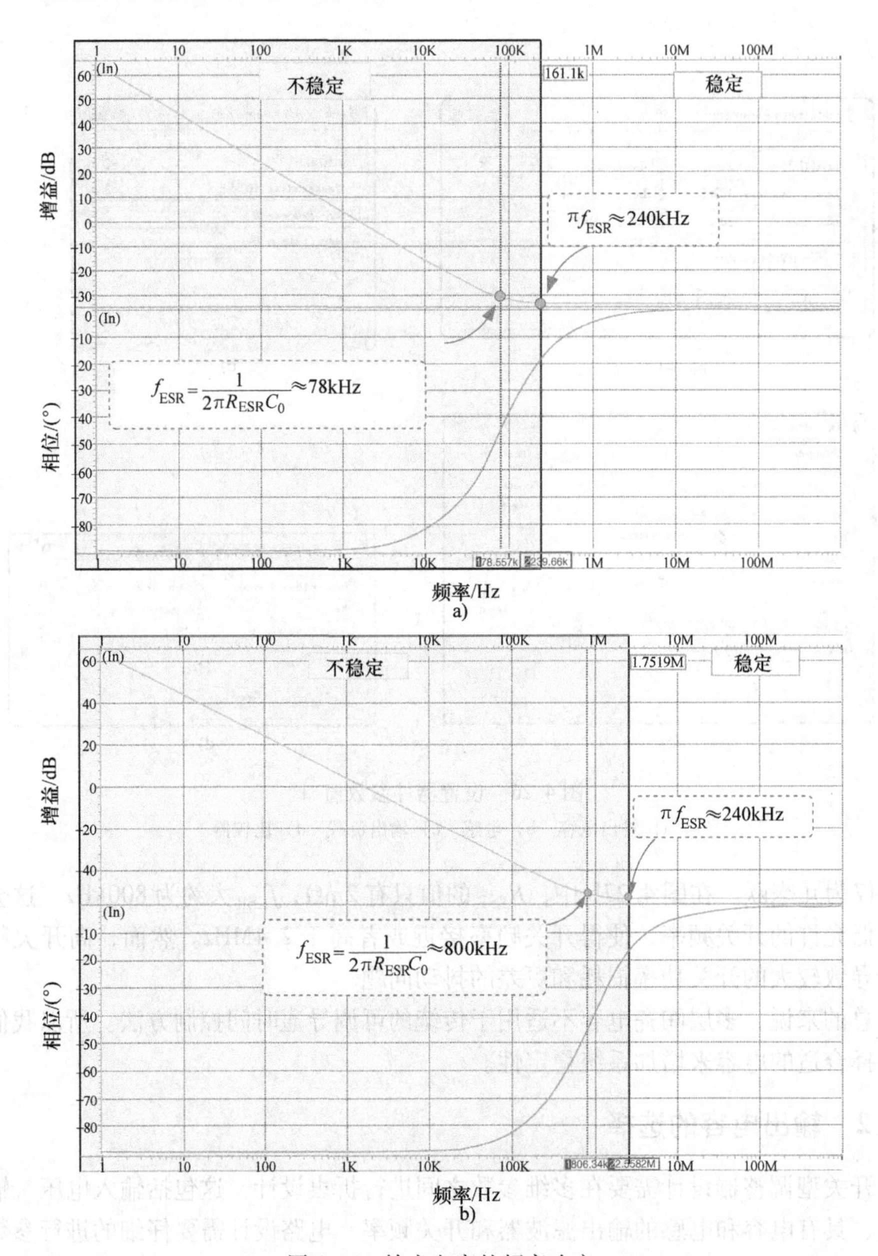

图 4.27 输出电容的频率响应

a）具有 10mΩ 的 R_{ESR} 的 100μF 特种聚合物电容 b）具有 2mΩ 的 R_{ESR} 的 100μF 多层陶瓷电容

不同类型电容的特性总结在表 4.4 ~ 表 4.6 中。我们通常使用的电容包括铝电容、钽电容、薄膜电容和多层陶瓷电容。这些表格也根据电容特性对性能进行了排序。在这些表格中，F - C 和 T - C 表示在不同频率和温度时电容的变化量，耐受的高电压和耐受的高温表示电容能够承受的最高电压和最高温度。

表 4.4　不同类型的电容特性

	材料	电解质	耐受电压/V	容值范围/μF
铝电容	铝、氧化物	有极性	4～400	470～10000
钽电容	钽、氧化物	有极性	2.5～50	0.47～1000
薄膜电容	塑料薄膜	无极性	50～1600	0.001～10
多层陶瓷电容	陶瓷	无极性	6.3～250	0.001～100

表 4.5　不同类型电容的优缺点

	优点	缺点
铝电容	耐受电压高 长时间鲁棒性强的存储能力	当失去电解质时寿命缩短 体积大
钽电容	大电容值 长时间鲁棒性强的存储能力	故障短路
薄膜电容	耐受电压高	小电容值 较少的封装选择
多层陶瓷电容	紧凑尺寸 优良的高频特性	容值会发生变化 容易损坏

表 4.6　不同电容类型

		容值	F－C	T－C	耐受的高电压	耐受的高温	尺寸	寿命	成本	R_{ESR}
铝电容	电解质电容	大	大	大	较高	一般	小	短	低	大
	有机半导体电容	大	较小	小	低	差	一般	较长	一般	大
	特种聚合物电容	大	较小	小	中等	较好	一般	较长	一般	大
钽电容		较大	一般	大	中等	较好	小	一般	较低	中等
薄膜电容		小	小	小	高	好	大	长	一般	小
多层陶瓷电容		较大	小	一般	高	高	小	长	较低	小

铝电解电容是具有阳极和阴极极性的器件。这些电容器由铝极板、氧化铝电解质和电介质组成。铝电解电容可以很容易地产生大电容值。传统的铝电解电容采用液态电解质，因此电解质的品质决定了容值和寿命。所以，高温会使得电容失去电解质，容值降低，而等效串联电阻增加，导致电路失效。较差的频率和温度特性使得铝电解电容不适用于高频电路中。

以固体聚合物电解质为特种聚合物电解质的特种聚合物电容技术解决了这一难题。基于铝电解电容技术，固体型具有长寿命的优点。有机半导体电容采用有机半导体电解质来获得类似的性能。

固态铝电解电容具有良好的特性，但是成本较高，广泛应用在消费类电子产品中。这些电容适用于旁路低频噪声和存储大量能量的情况中。当特种聚合物电容作为输出电容应用于开关稳压器中，大阻值的等效串联电阻会产生较大的输出纹波，这会降低输出电压质量。考虑到这些缺点，当我们需要输出电压具有较高精度时，特种聚合物电容很少用作输出电容。相比之下，对于传统的基于纹波控制的转换器而言，因为其高精度和稳定的等效串联电阻性能，特种聚合物电容是一种较好的选择。

钽电容采用钽氧化物作为电解质，并具有极性。在高温下，这类电容具有更优良的性能，所以钽电容的寿命要长于液体铝电解电容。与铝电解电容相比，铝电解电容的电容值更稳定，直流泄漏更低，高频时的阻抗也更低。钽电容的等效串联电阻小于铝电解电容，但大于多层陶瓷电容。此外，当电容值降低时，小阻值的等效串联电阻会造成电路短路，会使得电路失去功能。

薄膜电容采用薄塑料薄膜作为电解质，具有高稳定性、低电感和小阻值的等效串联电阻，而没有极性，所以薄膜电容非常适用于处理交流信号。与多层陶瓷电容相比，薄膜电容的容值变化范围在 ±5% 之内。这类电容可以耐受数千伏的电压和高温。然而，低电容和较少合适的封装类型限制了使用薄膜电容的灵活性。

多层陶瓷电容是由薄陶瓷层组成的非极性器件。这些电容具有紧凑的尺寸，并且由于其具有较小的等效串联电阻和电感，所以可以应用于开关电源转换器中。较小的寄生值也意味着较低的功率损耗和较高的性能。

正如之前章节讨论过的，在传统的基于纹波控制的降压转换器中，因为基于我们推导的稳定性准则，较大的等效串联电阻值可以很容易地保证系统稳定性，所以特种聚合物电容得到了广泛的应用。然而，在稳态工作状态中，大阻值的等效串联电阻会产生较大的输出电压纹波，而在瞬态响应过程中也会降低过冲和下冲瞬态电压变化。相比之下，多层陶瓷电容具有更强的吸引力，这是它具有更低的价格、紧凑的尺寸和小阻值的等效串联电阻的原因，如表 4.6 所示。然而，低阻值的等效串联电阻不能提供足够的时间常数，来保证基于纹波控制的转换器的稳定性。当使用多层陶瓷电容作为输出电容时，对于设计者来说，维持基于纹波控制技术电路的性能，稳定性问题是一个巨大的挑战。在接下来的章节中，我们将介绍一些技术来克服这些问题。

4.3 采用小阻值 R_{ESR} 的多层陶瓷电容设计技术

在稳定性标准中，等效串联电阻是一个重要的因素。在传统的基于纹波的控制技术中，在输出电容的选择中，我们通常选择具有较大阻值 R_{ESR} 的电容来保证稳定性。该技术最大的缺点是在稳态工作时，输出电压纹波会大幅度增加，且当负载瞬态响应变化时会出现不可避免的较大的过冲电压和下冲电压。由于其固有的内在的较大的输出电压纹波，传统的基于纹波控制的 DC/DC 转换器不适用于对敏感模拟电路供电的电源电路中。近年来，在商用产品中，采用该技术并避免适用大阻值的等效串联电感已经成为了一种趋势。这些技术将在接下来的小节中进行讨论。

4.3.1　采用附加斜坡信号

如果采用附加斜坡信号 v_{RAMP}来增加噪声容限，通过采用便宜的具有小阻值的等效串联电阻的陶瓷电容，基于纹波控制的电源转换器就可以具有较小的输出电压纹波。在图 4.28 的两种方式中，导通时间控制的电路通过插入附加斜坡信号来增加噪声容限。如果输出电容具有较小的 R_{ESR}，那么 v_{OUT}不能线性地反映电感电流纹波。相比之下，通过对 C_{OUT}的放电和充电就可以获得较小的输出电压纹波。增加两个比较器输入端的差值可以通过加入一个额外的斜坡信号到 V_{REF}（见图 4.28a），或者在 v_{FB}中减去一个额外的斜坡信号（见图 4.28b）。换句话说，我们需要增加噪声容限来保证稳定性。

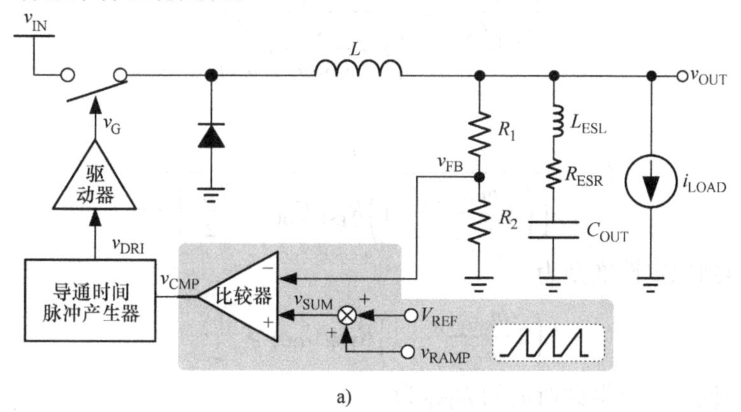

a)

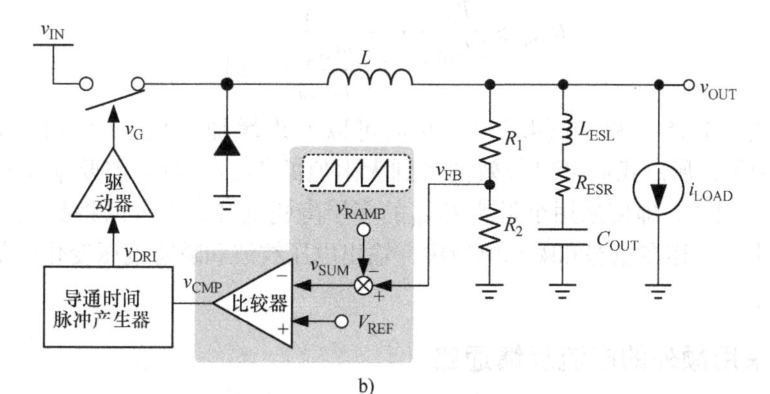

b)

图 4.28　采用小阻值 R_{ESR}电容时，对导通时间控制电路加入斜坡信号

a）在 V_{REF}中加入 v_{RAMP}　b）在 v_{FB}中减去 v_{RAMP}

与4.2节中的分析类似，从参考电压到输出的传递函数可以近似表示为

$$\frac{\hat{v}_{OUT}(s)}{\hat{v}_{REF}(s)} \approx \frac{1}{\left(1+\frac{s}{Q_1\omega_1}+\frac{s^2}{\omega_1^2}\right)} \cdot \frac{\left(1+\frac{s}{Q_2\omega_2}+\frac{s^2}{\omega_2^2}\right)(R_{ESR}C_{OUT}\cdot s+1)}{\left(1+\frac{s}{Q_2\omega_2}+\frac{s^2}{\omega_2^2}\right)\left(1+\frac{s}{Q_1\omega_2}+\frac{s^2}{\omega_2^2}\right)+\frac{m_{Slope,r}}{m_{ESR,f}}R_{ESR}C_{OUT}T_{SW}\cdot s^2} \tag{4.29}$$

其中

$$\omega_1=\frac{\pi}{T_{ON}}, Q_1=\frac{2}{\pi}, \omega_2=\frac{\pi}{T_{SW}}, Q_2=\frac{T_{SW}}{\left(R_{ESR}C_{OUT}-\frac{T_{ON}}{2}\right)\cdot\pi} \tag{4.30}$$

在上式（4.29）中，$m_{Slope,r}$为斜坡信号的斜率；$m_{ESR,f}$为式（4.31）中输出电压纹波的关断时间斜率，可以由等效串联电阻进行推导，也同样为正值：

$$m_{ESR,f}=R_{ESR}\cdot V_{OUT}/L \tag{4.31}$$

当T_{ON}足够小时，式（4.29）的传递函数可以简化为

$$\frac{\hat{v}_{OUT}(s)}{\hat{v}_{REF}(s)} \approx \frac{(R_{ESR}C_{OUT}\cdot s+1)}{\left(1+\frac{s}{Q_{2r}\omega_2}+\frac{s^2}{\omega_2^2}\right)} \tag{4.32}$$

其中有

$$Q_{2r}=\frac{T_{SW}}{\left[\left(2\frac{m_{Slope,r}}{m_{ESR,f}}+1\right)R_{ESR}C_{OUT}-\frac{T_{ON}}{2}\right]\cdot\pi} \tag{4.33}$$

从而得到稳定性准则为

$$\left(2\frac{m_{Slope,r}}{m_{ESR,f}}+1\right)R_{ESR}C_{OUT}>\frac{T_{ON}}{2} \tag{4.34}$$

换句话说，可以得到所需的R_{ESR}为

$$R_{ESR}>\frac{T_{ON}}{2C_{OUT}}\cdot\frac{1}{\left(2\frac{m_{Slope,r}}{m_{ESR,f}}+1\right)} \tag{4.35}$$

比较式（4.15）和式（4.35），我们可以发现增加斜坡信号可以提供一个$m_{Slope,r}$的因子，所以我们可以等效的得到大阻值的R_{ESR}，而不需要采用实际大阻值的R_{ESR}。因此，即使采用小阻值R_{ESR}的多层陶瓷电容，也可以将其应用在导通时间控制中。这样在稳态和瞬态响应中，输出电压纹波和瞬态电压变化值都可以控制得比较小。

4.3.2 采用额外的电流反馈通路

如果采用小阻值R_{ESR}的陶瓷电容，对于基于纹波控制的电路，采用额外的电流反馈通路是另一种可行的方法。具有电流反馈通路的导通时间控制电路的实现如

图 4.29 所示。式（4.36）中的 R_{SEN} 表示从电流信号到电压信号的转换函数。所以 v_{SEN} 线性正比于电感电流 i_{SEN}。那么，将 v_{SEN} 加入到 v_{FB} 中，调整了 v_{SUM} 的斜率后，就可以决定从关断时间到导通时间的开关工作点。

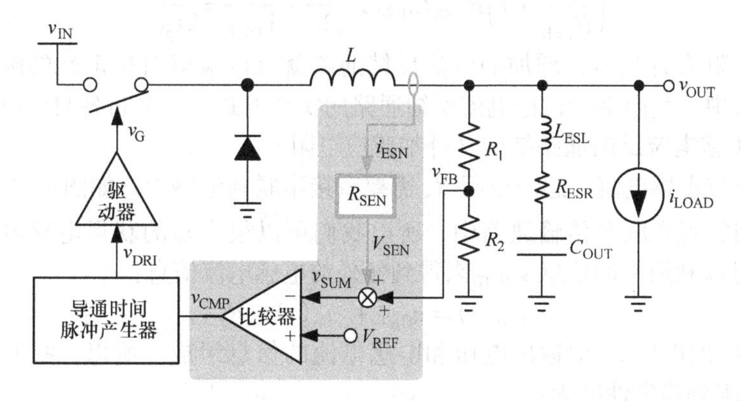

图 4.29　即使采用小阻值 R_{ESR} 的陶瓷电容，对于基于纹波控制电路，采用额外的电流反馈通路

$$R_{SEN}=\frac{v_{SEN}}{i_{SEN}} \tag{4.36}$$

通过增加电流反馈通路，从参考电压到输出的传递函数可以表示为

$$\frac{\hat{v}_{OUT}(s)}{\hat{v}_{REF}(s)}\approx\frac{(R_{ESR}C_{OUT}\cdot s+1)}{\left(1+\frac{s}{Q_1\omega_1}+\frac{s^2}{\omega_1^2}\right)\left(1+\frac{s}{Q_{2s}\omega_2}+\frac{s^2}{\omega_2^2}\right)} \tag{4.37}$$

其中有

$$\omega_1=\frac{\pi}{T_{ON}},\ Q_1=\frac{2}{\pi},\ \omega_2=\frac{\pi}{T_{SW}},\ Q_{2s}=\frac{T_{SW}}{\left[\left(\frac{R_{SEN}}{R_{ESR}}+1\right)R_{ESR}C_{OUT}-\frac{T_{ON}}{2}\right]\pi} \tag{4.38}$$

如果 T_{ON} 足够小，则传递函数可以简化为二阶等式：

$$\frac{\hat{v}_{OUT}(s)}{\hat{v}_{REF}(s)}\approx\frac{(R_{ESR}C_{OUT}\cdot s+1)}{\left(1+\frac{s}{Q_{2s}\omega_2}+\frac{s^2}{\omega_2^2}\right)} \tag{4.39}$$

式（4.41）可以消除不希望的右半平面极点，也就是说，Q_{2s} 总是大于 0 的

$$Q_{2s}=\frac{T_{SW}}{\left[\left(\frac{R_{SEN}}{R_{ESR}}+1\right)R_{ESR}C_{OUT}-\frac{T_{ON}}{2}\right]\pi}>0 \tag{4.40}$$

所以可以得到稳定性准则

$$\left(\frac{R_{SEN}}{R_{ESR}}+1\right)R_{ESR}C_{OUT}>\frac{T_{ON}}{2} \tag{4.41}$$

与式（4.14）相比，Q_{2s} 表明电流信号将 R_{ESR} 的值增加了一个因子（$\frac{R_{SEN}}{R_{ESR}}+1$）。

此外式（4.42）中的准则可以从式（4.24）中得到拓展，那么我们可以很容易保证稳定性：

$$\left(\frac{R_{SEN}}{R_{ESR}}+1\right)R_{ESR}C_{OUT} > \frac{T_{ON}}{2}\cdot\frac{V_{IN}}{V_{OUT}}=\frac{1}{2f_{SW}} \tag{4.42}$$

无需大阻值的 R_{ESR}，增加的电流反馈通路就可以缓解对稳定性的限制。在接下来的小节中，我们将会讨论电流反馈通路的实现方式，并分析各自的电路特点。

4.3.2.1 1型电流反馈通路结构（外加感应电阻）

为了感应电感电流，感应电阻 R_S 需要直接串联到电感中，如图4.30所示。因为感应电阻放置在电源传输通路中，所以我们可以很容易的获得电感电流。通过 R_S，我们可以利用反馈信息 v_{OUT0} 来得到额外的电感电流信息：

$$v_{OUT0}(t)=v_{OUT}+[i_L(t)\cdot R_S] \tag{4.43}$$

经过 R_S 的电压 v_S 由输出电压和电感电流的信息组成。所以，我们可以从式（4.14）中得到稳定性准则：

$$(R_{ESR}+R_S)\cdot C_{OUT} > \frac{T_{ON}}{2} \tag{4.44}$$

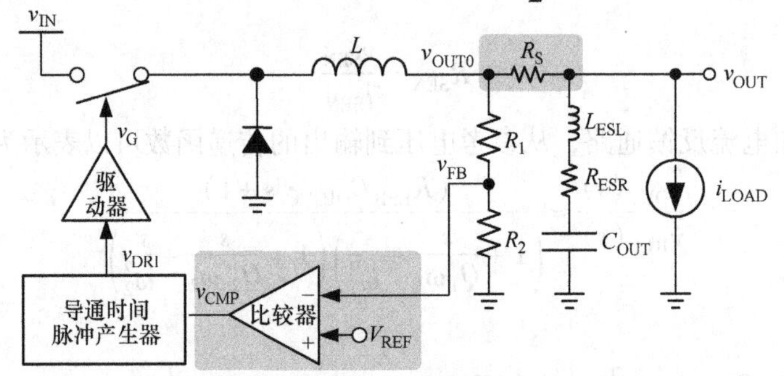

图4.30　插入串联感应电阻 R_S 可以增强系统稳定性，但在不同负载情况下也会产生额外的功耗和电压降

然而，因为利用 R_S 来获得电感电流信息，所以 v_{OUT} 不包含在反馈环路中。换句话说，通过反馈环路直接检测 v_{OUT} 是没有必要的。相比之下，反馈环路只能基于波谷电压控制和参考电压 V_{REF} 来调制 v_{OUT0}。v_{OUT0} 的均值表示为

$$v_{OUT0,avg}=V_{REF}\cdot\left(\frac{R_1+R_2}{R_2}\right)+\frac{1}{2}v_{OUT0,pp} \tag{4.45}$$

用式（4.43）替换式（4.45）时，式（4.46）可以揭示 $v_{OUT0,avg}$ 和 $v_{OUT,avg}$ 之间的关系，从而决定不同负载时的偏差。此外，简化的式（4.47）表示了 $v_{OUT,avg}$ 与期望的调整值之间的偏差：

$$v_{OUT,avg}=v_{OUT0,avg}-\left(i_{L,avg}+\frac{1}{2}i_{L,pp}\right)R_S+\frac{1}{2}v_{OUT,pp} \tag{4.46}$$

$$v_{OUT,avg}=V_{REF}\cdot\left(\frac{R_1+R_2}{R_2}\right)-\left(i_{L,avg}+\frac{1}{2}i_{L,pp}\right)\cdot R_S+\frac{1}{2}v_{OUT,pp}+\frac{1}{2}v_{OUT0,pp}\ominus \tag{4.47}$$

⊖　此处原书有误。——译者注

虽然电路实现非常容易，但增加的感应串联电阻 R_S 使得系统在不同负载情况时产生额外的功耗和电压降。这在目前的便携式电子设备中都是不希望的。

例 4.3　插入 R_S 以获得更多的电感电流信息

一个导通时间控制 DC/DC 降压转换器的基本结构如图 4.30 所示。基本参数如表 4.7 所示。其他参数设置为 $R_1=200\text{k}\Omega$、$R_2=400\text{k}\Omega$。

设系统存在负反馈环路，且当 $f_{SW}=1\text{MHz}$，占空因子为 0.18 时，能够稳定的输出 900mV 的 V_{OUT}。当 R_S 分别为 60mΩ 和 20mΩ 时，仿真结果如图 4.31a、b 所示。仿真结果也是通过使用仿真工具 SIMPLIS 获得的。

表 4.7　例子 4.3 中使用的基本参数

V_{IN}	V_{OUT}	V_{REF}	L	R_{DCR}	C_{OUT}	R_{ESR}	L_{ESL}	T_{ON}	f_{SW}
5V	900mV	600mV	4.7μH	0mΩ	4.7μF	0mΩ	0nH	180ns	1MHz

当 $R_S=60\text{m}\Omega$ 时，稳态工作波形如图 4.31a 所示，v_{OUT}得到了很好的调整。当 $R_S=0\text{m}\Omega$ 时，v_{OUT}的波形没有包含 i_L 的线性信息。经过 R_S，v_{OUT0}的波形增加了一些额外信息到 i_L 中。v_{OUT0}和 i_L 的线性度也得到了增加，这证实了式（4.43）推导的结果。经过 R_1 和 R_2，反馈环路可以调整 v_{OUT0}，并提供一个稳定的 v_{OUT}。这些波形也表明 R_S 会在 v_{OUT0}和 v_{OUT}中产生 −12mV 的偏差，证实了式（4.48）推导的结果。在图 4.31b 中，$R_S=20\text{m}\Omega$，v_{OUT0}和 v_{OUT}的偏差降低到 −4mV。此外，输出波形表明，为了保证系统稳定性，$R_S=20\text{m}\Omega$ 相对偏小。所以，v_{OUT}并不是很稳定（见表 4.8）。

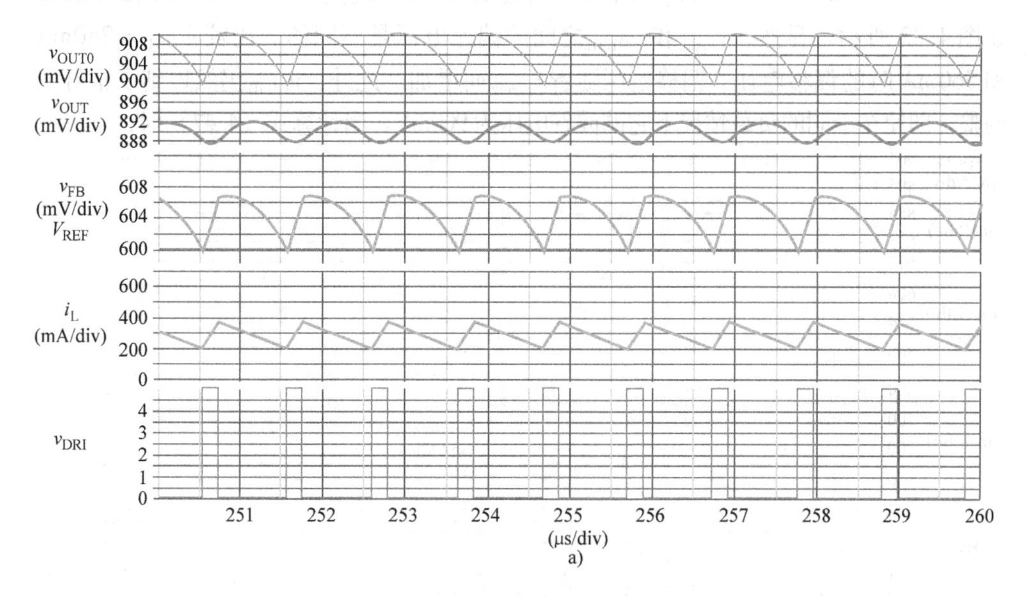

图 4.31　导通时间控制 DC/DC 降压转换器的仿真结果

a）$R_S=60\text{m}\Omega$

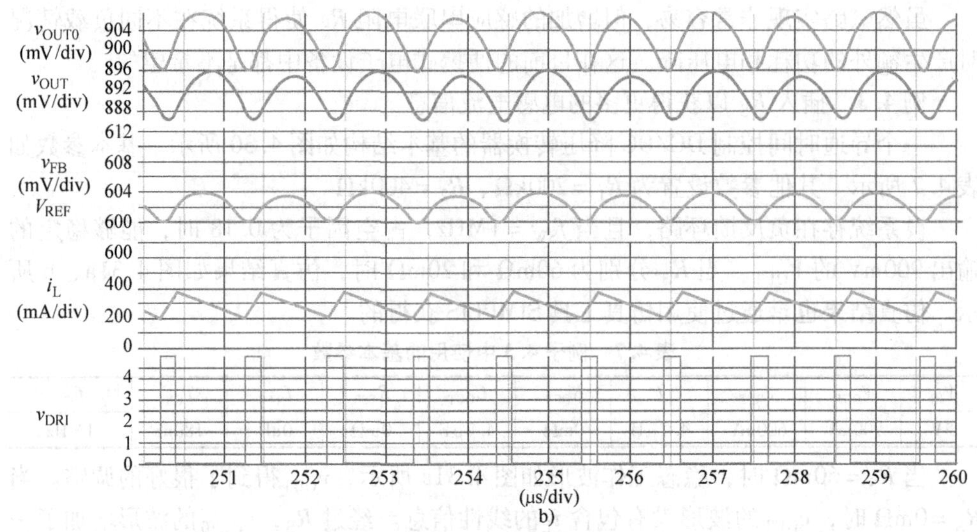

图 4.31 导通时间控制 DC/DC 降压转换器的仿真结果（续）

b）$R_S=20\text{m}\Omega$

表 4.8 两种情况的器件参数

情形	L	R_{DCR}	L_{ESL}	R_{ESR}	C_{OUT}	R_S/mΩ
(a)	4.7μH	0mΩ	0nH	0mΩ	4.7μF	60
(b)						20

当 $R_S=60\text{m}\Omega$，且在 500μs 时负载电流从 280mA 跳变到 560mA 时，瞬态响应如图 4.32 所示。显然，v_{OUT}和 v_{OUT0}之间的偏差电压是不同的。比较 $I_{LOAD}=280\text{mA}$ 和 560mA 时的偏移电压，偏移电压随着 $i_{L,avg}$而增加。此外，v_{OUT0}仍然得到了很好的调整，即使在不同的负载情况下它的波谷电压为 900mV。当计算式（4.47）时，

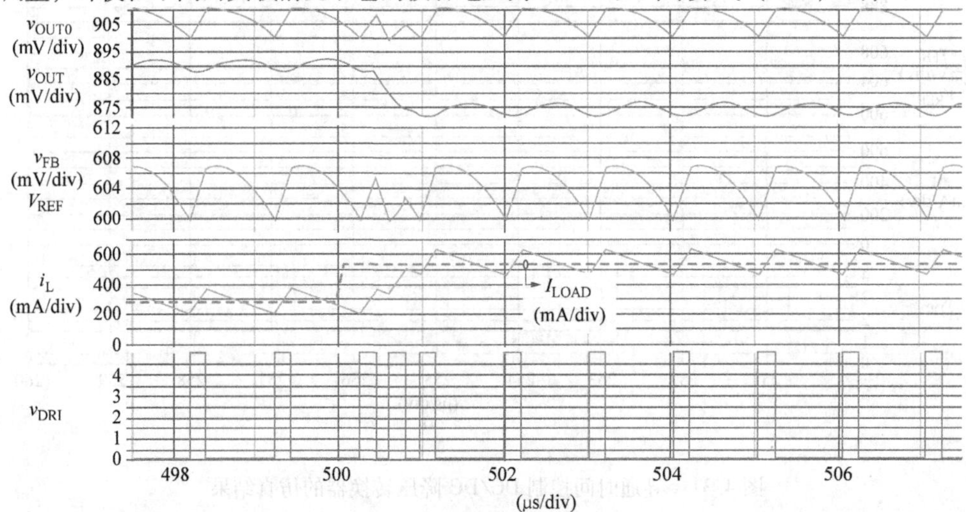

图 4.32 当 $R_S=60\text{m}\Omega$，且在 500μs 时，负载电流从 280mA 跳变到 560mA 时，导通时间控制的 DC/DC 降压转换器的瞬态响应

我们也预计到了这种现象。换句话说，v_{OUT}中的电压降严重依赖于R_S和i_{LOAD}。当我们需要输出电压具有高精度时，图4.30中的结构可能不是一种合适的选择。

SIMPLIS的设置

对应于图4.30，SIMPLIS中建立的电路如图4.33所示。上位开关和下位开关都与一个二极管并联来等效一个MOSFET。此外，图4.34提供了图4.33的局部电路。我们需要确定四个重要的器件值来观察电路的不同性能，这些参数的设置窗口如图4.35所示。

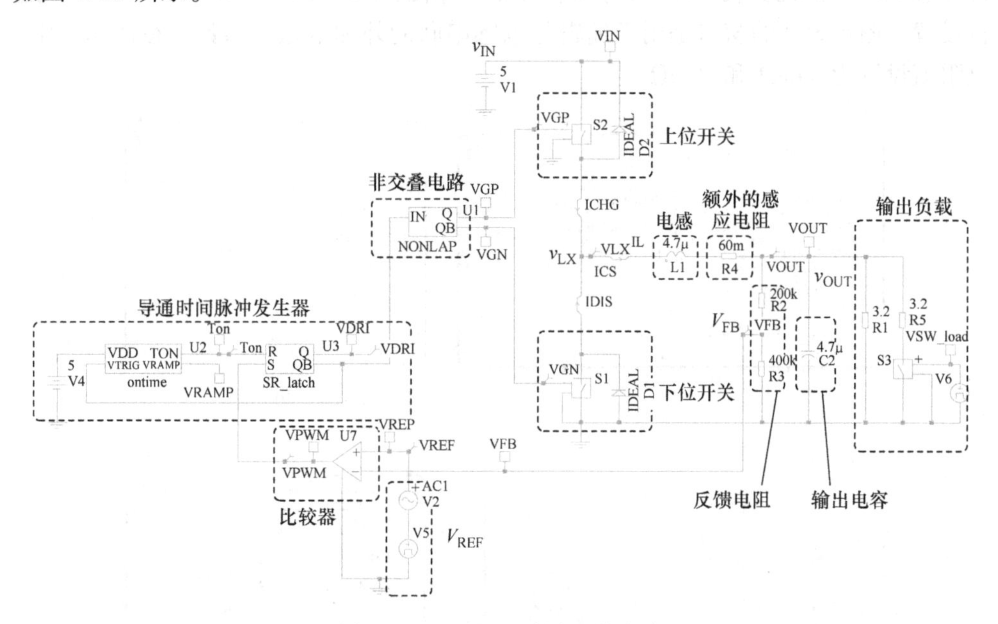

图4.33　SIMPLIS中建立的电路

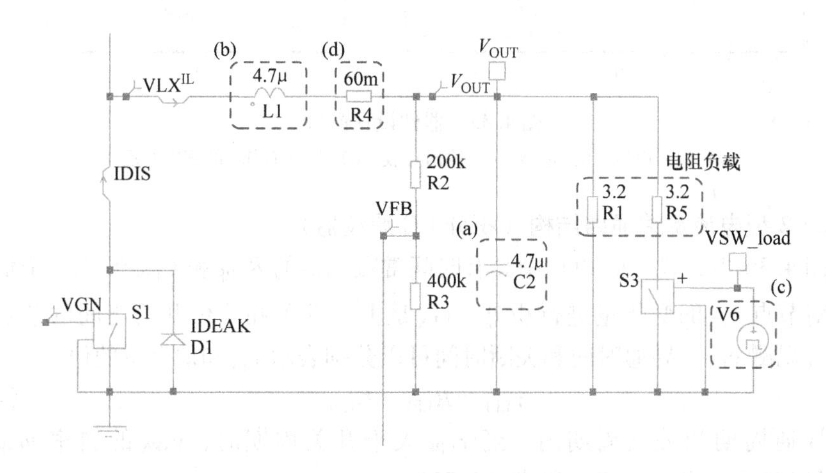

图4.34　输出滤波器和负载的局部电路

图4.35a是编辑输出电容的窗口，值为4.7μF。“Level”设置为“2”来激活等效串联电阻选项。然而，为了表示外加感应电阻的功能，这里设置等效串联电阻为0。图4.35b是编辑电感的窗口，值为4.7μH。“Series Resistance”为R_{DCR}，设置为0。图4.35c为编辑负载变化的窗口。“Wave shape”首先选择为“One pulse”，“Time/Frequency”可以设置为负载改变的时间。在设置中，轻负载状况一直保持到500μs，然后在2μs时间内跳变到重负载状况。重负载情况一直维持到550μs，再经过2μs转为轻负载。此外，负载变化的值由图4.34中的“Resistance load”进行设置。图4.35d的窗口是用于编辑与电感串联的外加电阻的参数。在例4.3中，电阻值设置为60mΩ和20mΩ。

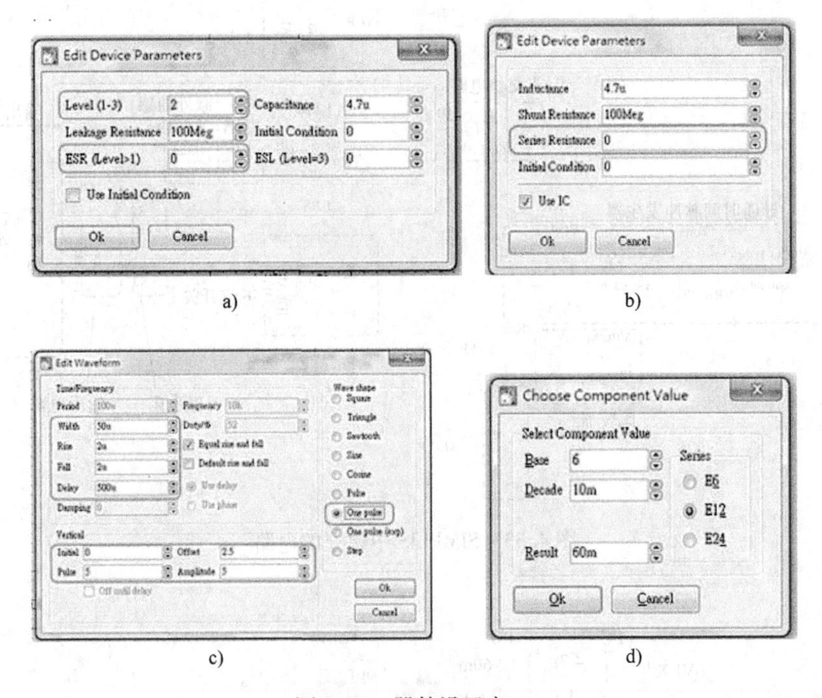

a) b) c) d)

图4.35 器件设置窗口

a）输出电容 b）电感 c）输出负载 d）与电感串联的感应电阻

4.3.2.2 2型电流反馈通路结构（积分RC滤波器）

在图4.36中，式（4.49）中具有时间常数τ_{LPF}的R_{LPF}和C_{LPF}形成一个低通滤波器，对节点v_{LX}的变化量进行积分。v_{LX}是上位开关和下位开关之间的节点。所以，通过观测v_{LX}，导通时间和关断时间可以分别表示v_{IN}和地电位的值：

$$\tau_{LPF}=R_{LPF}\cdot C_{LPF} \tag{4.48}$$

在导通周期和关断周期内，当τ_{LPF}大于开关周期时，v_{SEN}的斜率$m_{SEN,r}$和$m_{SEN,f}$可以表示为式（4.50）和式（4.51）：

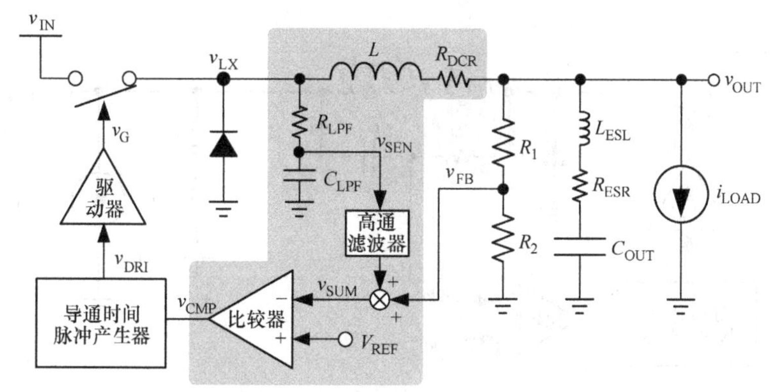

图4.36　具有时间常数 τ_{LPF} 的由 R_{LPF} 和 C_{LPF} 组成的一个低通滤波器，对节点 v_{LX} 的变化量进行积分

$$m_{SEN,r} = \frac{v_{IN} - v_{OUT}}{\tau_{LPF}} \tag{4.49}$$

$$m_{SEN,f} = \frac{-v_{OUT}}{\tau_{LPF}} \tag{4.50}$$

这个常规模型主要用于推导 v_{SEN} 的直流值。在稳态工作状态中，经过 R_{LPF} 的平均电流为0。v_{LX} 的平均值可以表示为式（4.51），其中复数值 D 假设为常数，用于简化分析：

$$v_{LX,avg} = v_{IN} \cdot D \tag{4.51}$$

考虑常规模型，电感可以视为短路。v_{SEN} 的直流值（或者平均值）可以推导为式（4.52），其中 $i_{L,avg}$ 为电感平均值

$$v_{SEN,avg} = v_{OUT,avg} - i_{L,avg} \cdot R_L \tag{4.52}$$

在式（4.49）、式（4.50）和式（4.52）中，$v_{SEN}(t)$ 表示电感电流。换句话说，$v_{SEN}(t)$ 包含了电感电流的直流和交流信息。将 $v_{SEN}(t)$ 加入到反馈通路中增加稳定性，我们需要一个高通滤波器来传输 $v_{SEN}(t)$ 的交流信息，所以 $v_{SEN}(t)$ 的直流信息不会使 v_{OUT} 调整的精度进一步恶化。一种简单地将 v_{FB} 和 v_{SEN} 相加的方法就是将两个节点直接短接。因为不需要混频电路，所以电路的复杂性大大降低。然而，v_{FB} 和 v_{SEN} 之间的相位延迟特性仍然会降低瞬态响应，v_{OUT} 的调整精度也会恶化。

4.3.2.3　3型电流反馈通路结构（并联RC滤波器）

在图4.36中，基于 C_{LPF} 和 R_{LPF} 滤波器的积分函数，电流感应信息 v_{SEN} 相对于实际的电感电流信息 i_L 具有一定的相位延迟。因为输出电压变化不能有效地反馈回控制器中，所以负载瞬态响应受到一定的限制。在图4.37中，C_S 和 R_S 组成的滤波器和电感 L 并联，也具有类似的电感电流感应效应，当然瞬态结果也会有细微的差别。

在这种方法中，电感的寄生电阻 R_{DCR} 用于感应电感电流。这样，在能量传输路径中就没有使用感应电阻，也就不会产生额外的功率损耗。C_S 和 R_S 与电感 L 和

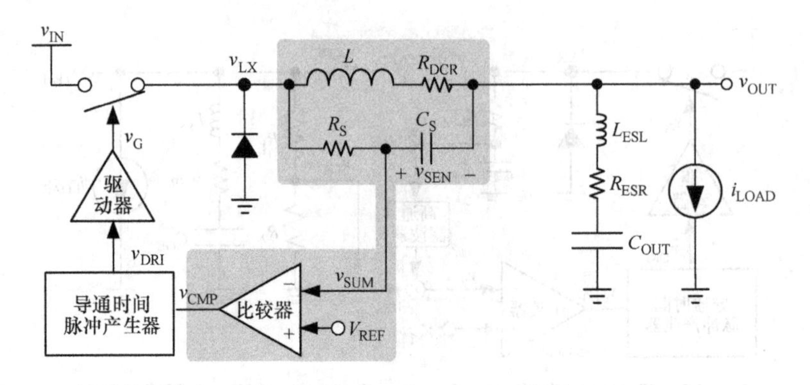

图 4.37　并联感应技术可以增强感应信号

R_{DCR}并联，感应流过R_{DCR}的电流。可以得到经过C_S的电压为

$$v_{SEN}(s)\frac{i_L\cdot(R_{DCR}+sL)}{1+sR_SC_S}=(i_L\cdot R_{DCR})\cdot\left[\frac{1+s(L/R_{DCR})}{1+sR_SC_S}\right] \tag{4.53}$$

式（4.53）中的直流项表明感应结果可以简单地利用电感寄生电阻R_{DCR}进行推导。然而，与频率有关的项包含零极点对，将会影响电感电流感应的线性度。如果L/R_{DCR}和R_SC_S的时间常数值相等，如式（4.54）所示。所以，经过C_S的电压v_{SEN}正比于电感电流i_L：

$$L/R_{DCR}=R_SC_S \tag{4.54}$$

所导出的电流感应信号可以独立于频率，而不受来自电感或感应网络的任何时间常数值的影响。我们必须提前得到L和R_{DCR}的值，以便于设计合适的C_S和R_S感应网络。这种方法的缺点是有限的设计灵活性。另一种折衷方法是调整外部电阻R_S值，以确保设计灵活性。

在导通周期和关断周期内，v_{LX}分别短路到v_{IN}和地。在导通周期和关断周期内，当分别对电容C_S充电或者放电，上升斜率$m_{SEN,r}$和下降斜率$m_{SEN,f}$可以表示为

$$m_{SEN,r}=\frac{v_{IN}-v_{OUT}}{\tau_{SEN}} \tag{4.55}$$

$$m_{SEN,f}=\frac{-v_{OUT}}{\tau_{SEN}} \tag{4.56}$$

在这种方法中，我们假设开关导通电阻足够小，可以忽略，且时间常数τ_{SEN}等于C_S和R_S的乘积

$$\tau_{SEN}=R_S\cdot C_S \tag{4.57}$$

利用式（4.58）可以推导出$v_{SUM}(t)$，表明电流纹波的总和极大地增加了，并提高了系统稳定性

$$v_{SUM}(t)=v_{OUT}(t)+v_{SEN}(t) \tag{4.58}$$

然而，电感电流的直流值也包括在内。该方法的缺点之一是，v_{SUM}的直流值与负载电流情况有关。所以，该方法仍然会受到电压降的影响。不同负载情况下v_{OUT}处失调电压和电压降的工作波形如图4.38所示。归功于波谷控制，v_{SEN}的波谷在V_{REF}处得到调整。基于式（4.58），v_{OUT}的直流值$v_{OUT(DC)}$可以从式（4.59）中得到。式（4.60）和式（4.61）中的v_{droop}和v_{offset}分别表示电压降和失调电压。值得注意的是，v_{droop}仅仅包含$v_{SEN(DC)}$，而v_{offset}包含$v_{OUT(AC),pp}$和$v_{SEN(AC),pp}$（$v_{OUT(AC),pp}$和$v_{SEN(AC),pp}$分别表示$v_{OUT(AC)}$和$v_{SEN(AC)}$的峰值电压）。

$$v_{OUT(DC)} = v_{REF} + V_{droop} + V_{offset} \tag{4.59}$$

$$v_{droop} = \frac{1}{2} v_{SEN(DC)} \tag{4.60}$$

$$v_{offset} = \frac{1}{2} v_{SEN(AC),pp} + \frac{1}{2} v_{OUT(AC),pp} \tag{4.61}$$

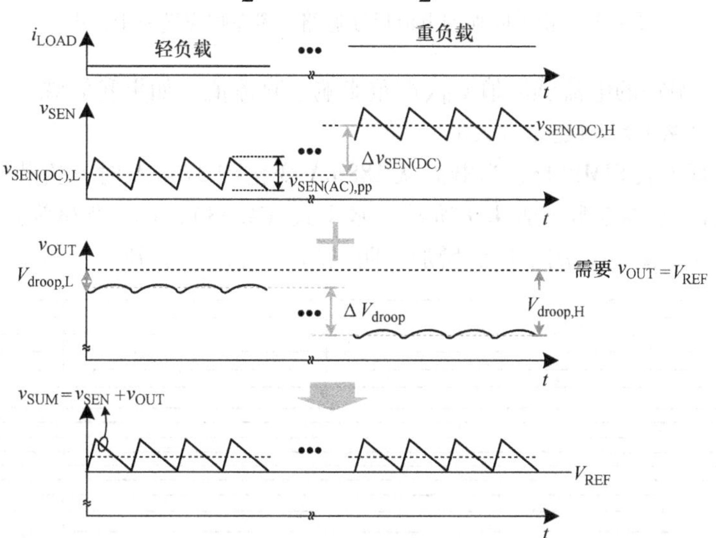

图4.38　不同负载情况下v_{OUT}处失调电压和电压降的工作波形

当采用多层陶瓷电容减小纹波时，$v_{OUT(AC),pp}$的值较小，可以忽略。所以，式（4.61）简化为

$$v_{offset} \approx \frac{1}{2} v_{SEN(AC),pp} \tag{4.62}$$

然而，R_{SEN}的值必须足够大以满足不等式（4.41）的要求，这意味着v_{SEN}必须足够大。此外，在不同负载情况下，v_{OUT}处与负载有关的电压降V_{droop}是由v_{SEN}产生的。考虑到对$v_{OUT(DC)}$的调整，式（4.59）表明$v_{SEN(AC),pp}$会在v_{OUT}处产生大的失调电压。重要的是，不同负载情况下$v_{SEN(DC)}$的变化会影响v_{OUT}处的V_{droop}。

在图4.39所示的情况中，因为v_{SEN}的变化趋势与v_{OUT}相反，所以$v_{SEN(AC)}$越大，Δv_{SUM}就越小。同时，导通周期也小于稳态工作时。虽然该方法采用一个附加的电流反馈通路来稳定系统，但负载调整率和瞬态响应的性能却进一步恶化。

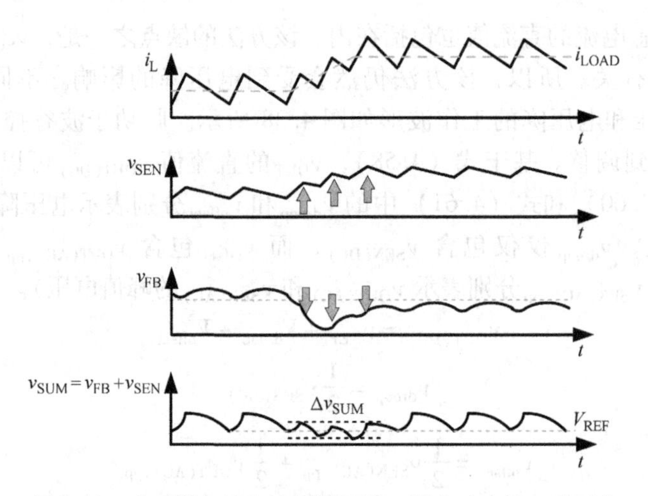

图 4.39　由于附加的电流反馈通路，瞬态响应进一步恶化

例 4.4　附加的电流感应值 v_{SEN} 严重影响了直流值。如果我们观察 C_S 的变化，会发现感应电路的影响是非常大的。

利用仿真工具 SIMPLIS，当电流从 188mA 变化到 375mA 时，负载瞬态响应如图 4.40 所示。基本参数如表 4.9 所示。基于式（4.58），v_{OUT} 调整为近似 600mV。v_{SEN} 的直流值随着 i_{LOAD} 的增加而增加。明显的，$v_{OUT(DC)}$ 受到 v_{SEN} 的影响。

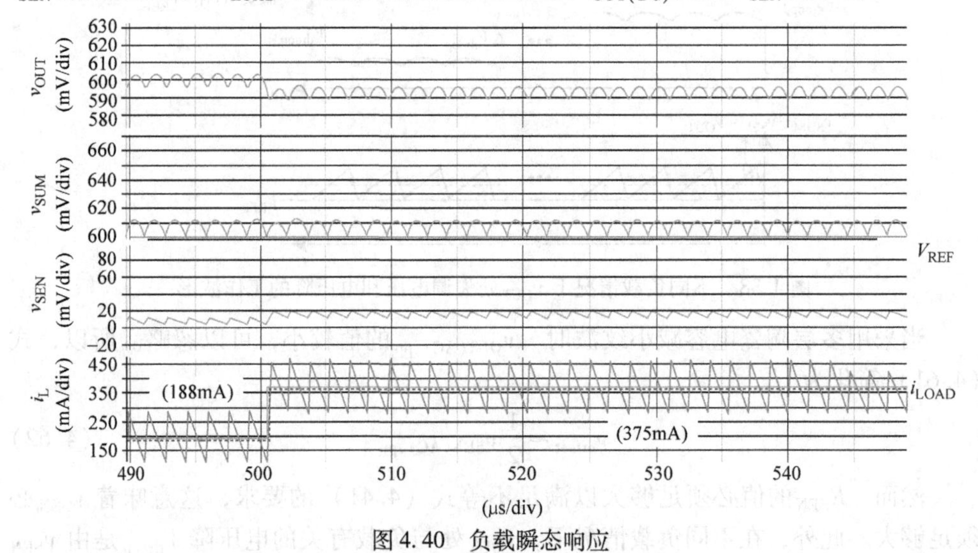

图 4.40　负载瞬态响应

表 4.9　例 4.4 中的基本参数

V_{IN}	V_{OUT}	V_{REF}	L	R_{DCR}	C_{OUT}	R_{ESR}	L_{ESL}	T_{ON}	f_{SW}
5V	600mV	600mV	4.7μH	40mΩ	4.7μF	0mΩ	0nH	180ns	600kHz

在这个方法中，如果 C_S 改变而 R_S 保持不变，通过观测不同幅度的 v_{SEN}，我

们可以观察到不同的电路特性。在 5 种 C_S 值的情况下，其他电路参数如表 4.10 所示，相应的波形如图 4.41 所示。

表 4.10　5 种 C_S 情况下的设计参数

情形	L	R_{DCR}	L_{ESL}	R_{ESR}	C_{OUT}	R_S	C_S
(a)	4.7μH	40mΩ	0nH	0mΩ	4.7μF	250Ω	470nF
(b)							100nF
(c)							47nF
(d)							1.0μF
(e)							4.7μF

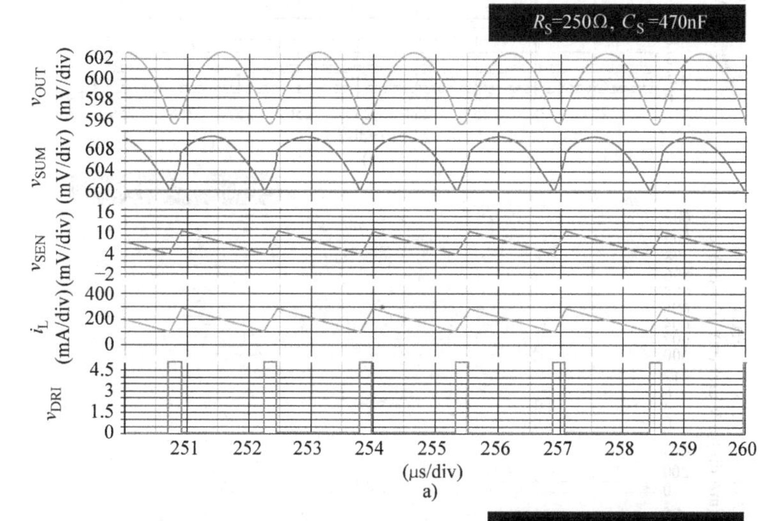

a)

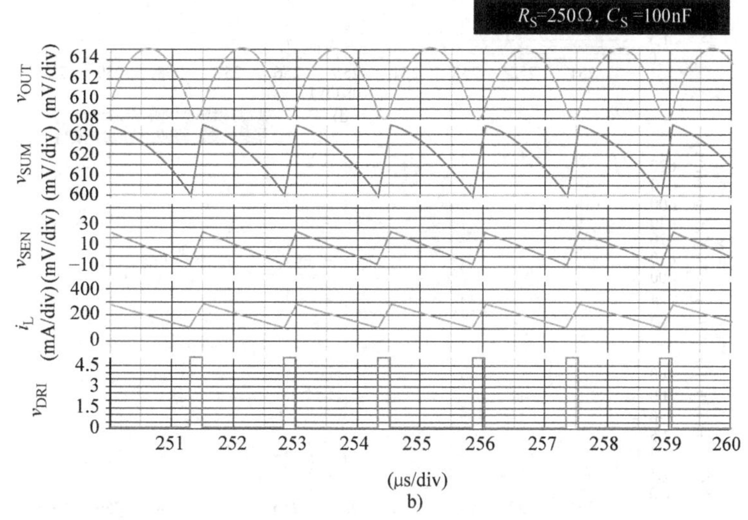

b)

图 4.41　片外器件包括 $L=4.7\mu H$，$R_{DCR}=40m\Omega$，$L_{ESL}=0\mu H$，$R_{ESR}=0m\Omega$，$C_{OUT}=4.7\mu F$

a) $R_S=250\Omega$，$C_S=470nF$　b) $R_S=250\Omega$，$C_S=100nF$

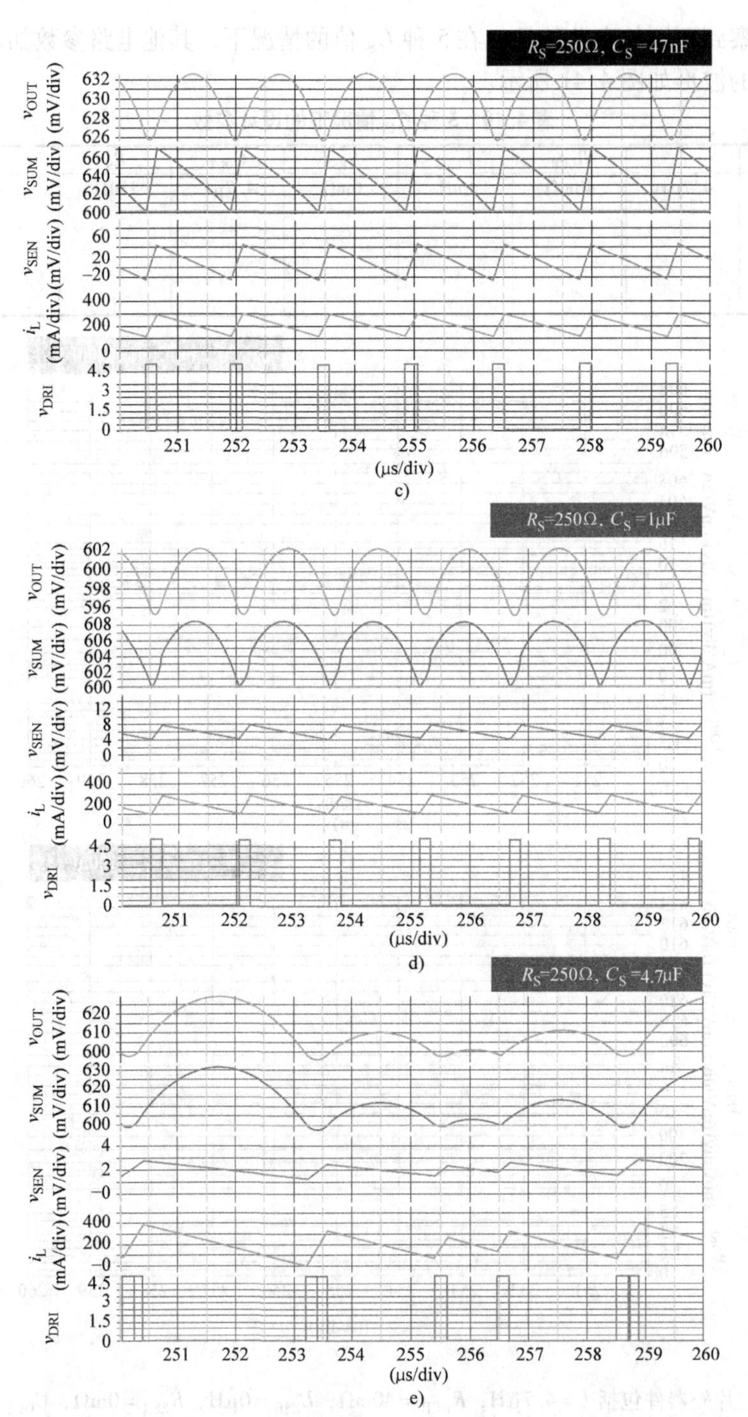

图 4.41　片外器件包括 $L=4.7\mu H$，$R_{DCR}=40m\Omega$，$L_{ESL}=0\mu H$，$R_{ESR}=0m\Omega$，$C_{OUT}=4.7\mu F$（续）

c）$R_S=250\Omega$，$C_S=47nF$　d）$R_S=250\Omega$，$C_S=1.0\mu F$

e）$R_S=250\Omega$，$C_S=4.7\mu F$

在图 4.41a 中，$R_S=250\Omega$，$C_S=470\text{nF}$，如式（4.54）所示。所以，v_{SEN}正比于i_L，而v_{FB}包含了v_{OUT}和i_L的信息。因此，虽然R_{ESR}为零，但是系统稳定性仍然得到了保证。v_{SUM}的波谷电压为 600mV，这是因为反馈环路的两个输入端为V_{REF}和v_{SUM}。然而，v_{OUT}的波谷电压等于$600\text{mV}-v_{SEN(AC),pp}-v_{SEN(DC)}$。换句话说，$v_{OUT}$的平均值随着不同的$V_{REF}$和$v_{SEN(AC),pp}$值而变化。基于式（4.56）和式（4.57），时间常数τ_{SEN}可以决定$v_{SEN(AC),pp}$：

$$v_{SEN(AC),pp}=T_{ON}\cdot m_{SEN,r}=T_{ON}\cdot\left(\frac{v_{IN}-v_{OUT}}{\tau_{SEN}}\right) \tag{4.63}$$

降低C_S会产生不同的$v_{SEN(AC),pp}$值，这是v_{OUT}处的失调电压。在图 4.41b 中，如果C_S下降到 100nF，那么τ_{SEN}的值会小于图 4.41a 中的值。在图 4.41a 中$v_{SEN(AC),pp}$的值为 8mV，而在图 4.41b 中，$v_{SEN(AC),pp}$的值为 37.6mV。比较图 4.41a 和图 4.41b 可以知道$v_{SEN(AC),pp}$的值正比于C_S的值。

此外，在图 4.41c 中，当$R_S=250\Omega$，$C_S=47\text{nF}$，τ_{SEN}小于它的原始值，所以$v_{SEN(AC),pp}$为 80mV。更大的$v_{SEN(AC),pp}$会使得v_{FB}与i_L的正比关系增强。所以，反馈信号的抗噪声性能增强。然而，更大的$v_{SEN(AC),pp}$也会在v_{OUT}处产生更大的失调电压。在图 4.41a ~ c 中，$v_{OUT(DC)}$的值分别为 599mV、611mV 和 630mV。相比之下，这些结果表明τ_{SEN}随着C_S的值增加而增加，如图 4.41d ~ e 所示。如果$R_S=250\Omega$，$C_S=1.0\mu\text{F}$，$v_{SEN(AC),pp}$的值下降为约 3.76mV。v_{OUT}得到很好的调整，且它的波形和v_{SUM}类似。然而，v_{SUM}和i_L之间的线性关系很差。因此，如图 4.41e 所示，$C_S=4.7\mu\text{F}$，且τ_{SEN}较小时，工作状态有可能出现不稳定。

换而言之，稳定性主要由τ_{SEN}的值决定。与传统具有大阻值R_{ESR}的导通时间控制相比，v_{SEN}的纹波取代了V_{ESR}纹波的功能。式（4.64）定义了用于稳定性补偿的等效电阻$R_{eq,SEN}$

$$R_{eq,SEN}=\frac{v_{SEN(AC),pp}}{i_{L,pp}}=\frac{L}{\tau_{SEN}} \tag{4.64}$$

式（4.14）中的稳定性准则可以修改为式（4.65）和式（4.66），并且缩小了实际的等效串联电阻

$$(R_{ESR}+R_{eq,SEN})C_{OUT}>\frac{T_{ON}}{2} \tag{4.65}$$

$$\left(R_{ESR}+\frac{L}{\tau_{SEN}}\right)\cdot C_{OUT}>\frac{T_{ON}}{2} \tag{4.66}$$

例 4.5　因为在瞬态响应中v_{SEN}和v_{OUT}的变化趋势相反，所以瞬态响应受到不同τ_{SEN}的影响。

根据分析结果，另一个设计考虑是不同的τ_{SEN}值对瞬态响应的影响。表 4.11 和表 4.12 分别列出了所需的基本参数。当$R_S=250\Omega$，$C_S=470\text{nF}$、100nF 和 1.0μF 时，瞬态响应的波形如图 4.42 所示。

表 4.11 例 4.3 中的基本参数

V_{IN}	V_{OUT}	V_{REF}	L	R_{DCR}	C_{OUT}	R_{ESR}	L_{ESL}	T_{ON}	f_{SW}
5V	600mV	600mV	4.7μH	40mΩ	4.7μF	0mΩ	0nH	180ns	660kHz

表 4.12 三种情况下的设计参数

情形	L	R_{DCR}	R_S	C_S	特性	瞬态响应
Ⅰ	4.7μH	40mΩ	250Ω	470nF	抵消零极点	最优
Ⅱ				100nF	相位超前	不敏感
Ⅲ				1.0μF	相位延迟	敏感

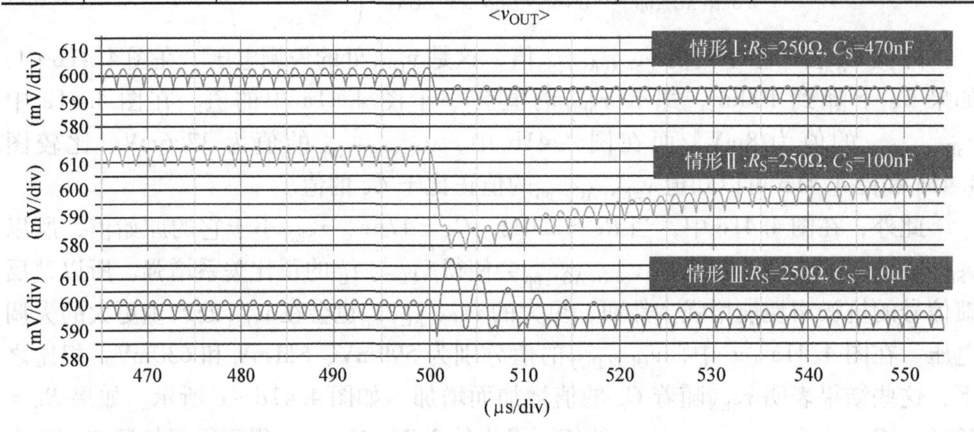

a)

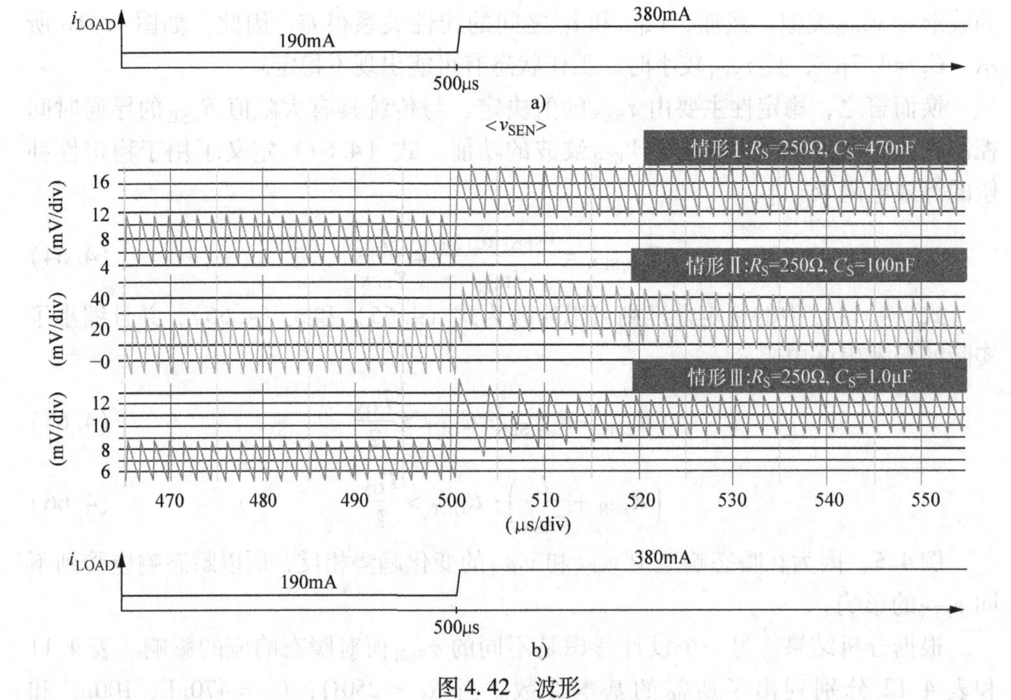

b)

图 4.42 波形

a) v_{OUT} b) v_{SEN}

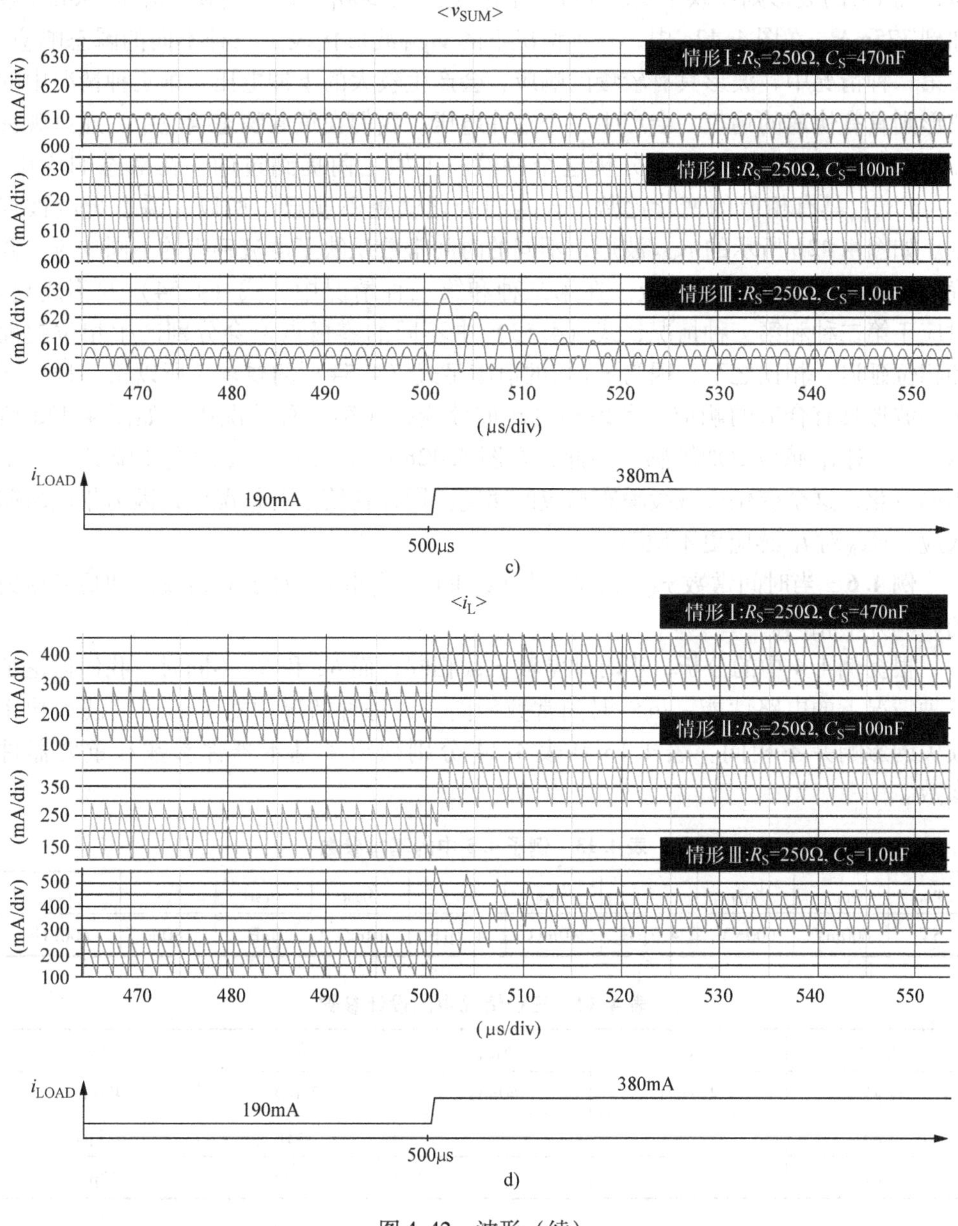

图 4.42　波形（续）

c）v_{SUM}　d）三种不同 C_S 值时，i_L 的值

由不同 R_S 和 C_S 构成的时间常数定义为 $\tau_{SEN,Ⅰ}$、$\tau_{SEN,Ⅱ}$ 和 $\tau_{SEN,Ⅲ}$，对应于情况Ⅰ、Ⅱ、Ⅲ，它们的关系为

$$\tau_{SEN,Ⅱ} < \tau_{SEN,Ⅰ} < \tau_{SEN,Ⅲ} \tag{4.67}$$

v_{OUT}、v_{SEN}、v_{FB} 和 i_L 的波形如图 4.42a ~ d 所示。v_{SEN} 的波形与 i_L 的波形相

似，而 v_{FB} 的波形则反映了 v_{OUT} 和 v_{SEN} 的信息。在500μs 时，负载电流从188mA 增加到375mA。在图4.42a 中，三种情况下的 v_{OUT} 波形代表了三种不同的瞬态响应。在第二种情况中，波形具有较慢的响应，会产生较大的下冲电压。第三种情况中的波形则具有快速的响应，会产生一个过冲电压。我们在负载瞬态响应中，通过观察 v_{OUT}、v_{SEN} 的变化趋势，来分析这个特性。正如之前提到过的，在瞬态响应中，v_{OUT}、v_{SEN} 具有相似的变化趋势，v_{SUM} 的变化就更不明显。所以，瞬态响应被抑制。如图4.42b 所示的 v_{SEN} 波形，不同的时间常数反映了电流感应的不同响应，并确定了瞬态期间 v_{OUT} 的响应。在第二种和第三种情况中，式（4.54）并不成立。对应于第二种和第三种情况，式（4.53）中不同的零极点值会分别产生相位超前和相位延迟。相比之下，因为 $\tau_{SEN,I}$ 的值满足式（4.54）的要求，所以第一种情况中的波形具有合适的响应。考虑相位超前效应，在第二种情况中，如图4.42d 所示，v_{SEN} 对 i_L 感应更加敏感。因此，在图4.42c 中 v_{OUT} 和 v_{SUM} 的电压降具有一个小的变化，这个变化会减缓瞬态响应的速度。同样在第三种情况中，因为相位超前效应，v_{SEN} 对 i_L 感应更不敏感。

例4.6 当时间常数 τ_{SEN} 相同，而 R_S 和 C_S 不同时，对于 v_{OUT} 纹波和功率损失的影响并不相同。

根据例4.4 中的分析，当时间常数 τ_{SEN} 相同，而 R_S 和 C_S 不同时，我们讨论了三种情况下的电路性能。虽然时间常数相同，在每种情况中对于 v_{OUT} 纹波和功率损失的影响并不相同。表4.13 和表4.14 分别列出了基本器件参数和重要器件参数。

表4.13 例子4.5 中的基本参数

v_{IN}	v_{OUT}	V_{REF}	L	R_{DCR}	C_{OUT}	R_{ESR}	L_{ESL}	T_{ON}	f_{SW}
5V	600mV	600mV	4.7μH	40mΩ	4.7μF	10mΩ	0nH	180ns	600kHz

表4.14 三种情况中的设计参数

情形	L	R_{DCR}	R_S	C_S
(a)	4.7μH	40mΩ	250Ω	470nF
(b)			25Ω	4.7μF
(c)			25kΩ	47μF

与例4.4 相比，唯一不同的情况是 $R_{ESR}=10\text{m}\Omega$。$R_S=250\Omega$、$C_S=470\text{nF}$，$R_S=25\Omega$、$C_S=4.7\mu\text{F}$，$R_S=2.5\text{k}\Omega$、$C_S=0.47\text{F}$ 的三种情况分别如图4.43 所示。由于具有相同的时间常数 τ_{SEN}，在稳态周期和瞬态周期中 v_{SEN} 的波形相同。v_{SEN} 的峰峰值和直流值都相同。所以，在三种情况中 v_{OUT} 具有相同的电压降和瞬态响应。然而，需要注意的是三种情况的 i_{CS} 却不相同，其中 i_{CS} 为从 C_S 流向 v_{OUT} 的电流。在图4.43b 中，R_S 值较小，而 C_S 值较大，i_{CS} 的峰值电压 $i_{CS,peak}$ 为180mA。通常来

说，因为大电流会消耗更多的传输损耗，所以我们不希望 i_{CS} 的峰值电流过大。除此之外，在导通周期内，这个电流会使得有额外的电流注入/流出 C_{OUT}。出于这个原因，除了 i_L 的交流电流，i_{CS} 也会流过 R_{ESR} 和 C_{OUT}。与图 4.43a、c 相比，这就是为什么图 4.43b 所示的 v_{OUT} 波形会在从导通时间到关断时间的切换时间内出现明显的阶跃，反之亦然。

局部波形如图 4.44 所示，包括 v_{OUT}、i_L、i_{CS} 和 i_{ESR} 的波形。i_{ESR} 为流过 R_{ESR} 的电流，可以从 i_L、i_{CS} 中推导得到

$$i_{ESR}(t)=i_L(t)-i_{L,avg}+i_{CS}(t) \tag{4.68}$$

如式（4.69）所示，在 v_{OUT} 波形中的外加阶跃信号 $v_{OUT,step}$ 是由 $i_{CS,peak}$ 和 R_{ESR} 的值决定的。因为 R_{ESR} 为 10mV，所以 $v_{OUT,step}$ 仅仅为 1.8mV。然而，因为当 R_{ESR} 阻值较大时会产生高频噪声和电压纹波，所以 $v_{OUT,step}$ 必须仔细考虑。

$$v_{OUT,step}=i_{CS,peak}\cdot R_{ESR} \tag{4.69}$$

因此，我们建议设计者选择大阻值的 R_S 和小容值的 C_S，这样可以获得较小的导通功率损耗、较小的电流密度要求和电压纹波。此外，几皮法的电容也有利于片上集成。

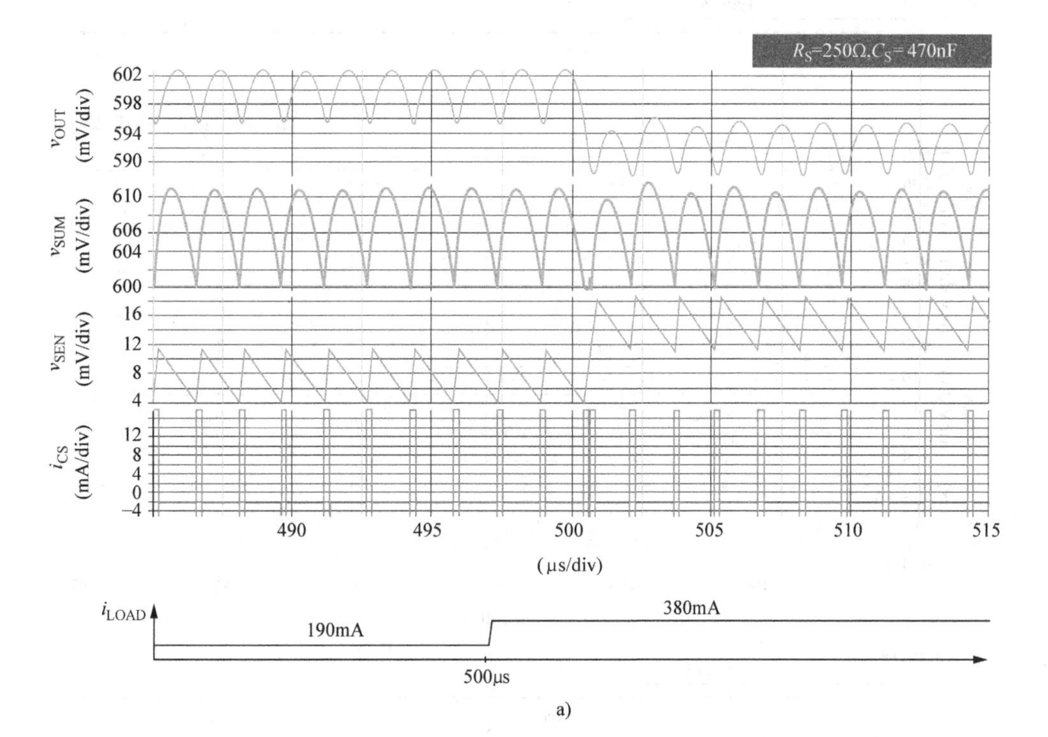

a)

图 4.43　片外器件包括 $L=4.7\mu H$、$R_{DCR}=40m\Omega$、$L_{ESL}=0nH$、$R_{ESR}=10m\Omega$ 和 $C_{OUT}=4.7\mu F$

a）$R_S=250\Omega$，$C_S=470nF$

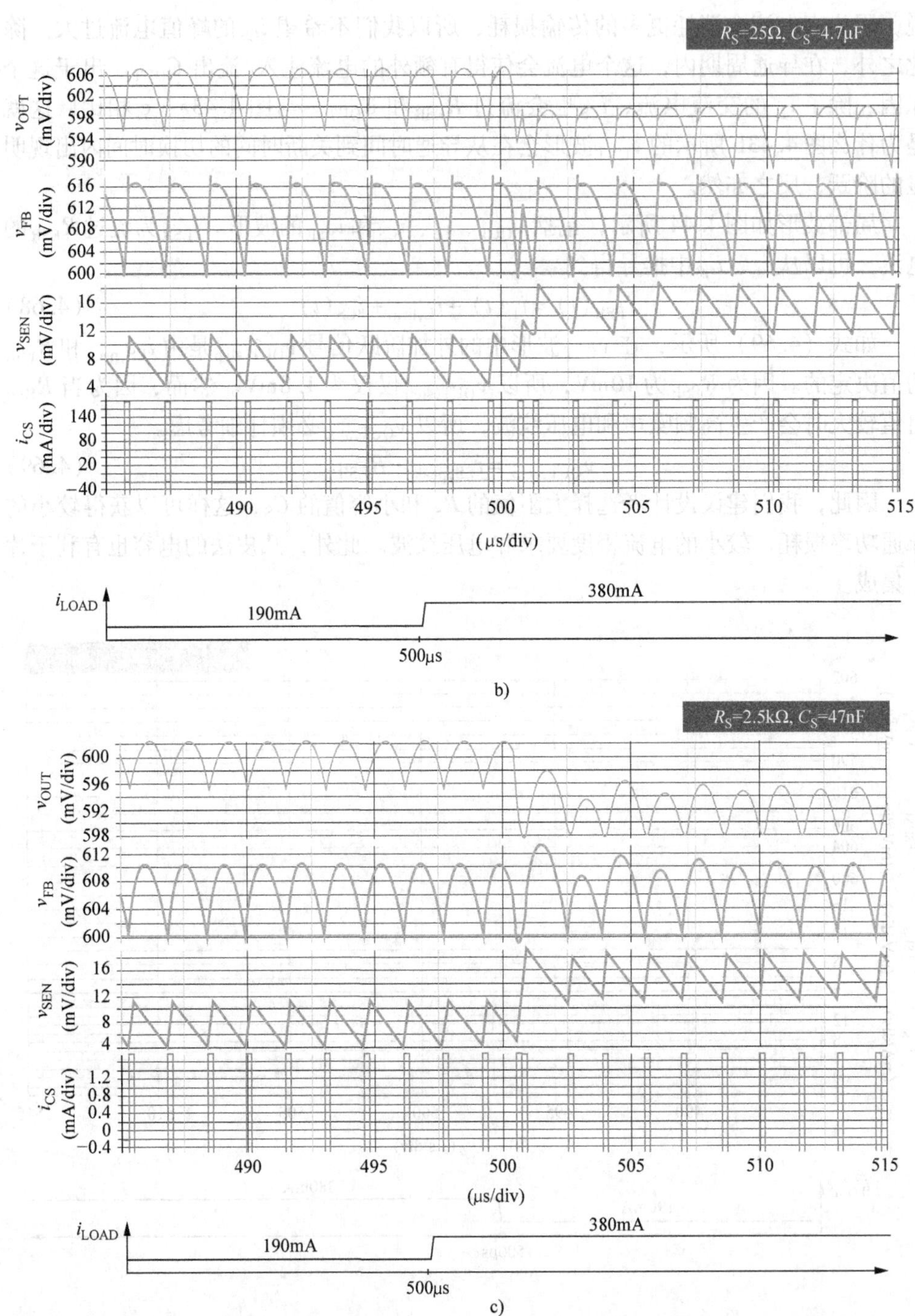

图 4.43 片外器件包括 $L=4.7\mu H$、$R_{DCR}=40m\Omega$、$L_{ESL}=0nH$、$R_{ESR}=10m\Omega$ 和 $C_{OUT}=4.7\mu F$（续）

b）$R_S=25\Omega$，$C_S=4.7\mu F$　c）$R_S=2.5k\Omega$，$C_S=47nF$

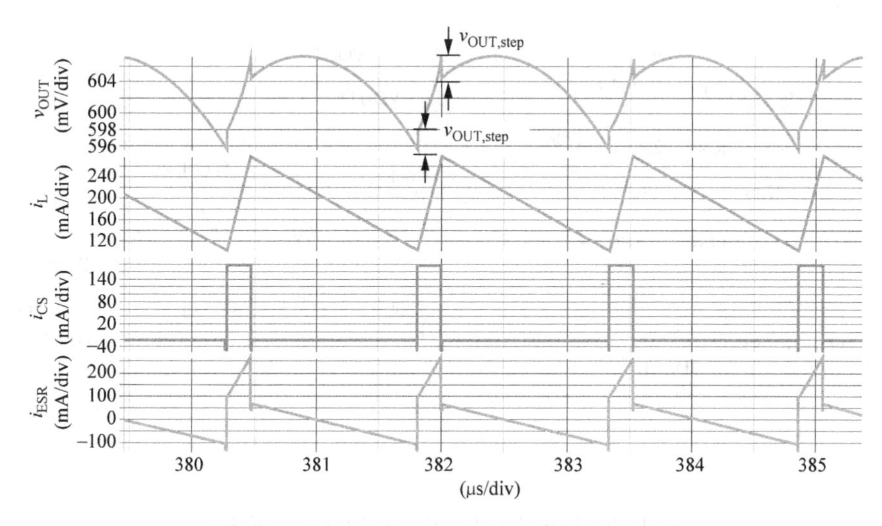

图 4.44　$R_S = 25\Omega$，$C_S = 4.7\mu F$ 情况下的波形

SIMPLIS 设置

对应于图 4.37，在 SIMPLIS 中建立的电路图如图 4.45 所示。这个电路包括一个比较器、一个导通时间脉冲发生器、非交叠电路、上位和下位开关、电感、并联 RC 滤波器、输出电容和输出负载。上位和下位开关与一个二极管并联构成一个等效的 MOSFET。

图 4.45 中的部分局部电路如图 4.46 所示。我们定义了一些主要的器件，设置窗口如图 4.47 所示。

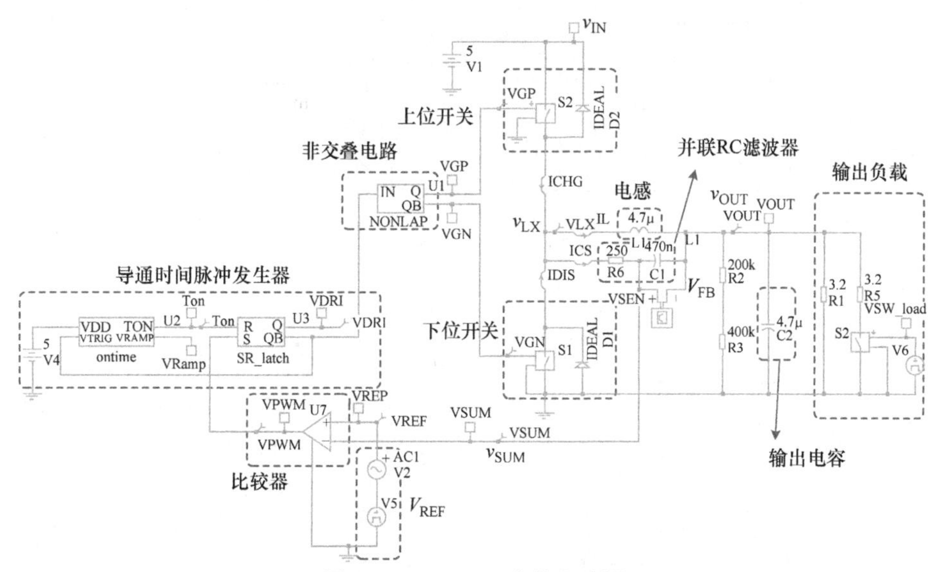

图 4.45　SIMPLIS 中的电路图

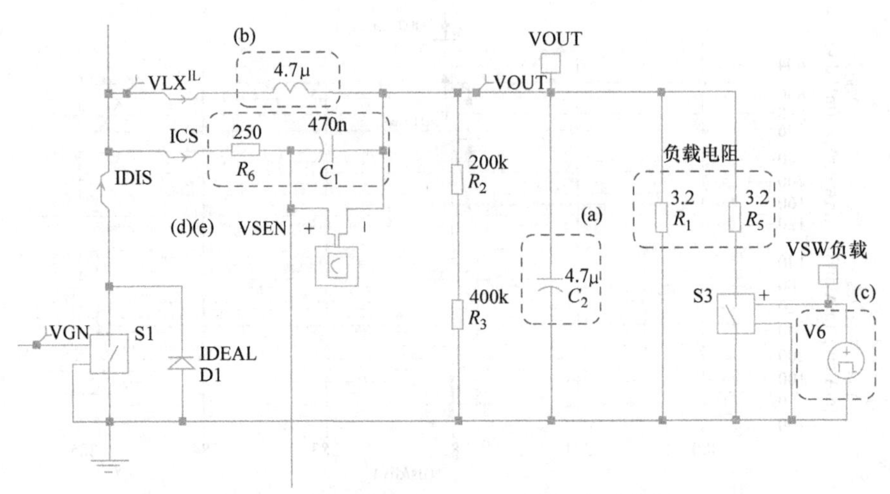

图 4.46　输出滤波器、RC 滤波器和输出负载

图 4.47a 是编辑输出电容的窗口，值为 4.7μF。“Level” 设置为 “2” 来激活等效串联电阻选项。然而，因为加入了例 4.4 中的并联 RC 滤波器，这里设置等效串联电阻为 0。图 4.47b 是编辑电感的窗口，值为 4.7μH。“Series Resistance” 为 R_{DCR}，设置为 40mΩ。

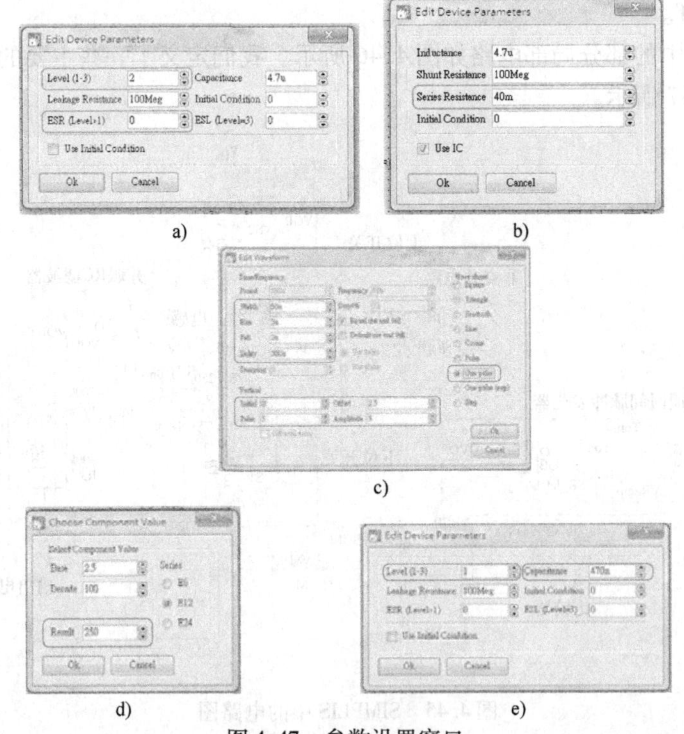

图 4.47　参数设置窗口

a）输出电容　b）电感　c）输出负载　d）并联 RC 滤波器的电阻　e）并联 RC 滤波器的电容

图 4.47c 的窗口是用于编辑加入负载情况下的器件参数。首先“Wave shape”选择为“one pulse”。之后“Time/Frequency”设置为负载变化的时间。在这个设置中，负载一直保持为轻负载状况，直到 500μs。之后经历 2μs，变为重负载。重负载情况一直维持到 550μs，再经过 2μs 转为轻负载。此外，负载变化的值由图 4.24 中的“Resistance load”进行设置。

图 4.47d、e 的窗口是编辑并联 RC 滤波器电阻值和电容值的窗口。在例 4.4 和例 4.5 中会设置不同的值。

4.3.2.4　4 型电流反馈通路结构（具有自适应电压定位功能的并联 RC 滤波器）

利用式（4.54）可以完成零极点抵消，这时输出负载表现为阻性阻抗，而不是感性或者容性阻抗。换句话说，这时转换器具有自适应电压定位（Adaptive Voltage Positioning，AVP）功能。在不同负载情况时会出现不同的电压降。当负载从轻变重时，如图 4.40 所示，因为瞬时负载变化从输出电容中提取电荷，所以导致 v_{OUT}降低。由于具有自适应电压定位功能，在重负载条件下，输出电压在低电压水平上进行调节。那么转换器就不需要对输出电容进行再次充电，所以瞬态周期变短。同样的，在轻负载情况下输出电压得以在高电压水平上进行调节。

电压降独立于 v_{SEN} 的直流值，如式（4.53）所示，这个直流值与多个参数相关。在便携式设备中，PCB 的布局和器件尺寸受到限制。小尺寸的电感通常具有较大的寄生电阻值。PCB 上的键合线和通路也需要考虑进来，以估算寄生电阻值。图 4.37 中的电流感应技术不适用于获取足够的电压降信息。另一种用于感应电感电流信息的 RC 滤波器如图 4.49 所示。如图 4.48 所示，R_{S2} 和 C_S 并联，v_{SEN}（s）如图 4.70 所示。与式（4.53）相比，可以利用 R_{S2} 调节直流值，如式（4.70）所示。所以我们可以调节 v_{SEN} 的直流值，如式（4.71）所示。因此，外加的并联电阻 R_{S2} 可以增加自适应电压定位功能的灵活性，来获得快速的瞬态响应。

$$v_{SEN}(s)=\left[R_{DCR}\cdot i_L\cdot\left(\frac{R_{S2}}{R_S+R_{S2}}\right)\right]\cdot\frac{1+s(L/R_{DCR})}{1+s\left(\frac{R_S\cdot R_{S2}}{R_S+R_{S2}}\right)C_S}\tag{4.70}$$

$$v_{SEN(DC)}=R_{DCR}\cdot i_L\cdot\left(\frac{R_{S2}}{R_S+R_{S2}}\right)\tag{4.71}$$

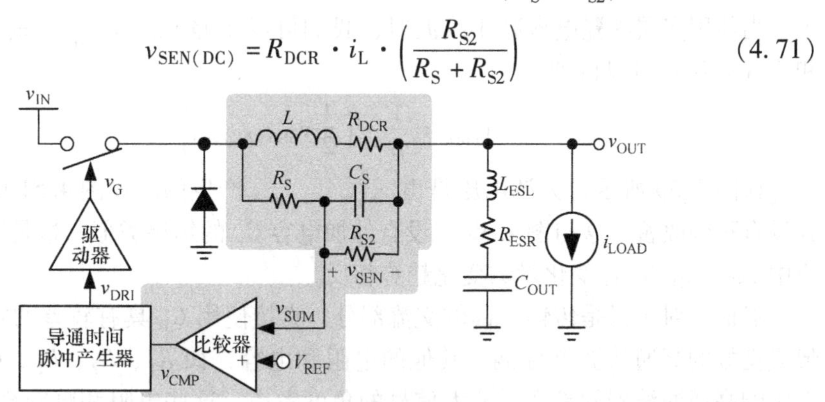

图 4.48　用于自适应电压定位功能的具有并联电阻 R_{S2} 的感应技术

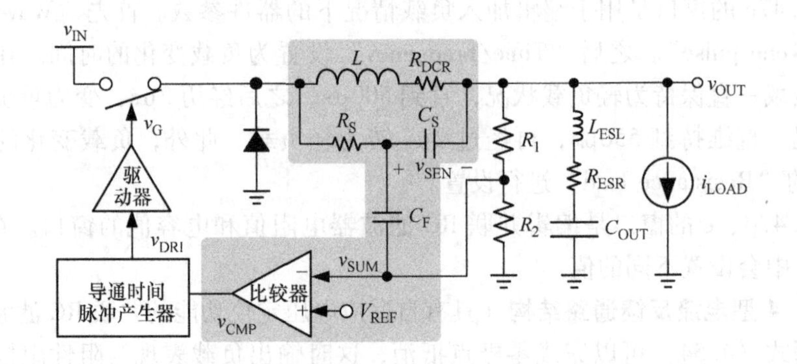

图 4.49 具有去耦合电容 C_F 的电流感应技术

4.3.2.5 5 型电流反馈通路结构（具有电压降消除功能的并联 RC 滤波器）

在许多应用中，转换器的 v_{OUT} 需要有良好的负载调整率。特别是，在不同负载情况下，我们不希望出现电压降。在之前讨论的电流感应技术中都具有电压降，这些电压降是由电流感应信息 v_{SEN} 的直流值的变化引起的，而 v_{SEN} 正比于 i_L。因此消除电流感应信息 v_{SEN} 的直流值就能消除电压降效应。

如图 4.49 所示，我们直接添加一个去耦电容来传输 v_{SEN} 的交流信号，而隔离 v_{SEN} 的直流信号。此外，v_{OUT} 的直流信息也通过反馈分压器 R_1 和 R_2 进行传输。输出电压可以用 i_L 的交流分量和 v_{OUT} 的直流分量分别进行控制而不受电压降的影响。

将式（4.59）和式（4.72）进行比较可知，我们在 v_{SEN} 通路中外加电容 C_F 来提取 $v_{SEN(AC)}$ 信息，这种方式虽然消除了电压降，但失调电压仍然存在，其中式（4.73）中的 v_{offset} 表示失调电压。

$$v_{OUT(DC)} \approx \frac{1}{\beta} V_{REF} + v_{offset} \tag{4.72}$$

$$v_{offset} = \frac{1}{\beta} \cdot \left(\frac{1}{2} v_{SEN(AC),pp} \right) + \frac{1}{2} v_{OUT(AC),pp} \tag{4.73}$$

当使用多层陶瓷电容减小纹波时，我们可以忽略 $v_{SEN(AC),pp}$，简化式（4.73）和式（4.74）可以得到

$$v_{offset} = \frac{1}{\beta} \cdot \left(\frac{1}{2} v_{SEN(AC),pp} \right) \tag{4.74}$$

如图 4.50 所示，失调电压是由 $v_{SEN(AC),ripple}$ 产生的。在图 4.51 中，瞬态响应并没有得到改善，这与图 4.39 中没有外加电容 C_F 的结果类似，这是因为在瞬态响应中 $v_{SEN(AC)}$ 与 v_{FB} 变化量的变化趋势相反。

然而，对于只是传输 v_{SEN} 的交流部分，直接使用 C_F 具有较差的容性，而无法形成良好的高通滤波器性能。其他的电阻和电容，如 R_1、R_2、R_S、C_S 和 C_F，都会影响高通滤波器的带宽。从大信号的角度考虑，这些电阻和电容会影响经过 C_F

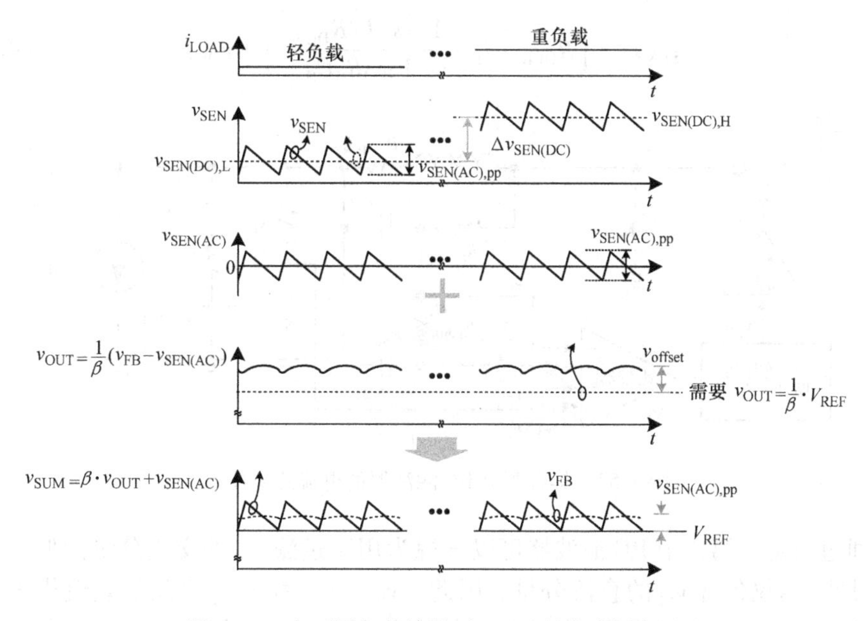

图 4.50　在不同负载情况下，v_{OUT}具有失调电压

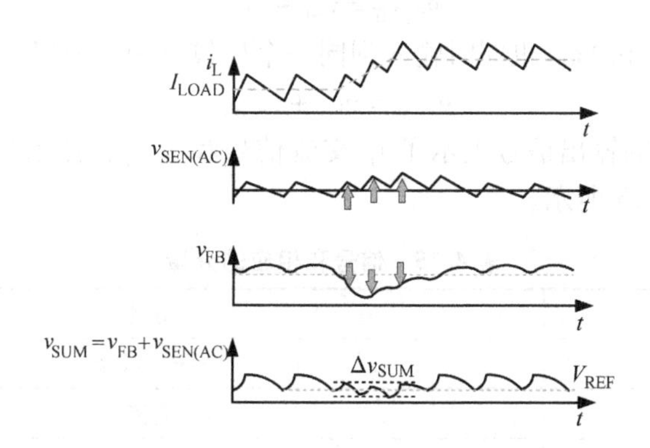

图 4.51　由于外加反馈电流通路引起的瞬态响应恶化

的交流分量和经过反馈分压器直流分量的驱动能力。这个结构的传递函数非常复杂。换句话说，对于 v_{FB}要得到 i_L 的交流分量和 v_{OUT}的直流分量的权重是十分困难的。因此同时获得合适的稳定性和瞬态响应是很困难的。

另一种可以得到相同函数的 RC 滤波器如图 4.52 所示。该结构同时采用了两对 RC 滤波器。由 R_S 和 C_S 组成的第一对滤波器和电感并联。由 R_{S2}和 C_{S2}组成的第二对滤波器与 C_S 并联。最初，这两个 RC 滤波器被假定为相互独立的，以便容易理解该电流感应技术的功能。基于式（4.53），图 4.52 中的 v_{S1}包含了 i_L 的交流和直流信息，v_{S1}可以近似表示为

$$v_{S1}(s)=\left[R_{DCR}\cdot i_L\cdot\frac{1+s(L/R_{DCR})}{1+sR_SC_S}\right]+v_{OUT} \tag{4.75}$$

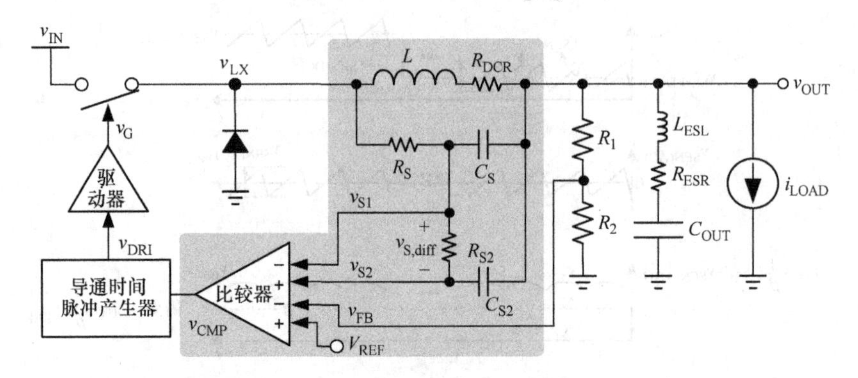

图 4.52 具有两个 RC 滤波器的电流感应技术

通过直觉，第二个 RC 滤波器可以被视为用于过滤 v_{S1} 的交流分量的低通滤波器，使得 v_{S2} 仅包含 v_{S1} 的直流分量。因此，v_{S1}、v_{S2} 和 $v_{S,diff}$ 之间的差值代表了 i_L 的交流分量，这个交流分量会输入到比较器中。$v_{S,diff}$ 表示为

$$v_{S,diff}=v_{S1}-v_{S2} \tag{4.76}$$

相比之下，v_{FB} 和 V_{REF} 也同时输入到同一个比较器中。所以，v_{SUM} 可以表示为

$$v_{SUM}=v_{FB}+v_{S,diff} \tag{4.77}$$

所以，比较器的输出信号表示了 i_L 交流信号和 v_{OUT} 直流信号的响应。信号和相应的分量如表 4.15 所示。

表 4.15 信号和相应的分量

信号	分量
v_{S1}	直流 + 交流
v_{S2}	直流
$v_{S,diff}$	交流

与图 4.50 中的结果类似，在不同负载情况下，图 4.52 中的结构可以消除 v_{SUM} 直流分量的电压降，所以 v_{OUT} 的电压降也得到消除。工作波形如图 4.53 所示。

因为比较器在反馈环路中，v_{SUM} 的波谷在 v_{REF} 处得到调制。然而，因为 v_{SUM} 的平均电压为 0，所以 v_{SUM} 的波谷电压不等于 v_{FB} 的波谷电压。$v_{S,diff}$ 的纹波会在 v_{SUM} 处产生一个直流失调电压 $v_{offset,vSUM}$，这个值介于 v_{SUM} 和 v_{REF} 的平均值之间，其中 v_{FB} 可以由式（4.77）得到

$$v_{FB}=v_{SUM}+v_{S,diff} \tag{4.78}$$

可以得到 $v_{offset,vSUM}$ 为

$$v_{offset,vSUM}=\frac{1}{2}v_{SUM,pp} \tag{4.79}$$

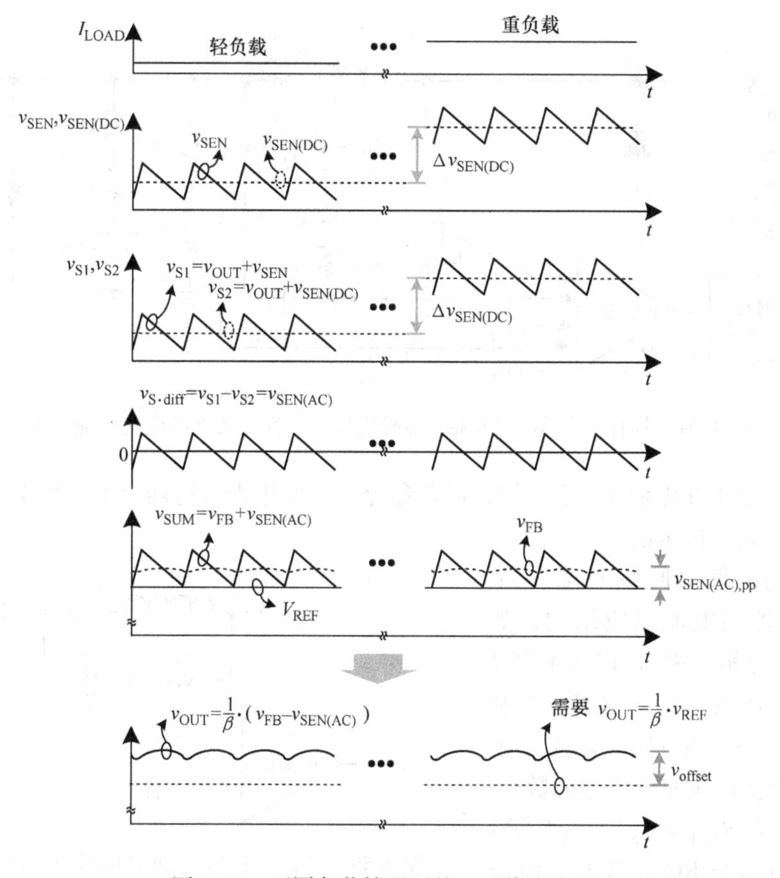

图 4.53　不同负载情况下的 v_{OUT}失调电压

推导得到 v_{OUT}的直流失调电压为

$$v_{offset,vOUT}=\frac{R_1+R_2}{R_2}\cdot\frac{1}{2}v_{SUM,pp} \tag{4.80}$$

因为 v_{OUT}的直流失调电压会恶化 v_{OUT}的精度，所以我们不希望出现这个失调电压。

此外，在图 4.54 中，我们在 $v_{S,diff}$和比较器中插入一个压控电压源线性放大器来控制 i_L 交流信号和 v_{OUT}直流信号的权重。压控电压源线性放大器的增益定义为 G。所以 v_{SUM}可以表示为

$$v_{SUM}=v_{FB}+G\cdot v_{S,diff} \tag{4.81}$$

我们把式（4.66）进行重新推导得到：

$$\left(R_{ESR}+G\cdot\frac{L}{R_SC_S}\right)\cdot C_{OUT}>\frac{T_{ON}}{2} \tag{4.82}$$

然而，在实际情况中，这两个 RC 滤波器会影响到它们的功能。随后的分析确

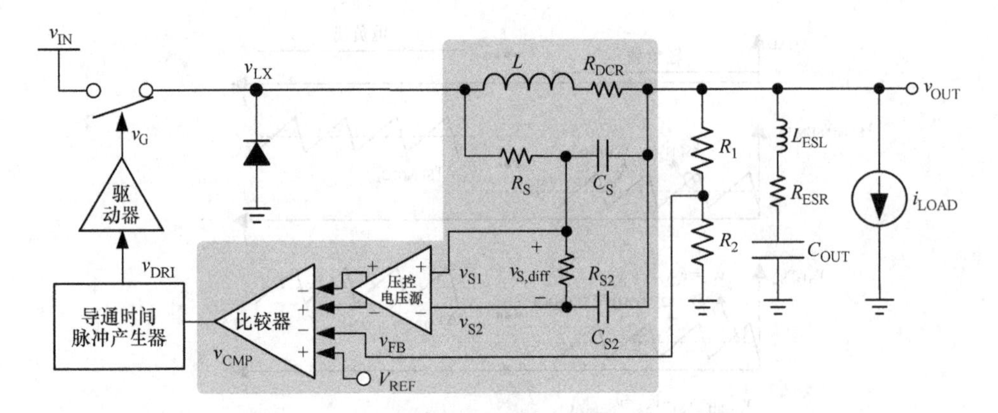

图 4.54　具有两个 RC 滤波器和压控电压源线性放大器的电流感应技术

定了这些电阻和电容的合适参数，以避免分析和使用来自这两个 RC 滤波器的 i_L 到 $v_{S,diff}$的复数传递函数。

首先，我们回顾只有一个 RC 滤波器的电流感应结构，如图 4.55 所示。基于式（4.75）中的零点和极点值，我们可以利用式（4.83）来进行零极点抵消，从而获得快速的传递函数：

$$L/R_{DCR} = R_S C_S \quad (4.83)$$

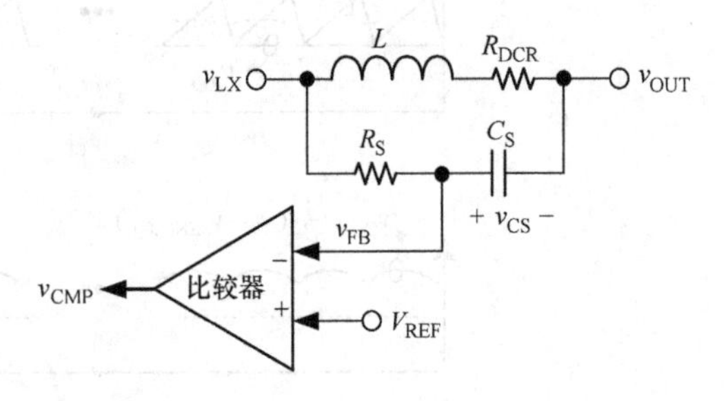

图 4.55　具有一个 RC 滤波器的电流感应技术

具有两个 RC 滤波器的电流感应技术如图 4.56 所示。给定瞬态响应，基于之前的经验，可以利用式（4.83）来得到 R_S 和 C_S。

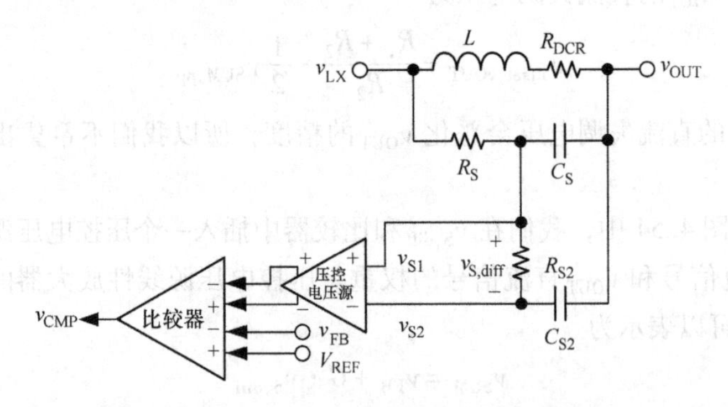

图 4.56　具有两个 RC 滤波器的电流感应技术

然而，R_{S2}和 C_{S2}的值会导致极点/零点抵消和 v_{S1}瞬态响应产生偏差，进而产生相位超前和相位延迟效应。因此，明显大的偏差可以抑制负载瞬态响应。此外，较

大的 R_{S2} 和 C_{S2} 的值进一步减慢 v_{S2} 的瞬态响应并抑制负载瞬态响应。于是，以式（4.84）和式（4.85）表示的准则为

$$R_{S2}C_{S2} < \frac{1}{10}R_S C_S \tag{4.84}$$

$$C_{S2} < \frac{1}{10}C_S \tag{4.85}$$

由 R_{S2} 和 C_{S2} 组成的第二对滤波器可以用于推导低通滤波器函数。考虑到低通滤波器应该具有合适的带宽，可以得到

$$\frac{1}{2\pi R_{S2}C_{S2}} < \frac{f_{SW}}{4} \tag{4.86}$$

把式（4.86）重新整理为

$$R_{S2}C_{S2} > \frac{2}{\pi f_{SW}} \tag{4.87}$$

结合式（4.82）~式（4.86）可以得到式（4.88）~式（4.90），分别用于得到 R_S、C_S、R_{S2} 和 C_{S2} 的值

$$\left(R_{ESR} + G \cdot \frac{L}{R_S C_S}\right) \cdot C_{OUT} > \frac{T_{ON}}{2} \tag{4.88}$$

$$\frac{2}{\pi f_{SW}} < R_{S2}C_{S2} < \frac{1}{10}(R_S C_S) = \frac{1}{10}(L/R_{DCR}) \tag{4.89}$$

$$C_{S2} < \frac{1}{10}C_S \tag{4.90}$$

例 4.7　仿真结果为验证式（4.89）提供了 4 个示例

仿真结果为验证式（4.89）提供了 4 个示例。基本参数和重要参数如表 4.16 和表 4.17 所示。在仿真中，$R_1 = 0\text{k}\Omega$，$R_2 = 400\text{k}\Omega$，且 v_{OUT} 等于 v_{FB}。在 4 个示例中，我们设置了不同的 R_S、C_S 值，这些 R_S、C_S 值都保持恒定且抵消了 L 和 R_{DCR} 产生的零极点对。结果表明不同的时间常数会产生不同的低通滤波器功能和不同程度的 $v_{S,diff}$ 失真。

4 个示例的瞬态响应波形如图 4.57 所示。在示例（a）中，结构与 4 型结构类似，没有 R_{S2} 和 C_{S2}。因为 v_{SEN} 包含 i_L 的交流和直流成分，所以在不同负载情况下，v_{OUT} 的波形会出现电压降。在示例（b）中，基于式（4.89）的准则，$R_{S2} = 2\text{k}\Omega$，$C_{S2} = 1\text{nF}$。所以，只有 i_L 交流成分时，$v_{S,diff}$ 的结果良好，且在不同负载情况下没有电压降时，v_{OUT} 也得到了很好的调整。在示例（c）中，$R_{S2} = 20\text{k}\Omega$，$C_{S2} = 1\text{nF}$。同样符合式（4.89）的情况，但是 R_{S2} 和 C_{S2} 形成的带宽值小于示例（b）。因此，v_{S2} 的瞬态响应变慢，虽然没有了电压降，但仍然在稳态中工作。而当式（4.89）中第二个不等式的条件不成立时，瞬态响应变慢。在示例（d）中，$R_{S2} = 0.2\text{k}\Omega$，$C_{S2} = 1\text{nF}$。式（4.89）的第一个不等式不成立，这个不等式和开关频率相关。R_{S2} 和 C_{S2} 组成的 RC 滤波器无法从 v_{S2} 中滤除 i_L 的交流成分。换句话说，因为 v_{S1} 和 v_{S2}

保持了 i_L 中的交流成分，所以 i_L 中的交流成分还是从 $v_{S,diff}$ 中得以滤除。所以当输出电容的等效串联电阻值较小时，反馈通路中由于缺少电流信息而降低了电路稳定性。

表 4.16　例 4.7 中的基本参数

v_{IN}	v_{OUT}	V_{REF}	L	R_{DCR}	C_{OUT}	R_{ESL}	L_{ESL}	T_{ON}	f_{SW}
5V	600mV	600mV	4.7μH	100mΩ	4.7μF	0mΩ	0nH	180ns	660kHz

表 4.17　4 个示例中的设计参数和特性

示例	R_{DCR}	R_S	C_S	R_{S2}/kΩ	C_{S2}/nF	特性
(a)	100mΩ	100Ω	470nF	—	—	具有电压降
(b)				2	1	无电压降、瞬态响应良好
(c)				20	1	无电压降、瞬态响应较差
(d)				0.2	1	不稳定（因为 $v_{S,diff}$ 没有 i_L 的交流成分）

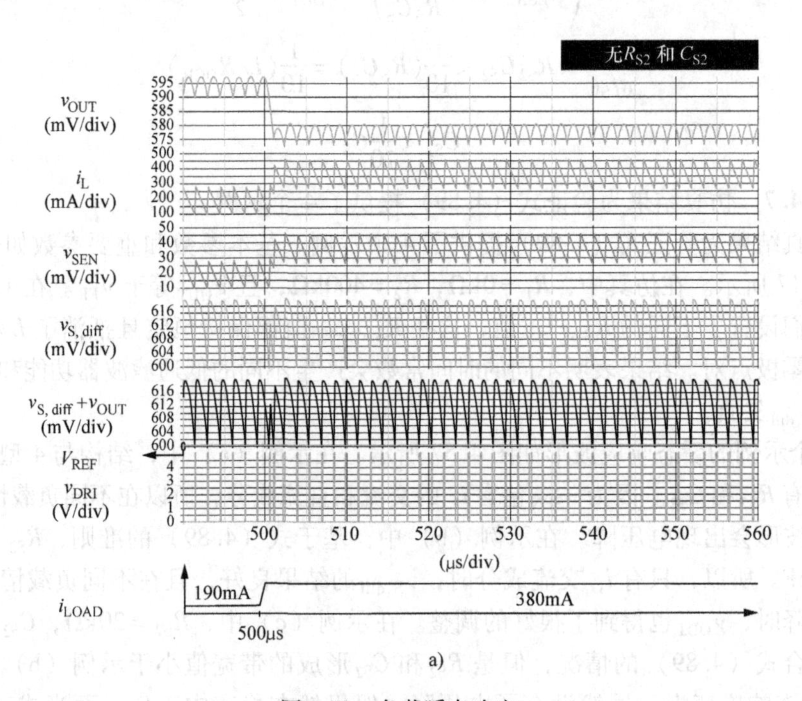

a)

图 4.57　负载瞬态响应

a）无 R_{S2} 和 C_{S2}

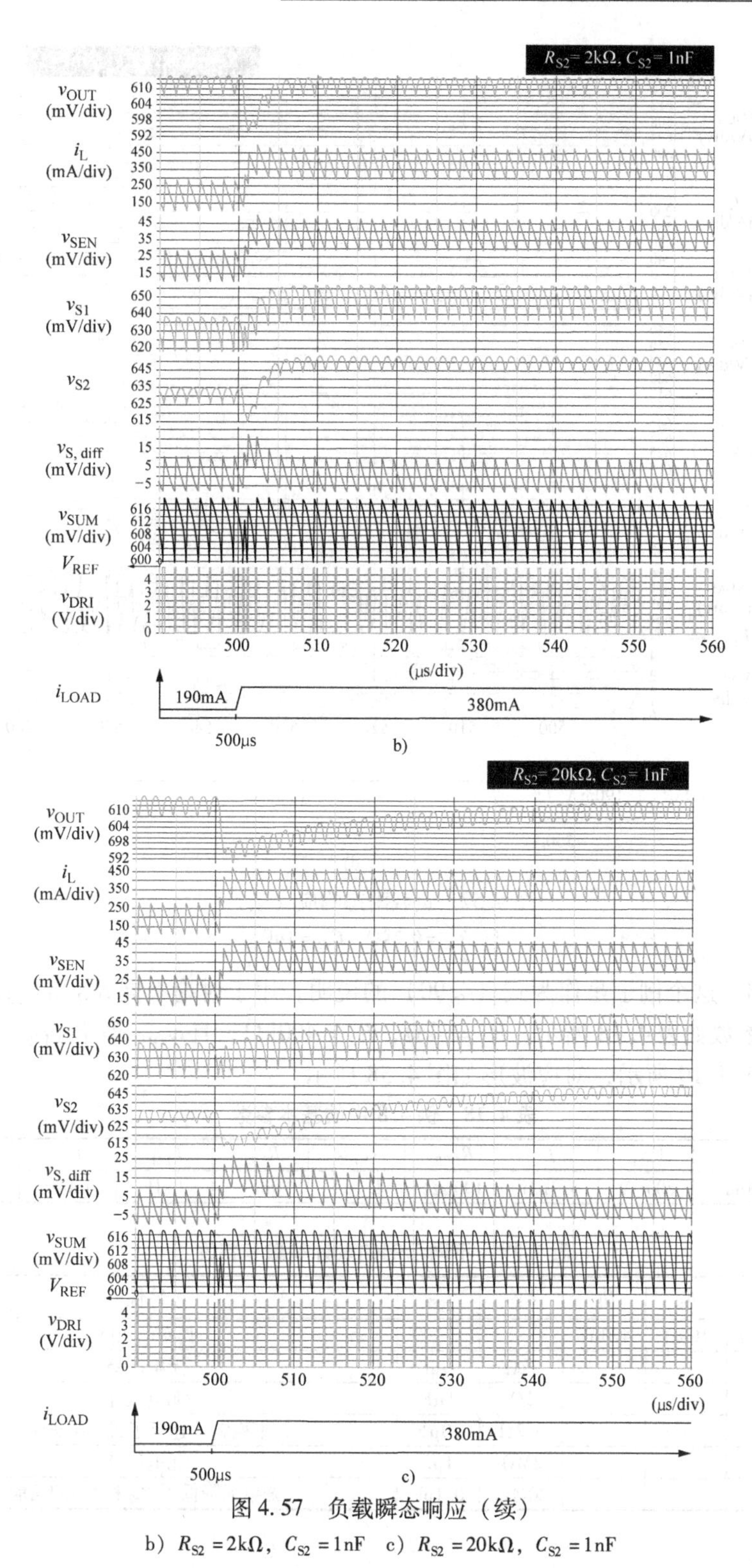

图 4.57　负载瞬态响应（续）

b）$R_{S2}=2k\Omega$，$C_{S2}=1nF$　c）$R_{S2}=20k\Omega$，$C_{S2}=1nF$

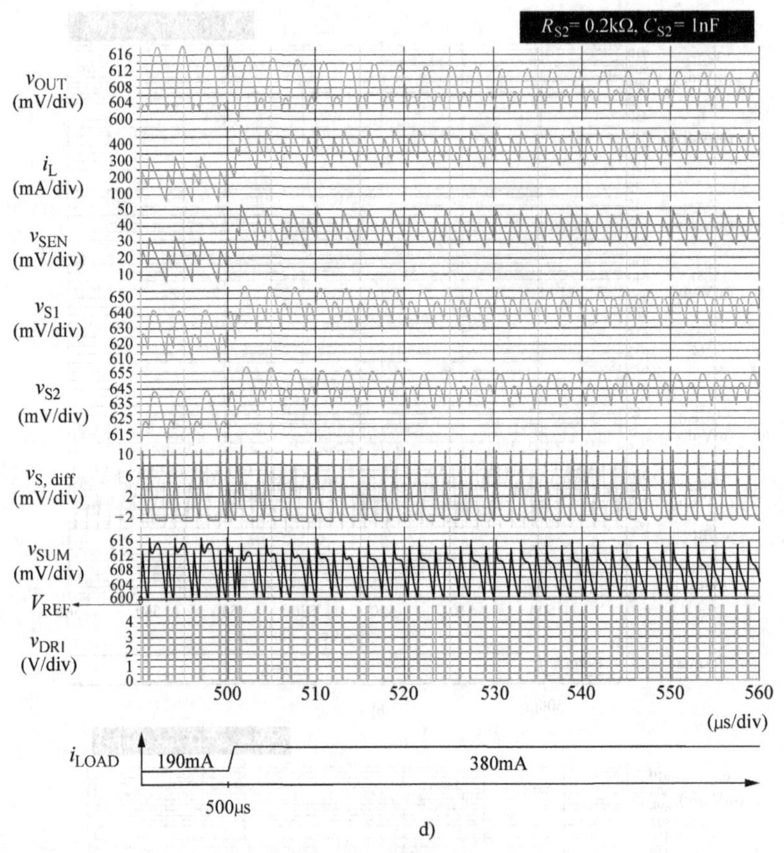

d)

图 4.57 负载瞬态响应（续）

d）$R_{S2}=0.2k\Omega$，$C_{S2}=1nF$

例 4.8 这个例子是作为式（4.90）的说明，用于讨论不同 R_{S2} 和 C_{S2} 值的影响

基本参数如表 4.18 所示。$R_1=0k\Omega$，$R_2=400k\Omega$，且 v_{OUT} 等于 v_{FB}。7 个示例的参数如表 4.19 所示，对应波形如图 4.58 所示。

表 4.18 例 4.8 中的基本参数

v_{IN}	v_{OUT}	V_{REF}	L	R_{DCR}	C_{OUT}	R_{ESR}	L_{ESL}	T_{ON}	f_{SW}
5V	600mV	600mV	4.7μH	100mΩ	4.7μF	0mΩ	0nH	180ns	660kHz

表 4.19 不同示例的设计参数和特性

示例	R_{DCR}	R_S	C_S	R_{S2}	C_{S2}	特性
(a)	100mΩ	100Ω	470nF	—	—	具有电压降
(b)				2kΩ	1 nF	无电压降
(c)				2Ω	1μF	无电压降
(d)				0.2Ω	10μF	不稳定［违反了式（4.90）］
(e)				2MΩ	1pF	无电压降
(f)				20MΩ	0.1pF	漏电流降低了 R_{S2} 和 C_{S2} 的功能

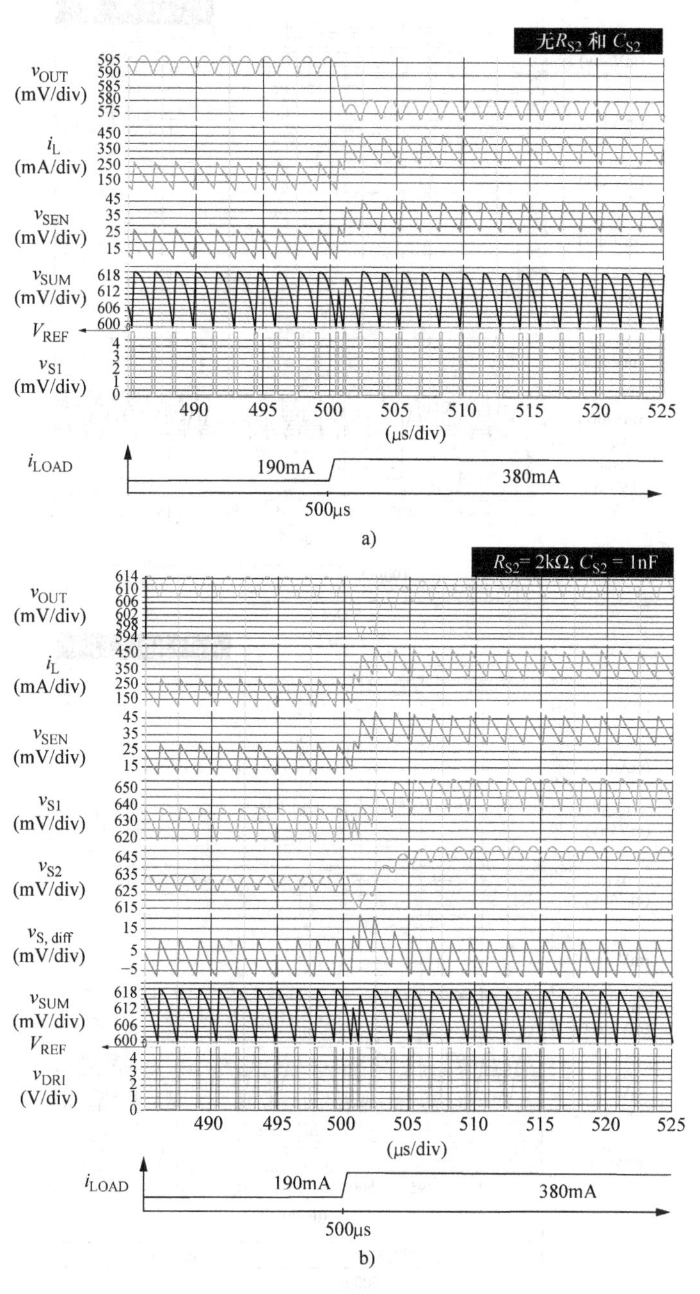

图 4.58　负载瞬态响应

a）无 R_{S2} 和 C_{S2}　b）R_{S2} = 2kΩ，C_{S2} = 1nF

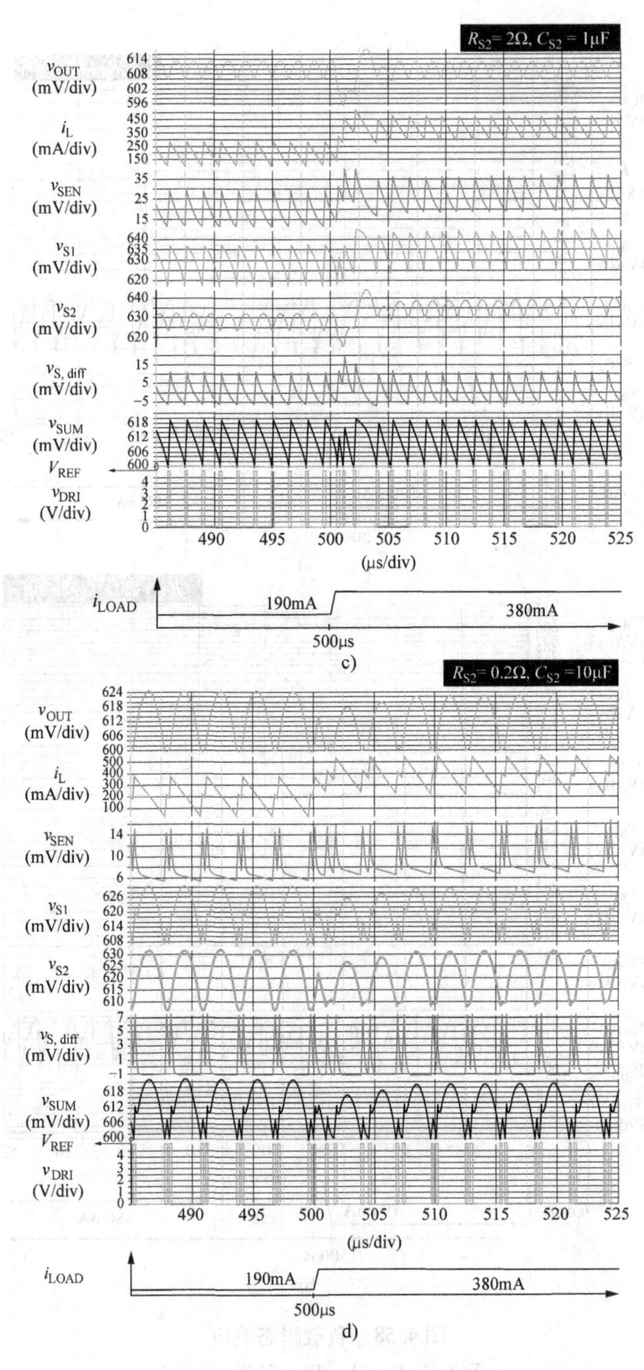

图 4.58　负载瞬态响应（续）

c）$R_{S2}=2\Omega$，$C_{S2}=1\mu F$　d）$R_{S2}=0.2\Omega$，$C_{S2}=10\mu F$

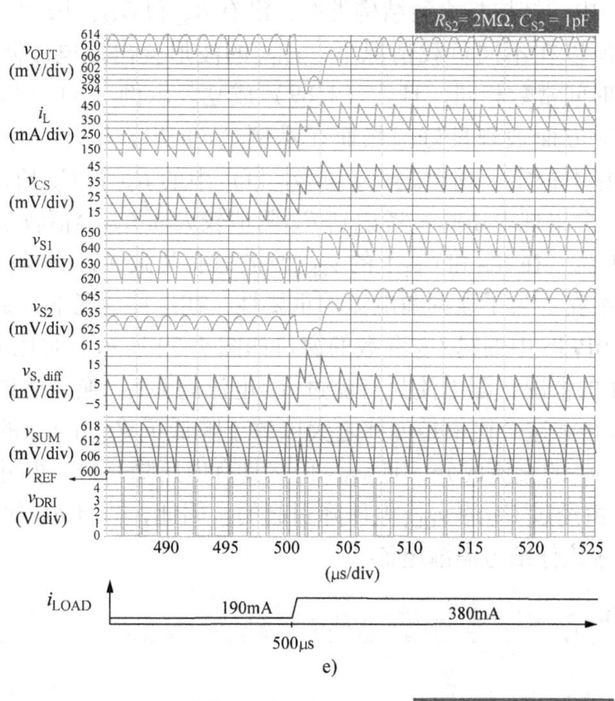

e)

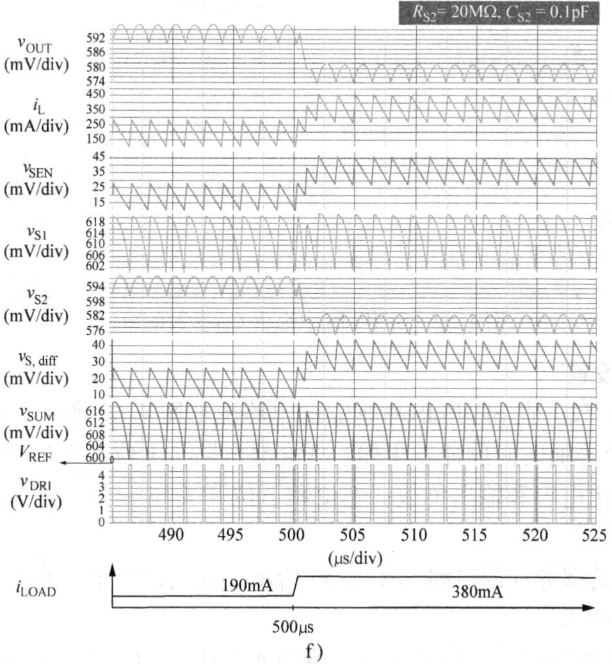

f)

图 4.58　负载瞬态响应（续）

e）$R_{S2}=2\text{M}\Omega$，$C_{S2}=1\text{pF}$　f）$R_{S2}=20\text{M}\Omega$，$C_{S2}=0.1\text{pF}$

在示例（a）中，结构与4型结构类似，没有 R_{S2} 和 C_{S2}。因为 v_{CS} 包含 i_L 的交流和直流成分，所以在不同负载情况下，v_{OUT} 的波形会出现电压降。在其他示例中，R_{S2} 和 C_{S2} 的时间常数相同，且式（4.89）成立。示例（b）、（c）、（d）在负载调节和瞬态响应方面表现良好。然而在示例（d）中，$C_{S2}=10\mu F$，式（4.90）不成立，电路工作不稳定。相比之下，示例（f）中的 R_{S2} 和 C_{S2} 值满足式（4.89）和式（4.90），但会出现电压降。考虑到 R_{S2} 阻值较大而 C_{S2} 容值较小，所以我们必须考虑 C_{S2} 的漏电流。在 R_{S2} 和 C_{S2} 上的 v_{SEN} 纹波只有几微伏，所以从 R_{S2} 流至 v_{S2} 的电流也只有几个纳安。为了强调漏电流的重要性，在这种情况下，漏阻抗的大小扩大到 100mΩ。SIMPLIS 中编辑 C_{S2} 参数的窗口如图 4.59 所示。对比 R_{S2} 为 20MΩ 和漏阻抗为 100MΩ 的情况，漏电流只有流过 R_{S2} 电流的 1/5。换句话说，漏电流只有流过 C_{S2} 电流的 1/4。这个比率是如此之大以致于降低了 R_{S2} 和 C_{S2} 的滤波功能。所以，v_{S2} 没有提取 v_{S1} 的直流成分，且 v_{OUT} 仍然具有电压降。最后但并非最不重要的是，v_{S1} 的下降是由经过 C_{S2} 的 v_{OUT} 电压降引起的。因此，一旦 R_{S2} 的值增加，C_{S2} 的值降低，我们就应该仔细考虑漏电流。

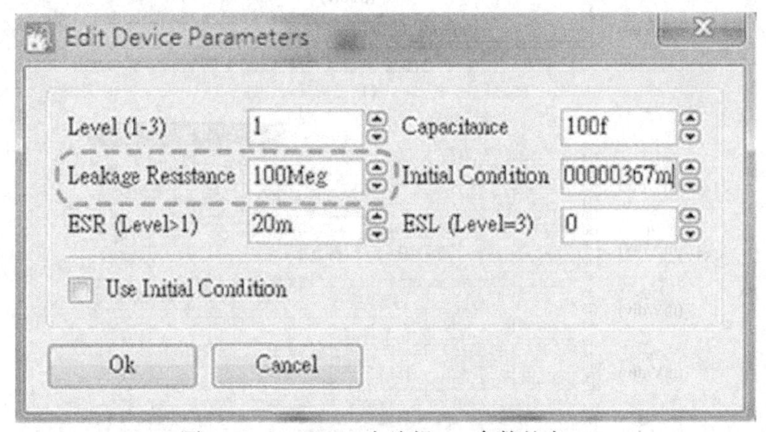

图 4.59　SIMPLIS 中编辑 C_{S2} 参数的窗口

SIMPLIS 设置

对应于图 4.52，在 SIMPLIS 中建立的电路图如图 4.60 所示。这个电路包括一个比较器、一个导通时间脉冲发生器、非交叠电路、上位和下位开关、电感、并联 RC 滤波器、输出电容和输出负载。上位和下位开关与一个二极管并联构成一个等效的 MOSFET。

图 4.61 中的部分局部电路如图 4.60 所示。我们定义了一些主要的器件，设置窗口如图 4.62 所示。

图 4.62a 是编辑输出电容的窗口，值为 4.7μF。“Level”设置为“2”来激活等效串联电阻选项。然而，因为加入了例 4.4 中的并联 RC 滤波器，这里设置等效串联电阻为 0。图 4.62b 是编辑电感的窗口，值为 4.7μH。“Series Resistance”为 R_{DCR}，设置为 100mΩ。

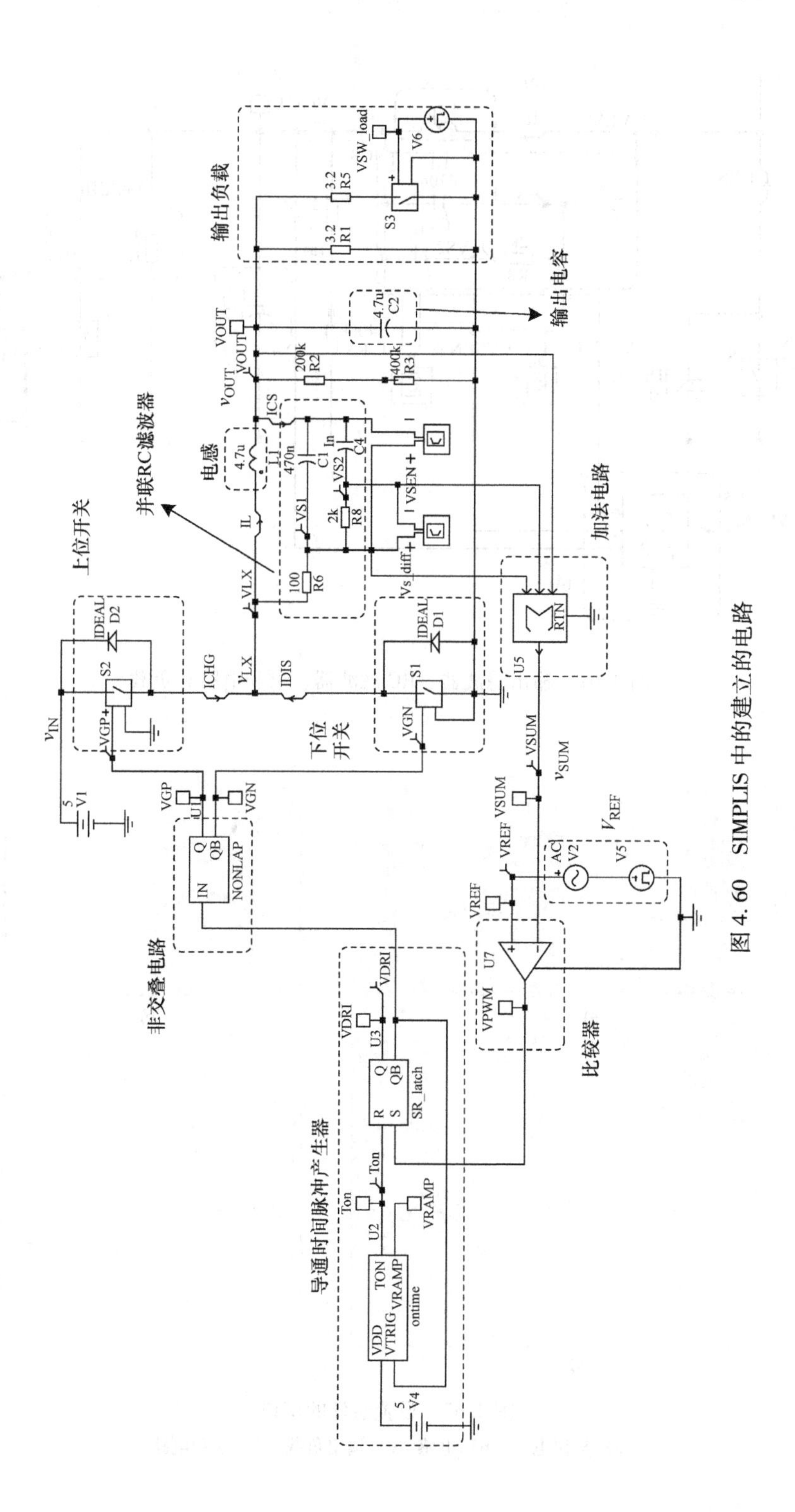

图 4.60　SIMPLIS 中的建立的电路

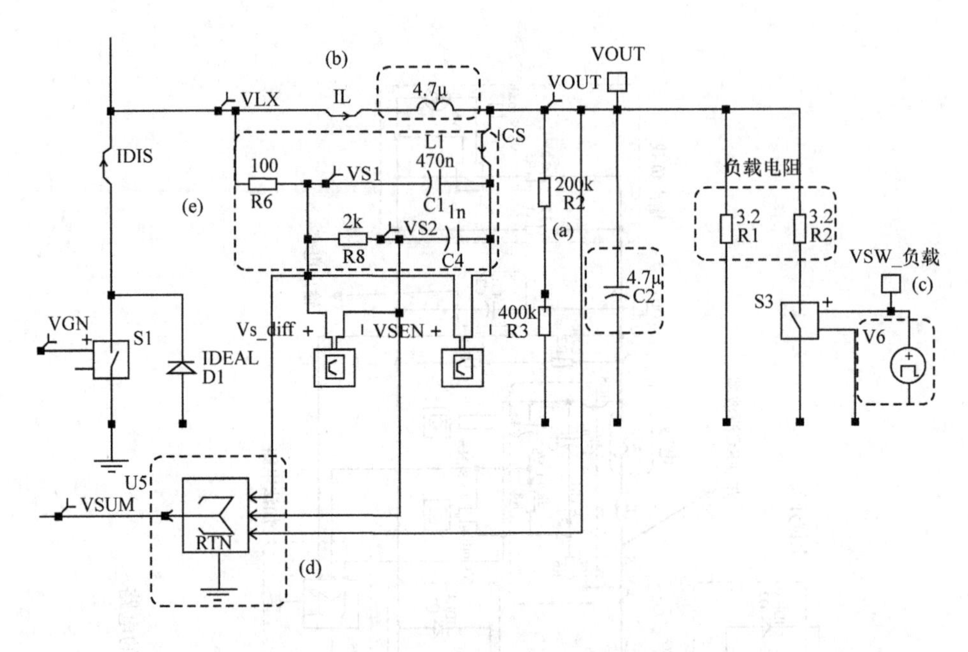

图 4.61　输出滤波器、RC 滤波器、求和电路和负载

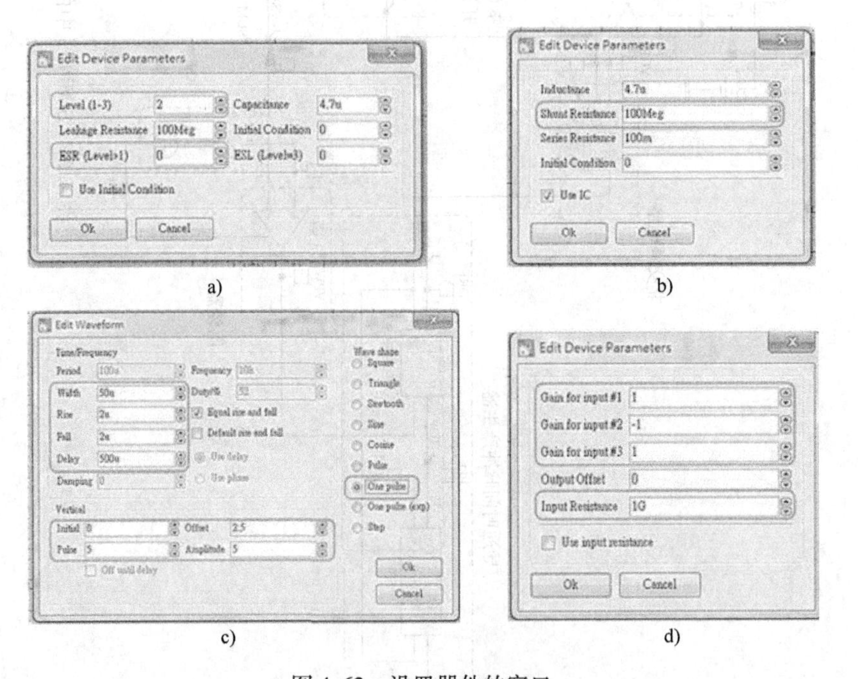

图 4.62　设置器件的窗口

a）输出电容　b）电感　c）输出负载　d）求和电路

图 4.62c 的窗口是用于编辑加入负载变化情况下的器件参数。首先“Wave shape”选择为“one pulse”。之后“Time/Frequency”设置为负载变化的时间。在这个设置中，负载一直保持为轻负载状况，直到 500μs，之后经历 2μs，变为重负载。重负载情况一直维持到 550μs，再经过 2μs 转为轻负载。此外，负载变化的值由图 4.61 中的“Resistance load”进行设置。图 4.62d 的窗口是用于编辑三输入求和电路的器件参数。根据式（4.77），对于外加的 $v_{S,diff}$，v_{S1} 和 v_{S2} 的增益分别为 1 和 -1。根据式（4.77），v_{OUT} 的增益为 1。此外，“Input Resistance”设置为 1G，从而避免负载效应。图 4.61 中的（e）模块包括了并联 RC 滤波器的电阻和电容。在例 4.7 和例 4.8 中我们设置了不同的值。

例 4.9　当使用压控电压源时，如果我们改变 R_S 和 C_S 的值，就能够改善瞬态响应

这个例子讨论了式（4.82）（图 4.54 中使用压控电压源的例子）。当使用不同电感值时，为了获得良好的瞬态响应，R_S 和 C_S 的取值取决于式（4.89）中的 R_{DCR} 值。在这个例子中，我们观察了 7 个示例。在这些示例中 C_S 的值相同，而对应不同的 R_{DCR} 值我们会取不同的 R_S 值。根据式（4.88）中的稳定性准则，增益 G 的增加是针对 R_S 和 R_{DCR} 的较小值而设计的。基本的参数如表 4.20 所示。这里，$R_1=0\text{k}\Omega$，$R_2=400\text{k}\Omega$，v_{OUT} 等于 v_{FB}。表 4.21 列出了 7 个示例中 R_{DCR}、R_S 和 C_S 的不同值。基于示例（a）中的稳态工作状态，其他示例的波形如图 4.63 所示。对比示例（a）和（b），越小的 R_S 会产生更小的 $v_{SEN(AC),pp}$。所以，虽然瞬态响应得到改善，但 v_{SUM} 包含了较少的 $v_{SEN(AC),pp}$ 信息。在示例（c）中，当 R_{DCR} 为 500Ω 时，我们选择更小的 R_S 值（20mΩ）。在示例（c）中，我们希望 $v_{SEN(AC),pp}$ 小于示例（b）。由于缺乏足够的 $v_{SEN(AC),pp}$ 信息，图 4.63（c）表现为不稳定的工作状态，也就是说，式（4.88）的稳定性标准不成立。在示例（d）中，为了稳定工作状态，增益 G 从 1 增加到 5V/V 来放大 $v_{S,diff}$。将示例（a）和（d）进行比较，当 R_S 变化 1/5 时，$v_{SEN(AC),pp}$ 的变化也为 1/5。增益 G 经过 5 次调整后，示例（a）和（d）的纹波几乎相同。因此，两个示例在稳态和瞬态响应中的状态几乎相同。其他的示例也可以进行同样分析。根据稳定性准则，示例（e）和（f）处于不稳定的工作状态。虽然在不同示例中 $v_{SEN(AC),pp}$ 的值都不相同，但 $v_{S,diff}$ 的最终值决定了工作状态是否稳定。因此，示例（a）、（d）和（h）的工作状态相同，（b）和（g）的工作状态相同，同样的（c）和（f）的工作状态相同。

表 4.20　例 4.9 中的基本参数

v_{IN}	v_{OUT}	V_{REF}	L	R_{DCR}	C_{OUT}	R_{ESR}	L_{ESL}	T_{ON}	f_{SW}
5V	600mV	600mV	4.7μH	100mΩ	4.7μF	0mΩ	0nH	180ns	660kHz

表 4.21 不同示例的设计参数和特性

示例	R_{DCR} /mΩ	R_S	C_S	R_{S2}	C_S	G	$v_{SEN(AC),pp}$ /mV	特性
(a)	100	100Ω	470nF	2kΩ	1nF	1	17	
(b)	40	250Ω				1	6.8	更小的 $v_{SEN(AC)}$，更快的瞬态响应
(c)	20	500Ω				1	3.4	更小的 $v_{SEN(AC)}$，更快的瞬态响应，v_{SUM} 和 i_L 之间存在更大偏差
(d)	20	500Ω				5	3.4	由于 $G \cdot v_{S,diff}$ 相等，所以情况与（a）类似
(e)	10	1kΩ				1	1.7	v_{SUM} 和 i_L 之间存在严重偏差，相对于纹波 v_{FB} 值，$v_{SEN(AC)}$ 值过小导致不稳定的工作状态
(f)	10	1kΩ				2	1.7	由于 $G \cdot v_{S,diff}$ 相等，所以情况与（c）类似
(g)	10	1kΩ				4	1.7	由于 $G \cdot v_{S,diff}$ 相等，所以情况与（b）类似
(h)	10	1kΩ				10	1.7	由于 $G \cdot v_{S,diff}$ 相等，所以情况与（a）类似

例 4.10 瞬态响应受 v_{OUT} 和 i_L 反向变化趋势的影响

正如之前提到过的，在不同负载时 v_{OUT} 和 i_L 的变化趋势相反。所以，瞬态响应受到限制。这个仿真表明瞬态响应会受到不同 G 值的影响，在放大器 $v_{S,diff}$ 中产生增益，这是因为 $v_{S,diff}$ 表示了 i_L 的交流分量。基本参数如表 4.22 所示。在这个仿真中，$R_1 = 0\text{k}\Omega$，$R_2 = 400\text{k}\Omega$，v_{OUT} 等于 v_{FB}。

3 个示例的参数如表 4.23 所示。对应的波形如图 4.22 所示。

因为 R_S 和 C_S 的值相同，在图 4.64a ~ c 中 $v_{SEN(AC),pp}$ 的值都相同。在所有示例中 G 的值分别为 5、10 和 50。v_{SUM} 的纹波值分别为 12mV、36mV 和 90mV。$G \cdot v_{S,diff}$ 的纹波越大，瞬态响应越差。最坏的情况［情况（c）］表明转换器响应于变化的负载，直到 v_{OUT} 的变化与 $G \cdot v_{S,diff}$ 纹波的比率足够大。此外，当负载由轻变重或者由重变轻时，导通周期和关断周期都没有延长，也是因为这个延长的比例并不明显。总的来说，虽然 G 中额外的增益可以增加稳定性，应仔细设计 $G \cdot v_{S,diff}$ 纹波中 v_{OUT} 的容差变化率，以获得合适的瞬态响应。

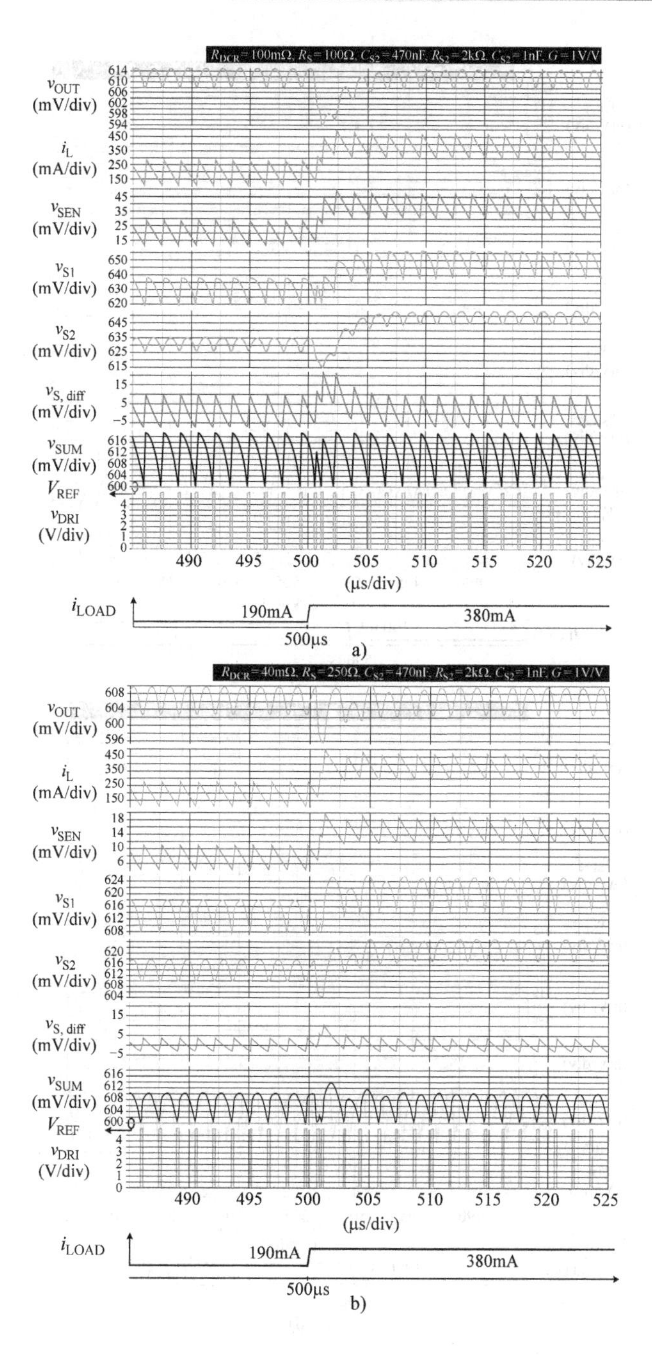

图4.63　由于不同R_{DCR}、R_S和G，具有不同$v_{SEN(AC),pp}$和$G \cdot v_{S,diff}$的负载瞬态响应
a）$G=1$，$R_{DCR}=100\text{m}\Omega$，$R_S=100\Omega$　b）较小$v_{SEN(AC)}$产生更快的瞬态响应

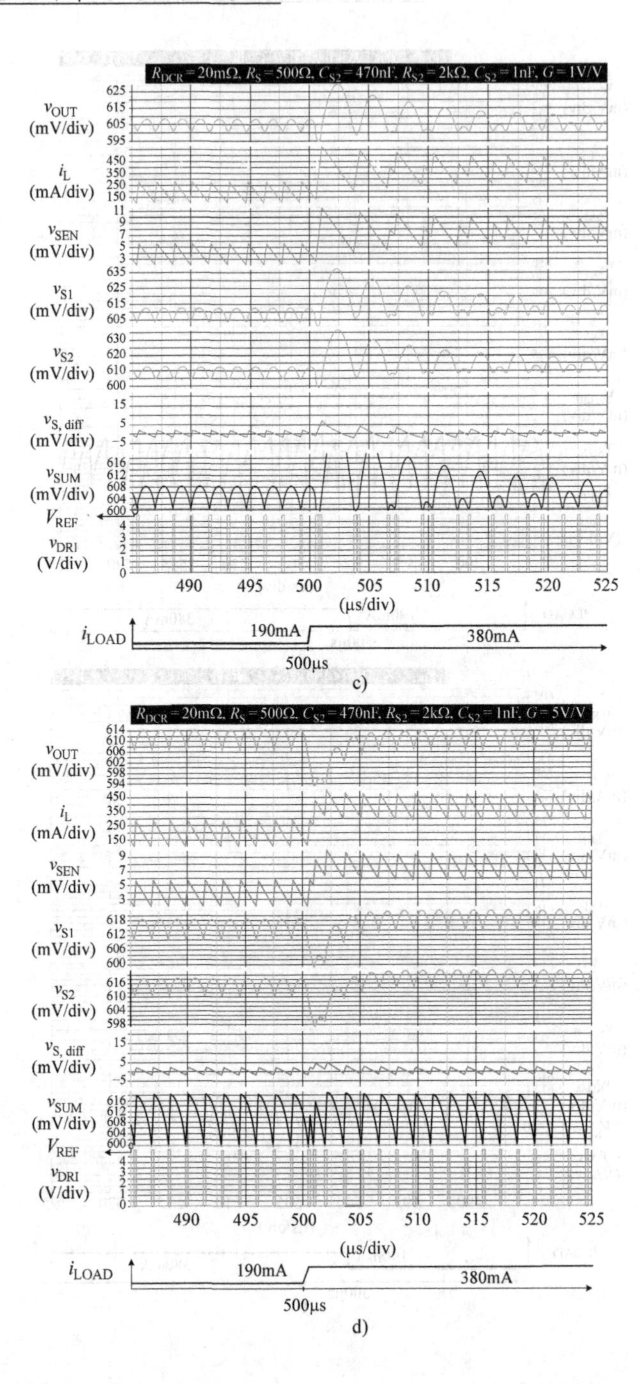

图 4.63　由于不同 R_{DCR}、R_S 和 G，具有不同 $v_{SEN(AC),pp}$ 和 $G \cdot v_{S,diff}$ 的负载瞬态响应（续）

c）v_{SUM} 和 i_L 之间存在更大偏差　d）由于 $G \cdot v_{S,diff}$ 相等，所以情况与 a）类似

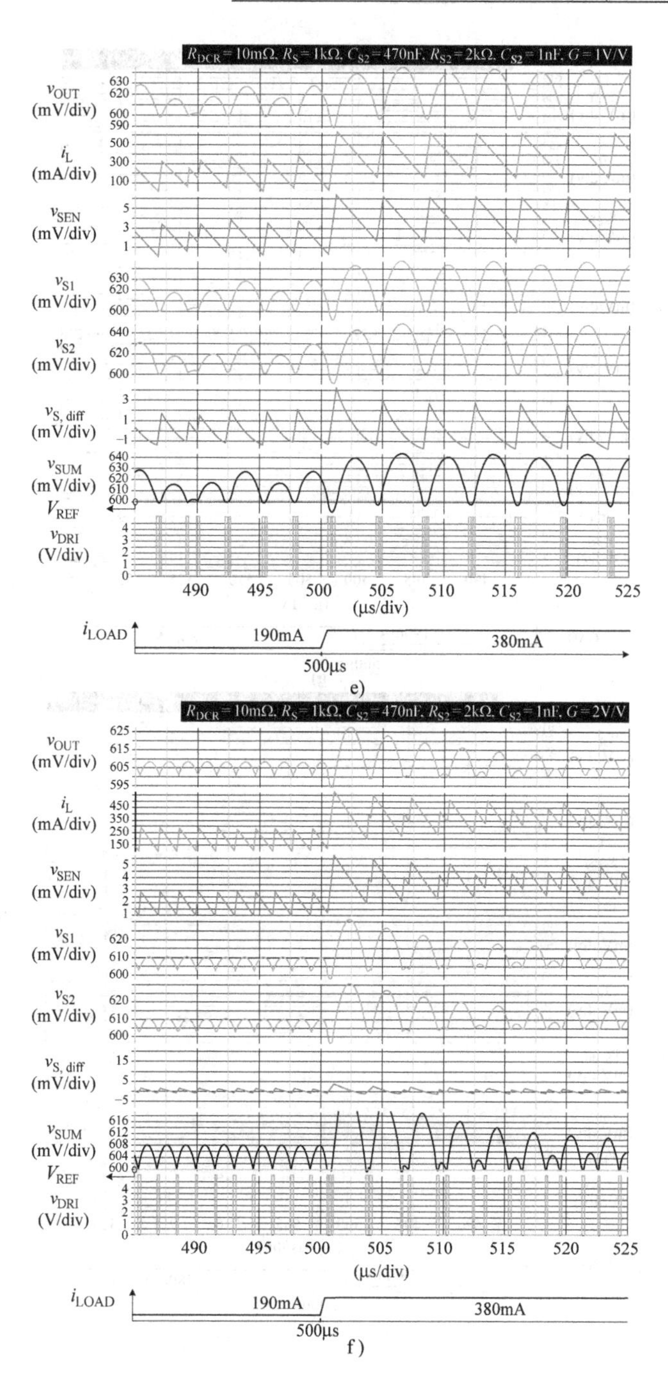

图 4.63　由于不同 R_{DCR}、R_S 和 G，具有不同 $v_{SEN(AC),pp}$ 和 $G \cdot v_{S,diff}$ 的负载瞬态响应（续）

e）相对于纹波 v_{FB} 值，$v_{SEN(AC)}$ 值过小导致不稳定的工作状态

f）由于 $G \cdot v_{S,diff}$ 相等，所以情况与 c）类似

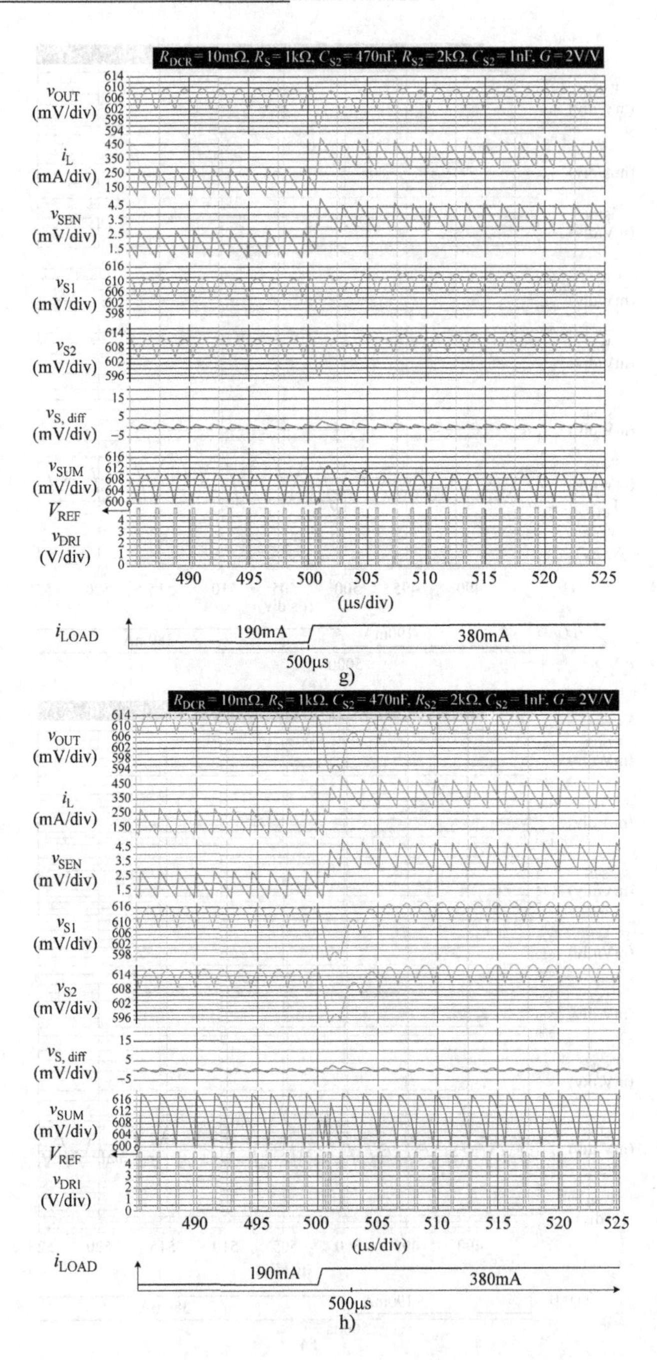

图 4.63　由于不同 R_{DCR}、R_S 和 G，具有不同 $v_{SEN(AC),pp}$ 和 $G \cdot v_{S,diff}$ 的负载瞬态响应（续）

g）由于 $G \cdot v_{S,diff}$ 相等，所以情况与 b）类似　h）由于 $G \cdot v_{S,diff}$ 相等，所以情况与 a）类似

表 4.22　例 4.10 中的基本参数

v_{IN}	v_{OUT}	V_{REF}	L	R_{DCR}	C_{OUT}	R_{ESR}	L_{ESL}	T_{ON}	f_{SW}
5V	600mV	600mV	4.7μH	100mΩ	4.7μF	0mΩ	0nH	180ns	660kHz

表 4.23　设计参数和特性

示例	R_{DCR}	R_S	C_S	R_{S2}	C_{S2}	G	$v_{SEN(AC),pp}$	$G \cdot v_{S,diff}$/mV
(a)	10mΩ	1kΩ	470nF	2kΩ	1nF	5	1.7mV	12
(b)						10		36
(c)						50		90

SIMPLIS 设置

对应于图 4.54，在 SIMPLIS 中建立的电路图如图 4.65 所示。这个电路包括一个比较器、一个导通时间脉冲发生器、非交叠电路、上位和下位开关、电感、并联 RC 滤波器、输出电容和输出负载。上位和下位开关与一个二极管并联构成一个等效的 MOSFET。

图 4.65 中的部分局部电路如图 4.66 所示。我们定义了一些主要的器件，设置窗口如图 4.67 所示。

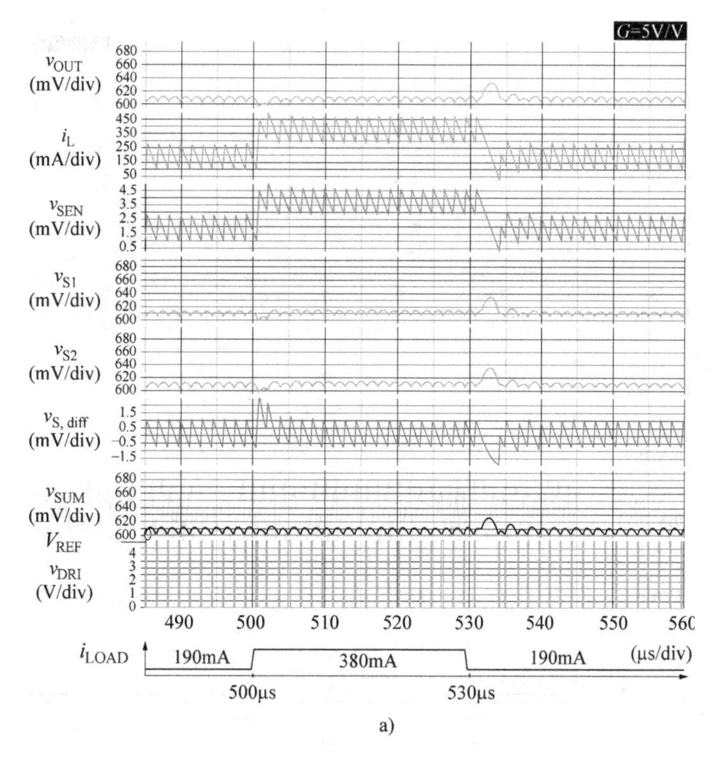

a)

图 4.64　由于不同 G，具有不同 $G \cdot v_{S,diff}$的负载瞬态响应

a）$G=5$

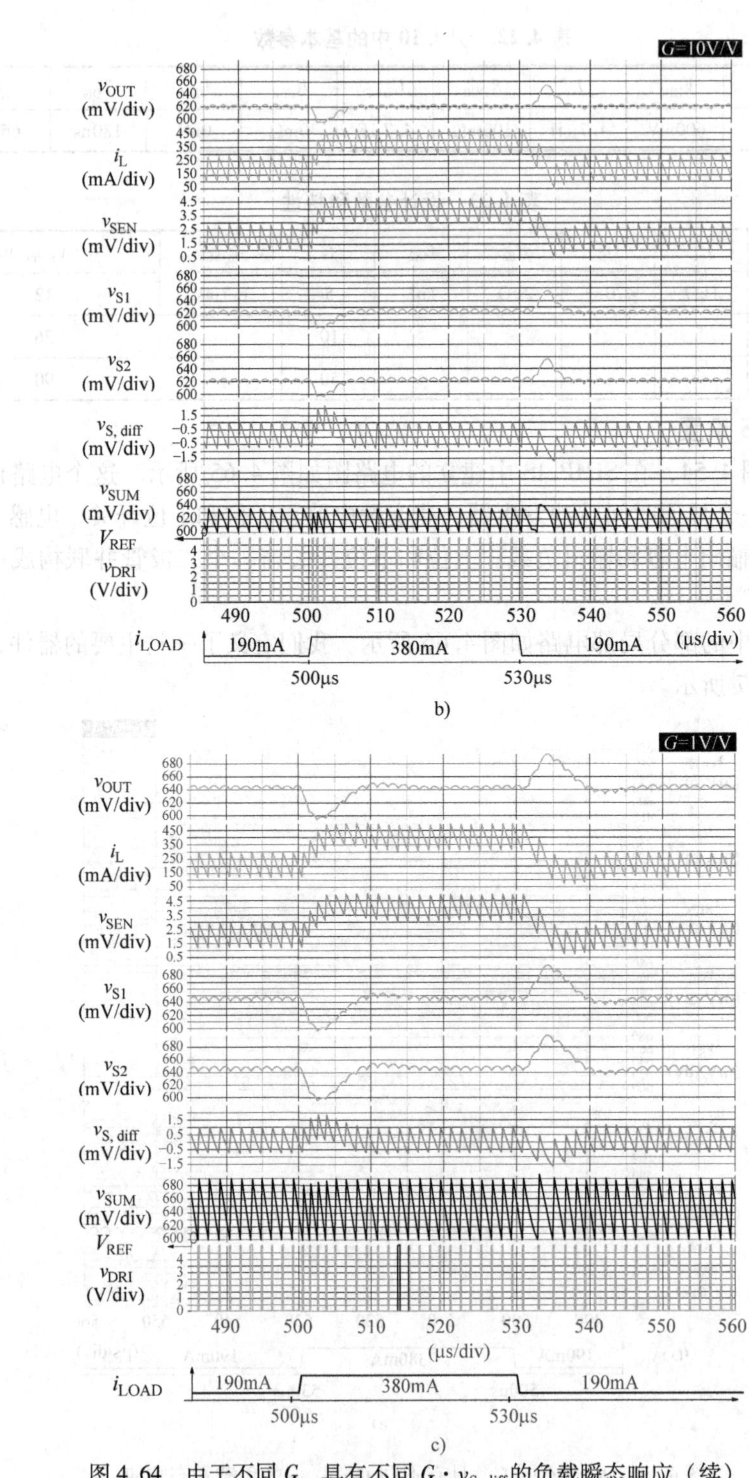

图 4.64 由于不同 G，具有不同 $G \cdot v_{S,diff}$ 的负载瞬态响应（续）

b）$G=10$ c）$G=50$

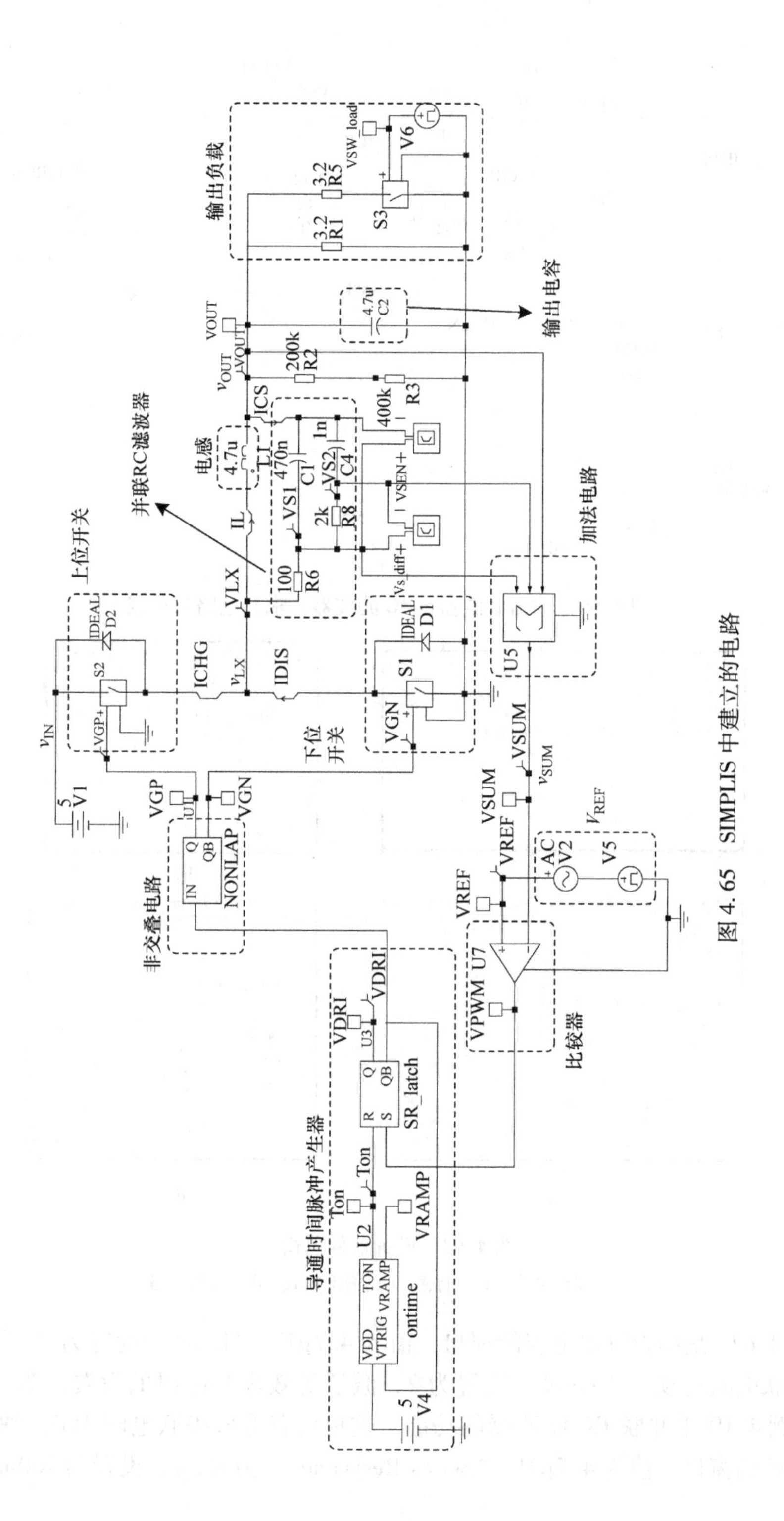

图 4.65　SIMPLIS 中建立的电路

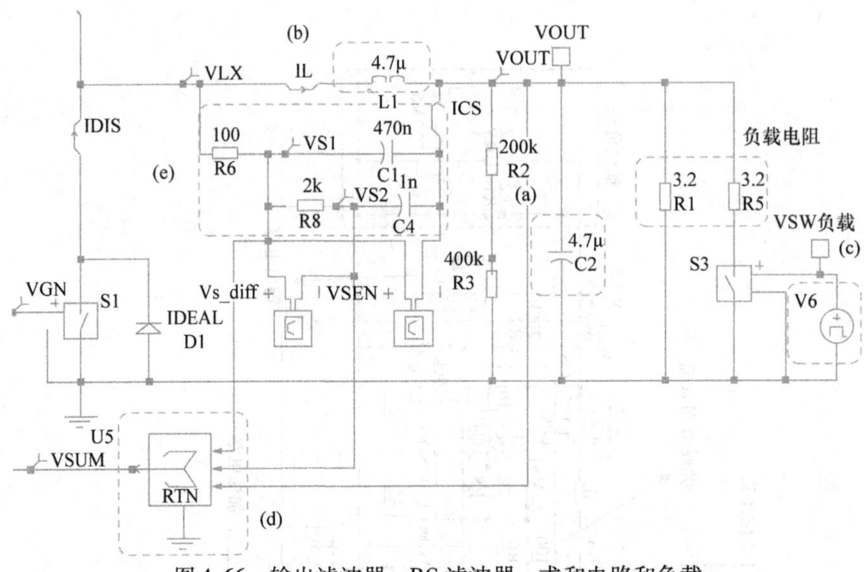

图 4.66　输出滤波器、RC 滤波器、求和电路和负载

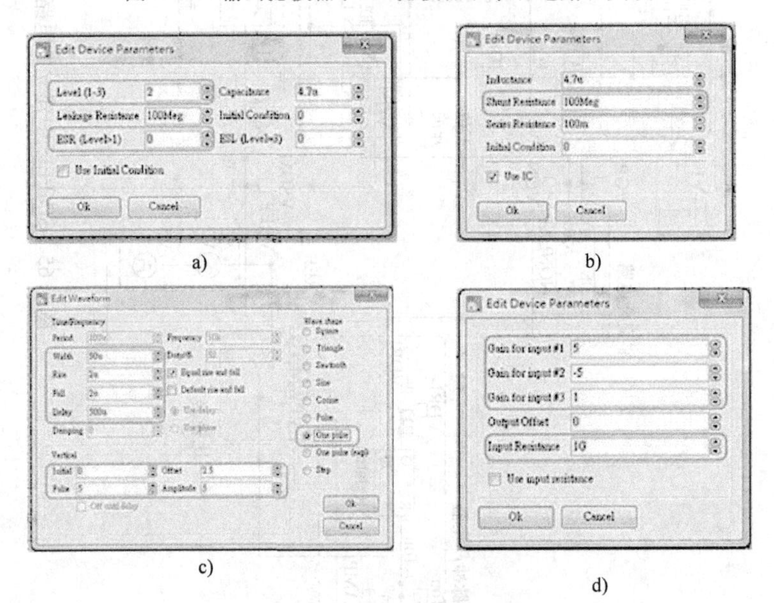

图 4.67　设置器件的窗口

a）输出电容　b）电感　c）输出负载　d）求和电路

图 4.67a 是编辑输出电容的窗口，值为 4.7μF。“Level”设置为“2”来激活等效串联电阻选项。“Level”设置为 2，激活等效串联电阻的设置。为了体现例 4.9 和例 4.10 中并联 RC 滤波器的功能，这里设置等效串联电阻为 0。图4.67b是编辑电感的窗口，值为 4.7μH。“Series Resistance”为 R_{DCR}，设置为 100mΩ。

图4.67c的窗口是用于编辑加入负载变化情况下的器件参数。首先“Wave shape”选择为“one pulse”。之后“Time/Frequency”设置为负载变化的时间。在这个设置中，负载一直保持为轻负载状况，直到500μs。之后经历2μs，变为重负载。重负载情况一直维持到530μs，再经过2μs转为轻负载。此外，负载变化的值由图4.66中的“Resistance load”进行设置。

三输入求和电路的器件编辑窗口如图4.67d所示。根据式（4.76）和式（4.81），压控电压源提供的额外增益表明v_{S1}和v_{S2}的增益设置为相反数，但具有同样的绝对值。以$G=5$为例，v_{S1}和v_{S2}的增益分别为-5和5。例4.9和例4.10中设置为不同的值。根据式（4.77），v_{OUT}的增益设置为1。此外，“Input Resistance”设置为1G，以避免负载效应。

图4.61中的模块（e）包含了并联RC滤波器的电阻和电容，在例4.9和例4.10中设置为不同的值。

4.3.2.6　6型电流反馈通路结构（具有精确调整的并联RC滤波器）

我们将在本节中介绍6型电流反馈结构。该结构利用外加的电流反馈通路来保证电路稳定性，并同时获得了精确的调整率。通过修改图4.54中的结构，6型电流反馈结构如图4.68所示。电路中加入了一个额外的波谷检测器。6型电流反馈结构转换器的工作波形如图4.69所示。由R_S和C_S组成的第一个RC滤波器产生v_{S1}，v_{S1}包含了从v_{OUT}到i_L的信息。波谷检测器和第二个RC滤波器对v_{S1}进行处理，并从i_L中提取交流信息，并移除从v_{OUT}到i_L的直流信息。波谷采样保持电路利用v_{S1}来产生v_{VA}（v_{VA}为v_{S1}的波谷值）。由R_{S2}和C_{S2}组成的第二个RC滤波器产生v_{S2}，v_{S2}也能表示v_{S1}的波谷值。之后，高频噪声得到抑制。当v_{S1}和v_{S2}输入到压控电压源时，就可以确定压控电压源的差分输出$v_{S,diff2}$，如式（4.91）所示。$v_{S,diff2}$可以表示i_L的交流信息：

$$v_{S,diff2}=G\cdot v_{S,diff}=G\cdot(v_{S1}-v_{S2}) \tag{4.91}$$

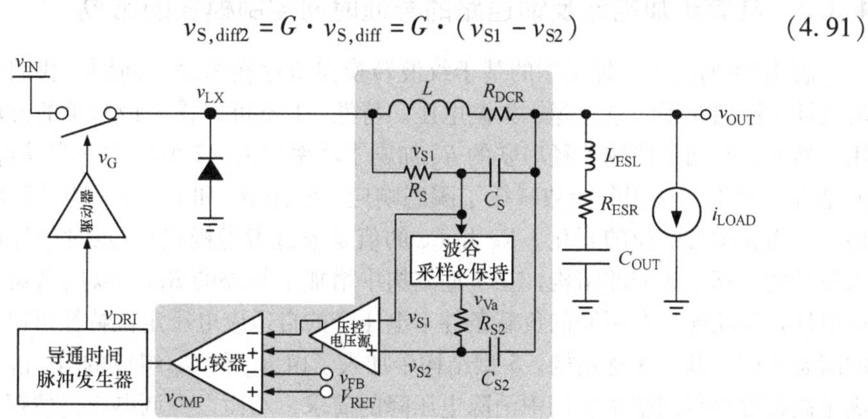

图4.68　具有两个RC滤波器、波谷采样保持电路和压控电压源线性放大器的电流感应电路

将图4.68中6型电流反馈的$v_{S,diff}$与图4.53中的5型电流反馈中的$v_{S,diff}$相比

较，6 型电流反馈 $v_{S,diff}$的平均值不为 0，而 6 型电流反馈 $v_{S,diff}$的波谷电压值为 0。换而言之，对于 6 型电流反馈结构，从图 4.68 中可以看出 v_{FB}和 v_{SUM}的波谷电压相等。因为在反馈环路中，v_{SUM}的波谷电压通过比较器在 V_{REF}处得到调整，所以 v_{FB}和 v_{SUM}之间的波谷电压没有失调电压。将图 4.68 中 6 型电流反馈的 v_{OUT}与图 4.53 中的 5 型电流反馈中的 v_{OUT}相比，在 6 型电流反馈结构中通过外加的波谷采样保持电路，我们可以消除电压降。

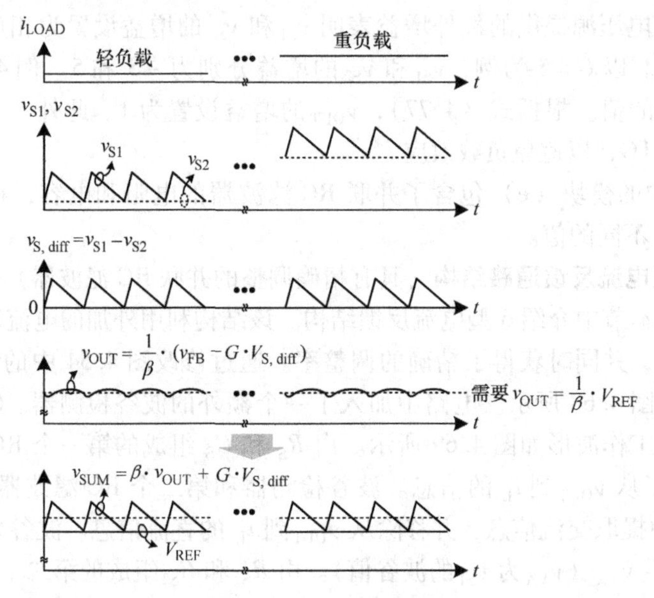

图 4.69 工作波形显示 v_{OUT}没有电压降和失调电压

4.3.3 具有附加电流反馈通路的导通时间控制模式的比较

表 4.24 列出了各种类型的基于纹波转换器所存在的设计问题。我们对比了电流反馈 1 型到 6 型的电压降、失调电压和特性。1 型可以作为最简单的方法进行应用。然而，与功率传输路径串联的 R_S 加剧了功率损失。2 型结构也容易进行设计，但是 R_{LPF}和 C_{LPF}的积分函数减缓了瞬态响应。利用 R_S 和 C_S 与电感并联的 3 型结构可以阻止瞬态响应的恶化。R_S 和 C_S 的值是通过考虑极点/零点对最优瞬态响应来设计的。基于 3 型的结构，在 4 型结构中增加了额外的 R_{S2}，以提高灵活的自适应电压定位功能。在不同的负载条件下电压降的自适应电压定位特征可以确保快速的瞬态响应。基于 3 型结构，5 型结构中加入了由 R_{S2}和 C_{S2}组成的 RC 滤波器，以满足高精度负载调整率应用中消除电压降的需求，然而，失调电压仍然存在。基于 5 型结构，6 型结构中加入了额外的波谷采样保持电路，以消除失调电压，保证精确的调整率。总之，在实现附加功能和牺牲复杂结构之间的权衡存在于具有电流反馈通路的实时控制中。设计者可以根据表 4.25 中的参数来选择合适的结构。表

4.25 列出了各种仿真技术的相关问题和仿真结果。这些问题和结果也为设计提供了重要的线索。

表 4.24 不同结构的特性

结构	电压降	失调电压	特性
1 型	●	●	具有串联 R_S 由于 R_S 会产生额外功率损失 由于其结构简单，很容易进行应用
2 型	●	●	具有积分 RC 滤波器 具有 R_{LPF} 和 C_{LPF} 因为积分函数，其瞬态响应较慢
3 型	●	●	具有并联 RC 滤波器的基本结构 具有 R_{S2} 和 C_{S2}
4 型	●	●	具有并联 RC 滤波器和 R_{S2} 具有 R_{S1}、R_{S2} 和 C_{S1} 对于自适应电压定位功能，电压降是可调的
5 型	-	●	两组 RC 滤波器 具有 R_{S1}、R_{S2} 和 C_{S1}、C_{S2} 消除了电压降，保证良好的负载调整率
6 型	-	-	两组 RC 滤波器和附加的波谷采样保持电路 具有 R_{S1}、R_{S2} 和 C_{S1}、C_{S2} 消除了电压降，保证良好的负载调整率 消除了失调电压，保证了精确的调整率

注："-"表示不存在；"●"表示存在。

表 4.25 不同结构存在的问题和结论

表格	结构	所讨论的问题	结论
表 4.8	1 型	不同的 R_S	不同电压降
表 4.10	3 型	不同的 C_S	不同幅度的 v_{SEN} 都对稳定性有影响
表 4.12	3 型	不同的 C_S	不同的极点位置导致不同的瞬态响应
表 4.14	3 型	相同的时间常数，但是不同的 R_S 和 C_S	对 v_{OUT} 和 RC 滤波器功率损失的影响
表 4.17	4 型	不同的 R_{S2}	低通滤波器的功能和 $v_{S,diff}$ 的不同失真程度
表 4.19	4 型	不同的 R_{S2} 和 C_{S2}	过大的 C_{S2} 会影响 R_S 和 C_S 的时间常数。附加的相位延迟会导致不稳定的工作状态
表 4.21	4 型	相同的时间常数，不同幅度的 v_{SEN} 和 $v_{S,diff}$	过大的 R_{S2} 和小容值的 C_{S2} 会受到漏电流问题的影响
表 4.23	4 型	不同幅度的 $v_{S,diff}$	瞬态响应

4.3.4 采用纹波整形技术补偿小阻值 R_{ESR}

当 R_{ESR}阻值较小时，从输出电压中提取电感电流纹波是非常困难的。电感电流纹波和输出电压纹波之间的非线性关系会产生次谐波振荡。具有纹波整形技术的导通时间控制如图 4.70 所示，该结构包括了纹波恢复补偿器（Ripple - Recovered Compensator，RRC）和噪声裕度增强（Noise Margin Enhancement，NME）模块，用于补偿小阻值 R_{ESR}效应。

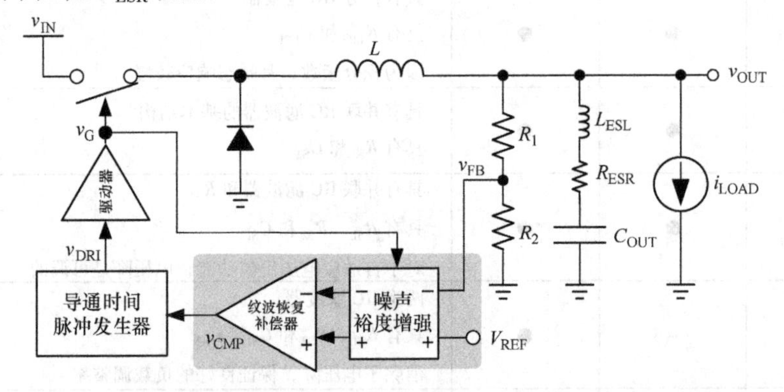

图 4.70 即使采用小阻值 R_{ESR}时，具有纹波恢复补偿器和噪声裕度增强模块的导通时间控制电路仍然可以保证稳定的工作状态

具有噪声裕度增强功能的纹波恢复补偿器可以得到纹波整形功能，用于补偿小阻值 R_{ESR}带来的不稳定性效应。纹波恢复补偿器为 C_{OUT}的反积分函数提供一个微分函数，用于恢复电感电流信息。此外，将反馈信号与参考信号进行对比，纹波恢复补偿器决定了输出直流电压水平。噪声裕度增强功能用于消除等效串联电感效应，并增加了纹波恢复补偿器技术的噪声裕度。

4.3.4.1 纹波恢复补偿器通过 C_{OUT}实现反积分函数

在图 4.27 中，利用 R_{ESR}的传统补偿技术会在 f_{ESR}频点上产生一个零点。然而，由于使用多层陶瓷电容而减小 R_{ESR}，那么零点会向高频移动。根据图 4.20 的分析结果，高频零点对于增加相位，提高稳定性只有很小的影响。也就是说，传统的补偿技术无法稳定整个系统。所以，即使在没有等效串联电阻零点的情况下，我们通过纹波恢复补偿器技术来补偿零点，提高相位裕度。在图 4.71 中，补偿零点将相位裕度提升至接近 90°，所以系统可以满足图 4.20 中的传统稳定性准则。

纹波恢复补偿器的电路实现如图 4.72 所示。在纹波恢复补偿器的第一级，输入差分对由 M_{P1} 和 M_{P2} 组成，有源负载包括 NMOS（M_{N1} 和 M_{N2}）、电阻（R_{RR1} 和 R_{RR2}）和电容（C_{RR1} 和 C_{RR2}）。因此，纹波恢复补偿器可以产生一个零极点对来保证相位超前补偿。相比之下，在纹波恢复补偿器的第二级，模拟信号（v_{OP} 和 v_{ON}）转换为数字控制信号来得到全摆幅电压 v_{CMP}。

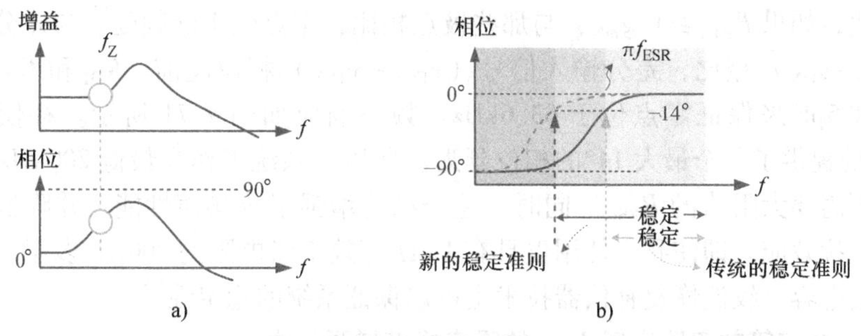

图 4.71　a）由零点产生的相位超前效应可以提高相位裕度　b）当采用小阻值等效串联电阻时，纹波恢复补偿器技术产生的相位超前效应可以增加系统稳定性

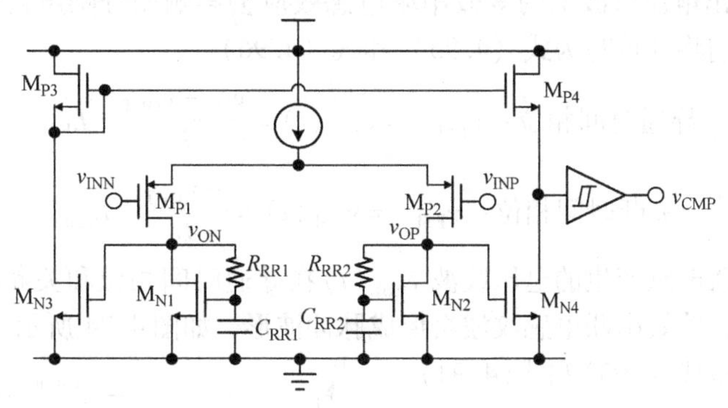

图 4.72　纹波恢复补偿器的电路实现

如图 4.73 所示，我们利用纹波恢复补偿器第一级中的共模小信号半边模型来推导零极点对。我们将一个测试电压 v_t 输入到节点 v_{ON}，相应的电流 i_t 流入电路。所以，我们就可以确定等效输出阻抗 $Z_{out,eq}$。

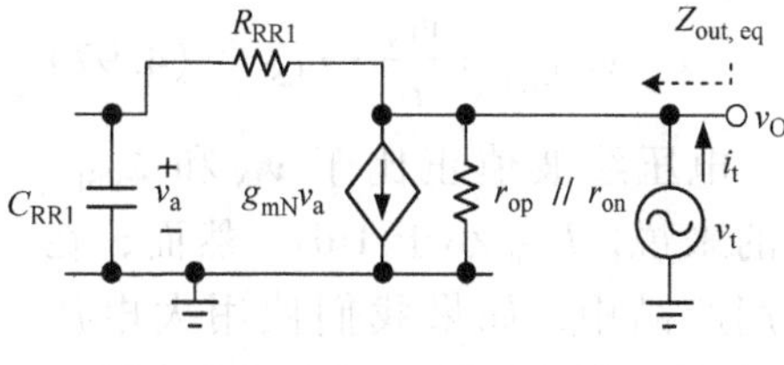

图 4.73　纹波恢复补偿器第一级的小信号模型

根据基尔霍夫电流定律，i_t 可以表示为

$$i_t = \frac{v_t}{r_{on} /\!/ r_{op}} + \frac{v_t}{R_{RR1} + \dfrac{1}{sC_{RR1}}} + g_{mN} \cdot v_a \tag{4.92}$$

当忽略沟道长度调制效应产生的 r_o 时，输出阻抗可以表示为式（4.93），其传递函数为式（4.94），其中极点和零点分别位于 g_{mN}/C 和 $1/RC$。

$$r_{out} = \frac{v_t}{i_t} = \frac{1 + sR_{RR1}C_{RR1}}{g_{mN} + sC_{RR1}} \tag{4.93}$$

$$A_{DM} = \left| \frac{v_{OP} - v_{ON}}{v_{INP} - v_{INN}} \right| = \frac{g_{mP}}{g_{mN}} \left(\frac{1 + sR_{RR1}C_{RR1}}{1 + s\dfrac{C_{RR1}}{g_{mN}}} \right) \tag{4.94}$$

因此，如果 $R_{RR1} \geqslant 1/g_{mN}$，与那些极点相比，零点位于低频处。与差分输出信号（$v_{OP}-v_{ON}$）相比，差分输入信号（$v_{INP}-v_{INN}$）相位超前。R_{D1} 和 C_{D1} 设置为 500kΩ 和 5pF 来保证零点位于 63.6kHz。频率响应如图 4.71 所示。补偿零点在 200kHz 处提供了一个最大 14°的相位延迟。所以，系统工作在最低 200kHz 的频率上，而不需要大阻值的 R_{ESR}。同时，差分结构增强了抗噪声性能，并降低了抖动和电磁干扰效应。即使我们使用仅具有 1mΩ 等效串联电阻的 200μF 多层陶瓷电容作为输出电容，纹波恢复补偿器技术也可以保证系统的稳定性。

4.3.4.2 允许等效串联电感 L_{ESL} 的噪声裕度增强技术

输出电容中等效串联电感是另一个引起反馈电压信号失真的因素。在式(4.8)中，输出电压纹波上的等效串联电感效应会影响差分噪声裕度增强技术的差分功能，我们将其重写为式（4.95）和式（4.96）

$$\text{导通时间相位：}v_{ESL,n}=v_{ESL}(t)=\frac{v_{IN}-v_{OUT}}{L}\cdot L_{ESL} \tag{4.95}$$

$$\text{关断时间相位：}v_{ESL,f}=v_{ESL}(t)=\frac{-v_{OUT}}{L}\cdot L_{ESL} \tag{4.96}$$

由等效串联电感产生的电压纹波 $v_{ESL}(t)$ 在导通时间相位和关断时间相位中保持恒定。因此，等效串联电感纹波会形成脉冲波形，如图 4.74 所示。

其峰峰值是式(4.93)和式(4.94)的总和：

$$v_{ESL,pp}=\frac{v_{IN}}{L}\cdot L_{ESL} \tag{4.97}$$

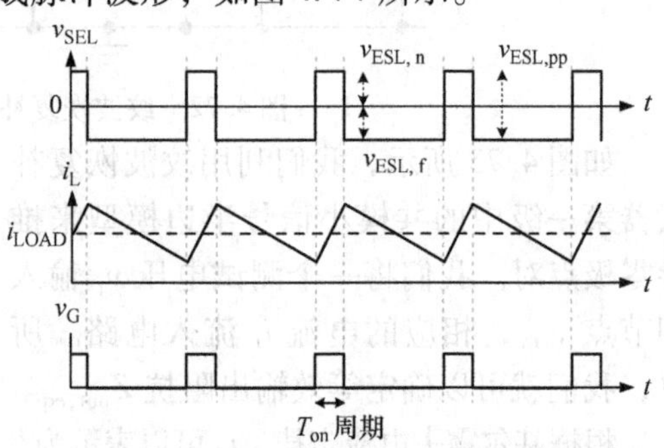

图 4.74 输出电压处的等效串联电压纹波

电压纹波值正比于 v_{IN} 和 L_{ESL}。总的来说，L_{ESL} 小于 1nH。然而，在商用产品中，如果我们使用大电压 v_{IN} 来产生高的电源，那么等效串联电感效应就不能忽略。例如，当 v_{IN} 为 21V 时，$v_{ESL,pp}$ 为 42mV，L_{ESL} 为 1nH，而 L 为 2μH。我们需要解释一下噪声裕度增强技术是如何缓解等效串联电感效应，从而提高差分纹波恢复补偿器的性能。如图 4.75a 所示，噪声裕度增强电路包括阶跃合成器和高频噪声滤波器（High - Frequency Noise Filter，HFNF）。差分级的差分电压定义为

$$\begin{aligned}v_{diff,FB}&=v_{FB}-V_{REF}\\v_{diff,S}&=v_{INP}-V_{REF}\\v_{diff,H}&=v_{INP}-v_{INN}\\v_{diff,D}&=v_{OP}-v_{ON}\end{aligned} \tag{4.98}$$

工作的简单波形如图 4.75b 所示。步骤（i）、（ii）、（iii）表示（i）步骤中阶

跃合成器、（ii）中高频噪声滤波器和（iii）纹波恢复补偿器中的功能。接下来我们将对每一个功能进行详细分析。

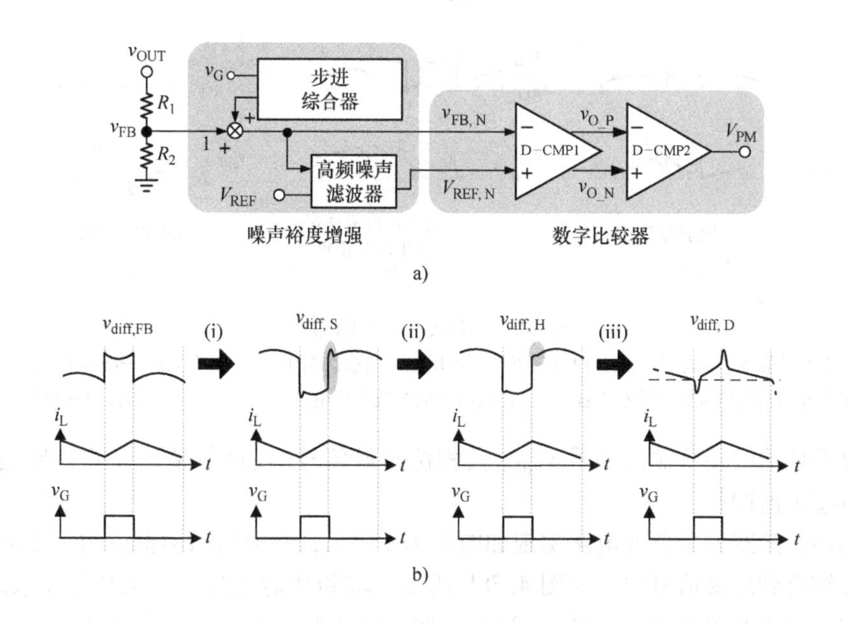

图 4.75　a）噪声裕度增强电路　b）每一个输出的详细波形

通过比较小电感 L_{ESL} 和大电感 L_{ESL}，图 4.76a、b 表明了噪声裕度增强技术的必要性。在小电感 L_{ESL} 情况下，在差分纹波恢复补偿过程之后，虽然没有阶跃信号发生器，关断周期初始阶段的向下阶跃电压 v_{ESL} 会使得差分信号 $v_{diff,D}$ 产生下冲电压。由于等效串联电感效应，差分信号 $v_{diff,D}$ 的下冲电压会下降到 0V。此外，在关断周期初始时的错误触发效应会降低系统稳定性。换而言之，会出现双脉冲现象。当使用小阻值等效串联电感时，用于差分纹波恢复补偿器的噪声裕度增强电路功能如图 4.76c 所示。反馈电压信号可以将等效串联电感阶跃调整为反方向的阶跃信号。所以，反馈电压信号可以等价地描述为 v_{INP}。因此，在关断周期初始时差分信号 $v_{diff,D}$ 的过冲极大地增加了噪声裕度。$v_{diff,D}$ 被整形且调整为与过冲后的电感电流同相。相比之下，在导通周期开始阶段差分信号 $v_{diff,D}$ 发生严重失真，但由于导通周期是由导通时间脉冲发生器定义的，所以我们不用考虑这种失真状态。

我们必须产生反向阶跃，并与导通时间脉冲发生器同步以消除 v_{ESL} 效应。然而，阶跃发生器受到带宽和相位裕度的限制。如果消除相位裕度的影响来获得足够的速度，如图 4.77 所示，阶跃发生器的差分输出将会在差分纹波恢复补偿之后产生双脉冲现象。高频噪声滤波器将差分纹波恢复补偿器一个端口的高频波动耦合到另一个端口，以缓解阶跃发生器的缺陷。因此，噪声裕度增强电路对 v_{FB} 进行预调整，以增强抗噪声性能，同时 v_{FB} 也通过差分纹波恢复补偿技术进行调整。差分纹

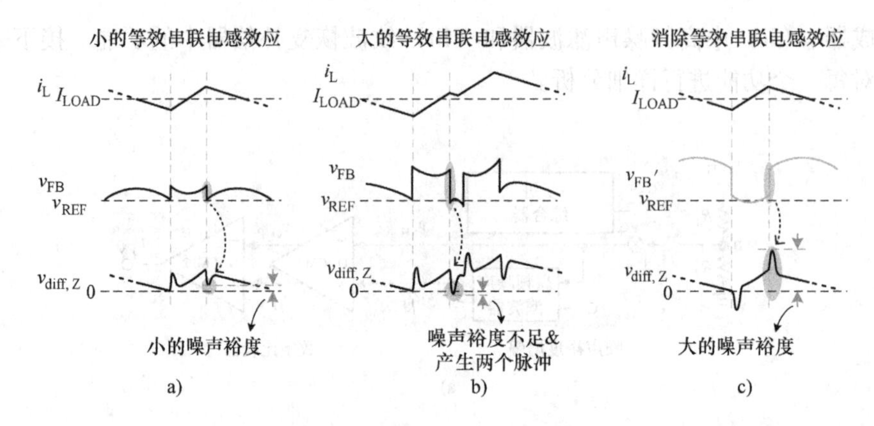

图 4.76 阶跃发生器的功能

a）具有小的等效串联电感效应，而没有噪声裕度增强时的稳态操作 b）具有大的等效串联电感效应，而没有噪声裕度增强时的非稳态操作 c）具有大的等效串联电感效应和噪声裕度增强时的稳态操作

波恢复补偿器的差分输出信号 $v_{diff,D}$ 被相位延迟信号 v_{FB} 进行整形，并在导通周期中与电感电流同相。

最终，阶跃发生器的电路实现如图 4.78a 所示，其中的示例也说明了如何将阶跃波形综合到反馈信号中。如图 4.78b 所示，求和功能通过一个电压源 v_{STEP} 和开关实现，这个开关由控制信号 v_{GP} 进行控制。电压源可以由一个电容产生。另一种具有缓冲器的电路结构如图 4.78c 所示，通过利用栅控制信号 v_{GP}，阶跃发生器产生的信号可以表示为式（4.99）和式（4.100）。阶跃信号幅度等于 $v_{FB}\cdot(R_{st1}/R_{st2})$，并可以通过 R_{st1} 和 R_{st2} 进行调整。

$$\text{当 } v_{GP} \text{ 为逻辑高时，} v'_{FB} = v_{FB} + v_{FB}\cdot(R_{st1}/R_{st2}) \tag{4.99}$$

$$\text{当 } v_{GP} \text{ 为逻辑低时，} v'_{FB} = v_{FB} \tag{4.100}$$

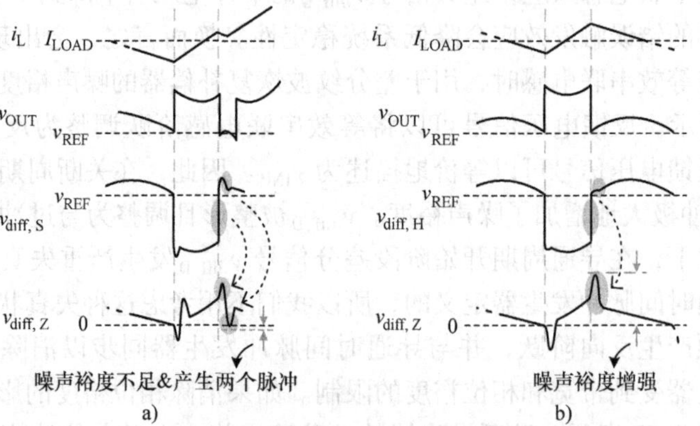

图 4.77 噪声裕度增强和纹波恢复补偿器功能波形

a）无高频噪声滤波器 b）有高频噪声滤波器

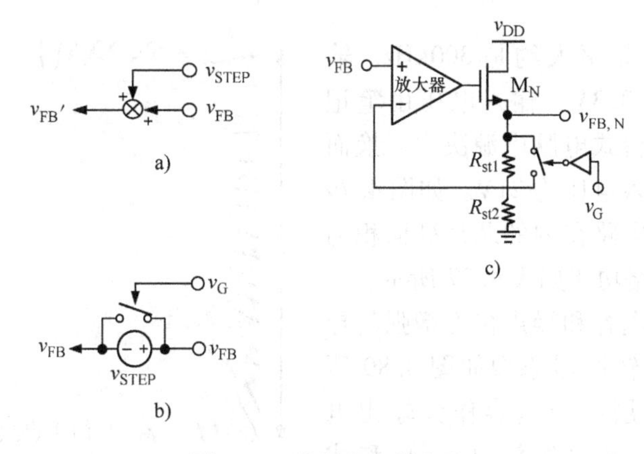

图 4.78　阶跃发生器电路

a）阶跃发生器原理　b）具有恒定电压源和开关的阶跃发生器

c）具有缓冲器结构的阶跃发生器

4.3.5　纹波整形功能的实验结果

4.3.5.1　芯片照片

具有噪声裕度增强和纹波恢复补偿器功能的导通时间控制降压转换器采用 UMC 0.35μm 晶体管 CMOS－DMOS（BCD）40V 工艺。为了实现高转换率和大驱动电流（8A），我们选择功率 MOSFET 作为分立器件。上位和下位功率 MOSFET 分别为 AOL1414 和 AOL1412。片外电感和电容分别为 1μH 和 220μF（22μF×10）。转换器的参数如表 4.26 所示。

表 4.26　具有噪声裕度增强和纹波恢复补偿器功能的导通时间控制降压转换器参数

工艺	UMC 0.35μm BCD 40V
输入电压（v_{IN}）	5～21V
输出电压（v_{OUT}）	0.75～3.3V
芯片电源电压（v_{DD}）	5V
负载范围（i_{LOAD}）	0.1～8A
电感	1μH
输出电容（多层陶瓷电容）	220μF（22μF×10）
R_{ESR}	1mΩ
L_{ESL}	2.6nH
工作频率	100～600kHz
输出纹波	8～10mV
最大效率	91%

归一化开关频率大约是 300kHz。输出电压为 0.75 ~ 3.3V，输入电压由笔记本电脑适配器或台式电脑电源决定。换而言之，最高的输入电压为 21V。如图 4.79 所示，包括测试电路在内的芯片硅面积为 3.61mm^2。子电路功能如表 4.27 所示。

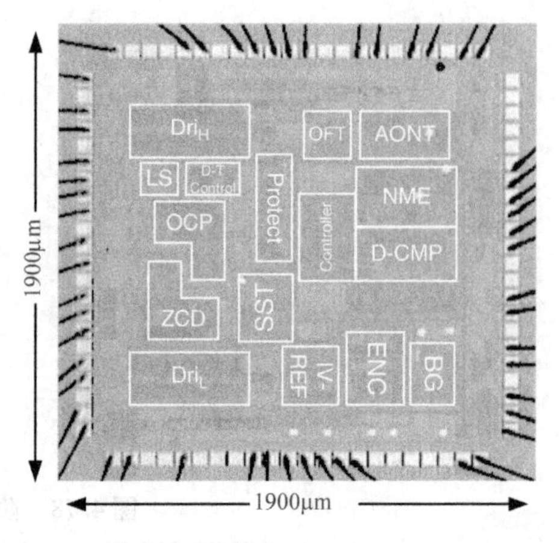

图 4.79　芯片照片

具有去耦合电容和噪声裕度增强的导通时间控制降压转换器原型如图 4.80 所示。我们使用多层陶瓷电容作为输出电容。根据估计的输出纹波（v_{pp}）和式（4.101），等效串联电阻 R_{ESR} 大约为 $1\text{m}\Omega$。

$$v_{pp} = v_{Cout} + v_{ESR} = \frac{v_{OUT}(1-D)}{8f_{SW}^2 LC} + \frac{R_{ESR}v_{OUT}(1-D)}{f_{SW}L} \tag{4.101}$$

$$\Rightarrow R_{ESR} = \left(v_{pp} - \frac{v_{OUT}(1-D)}{8f_{SW}^2 LC}\right) \cdot \frac{f_{SW}L}{v_{OUT}(1-D)}$$

表 4.27　子电路功能描述

RRC	纹波恢复补偿器	ZCD	零电流检测器
NME	噪声裕度增强	OCP	过电流保护器
AONT	自适应导通时间计时器	PROTECTOR	保护电路
OFT	最小关断时间计时器	SST	软启动
LS	电平移位器	BG	带隙基准源
D－T Control	死区控制	ENC	使能控制器
Dri_H	上位驱动器	IV－REF	偏置电流/参考电压产生器
Dri_L	下位驱动器		

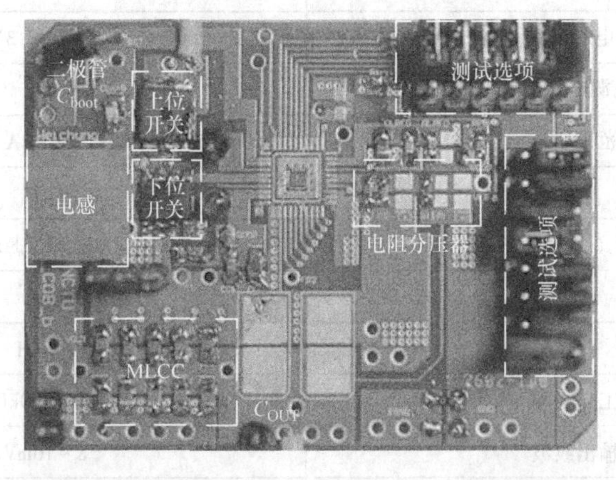

图 4.80　具有噪声裕度增强和纹波恢复补偿器功能的导通时间控制降压转换器原型

4.3.5.2 稳态和负载瞬态响应

稳态实验结果如图 4.81 所示。当 i_{LOAD} 为 1.5A 和开关频率为 300kHz 时，v_{IN} 为 5V，且输出电压为 1.5V。i_L 为电感电流。v_{GH} 为上位 MOSFET 的驱动信号。R_{ESR} 大约为 1mΩ，由于采用多层陶瓷电容，C_{OUT} 为 220μF（22μF×10）。根据式（4.27）中传统的稳定性准则，开关频率必须大于 2MHz。然而，噪声裕度增强和纹波恢复补偿器技术降低了稳定性准则的限制，即使在 300kHz 的低开关频率条件下，实验结果表明系统稳定性得到了保证。所以，开关损耗得到大幅度降低。在实际中，当 v_{IN} 为 5V 时，v_{OUT} 的电压纹波小于 8mV。此外，由于采用多层陶瓷电容，输出纹波和电感电流不同相。

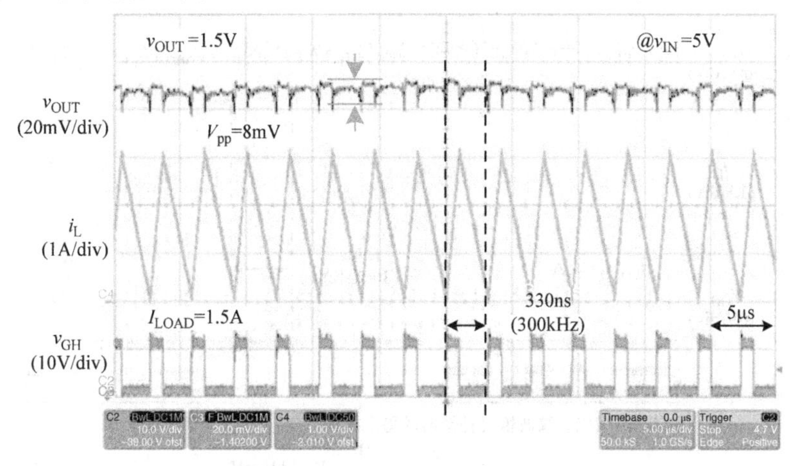

图 4.81　噪声裕度增强和纹波恢复补偿器功能的稳态工作波形

当 v_{IN} 为 5V，v_{OUT} 为 1.5V 时，噪声裕度增强和纹波恢复补偿器功能如图 4.82 所示。稳态工作如图 4.82a 所示。相比之下，在测试电路的外部控制下，当关闭噪声裕度增强和纹波恢复补偿器功能时，会产生次谐波振荡波形，如图 4.82b 所示。纹波恢复补偿器使得相位超前于反馈信号，并利用具有较大的等效串联电阻的输出电容来产生类似的性能。

此外，如果 R_{ESR} 大约为 1mΩ，当 v_{IN} 大于 15V 时，我们必须考虑等效串联电阻效应。如图 4.83 所示，v_{ESL} 为 40mV。将图 4.83a 和 4.83b 进行对比，就可以看出噪声裕度增强的影响。具有纹波恢复补偿器的系统具有足够的噪声裕度，使得 v_{OUT} 几乎是稳定的。如图 4.83c 示出了没有噪声裕度增强和纹波恢复补偿器功能时的不稳定波形。

当负载电流 i_{LOAD} 从 1A 阶跃到 8A 时，或发生相反情况时，连续导通模式中的 v_{OUT} 和电感电流 i_L 波形如图 4.84 所示。此时，v_{IN} 为 15V，v_{OUT} 为 1.5V。因此，开关频率为 300kHz。下冲电压和过冲电压分别为 20mV 和 38mV。瞬态恢复时间分别为 20μs 和 25μs。非连续导通模式中，在轻负载时，工作波形如图 4.85 所示。开

关频率 f_{SW} 下降到 78kHz 以提高效率，这是高效率导通时间控制在轻载时的优点。显然，由于噪声裕度增强和纹波恢复补偿器功能，当输出工作在不同负载情况下，系统稳定性得到了保证。

4.3.5.3 与其他技术的比较

现有文献中恒定导通时间控制 DC/DC 转换器的性能比较如表 4.28 所示。由于使用多层陶瓷电容，输出纹波大幅度下降。当采用小阻值等效串联电阻时，系统也可以工作在较低的开关频率上。通过噪声裕度增强和纹波恢复补偿器技术，我们可以得到较好的电路性能。

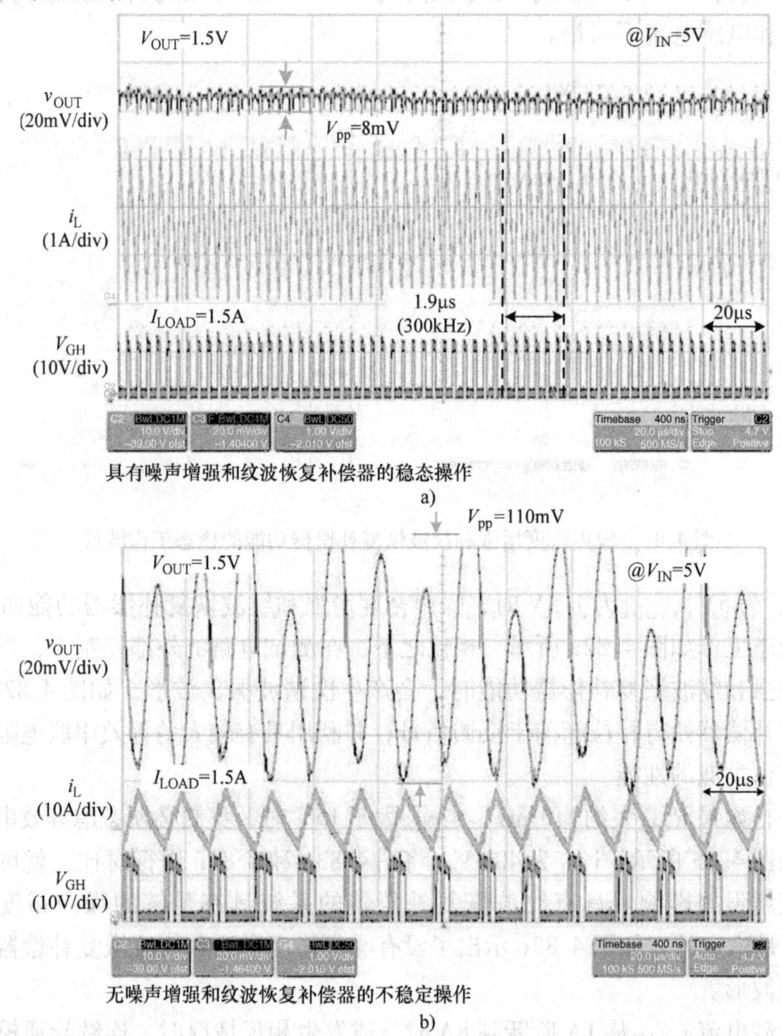

图 4.82 a）当 v_{IN} 为 5V，v_{OUT} 为 1.5V 时，噪声裕度增强和纹波恢复补偿器功能的稳态波形 b）当 v_{IN} 为 5V，v_{OUT} 为 1.5V 时，无噪声裕度增强和纹波恢复补偿器功能的导通时间控制降压转换器的不稳定波形

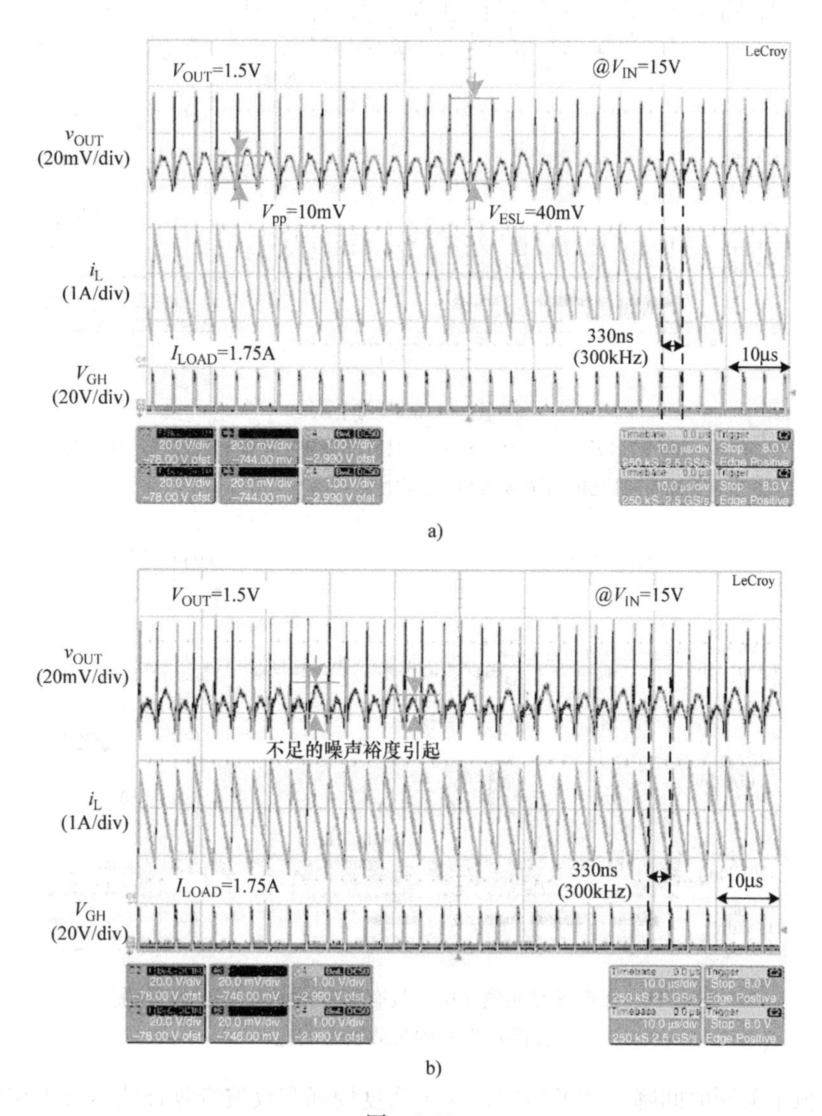

图 4.83

a）当 v_{IN} 为 15V，v_{OUT} 为 1.5V 时，具有噪声裕度增强和纹波恢复补偿器功能的调整电压波形　b）当 v_{IN} 为 15V，v_{OUT} 为 1.5V 时，具有纹波恢复补偿器功能的近似稳定波形

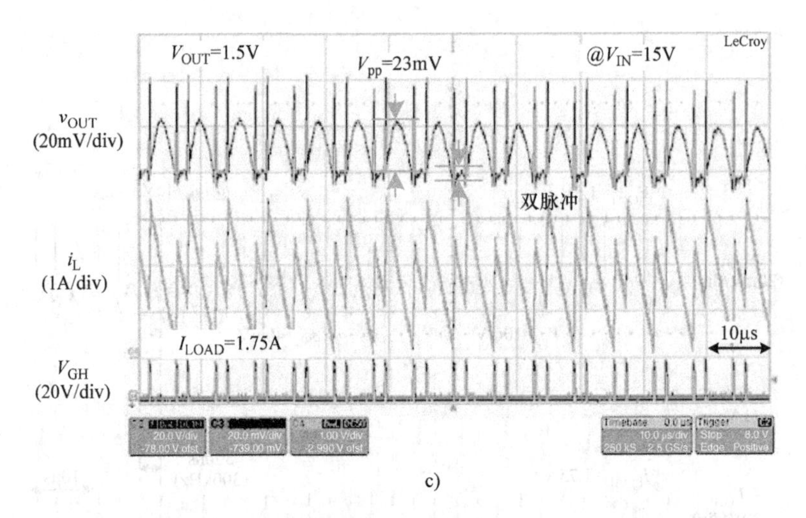

c)

图 4.83（续）

c）当 v_{IN} 为 15V，v_{OUT} 为 1.5V 时，具有噪声裕度增强和纹波恢复补偿器功能的导通时间控制降压转换器的不稳定波形

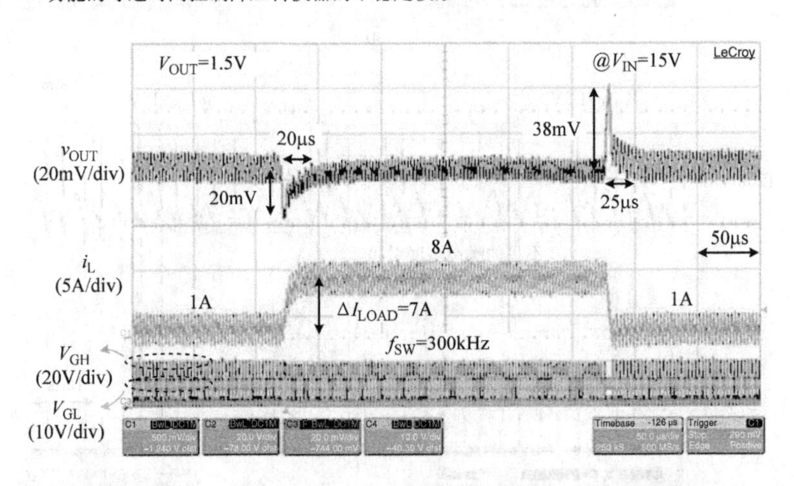

图 4.84 在连续导通模式中，具有噪声裕度增强和纹波恢复补偿器技术的负载瞬态响应

在恒定关断时间降压转换器中，噪声裕度增强和纹波恢复补偿器技术克服了稳定性与小阻值等效串联电阻和大电感等效串联电感效应有关的问题。即使使用多层陶瓷电容作为输出电容，在没有传统等效串联电阻补偿的情况下，纹波恢复补偿器技术仍然可以增加系统稳定性，这是因为补偿器提供了相位超前，这与相位延迟控制器类似。此外，差分结构有利于增加噪声裕度，以减小抖动和抗电磁干扰效应。相比之下，噪声裕度增强技术消除了等效串联电感效应，增强了抗噪声性能。此外，通过采用线性功能增强的导通时间计时器，近似恒定开关频率被调整以适应可变输入电压，可以进一步保证系统稳定性。由于在一般应用中，多层陶瓷电容具有

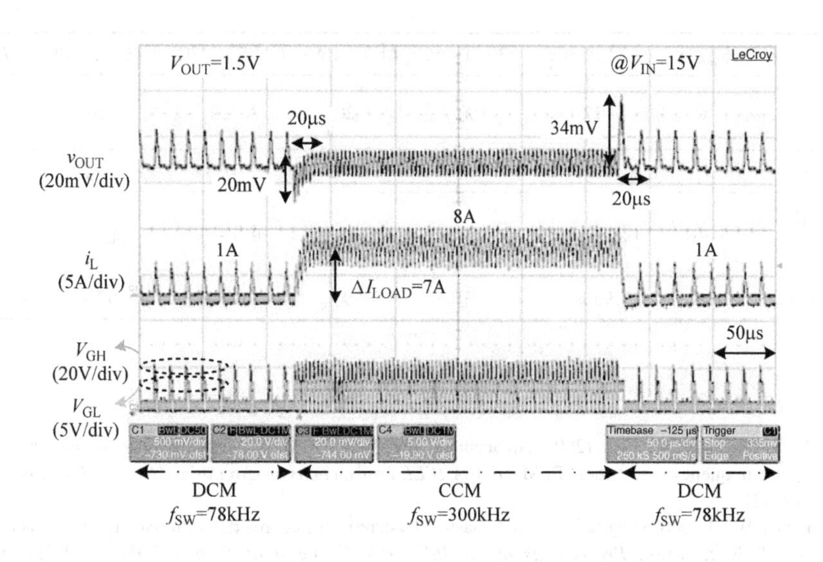

图 4.85　在非连续导通模式中，在轻负载时，具有噪声裕度增强和纹波恢复补偿器技术的负载瞬态响应

小阻值的 R_{ESR}，输出纹波可以大大减少，因此可以减少大阻值 R_{ESR} 产生的开关功率损耗。这些大阻值 R_{ESR} 主要用于补偿基于传统纹波控制电路。在小阻值 $R_{ESR}=1\mathrm{m}\Omega$ 和大电压 $v_{ESL}=40\mathrm{mV}$ 时，实验结果证明了噪声裕度增强和纹波恢复补偿器功能的正确性和有效性。在没有牺牲导通时间控制固有优点的情况下，用于多层陶瓷电容应用的噪声裕度增强和纹波恢复补偿器技术保证了系统具有较低的纹波（10mV）和较高的效率（91%）。

表 4.28　性能比较

	本设计	[2] ISSCC	[3] T-PE	[4] T-CAS Ⅱ	[5] JSSC	[6] T-PE	[7] T-PE
控制方法	纹波整形	二次电压二次方迟滞	虚拟电感电流	衍生输出纹波电压	伪Ⅲ型补偿	虚拟电感电流	QDI
工艺/μm	0.35	0.35	0.35	0.35	0.35	0.18	0.35
v_{IN}/V	15	2.7~3.3	9	2.4	2.5~3.5	12	3.3
v_{OUT}/V	1.5	0.9~2.1	4.5	1.8	0.8~2.4	3.3	2
开关频率 f_{SW}/MHz	0.3	3	0.33	0.5	1	0.25	0.8
L/μH	1	2.2	90	3.3	4.7	1	4.7
C_{CO}/μF	220	4.4	220	4.7	4.7	286	4.7
允许的最小 R_{ESR}/mΩ	1	30	50	15	20	3	10

（续）

	本设计	[2] ISSCC	[3] T-PE	[4] T-CAS Ⅱ	[5] JSSC	[6] T-PE	[7] T-PE
最小 Δv_{ripple} /mV	10	12	无	20	10	40	10
Δi_L/A	7	0.45	无	0.45	0.5	无	0.49
负载范围 i_{LOAD}/A	1~8	0.05~0.5	无	0.25~0.7	0.1~0.6	无~18	0.01~0.5
电源效率	91%	93%	无	无	85%以上	90%	93%

参考文献

[1] Sahu, B. and Rincon-Mora, G.A. (2007) An accurate, low-voltage, CMOS switching power supply with adaptive on-time pulse-frequency modulation (PFM) control. *IEEE Transactions on Circuits and Systems I: Regular Papers*, **54**(2), 312–321.

[2] Su, F. and Ki, W.-H. (2009) Digitally assisted quasi-V^2 hysteretic buck converter with fixed frequency and without using large-ESR capacitor. *Proceedings of the IEEE ISSCC Digest of Technical Papers*, February 2009, pp. 446–447.

[3] Lin, Y.-C., Chen, C.-J., Chen, D., and Wang, B. (2012) A ripple-based constant on-time control with virtual inductor current and offset cancellation for DC power converters. *IEEE Transactions on Power Electronics*, **27**(10), 4301–4310.

[4] Mai, Y.Y. and Mok, P.K.T. (2008) A constant frequency output-ripple-voltage-based buck converter without using large ESR capacitor. *IEEE Transactions on Circuits and Systems II: Express Briefs*, **55**(8), 748–752.

[5] Wu, P.Y., Tsui, S.Y.S., and Mok, P.K.T. (2010) Area- and power-efficient monolithic buck converters with pseudo-type III compensation. *IEEE Journal of Solid-State Circuits*, **45**(8), 1446–1455.

[6] Chen, W.-W., Chen, J.-F., Liang, T.-J., Wei, L.-C., Huang, J.-R., and Ting, W.-Y. (2013) A novel quick response of RBCOT with VIC ripple for buck converter. *IEEE Transactions on Power Electronics*, **28**(9), 4299–4307.

第5章　基于纹波的控制技术（第2部分）

5.1　增强电压调整性能的设计技术

5.1.1　直流电压调整精度

传统的实时控制技术，如电压模式控制技术和电流模式控制技术，与其他控制技术相比具有快速瞬态响应和结构简单的特点。然而，输出电压调节的不准确性是一个固有的缺点。期望的直流输出电压 v_{OUT} 由参考电压 V_{REF} 和分压器 R_1、R_2 决定，如式（5.1）所示。

$$v_{OUT} = V_{REF}(1 + \frac{R_1}{R_2}) \tag{5.1}$$

在实时控制转换器中，调整后的输出电压会具有一个直流失调电压偏移。根据图4.6a，实时控制转换器的输出电压如式（5.2）所示。失调电压偏移由附加项 $v_{OUT,ripple}$ 表示，这个附加项也可用于表示输出电压的纹波。

$$v_{OUT} = V_{REF}(1 + \frac{R_1}{R_2}) + \frac{1}{2}v_{OUT,ripple} \tag{5.2}$$

正如4.2.1节讨论的，输出电压纹波由很多因素决定，例如感性电流纹波、C_{OUT}、R_{ESR} 和 L_{ESL}。此外，在不同的工作模式下，输出电压的纹波也不相同，对于电压模式控制技术和电流模式控制技术，它们的表达式如式（5.3）和式（5.4）所示。

$$v_{pp(CCM)} \approx \frac{(1-D)}{8f_{SW}^2 LC} \cdot v_{OUT} + R_{ESR} \cdot \frac{(1-D)}{f_{SW}L} \cdot v_{OUT} + \frac{L_{ESL}}{L} \cdot v_{IN} \tag{5.3}$$

$$v_{pp(DCM)} \approx \frac{1}{RC}\left(\frac{1}{f_{SW}} + \frac{L}{2R_{LOAD}(1-D)} - \sqrt{\frac{2L}{R_{LOAD} \cdot f_{SW}(1-D)}}\right) \cdot v_{OUT} + R_{ESR} \cdot \frac{D(1-D)}{L \cdot f_{SW}} \cdot v_{OUT} + \frac{L_{ESL}}{L} \cdot v_{IN} \tag{5.4}$$

当考虑所有的电路寄生效应时，由于输出电压纹波的特性，会使得输出电压和负载调整率的精度下降。因此，设计者通常采用电压二次方（V^2）结构来增强电路的调整性能。我们将在下一节中介绍电压二次方结构的基本设计方法和其他先进的设计技术。

5.1.2　用于纹波控制的电压二次方结构

5.1.2.1　实时控制的电压二次方结构

在实时控制电路中加入一个附加的输出电压反馈通路，就可以实现电压二次方电路结构，如图 5.1 所示。也就是说，电压二次方结构中包含两条从输出端到比较器的电压反馈通路，这两条反馈通路决定了开关的工作状态。电压二次方结构实际上由两条平行电压通路构成的反馈通路形成。第一条通路就是最初的反馈通路，将输出电压直接反馈给比较器。因为这条通路能够快速地反映输出电压变化，所以也称为快反馈通路。于是，采用电压二次方结构就可以获得良好的瞬态响应。另一条从输出到比较器的通路包括一个具有补偿网络的误差放大器。误差放大器的输出 v_{EA}（t）是由 v_{OUT}和 V_{REF}的差值决定的。因为这条通路的带宽受限于误差放大器和补偿网络的带宽，所以这条通路称为慢通路。通过闭环回路，v_{EA}（t）和 V_{REF}的比较值反映了修正 v_{OUT}和 V_{REF}之间直流失调的误差。因此，慢反馈通路可以提高输出直流电压的调整率。同时，快反馈通路可以保持快速的瞬态响应特性。

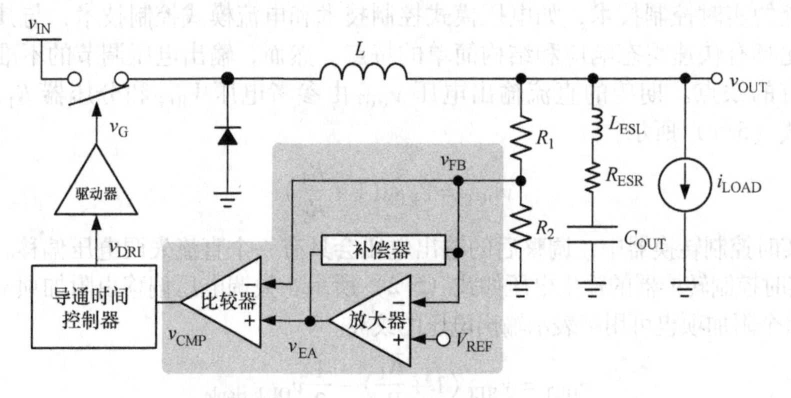

图 5.1　电压二次方实时控制的电路结构

正如图 5.1 所示，因为电压二次方结构在反馈通路中采用了误差放大器，所以必须精心设计它的补偿网络。根据叠加原理，从误差放大器反向输入端到输出端的传递函数如式（4.12）所示。

一个基本电压二次方控制降压转换器的小信号模型如图 5.2 所示。这个系统的占空因子 d 包括 d_1 和 d_2 两部分。d_1 和 d_2 分别由快反馈通路和慢反馈通路决定。从 v_{OUT}到 d_1 快反馈通路的传递函数表示为 F_{m1}，而从 v_{OUT}到 d_2 经过误差放大器的慢反馈通路的传递函数表示为 F_{m2}。F_{m1}和 F_{m2}用于表示模 - 数转换，其中 $-A_v$为误差放大器的直流增益。

同样，根据式（4.12），如果 R_{ESR}足够大，则可以采用Ⅱ型补偿器来保证电路的稳定性。电路的频率响应如图 5.3a 和 b 所示，图中表明了零极点的分布情况。在图 5.3a 中，Ⅱ型补偿器的慢通路提供一个低频的极点 - 零点对和一个高频极点。相比较而言，具有比较器的快通路频率响应增益较低，带宽较大。为了简化补偿后的稳定性分析，由 R_{ESR}和 C_{OUT}产生的零点都包括在反馈通路中。因此，完整反馈通路的频率响应波形如图 5.3a 下部图形所示。包括完整反馈通路和功率级的系统环路增益频率响应如图 5.3b 所示。最低频的极点作为主极点，由 R_{ESR}和 C_{OUT}产生

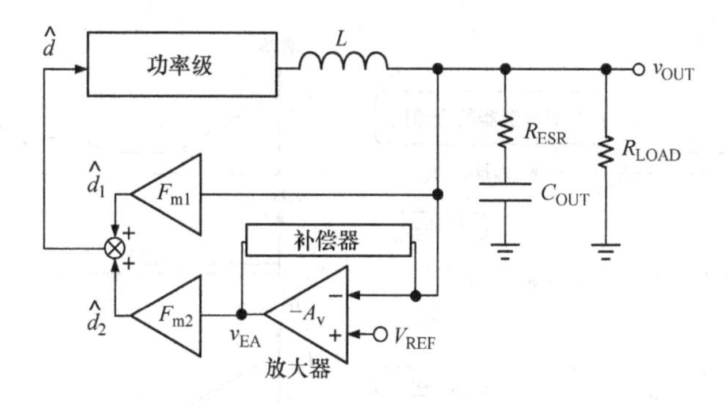

图 5.2　在恒定频率情况下，具有基本电压二次方控制的降压转换器小信号模型

的低频零点可以用来抵消式（4.12）中的复数极点。最后，高频极点用于降低高频增益和高频噪声。因此，系统的稳定性得以保证。

相反的，对于现有可行的补偿技术而言，Ⅰ型补偿器是另一种可行的选择。在图 5.3c 中，频率响应表明了零极点的分布。其中，Ⅰ型补偿器提供了一个低频极点作为主极点。由 R_{ESR} 和 C_{OUT} 产生的 ESR 零点可以部分抵消复数极点的影响，但系统仍然需要另一个零点作为补偿。另一个零点由快反馈通路和慢反馈通路的平行结构产生，该零点位于电压误差放大器的单位增益频率附近。与Ⅱ型补偿器的情况相同，完整的反馈通路包括一个低频极点和两个补偿零点。系统环路增益的频率响应如图 5.3d 所示。在单位增益频率之内，由于两个补偿零点抵消了复数极点，且系统表现为单极点系统，所以补偿系统就具有足够的相位裕度，可以保证系统的稳定性。

5.1.2.2　电压二次方恒频波谷电压控制

4.1.4 节中介绍过恒频波谷电压控制技术，其电压二次方结构的实现如图 5.4 所示。比较器的反相输入端用比较 v_{OUT} 和 V_{REF} 确定的误差放大器输出电压 $v_{EA}(t)$ 代替参考电压 V_{REF}。由于电压 EA 通过 v_{OUT} 和 V_{REF} 的比较结果来修正直流偏移量，因此这时的 $v_{EA}(t)$ 可以看作是一个新的参考电压 V_{REF}。因为将误差放大器插入控制回路中，所以需要额外的补偿网络来增加稳定性。功率级的控制电路到输出的传递函数可以表示为式（5.5），其中功率级的直流增益 G_{d0} 和 ω_0 处的 LC 零极点对由式（5.6）表示。以较大的输出电压纹波为代价，如果 ω_{ESR} 小于 $3\omega_0$，那么零点 ω_{ESR}、R_{ESR} 和 C_{OUT} 对于增加系统稳定性是有很大帮助的。

其中

$$\frac{\hat{v}_{OUT}(s)}{\hat{d}} = G_{d0}\frac{1+\dfrac{s}{\omega_{ESR}}}{1+\dfrac{1}{Q\omega_0}s+\dfrac{1}{\omega_0^2}s^2} \tag{5.5}$$

$$\omega_{ESR} = \frac{1}{R_{ESR}C_{OUT}},\ \omega_0 = \frac{1}{\sqrt{LC_{OUT}}},\ Q = R_{LOAD}\sqrt{\frac{C_{OUT}}{L}} \tag{5.6}$$

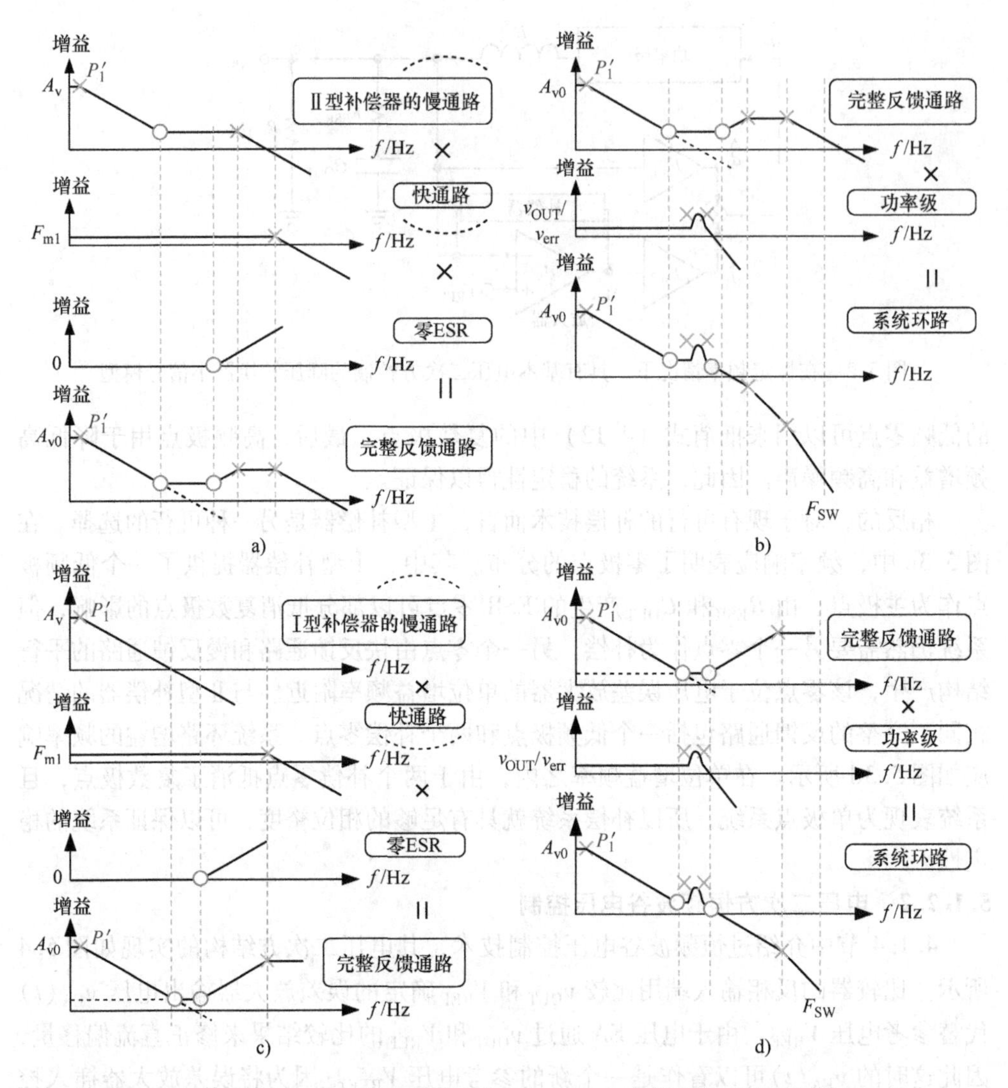

图 5.3　频率响应 a）Ⅱ型补偿器的反馈环路　b）Ⅱ补偿器的系统环路增益补偿　c）Ⅰ型补偿器的反馈环路　d）Ⅰ补偿器的系统环路增益补偿

为了进行稳定性分析，还可以利用图 5.3 来分析具有恒定开关频率的基本电压二次方控制降压转换器的小信号模型。与用于电压二次方实时控制的补偿技术相同，采用较大的 R_{ESR}，可以利用Ⅱ型补偿器来稳定电压二次方结构。电压二次方结构降压转换器的环路增益传递函数如式（5.7）所示，其中 $F_{m1}=F_{m2}=F_m$。

$$T(s)=G_{d0}F_mA_v\cdot\frac{\left(1+\dfrac{s}{\omega_{ESR}}\right)\left(1+\dfrac{s}{\omega_z}\right)}{\left(1+\dfrac{1}{Q\omega_0}s+\dfrac{1}{\omega_0^2}s^2\right)\left(1+\dfrac{s}{\omega_p}\right)}\tag{5.7}$$

通过误差放大器提高增益，Ⅱ型补偿器产生了一个低频极点 ω_p 和一个零点 ω_z。ω_p 作为系统的主极点，而 ω_z 和 ω_{ESR} 则抵消了 ω_0 处的复数极点。因此，具有较大 R_{ESR} 的Ⅱ型补偿器可以有效保证系统稳定性。作为另一种选择，结构上的平行通路可以也产生零点，用于代替Ⅱ型补偿器中的零点。换句话说，如果可以得到足够大的单位增益频率，那么可以使用更为简单的Ⅰ型补偿器，如图5.5所示。

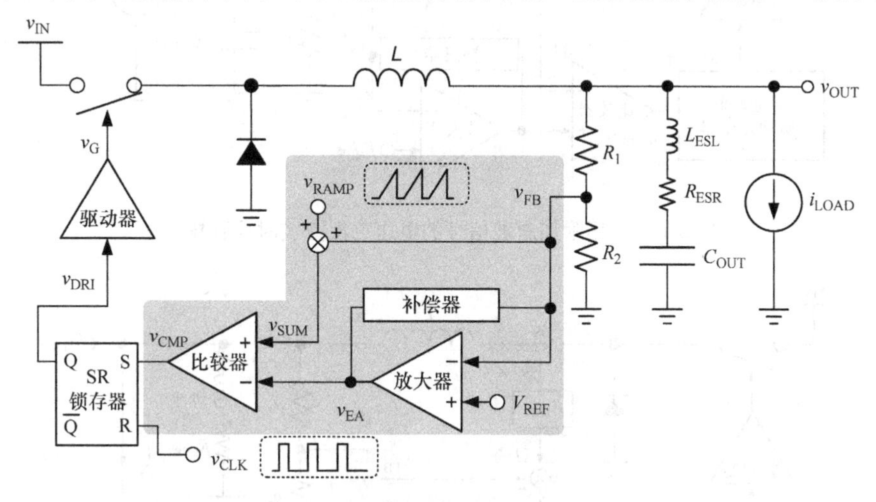

图5.4　电压二次方恒频波谷-电压控制电路

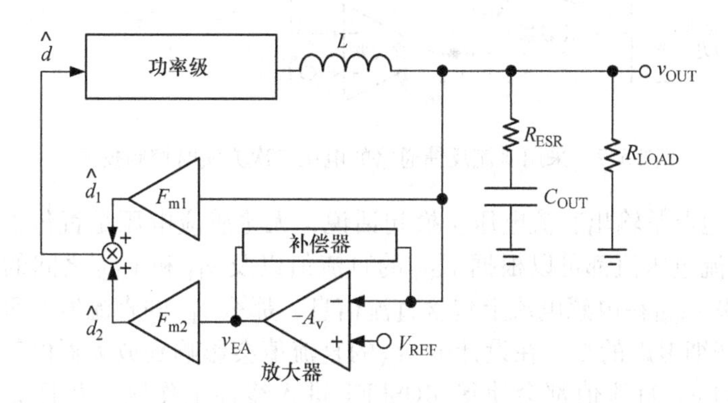

图5.5　具有恒定开关频率的基本电压二次方降压转换器的小信号模型

5.1.3　采用附加斜坡或者电流反馈通路的电压二次方实时控制技术

通过采用附加的斜坡信号或者电流反馈信号，可以提高系统的稳定性。然而，反馈电压纹波会引入更大的直流电压失调，所以可以在不牺牲直流调整精度的同时，采用电压二次方结构来维持系统的稳定性。采用附加斜坡以及电流反馈通路的电压二次方实时控制技术分别如图5.6和图5.7所示。

可以采用4.3.2节中介绍的方法来实现电流感应电路。利用误差放大器电压

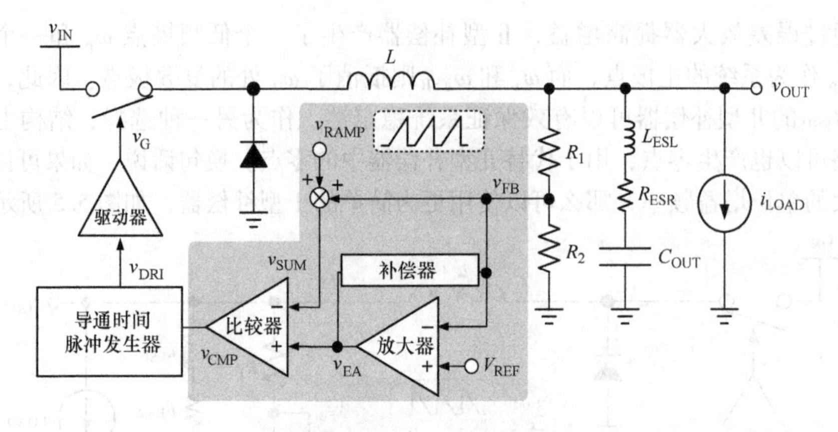

图 5.6　采用附加斜坡信号的电压二次方实时控制技术

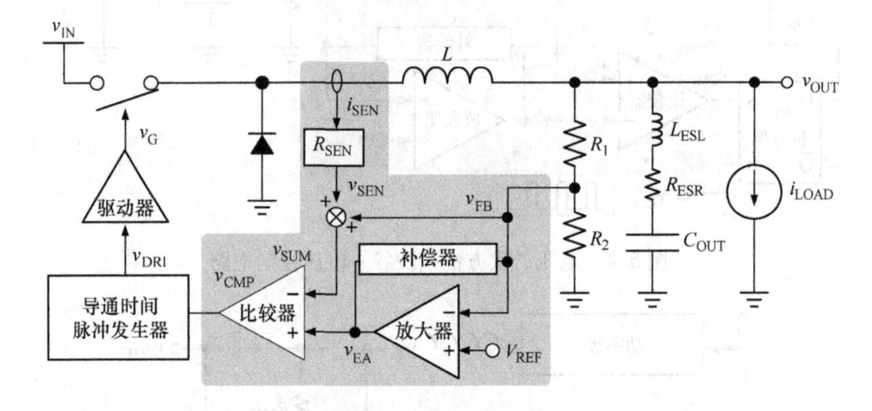

图 5.7　采用电流反馈通路的电压二次方实时控制技术

v_{EA}可以精确地调整输出直流电压。换句话说，无论感应电压是否包含直流电压信息，v_{EA}的直流电压值都可以根据 v_{SUM} 的直流值以及 v_{FB} 和 v_{REF} 之间的差值进行动态变化。如果 v_{SUM} 在电感电流上包含直流信息，那么 v_{EA} 的直流值几乎由负载状况决定。需要仔细考虑的是，在设计中 v_{EA} 的直流值会影响到放大器的工作状态。过大或者过小的 v_{EA} 直流值都会使得 MOSFET 进入线性工作区，并且降低放大器增益。与电流模脉冲宽度调制（Pulse Width Module，PWM）控制类似，因为电压裕度的限制，负载电流范围也在一定程度上受限于电流感应信号的直流值。作为对比，在电压二次方实时控制中，Ⅰ型和Ⅱ型补偿器可以采用相同的分析方法来保证系统的稳定性。

虽然直流电压调整精度和稳定性得以保证，但是附加信号导致瞬态响应变慢产生的副作用也十分严重。根据式（4.32）和式（4.37）的结果，分母中的品质因数 Q 表明当反馈信号中增加斜坡信号或者电流纹波时，系统可以获得更强的鲁棒性。然而，增加附加信号等效于降低了检测输出电压的增益。因此，该系统对于输出电压变化的敏感性降低，进而使得瞬态响应变差。为了保证系统稳定性，外加信号牺牲了快速瞬态响应的特点，这也是基于纹波控制的固有优点。总的来说，当使用上述技术时，设计者可以避免过度设计，但同时又保持了系统的原有优点，并获得了较好的性能。

5.1.4 采用小阻值 R_{ESR} 的电压二次方结构中的比较器

5.1.4.1 采用小阻值 R_{ESR} 的用于实现电压二次方控制的Ⅲ型比较器

基于 5.1.2 节中的分析，补偿器需要提供两个零点来抵消复数极点。如果输出电容 C_{OUT} 具有较大的 R_{ESR}，那么 C_{OUT} 和 R_{ESR} 可以提供一个零点，而反馈通路中的补偿器可以提供另一个零点。当 R_{ESR} 较大时，Ⅰ型和Ⅱ型补偿器可以用来保证系统稳定性。相比之下，如果 C_{OUT} 的 R_{ESR} 较小，那么 C_{OUT} 和 R_{ESR} 产生的零点将会位于高频段，对于稳定系统没有帮助。为了抵消功率级的复数极点，那么反馈通路中的补偿器就必须提供两个零点。这时就可以考虑使用Ⅲ型比较器。

应用于电压二次方实时控制和电压二次方恒频峰值电压控制的Ⅲ补偿器分别如图 5.8a 和 b 所示。

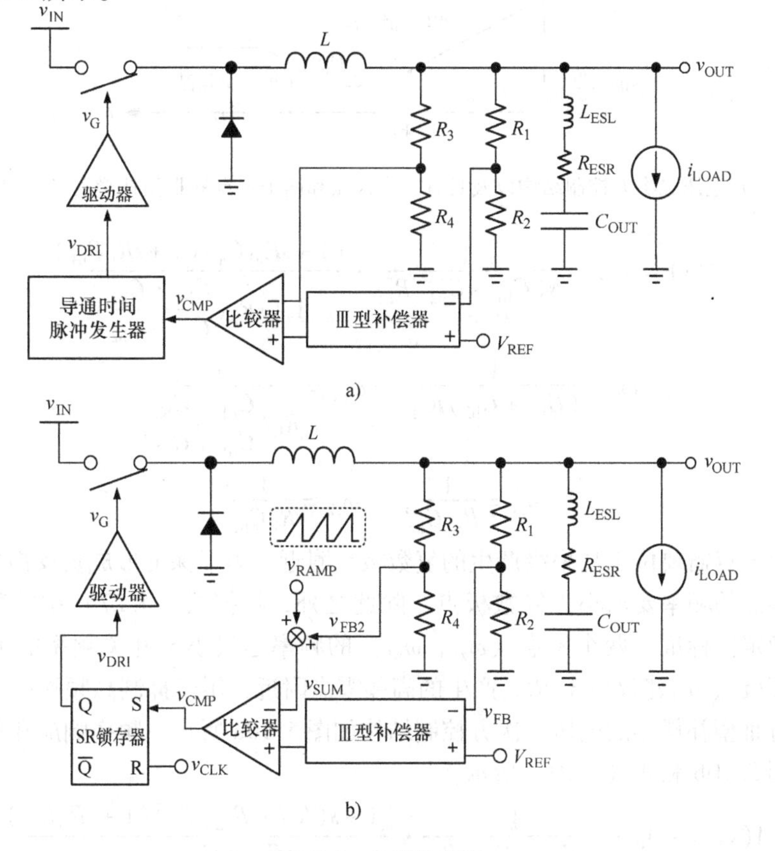

图 5.8 Ⅲ型补偿器

a）电压二次方实时控制 b）电压二次方恒频峰值电压控制

具有Ⅲ型比较器的电压二次方控制结构如图 5.9a 所示，其频率响应如图 5.9b 所示。式（5.8）为传递函数的表达式。Ⅲ型补偿器由一个误差放大器、三个电容和两个电阻实现，该结构可以产生两个零点（ω_{z1}，ω_{z2}）和一个极点（ω_{p1}），如式（5.9）所示。

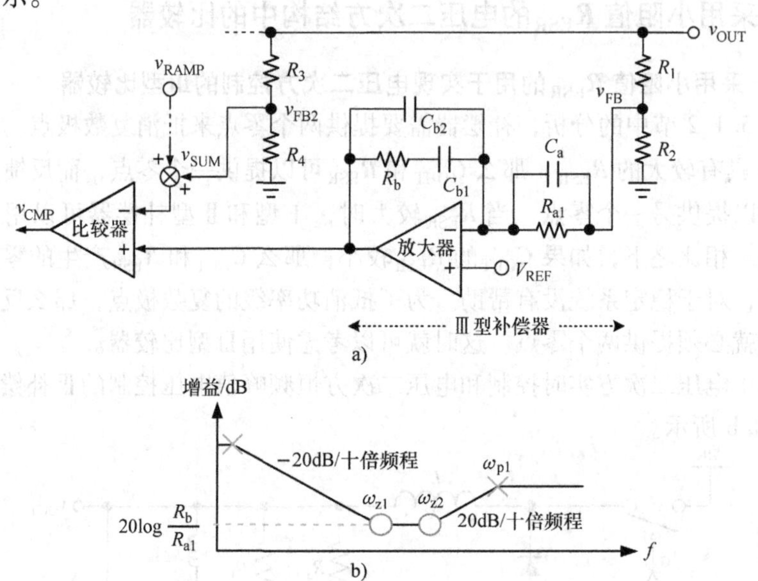

图 5.9　a）电压二次方控制结构以及具有一个极点和两个零点的Ⅲ型补偿器　b）频率响应

$$A(s) = -A_0 \cdot \frac{1}{s(C_{b1}+C_{b2})R_{a1}} \cdot \frac{(1+sR_{a1}C_a)(1+sR_bC_{b1})}{1+sR_b\left(\frac{C_{b1}\cdot C_{b2}}{C_{b1}+C_{b2}}\right)} \tag{5.8}$$

$$\omega_0 = \frac{1}{(C_{b1}+C_{b2})R_{a1}}, \quad \omega_{p1} = \frac{1}{R_b\left(\frac{C_{b1}\cdot C_{b2}}{C_{b1}+C_{b2}}\right)} \tag{5.9}$$

$$\omega_{z1} = \frac{1}{R_{a1}C_a}, \quad \omega_{z2} = \frac{1}{R_bC_{b1}}$$

两个零点需要位于功率级产生的复数极点附近。为了保证形成负反馈环路，其中一个零点的频率要求小于复数极点。除此之外，根据式（4.27）中的基于纹波控制的稳定性标准，两个零点（ω_{z1}，ω_{z2}）的频率建议小于开关频率的 10%。相反，高频极点 ω_{p1} 建议位于 R_{ESR} 产生的高频零点附近，用于抑制高频噪声。

具有Ⅲ型补偿器的电压二次方控制结构如图 5.10a 所示。频率响应和传递函数分别如图 5.10b 和式（5.10）所示。

$$A(s) = -A_0 \cdot \frac{1}{s(C_{b1}+C_{b2})R_{a1}} \cdot \frac{[1+s(R_{a1}+R_{a2})C_a](1+sR_bC_{b1})}{1+sR_b\left(\frac{C_{b1}\cdot C_{b2}}{C_{b1}+C_{b2}}\right)(1+sR_{a2}C_a)} \tag{5.10}$$

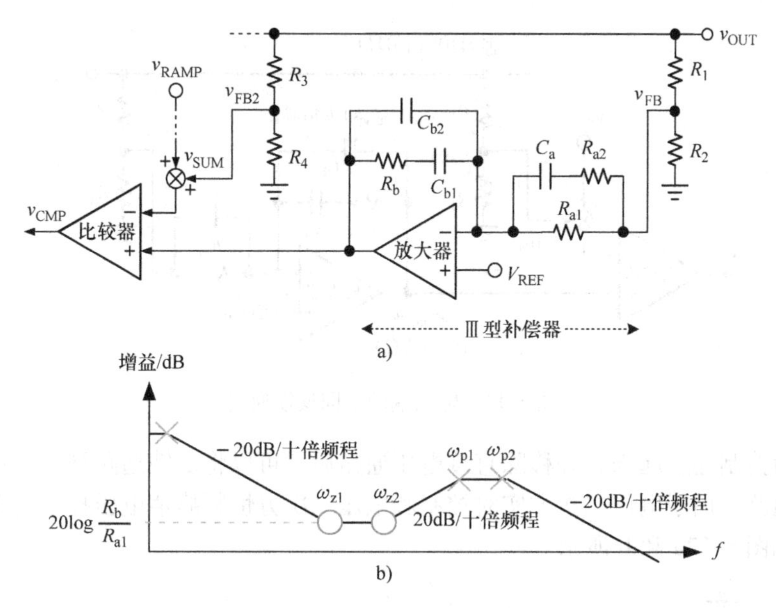

图5.10　a）电压二次方控制结构和具有一个极点和两个零点的Ⅲ型补偿器　b）频率响应

采用一个误差放大器、三个电容和三个电阻实现的Ⅲ型补偿器可以产生两个零点（ω_{z1}和ω_{z2}）和两个极点（ω_{p1}和ω_{p2}），如式（5.11）所示。与图5.9相比，Ⅲ型补偿器可以提供一个额外的极点ω_{p2}。这有利于抑制高频处的干扰噪声。所以这个极点ω_{p2}通常设置为f_{SW}的一半，或者单位增益频率f_{UGF}的10倍。

$$\omega_0=\frac{1}{(C_{b1}+C_{b2})R_{a1}},\quad \omega_{p1}=\frac{1}{R_b\left(\frac{C_{b1}\cdot C_{b2}}{C_{b1}+C_{b2}}\right)},\quad \omega_{p2}=\frac{1}{R_{a2}C_{a1}}$$

$$\omega_{z1}=\frac{1}{(R_{a1}+R_{a2})C_{a1}},\quad \omega_{z2}=\frac{1}{R_bC_{b1}}\tag{5.11}$$

为了更好地理解与之前讨论的电压二次方结构的异同点，图5.9a中的Ⅲ型比较器也可以分为两条平行通路，即快通路和慢通路，如图5.11所示。通过电容C_a和C_{b2}，快通路提供高频信号的通路。换句话说，电感电流纹波信息可以等效地被输出电压纹波恢复，所以设计者可以通过检测电感电流来保证系统的稳定性。在慢反馈通路的放大器中，输出失调电压可以得到调整。同时，经过分压器（R_3和R_4）存在另一条快通路，也可以直接反映v_{OUT}的直流电压调整状态。因此转换器在瞬态周期内可以立即调整功率传输路径。总而言之，快通路1和快通路2的功能和之前电压二次方结构的快通路类似，都可以同时检测v_{OUT}和i_L。具有电压二次方控制和较小等效串联电阻的降压转换器可以调整为稳定的工作状态。最后也是相当重要的是，如果采用图5.8b所示恒定频率的时钟信号，那么还需要一个外加的斜坡信号来避免次谐波振荡。

5.1.4.2　采用小阻值R_{ESR}实现单通路电压二次方控制的Ⅲ型补偿器

有研究表明可以采用简单的方法来进一步发展用于电压控制的Ⅲ补偿器。当基

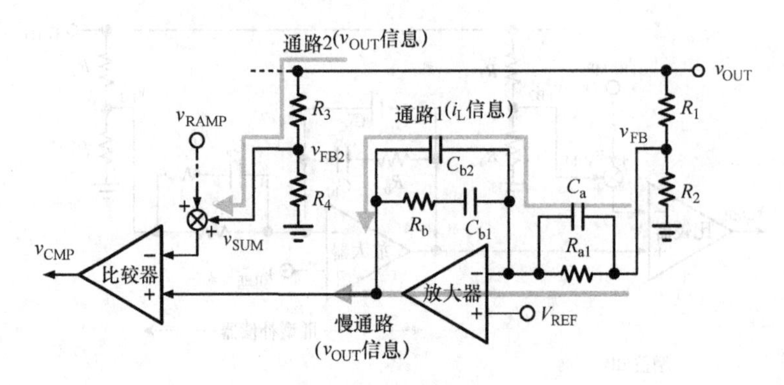

图 5.11　输出端的不同反馈通路

于纹波的控制建立起来，并移除直接电压通路后，可以将反馈通路视为经过补偿器的唯一通路。用于电压二次方实时控制和电压二次方恒频峰值电压控制的单反馈通路结构如图 5.12a 和 b 所示。

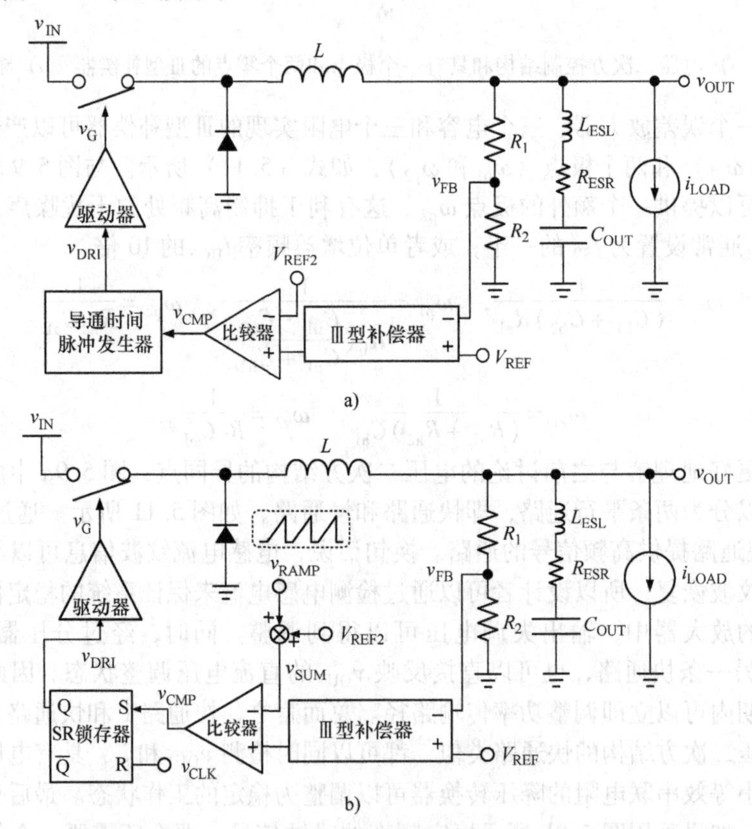

图 5.12　Ⅲ型补偿器

a）电压二次方实时控制　b）电压二次方恒频峰值电压控制

为了理解采用单通路实现基于纹波控制的原理，以图 5. 12 为例，同时结合图 5. 13 中包括Ⅲ型补偿器的比较器电路来具体说明。经过Ⅲ型补偿器的通路包括两条通路，即快通路和慢通路。快通路提供了高通滤波器功能，能够从输出电压纹波中恢复出电感电流纹波信息。慢通路提供直流电压信息，用于调整输出电压 V_{OUT}。根据以上的分析，这种方式确实有效。然后，慢通路的有限带宽无法立即反映输出电压水平，因此瞬态响应恶化得比较严重。

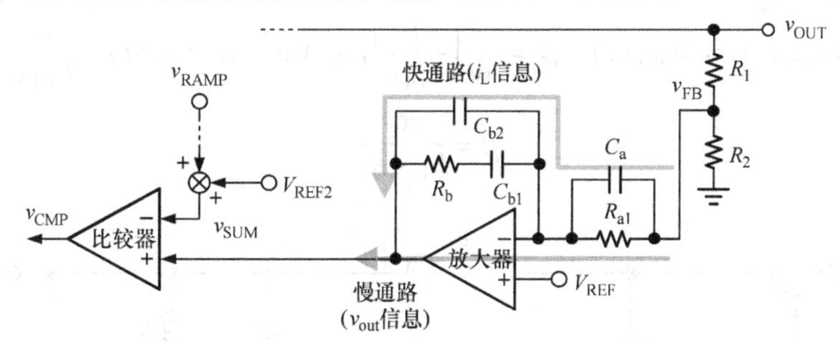

图 5. 13　包括Ⅲ型补偿器的比较器细节电路

5. 1. 4. 3　采用小阻值 R_{ESR} 的电压二次方结构微分器

之前的讨论利用Ⅲ型补偿器来保证系统稳定性。然而，因为需要较大的电容和电阻，因此集成设计成为一个非常大的挑战。出于这个原因考虑，必须开发其他既能完成相同的功能，又能实现补偿器的集成的方法。这里介绍一些可行的集成方案。

从基于纹波控制的角度考虑，因为输出电压纹波并不是由较小的 R_{ESR} 决定的，所以电感电流纹波很难从电压反馈通路中提取，同时 v_L 和 v_{OUT} 并不是呈线性关系。根据式（4. 7）~式(4. 9)，包括等效串联电阻和等效串联电感效应的输出电压可以推导为

$$v_{OUT}(t) = R_{ESR}i_L(t) + \frac{1}{C_{OUT}}\int i_L(t)\,dt + L_{ESL}\frac{d}{dt}i_L(t) \tag{5.12}$$

显然，在式（5. 12）中只有第一项 R_{ESR} 反映其与电感电流纹波的线性关系。采用较小 R_{ESR} 的输出电容时，纹波主要由第二项和第三项决定，除此之外，由于等效串联电感值较小而将其忽略，因此 i_L 和 v_{OUT} 之间的关系如式（5. 13）所示。该式表明电感电流在输出电容中的充电和放电过程。

$$v_{OUT}(t) = \frac{1}{C_{OUT}}\int i_L(t)\,dt \tag{5.13}$$

式（5. 13）表明 v_{OUT} 和 i_L 之间的非线性关系。由于 v_{OUT} 和 i_L 之间的异相关系，将输出电压反馈到控制器中会导致系统的工作状态不稳定。所以，在电压二次方结构中采用图 5. 14 所示微分器，通过反馈输出电压可以获得电感电流信息。因为经过放大器的慢反馈通路主要用于增强输出精度，所以输出电压纹波对工作状态的影

响很小。而快反馈通路则需要电感电流纹波信息来决定正确的开关时序，所以有必要从 v_{OUT} 中恢复出电感电流纹波。

在理想微分器中通过信号 $v_{FB,D}(t)$ 恢复出的电感电流纹波如图 5.14 所示。换句话说，$v_{FB,D}(t)$ 正比于 $i_L(t)$。结合微分器的恢复功能，可以分析 4.3 节中讨论的稳定性问题。因此，即使输出电容的 R_{ESR} 较小，通过在电压二次方结构中添加一个微分器，也可以增强电路的稳定性。

$$v_{FB,D}(t) = v_{OUT}(t) \cdot \beta = \frac{d}{dt}\left[\frac{1}{C_{OUT}}\int i_L(t)\,dt\right] \cdot \beta = i_L(t) \cdot \frac{\beta}{C_{OUT}} \quad (5.14)$$

其中

$$\beta = \frac{R_2}{R_1 + R_2}$$

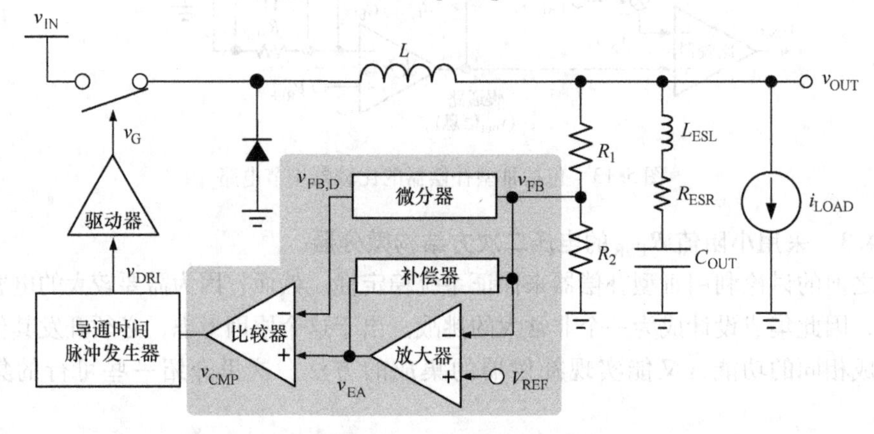

图 5.14　可以在电压二次方结构中利用微分器并通过反馈输出电压来获得电感电流信息

5.1.4.4　采用小阻值 R_{ESR} 的用于电压二次方控制的等效Ⅲ型补偿器

在电压二次方实时控制中如果 R_{ESR} 的值不够大，则微分器也具有通过快反馈通路提取电感电流纹波的能力。换句话说，微分器贡献的零点代替了等效串联电阻的零点，所以式（4.27）就可以保证系统的稳定性。相比较而言，因为复数极点出现在功率级中，反馈通路（由慢通路和快通路构成）必须提供两个零点，所以Ⅰ型和Ⅱ型补偿器可以工作在慢通路中。当采用Ⅰ型结构时，平行通路的补偿器和结构零点总共提供了两个零点；而采用Ⅱ型比较器时，两个零点都是由补偿器提供的。

其电路框图如图 5.15 所示，微分器的功能等效为高通滤波器。实际上，由于高频极点是电路中固有的，所以微分器应该视作是一个带通滤波器，用 $B(s)$ 表示。关键的设计问题是确保零点足以为微分提供相位超前功能，同时保证其他极点位于足够高的频段。具有补偿功能的放大器传递函数表示为 $A(s)$，无论是对实时控制（见图 5.15a）还是对恒频峰值电压控制（见图 5.15b），系统都具有复数极点。

具有Ⅰ型补偿器的系统频率响应如图 5.16a 和 c 所示；具有Ⅱ型补偿器的系统

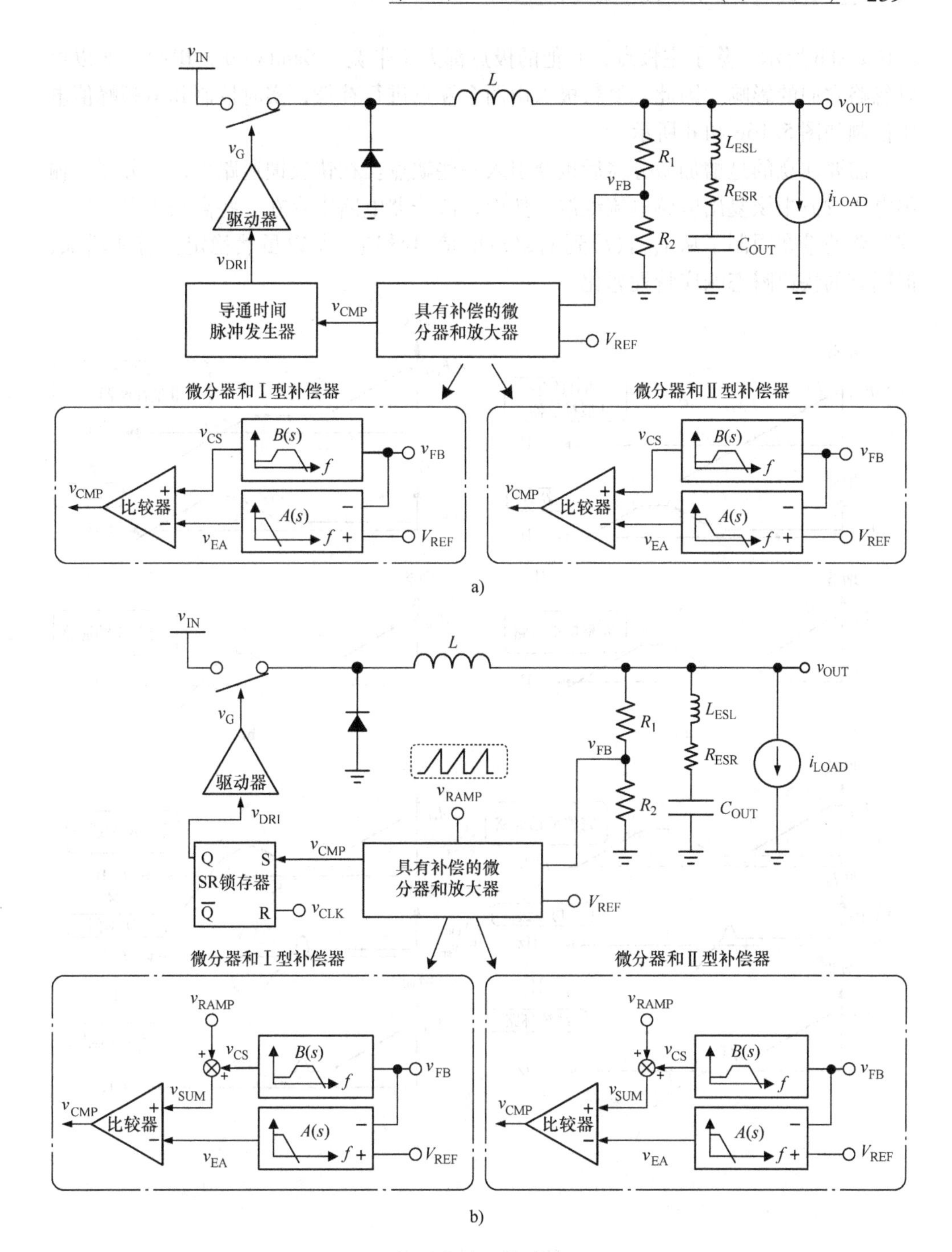

图5.15　等效Ⅱ型补偿器

a）电压二次方实时控制　b）电压二次方恒频峰值电压控制

频率响应如图5.16b和d所示。$B(s)$和$A(s)$的平行结构引入了两个零点，如图

5.16a 和 b 所示。除了主极点，其他的极点都大于带宽（Bandwidth，BW），所以可以忽略它们的影响。因此，复数极点由两个零点进行补偿，实时控制和恒频峰值电压控制如图 5.16c 和 d 所示。

需要注意的是增加微分器后也会引入一些缺点。在快反馈通路中，微分器从输出电压纹波中恢复出电感电流纹波，然而，微分器电路中存在一些高频极点，快反馈通路的带宽限制了从 $v_{OUT}(t)$ 到 $v_{CS}(t)$ 的信号导通。所以虽然稳定性有所增加，但固有的快速瞬态响应特性恶化。

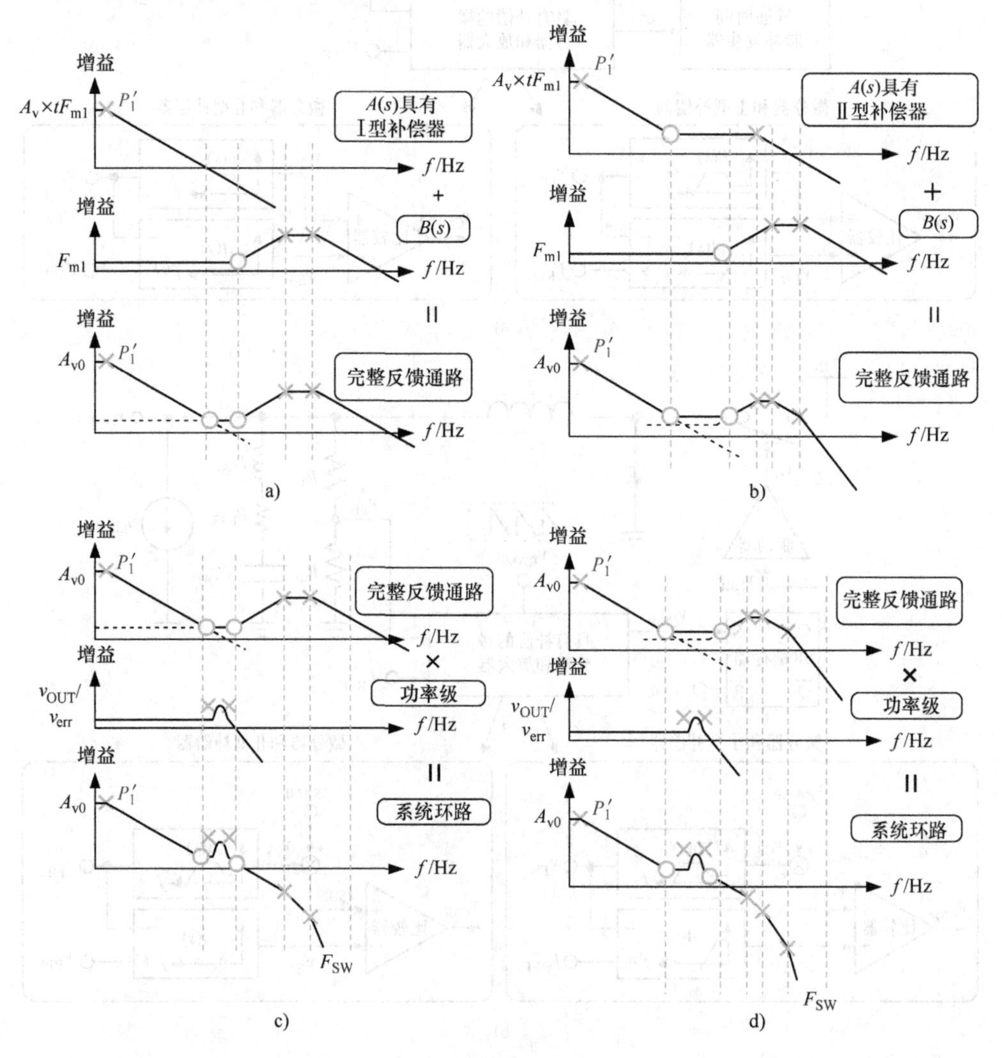

图 5.16　频率响应

a）具有Ⅰ型补偿器的反馈环路　b）具有Ⅱ型补偿器的反馈环路

c）具有Ⅰ型补偿器的系统环路　d）具有Ⅱ型补偿器的系统环路

5.1.5　采用小阻值 R_{ESR} 的具有二次微分和积分技术的基于纹波控制技术

当采用小阻值 R_{ESR} 时，利用微分器功能，反馈信号纹波可以从 v_{OUT} 失真中恢复出来，换句话说，系统稳定性可以得到保证。除此之外，输出电压纹波和瞬间电压下降可以得到最小化，然而，R_{ESR} 仍然会影响恢复信号的精度。这种不期望的失真会降低系统的稳定性，进一步说，不精确的信号会导致负载调整率的恶化。

基于电压二次方控制降压转换器的二次微分和积分技术（The Quadratic Differential and Integration，QDI）可以有效改善这些性能。具有二次微分和积分技术的电压二次方控制技术如图 5.17 所示。

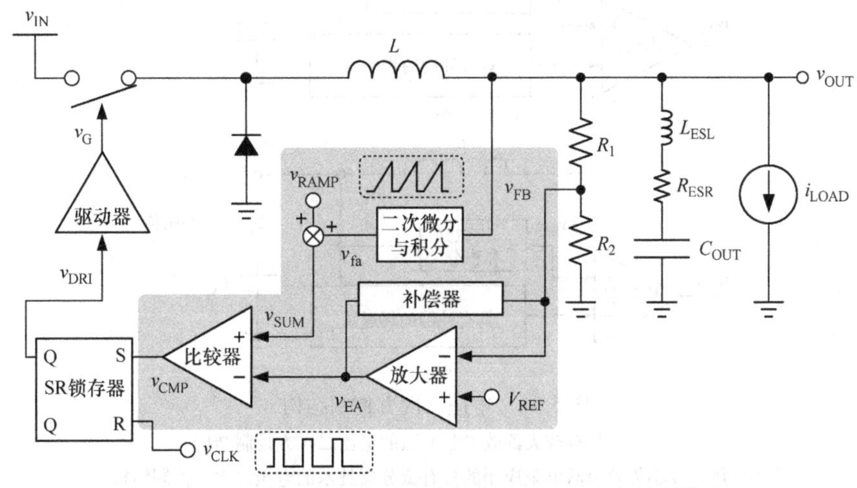

图 5.17　具有二次微分和积分技术的电压二次方控制技术

二次微分和积分技术与之前技术的结构比较如图 5.18 所示。传统的具有较大等效串联电阻的电压二次方控制技术如图 5.18a 所示。具有较小等效串联电阻的微分器技术及二次微分和积分技术分别如图 5.18b 和 c 所示。假设等效串联电感值较小，所以等效串联电感的纹波可以忽略。信号 v_{fa}（$v_{fa,a}$，$v_{fa,b}$，$v_{fa,c}$）代表输入到比较器正端的信号。对应于每种结构，观察图 5.19 中的工作波形特性。

具有大阻值 R_{ESR} 的传统电压二次方控制结构如图 5.19a 所示。电感电流纹波流入到输出电容中，v_{ESR} 和 v_{COUT} 分别反映了线性和积分电压纹波。当具有大阻值 R_{ESR} 时，v_{OUT} 纹波与 i_L 具有高线性度关系，电感电流信息通过快速反馈通路变换为 $v_{fa,a}$。因为纹波 $v_{fa,a}$ 与 i_L 保持高度的线性关系，所以系统不需要附加的技术来保证稳定性。图 5.19b 和 c 中的例子都具有小阻值的 R_{ESR}，当具有小阻值 R_{ESR} 时，v_{OUT} 纹波与 i_L 的线性度较低。为了保持稳定性，与图 5.18 相同，微分器插入到快通路中，输出波形如图 5.19b 所示。忽略等效串联电感的纹波，式（5.12）可以表示为

$$v_{OUT}(t) = R_{ESR}i_L(t) + \frac{1}{C_{OUT}}\int i_L(t)\,dt \tag{5.15}$$

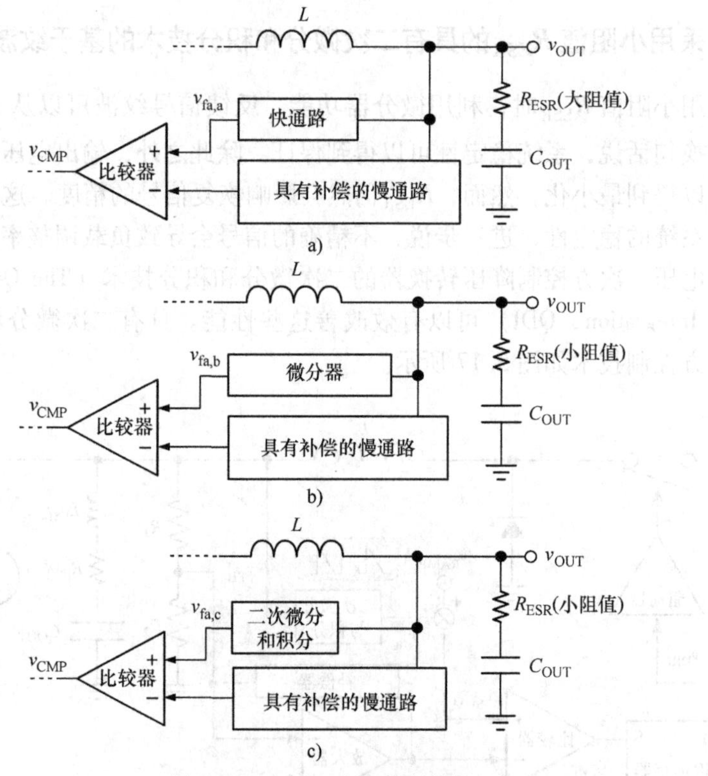

图 5.18　电压二次方控制结构

a）传统具有较大等效串联电阻的电压二次方控制结构

b）用于较小等效串联电阻应用的具有微分器技术的电压二次方控制结构

c）用于较小等效串联电阻应用的具有二次微分和积分技术的电压二次方控制结构

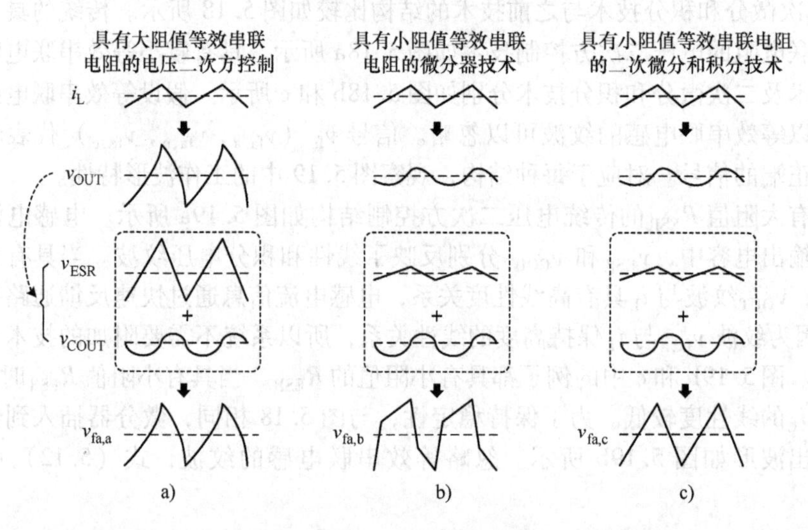

图 5.19　a）具有大阻值 R_{ESR} 的传统电压二次方控制结构

b）具有小阻值 R_{ESR} 的微分器技术　c）具有小阻值 R_{ESR} 的二次微分和积分技术

采用图 5.20 中的传统放大器作为微分器，$v_{fa,b}(t)$在 S 域和时域可以分别表示为

$$\frac{v_b(s)}{v_a(s)}=(sC_1R_1+1) \tag{5.16}$$

$$v_{fa,b}(t) = C_1R_1\, v'_{OUT}(t) + v_{OUT}(t) = R_{ESR}C_1R_1\frac{d}{dt}i_L(t) + \frac{C_1R_1}{C_L}i_L(t) + R_{ESR}i_L(t) + \frac{1}{C_L}\int i_L(t)\,dt \tag{5.17}$$

虽然电感电流纹波因子已经包含在式（5.17）中了，但第一项和第三项仍然会导致在 $v_{fa,b}(t)$中产生不必要的失真。相反，图 5.21 所示的压控电流源电路在完成微分功能的同时，可以消除失真并增加输出精度。在 S 域和时域中，压控电流源电路中的 $v_{fa,b}(t)$可以分别表示为

$$v_b(s)=skC_Dr_Dv_a(s) \tag{5.18}$$

$$\begin{aligned} v_{fa,b}(t) &= kC_Dr_D\left[R_{ESR}\frac{d}{dt}i_L(t)+\frac{i_L(t)}{C_{OUT}}\right] \\ &= kC_Dr_DR_{ESR}\frac{d}{dt}i_L(t)+\frac{kC_Dr_D}{C_{OUT}}i_L(t) \end{aligned} \tag{5.19}$$

式中，k 是电流镜比例；r_D 是压控电流源电路的等效输出电阻。通过对比式（5.19）和式（5.17）可以发现，采用压控电流源电路可以更精确地恢复出电感电路纹波。如果没有等效串联电阻，则式（5.19）中的第二项可以提供电感电流纹波的信息。然而，式（5.19）的第一项是由寄生串联等效电阻产生的，仍然是不需要的。从图 5.19b 的描述中可以看到，$v_{fa,b}$在开关周期中包含有四个斜率。其中第二个上升阶段和第四个下降阶段代表了电感电流纹波，第一个上升阶段和第三个下降阶段是由等效串联电阻引起的。换句话说，大阻值的等效串联电阻会产生较大的失真。因此，由于输出电容等效串联电阻的存在，$v_{fa,b}$仍然会受到失真的影响。

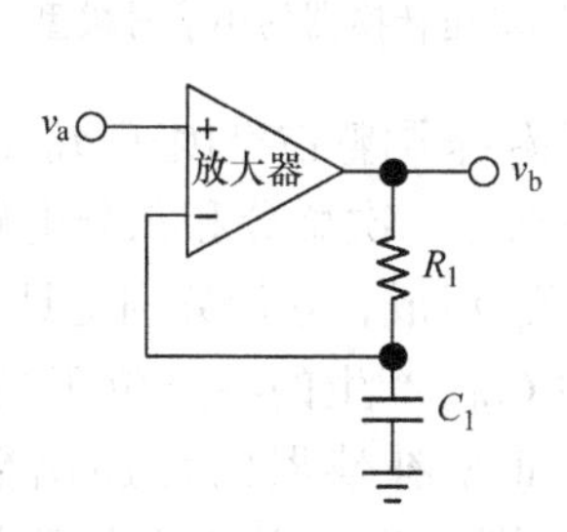

图 5.20　基于放大器的微分器

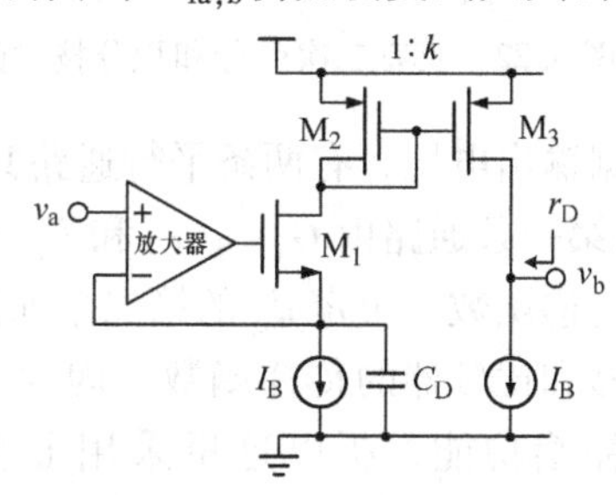

图 5.21　具有微分功能的压控电流源

相反，通过使用二次微分和积分技术，可以消除与等效串联电阻相关的失真。所以，v_{fa}更精确的纹波可以使得系统具有更好的稳定性。如图 5.19c 所示，可以采用二次微分和积分技术来恢复 $v_{fa,c}(t)$，且 $v_{fa,c}(t)$正比于电感电流纹波。二次微分和积分技术不仅具有调整占空因子的功能，还可以提高信号精度，增加信噪比。如

图5.17所示，具有二次微分和积分技术的电压二次方控制结构包含两条电压反馈通路。

第一条通路为慢反馈通路，将输出电压与参考电压比较输出误差信号；第二条通路为快反馈通路，由二次微分和积分技术控制来获取恢复信号，消除与等效串联电阻的相关性。第二条电压通路可以对输出电压变化做出快速反应，加速瞬态响应，所以不需要增加其他的快速响应技术，具有二次微分和积分技术的电压二次方控制机制就可以获得快速的瞬态响应。

5.1.5.1 稳定性分析

具有二次微分和积分技术的电压二次方控制小信号模型如图5.22所示，该模型插入到输入节点和PWM调制器 F_{m1} 之间。二次微分和积分电路作为一个微分器使用，其传递函数可以简单地表示为式（5.20），其中 C_Q 和 r_Q 构成了二次微分和积分电路中的等效微分常数。

$$G_{VCCS}(s)=skC_Qr_Q \tag{5.20}$$

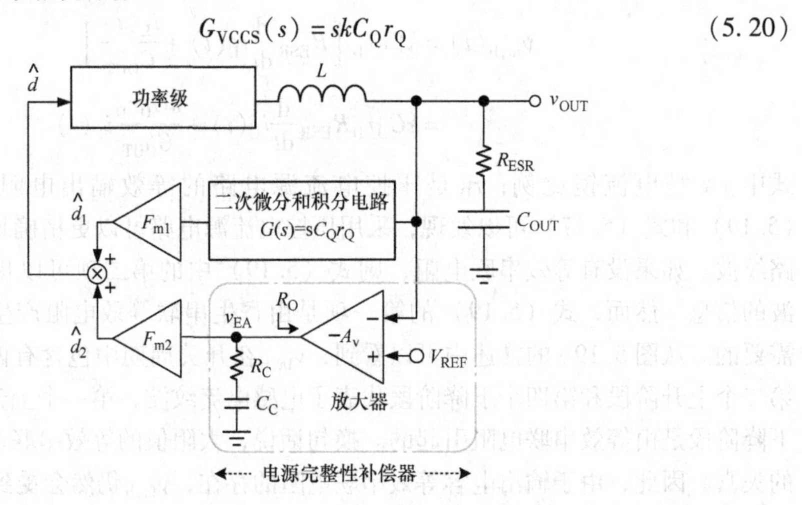

图5.22 具有二次微分和积分技术的电压二次方控制降压转换器的小信号模型

根据输出电压，有两条平行通路共同设置 d_1 和 d_2 来调整占空因子 d。决定因子 d_1 的第一条通路由 $G_{VCCS}(s)$ 和 F_{m1} 构成，它们分别是二次微分和积分电路与比较器的传递函数。决定 d_2 的第二条通路由 $A_v(s)$ 和 F_{m1} 组成，它们分别是具有Ⅱ补偿放大器和比较器的传递函数。因为小阻值 R_{ESR} 和 C_{OUT} 产生的零点位于高频段，且没有补偿功能，所以这里采用Ⅱ型补偿技术。Ⅱ型补偿器的传递函数如式（5.21）所示。补偿的零极点对如式（5.22）所示，其中 R_O 为放大器的等效输出阻抗。

$$A_{AMP}(s)=A_{v0}\frac{1+\dfrac{s}{\omega_z}}{1+\dfrac{s}{\omega_p}} \tag{5.21}$$

$$\omega_z = \frac{1}{R_C C_C}, \ \omega_p = \frac{1}{R_O C_C} \tag{5.22}$$

所以，可以得到占空因子输出函数为

$$\frac{\hat{d}(s)}{v_{OUT}(s)} = \frac{\hat{d}_1(s)+\hat{d}_2(s)}{v_{OUT}(s)} = F_m\left(sC_Q R_Q + A_{v0}\frac{1+\frac{s}{\omega_z}}{1+\frac{s}{\omega_p}}\right) = A_{v0}F_m\left[\frac{\left(1+\frac{s}{\omega_{zcom1}}\right)\left(1+\frac{s}{\omega_{zcom2}}\right)}{1+\frac{s}{\omega_p}}\right] \tag{5.23}$$

不仅是Ⅱ补偿器可以产生零点，平行通路结构也可以产生额外的零点。这两个零点 ω_{zcom1} 和 ω_{zcom2} 为

$$\omega_{zcom1},\ \omega_{zcom2} = \frac{A_{v0}R_C}{2C_Q R_Q R_O}\left(1 \pm \sqrt{1-\frac{4C_Q R_Q R_O}{A_v C_C R_C^2}}\right) \tag{5.24}$$

利用式（5.25）中的功率级传递函数，具有二次微分与积分电路的系统环路传递函数可以表示为

$$\frac{\hat{v}_{OUT}(s)}{\hat{d}(s)} = G_{d0}\frac{\left(1+\frac{s}{\omega_{ESR}}\right)}{\left(1+\frac{1}{\omega_0 Q}s+\frac{1}{\omega_0^2}s^2\right)} \tag{5.25}$$

$$T_{Loop,QDI}(s) = \frac{\hat{v}_{OUT}(s)}{\hat{d}(s)}\cdot\frac{\hat{d}(s)}{\hat{v}_{OUT}(s)} \approx A_v F_m G_{d0}\frac{\left(1+\frac{s}{\omega_{ESR}}\right)\left(1+\frac{s}{\omega_{zcom1}}\right)\left(1+\frac{s}{\omega_{zcom2}}\right)}{\left(1+\frac{1}{\omega_0 Q}s+\frac{1}{\omega_0^2}s^2\right)\left(1+\frac{s}{\omega_p}\right)} \tag{5.26}$$

具有二次微分和积分技术的电压二次方控制降压转换器的伯德图如图 5.23 所示。系统主极点 ω_p 由Ⅱ型补偿器决定。两个零点 ω_{zcom1} 和 ω_{zcom2} 用于抵消 LC 滤波器在输出级产生的复数极点。当采用小阻值的等效串联电阻时，零点 ω_{ESR} 通常出现在高频段。因此，即使采用小阻值的等效串联电阻，也可以保证系统的稳定性。

5.1.5.2 二次微分和积分技术的电路实现

二次微分和积分技术的电路实现如图 5.24 所示，包括两级电路、一个二次微分电路与占空因子积分电路。二次微分电路包含两个共源共栅的压控电流源结构，压控电流源结构可以提供微分功能。在第一次微分后，信号 v_{df1} 包含式（5.27）中不期望出现的一次项。在第二次微分后，信号 v_{df2} 只包含电感电流纹波斜率的信息，如式（5.28）所示。换句话说，这时就消除了等效串联电感效应。

$$v_{df1}(t) = \frac{d}{dt}v_{OUT}(t) = \tau_1\left[R_{ESR}\frac{d}{dt}i_L(t)+\frac{i_L(t)}{C_L}\right] \tag{5.27}$$

$$v_{df2}(t) = \frac{d}{dt}v_{df1}(t) = \tau_1\tau_2\left(\frac{v_{IN}-v_{OUT}}{C_L L}\right) \tag{5.28}$$

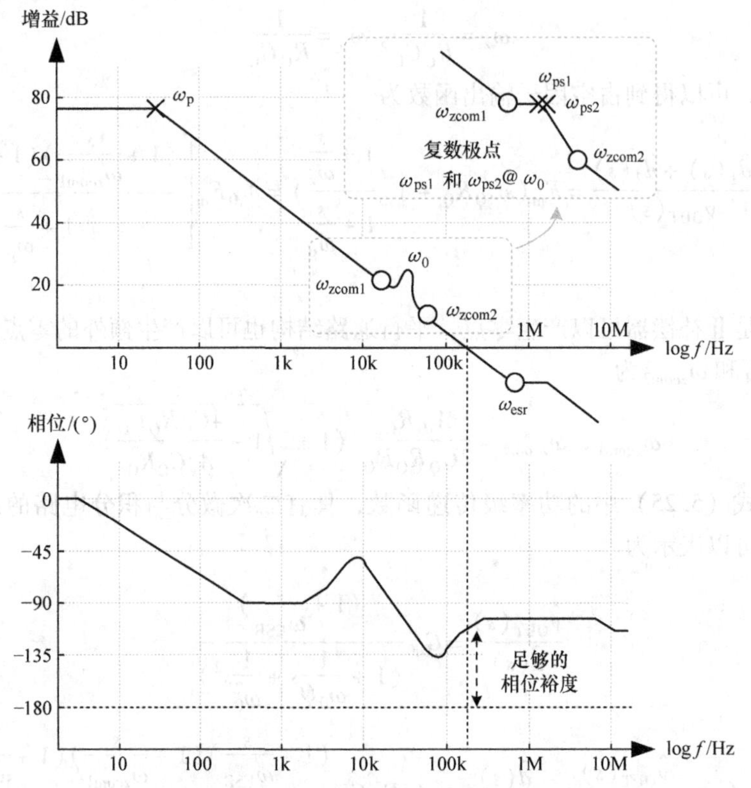

图 5.23 具有二次微分和积分技术的电压二次方控制降压转换器的伯德图

经过积分级，$v_{fa}(t)$可以表示为式（5.29）。$v_{fa}(t)$正比于电感电流纹波 i_L。在之前的结果中，v_S的精度受到等效串联电阻相关失真的影响，而通过采用以上技术，v_S的精度也得到了大幅度提高。

$$v_{fa}(t) = \int v_{df2}(t)\,dt = \frac{\tau_1\tau_2}{C_L}i_L(t) + \tau_3 \tag{5.29}$$

式中，τ_1、τ_2、τ_3 是微分和积分过程中产生的常数。正如式（5.18）所示，共源共栅压控电流源结构的传输结构可以表示为

$$\frac{v_{df2}(s)}{v_{OUT}(s)} = (sk_1C_{d1}R_{O1})(sk_2C_{d2}R_{O2}) \tag{5.30}$$

在积分电路中，根据 PWM 信号 V_{DRI}，在导通周期和关断周期内电流 i_D 和 $i_{D'}$ 分别流过电容 C_S，完成积分功能。积分电路的传递函数如式（5.31）所示，其中 g_{m7} 和 g_{m8} 分别为 MOSFET M_7 和 M_8 的跨导。

$$\text{在导通周期内}\frac{v_{fa}(s)}{v_{df2}(s)} = \frac{1}{sC_S(1/g_{m8} + R_{S1})}$$
$$\text{在关断周期内}\frac{v_{fa}(s)}{v_{df2}(s)} = \frac{1}{sC_S(1/g_{m7} + R_{S2})} \tag{5.31}$$

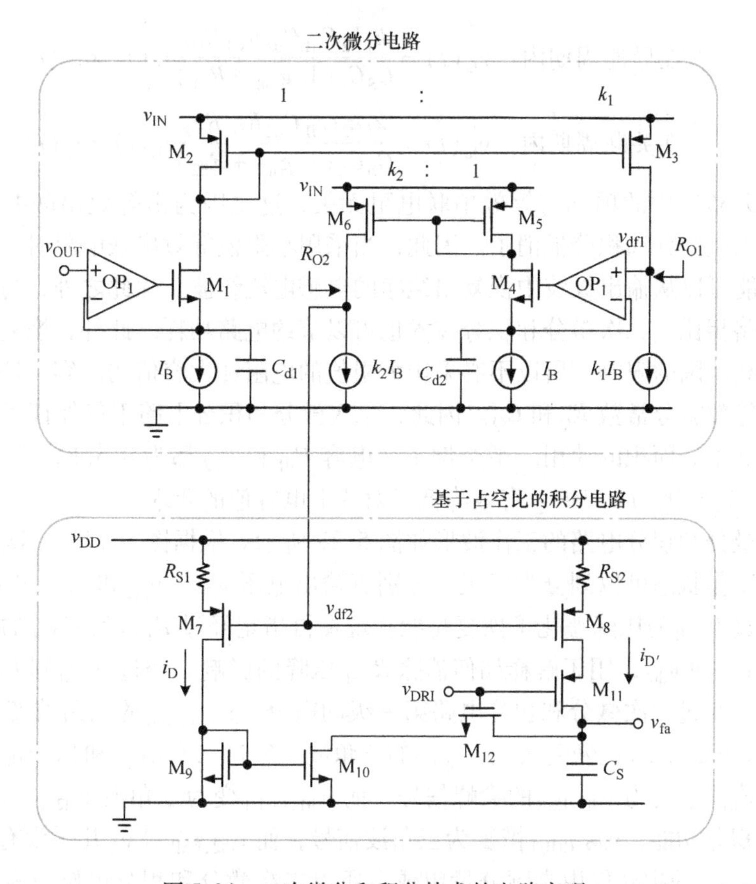

图 5.24　二次微分和积分技术的电路实现

对应于图 5.22 中的二次微分和积分传递函数，具有等效电容 C_Q 和电阻 R_Q 的二次微分和积分电路传递函数如式（5.32）所示。

$$G_{QDI}(s)=\frac{v_S(s)}{v_{OUT}(s)}=\frac{(sk_1C_{d1}R_{O1})(sk_2C_{d2}R_{O2})}{sC_S(1/g_m+R_S)}$$

$$=\frac{s}{C_S(1/g_m+R_S)/k_1k_2C_{d1}C_{d2}R_{O1}R_{O2}}=sC_QR_Q \tag{5.32}$$

$$C_Q=\frac{k_1k_2C_{d1}C_{d2}}{C_S},\ R_Q=\frac{R_{O1}R_{O2}}{1/g_m+R_S} \tag{5.33}$$

式中，k_1、k_2 是两级压控电流源结构中的电流镜比例。根据式（5.32），在 S 域中 $v_{fa}(s)$ 和 $v_{OUT}(s)$ 的关系式如式（5.34）所示，时域的表达式如式（5.35）所示。

$$v_{fa}(s)=\frac{1}{s}\cdot\frac{k_1k_2C_{d1}C_{d2}R_{O1}R_{O2}}{C_S(1/g_m+R_S)}\cdot s^2\cdot v_{OUT}(s) \tag{5.34}$$

$$v_{fa}(t)=\frac{k_1k_2C_{d1}C_{d2}R_{O1}R_{O2}}{C_S(1/g_m+R_S)}\int\left\{\frac{d^2}{dt^2}\left[R_{ESR}i_L(t)+\frac{1}{C_L}\int i_L(t)dt\right]\right\}dt$$

$$\text{在导通周期内}\quad v_{\mathrm{fa}}(t)=\frac{k_1k_2C_{\mathrm{d1}}C_{\mathrm{d2}}R_{\mathrm{O1}}R_{\mathrm{O2}}}{C_{\mathrm{S}}C_{\mathrm{L}}(1/g_{\mathrm{m8}}+R_{\mathrm{S1}})}i_{\mathrm{L}}(t)\propto i_{\mathrm{L}}(t)$$

$$\text{在关断周期内}\quad v_{\mathrm{fa}}(t)=\frac{k_1k_2C_{\mathrm{d1}}C_{\mathrm{d2}}R_{\mathrm{O1}}R_{\mathrm{O2}}}{C_{\mathrm{S}}C_{\mathrm{L}}(1/g_{\mathrm{m7}}+R_{\mathrm{S2}})}i_{\mathrm{L}}(t)\propto i_{\mathrm{L}}(t)\tag{5.35}$$

式（5.35）中的项都与等效串联电阻无关，这是因为由等效串联电阻产生的失真都被二次微分和积分抵消了。因此，当采用小阻值等效串联电阻时，二次微分和积分功能可以从输出纹波中恢复出纯净的电感电流纹波。除此之外，与传统的电流感应电路相比，二次微分和积分技术也可以节约电路功耗。此外，恢复功能也不会受到负载范围的限制。所以不必采用大阻值的电阻和大容值的电容，该电路就能产生大的等效微分常数 R_{Q} 和 C_{Q}。因此，二次微分和积分电路不仅保证了电路稳定性，还降低了硅面积的使用。举个例子，电容 C_{d1} 和 C_{d2} 都为 0.5pF，而电容 C_{S} 近似为 2pF，这是因为 k_1 和 k_2 有效降低了对片上电容值的要求。

二次微分和积分电路的工作波形如图 5.25 所示。根据图 5.24，二次微分和积分电路的工作状态可以划分为三级，分别有输出电压 v_{df1}、v_{df2} 和 v_{fa}。正如图 5.19 所示，经过 R_{ESR} 的压降恶化了恢复功能。现在再指定经过 R_{ESR} 到 C_{OUT} 的电压分量为 v_{OUT}、v_{df1} 和 v_{df2}，用于解释如何消除 R_{ESR} 压降的影响。经过 R_{ESR} 到 C_{OUT}，v_{OUT} 产生了 i_{L}。经过二次微分和积分电路第一级的微分，$v_{\mathrm{OUT,ESR}}$ 的三角波变为 $v_{\mathrm{df1,ESR}}$ 的三角波，$v_{\mathrm{OUT,COUT}}$ 也恢复为 $v_{\mathrm{df1,COUT}}$ 的三角波。经过二次微分和积分电路第二级的微分，$v_{\mathrm{df1,ESR}}$ 变为 $v_{\mathrm{df2,ESR}}$ 的尖峰信号，而 $v_{\mathrm{df1,COUT}}$ 变为三角波 $v_{\mathrm{df2,COUT}}$。经过最后一级的积分功能，$v_{\mathrm{df2,COUT}}$ 恢复为三角波信号，而 $v_{\mathrm{df2,ESR}}$ 对 v_{fa} 几乎没有影响，这是因为 $v_{\mathrm{df2,ESR}}$ 的尖峰仅由高频分量组成，所以二次微分和积分电路有利于电路恢复功能，而不会受到 R_{ESR} 的影响。

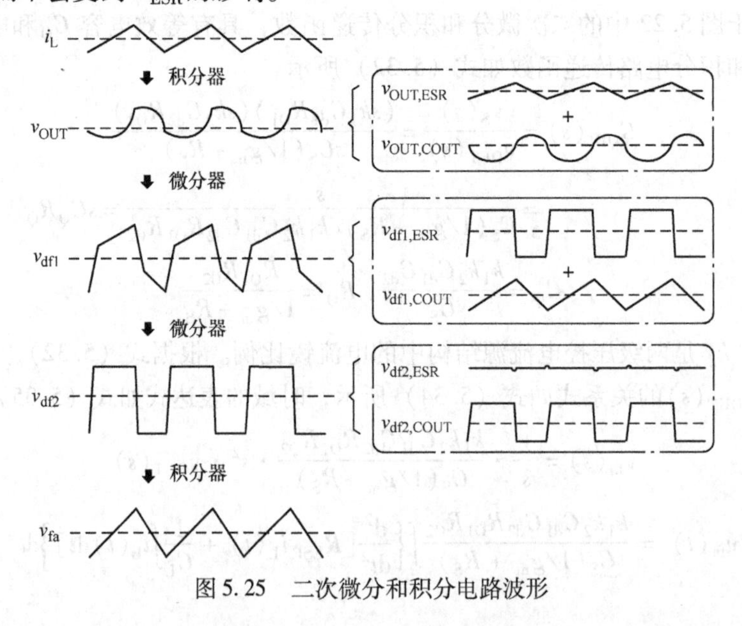

图 5.25 二次微分和积分电路波形

5.1.6 鲁棒性强的纹波调整器

基于纹波的控制技术具有快速瞬态响应的优点，正如之前讨论过的，电源转换器控制包括置位和复位操作来分别决定导通周期和关断周期的起始时间。恒定关断周期控制可以调整关断周期，所以当负载变化时，开关频率可以相应改变。一旦负载由轻转重，关断时间缩短，开关频率增加可以产生快速的瞬态响应。相反，当负载由重转轻时，上位和下位开关都关闭，进入二极管仿真模式，并进一步延长关断周期。与负载相关的开关频率可以保证节约功耗的优点。然而，如果考虑在导通周期内的负载变化情况，则恒定关断时间控制就会失去动态调整导通周期的能力，这是因为恒定导通时间是由输入和输出电压计算得到的。如果负载在导通周期内突然变化，那么可以说预定义的导通时间限制了导通周期的灵活性。为了缓解预设恒定导通周期的限制，可以考虑一些其他的基于纹波控制的方法来提高整体性能。

迟滞控制方法是一种可行的解决方案，它能够同时灵活地调整导通时间和关断时间。首先，基于电压纹波的迟滞观测有许多缺点，输出电压纹波限制了所允许的电压迟滞窗口，也就是说，迟滞窗口越小，噪声裕度越小。如果采用小阻值等效串联电阻，则会导致系统的不稳定。虽然可以通过插入补偿失调电压来解决稳定性问题，但对大阻值等效串联电阻的需求限制了输出电容的选择。此外，由于迟滞操作，如果需要多相技术，则很难恢复开关频率并得到相等的相位。基于电压纹波的滞环控制的优点是输出电压可以被限制在电压滞后窗口内，并且可以在一定的百分比内保证精度。

作为对比，基于电流纹波（Current Ripple Based，CRB）的迟滞控制也是一种可行的解决方案。在预设的迟滞窗口内电感电流可以得到调整，这与基于电压纹波调整的输出电压类似。然而，基于电流纹波也具有很多明显的缺点，因为没有从输出端返回的反馈通路，所以输出电压处于悬空，不受调节控制。基于电流纹波的迟滞控制需要额外的电压反馈环路来调整输出电压，如图5.26所示。R_{SEN}模块可以感知交流电感电流纹波，反馈通路需要集成一个误差放大器来提高输出电压的调整性能。误差放大器输出$v_{EA,L}$可以设置为基于电流纹波迟滞窗口的下限，计入一个额外的恒定值V_{HYS}作为迟滞窗口，输出电压纹波可以保持恒定，而不受到任何干扰。正如我们所知，$v_{EA,L}$的变化率决定了基于电流纹波迟滞控制的瞬态响应时间。此外，$v_{EA,L}$的变化率完全受控于转换器中使用的补偿技术。在快速瞬态响应中需要进行折衷，决定是得益于基于电流纹波控制和调整精度，还是得益于误差放大器。相关的技术可以参考第3章的内容。通常推荐使用Ⅲ型补偿器，因为其具有高精度和良好的输出电压调整率。

除此之外，通过电流纹波推导开关频率仍然是困难的，因此很难应用交织技术。同时，如果将电流感知集成在片上，那么这也会是一个设计挑战。任何开关噪声都会恶化感知性能，且增加的输出电压纹波都会造成不期望的稳定性问题。

瞬态过程中的快速瞬态响应如图5.27所示。在导通周期和关断周期内，v_{SEN}

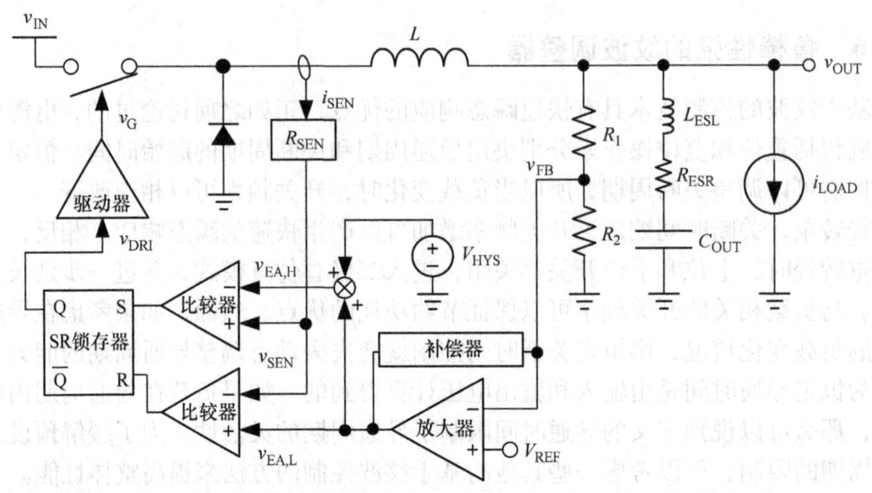

图 5.26　在传统的基于电流纹波迟滞控制中加入额外的反馈电压，用于提高输出电压调整率

的上升和下降斜率都分别为常数。在稳态工作状态中，导通周期和关断周期都是固定的，由 v_{SEN} 纹波和确定的迟滞窗口调制，$v_{EA,L}$ 的直流电平水平正比于负载状况。在图 5.27a 中，当负载由轻变重时，$v_{EA,L}$ 的动态增加可以调整导通周期和关断周期。周期 A、B、C 表明导通周期增加，则关断周期缩短，占空因子增加，同时开关频率变大，所以有足够的功率传输到输出端恢复输出电压降。在图 5.27b 中，当负载由重转轻时，周期 D 和 E 表明导通周期缩短，关断周期增加，所以瞬态性能得到增强。结果，与其他基于纹波的控制技术相比，由于缺乏对固定导通周期、关断周期和开关频率的限制，因此具有额外电流环路的电压模式迟滞控制可以进一步提高瞬态响应性能。

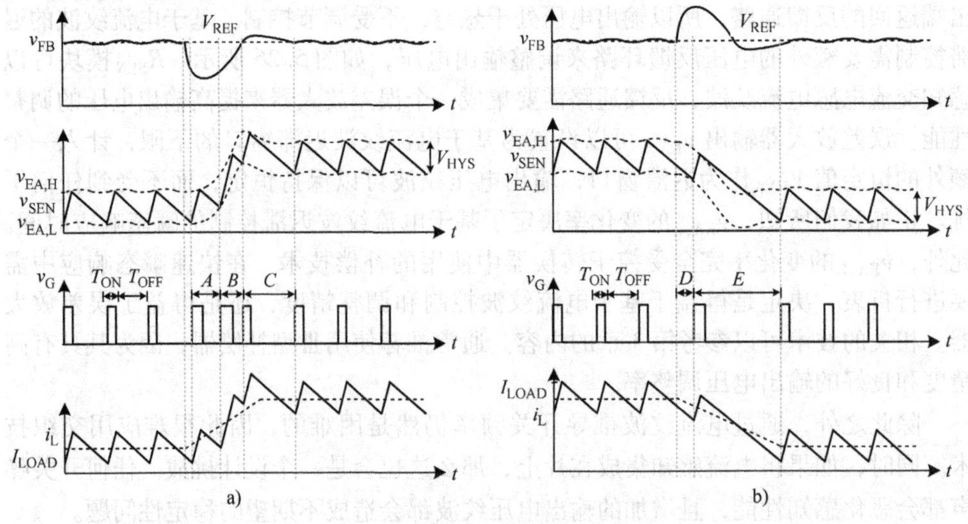

图 5.27　工作波形

a）负载由轻转重　b）负载由重转轻

为了消除开关噪声，图 5.28 中采用一个电压 - 电流转换器进行设计，这实际上是利用一个跨导放大器来产生一个纯净的伪电感交流电流纹波。在跨导放大器输出端的纹波电容 C_{ripple} 能够产生纹波信号 v_{SEN} 来表示（反映）电感电流纹波。C_{ripple} 可以降低开关噪声，从而获得一个噪声降低感应信号 v_{CS}。在频域，插入 C_{ripple} 可以产生一个低频零点，来缓解 LC 双极点效应。换句话说，整个系统可以变为一个单极点系统，牺牲一部分调制性能，Ⅰ型补偿技术可以用于获得快速瞬态响应，这是因为必须在系统稳定性和调制性能之间做一个折衷。在恒定关断时间控制中，可以获得较快的瞬态响应性能。对于高精度输出电压应用，通常推荐使用Ⅱ型补偿技术来获得高性能。在使用Ⅱ型补偿技术后，可以获得高的低频增益和带宽。然而，带宽仍然限制为开关频率的 10% ~20%，所以瞬态响应仍然低于使用恒定关断时间技术。因此，这里的结论是，采用图 5.28 中的实现方式，可以获得良好的瞬态响应和调整性能。

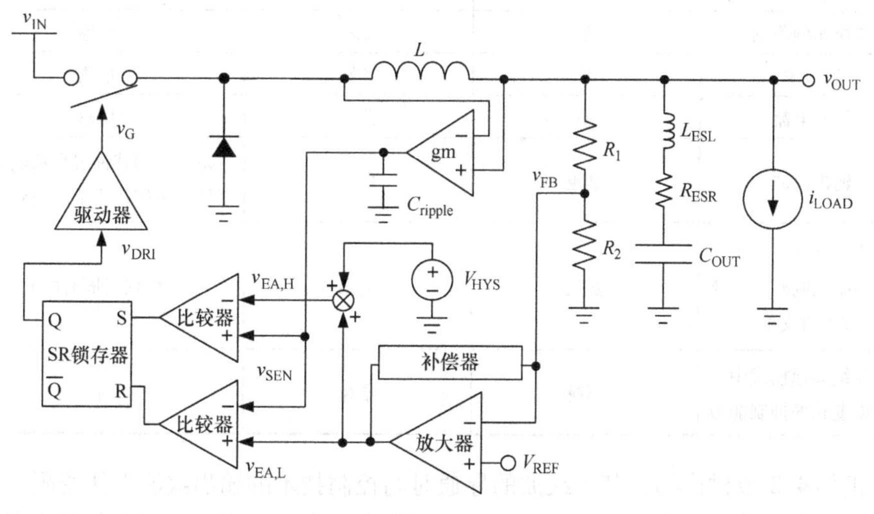

图 5.28　采用电感交流电流纹波作为 PWM 信号的强鲁棒性的纹波调整器

5.2　对于开关频率变化降低电磁干扰的分析

三种常用的 DC - DC 降压转换器控制技术的特点和性能见表 5.1。在降压转换器中采用基于纹波的导通时间控制技术可以满足 SoC 的设计要求，这是因为该技术的性能与 PWM 电流模式和 PWM 电压模式控制技术相比具有更好的性能。

因为对于输入电压的干扰会直接影响电感电流，并且由补偿反馈通路感知，所以在线性瞬态响应的比较中，可以看到 PWM 电流模式控制技术比 PWM 电压模式控制技术具有更好的性能。然而，因为占空因子受控于 v_{EA} 和误差放大器的有限带宽，所以响应仍然会受到一定限制。相比之下，基于纹波的导通时间控制技术具有更快的瞬态响应，这是因为输出电压 v_{OUT} 的变化可以快速调整占空因子。同样，基于纹波的导通时间控制技术也具有快速的负载瞬态响应。再考虑负载范围，PWM 电流模式控制技术的性能较差，这是因为电流感知范围受限于电流感知电路的有限带宽。此外，PWM 电流模式控制技术和 PWM 电压模式控制技术的频率响应依赖输出负载状况。在转换率方面，因为电流感知电路的有限带宽，PWM 电流模式控制技术的转换率较差。所以，一个极端占空因子会产生一个短周期，使其能够感知电流信息，电流感知电路同样会消耗多余的功耗。

表 5.1　三种常用的 DC－DC 降压转换器控制技术的特点和性能

	PWM 电流模式控制技术	PWM 电压模式控制技术	基于纹波的导通时间控制技术
线性瞬态响应	良好	差	卓越
负载瞬态响应	良好	良好	卓越
负载范围	差	良好	卓越
转换比例范围	差	差	卓越
转换率	差	良好	卓越
静态电流	差	良好	卓越
输出纹波	卓越	卓越	差（采用特种聚合物电容） 卓越（采用片式多层陶瓷电容）
非连续导通模式中脉冲频率调制对于转换效率的改善	复杂	复杂	卓越（固有的）
在连续导通模式中对频率变化的抑制能力	卓越	卓越	差

正如 4.2 节讨论的，基于纹波的导通时间控制技术的输出纹波性能受限于解决稳定性问题的输出电容。如果采用片式多层陶瓷电容，则具有大阻值等效串联电阻的输出电容选择限制就可以得到克服，这样输出纹波就可以得到进一步降低（这方面技术将会在之后的章节中详细讨论）。

因为其基于纹波的控制结构，所以另一个限制条件是基于纹波的导通时间控制技术是一种无时钟结构。于是，当输入电压（v_{IN}）、输出电压（v_{OUT}）和负载电流（i_{LOAD}）变化产生干扰时，基于纹波的导通时间控制技术会受到开关频率变化（Δf_{SW}）的严重影响。

换句话说，具有基于纹波的导通时间控制技术的电源转换器在 $f_{SW} \pm 0.5\Delta f_{SW}$ 范围内会成为一个频率干扰源，这是一个比较大的缺陷。如图 5.29 所示，频率变化会降低它们的性能，如射频、语音系统、模－数转换器、数－模转换器和锁相环电路对一定范围的 Δf_{SW} 变化还是比较敏感的。假设周围电路通过电磁干扰产生频率干扰，在驻波比中便可以得到一个恒定的 f_{SW}，这是因为具有较小 Δf_{SW} 的噪声频谱可以用于设计低电磁干扰的噪声滤波器电路。

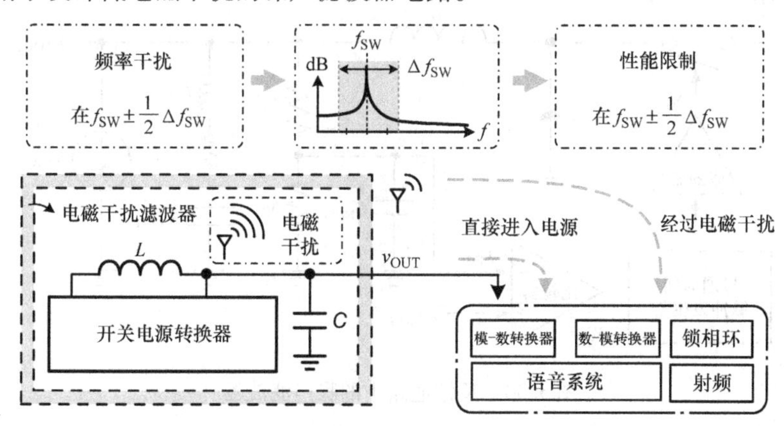

图 5.29　在$f_{SW}\pm0.5\Delta f_{SW}$范围内，由开关电源调整器产生的频率干扰限制了模拟电路的性能

5.2.1　反馈信号抗干扰能力的提高

因为调制是由小的输出电压纹波和参考电压决定的，所以基于纹波控制技术会产生不希望的频率变化。因此，在反馈通路中，具有低噪声抗干扰度的反馈信号v_{FB}容易受到任意扰动的干扰，这些干扰可能来自寄生电容或电感耦合路径。通过耦合噪声增加静态电流、抑制电压变化是提高噪声抗干扰度的方法之一，然而，这种方法牺牲了效率。使用附加斜坡信号或附加电感电流信息还可以提高抗噪性和稳定性。最近已经开发出几种众所周知的技术来解决这些问题，并且将在这里介绍这些技术。

5.2.2　旁路通路对反馈信号高频噪声的滤波

旁路电容C_{NF}可以提供一个噪声滤波通路来滤除v_{FB}处的高频干扰，如图 5.30 所示。然而，由R_1并联R_2与C_{NF}产生的极点会造成反馈通路的相位延迟。这时相位裕度恶化，且系统会受到次谐波振荡的影响。噪声滤波电容的选择会影响转换器的稳定性和性能。所以如果同时考虑抗噪性和系统稳定性，那么需要选择合适的噪声滤波电路设计。

5.2.2.1　用于增强反馈信号的反馈通路

另一种可行的方法是通过增加前馈电容C_{FF}与反馈电阻R_1并联来提高抗噪声干扰能力，如图 5.31 所示。C_{FF}为v_{OUT}的高频分量提供一个前馈通路，并直接与v_{FB}相加，特别是直接前馈路径等效地增加了来自常规反馈分频器反馈信号的反馈电压纹波幅度。

增加了C_{FF}后，输出电压到反馈电压的传递函数可以表示为

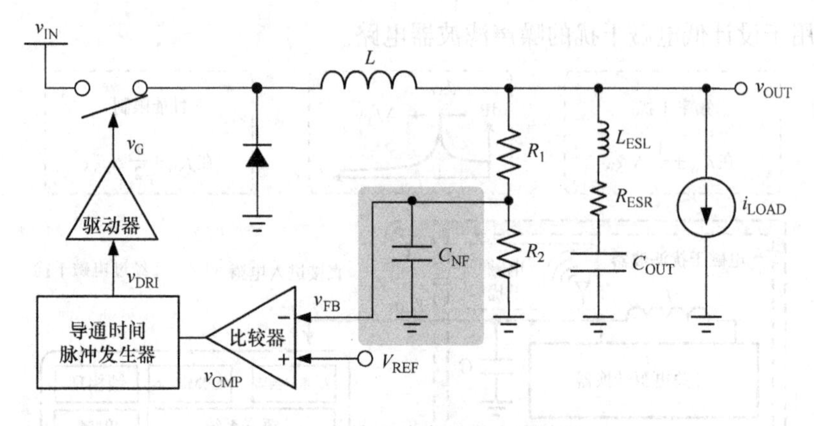

图 5.30　反馈通路中的噪声滤波器

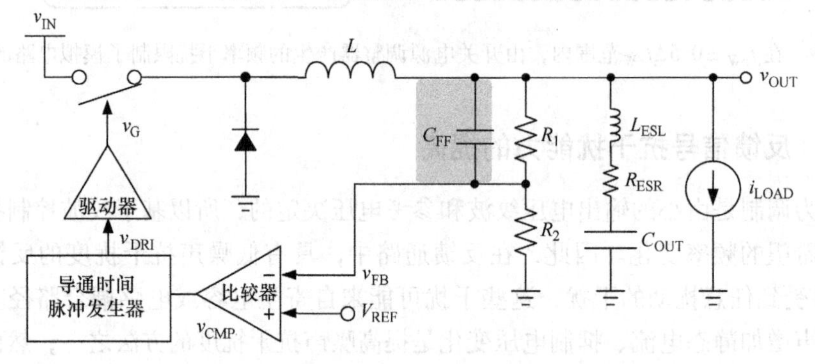

图 5.31　增加前馈通路电容 C_{FF} 用来提高抗噪声性能

$$\frac{\hat{v}_{FB}(s)}{\hat{v}_{OUT}(s)}=\frac{R_2}{R_1+R_2}\cdot\frac{(1+sR_1C_{FF})}{[1+s(R_1\parallel R_2)C_{FF}]} \tag{5.36}$$

同样，前馈通路电容也产生了一个零极点对，只有当极点的频率高于零点时，前馈电容才可以正确工作。

$$极点=\frac{1}{(R_1\parallel R_2)C_{FF}}\gg零点=\frac{1}{R_1C_{FF}} \tag{5.37}$$

此外，设计的零点设置为位于开关频率附近，这样可以通过附加的前馈通路有效地传导电感电流纹波，如式（5.38）所示。如果式（5.38）和式（5.39）用式（5.36）进行替换，那么电感电流到反馈电压的传递函数也可以表示为式（5.40）。

$$(R_1\parallel R_2)C_{FF}\approx R_{ESR}C_{OUT} \tag{5.38}$$

$$\frac{\hat{v}_{OUT}(s)}{\hat{i}_L(s)}\approx R_{ESR}+\frac{1}{sC_{OUT}} \tag{5.39}$$

$$\frac{\hat{v}_{FB}(s)}{\hat{i}_L(s)}\approx\frac{R_2}{R_1+R_2}\cdot\frac{1+s\left(\frac{R_1+R_2}{R_2}\right)R_{ESR}C_{OUT}}{sC_{OUT}} \tag{5.40}$$

通过 R_{ESR} 乘以因子 $(R_1+R_2)/R_2$，使得增加的零点有效向原点移动。因此，

C_{FF}不仅增加了 v_{FB}的纹波，也缓解了 R_{ESR}和 C_{OUT}产生的大时间常数的限制。

5.2.2.2　有源控制器以增大反馈信号（美国专利 Patent – US 6958594）

增大比较器两个输入端 v_{FB}和 V_{REF}的电压差值对于提高抗噪声性能是十分重要的，噪声裕度的定义可以表示两个比较器输入端的电压差值。如果电压差非常大，那么转换器不会受到噪声的干扰。在图 5.32 中，由导通时间控制器控制的电流源 I_f可以用于增加相应导通周期内比较器两个输入端的电压差值。

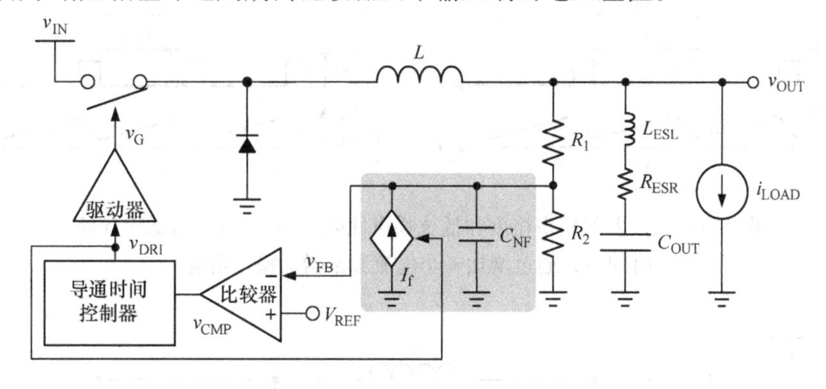

图 5.32　通过恒定电流源来增加噪声裕度

导通时间控制的电流源为 C_{NF}充电，产生电压。在这项研究中，低输入电压意味着大的导通时间值和对大的差分电压的需要。相比之下，在这项技术中高输入电压具有较小的导通时间值，同时也增加了小电压差值。考虑到恒流源产生的自适应斜坡信号，v_{FB}和 V_{REF}之间的电压差可以与输入电压成正比。换句话说，区分 v_{FB}和 V_{REF}之间的电压差变得更加容易，所以抗噪声性能也得到了提高。没有噪声裕度增强技术的波形如图 5.33a 所示，任何耦合效应产生的噪声都会恶化电压调整性能。相比之下，增大电压差可以获得高的抗噪声性能，如图 5.33b 所示，其中 β 为 R_2 和（R_1+R_2）的比值。电路中大的噪声裕度可以允许耦合效应产生的噪声影响，而不会对电路产生干扰。

在图 5.33 中的高输入电压情况下，导通周期相对较短，无法产生足够的电压差。这种方案可能无法确保足够的电压差来抑制次谐波效应，所以可以采用图 5.34 中鲁棒性强、灵活度高的方法，通过附加的恒定失调电压 v_{OS}（该失调电压不会受到可变导通周期的影响）来增加噪声裕度。正常工作波形如图 5.35 所示，任何噪声都会产生大的频率波动，这种现象称为伪恒定开关频率控制。通过增加噪声裕度可以缓解电磁干扰问题，然而，增加的失调电压会使得反馈信号的直流电压产生失真。失调电压会通过电阻释放出来，影响输出电压的直流电平，这是一个明显的缺点。

5.2.3　锁相环调制器技术

即使在不同的 v_{IN}、v_{OUT}和 i_{LOAD}下，在稳态工作时，也可以将锁相环调制器应

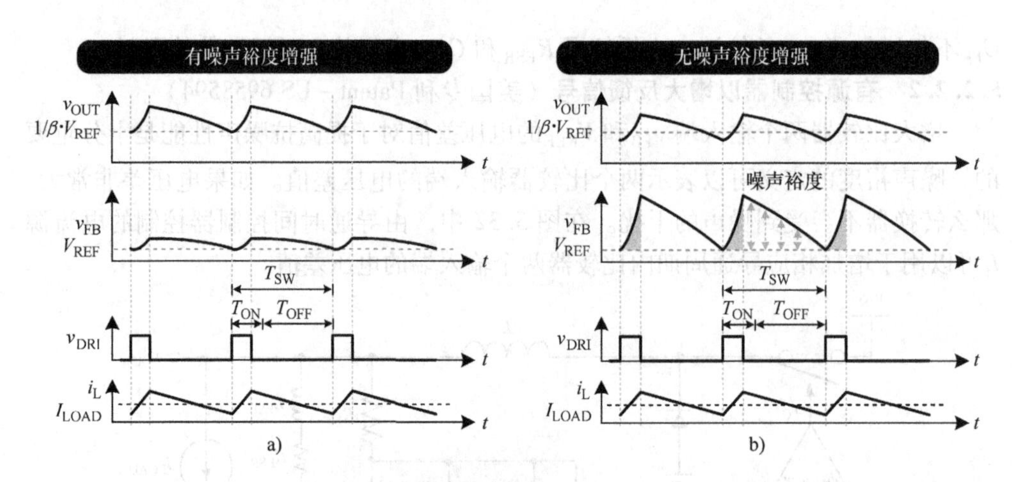

图 5.33 a）差的噪声裕度和低抗噪声性能 b）对应于自适应导通时间值，通过增加一个电流源来增加噪声裕度

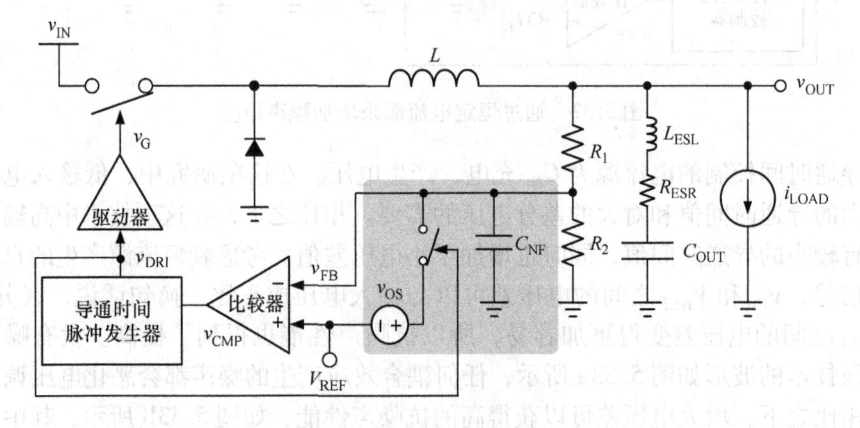

图 5.34 通过恒定失调电压来增加噪声裕度

用于导通时间控制，以维持恒定的工作频率。锁相环调制器可以控制导通时间控制器，并参考恒定时钟信号相应地调整导通周期。该时钟信号由 SoC 产生，用于同步开关频率，而不会受到任何干扰的影响。从直觉上理解，锁相环调制器可以显著提高电路性能，然而，电路结构将会变得非常复杂，所以电路成本和静态电流损耗都会增加，如图 5.36 所示。

5.2.4 不同 v_{IN}、v_{OUT}、i_{LOAD} 情况下频率变化的分析

5.2.4.1 导通时间控制开关转换器的工作原理

具有导通时间控制的传统 DC－DC 降压转换器结构如图 5.37 所示。预调整器将输入电压（v_{IN}）转换为核心电压（v_{core}）对控制器进行供电，该控制器由核心元件设计完成。反馈环路检测器采用分压器来检测反馈电压（v_{FB}），从而调整

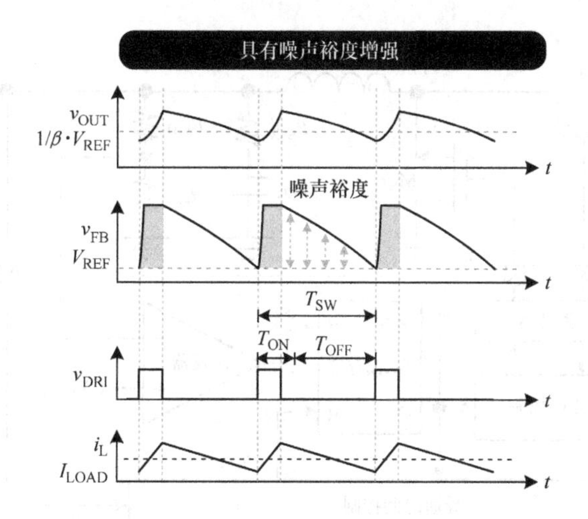

图5.35 通过附加的恒定失调电压 V_{OS}（该失调电压不会受到可变导通时间周期的影响）来增加噪声裕度

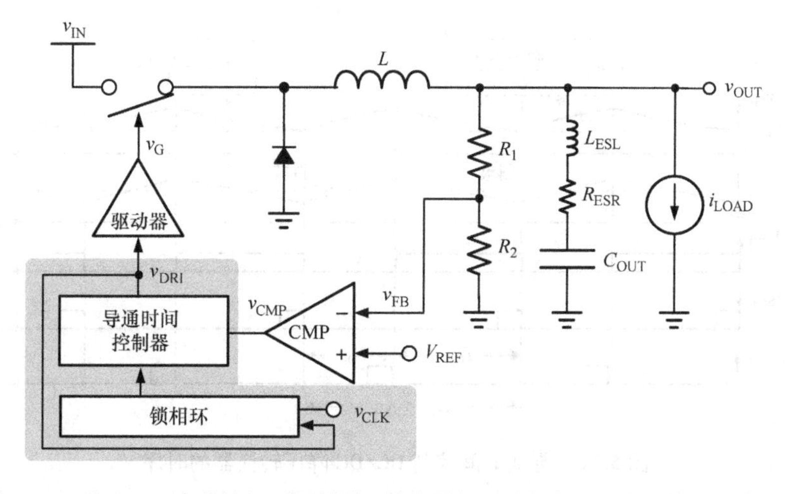

图5.36 通过SoC中的锁相环调制器，转换器的开关频率可以由时钟 v_{CLK} 来同步

v_{OUT}。反馈环路主要包括比较器、导通时间计时器和压摆率锁存器。

稳定工作状态下的时序如图5.38所示，对于稳态调整，电感电流符合伏秒平衡原则。开关周期从 T_{ON} 的起始点开始，由置位信号 v_{SET} 触发，并由 v_{RESET} 信号复位。v_{SET} 是比较器的输出，并且反映了输出电压的能量需求。相比之下，v_{RESET} 为导通时间计时器的输出，用于将导通周期转换到关断周期。在 T_{ON} 期间的操作是指通过充电路径用于增加电感电流，当 v_{FB} 下降，并小于参考电压 V_{REF} 时，T_{ON} 触发。占空因子 D 由输入电压 v_{IN} 与输出电压 v_{OUT} 之间的关系决定。因此，导通时间控制的开关频率 f_{SW} 由预定义的 T_{ON} 和 D 值决定，其中需要对 T_{ON} 有一些限制以保证系统稳定性。

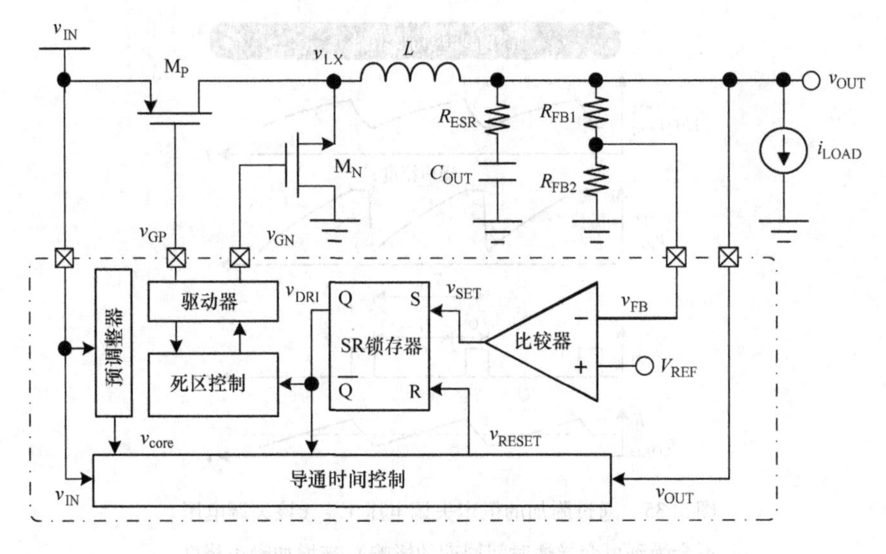

图 5.37 具有导通时间控制的传统 DC/DC 降压转换器结构

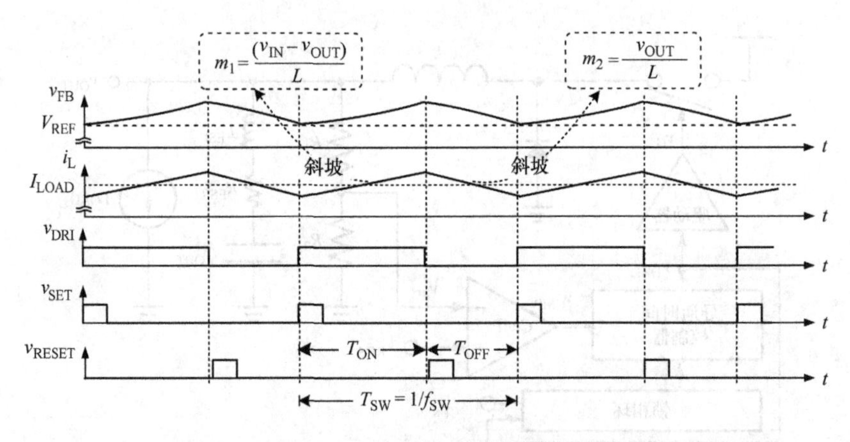

图 5.38 导通时间控制 DC/DC 降压转换器的时序

5.2.4.2 开关频率变化的分析

在连续导通模式中，降压转换器的开关频率为

$$f_{SW}=D\cdot\frac{1}{T_{ON}} \tag{5.41}$$

在理想情况下，在导通周期和关断周期内，i_L的斜率分别正比于$v_{IN}-v_{OUT}$和$-v_{OUT}$。在无损理想条件下，如果v_{OUT}得到良好的调整，则理想占空因子（D_{ideal}）等于v_{OUT}和v_{IN}的比值。

$$D_{ideal}=\frac{v_{OUT}}{v_{IN}} \tag{5.42}$$

同样，在传统结构中，如果开关周期T_{SW}（$=1/f_{SW}$）为常数，那么理想的导通

周期正比于 v_{OUT}/v_{IN}。

$$T_{ON(ideal)} = \frac{v_{OUT}}{v_{IN}} \cdot T_{SW} = D_{ideal} \cdot T_{SW} = \frac{D_{ideal}}{f_{SW}} \tag{5.43}$$

开关频率 f_{SW} 可以表示为

$$f_{SW} = \frac{D_{ideal}}{T_{ON(ideal)}} \tag{5.44}$$

此外，实际占空因子如式（5.45）所示，定义为实际导通时间 $T_{ON(actual)}$ 和 T_{SW} 的比值。

$$D_{actual} = \frac{T_{ON(actual)}}{T_{SW}} = T_{ON(actual)} \cdot f_{SW} \tag{5.45}$$

其中

$$T_{SW} = T_{ON(actual)} + T_{OFF(actual)} \tag{5.46}$$

所以，恒定开关频率 f_{SW} 可以表示为

$$f_{SW} = \frac{1}{T_{SW}} = \frac{D_{actual}}{T_{ON(actual)}} \tag{5.47}$$

当包含所有的寄生参数时，必须考虑功率损失，所以必须从电源中获得更多的能量，因而实际上 D_{actual} 大于 D_{ideal}。因为式（5.43）中的 $T_{ON(ideal)}$ 不能补偿 D_{actual} 中的电荷，所以 f_{SW} 会受到不同 v_{IN}、v_{OUT} 和负载电流 i_{LOAD} 的严重干扰。

为了完整分析 Δf_{SW} 的影响，应考虑寄生电阻（包括电感的电流电阻 R_{DCR}、电源开关 M_P 和 M_N 的导通电阻 $R_{ON,P}$ 和 $R_{ON,N}$）的影响，并分析图 5.39a。如果考虑寄生电阻，则实际和非理想的降压转换器功率级如图 5.39b 所示。能量传输路径如图 5.39c 和 d 所示，在 T_{ON} 和 T_{OFF} 期间分别包括路径Ⅰ和Ⅱ。寄生电阻会产生电压降 $v_{ON,P}$、$v_{ON,N}$ 和 v_{DCR}，所有的电压降都与 i_{LOAD} 有关。

$$\begin{aligned} v_{ON,P} &= R_{ON,P} \cdot i_{LOAD} \\ v_{ON,N} &= R_{ON,N} \cdot i_{LOAD} \\ v_{DCR} &= R_{DCR} \cdot i_{LOAD} \end{aligned} \tag{5.48}$$

由寄生电阻引起的频率变化如图 5.40 所示，$v_{ON,P}$、$v_{ON,N}$ 和 v_{DCR} 导致经过电感 L 的电压产生变化。图中的波形表明节点 v_{LX1} 和 v_{LX2} 的电压会影响电感电压 L_{ideal}，由于附加项 $-(v_{ON,P}+v_{DCR})$ 和 $v_{ON,N}+v_{DCR}$ 的影响，会产生逐渐陡峭的上升斜坡和下降斜坡。换句话说，当 i_L 分别流经通路Ⅰ和通路Ⅱ时，电感上的电压下降或者上升。即使 v_{IN} 和 v_{OUT} 没有改变，在不同负载情况下常数 T_{ON} 也会导致频率变化，这是因为不同负载时 i_L 会出现不同的斜率。

根据稳态情况下的伏秒平衡原则，认为 i_L 在 T_{ON} 和 T_{OFF} 期间线性上升和下降，可以得到式（5.49）和式（5.50），其中 Δi_L 为 i_L 的峰值纹波电流。

$$[(v_{IN} - v_{OUT}) - (v_{ON,P} + v_{DCR})] = L_{ideal} \cdot \frac{\Delta i_L}{D_{ideal} \cdot T_{SW}} \tag{5.49}$$

$$[v_{OUT} + (v_{ON,N} + v_{DCR})] = L_{ideal} \cdot \frac{\Delta i_L}{(1 - D_{actual}) \cdot T_{SW}} \tag{5.50}$$

表 5.2 考虑寄生电阻以及无考虑寄生电阻情况下，经过电感的电压

	理想情况：无寄生电阻效应		实际情况：有寄生电阻效应	
	v_{LX1}	v_{LX2}	v_{LX1}	v_{LX2}
路径Ⅰ	v_{IN}	v_{OUT}	$v_{IN}-v_{ON,P}$	$v_{OUT}+v_{DCR}$
路径Ⅱ				

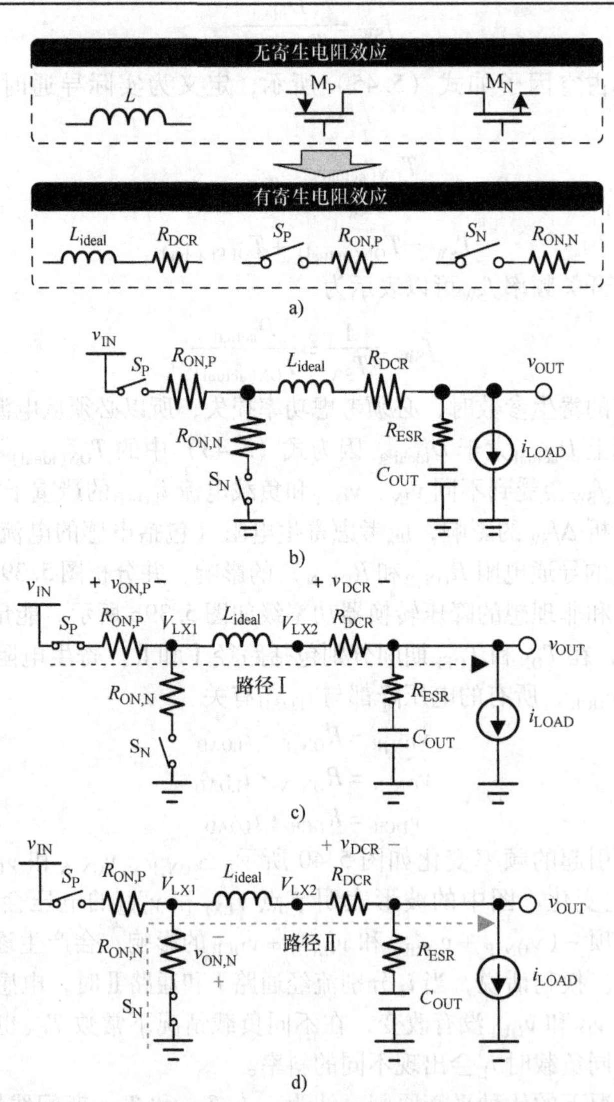

图 5.39 a）考虑寄生电阻 b）考虑寄生电阻的降压转换器功率级
c）T_{ON}期间的能量传输路径 d）T_{OFF}期间的能量传输路径

在 T_{ON} 和 T_{OFF} 期间，式（5.51）和式（5.52）中的 D_{actual} 可以分别从式（5.49）和式（5.50）中得到。

$$D_{actual}=\frac{v_{OUT}+(R_{ON,N}+R_{DCR})\cdot i_{LOAD}}{v_{IN}-(R_{ON,P}-R_{ON,N})\cdot i_{LOAD}} \tag{5.51}$$

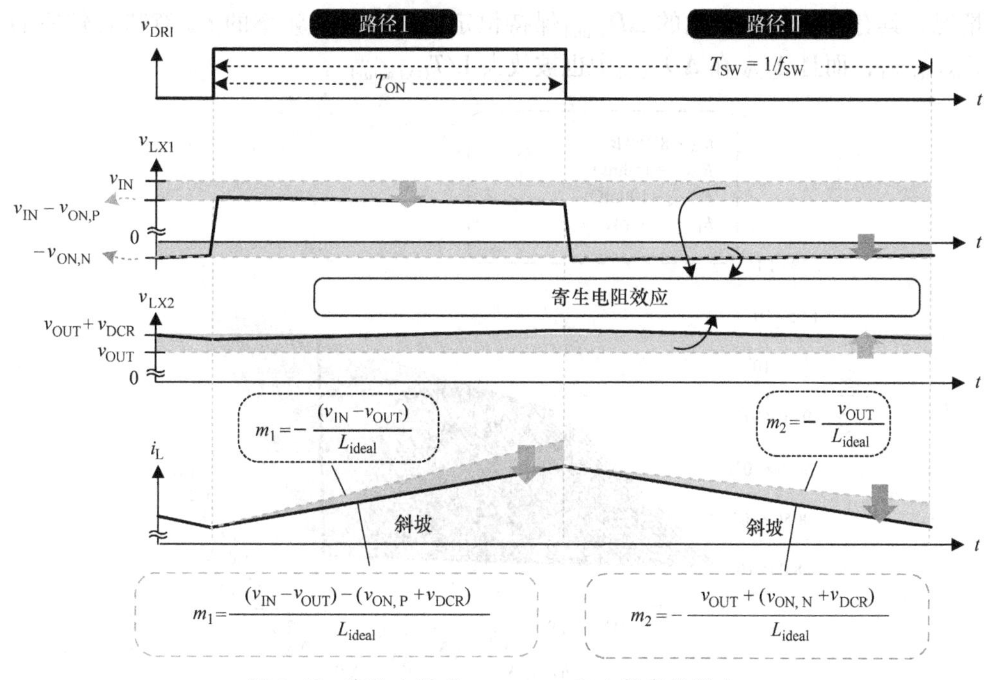

图 5.40　寄生电阻对 v_{LX1}、v_{LX2} 和 i_L 斜率的影响

$$D_{actual}=\frac{D_{ideal}+\dfrac{(R_{ON,N}+R_{DCR})\cdot i_{LOAD}}{v_{IN}}}{1-\dfrac{(R_{ON,P}-R_{ON,N})\cdot i_{LOAD}}{v_{IN}}}\tag{5.52}$$

将式（5.52）代入式（5.41）中，可以得到开关频率如式（5.53）所示。与式（5.44）相比，式（5.53）表明开关频率与很多寄生因素相关。

$$f_{SW}=\frac{D_{ideal}+\dfrac{(R_{ON,N}+R_{DCR})\cdot i_{LOAD}}{v_{IN}}}{1-\dfrac{(R_{ON,P}-R_{ON,N})\cdot i_{LOAD}}{v_{IN}}}\cdot\frac{1}{T_{ON(actual)}}\tag{5.53}$$

根据式（5.53），不同 v_{OUT}、v_{IN} 和 i_{LOAD} 时，Δf_{SW} 的四种情况如图 5.41 所示。在图 5.41a 和 b 中，要求 f_{SW} 为 800kHz，在图 5.41c 和 d 中，要求 f_{SW} 为 2.5MHz。在所有这些情况中，当 v_{OUT} 的值较小时，i_{LOAD} 的变化会导致 Δf_{SW} 产生更大变化。将图 5.41a 和 b 进行比较，表明在图 5.41b 中 Δf_{SW} 的情况更为恶劣，这是因为图 5.41b 中的寄生效应更为严重。图 5.41c 和 d 的情况相同。将 f_{SW} 为 800kHz 和 2.5MHz 的两种情况进行比较，表明当负载电流从 0.3 变化到 1.7A 时，更高的 f_{SW} 具有更差的 Δf_{SW}。

相对于期望的 f_{SW} 和 v_{OUT}，具有特殊负载变化的 Δf_{SW} 如图 5.42 所示。利用式（5.52）和式（5.53）也可以得到这些特性。考虑 v_{OUT}、v_{IN} 和寄生电阻为常数的情况，具有一定负载变化的 ΔD_{actual} 保持恒定。然而，高频率的 f_{SW} 意味着较短的 $T_{ON(actual)}$，而且 Δf_{SW} 在 ΔD_{actual} 中也被放大 $1/T_{ON(actual)}$。

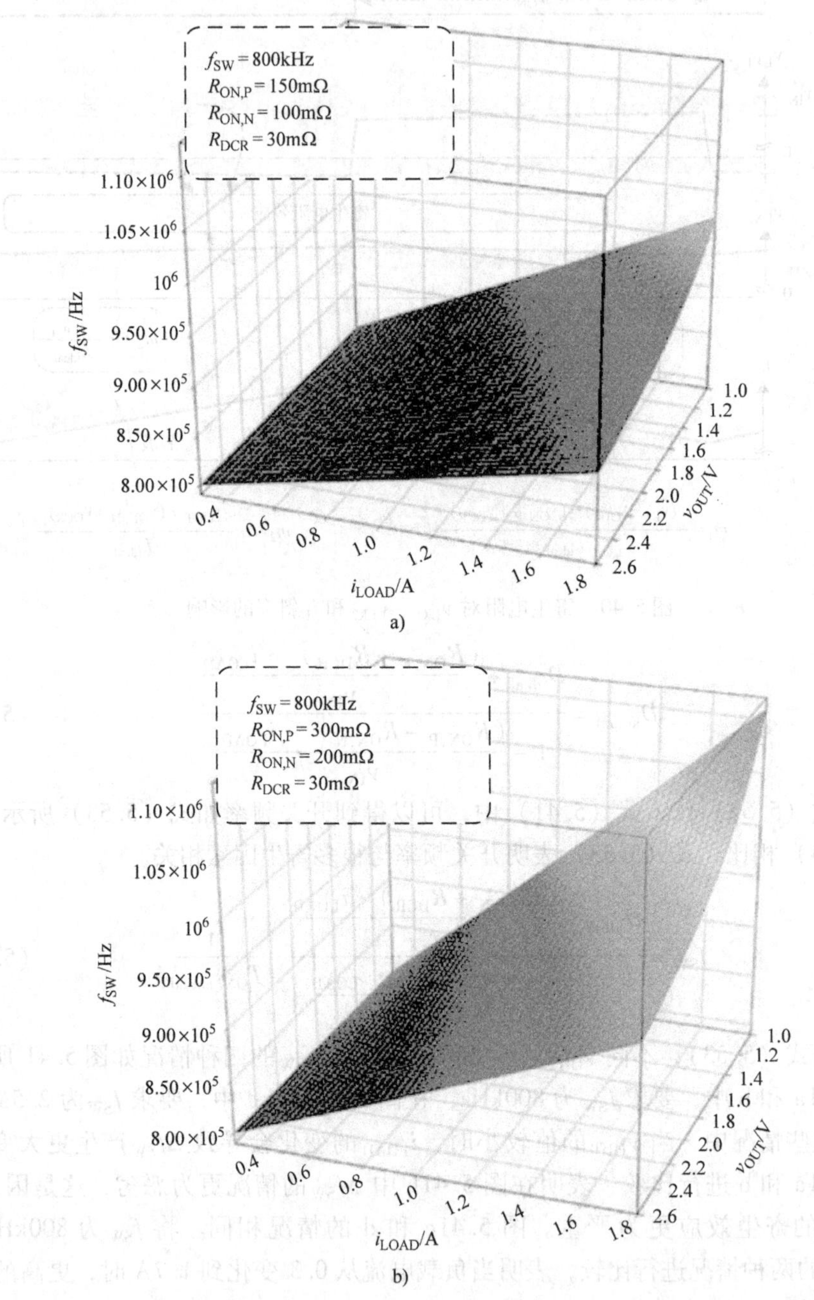

图 5.41　当 $v_{IN}=3.3V$ 时，f_{SW}、i_{LOAD} 和 v_{OUT} 的关系

a）$f_{SW}=800kHz$，$R_{ON,P}=150m\Omega$，$R_{ON,N}=100m\Omega$，$R_{DCR}=30m\Omega$

b）$f_{SW}=800kHz$，$R_{ON,P}=300m\Omega$，$R_{ON,N}=200m\Omega$，$R_{DCR}=30m\Omega$

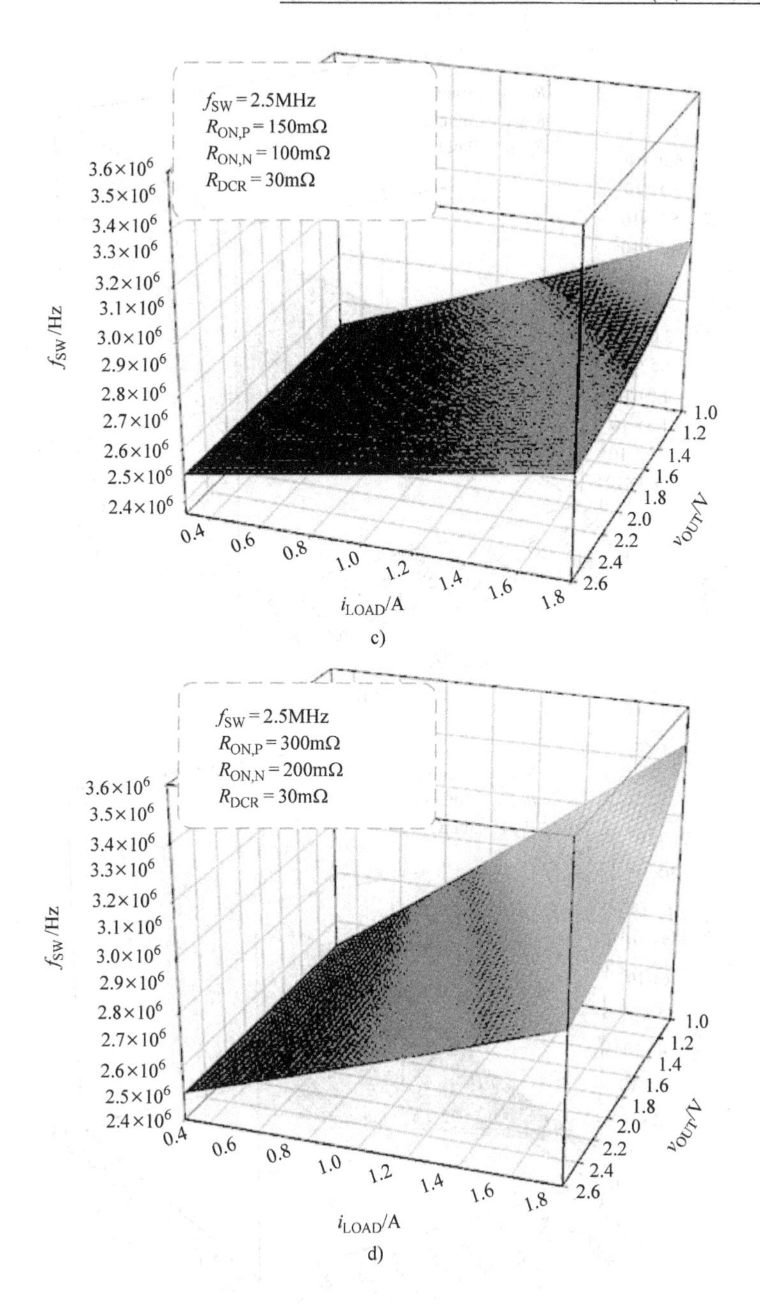

图 5.41　当 v_{IN} = 3.3V 时，f_{SW}、i_{LOAD} 和 v_{OUT} 的关系（续）

c）f_{SW} = 2.5MHz，$R_{ON,P}$ = 150mΩ，$R_{ON,N}$ = 100mΩ，R_{DCR} = 30mΩ

d）f_{SW} = 2.5MHz，$R_{ON,P}$ = 300mΩ，$R_{ON,N}$ = 200mΩ，R_{DCR} = 30mΩ

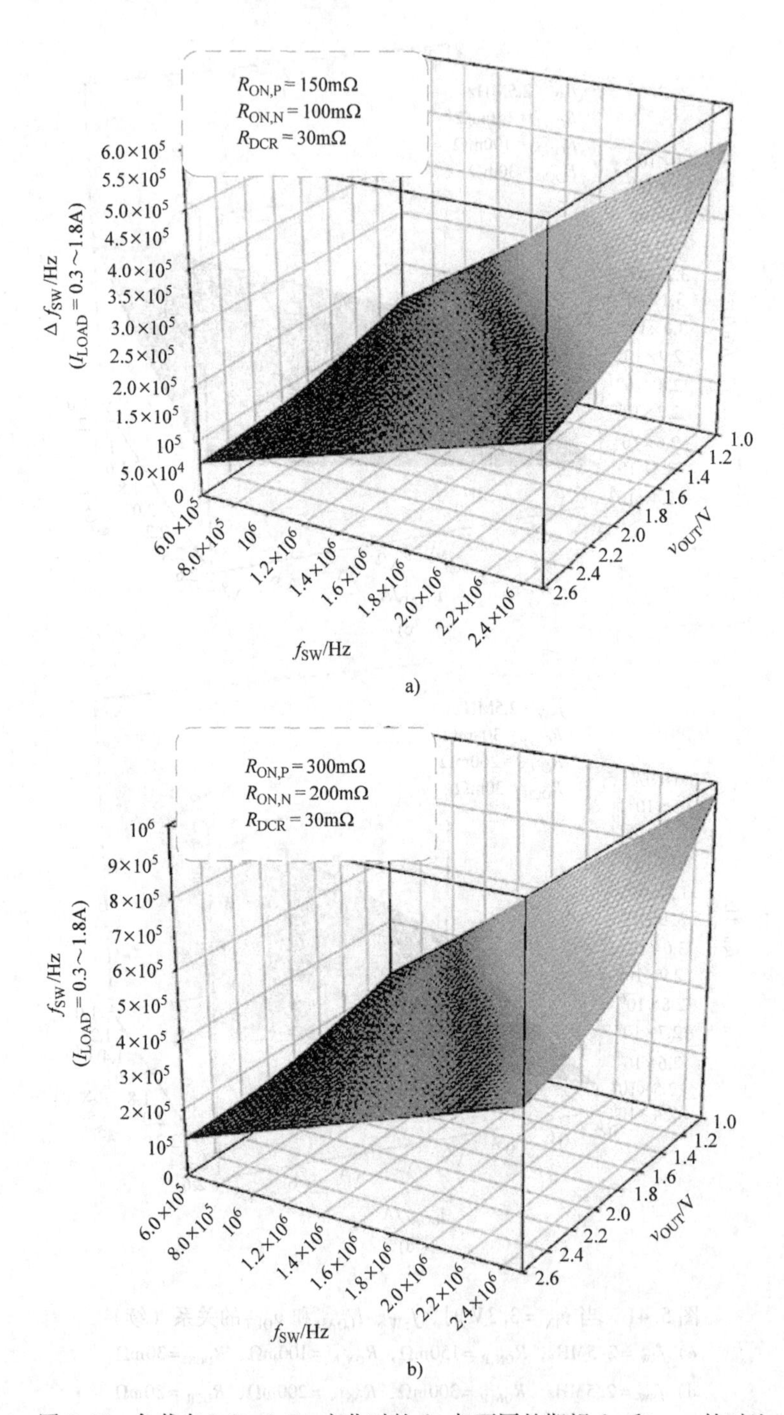

图5.42　负载在0.3～1.8A变化时的f_{SW}与不同的期望f_{SW}和v_{OUT}的对比

a）$R_{ON,P}=150m\Omega$，$R_{ON,N}=100m\Omega$，$R_{DCR}=30m\Omega$

b）$R_{ON,P}=300m\Omega$，$R_{ON,N}=200m\Omega$，$R_{DCR}=30m\Omega$

总的来说，不能忽略 Δf_{SW} 的影响。如式（5.43）所示，传统的 $T_{ON(ideal)}$ 不能补偿式（5.52）中 D_{actual} 的变化。此外，式（5.53）表明对于在导通时间控制中维持恒定的 f_{SW}，设计合适的 T_{ON} 来完成对寄生效应的补偿是一个巨大的设计挑战。

因为所需要的输出电压并没有缩小，且开关频率也并没有像以往那样快速增加，所以设计者需要重点考虑降低频率变化。然而，由于纳米级工艺的进步，SoC 中的晶体管密度大幅度增加，同时功率密度也相应增加，而电源电压随之降低，如图 5.43 所示。虽然电源电压从 0.5μm 工艺的 5V 下降到 10nm 工艺的 0.85V，但功率密度却大幅度增加，目前工艺发展的趋势甚至超过了摩尔定律。因此，目前消费类电子产品对于具有高功率和高性能的电源管理系统或者智能电源转换器的需求是十分迫切的。在先进工艺节点中，当电源转换器提供的输出电压下降到 1V 以下时，为了满足紧凑尺寸和小幅度输出纹波的要求，f_{SW} 需要增加到数兆赫兹。可以预见的是，开关频率的变化不会影响到 SoC 中一些滤波器的性能，所以需要降低开关频率的变化。

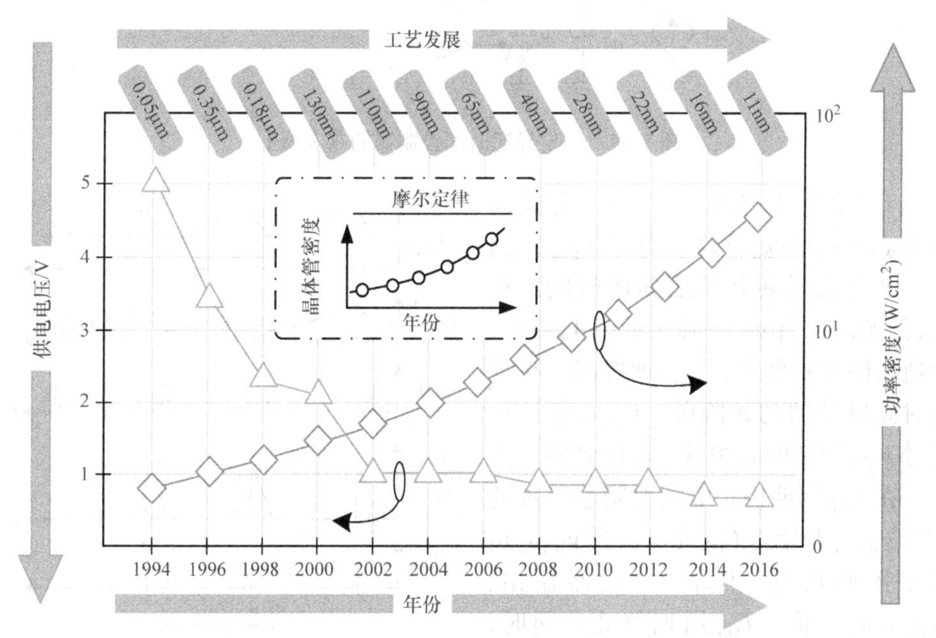

图 5.43 电源电压和功率密度随着工艺节点的发展趋势

虽然式（4.3）是一个比较粗糙的推导结果，但对于理解为什么不同的 v_{IN} 和 v_{OUT} 会导致开关频率的变化还是十分有用的。如式（5.51）所示，D_{actual} 不仅由 v_{IN} 和 v_{OUT} 决定，还由 i_{LOAD} 和寄生电阻决定。特别是，式（5.51）表明根据频率变化的容忍度，功率 MOSFET、电感和负载范围需要仔细选择和定义。为了缓解频率变化的影响，式（5.43）中推导的传统的 T_{ON} 不能补偿式（5.51）中的 D_{actual}。此外，式（5.51）还表明，设计合适的 T_{ON} 来补偿寄生因素的影响，对于恒定开关频率的导通时间控制是一个严峻的挑战。接下来的章节将考虑不同 v_{IN}、v_{OUT} 和负载

电流 i_{LOAD}，来介绍几种有效的技术以保持恒定的开关频率。

5.2.5 用于伪恒定f_{SW}的自适应导通时间控制器

5.2.5.1 固定导通时间控制器

用于实现一个导通周期内固定脉冲的固定导通时间控制器的基本结构如图5.44所示。电流 I_{REF} 为 C_{ON} 充电，使得 v_{RAMP} 从0增加到 V_{REF}。T_{ON} 可以从式（5.54）中得到，正比于 V_{REF}，反比于 I_{REF}。T_{ON} 可以通过不同的 C_{ON}、I_{REF} 和 V_{REF} 进行调整。

$$T_{ON} = \frac{C_{ON}}{I_{REF}} \cdot V_{REF} \tag{5.54}$$

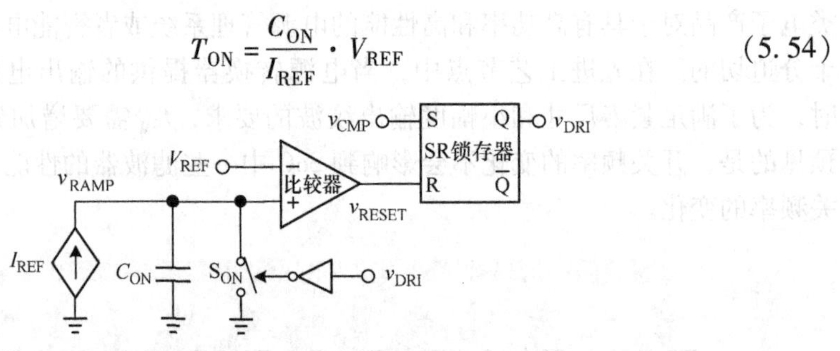

图5.44 恒定导通时间控制器的基本模型

工作波形如图5.45所示。开关周期 T_{SW} 定义为 v_{FB} 下降至低于 V_{REF}，到下一个开关周期开始之间的时间。在 T_{SW} 开始时，当 v_{FB} 下降至低于 V_{REF} 时，导通时间相被触发，v_{DRI} 被置高。在导通时间脉冲的初始阶段，v_{RAMP} 通过由信号 v_{DRI} 控制的开关 S_{ON} 复位到零。之后，在 T_{ON} 周期内，电流源随着增加的信号 v_{RAMP} 开始为 C_{ON} 充电。当 v_{RAMP} 达到上限阈值时，V_{REF}、比较器输出、v_{DRI} 由高变低，T_{ON} 周期终止。同时，v_{RAMP} 通过 v_{DRI} 复位为零，并准备下一个周期的触发。

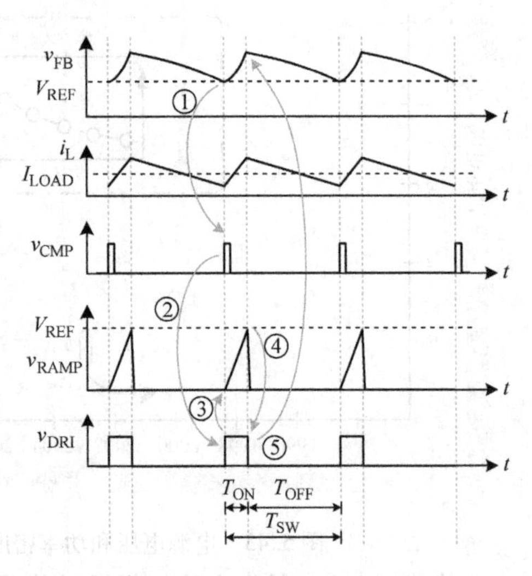

图5.45 导通时间控制器的波形

在这个设计中，开关频率随着 v_{IN} 和 v_{OUT} 变化。接下来将会分析和探寻不同的方法来获得独立于工作状态（如 v_{IN}、v_{OUT}、i_{LOAD} 和功率级的器件）的恒定开关频率。

5.2.5.2 利用 v_{IN} 和 v_{OUT} 信息的自适应导通时间控制器

在式（4.3）中，开关频率由三个因素决定，即 T_{ON}、v_{IN}、v_{OUT}，恒定的 T_{ON}

意味着开关频率随着不同的 v_{IN}、v_{OUT}变化。举个例子，在便携式电子产品应用中，如果 v_{IN}由电池供电，则这种情况就可以能出现。当电子设备持续工作，并且电池的功率也消耗了一段时间后，电池的电压持续降低，那么 v_{IN}降低。这种情况为消除开关频率变化提供了一种方法，即在自适应导通时间脉冲发生器中，T_{ON}的值可以根据输入电压 v_{IN}和输出电压 v_{OUT}进行调整。根据式（4.3），T_{ON}反比于 v_{IN}，而正比于 v_{OUT}，如式（5.55）和图 5.46 所示。

$$T_{ON} \propto \frac{v_{OUT}}{v_{IN}} \tag{5.55}$$

因此，式（5.56）表明可以得到伪恒定的开关频率，这样开关频率就不会受到 v_{IN}和 v_{OUT}变化的影响。

$$f_{SW(new)} \propto \frac{v_{OUT}}{v_{IN}\ \left(\frac{v_{OUT}}{v_{IN}}\right)} = 常数 \tag{5.56}$$

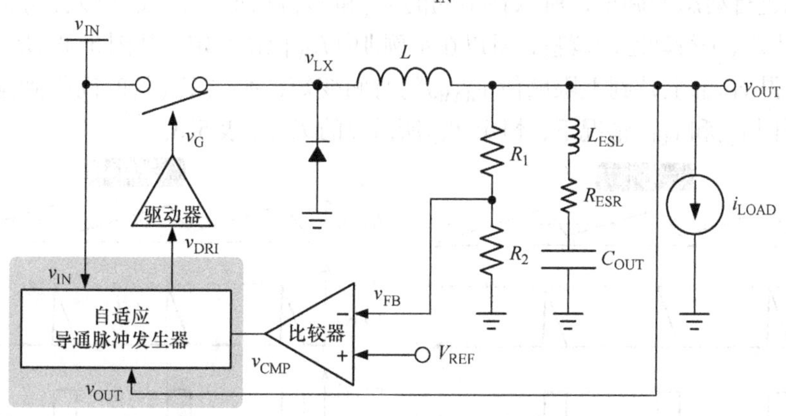

图 5.46　通过 v_{IN}和 v_{OUT}调整自适应导通时间

实现式（5.55）中的伪恒定开关频率的自适应导通时间脉冲发生器的基本结构如图 5.47 所示。充电电流源 αv_{IN}用于为电容 C_{ON}充电，其中 α 为一个常数值。

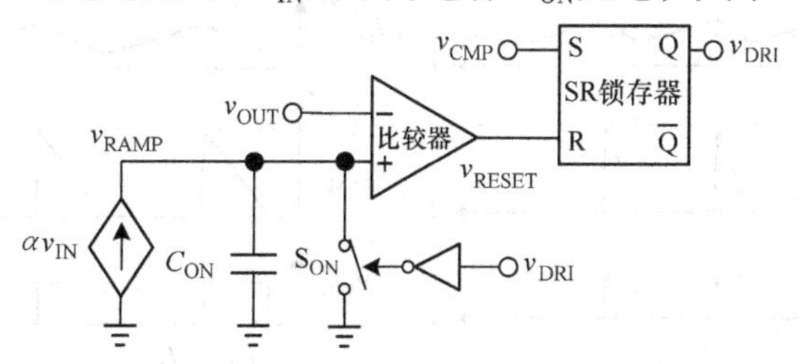

图 5.47　得到伪恒定开关频率的自适应导通时间控制器的基本模型

假设 v_{RAMP}线性增加，因为这时上限阈值电压为 v_{OUT}，所以 v_{OUT}的增加或减少导致充电时间随着 v_{RAMP}的增加或减少而增加。相比之下，不同的 v_{IN}会在 v_{RAMP}处产生不同的 C_{ON}充电电流和不同的上升速度。换句话说，增加或减小 v_{IN}会导致

v_{RAMP}更快或更慢的上升速度，之后随着v_{RAMP}的减小或增加而改变充电时间。因此，T_{ON}正比于v_{OUT}，反比于v_{IN}，如式（5.57）所示。

$$T_{ON}=\frac{C_{ON}}{\alpha}\cdot\frac{v_{OUT}}{v_{IN}} \tag{5.57}$$

对于变化的v_{IN}和v_{OUT}，相应地调整导通时间值，基本的自适应导通时间控制电路就可以使伪恒定开关频率f_{SW}保持不变。

通过比较恒定导通时间和自适应导通时间电路，不同的示例如图5.48a和b所示。如果利用示例Ⅰ作为参考，则当v_{IN}降低时，在示例Ⅱ的恒定导通时间电路和示例Ⅲ的自适应导通时间电路中会观察到不同的结果。因为v_{IN}的降低缓解了i_L的下降斜率，所以占空因子发生了改变。如果T_{ON}保持恒定，如示例Ⅱ所示，则T_{OFF}就要相应地缩减，并产生一个较短的开关周期T_{SW}。换句话说，在重负载情况下，f_{SW}会因为T_{ON}保持恒定而增加。f_{SW}的变化总结在表5.3中，相比之下，根据v_{IN}和v_{OUT}导通时间值可以进行动态的调整，所以在不同的v_{IN}和v_{OUT}情况下，f_{SW}可以保持恒定。当v_{IN}下降时T_{ON}进行动态的调整，所以在示例Ⅲ中f_{SW}保持恒定。如图5.48所示，降低v_{OUT}会使得v_{RAMP}上升到上限阈值v_{RAMP}的时间变短，所以T_{ON}的时间得到延长。因此，在不同v_{IN}和v_{OUT}情况下，恒定T_{SW}所需要的T_{ON}见表5.3。

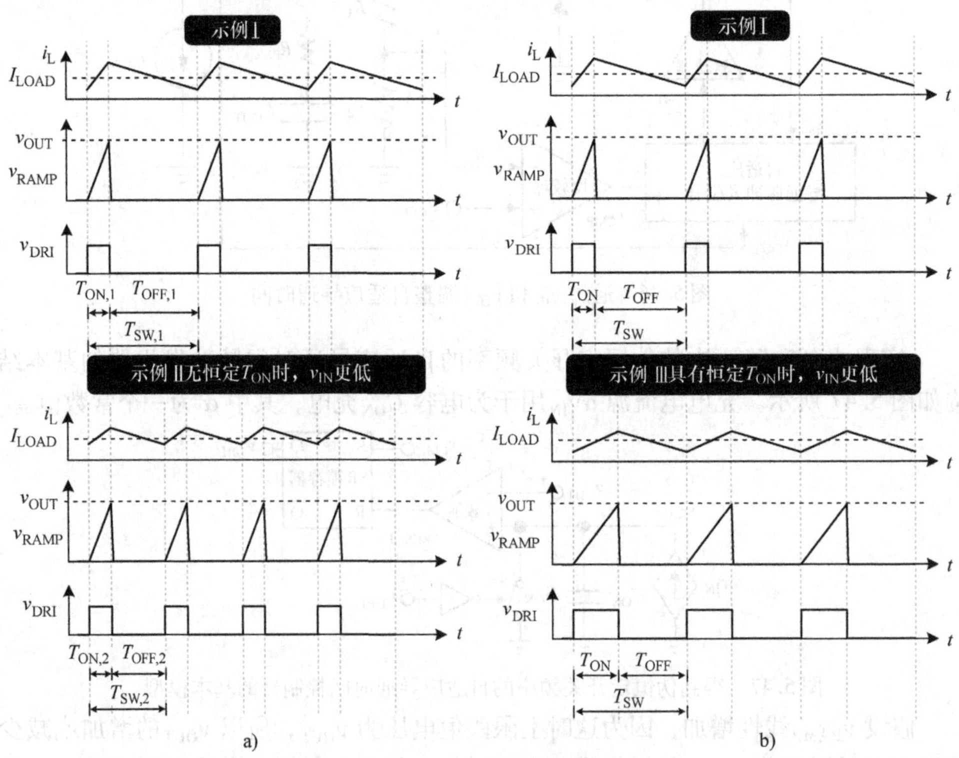

图5.48 不同v_{IN}时，频率变化的特性

a）恒定T_{ON} b）可调T_{ON}

表 5.3　导通时间控制变化的特性

情况	占空因子变化（ΔD）	具有恒定 T_{ON} 的开关频率变化（Δf_{SW}）	恒定 f_{SW} 所需的 T_{ON}
$v_{IN}\downarrow$	↑	↓	↑
$v_{IN}\uparrow$	↓	↑	↓
$v_{OUT}\downarrow$	↓	↑	↓
$v_{OUT}\uparrow$	↑	↓	↑

在设计中，还需要仔细考虑建立时间操作。当转换器从关断状态开始触发时，v_{OUT}的初始值为 0。这个零值使得导通时间脉冲非常短暂，这是因为无论 C_{ON} 是否得到充电，v_{RAMP}都会快速上升到 v_{OUT}，所以导通周期非常短。虽然 v_{CMP}保持高电平表示仍然需要能量补充，但仍然很难为 C_{OUT}进行充电。出于这个原因考虑，如图 5.49 所示，完整的电路设计会利用最小的电压钳位器来控制比较器的最小输入电压，从而保证在建立阶段具有最小的导通时间。此外，因为 v_{OUT}包含开关噪声，所以 v_{OUT}会通过缓冲器输入到比较器中。

相比之下，如何实现充电电流也是一个需要着重考虑的设计问题，因为充电电流正比于 v_{IN}。下面的示例将会给出一些电路实现作为读者的参考。

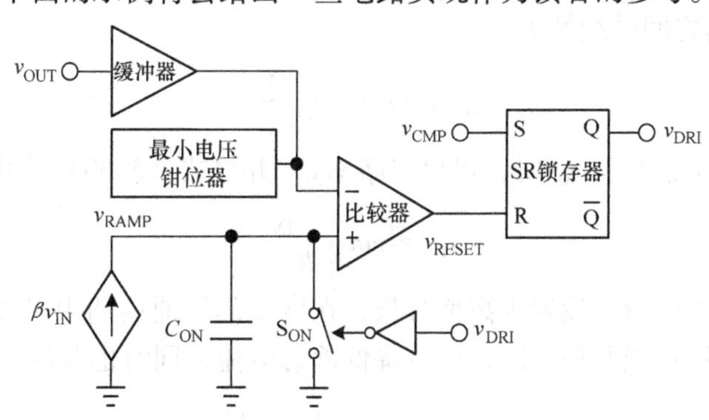

图 5.49　具有缓冲器和最小电压钳位器的基本自适应导通时间控制模型

5.2.5.3　电路实现 1

图 5.47 中 Ⅰ 型充电电流电路的实现如图 5.50 所示。考虑到 v_{IN}的值可能高于工艺中核心器件的电源电压，所以 v_{IN}通常通过一个分压器来缩小电压值，分压器由 R_{ON}和 R_{a1}组成，v_1 正比于 v_{IN}。

$$v_1 = v_{IN} \cdot \frac{R_{a2}}{R_{a1} + R_{a2}} \tag{5.58}$$

具有负反馈的放大器从 v_1 和 R_{a3}变换得到 i_1。假设 M_3 和 M_4 的电流镜比例为 n，可以通过式（5.59）得到 i_{ON}。换言之，充电电流 i_{ON}正比于 v_{IN}。

$$i_{ON} = n \cdot \frac{v_1}{R_{a3}} = v_{IN}\left[n \cdot \frac{R_{a2}}{(R_{a1} + R_{a2}) \cdot R_3}\right] \tag{5.59}$$

为了使使用者可以调整导通周期，设计者可以将 R_{a1}、R_{a2} 或 R_{a3} 设置为离散分量以替换特定值。这个电路的缺点之一是分压器需要在硅面积和静态电流之间进行折衷。具有负反馈的放大器由于补偿也会消耗一定的硅面积，此外，v_{IN} 的工作范围也受限于放大器的输入共模范围。

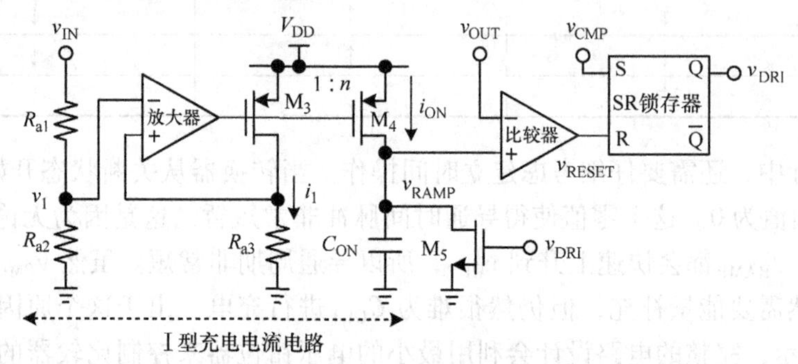

图 5.50　Ⅰ型充电电流电路的实现

5.2.5.4　电路实现 2

Ⅱ型充电电流电路如图 5.51 所示。该电路采用由 R_{ON} 和 M_1 组成的自偏置电流结构来产生 i_1。电流镜的比例为 n 和 m，产生的 i_{ON} 如式（5.60）所示，因子 v_{GS} 恶化了 i_{ON} 和 v_{IN} 之间的线性关系。

$$i_{ON} = mn \cdot \frac{v_{IN} - v_{GS}}{R_{ON}} \tag{5.60}$$

然而，当 v_{IN} 远大于 v_{GS} 时，可以忽略 v_{GS}，并将式（5.60）简化为

$$i_{ON} \approx mn \cdot \frac{v_{IN}}{R_{ON}} \tag{5.61}$$

在这个设计中，R_{ON} 设置为离散分量，在所需的导通周期中可以替换成足够大的值。R_{ON} 不会牺牲硅面积，所以可以降低静态电流，同时也节约了功耗。

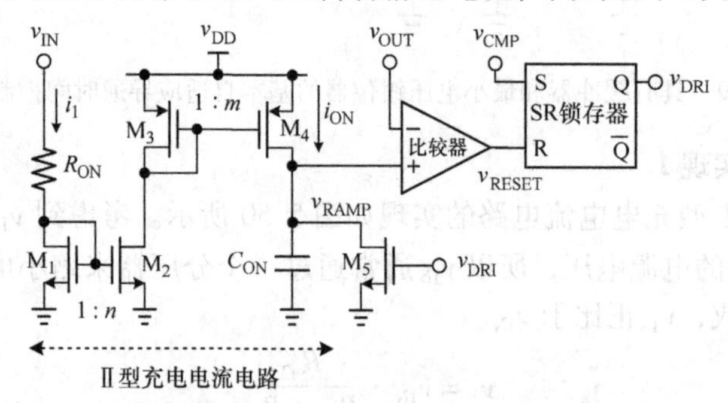

图 5.51　Ⅱ型充电电流电路的实现

5.2.5.5　基于 v_{LX} 和 v_{OUT} 信息的自适应导通时间控制器

图 5.52 所示为自适应定时脉冲发生器的结构，主要用于减轻由不同负载条件引起的开关频率变化，如式（5.13）所示。

与之前图 5.47 所示结构相比，图 5.52 中的电压控制电流源与 v_{LX} 有关，而 v_{LX} 是连接上位开关和电感的节点。通过上位开关的导通电阻，v_{LX} 可以表示为式（5.62），在导通周期内 v_{LX} 随着不同负载电流 i_{LOAD} 而改变。

$$v_{LX} = v_{IN} - i_L(t) \cdot R_{ON} \tag{5.62}$$

为了简化分析，$i_L(t)$ 由平均电感电流替换，也等于 i_{LOAD}。

$$v_{LX} = v_{IN} - i_{LOAD} \cdot R_{ON} \tag{5.63}$$

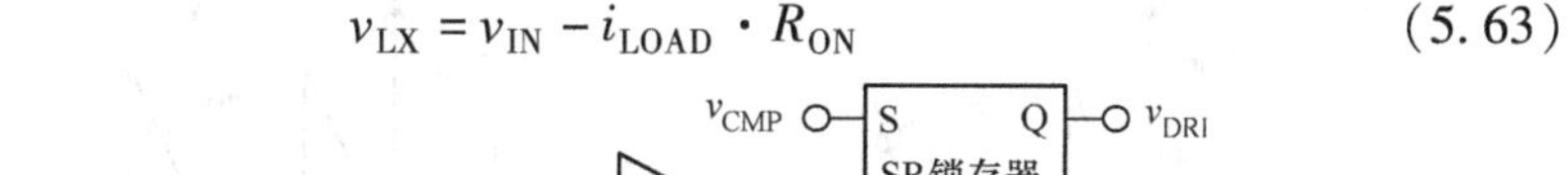

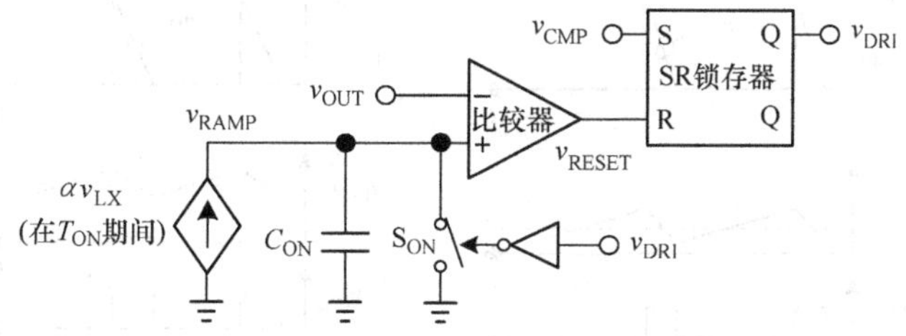

图 5.52　具有附加 v_{LX} 信息的自适应导通时间控制器

那么 T_{ON} 如式（5.64）所示，而且可以由 v_{OUT}、v_{IN} 和 i_{LOAD} 调整。

$$T_{ON} = \frac{C_{ON}}{\alpha} \cdot \frac{v_{OUT}}{v_{IN} - i_{LOAD} \cdot R_{ON}} \tag{5.64}$$

所以，如果 i_{LOAD} 增加，那么 T_{ON} 周期会根据 i_{LOAD} 的变化相应增加，因此负载效应对周期的影响将会消失。根据式（5.13），虽然 i_{LOAD} 的因子不能被完全校正，但开关频率的变化也多少得到一定程度的缓解。

具有附加 v_{LX} 信息的自适应导通时间控制器的工作波形如图 5.53 所示。如式（5.62）所示，i_{LOAD} 的信息可以包含在 v_{LX} 中，如同式（5.63）的推导。与不同的负载情况相比，在导通时间周期内 v_{LX} 的电压水平在重负载时较低，所以产生的 v_{RAMP} 斜率较缓，或者 $m_H < m_L$。因此 v_{RAMP} 需要花费较长的时间爬升到 v_{OUT}，也就是说在重负载时 T_{ON} 会有所延长。这种方法是应用于补偿 i_{LOAD} 频率变化最简单的方法。

5.2.5.6　电路实现 3

自适应导通时间控制器如图 5.54 所示。充电电流 i_{ON} 包含 i_1 和 i_2，如式（5.65）所示。当 R_{a1} 的值等于 R_{a2}/n 时，可以消除第二因子，所以 i_{ON} 完全正比于 v_{IN}。

$$i_{ON} = i_1 + i_2 = \left(\frac{v_{LX} - v_{RAMP}}{R_{a1}}\right) + \left(n \cdot \frac{v_{RAMP}}{R_{a2}}\right) = \frac{v_{LX}}{R_{a1}} + v_{RAMP} \cdot \left(-\frac{1}{R_{a1}} + \frac{n}{R_{a2}}\right) \tag{5.65}$$

所以，充电电流流经电容 C_{ON}，导通周期由式（5.66）决定，式（5.66）其实与式（5.64）类似。

$$T_{ON} = \frac{C_{ON}}{i_1 + i_2} \cdot v_{OUT} = C_{ON} \cdot R_{a1} \cdot \frac{v_{OUT}}{v_{LX}} \tag{5.66}$$

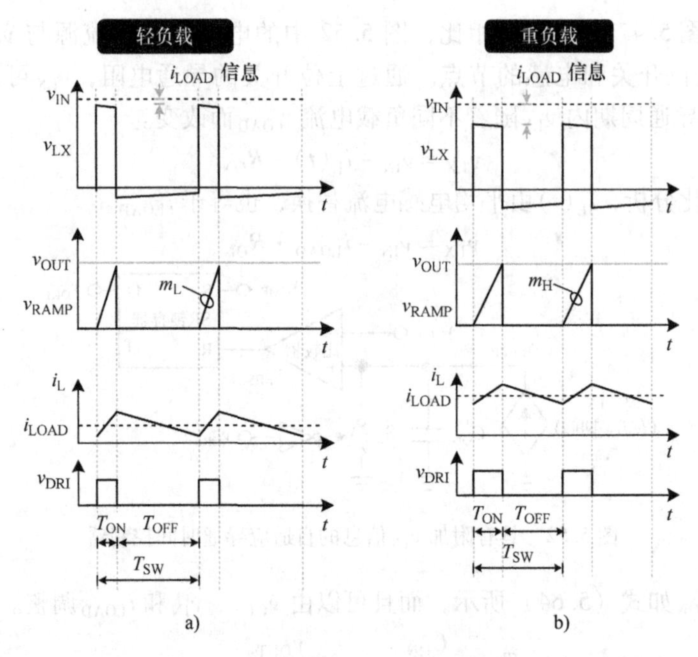

图 5.53 负载电流对 v_{RAMP} 斜率值的影响波形

a）轻负载情况下 b）重负载情况下

在同一芯片上通过较好的版图匹配技术，可以使得 R_{a1} 的值等于 R_{a2}/n，而不受到工艺变化的影响。然而，导通周期却很难调整到所需的开关频率，虽然 R_{a1} 和 R_{a2} 可以作为独立分量进行设计，但附加的器件仍需要较高的成本和较大的 PCB 面积。

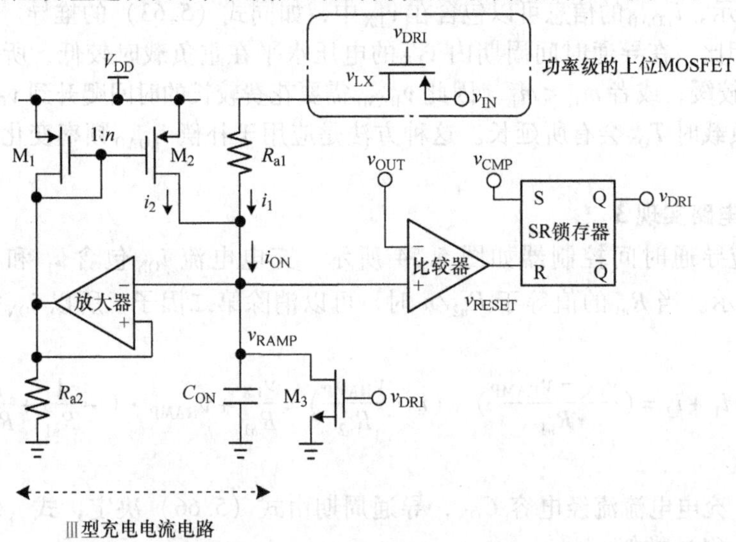

图 5.54 自适应导通时间控制器在不受输入电压 v_{IN} 变化影响的情况下获得稳定的开关频率

根据式（1.3），无论 v_{OUT}、v_{IN}和 i_{LOAD}如何变化，f_{SW}都能保持恒定。与以前使用 v_{IN}代替 v_{LX}的研究相比，这个电路可以为最小化开关频率变化提供一种精确而且线性的解决方案。所以，虽然没有内在时钟，但该电路可以以恒定开关频率工作在 PWM 模式下。此外，通过比较之前设计中 R_{ON}与节点 v_{IN}、v_{LX}的连接关系，可以发现该电路中会有持续的电流 i_{ON}流过，可以利用一个开关来截断电流通路，从而减少关断周期内的功率消耗。然而，如果 v_{IN}高于核心器件的电源电压，那么就必须使用上位开关。换句话说，这时的硅面积成本就会比较高。相比之下，当 R_{ON}连接到 v_{LX}时，上位开关可以用来只在导通周期内产生 i_{ON}。v_{RAMP}总是低于 v_{OUT}，这种设计的优点是可以避免 v_{IN}造成的高压损伤和功耗浪费。此外，也可以减少高压器件的数量，降低成本。

5.3　用于伪恒定f_{SW}的最优化导通时间控制器

v_{IN}、v_{OUT}和负载电流 i_{LOAD}都会影响到f_{SW}的值。总的来说，如果 i_{LOAD}增加，则f_{SW}随之增加。出于电磁干扰的考虑，由 i_{LOAD}引起的频率抑制也是可以预见的。本小节将会详细进行分析，并阐述f_{SW}的重要性。

由于基于纹波的导通时间控制没有内在时钟，之前的文献中也提出了多种技术来缓解f_{SW}的变化，所以在增加电路复杂性、硅面积以及成本的前提下，可以增加一个外部时钟或者锁相环。相比之下，在不同的 v_{IN}和 v_{OUT}情况下，本章参考文献［7，16，26］利用 v_{IN}和 v_{OUT}信息来产生自适应导通时间并维持恒定的f_{SW}。然而，这时电路的性能受到限制，因为没有考虑到现实情况中的寄生电阻，所以这些设计都无法在不同负载情况下保证恒定的f_{SW}。虽然可以用 v_{LX}代替 v_{IN}来加载负载电流信息，但对于改善 Δf_{SW}并不是十分有效[7]。之前也有技术利用负载信息来调整导通周期，但并没有对补偿值进行分析。精确确定补偿值是非常困难的，这是因为一旦出现过补偿，Δf_{SW}就会恶化。此外，对 Δf_{SW}进行定量分析推导，也可能因为假定的情况不合适而出现 v_{OUT}、v_{IN}和 i_{LOAD}信息不足的情况[17]。

本章参考文献［26］利用 RC 网络来感知 i_L，并为伪恒定f_{SW}调整自适应导通时间。然而，这种设计必须假定上位和低位的 MOSFET 开关的导通电阻相等，但实际中维持这个假定条件是很困难的。此外，许多电阻和电感的等效串联电阻都必须精确匹配，这些都增加了设计难度。

Δf_{SW}的减小量也必须适当，才能控制好导通时间。减少 Δf_{SW}也可以减轻电磁干扰问题。因此，在不同的 v_{OUT}、v_{IN}和宽范围 i_{LOAD}情况下，对于恒定f_{SW}就有了足够的定量分析，并且能够提供预测校正技术来调整自适应导通时间。在没有任何假设或简化的情况下，必须考虑每个器件的完整寄生电阻。在导通时间电路中，只有得到高位功率 MOSFET 的驱动信号，才能获得恒定的f_{SW}。与之前的技术相比，该技术极大地降低了电路复杂性，而其他的技术往往需要额外的 v_{IN}、v_{OUT}、v_{LX}、电流感应电路和功率级器件的寄生电阻信息。

5.3.1 导通时间控制的优化算法

为了完全补偿 Δf_{SW}，重新整理式（5.49）和式（5.50）。

$$v_{IN}D_{actual}=v_{OUT}+D_{actual}\cdot(R_{ON,P}\cdot i_{LOAD})+(1-D_{actual})\cdot(R_{ON,N}\cdot i_{LOAD})+R_{DCR}\cdot i_{LOAD} \tag{5.67}$$

v_{OUT}和 Δv_{par} 定义的等效输出电压（$v_{OUT,eq}$）如式（5.68）所示，其中式（5.69）中的 Δv_{par}表示考虑寄生效应时的电压变化。

$$v_{OUT,eq}=v_{OUT}+\Delta v_{par} \tag{5.68}$$

$$\Delta v_{par}=R_{par}\cdot i_{LOAD} \tag{5.69}$$

寄生效应体现为一个串联的寄生等效电阻（R_{par}），如式（5.70）所示。

$$R_{par}=D_{actual}\cdot R_{ON,P}+(1-D_{actual})\cdot R_{ON,N}+R_{DCR} \tag{5.70}$$

$v_{OUT,eq}$可由式（5.71）中的 D_{actual}表示为

$$v_{OUT,eq}=D_{actual}\cdot v_{IN} \tag{5.71}$$

降压转换器功率级的常规模型如图 5.55 所示。考虑所有的寄生电阻，这些寄生效应体现为理想变压器的等效比和式（5.70）中的寄生等效电阻 R_{par}。代替传统设计中的 v_{OUT}，$v_{OUT,eq}$可以通过最优化导通时间进行综合。该设计根据式（5.41）和式（5.71），利用 v_{IN}和 $v_{OUT,eq}$来产生最优的 T_{ON}。该方法有效解决了 Δf_{SW}问题，使其可以应用于不同 v_{IN}、v_{OUT}和 i_{LOAD}的情况中。

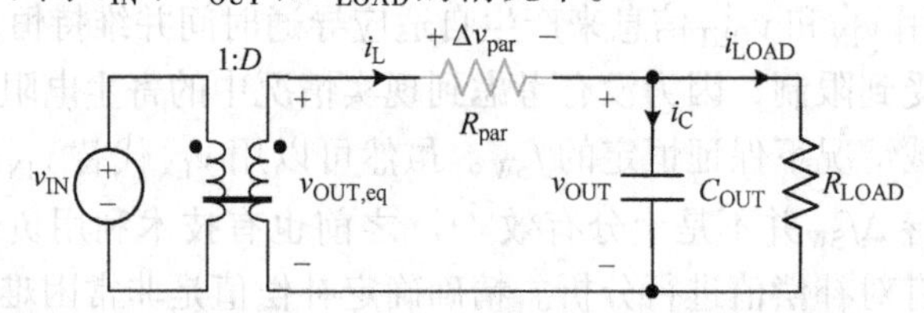

图 5.55 考虑所有寄生电阻时，降压转换器功率级的常规模型

5.3.2 具有等效 v_{IN}和 $v_{OUT,eq}$的 I 型最优化导通时间控制器

5.3.2.1 转换器的结构和工作原理

将最优化控制器应用于 DC－DC 降压转换器中，如图 5.56 所示。这种最优化导通时间控制器可以得到完美的解决方案来预测恰当的 T_{ON}，并得到近似恒定的 T_{SW}。该结构可以对 v_{OUT}、v_{IN}和 i_{LOAD}的所有变化进行校正。最优化导通时间控制器技术包括全线性电压转电流发生器、等效输出电压综合器、导通时间调制器和电压钳位器。

全线性电压转电流发生器将电压 v_{IN}转换为电流 i_{ON}，并得到其与 v_{IN}的线性关系。等效输出电压综合器通过 v_{IN} 调制 $v_{OUT,eq}$，并驱动信号 v_{GP}。导通时间调制器通过 i_{ON}和 $v_{OUT,eq}$ 输出 v_{RESET}来决定 T_{ON}，根据式（5.41），T_{ON}设计为正比于 D_{actual}。在式（5.51）中有多个因素决定 D_{actual}，预测校正电路利用 v_{IN}和 v_{GP}来产

生最优化的 T_{ON}，而不需要额外负载的电流感应电路来补偿 D_{actual}，所以也不需要得到功率 MOSFET 的导通电阻信息和电感的 R_{DCR}。

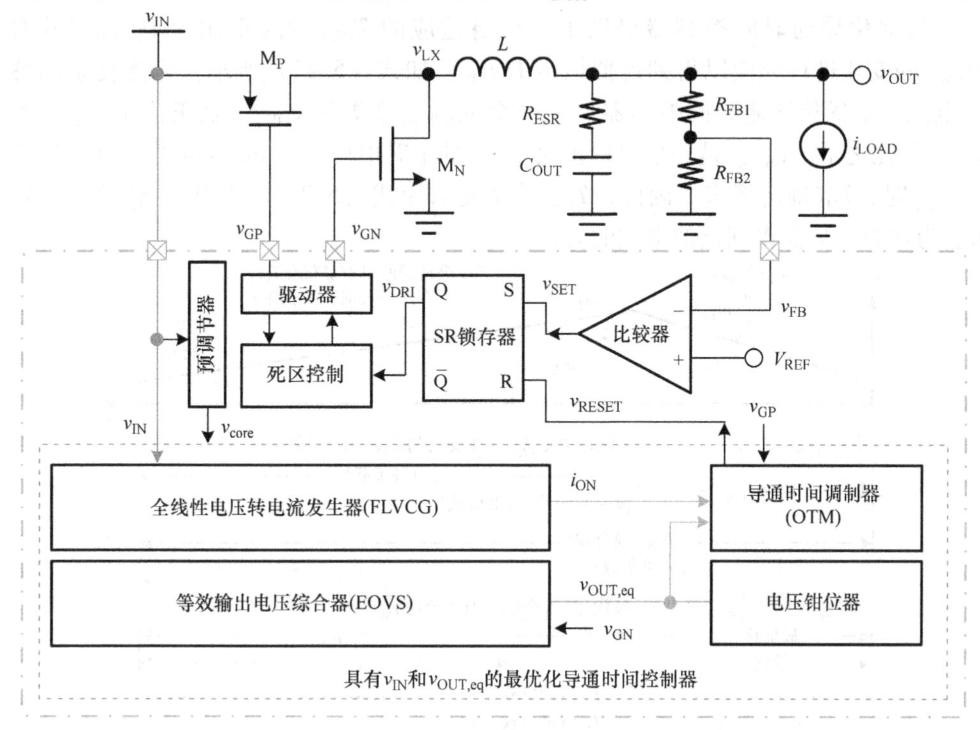

图 5.56　采用 v_{IN} 和 $v_{OUT,eq}$ 的最优化导通时间控制降压转换器结构

基于式（5.41）和式（5.45），最优化的 T_{ON} 必须正比于 D_{actual}。虽然在式（5.51）中，有多个因素决定了 D_{actual}，但最优化导通时间控制器只能利用 v_{IN} 和 v_{GP} 来产生最优化 T_{ON}，并对 D_{actual} 进行补偿，从而获得伪恒定的 f_{SW}。换言之，对于 v_{IN} 和 v_{GP}，v_{OUT} 和 v_{LX} 不是必需的。根据式（5.71），全线性电压转电流发生器将电压 v_{IN} 转换为电流 i_{ON}，并使其正比于 v_{IN}。等效输出电压综合器通过 v_{IN} 调制 $v_{OUT,eq}$，并驱动信号 v_{GP}，导通时间调制器通过 i_{ON} 和 $v_{OUT,eq}$ 输出 v_{RESET} 来决定 T_{ON}。

当 $v_{OUT,eq}$ 直接由式（5.68）和式（5.69）实现时，因为 $v_{OUT,eq}$ 包含了许多寄生电阻，所以还需要一个复杂的电流感应电路。为了降低复杂性，$v_{OUT,eq}$ 通过 v_{IN} 和 v_{GP}，根据式（5.71）综合得到。因此，T_{ON} 如式（5.72）所示，从而得到一个伪恒定的 f_{SW}。

$$T_{ON}=\frac{v_{OUT,eq}}{v_{IN}}\cdot T_{SW}=\frac{(D_{actual}\cdot v_{IN})}{v_{IN}}\cdot T_{SW}=\frac{D_{actual}}{f_{SW}} \tag{5.72}$$

与恒定 T_{ON} 和最优化 T_{ON} 相比，在不同负载情况下可变 D_{actual} 对 Δf_{SW} 的影响如图 5.57 所示。在轻负载时 $m_{1,L}$ 和 $m_{2,L}$ 分别为上升和下降斜率，在重负载时 $m_{1,H}$ 和 $m_{2,H}$ 分别为上升和下降斜率。增加 i_{LOAD} 会使得 $m_{1,H}$ 小于 $m_{1,L}$，而使得 $m_{2,H}$ 大于

$m_{2,L}$。因此，在重负载情况下需要增加 T_{ON}，使其在更重的负载时能维持恒定的 f_{SW}，这是因为这时占空因子增加，而反之的情况也成立。

最优化导通时间控制器提供了一个自适应的 T_{ON}。T_{ON} 正比于 D_{actual}，并对 D_{actual} 的变化进行补偿以得到近似恒定的 f_{SW}，如式（5.45）所示。无需复杂的感应电流，最优化导通时间控制器产生一个 $v_{OUT,eq}$ 来等效 v_{OUT}，且正比于 D_{actual} 和 v_{IN}。相比之下，v_{RAMP} 是一个斜率正比于 v_{IN} 的上升电压。当 v_{RAMP} 开始上升至等于 $v_{OUT,eq}$ 时，T_{ON} 确定下来。因此，T_{ON} 可以表示为式（5.73），其中导通时间电容 C_{ON} 为常数，从而得到近似常数的 f_{SW}。

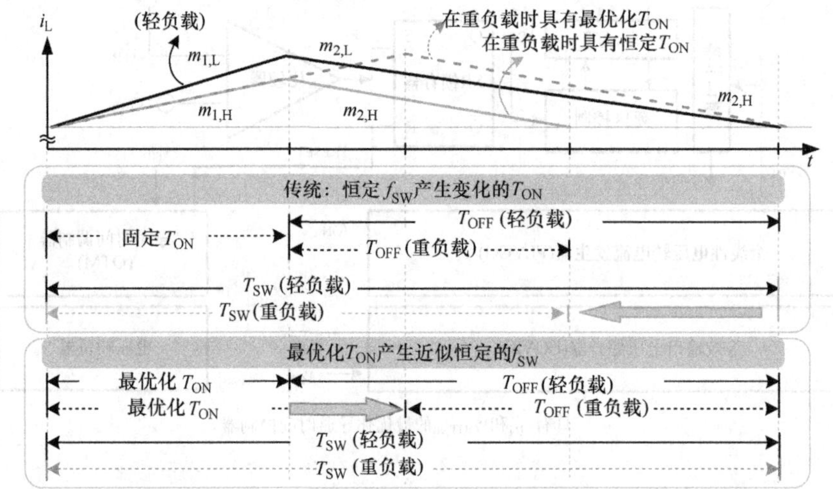

图 5.57　在不同负载电流时，具有固定 T_{ON} 的可变 f_{SW} 和具有最优化 T_{ON} 的固定 f_{SW}

如图 5.58 和表 5.4 所示，最优化导通时间控制器可以产生合适的 $v_{OUT,eq}$ 和 v_{RAMP}。因为寄生电阻效应，不同的负载条件反映了具有一定 v_{OUT} 和 v_{IN} 的相应的 D_{actual}。图 5.58 中的三个例子的负载电流分别为 $i_{LOAD,a}$、$i_{LOAD,b}$ 和 $i_{LOAD,c}$，且有 $i_{LOAD,a} < i_{LOAD,b} < i_{LOAD,c}$。如式（5.51）所示，大电流的 i_{LOAD} 会扩展 D_{actual}。因此，预测校正技术会产生一个高电压的 $v_{OUT,eq}$，从而产生一个长周期的 T_{ON}。相比之下，在小电流 i_{LOAD} 时，D_{actual} 缩减，这时低压的 $v_{OUT,eq}$ 产生 T_{ON}。

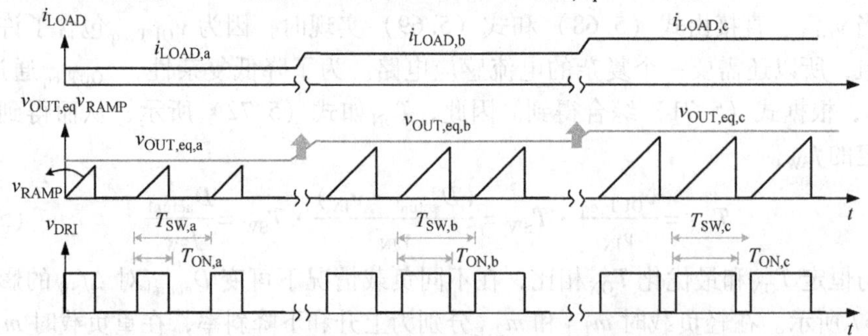

图 5.58　当负载输出电流增加时，最优化导通时间控制降压转换器的工作波形

表 5.4　不同负载情况下值之间的关系

i_{LOAD}	$i_{LOAD,a}<i_{LOAD,b}<i_{LOAD,c}$
D	$D_a<D_b<D_c$
$v_{OUT,eq}$	$v_{OUT,eq,a}<v_{OUT,eq,b}<v_{OUT,eq,c}$
T_{ON}	$T_{ON,a}<T_{ON,b}<T_{ON,c}$
T_{SW}	$T_{SW,a}>T_{SW,b}>T_{SW,c}$
f_{SW}	$f_{SW,a}<f_{SW,b}<f_{SW,c}$

在负载瞬态响应期间，恢复恒定f_{SW}的方法原理如图 5.59 所示。在轻负载稳定状态下，D、f_{SW}和 T_{ON} 的值分别为 D_L、$f_{SW,L}$和 $T_{ON,L}$。在重负载稳态情况下，D、f_{SW}和 T_{ON}的值分别为 D_H、$f_{SW,H}$和 $T_{ON,H}$。对比轻负载和重负载的情况，可以发现期望得到$f_{SW,L}$等于$f_{SW,H}$，以获得恒定的开关频率。如果以轻负载向重负载的瞬态变化为例子，则可以观察到 D、f_{SW}和 T_{ON}的变化。当负载电流从轻转重时，因为 D 增加且 T_{ON}保持不变，所以 f_{SW} 暂时增加。换言之，$f_{SW,1}$ 大于 $f_{SW,L}$，而 D_H 小于 D_L。同时，最优化导通时间控制器根据增加的占空因子来调整 T_{ON}，从而得到更大的值。换言之，$T_{ON,H}$ 大于 $T_{ON,L}$。因此，T_{ON} 可以从增加值 $f_{SW,1}$ 将 f_{SW} 调整到 $f_{SW,H}$，其中$f_{SW,1}$大于$f_{SW,H}$。最终，系统进入重负载稳态状态。根据式（5.47）和式（5.71），最优化导通时间控制器可以通过调整 T_{ON}，使得$f_{SW,L}$等于$f_{SW,H}$。相比之下，负载电流由重转轻时的过程也与之类似。

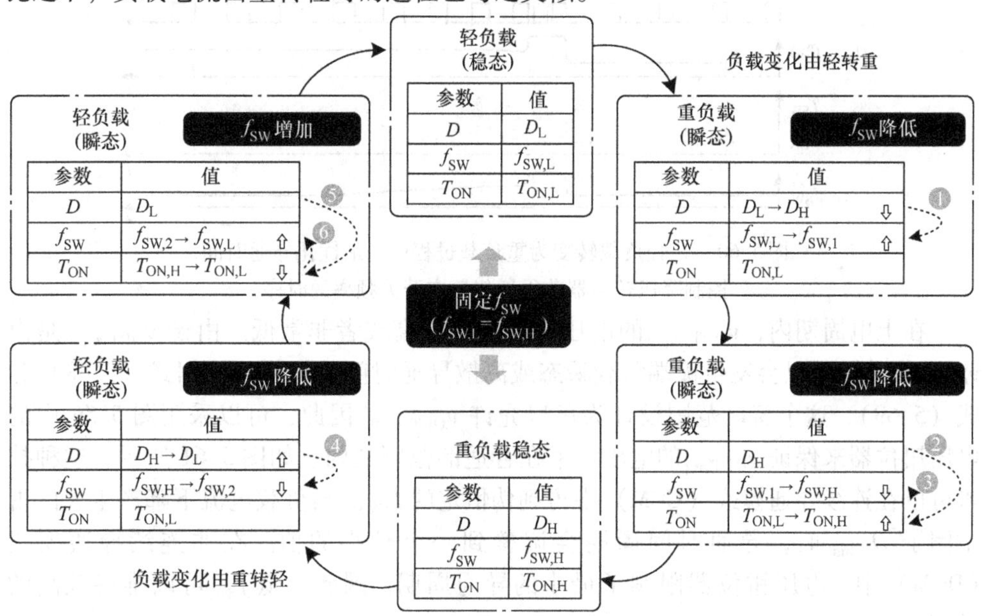

图 5.59　当输出负载变化时，最优化导通时间控制降压转换器会保持恒定的f_{SW}

在任意负载变化时，最优化导通控制器的时序如图 5.60 所示。在轻负载时，等效输出电压综合器将 $v_{OUT,eq}$ 和 T_{ON} 分别调制为 $v_{OUT,a}$ 和 $T_{ON,a}$。如果负载电流从轻变重，则会因为 T_{ON} 周期太短无法提供足够的能量来满足重负载的需求，所以 T_{SW} 会有所缩短。在这期间，开关频率暂时不是恒定的。紧接着，最优化导通时间控制器对 T_{ON} 进行校正，从而对 T_{ON} 进行调整。根据 v_{IN} 和大占空因子 D 值，因为它们会反映寄生效应和负载状况的信息，所以等效输出电压综合器可以根据 $v_{OUT,eq,c}$ 最优值来得到较大的 $v_{OUT,eq}$。之后导通时间调制器电路延长了 T_{ON}，来增加 T_{SW} 的有效值，f_{SW} 被调制回轻负载时的等效值。最后 f_{SW} 近似为常数，而不会受到其他干扰的影响。

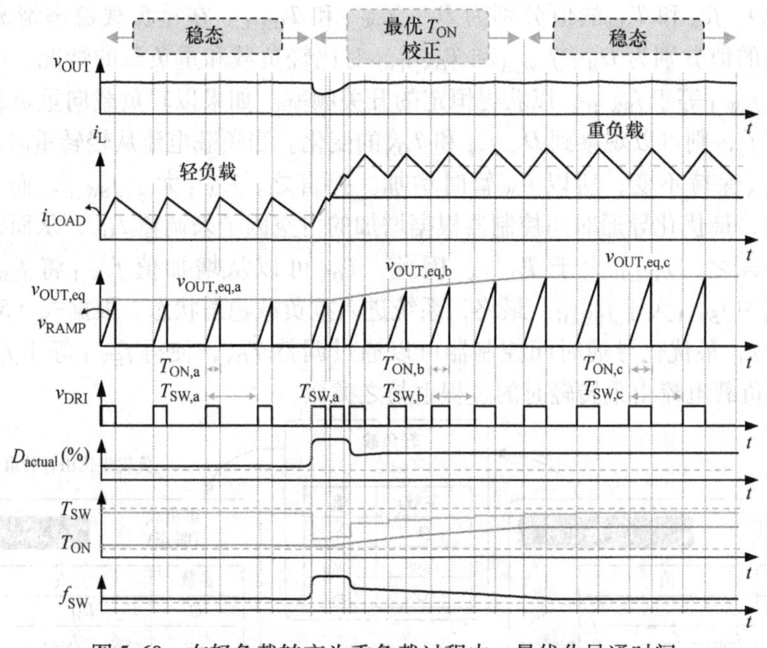

图 5.60 在轻负载转变为重负载过程中，最优化导通时间控制降压转换器获得近似恒定开关频率的时序

在上电周期内，$v_{OUT,eq,c}$ 的电压水平会非常高或者非常低。由于 $v_{OUT,eq,c}$ 是由 v_{GP} 合成的，所以会发生极端负载瞬态或离散导通时间的操作。根据式（5.68）和式（5.69），这个窗口范围设计为可以允许 $v_{OUT,eq}$。因此，可以采用图 5.56 中的电压钳位器来保证 $v_{OUT,eq}$ 的电压水平在合适的范围之内。如图 5.61 所示，这种技术可以在连续导通模式（CCM）中得到伪恒定的 f_{SW}。当负载电流下降产生大的占空因子 D_{actual} 时，导通时间周期会调整到一个较小的值。在非连续导通模式（DCM）中，电压钳位器限制了最小的导通周期，因此降低 f_{SW} 可以维持较高的效率。

5.3.2.2 模型

具有校正机制，且可以产生自适应导通时间周期的电路结构如图 5.62 所示。

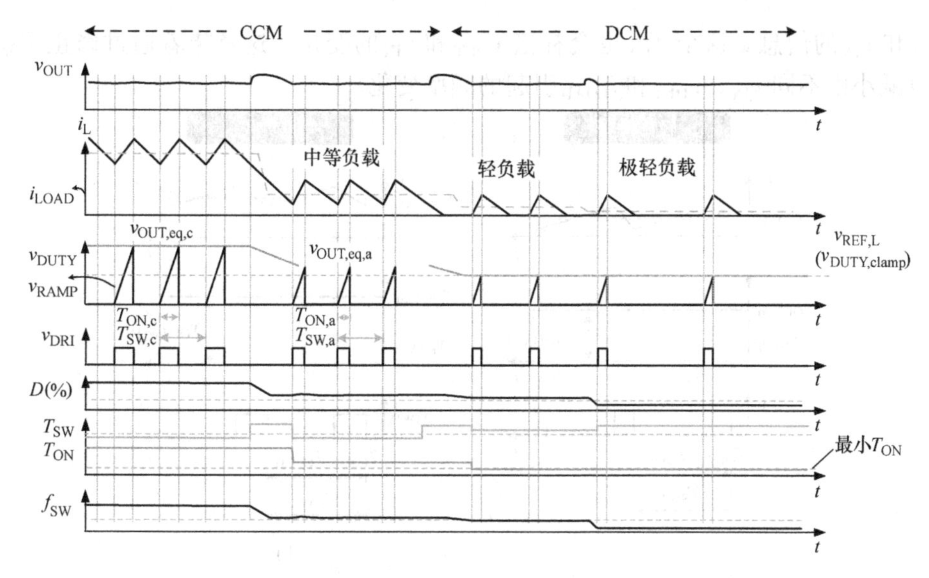

图5.61　在重负载转变为轻负载过程中，最优化导通时间控制降压转换器获得近似恒定开关频率的时序

该结构还减小了由 v_{IN}、v_{OUT}和 i_{LOAD}改变产生的变化，从而获得小的f_{SW}变化。通过将 D_{actual} 和 v_{IN}相乘，可以得到 $v_{OUT,eq}$来表示输出信息。当考虑寄生器件时，D_{actual}表示实际的占空因子。

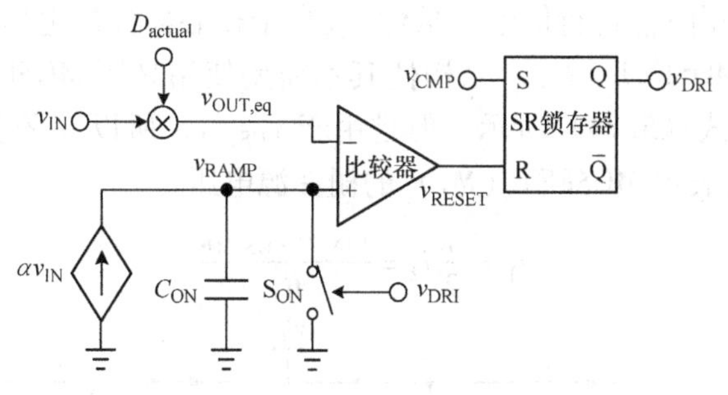

图5.62　用于负载校正的具有 $v_{OUT,eq}$的先进自适应导通周期结构

之后比较器决定了 T_{ON}值，如式（5.73）所示，T_{ON}正比于 D_{actual}。

$$T_{ON}=\frac{C_{ON}}{\alpha}\cdot\frac{v_{OUT,eq}}{v_{IN}}=\frac{C_{ON}}{\alpha}\cdot\frac{D_{actual}\cdot v_{IN}}{v_{IN}}\propto D_{actual} \tag{5.73}$$

因此，将式（5.73）代入式（5.47）就可以得到伪恒定f_{SW}。具有等效 v_{OUT}信息的导通时间控制的工作波形如图5.63所示。根据式（5.51），不同的负载状况会产生不同的占空因子。如式（5.45）所示，T_{ON}和 T_{SW}的比值反映了占空因子的值。当负载电流增加时，大的占空因子会产生高电压的 $v_{OUT,eq}$，换言之，$v_{OUT,eq,L}$会小于 $v_{OUT,eq,H}$，也就是会延长 T_{ON}。

此外，式（5.73）表明 T_{ON}正比于 D_{actual}。根据式（5.51），D_{actual}中包含了

v_{OUT}和v_{IN}的信息。这个T_{ON}也会补偿v_{OUT}和v_{IN}的变化。这意味着通过修正T_{ON}，可以减小由不同v_{IN}、v_{OUT}和i_{LOAD}引起的频率变化。

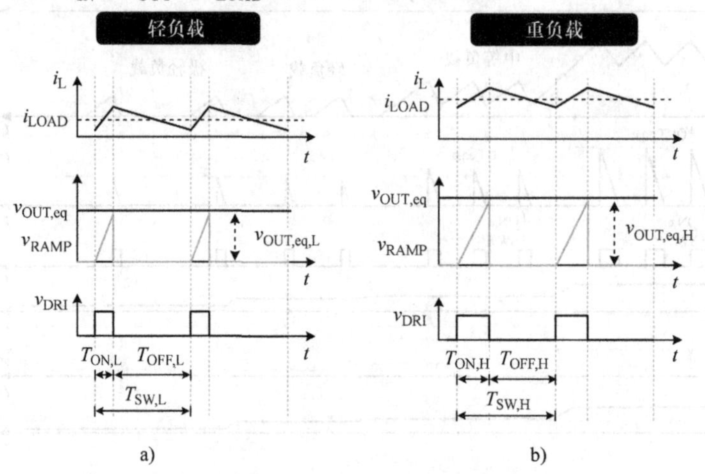

图 5.63 具有校正机制的自适应导通周期工作波形
a）轻负载时 b）重负载时

5.3.2.3 电路实现

全线性电压转电流发生器电路如图 5.64 所示，该电路主要由核心器件、低压 MOSFET 实现，并由v_{DD}进行供电。虽然v_{IN}高于核心器件的电压水平，但电阻R_1和二极管连接的 MOSFET（M_1）结构使其不需要使用高压 MOSFET。i_1 和 i_2 都是由v_{IN}产生的，如式（5.74）所示。但是由于$v_{GS,M1}$，所以i_1不完全与v_{IN}呈线性关系，其中$v_{GS,M1}$表示 MOSFET（M_1）的栅－源电压。

$$i_1 = \frac{1}{2}i_2 = \frac{v_{IN} - v_{GS,M1}}{R_1} \tag{5.74}$$

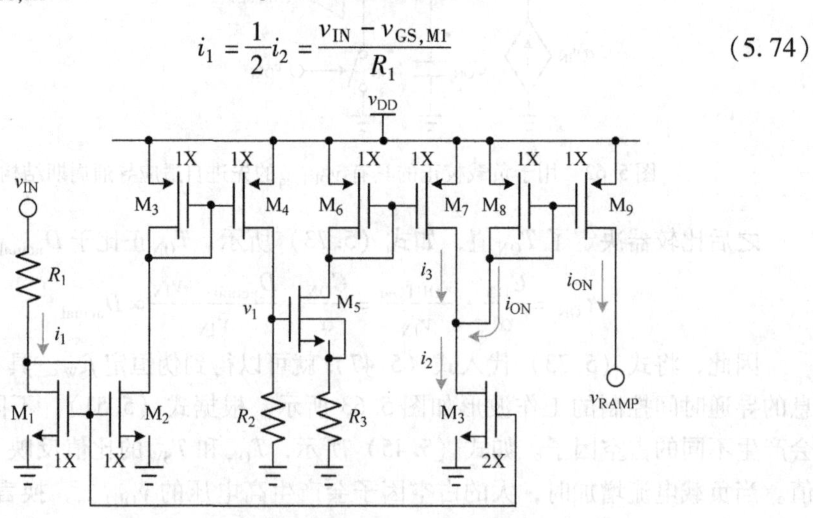

图 5.64 全线性电压转电流发生器电路

为了补偿 $v_{GS,M1}$，M_5 构成源产生结构，用于产生补偿电流 i_3，如式（5.75）所示。不考虑体效应，将 M_1 和 M_5 设置为相同的宽长比就可以近似保证 $v_{GS,M1}$ 和 $v_{GS,M5}$ 相等。因此，i_3 包含 $v_{GS,M5}$，推导如式（5.76）所示。

$$i_3 = \frac{v_1 - v_{GS,M5}}{R_3} = \frac{i_1 R_2 - v_{GS,M5}}{R_3} \tag{5.75}$$

$$i_3 = \frac{R_2 v_{IN} - (R_1 + R_2)\ v_{GS,M1}}{R_1 R_3} \tag{5.76}$$

将 i_2 和 i_3 输入同一个节点，并相减得到 i_{ON}，如式（5.77）所示。

$$i_{ON} = i_2 - i_3 = \frac{(2R_3 - R_2)\ v_{IN} + (R_1 + R_2 - 2R_3)\ v_{GS,M1}}{R_1 R_3} \tag{5.77}$$

取 $2R_1 = 2R_2 = R_3$，可以得到电流如式（5.78）所示。因此，通过全线性电压转电流发生器将 v_{IN} 转换为 i_{ON}，并正比与 v_{IN}。那么电流 i_{ON} 可以用于为 C_{ON} 充电，所以 v_{RAMP} 增加了电压值，增加率正比与 v_{IN}。

$$i_{ON} = \frac{3}{2}\frac{v_{IN}}{R_1} \tag{5.78}$$

相比之下，导通时间调制器和等效输出电压综合器电路如图 5.65 所示。除了 M_{HPF} 和 M_{HNF} 因为 v_{IN} 和 v_{GP} 的关系为高压 MOSFET，其余的晶体管都为低压 MOSFET。等效输出电压综合器的右半部分由 M_{HPF}、M_{HNF}、R_F 和 C_F 构成。v_{IN} 和 v_{GP} 控制等效输出电压综合器产生 $v_{OUT,eq}$。因为 v_{GP} 驱动信号用来控制上位 MOSFET（M_P），所以信号 $v_{OUT,eq}$ 可以表示为式（5.71），v_{GP} 的占空因子等于 T_{ON} 和 T_{SW} 的比值。

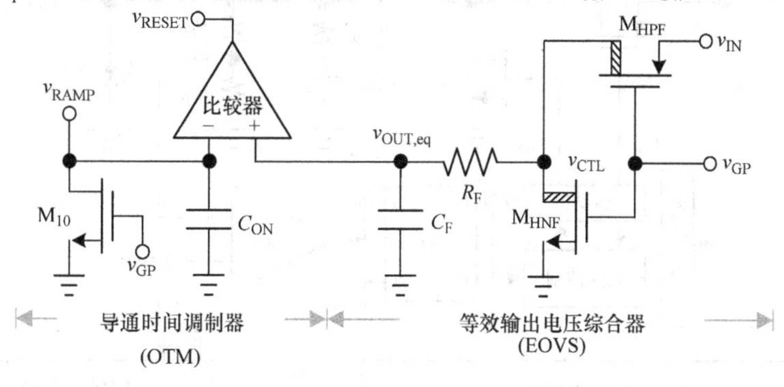

图 5.65　导通时间调制器和等效输出电压综合器电路

当 v_{RAMP} 和 $v_{OUT,eq}$ 进行比较，且当 v_{RAMP} 小于 $v_{OUT,eq}$ 时，T_{ON} 由导通时间调制器根据持续时间来确定。因此，T_{ON} 正比于 D_{actual}，利用 $v_{OUT,eq}$、C_{ON} 和 i_{ON} 可以得到式（5.79）。

$$T_{ON} = \frac{C_{ON} \cdot v_{OUT,eq}}{I_{ON}} = \frac{2}{3} C_{ON} \cdot R_1 \cdot \frac{v_{IN} \cdot D_{actual}}{v_{IN}} \propto D_{actual} \tag{5.79}$$

因为 v_{IN}、v_{OUT}、D_{actual}、i_{LOAD} 和寄生参数都是独立的，所以将式（5.79）代

入式（5.47）中，可以得到恒定的 T_{SW}，$v_{OUT,eq}$的纹波可以近似表达为式（5.80）。举个例子，为了保证本设计的纹波足够小，当 v_{IN}为 3.3V，v_{OUT}为 1.05V，f_{SW}为 2.5MHz 时，C_F 为 1pF，而 R_F 为 5MΩ。

$$v_{OUT,eq,pp} = T_{ON} \cdot \frac{v_{IN}}{R_F \cdot C_F} \tag{5.80}$$

5.3.3 具有等效 v_{DUTY}的Ⅱ型最优化导通时间控制器

5.3.3.1 转换器结构和工作原理

根据图 5.56 中的具有 $v_{OUT,eq}$和 v_{IN}的最优化导通时间控制器，可以修改其为如图 5.66 所示的最优化导通时间控制器。修改后的最优化导通时间控制器包括恒定电流发生器、等效占空因子合成器、导通时间调制器和电压钳位器。这种结构的控制器可以进一步降低对 v_{IN}信息的需求，换言之，只需要 v_{GP}的信息即可。

恒定电流发生器用于产生恒定电流 i_{ON}，i_{ON}不会受到 v_{IN}、v_{OUT}和 i_{LOAD}变化的影响。等效占空因子合成器通过驱动信号 v_{GP}来调整等效占空因子电压 v_{DUTY}。导通时间调制器输出 v_{RESET}，并通过 i_{ON}和 v_{DUTY}来决定导通时间周期。与图 5.66 中最优化导通时间控制器的工作原理和性能相同，这个最优化导通时间控制器无需外加复杂的电流感应电路，也不需要对功率 MOSFET 的导通电阻和电感等效串联电阻进行检测，就可以实现恒定的 f_{SW}。

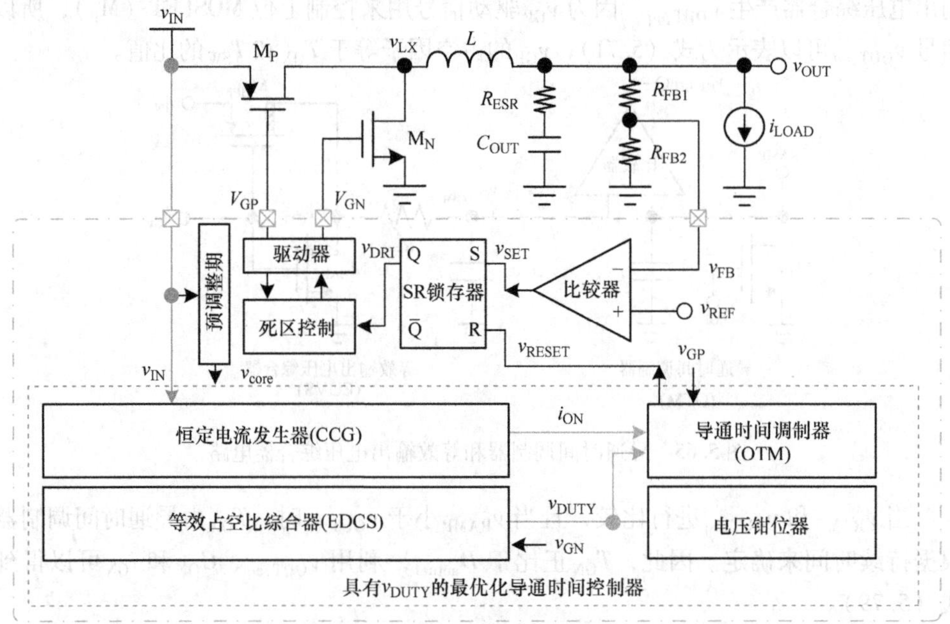

图 5.66 采用 v_{DUTY}的最优化导通时间控制降压转换器

5.3.3.2 模型

根据式（5.47），可以直接采用占空因子信息 D 代替 v_{IN}、v_{OUT}来设计 T_{ON}，这样就可以对频率变化进行补偿。采用同样的结构，可以利用电流 i_{CHA} 为导通时间电容 C_{ON} 进行充电，将其电压充电至上边界，并决定 T_{ON} 的值。i_{CHA} 必须恒定，且不会受到 v_{IN}、v_{OUT}、i_{LOAD} 等因素的影响。上边界由等效周期 v_{DUTY} 设置，它的值正比于占空因子 D，如图 5.67 所示，其中 k 为常数。

$$T_{ON}=\frac{C_{ON}\cdot v_{DUTY}}{i_{ON}}=\frac{C_{ON}\ (k\cdot D_{actual})}{i_{ON}}\propto D_{actual} \tag{5.81}$$

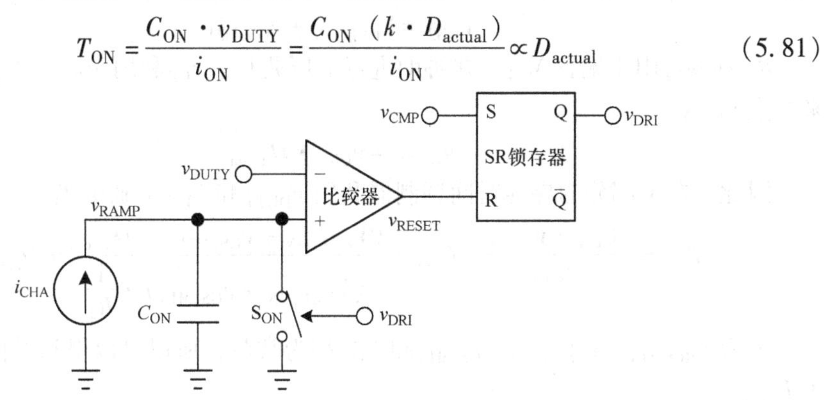

图 5.67　采用 v_{DUTY} 的Ⅱ型最优化导通时间控制器

5.3.3.3　电路实现

图 5.68 所示为另一种电路实现，以实现具有 i_{CHA} 和 v_{DUTY} 的最优化 T_{ON}。与全线性电压转电流发生器电路相比，恒定电流发生器的复杂度大大降低，而且等效占空因子合成器的应用也无需高电压 MOSFET。此外，只需要 v_{GP} 一个控制信号。$V_{REF,ON}$ 是常数参考电压，v_B 是 M_{22} 和 M_{14} 的偏置电压。在恒定电流发生器的右半部分，M_{13} 是一个电压跟随器，根据 $V_{REF,ON}$ 来确定 v_{ON1}。之后，由 R_4、M_{13} ~ M_{17} 构成的负反馈网络决定了 M_{17} 的电流值。

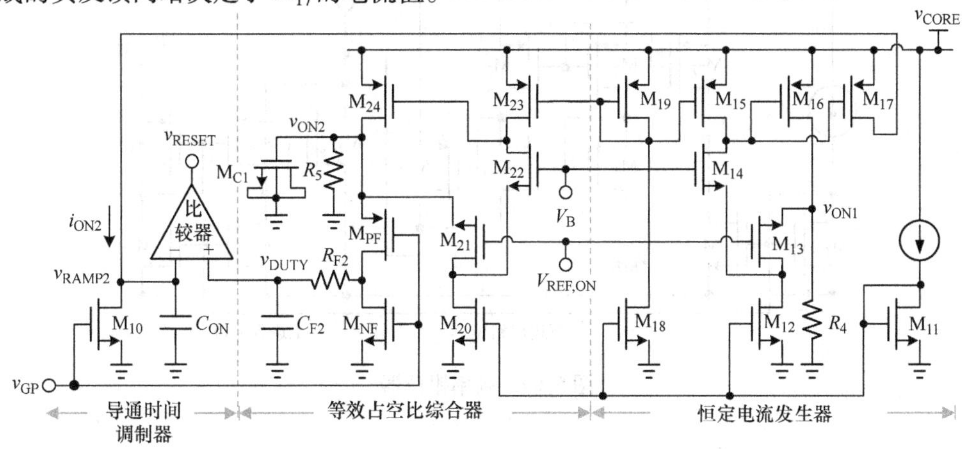

图 5.68　包括导通时间调制器、等效占空因子合成器和恒定电流发生器的Ⅱ型最优化导通时间控制器电路

$$i_{ON}=\frac{V_{REF,ON}+v_{GS,M13}}{R_4} \tag{5.82}$$

在等效占空因子合成器的中部，M_{21}是一个电压跟随器，根据$V_{REF,ON}$来确定v_{ON2}。之后，由$M_{21}\sim M_{24}$构成的负反馈网络为调整v_{ON2}提供了驱动能力，所以有

$$v_{ON2}=V_{REF,ON}+v_{GS,M21} \tag{5.83}$$

R_4和M_{C1}用于偏置M_{24}，并协助进行电压调整。v_{GP}利用M_{PF}、M_{NF}、R_{F2}和C_{F2}来产生v_{DUTY}。

$$v_{DUTY}=v_{ON2}\cdot D_{actual} \tag{5.84}$$

因此，左半部分的导通时间调制器利用v_{DUTY}和i_{ON2}来确定T_{ON}。

$$T_{ON}=i\frac{C_{ON}\cdot v_{DUTY}}{I_{ON2}}=C_{ON}\cdot\frac{(V_{REF,ON}+v_{GS,M21})\cdot D_{actual}}{(V_{REF,ON}+v_{GS,M13})\cdot\dfrac{1}{R_4}}\propto D_{actual} \tag{5.85}$$

因为$V_{REF,ON}$、$v_{GS,M21}$、$v_{GS,M13}$和C_{ON}都为常数，所以可以得到最优化T_{ON}正比于D_{actual}。

5.3.4 频率钳位器

频率钳位器如图5.69所示，包括上边界钳位器和下边界钳位器。当$v_{OUT,eq}$低于下边界电压$v_{REF,L}$时，M_{30}和M_{31}会驱动M_{32}将$v_{OUT,eq}$钳位在$v_{REF,L}$。相比之下，当$v_{OUT,eq}$高于上边界电压$v_{REF,H}$时，M_{35}和M_{36}会驱动M_{36}将$v_{OUT,eq}$钳位在$v_{REF,H}$上。换言之，$v_{OUT,eq}$的摆幅确定了$v_{REF,L}$和$v_{REF,H}$的窗口。此外，当$v_{OUT,eq}$位于窗口之内时，可以关断MOSFET（M_{30}、M_{31}、M_{36}、M_{36}），不会对$v_{OUT,eq}$产生任何影响。

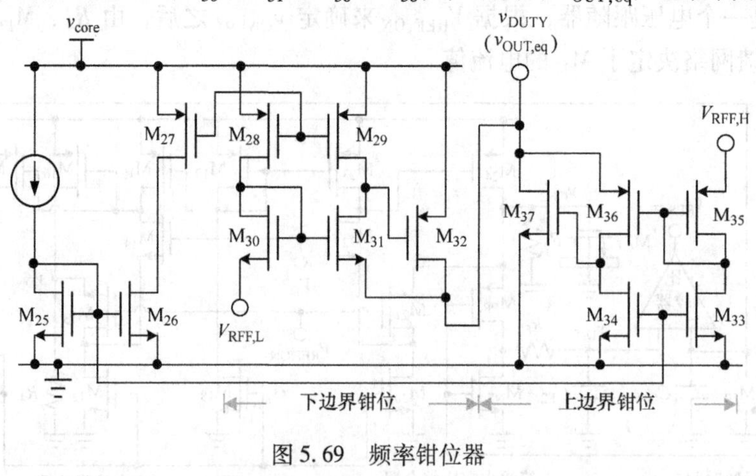

图5.69 频率钳位器

5.3.5 不同导通时间控制器的比较

不同导通时间控制器的比较见表5.5。将图5.62和图5.67进行比较，由于充

电电流必须依赖于 v_{IN} 信息来校正 $v_{OUT,eq}$ 的变化，所以图 5.62 的结构更加复杂。相比之下，图 5.67 中的结构仅需要信号信息，结构更为简单。图 5.62 中结构的电路实现（见图 5.64）需要仔细考虑电阻和电流镜的精度，以及体效应的影响。由于失配的影响，很难得到式（5.78），所以开关频率会产生较大的变化。这就很难将频率调整到所需要的值。相反，图 5.67 中结构实现的电路（见图 5.68）更加灵活，而且鲁棒性更强。可以通过 R_4 来进行调整，而 R_4 又是一个分立器件。因此，开关频率更独立于工艺变化和失配。这个结构不需要太多 v_{OUT} 和 v_{IN} 的信息，可以缓解严格的设计约束，包括电阻和电流镜的匹配、v_{IN} 和充电电流之间的高线性度以及高电压器件的使用。

表 5.5　不同导通时间控制器的比较

	固定 T_{ON}	具有 v_{IN} 和 v_{OUT} 的基本自适应 T_{ON}	具有 v_{LX} 和 v_{IN} 的基本自适应 T_{ON}	具有 $v_{OUT,eq}$ 和 v_{IN} 的 I 型最优化 T_{ON}	具有 v_{DUTY} 的 II 型最优化 T_{ON}
结构	图 5.44	图 5.47	图 5.52	图 5.62	图 5.67
电路实现		图 5.50 的 I 型 图 5.51 的 II 型 图 5.54 的 III 型 图 5.64 的全线性电压转电流发生器		图 5.65	图 5.68
所需信息	v_{DRI}（v_{GP}）	v_{IN} v_{OUT} v_{DRI}（v_{GP}）	v_{LX} v_{OUT} v_{DRI}（v_{GP}）	v_{IN} v_{OUT} v_{DRI}（v_{GP}）	v_{DRI}（v_{GP}）
设计问题		需要仔细设计匹配 充电电流必须与 v_{IN} 呈完全线性关系 因为 v_{IN} 的关系，所以要使用高电压器件			
灵活性	差	因为充电电流与 v_{IN} 有关，很难得到			优秀
由 v_{IN} 和 v_{OUT} 产生的 Δf_{SW}	差	好	好	优秀	优秀
由 i_{LOAD} 产生的 Δf_{SW}	差	差	好	优秀	优秀

5.3.6　最优化导通时间控制器的仿真结果

导通时间控制 DC－DC 转换器采用 UMC 28nm CMOS 工艺进行仿真。在仿真结果中，在传统恒定导通时间控制和最优化导通时间控制中，I型预测校正技术分别用于观测固定的 v_{OUT} 和可变的 $v_{OUT,eq}$。当 $f_{SW}=800\text{kHz}$ 时，预测校正技术功能如图 5.70 所示。参数值 $v_{IN}=3.3\text{V}$，$v_{OUT}=1.05\text{V}$，$L=2.2\mu\text{H}$，$C_{OUT}=4.7\mu\text{F}$，同时也考虑了寄生效应 $R_{ON,P}=150\text{m}\Omega$，$R_{ON,N}=100\text{m}\Omega$，电感的串联寄生电阻 $R_{DCR}=30\text{m}\Omega$。图中包括了 v_{OUT}、i_L、v_{RAMP}、v_{OPT} 和 v_{GP} 的波形。在传统导通时间控制中，当 i_{LOAD} 变化

为 1.5A 时，Δf_{SW} 近似为 76kHz。相比之下，预测校准技术可以保证 f_{SW} 的变化小于 3kHz。特别地，当 i_{LOAD} 增加时，$v_{OUT,eq}$ 增加，从而得到最优的 T_{ON}。

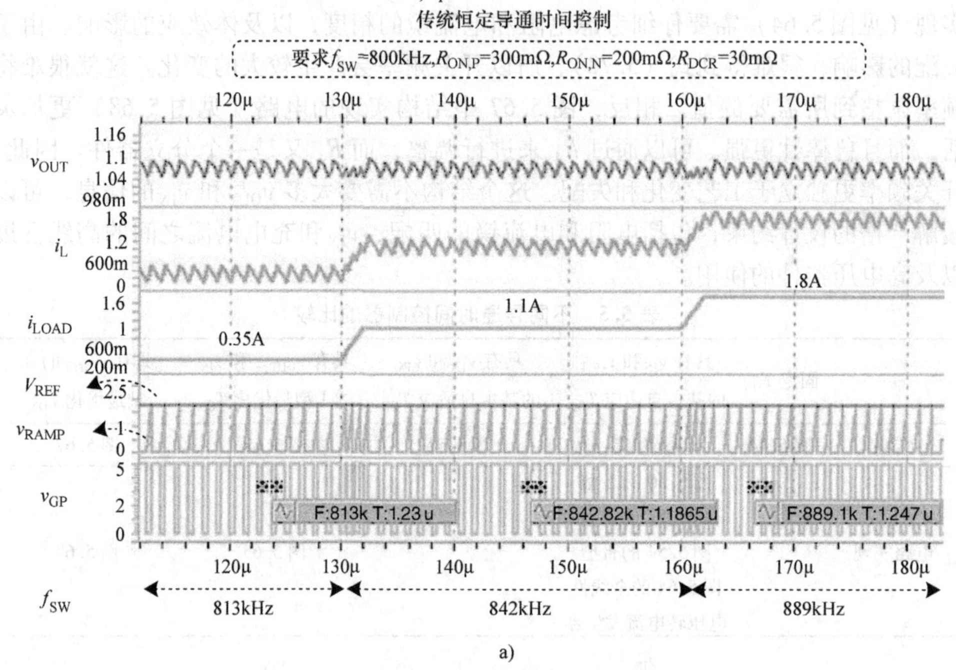

a)

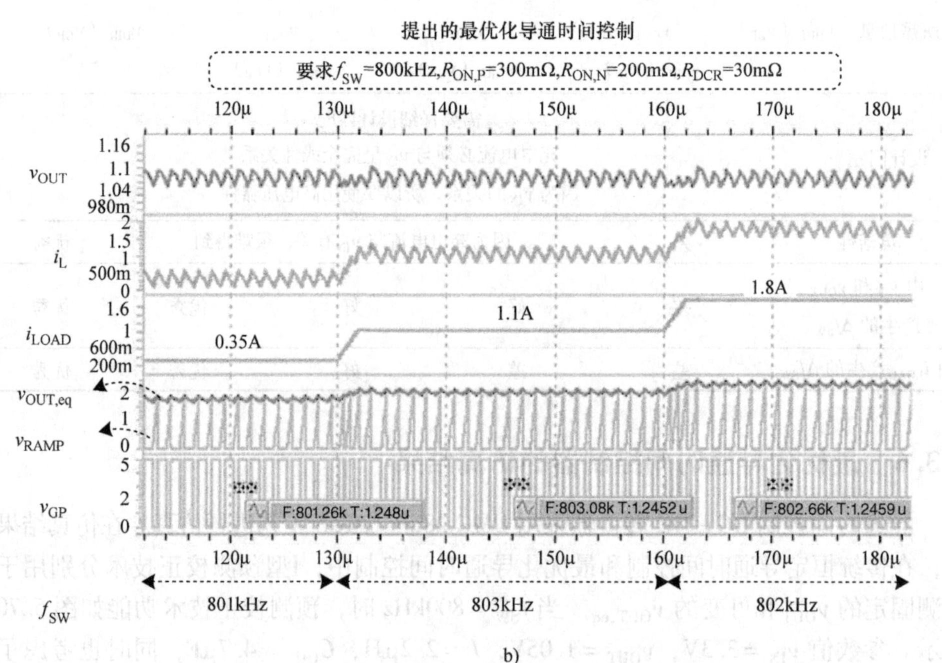

b)

图 5.70 当 f_{SW} 为 800kHz 时转换器的仿真结果

a）恒定导通时间控制 b）具有预测校准技术的最优化导通时间控制

当f_{SW}为 2.5MHz 时，预测校准技术的功能如图 5.71 所示，其中 L 为 1μH。当包含寄生参数时，性能比较如图 5.70 所示。在传统的导通时间控制中，当 i_{LOAD}变化为 1.5A 时，Δf_{SW}近似为 410kHz。相比之下预测校准技术可以保证f_{SW}的变化小于 4kHz。

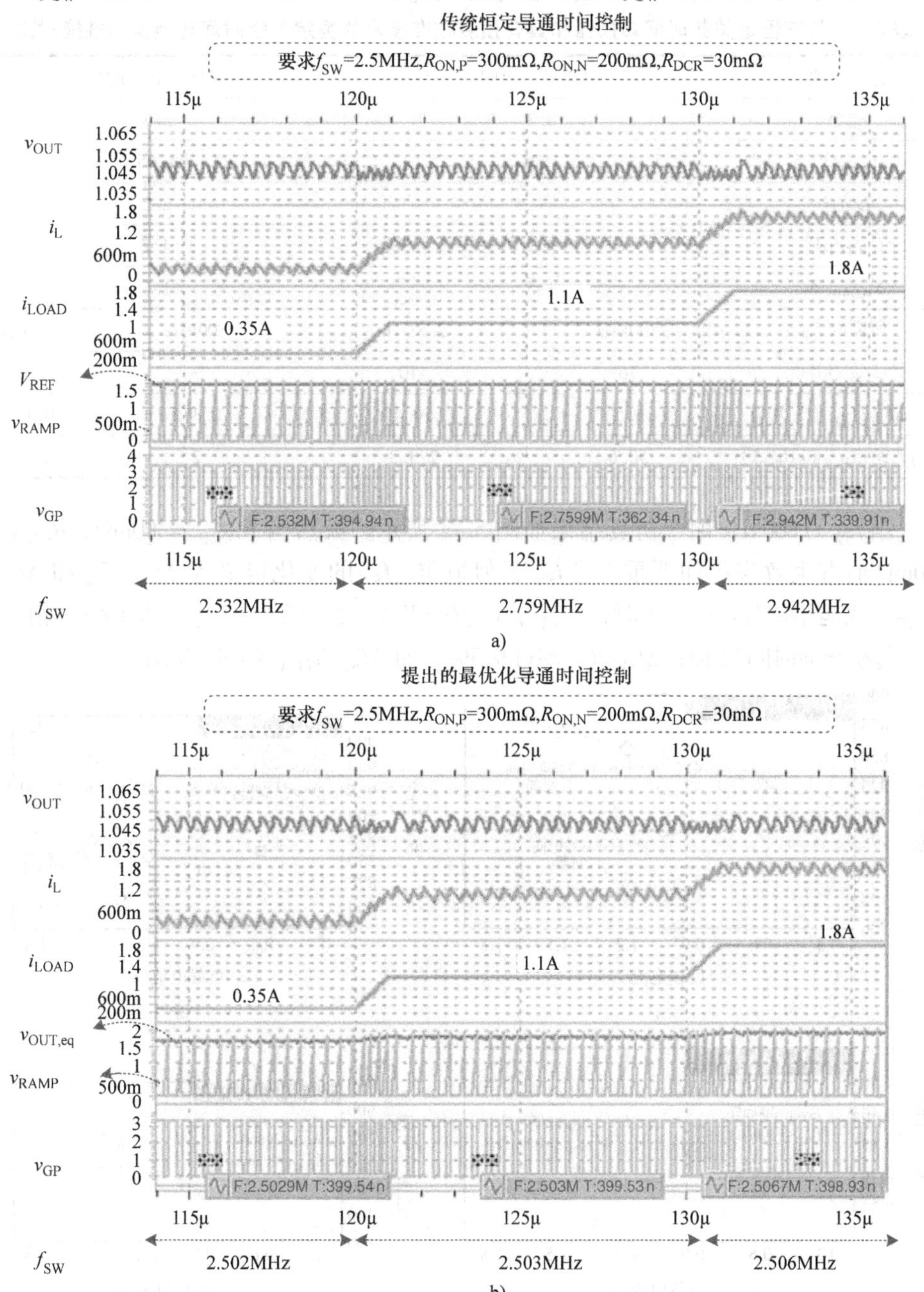

图 5.71　当f_{SW}为 2.5MHz 时转换器的仿真结果

a）恒定导通时间控制　b）具有预测校准技术的最优化导通时间控制

仿真结果见表5.6。对于传统的恒定导通时间技术，比较图5.70a和5.71a，可以发现越高的f_{SW}会产生更大的Δf_{SW}，这和之前分析的结果一致。因此对于这两种情况，预测校准技术都可以获得较低的Δf_{SW}。

表5.6　传统恒定关断时间转换器和具有预测校准技术的恒定关断时间转换器的性能对比

控制方法	恒定导通时间		最优化导通时间	
v_{IN}/V	3.3		3.3	
v_{OUT}/V	1.05		1.05	
L/μH	1		2.2	
C_{OUT}/μF	4.7		4.7	
Δi_{LOAD}/A	1.5		1.5	
所需的f_{SW}	800kHz	2.5MHz	800kHz	2.5MHz
Δf_{SW}/kHz	76	410	3	4
$\Delta f_{SW}/f_{SW}$（%）	9.5	16.4	0.375	0.16
$\Delta f_{SW}/\Delta i_{LOAD}$/（kHz/A）	50.6	273.3	2	2.6

当f_{SW}为800kHz时，仿真结果如图5.72所示。虽然当$R_{ON,P}=300\text{m}\Omega$，$R_{ON,N}=200\text{m}\Omega$时寄生效应更加严重，但$f_{SW}$近似恒定。$f_{SW}$的变化定义为$\Delta f_{SW}/f_{SW}$和$\Delta f_{SW}/i_{LOAD}$。当运用预测校准技术时，$\Delta f_{SW}/f_{SW}$为0.375%，而$\Delta f_{SW}/i_{LOAD}$为2kHz/A。相比之下，传统导通时间技术中$\Delta f_{SW}/f_{SW}$超过9.5%，而$\Delta f_{SW}/i_{LOAD}$超过50kHz/A。

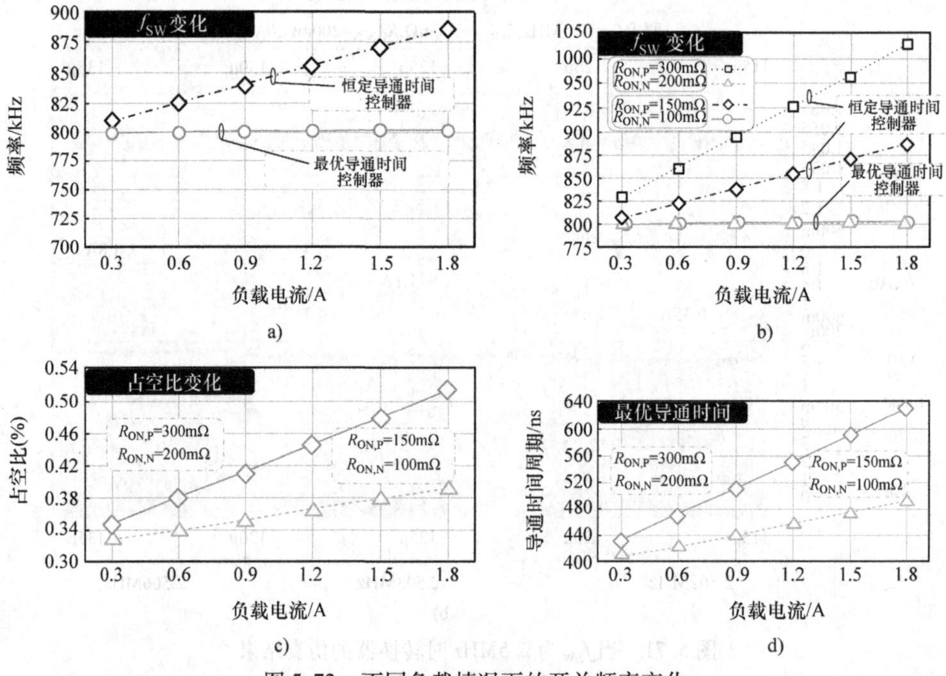

图5.72　不同负载情况下的开关频率变化

5.3.7　最优化导通时间控制器的实验结果

Ⅱ型最优化导通时间控制降压转换器采用 UMC 28nm CMOS 技术制造。参数值包括 $v_{IN}=3.3V$，$v_{OUT}=1.05V$，$L=1\mu H$，$C_{OUT}=4.7\mu F$，$f_{SW}=2.5MHz$。结果表明 $R_{ON,P}=300m\Omega$，$R_{ON,N}=200m\Omega$，电感的串联寄生电阻 $R_{DCR}=30m\Omega$。当 i_{LOAD} 从 1.7A 变化到 0.3A，再反向变化回来时，传统的导通时间控制器波形如图 5.73 所示。传统设计中在不同负载情况下，导通周期保持恒定。然而，寄生效应会使得 i_L 和 D_{actual} 的斜率发生变化，当 i_{LOAD} 为 0.3A 和 0.7A 时，f_{SW} 分别为 2.5MHz 和 3.4MHz。

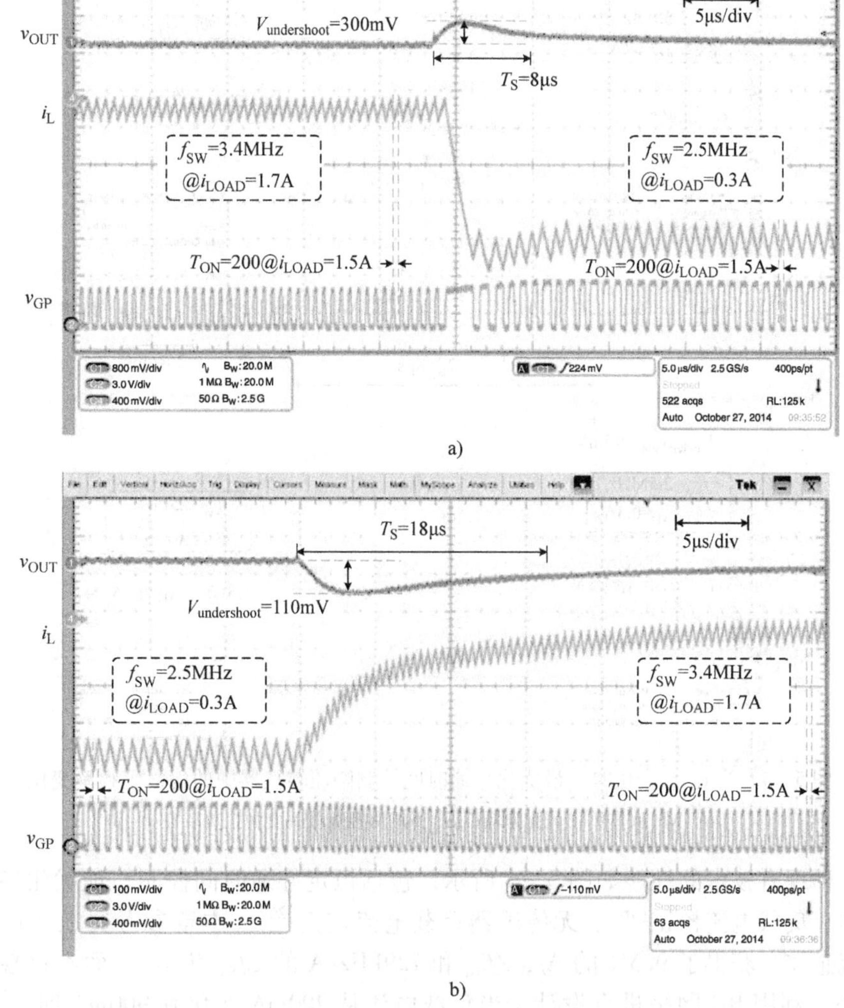

图 5.73　当 i_{LOAD} 变化时，恒定导通时间控制降压转换器中的频率变化

a）从重负载跳变为轻负载　b）从轻负载跳变为重负载

相比之下，最优化导通时间控制器的功能如图 5.74 所示。稳态中的局部波形如图 5.75 所示。由于寄生效应的存在，虽然 i_L 和 D_{actual} 的斜率在不同负载时持续发生变化，但 f_{SW} 在调整导通时间周期内仍然近似保持恒定为 2.5MHz。f_{SW} 的变化由 $\Delta f_{SW}/f_{SW}$ 和 $\Delta f_{SW}/i_{LOAD}$ 表示，但仍然需要外部时钟信号和复杂的锁相环电路。本章参考文献［17，29］也降低了控制器的复杂度，而且这些设计也无需外部时钟信号，并获得了自适应的导通时间，但是这些设计中的 Δf_{SW} 性能也相应变差。

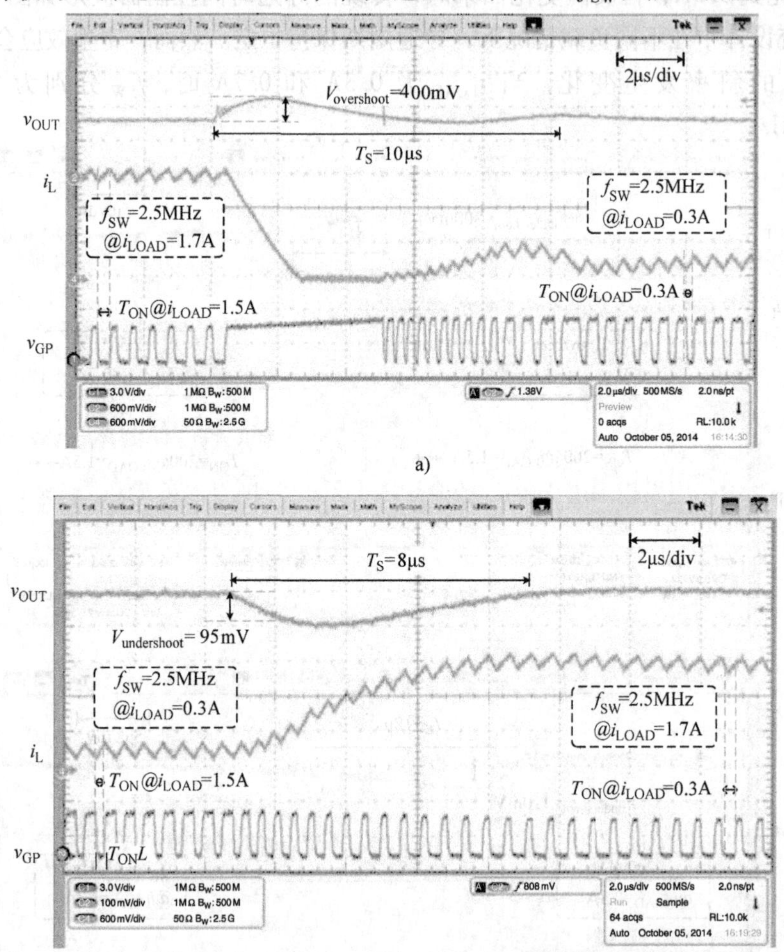

图 5.74　当 i_{LOAD} 变化时，最优化导通时间控制降压转换器中的伪恒定频率变化

a）从重负载跳变为轻负载　b）从轻负载跳变为重负载

各种现有技术的性能如图 5.76 所示，包括恒定导通时间控制、最优化导通时间控制、负载电流校正[16]、无传感器负载电流校正[26]。本章参考文献［16］采用电流感知，获得了 9.5% 的 $\Delta f_{SW}/f_{SW}$ 和 129kHz/A 的 $\Delta f_{SW}/i_{LOAD}$。而本章参考文献［26］利用 RC 网络进行设计，当负载电流从 200mA 变化到 900mA 时，f_{SW} 从 600kHz 变化到 800kHz。根据测量的瞬态波形，$\Delta f_{SW}/f_{SW}$ 为 25%，$\Delta f_{SW}/i_{LOAD}$ 为

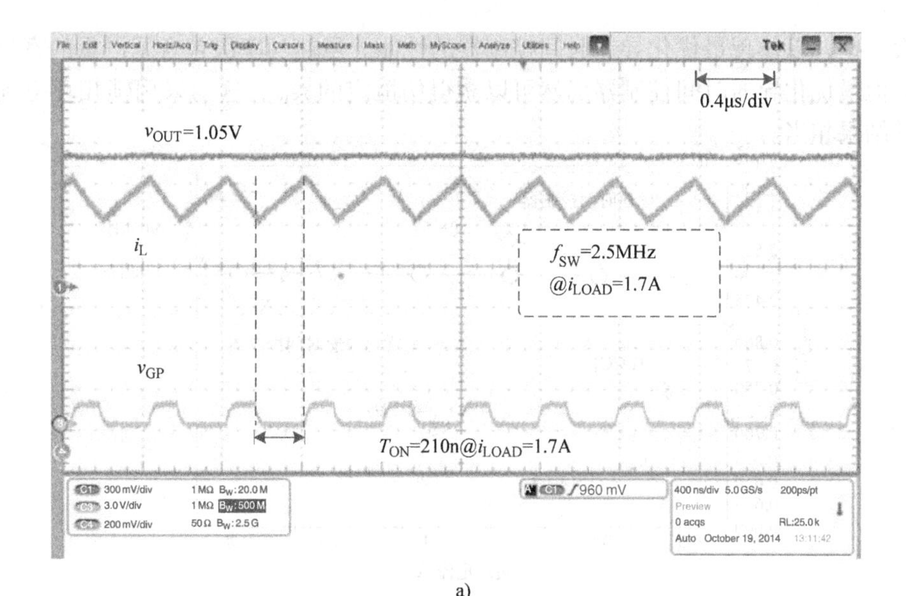

a)

File Edit Vertical Horiz/Acq Trig Display Cursors Measure Mask Math MyScope Analyze Utilities Help
Tek
0.4μs/div
v_{OUT}=1.05V
f_{SW}=2.5MHz
@i_{LOAD}=0.3A
i_L
v_{GP}
T_{ON}=170n@i_{LOAD}=0.3A
C1 300mV/div 1MΩ B_W:20.0M
C3 3.0V/div 1MΩ B_W:500M
C4 300mV/div 50Ω B_W:2.5G
A C1 1.7V
400ns/div 5.0GS/s 200ps/pt
Preview
0 acqs RL:25.0k
Auto October 19, 2014 13:14:06

b)

图 5.75　稳态中的最优化导通时间控制降压转换器

a）i_{LOAD} = 1.7A　b）i_{LOAD} = 0.3A

285.7kHz/A。相比之下，当 f_{SW} 为 2.5MHz 时，最优化导通时间控制器确保了 f_{SW} 的变化率小于 8kHz。虽然寄生效应非常严重，但 f_{SW} 近似恒定，其中 $R_{ON,P}$ = 300mΩ，$R_{ON,N}$ = 200mΩ。当 f_{SW} 为 2.5MHz 时，最优化导通时间控制器具有较好的性能，使得 $\Delta f_{SW}/f_{SW}$ 为 0.32%，$\Delta f_{SW}/i_{LOAD}$ 为 5.7kHz/A。在本设计中，峰值效率为 89%，这主要由功率级的导通电阻决定。这些导通电阻的值都设计的比普通设计大一些，以体现最优化导通时间控制器的性能。虽然功率级包含了严重的寄生效应，但最优化导通时间控制器仍然可以获得伪恒定的 f_{SW}，这与采用锁相环得到的设计结果相当。

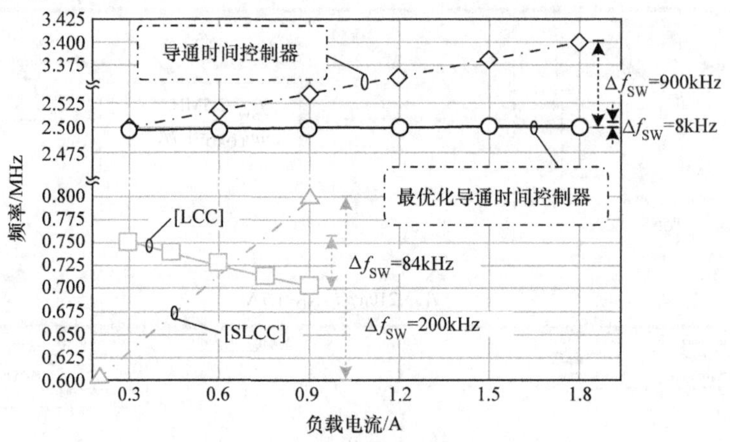

图 5.76　在不同负载情况下开关频率的变化

表 5.7　不同转换器的性能对比

控制方法	基于锁相环[14]	基于锁相环[11]	基于锁相环[10]	数字自适应延迟补偿器[12]	负载电流校正（负载感应）[16]	无传感器负载电流校正[26]	恒定导通时间	最优化导通时间
v_{IN}	3V	2.7～4.5V	2.5V	2.7～3.3V	3.3V	2.7～3.6V	3.3V	3.3V
v_{OUT}	1.8V	2V	0.7～1.8V	0.9～2.1V	1.2V	1～1.2V	1.05V	1.05V
L	4.7μH	4.7μH	1～5μH	2.2μH	4.7μH	—	1μH	1μH
C_{OUT}	4.7μF	10μF	10μF	4.4μF	8.9μF	—	4.7μF	4.7μH
$R_{ON,P}$	—	—	—	—	—	—	300mΩ	300mΩ
$R_{ON,N}$	—	—	—	—	—	—	200mΩ	200mΩ
R_{DCR}	—	—	—	—	—	—	30mΩ	30mΩ
f_{SW}	1MHz	1MHz	1MHz	3MHz	750kHz	800kHz	2.5MHz	2.5MHz
Δf_{SW}	15kHz	2kHz	5kHz	100kHz	84kHz	200kHz	900kHz	8kHz
$\Delta f_{SW}/f_{SW}$	1.5%	0.2%	0.5%	3.3%	11.2%	25%	36%	0.32%
Δi_{LOAD}	0.25A	0.4A	0.6A	0.45A	0.65A	700mA	1.4A	1.4A
$\Delta f_{SW}/\Delta i_{LOAD}$	60kHz/A	5kHz/A	8kHz/A	222.2kHz/A	129kHz/A	285.7kHz/A	642.8kHz/A	5.7kHz/A
外部 V_{CLK}	需要	需要	需要	需要	不需要	不需要	不需要	不需要
最大效率	95%	95.5%	93%	93%	87%	88.2%	89%	89%

参考文献

[1] Chava, C.K. and Silva-Martinez, J. (2004) A frequency compensation scheme for LDO voltage regulators. *IEEE Transactions on Circuits and Systems I: Regular Papers*, **51**(6), 1041–1050.

[2] Sun, J. (2006) Characterization and performance comparison of ripple-based control methods for voltage regulator modules. *IEEE Transactions on Power Electronics*, **21**(2), 346–353.

[3] Redl, R. and Sun, J. (2009) Ripple-based control of switching regulators, an overview. *IEEE Transactions on Power Electronics*, **24**(12), 2669–2680.

[4] Texas Instruments (2014) 1.5- to 18-V (4.5- to 25-V bias) Input, 8-A Single Synchronous Step-Down SWIFT™ Converter, TPS53513 Datasheet, December 2014.

[5] Texas Instruments (2014) 6-A Output, D-CAP+™ Mode, Synchronous Step-Down, Integrated-FET Converter for DDR Memory Termination, TPS53317 Datasheet, January 2014.

[6] Texas Instruments (2015) TPS560200 4.5-V to 17-V Input, 500-mA Synchronous Step-Down SWIFT™ Converter with Advanced Eco-Mode™, TPS560200 Datasheet, February 2015.

[7] Chen, W.-C., Wang, C.-S., Su, Y.-P., *et al.* (2013) Reduction of equivalent series inductor effect in delay-ripple reshaped constant on-time control for buck converter with multi-layer ceramic capacitors. *IEEE Transactions on Power Electronics*, **28**(5), 2366–2376.

[8] Chen, W.-C., Huang, Y.-S., Chien, M.-W., *et al.* (2104) ±3% voltage variation and 95% efficiency 28 nm constant on-time controlled step-down switching regulator directly supplying to Wi-Fi systems. *Proceedings of the IEEE Symposium on VLSI Circuits Digest of Technical Papers,* Honolulu, HI, June 10–13, pp. 1–2.

[9] Chen, H.-C., Chen, W.-C., Chou, Y.-W., *et al.* (2014) Anti-ESL/ESR variation robust constant-on-time control for DC–DC buck converter in 28 nm CMOS technology. *Proceedings of the IEEE Custom Integrated Circuits Conference (CICC)*, San Jose, CA, September 15–17, pp. 1–4.

[10] Khan, Q., Elshazly, A., Rao, S., *et al.* (2012) A 900 mA 93% efficient 50 μA quiescent current fixed frequency hysteretic buck converter using a highly digital hybrid voltage- and current-mode control. *Proceedings of the IEEE Symposium on VLSI Circuits Digest of Technical Papers,* Honolulu, HI, June 13–15, pp. 182–183.

[11] Lee, S.-H., Bang, J.-S., Yoon, K.-S., *et al.* (2015) A 0.518 mm^2 quasi-current-mode hysteretic buck DC–DC converter with 3 μs load transient response in 0.35 μm BCDMOS. *Proceedings of the IEEE International Solid-State Circuits Conference (ISSCC), Digest of Technical Papers*, San Francisco, CA, February 22–26, pp. 214–215.

[12] Su, F. and Ki, W.-H. (2009) Digitally assisted quasi-V^2 hysteretic buck converter with fixed frequency and without using large-ESR capacitor. *Proceedings of the IEEE International Solid-State Circuits Conference (ISSCC), Digest of Technical Papers*, San Francisco, CA, February 8–12, pp. 446–447.

[13] Wang, J., Xu, J., Zhou, G., and Bao, B. (2013) Pulse-train-controlled CCM buck converter with small ESR output-capacitor. *IEEE Transactions on Power Electronics*, **60**(12), 5875–5881.

[14] Huerta, S.-C., Alou, P., Oliver, J.A., *et al.* (2011) Nonlinear control for DC–DC converters based on hysteresis of the C_{OUT} current with a frequency loop to operate at constant frequency. *IEEE Transactions on Power Electronics*, **58**(3), 1036–1043.

[15] Cortes, J., Svikovic, V., Alou, P., *et al.* (2011) Accurate analysis of subharmonic oscillations of V^2 and V^2I_c controls applied to buck converter. *IEEE Transactions on Power Electronics*, **58**(3), 1036–1043.

[16] Tsai, C.-H., Lin, S.-M., and Huang, C.-S. (2103) A fast-transient quasi-V^2 switching buck regulator using AOT control with a load current correction (LCC) technique. *IEEE Transactions on Power Electronics*, **28**(8), 3949–3957.

[17] Su, Y.-P., Lee, Y.-H., Chen, W.-C., *et al.* (2013) A pseudo-noise coded constant-off-time (PNC-COT) control switching converter with maximum 16.2 dBm peak spur reduction and 92% efficiency in 40 nm CMOS. *Proceedings of the IEEE Symposium on VLSI Circuits Digest of Technical Papers*, June, pp. 170–171.

[18] Chen, W.-C., Lin, C.-C., and Chen, K.-H. (2102) Differential zero compensator in delay-ripple reshaped constant on-time control for buck converter with multi-layer ceramic capacitors. *Proceedings of the IEEE International Symposium on Circuits and Systems (ISCAS)*, Seoul, May 20–23, pp. 692–695.

[19] Chen, W.-C., Chi, K.-Y., Lin, C.-C., *et al.* (2012) Reduction of equivalent series inductor effect in delay-ripple reshaped constant on-time control for buck converter with multi-layer ceramic capacitors. *Proceedings of the IEEE Energy Conversion Congress and Exposition (ECCE)*, Raleigh, NC, September 15–20, pp. 755–758.

[20] Erickson, R.W. and Maksimovic, D. (2001) *Fundamentals of Power Electronic*, 2nd edn. Kluwer Academic Publishers, Norwell, MA.

[21] Li, P., Bhatia, D., Lin, X., and Bashirullah, R. (2011) A 90–240 MHz hysteretic controlled DC–DC buck converter with digital phase locked loop synchronization. *IEEE Journal of Solid-State Circuits*, **46**(9), 2108–2119.

[22] Li, P., Lin, X., Hazucha, P., *et al.* (2009) A delay locked loop synchronization scheme for high-frequency multi-phase hysteretic DC–DC converters. *IEEE Journal of Solid-State Circuits*, **44**(11), 3131–3145.

[23] Zheng, Y., Chen, H., and Leung, K.N. (2012) A fast-response pseudo-PWM buck converter with PLL-based hysteresis control. *Transactions on Very Large Scale Integration (VLSI) System*, **20**(7), 1167–1174.

[24] Lee, K.-C., Chae, C.-S., Cho, G.-H., and Cho, G.-H. (2010) A PLL-based high stability single-inductor 6-channel output DC–DC buck converter. *Proceedings of the IEEE International Solid-State Circuits Conference (ISSCC), Digest of Technical Papers*, San Francisco, CA, February 7–11, pp. 200–201.

[25] Shih, C.-J., Chu, K.-Y., Lee, Y.-H., *et al.* (2103) A power cloud system (PCS) for high efficiency and enhanced transient response in SoC. *IEEE Transactions on Power Electronics*, **28**(3), 1320–1330.

[26] Tsai, C.-H., Chen, B.-M., and Li, H.-L. (2016) Switching frequency stabilization techniques for adaptive on-time controlled buck converter with adaptive voltage positioning mechanism. *IEEE Transactions on Power Electronics*, **31**(1), 443–451.

第6章　单电感多输出转换器

6.1　单电感多输出转换器的基本拓扑结构

如图6.1所示，将n个DC/DC降压转换器并联就可以产生n个供电电压v_{O1} ~ v_{On}。由于DC/DC降压转换器的固有特性，通过合理分配电压/电流可以实现高的电源转换效率。然而，这种拓扑结构需要在PCB上布置n个电感和n个降压转换器芯片，这使得便携式设备的体积和成本大大增加。为了减小电源管理单元的体积，如图6.2所示，将n个低压差线性（Low Dropouts，LDO）稳压器级联在一个DC/DC降压转换器之后，这样只需要一个电感、一个降压转换器芯片和n个较小的LDO稳压器芯片。然而，当相应的输出电压较低时，LDO稳压器会产生较大的电压降，降低电源转换效率，而且电池电量也会很快耗尽。所以图6.2中的解决方案对于平板电脑和便携式设备并不是十分有效。

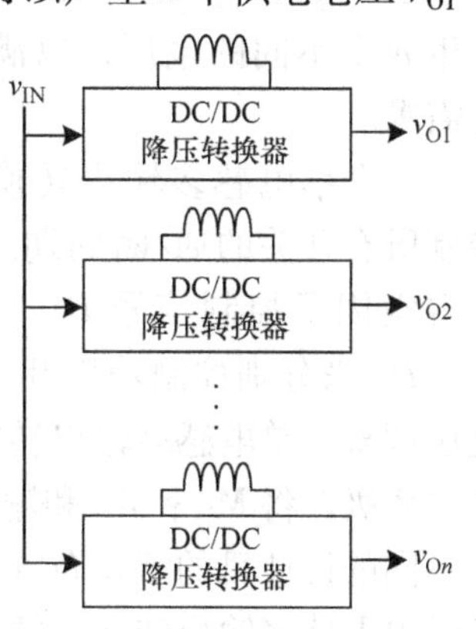

图6.1　n个并联的DC－DC降压转换器产生n个供电电压

一种可替代的方式是，一个单电感多输出变换器可以同时产生多个供电电压，如图6.3所示。这种结构只使用了一个电感和一个单电感多输出转换器芯片，其优势在于PCB面积和成本都得到大幅度降低。通过合理地将电感中存储的能量分配到每一个输出电压中，v_{O1} ~ v_{On}就可以得到合理的调整。所以在需要多个供电电压的应用中，单电感多输出转换器具有很大的吸引力。

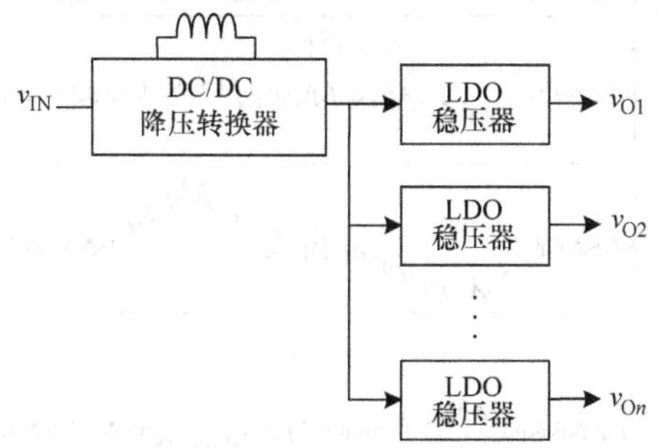

图6.2　将一个DC/DC降压转换器和n个并联的LDO稳压器级联，产生n个供电电压

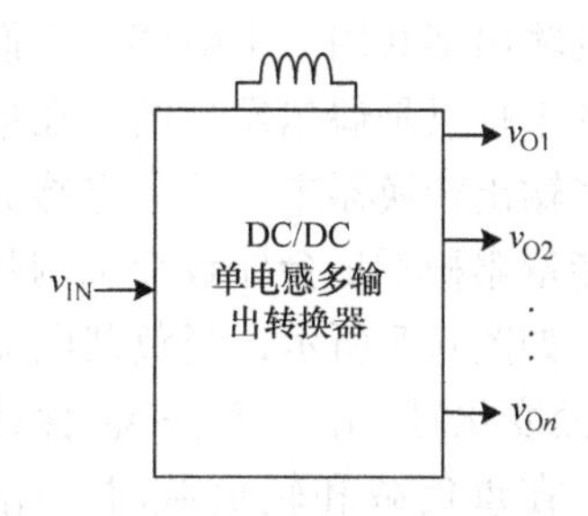

图6.3　一个单电感多输出转换器同时产生多个供电电压

6.1.1 结构

简单的单电感多输出转换器结构可以分为功率级和控制器两部分，如图6.4所示。与DC/DC降压转换器类似，上位MOSFET M_H、下位MOSFET M_L、电感L控制着从输入源v_{IN}获取能量，并存储到电感中。在单电感多输出转换器中，利用n个开关适当地将存储的能量分配给n个输出$v_{O1}\sim v_{On}$。所以，该结构就可以产生n个不同的电压，以满足不同应用的需求。

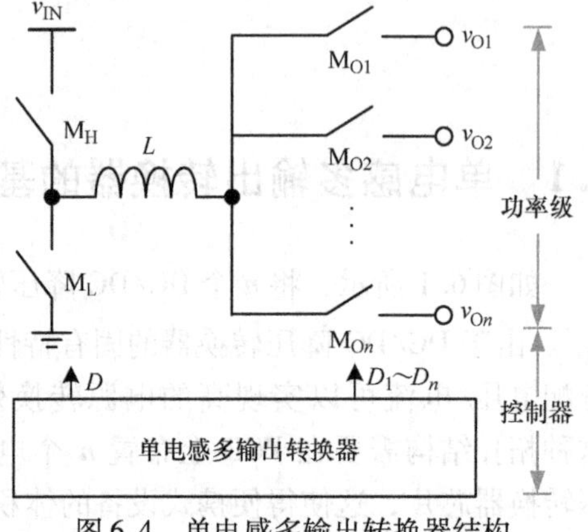

图6.4 单电感多输出转换器结构

一个单电感多输出转换器必须同时控制所有开关的通/断周期。必须通过产生占空因子控制信号D、$(1-D)$和$D_1\sim D_n$来分别控制功率开关M_H、M_L和输出开关$M_{O1}\sim M_{On}$，为每一个输出进行电压调整。单电感多输出转换器设计分为两个部分，即功率级设计和控制器设计。在功率级，将M_H、M_L和输出开关$M_{O1}\sim M_{On}$结合起来形成$2n$条通路。所以，对于不同的设计目的需要布置不同的能量通路顺序。此外，还利用额外的附加开关来增强单电感多输出转换器的性能，特别是提高电源转换效率。更重要的是，当考虑要获得高电源转换效率时，选择合适的功率开关控制方法是十分重要的。如我们所知，在单电感多输出转换器设计中需要进行多种折衷设计。在控制器中的功率开关控制方法，可以在预先设计的能量路径序列或负载相关的能量路径序列中确定所有开关的占空因子。接下来将讨论如何选择控制方法，比如选择基于纹波的控制方法还是基于误差的控制方法。

6.1.2 交叉调整

在单电感多输出转换器中，所有的输出都共用一个电感，它们之间的干扰只是偶尔发生的。在单电感多输出转换器中，单个电感器中的能量累积不足会导致交叉调整现象。如图6.5所示，当负载电流在v_{O2}处变化时，i_{O1}、$i_{O3}\sim i_{On}$保持恒定，在重负载和轻负载时，v_{O2}通常都会产生下冲和过冲现象，这与单输出降压转换器中的瞬态响应类

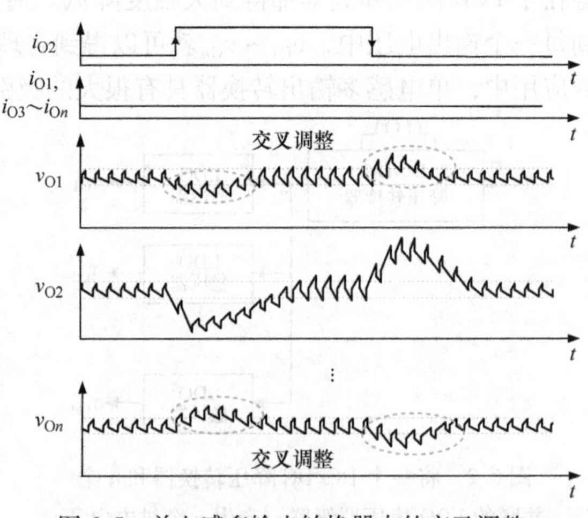

图6.5 单电感多输出转换器中的交叉调整

似。然而，不希望的电压变化也会出现在 v_{O1}、$v_{O3} \sim v_{On}$ 处。当负载没有变化时，在受影响输出端的电压变化就称为交叉调整。交叉调整可以定义为在没有任何负载变化的情况下输出电压变化与负载电流变化的比值，如式（6.1）所示，单位为 mV/mA。

$$交叉调整 = \frac{\Delta v_{Oj}}{\Delta i_{Ok}},\ j \neq k \tag{6.1}$$

在某一输出中的瞬时负载电流变化打破了单电感多输出转换器的稳态平衡能量传递序列。电感中存储的能量不再满足瞬时能量或释放的需求。因为有限的带宽，在短时间内提高或拉动电感电流水平到其新的平衡水平是不可能的，所以电压变化发生在所有输出端，并导致交叉调整。虽然电压变化可以通过每一个输出的反馈环路进行恢复，但因为所有输出之间的链式反应延长了恢复时间，所以其建立时间比单输出降压转换器要长。在单电感多输出转换器中的设计挑战是最小化交叉调整和提高电源管理单元中的供电质量。

6.2　单电感多输出转换器的应用

在不同的应用中，单电感多输出转换器可以用于最小化电源管理单元的尺寸。这些应用可以分为 SoC 和便携式电子系统应用两大类。SoC 在单芯片上集成了整个系统，以获得极高的集成度，这类设计通常采用诸如 65nm、28nm CMOS 等先进工艺。便携式电子系统，如平板电脑需要大的驱动电源，并在 PCB 上形成整个系统。

6.2.1　片上系统

如果可以将 SoC 上的子单元简单地划分为模拟电路和数字电路，那么简单的单电感双输出转换器就可以为这些子模块提供合适、独立的供电。然而，如果需要的供电电源范围较宽，那么单电感多输出转换器会比单电感双输出转换器更加适用。同样，减少一个电感也有益于减少电路面积，因为传统的电源管理单元需要两个以上的片外电感来产生双开关稳压器的输出电压，所以该方式也有效减少了 PCB 的面积。对于单电感双输出转换器，低输出电压纹波、最小化的交叉调整和高的电源转换效率都是重要的设计问题。在 SoC 集成中单电感双输出降压转换器如图 6.6 所示。在单电感双输出降压转换器中嵌入的功率开关可以通过片外电感，将能量从 $V_{battery}$ 传输到片外电容 C_{OA} 和 C_{OB}。所以，单电感双输出降压转换器可以产生两个输出电压 v_{OA} 和 v_{OB}，分别对模拟部分和数字部分进行供电。特别的是，在 SoC 系统中单电感双输出降压转换器可以保证电源管理单元的实现。然而，也必须仔细考虑单电感双输出降压转换器或者单电感多输出转换器的设计问题，以免 SoC 性能恶化。其中一个众所周知的设计挑战就是交叉调整。当任何一个输出突然发生负载电流变化时，由于积累的电感电流会出现在一个片外电感中，所以在其余的输出端都会产生交叉调整。

在单电感双输出降压转换器中，瞬态交叉调整会影响电源管理单元以及SoC应用中的供电电路性能。在SoC应用中，单电感双输出降压转换器的瞬态交叉调整效应如图6.7所示。模拟供电电压源v_{OA}为射频（RF）和功放（PA）部分供电，而数字供电电压源v_{OB}为数字电路供电。在数据传输周期内，大的供电需求使得负载电流i_{OA}大幅度增加，这会产生不希望的电压降v_{OA}。同时，即使在恒定负载情况下，v_{OB}也会受到电压变化的影响。这是因为只有一个电感用于为i_{OA}的负载变化传输能量，v_{OB}突然的电压变化会降低SoC中数字电路的性能。瞬态交叉调整会改变信号V_{fck}的频率，甚至会使得系统处理器或者其他数字电路工作异常。所以，如何最小化单电感双输出降压转换器的交叉调整成为了一个必须研究的课题。

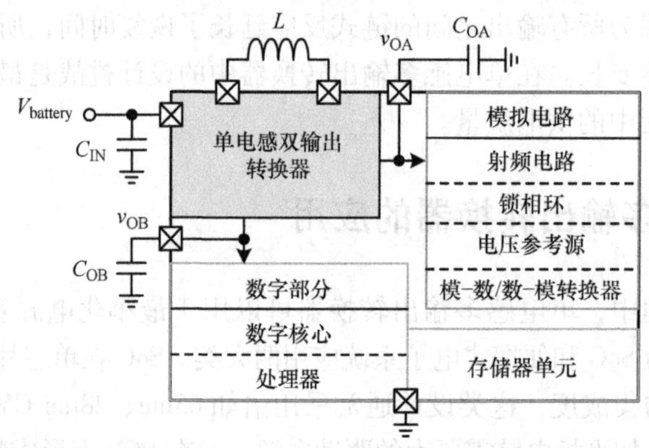

图6.6　单电感双输出降压转换器可以产生两个输出电压，分别对模拟部分和数字部分进行供电

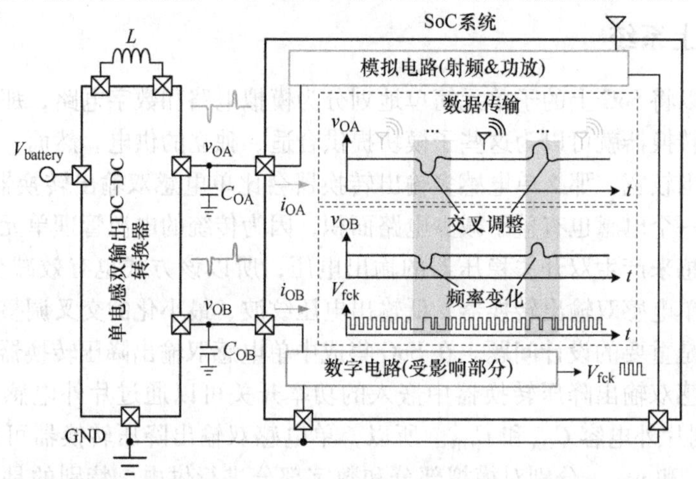

图6.7　单电感双输出降压转换器中的瞬态交叉调整以及SoC应用中的性能降低

6.2.2　便携式电子系统

随着商用便携式电子设备的发展，体积小、重量轻以及使用时间长都成为了消

费者的迫切需求。电源管理单元在便携式电子设备中具有举足轻重的作用，因为不同功能的子电路都需要高质量的电压源来保证其性能。因此需要一个成本低、PCB 面积小的电源管理单元，以尽量减少便携式电子设备的成本。

商用平板电脑的典型结构如图 6.8 所示。除了 LED 驱动器为背光灯供电，还有一对正/负电源为栅极驱动器供电以外，显示板还需要多个电源进行供电，这些电源都是通过 DC/DC 降压转换器实现的。在本应用中，四个 DC/DC 降压转换器芯片以及四个电感共同组成了解决方案，为输出提供了四组 1.2 ~3.3V 的供电电压。时序控制单元需要三组电源，即 3.3V、1.8V 和 1.2V。而栅极驱动器和源驱动器分别需要 2.5V 和 1.8V 供电。通常采用四组独立的降压转换器，每一个电路模块的性能都可以得到满足。

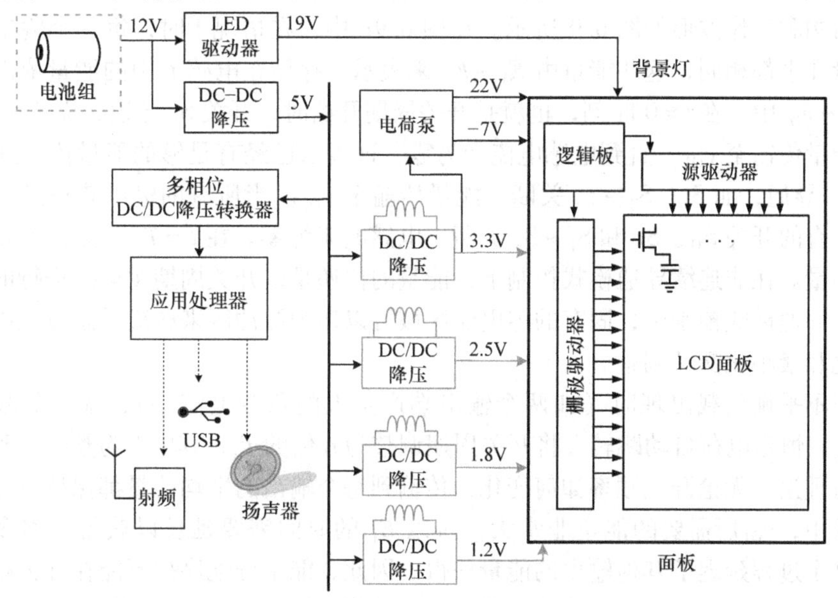

图 6.8　典型的商用平台电脑及其电源管理单元

然而，四组独立 DC/DC 降压转换器的劣势在于会占用大量的 PCB 面积，多个电感也会增加成本。而主要的考虑在于如何设计出具有体积小、重量轻和使用时间长的电源管理单元，且不会在商用平板电脑中出现闪烁效应。

6.3　单电感多输出转换器的设计指导

6.3.1　能量传输通路

功率级的能量传输设置与单电感多输出转换器的性能密切相关，特别是在交叉调整的考虑中，所以需要仔细考虑能量传输机制来保证有充足的能量供给多个输出，从而最小化交叉调整。此外，电感电流的直流值必须足够大以满足所有输出负载情况的要求。接下来将对一些具有代表性的单电感多输出转换器设计进行讨论和比较。

6.3.1.1 恒定电荷自动跳转

在单电感多输出转换器中，一种简单的最小化交叉调整方法就是通过零电感电流将能量传输路径区分开。所以，在每一个 PWM 开关周期结束时，非连续导通模式控制方法都可以保证电感电流归零。这样交叉调整就可以有效降低，因为有限的非连续导通模式带宽，所以会牺牲其他的转换器性能。

基于非连续导通模式操作，恒定电荷自动跳转（Constant - Charge Auto - Hopping，CCAH）的目的在于利用 $v_{O1} \sim v_{On}$ 的不平衡负载来最小化交叉调整。其拓扑结构和工作波形如图 6.9 所示。在图 6.9b 中，在情况 I 时，每一个输出所需的能量几乎都相同，这些能量由 $E_1 \sim E_n$ 来表示。存储在电感 L 中的能量依次分配到 $v_{O1} \sim v_{On}$ 中。在 $t=0$ 时刻，也就是开关周期开始时，开关 S_1 导通，而 $S_2 \sim S_n$ 关断，能量传输至 v_{O1}。直到电感电流变为零，这表示已经有足够的能量传输到 v_{O1}，开关 S_2 导通，而 S_1、$S_3 \sim S_n$ 关断，能量传输至 v_{O2}。当所有的输出获得足够能量时，所有的开关 S_H、S_L 和 $S_1 \sim S_n$ 关断，电感电流为零。在 $t=T_s$ 时刻，重新开始积累能量。在非连续导通模式控制下，能量的传递是以开关周期 $T=T_s$ 进行的。在非连续导通模式控制中，固有的零电流区域可以作为缓冲区来解决瞬态过程中的能量变化和最小化交叉调整。

当不平衡负载出现时（如两个输出端产生大的负载电流差），基于负载情况 $T=kT_s$，恒定电荷自动跳转会将开关周期调整为 n 倍的 T_s，其中 k 为整数。利用恒定电荷理论，无论开关频率如何变化，传输到每个输出的平均能量都保持恒定。在情况Ⅱ中，v_{O1} 所需要的能量非常大，所以 E_1 的时间需要延长以获得足够多的能量，这个过程延迟了其他输出的能量获得。因此，能量分配序列不能在开关频率下实现，在情况Ⅱ中，恒定电荷自动跳转将开关频率拓展到 $2T_s$。在情况Ⅲ中，当 E_2 非常大时，恒定电荷自动跳转将开关频率拓展到 $3T_s$。

恒定电荷自动跳转可以适应大范围的负载和不平衡负载，从而在交叉调整中延迟能量的获得，且开关频率随着负载电流的增加而减小。其明显的缺点是轻负载时开关功率损耗大，重载时纹波大。

6.3.1.2 伪连续导通模式

本章参考文献［9］中在每一个 PWM 开关周期结束时，伪连续导通模式（Pseudo - Continuous - Conduction Mode，PCCM）才迫使电感电流回到预定义 I_{DC} 的直流值上。非零的电感电流具有许多优点，包括驱动能力提升、比非连续导通模式更小的输出电压纹波等，当采用Ⅱ型补偿器时还具有更大的带宽。

在单电感多输出 DC - DC 降压转换器中，伪连续导通模式控制方法如图 6.10a 所示。除了开关 S_H、S_L 和 $S_1 \sim S_n$ 之外（在图 6.4 中，这些开关对于单电感多输出

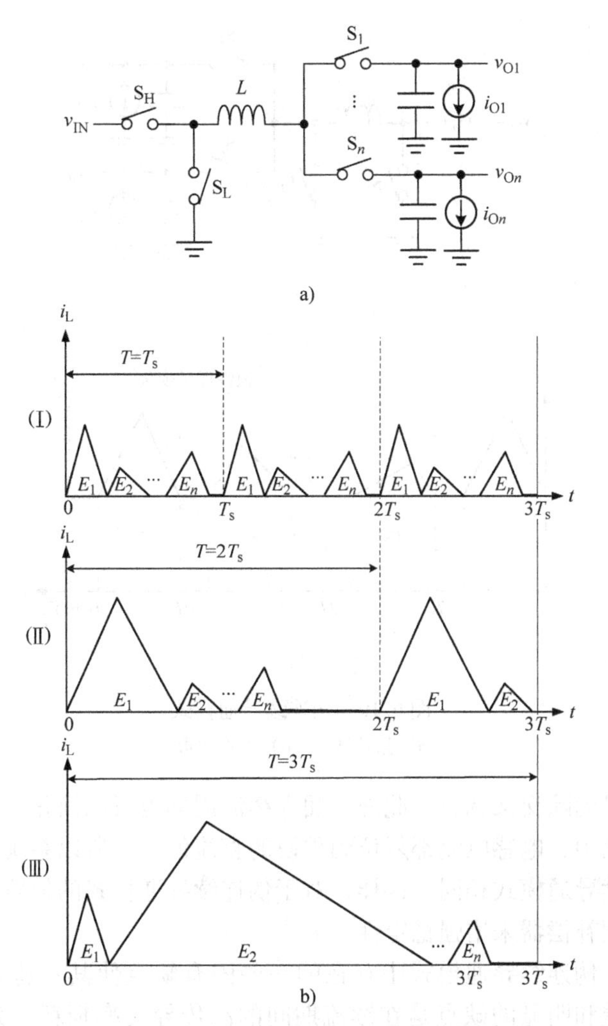

图 6.9　恒定电荷自动跳转

a）拓扑结构　b）工作波形

DC－DC 降压转换器基本拓扑结构中是必需的），图 6. 10a 中还采用了一个开关 S_f 来实现伪连续导通模式操作。电感中电流的工作波形如图 6. 10b 所示。在第一个开关周期（$0 \sim T_s$）中，能量 E_1 通过（S_H，S_1）和（S_L，S_1）分配到 v_{O1} 中，分别用于电感电流充电和放电。当电感电流回落到 I_{DC}后，S_L 和 S_F 构成续流通路直到开关周期终止。由于续流开关，短路电感器可以保持恒定的电感电流电平，$v_{O2} \sim v_{On}$在接下来的开关周期中得到能量 $E_2 \sim E_n$。在 n 个开关周期之后，能量再次分配给 v_{O1}。

插入续流周期将每一个输出分开，这种方式可以看作是一个能量缓冲器。一旦 n 个输出中的一个发生负载电流变化，相应的拓展或者压缩续流周期就可以调整负载变化的输出端电压，而不会影响到其他输出。所以如果可以保持足够长的续流周

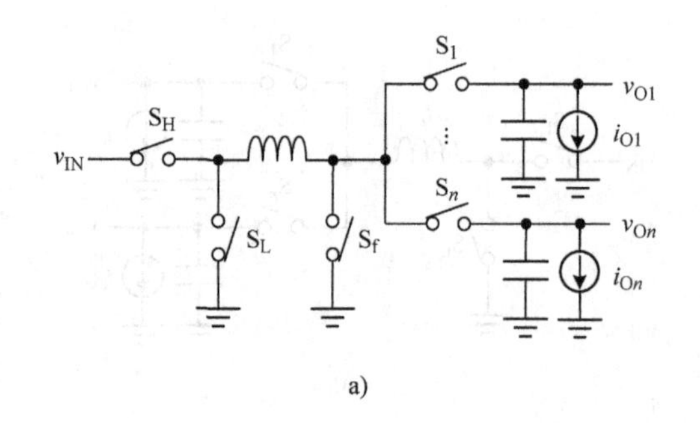

a)

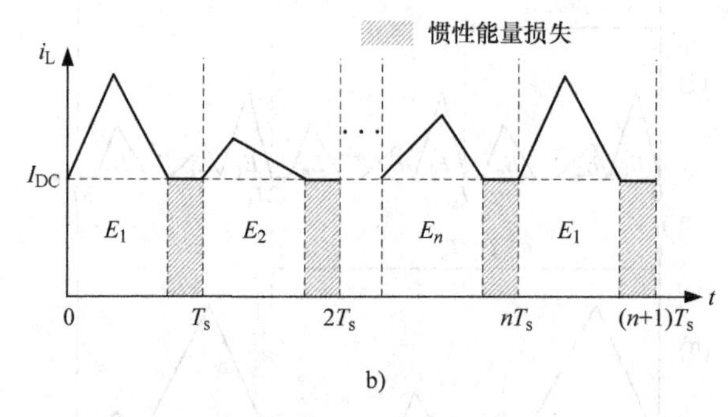

b)

图 6.10　伪连续导通模式

a）拓扑结构　b）工作波形

期，那么就可以消除交叉调整。此外，插入续流周期也可以简化补偿网络，因为在每一个开关周期中，电感电流都复位到预设的直流值上，所以系统阶数从二阶降为一阶，与非连续导通模式相同。这样，对于伪连续导通模式的补偿就比较简单，可以利用一个Ⅱ型补偿器来增强稳定性。

不幸的是，伪连续导通模式中存在的一些固有缺点使其不适合电池供电的应用。第一个关键和明显的缺点是在续流期间的高传导功率损耗。为了确保电压调整，I_{DC}总是高于所有输出的总负载电流，因为在续流周期中没有能量被传递到输出。在续流周期中，高 I_{DC}值的二次方与 S_L 和 S_f 的导通电阻的乘积会导致大的传导损耗，并大大降低电源效率。虽然大的续流功率开关可以减轻传导功率损耗，但是大的硅面积占用极大地增加了成本。由于重载电流的持续承受能力和低导通电阻，所以无限增加 S_f 的面积也是不可实现的。此外，如果根据负载条件动态地自适应调整合适的 I_{DC}，则能量缓冲区的设计在伪连续导通模式中将变得更加复杂。如果 I_{DC}太小，则会出现大的电压纹波和不可调整的问题。如果 I_{DC}太大，则大的导通功率损耗会恶化电源转换效率。第二个致命的缺点是极大的输出电压纹波。伪连续导通模式的输出电压纹波特性与非连续导通模式类似，这是因为峰值电感电流是由负载电流决定的。特别是在重负载时，输出电压纹波会大幅度增加。伪连续导通模式的转换效率恶化使其不适合平板电脑或电池供电的应用。

6.3.1.3　自适应能量恢复控制

为了同时获得较小的交叉调整，并降低续流功率损耗，本章参考文献［10］提出了自适应能量恢复控制（Adaptive Energy Recovery Control，AERC）技术。取代续流周期，自适应能量恢复控制技术中构建了一个能量恢复周期。自适应能量恢复控制产生的能量恢复周期是由与负载有关的占空因子进行反馈控制实现的。这个恢复周期负责消除子通路之间的耦合效应，且在瞬态情况下作为一个缓冲区域。如图 6.11a 所示，利用开关 S_{DR} 来形成一个能量恢复通路，工作波形如图 6.11b 所示。在开关周期开始时，能量依次分配到各个输出端。所有的输出端都得到足够的能量，并在剩余的开关周期中激活能量恢复周期。电感电流通过 S_L、L 和 S_{DR} 回流到输入源中进行能量恢复。换言之，只要有足够的能量存储在电感中，就可以应对所有输出中突然的负载变化。

无论是自适应能量恢复控制中的能量恢复周期还是伪连续导通模式中续流周期，都是作为一个能量的缓冲区域来最小化交叉调整。与伪连续导通模式相比，在自适应能量恢复控制中不需要直流电感电平进行判决。在不同的负载情况下，一旦所有输出端的能量分配完成，那么能量恢复周期自动终止。虽然能量可以回流到输入源中重新利用，但 S_L 和 S_{DR} 的导通电阻仍然会产生大的导通功率损耗。所以，这种有源能量恢复技术仍然不能解决电源转换效率恶化的问题。换言之，自适应能量恢复控制技术可以保证控制的稳定性，并降低交叉调整，但这都是以降低电源转换效率为代价得到的。

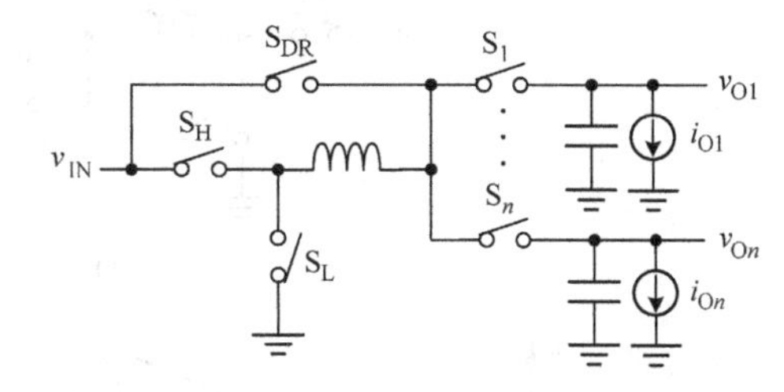

a)

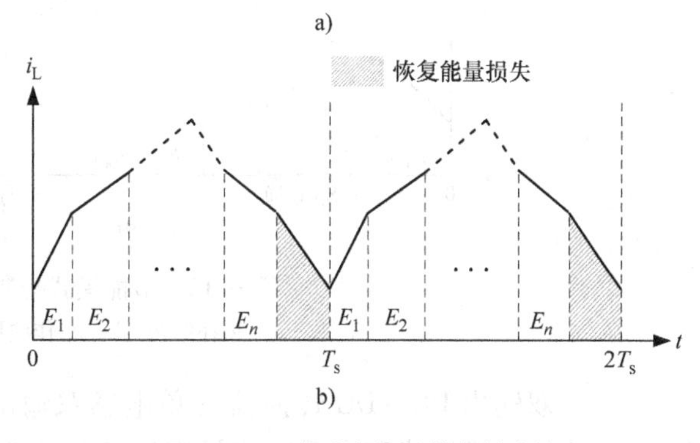

b)

图 6.11　自适应能量恢复控制
a）拓扑结构　b）工作波形

6.3.1.4　节能模式控制

从之前的讨论中可以得知，牺牲一部分电源转换效率，在能量控制序列中插入一个能量缓冲器可以最小化交叉调整。然而，对于需要长时间使用的便携式或者穿戴式电子设备而言，高的转换效率是十分重要的。节能模式控制（Energy Conservation Mode Control，ECM）根据输出负载状况移除了缓冲区域，并重新布置了能量通路。所以，由于删除了续流级，便可以同时获得高的转换效率和低的交叉调整。

节能模式控制的单电感多输出转换器的拓扑结构如图 6.12a 所示，并包括图 6.4 中基本单电感多输出转换器的外部开关。正如之前讨论的，该拓扑结构包含了 $2n$ 条能量通路，其中包括 n 条经过上位开关 S_H 的电感充电通路和经过下位开关 S_L 的放电通路。在一个开关周期内，结合这些通路的正、负斜率，节能模式控制的电感电流波形如图 6.12b 所示。当 S_H 导通，S_L 关断时，电感电流进行充电，能量从第一个输出端到最后一个输出端依次分配。当 S_H 关断，S_L 导通时，电感电流放电，能量从最后输出端到第一个输出端依次释放。从另一个观点来看，节能模式控制方法使用 n 个电感电流在不同电流水平的叠加，能量水平 $E_1 \sim E_n$ 从底部叠加到顶层以构造电感电流波形。

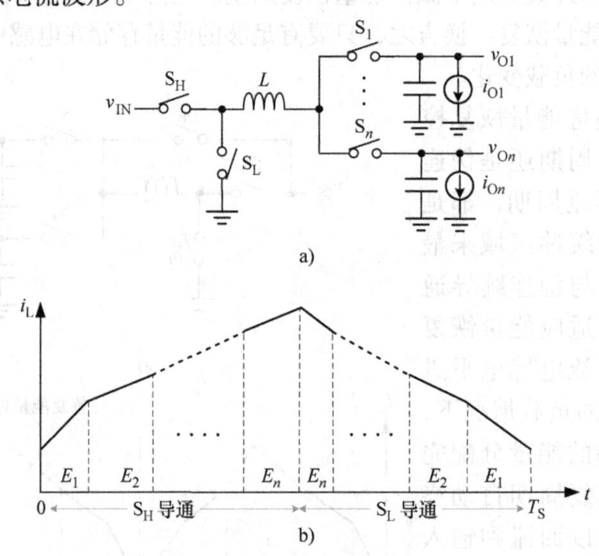

图 6.12　节能模式控制

a）拓扑结构　b）工作波形

以一个双输出 DC - DC 转换器（单电感双输出转换器）为例，在节能模式控制下，伪连续导通模式和自适应能量恢复控制的能量损失如图 6.13 所示。在伪连续导通模式或自适应能量恢复控制中，缓冲区域不仅产生额外的损耗，也会增加电感电流水平。电流水平增加会在单电感多输出转换器的所有开关中产生大的导通功率损耗，并进一步降低电源转换效率。相比之下，节能模式控制同时移除了缓冲区域，并降低了电感电流水平。显然，伪连续导通模式和自适应能量恢复控制中的平均电感电流水平 $I_{L,avg,buffer}$ 会高于节能模式控制中的平均电感电流水平 $I_{L,avg,ECM}$。节能模式控制的优势在于 $I_{L,avg,ECM}$ 等于整个负载电流，换言之，没必要增加电感电流，就可以降低导通功率损耗。

6.3.1.5　降压和升压单电感多输出转换器

单电感双输出转换器结构如图 6.14 所示，该结构利用一个电感就可以实现降

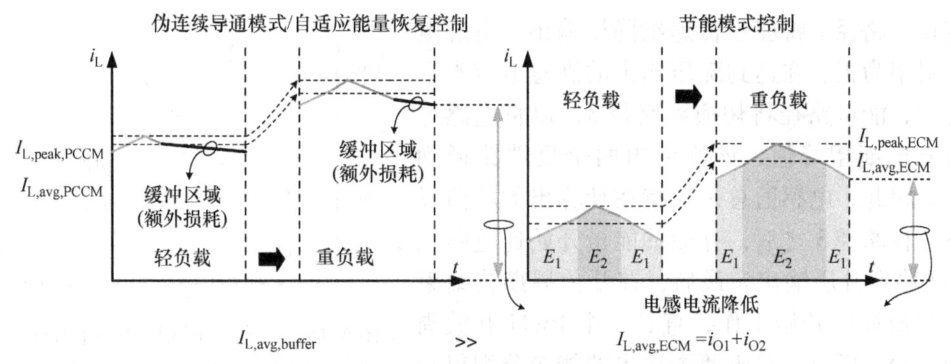

图 6.13　在两输出 DC－DC 转换器中，伪连续导通模式、自适应能量恢复控制和节能模式控制的比较

压和升压的输出。为了最小化功率开关数量，节约硅片面积，必须仔细布置两个输出的能量输出路径。在功率级设置了三个功率开关和一个续流开关，两个输出都可以经过误差放大器反馈回控制器中。全范围电流检测电路用于获得完整的电感电流信息，以实现电荷守恒方法的占空因子调制，该控制逻辑可以为功率开关产生控制信号。这种技术可以实现类似的电流模式控制，从而获得低输出电压纹波。虽然两条反馈通路都需要一个Ⅱ型补偿器，但可以使用一个电流模式Ⅱ型补偿器来简化设计，降低成本。

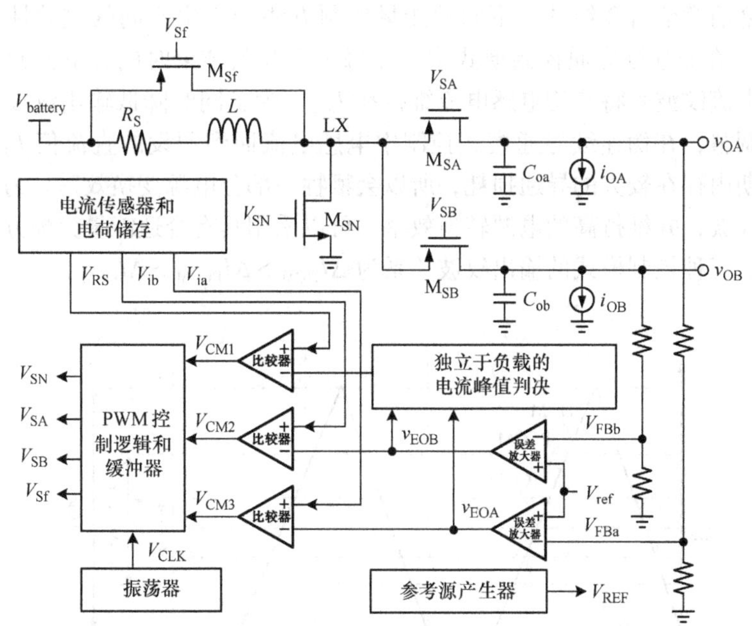

图 6.14　具有一个降压和一个升压输出电压的单电感双输出转换器的能量分配路径和电荷守恒控制技术

图 6.15 所示为从输入电池电压源向两个输出提供能量的电感电流的能量传递

路径。路径1将能量传递给降压输出，电感电流斜率为正。在达到降压输出的满意电流水平之后，能量路径将切换到路径3，以将电感电流充至期望峰值，该峰值由两个反馈路径确定。因此，电感值总是保持在计算出的峰值以下。在路径3之后，存储的能量开始通过路径2转移到升压输出。最后，在开关周期快结束时续流操作开始工作，直到一个PWM开关周期开始。所以，对于两个输出的能量分配得到了很好的布置。相比之下，虽然该结构可以最小化功率开关的数量，但是相比于降压输出会产生负的电感电流斜率，升压输出需要更大的负载电流。也就是说，当放电操作激活时，升压操作主要用于释放电感电流。然而，在电源管理单元设计中该拓扑结构并不适用于SoC，这是因为该电路不能随时满足负载电流标准。换言之，如果考虑到所有的过载电流范围，则不能简单地移除低位功率开关来降低成本，否则会导致稳定性问题。

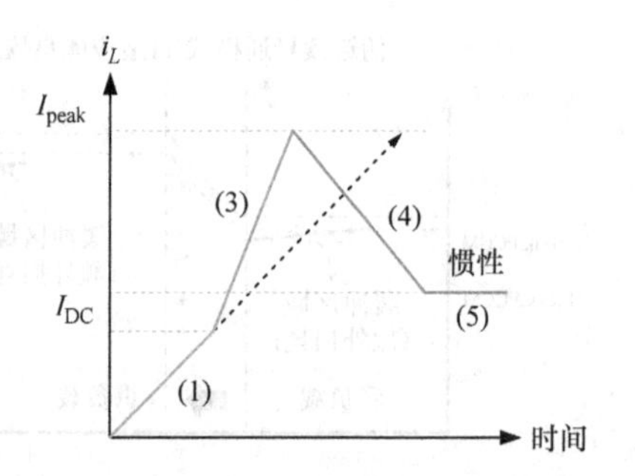

图6.15　具有一个降压和一个升压输出电压的单电感双输出转换器的能量传递方法

6.3.1.6　纹波性能比较

正如之前章节所介绍的，不同的能量控制方法会产生不同的纹波性能，如图6.16所示。在非连续导通控制模式中，在每一个开关结束时电感电流归零，这时需要大的电流纹波来将平均电感电流维持在I_{avg}。为了同时降低输出纹波，并获得小的交叉调整，在伪连续导通模式控制中电感电流回到预设的直流值I_{DC}。然而，在续流周期内存在较大的导通损耗，所以会牺牲一部分电源变换效率。为了进一步降低输出纹波，并维持高的电源转换效率，可以采用具有合适能量分配方式的连续导通模式。三种控制模式的输出纹波关系为$\Delta I_{DCM} > \Delta I_{PCCM} > \Delta I_{CCM}$。

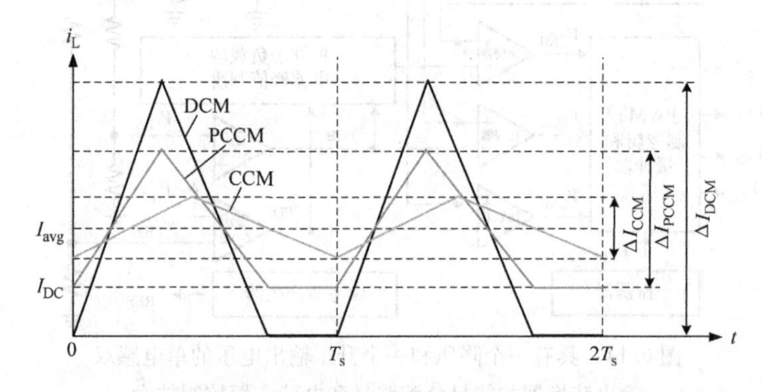

图6.16　非连续导通控制、连续导通控制和伪连续导通模式的纹波性能比较

6.3.1.7　电感振铃抑制

在轻负载和具有离散导通模式控制的单电感多输出转换器中，电感振铃抑制有助于抑制电磁干扰问题。电感振铃抑制的框图如图 6.17 所示。引入开关 S_{RS} 和电感振铃抑制逻辑来抑制电感振铃现象。一旦电感电流归零，所有输出开关关闭以避免产生负电感电流。因为电感中存在残余能量，所以当所有开关关闭时，v_X 开始振铃。该振铃降低了电磁干扰性能。如图 6.18b 所示，在零电感电流周期内 S_{RS} 导通，可以钳制振铃效应来抑制电磁干扰。

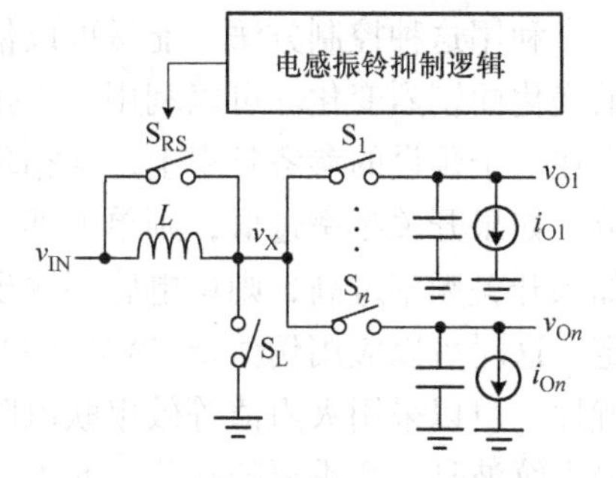

图 6.17　电感振铃抑制的框图

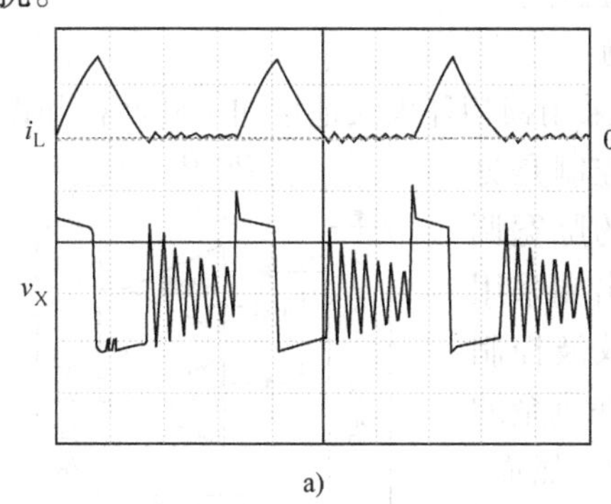

a)

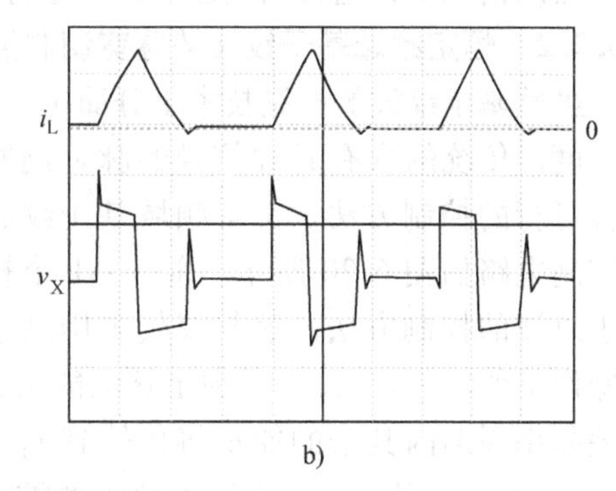

b)

图 6.18　电感电流振铃波形

a）无钳位　b）钳位后

6.3.2　控制方法分类

从之前的讨论中可知，不同的能量通路设计可以决定电感电流波形和能量分配序列。接下来将介绍如何确定从一个序列到另一个序列的切换点，这类似于降压转换器中的占空因子生成。而第 3 章介绍的控制方法可以采用不同的组合进行实现。

6.3.2.1　仅基于纹波的控制

仅基于纹波的控制直接比较输出电压与参考电压，是最简单产生占空因子降压转换器的方法。在基于纹波控制的单电感多输出转换器中，如图 6.19 所示，多个输出电压 $v_{O1} \sim v_{On}$ 分别与独立的参考电压 $V_{ref1} \sim V_{refn}$ 进行比较。在开关频率的初始阶段，能量传输到 v_{O1}。当 v_{O1} 达到 V_{ref1} 时，表明已经有足够的能量传输到 v_{O1}，

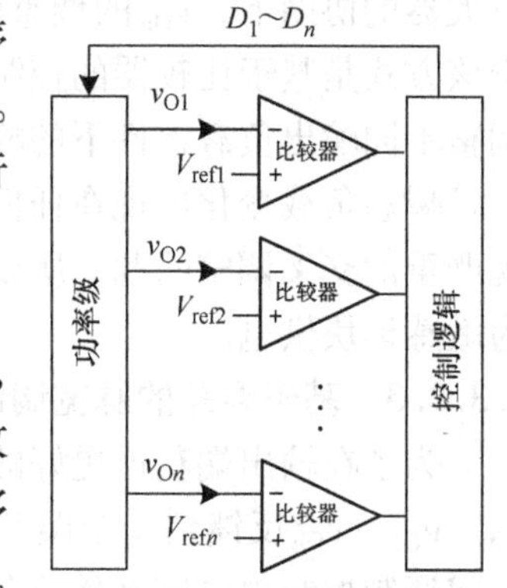

图 6.19　基于纹波控制的电路框图

这时关闭开关 S_1，打开 S_2，能量开始传输到 v_{O2} 中。当所有输出都得到足够的能量后，一个完整的开关周期结束。

利用这种控制方法，能量可以依次传输到输出端。开关频率随着输出负载情况的变化而剧烈变化。可以利用一个锁相环电路来获得固定的频率。假设开关频率锁定在一个预设的参考频率上，锁相环中的电荷泵输出电压可以用于控制峰值电感电流。如果开关频率过低，则单电感多输出转换器就会降低电感电流的峰值。相反，如果开关频率过高，则单电感多输出转换器就会增加电感电流的峰值来完成频率锁定。这时可以应用伪恒定 PWM 控制机制。为了在占空因子判定中获得更高的抗干扰性，可以采用大阻值等效串联电阻的电容。因此，在基于纹波的控制中，较大的输出纹波是一个重要的缺陷。此外，由于存在与参考电压的偏差，所以在没有误差放大器的情况下，电压调整性能并不是特别良好。

6.3.2.2 恒定频域基于纹波的脉宽调制控制

虽然基于纹波的控制技术十分简单，但采用锁相环极大地增加了硅面积和设计复杂度。传统的含有时钟信号的脉宽调制控制是另一种可行的控制方法。恒定频域基于纹波的脉宽调制控制电路如图 6.20 所示。前 $n-1$ 个输出端采用基于纹波的控制方法，这与仅仅采用基于纹波控制的操作类似。一旦 v_{On-1} 得到足够的能量，在剩余的开关频率周期内其余的能量将传输到 v_{On} 中。然而，与 $v_{O1} \sim v_{On-1}$ 不同，v_{On} 由误差放大器控制。误差放大器将 v_{On} 和 V_{refn} 的差值放大，从而控制峰值电感电流。如果 v_{On} 小于 V_{refn}，则误差放大器控制并增加峰值电感电流。如果 v_{On} 大于 V_{refn}，则误差放大器控制并减小峰值电感电流，从而进行电压调整。在误差放大器的协助下，v_{On} 的调整性能得到了保证。但由于该方式是基于比较器的控制方法，所以 $v_{O1} \sim v_{On-1}$ 的调整性能仍然较差。此外，调整不同输出负载条件下的峰值电感电流必须通过改变误差放大器的输出来实现。一旦瞬态负载变化出现在任何一个输出端，v_{On} 都会受到影响。这表明在 v_{On} 处会出现严重的交叉调整问题。所以，虽然 v_{On} 由误差放大器进行控制，但其并不适用于为敏感模块供电。

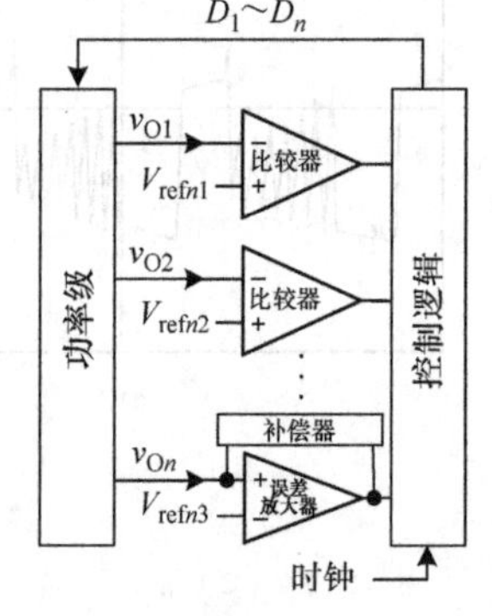

图 6.20 恒定频域基于纹波的脉宽调制控制电路框图

6.3.2.3 基于误差的脉宽调制控制

为了在输出端获得更好的调整性能，需要采用 n 个误差放大器，如图 6.21 所示。$v_{O1} \sim v_{On}$ 反馈到 n 个误差放大器中，从而产生独立的误差信号。在基于误差的脉宽调制控制单电感多输出转换器中，可以采用电压模式或者电流模式的控制方法。如果采用电流模式控制，则需要电感电流信息 i_L 来协助决定占空因子。相比之下，电压模式控制的单电感多输出转换器会占据更大的 PCB 面积，不适用于体积小、成本低的便携式和穿戴式电子应用中。

6.3.2.4　续流电流反馈控制

在伪连续导通模式控制中，需要续流电流反馈控制。续流电流反馈控制环路的电路框图如图 6.22 所示，需要两个包含续流电流 i_{fw} 的电流反馈和电感电流 i_L。在续流周期内，预置参考续流电流 I_{DC} 用于定义直流电流。电路感知平均续流电流 i_{fw}（$i_{fw}R_s$），并将其输出到误差放大器。$i_{fw}R_s$ 和 I_{DC} 的差值被放大，并用于产生误差信号 v_{cfw}，之后可以将 v_{cfw} 看作是 v_c 峰值电流模式降压转换器。通过感知电感电流，并将 v_{cfw} 和 i_LR_s 比较，经由控制开关 S_H 和 S_L，就可以决定峰值电感电流的大小，同时，i_{fw} 也被调整到 I_{DC}。

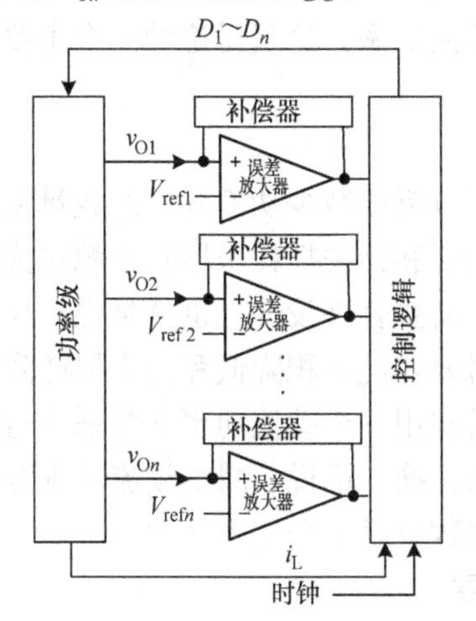

图 6.21　基于误差和电流模式脉宽调制控制的电路框图

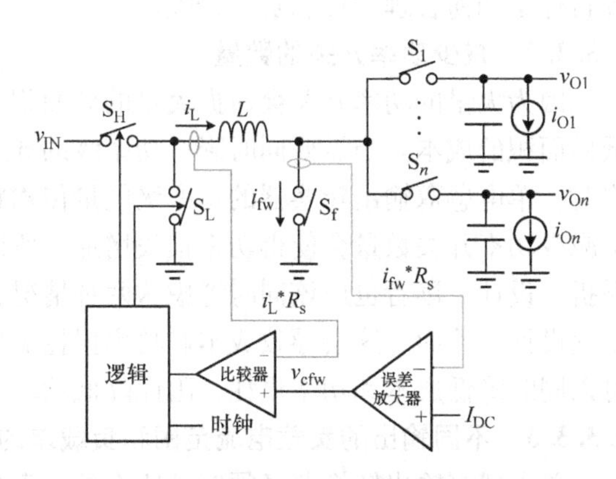

图 6.22　续流电流反馈控制环路的电路框图[21]

在续流周期内，基于不同的负载状况，可以对 I_{DC} 进行调整，以最小化开关损耗。当负载减轻时，I_{DC} 降低以减少电感中的能量存储。当负载较轻时，若 I_{DC} 降低到零，则伪连续导通模式操作与非连续导通模式控制类似。当负载增加时，I_{DC} 上升，增加了存储在电感中的能量，因此有利于瞬态能量的需求，并提升瞬态响应性能。

6.3.3　设计目标

由于单电感多输出转换器只需要一个电感和一颗芯片，因此在电源管理单元中它的主要优势在于紧凑的面积。然而，因为单电感多输出转换器设计的复杂性，所以具有多个开关转换器的电源管理单元往往具有更优的性能。因此在单电感多输出转换器中，提升这些特性是十分重要的。对于便携式和穿戴式设备的应用，存在多个设计目标，包括电源效率、负载电流范围、输出电压纹波、交叉调整和瞬态响应，必须合理设计这些参数以满足便携式和穿戴式电子设备的要求。

6.3.3.1 电源转换效率提升

在单电感多输出转换器中，两个因素决定了电源转换效率，分别是能量传输设计和功率级开关控制。如6.3.1节所讨论的，插入能量缓冲区域，如自适应能量恢复控制和伪连续导通模式技术都会极大地降低电源效率。所以在便携式和穿戴式电源管理单元设计中都应避免使用能量缓冲区域。

在单电感多输出转换器中，存在着大量由NMOS和PMOS实现的功率开关，这些开关和电源效率息息相关，特别是在重负载时，功率开关的导通电阻决定了导通损耗，并对电源效率产生影响。在平板电脑应用中，通常需要供电电压具有很宽的范围。然而，在传统单电感多输出转换器设计中，当多个电压都具有较宽的输出范围时，电路不能同时维持低导通电阻和高的电源转换效率，这里讨论的一个主要设计目标是如何合理地控制功率开关。

6.3.3.2 减少功率开关的数量

因为大量的功率开关会占据大量的硅面积，所以需要减少功率开关的数量来降低硅面积的成本。当需要同时降低功率级的导通损耗和开关损耗来增强电源转换效率时，单电感双输出转换器的功率级能量传输路径需要合理设计。也就是说，简单地减少功率开关数量会使得功率损失增加。所以需要在硅面积降低和功率损耗降低做折衷设计。读者也应该同时考虑这两种情况，通常用一个续流功率开关来进行稳定性设计，然而，这会导致成本和功率损耗的增加。换句话说，减少续流功率开关可以同时降低成本和功率损耗，因此降低功率开关数量是十分有意义的。

6.3.3.3 不同输出的负载电流范围和负载差的扩展

单电感多输出转换器必须覆盖所有的负载电流范围，以保证正确的电路功能。在平板电脑应用中，T_{CON}和源极驱动器的多个电源电压可能工作在电流值相差较大的负载电流下，因为所有的输出都共享一个电感，所以很难在单电感多输出转换器调整所有输出电压。在不同的输出电流范围和大负载差的条件下，能量分配方法对于保证所有输出的高性能尤为重要。

6.3.3.4 降低输出电压纹波

在平板电脑系统中，单电感多输出转换器为各个电路供电。然而，必须保证输出电压的质量，因为平板电脑系统中存在大量噪声敏感的子电路，所以必须考虑电源管理单元中的输出电压纹波。在单电感多输出转换器中，当多个输出之间具有大的负载电流差时，很难实现较小的输出纹波。一种压缩电压纹波的直接方式是采用小阻值的等效串联电阻，通过采用具有小阻值等效串联电阻的输出电容，从而抑制电压纹波、过冲和下冲。然而，在基于纹波的控制中，电路的抗噪声性能较差。对于平板系统来说，具有优良调整性能的基于误差的脉宽调制控制是一种合适的选择。

6.3.3.5 降低交叉调整

因为分配到所有输出的能量都存储在一个电感中，所以在单电感多输出转换器中交叉调整是一个固有的问题。在瞬态响应期间，电感电流不能快速变化，某一输出中的一个负载变化可能影响其他输出。正如6.3.1节讨论的，在牺牲电源转换效率性能的前提下，可以采用多种方法来最小化交叉调整。然而，在平板电脑应用中，这与高效率设计又发生了矛盾。所以，减少所有输出之间的干扰是单电感多输出转换器控制方法设计中的一个问题。

6.3.3.6 改善瞬态响应

对于电源管理设计来说，负载瞬态响应是基本的要求。因为每一个输出的负载电流都可能突然发生变化，所以需要单电感多输出转换器能在一个可接受的时间内，从过冲和下冲中恢复出输出电压。此外，负载瞬态响应可以用来证明系统的稳定性，以进一步保证稳定运行。所以，在单电感多输出转换器中，快速的负载瞬态响应也是一个重要的设计目标。

6.4 用于片上系统的单电感多输出转换器

6.4.1 电感电流控制中的叠加定理

图6.23所示为单电感多输出转换器功率级中的四种不同的能量传输通路。双输出降压操作工作在3.3V输入电池电压$V_{battery}$，分别输出标称电压v_{OA}为1.8V，v_{OB}为1.2V。四条直接能量通路共同保证能量传输功能，并对输出电压进行调整。通路1和通路3作为电感充电通路，如图6.23a和c所示，其具有正斜率，将能量分别传输给v_{OA}和v_{OB}。通路2和通路4作为电感放电通路，如图6.23b和d所示，其具有负斜率，将能量分别传输给v_{OA}和v_{OB}。当四条能量传输通路结合起来，在连续导通模式操作中就可以将能量合理分配到双输出端中。

基于连续导通模式操作的特性，在稳态工作状态中的一个开关周期之内，电感电流的最终值等于初始值。然而，如图6.23所示的电感电流波形是稳态能量传输通路的特定组合，由模式决定信号V_{MODE}控制。V_{MODE}确定两个独立的方法来实现在单电感双输出转换器中的操作。因此，为了最小化两个输出端之间，由输出负载电流阶跃和大负载电流差引起的瞬态和稳态交叉调整，双模式能量传输方法可以合理地布置能量传输通路和电感电流水平。因此，当负载瞬态响应发生时，可以通过快速调整电感电流来减小瞬态交叉调整，并且在单电感双输出转换器中，减小输出电压纹波的同时最小化稳态交叉调整。

节能模式控制中通路1-3-4-2的时序框图如图6.24所示。这个顺序是由系统时钟V_{clk}触发的顺序决定的。误差信号v_{EA}决定了传输是经过通路1到通路3和通路2到通路4的。也就是说，对于输出v_{OA}，通路1和通路2分别由v_{SUM}和v_{EA}决定。同样，通路3和通路4分别由v_{SUM}和v_{EB}决定，也就是v_{EAB}和v_{EA}的差值。通过电感电流叠加机制，节能模式控制可以实现双降压操作。两个误差信号，

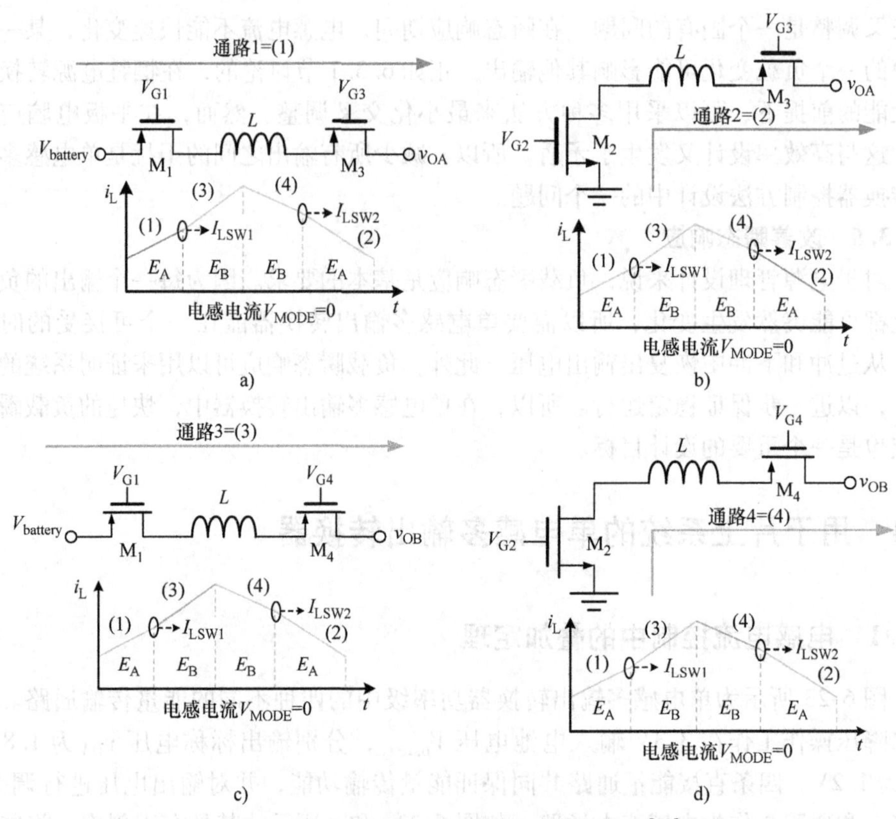

图 6.23 功率级的四条独立能量传输通路[13]

a）v_{OA}的电感电流充电通路

b）v_{OA}的电感电流放电通路 c）v_{OB}的电感电流充电通路

d）v_{OB}的电感电流放电通路

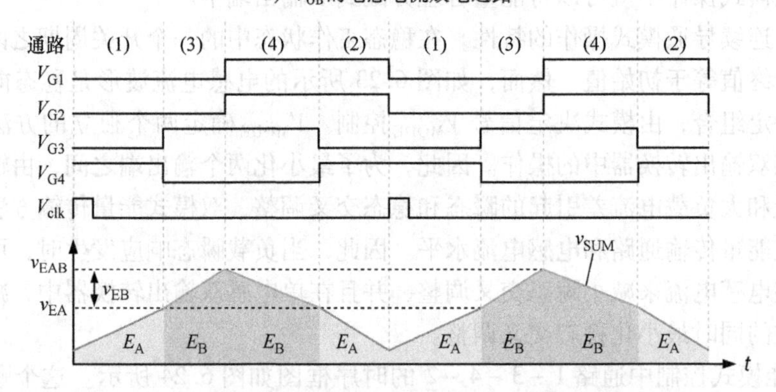

图 6.24 节能模式控制中通路 1-3-4-2 的时序框图

包括两个输出所需的能量，都可以在一个脉宽调制开关信号周期内得到调制。所以，在每一个开关周期内，每一个输出都可以从输入电池中得到功率。此外，每一

个功率开关 $M_1 \sim M_4$ 都会根据能量传输通路顺序，在一个开关周期内通断两次。

6.4.2 双模能量传输方法

由模式信号 V_{MODE} 控制的双模能量传输方法如图 6.25 所示。如果传输到输出端 v_{OA} 的能量小于 v_{OB}，则 V_{MODE} 设置为低，能量传输通路遵循通路 1 - 3 - 4 - 2 的顺序。所以，当系统时钟 V_{clk} 触发时，在脉宽调制开关周期开始时能量传输到 v_{OA}。相比之下，当输出 v_{OA} 所需能量大于 v_{OB} 时，V_{MODE} 设置为高，所以当传递到 v_{OB} 的能量与 V_{clk} 同步时开始，能量传输路径遵循通路 3 - 1 - 2 - 4 的顺序。四个能量传输通路之间的开关也由求和信号 v_{SUM} 与 v_{EAB}、v_{EA} 和 v_{EB} 的交点确定。在这种情况下，与先前的研究相比较，v_{EAB} 和 v_{SUM} 的交点确定了峰值电感电流，以优化电感中存储的能量，这是因为 v_{EAB} 是 v_{EA} 和 v_{EB} 的总和，代表了双输出的精确能量需求。利用具有电流编程控制的单电感双输出转换器的叠加，类似于两个单独输出降压转换器中的电感电流组合。此外，当 V_{MODE} 为零时，v_{EA} 决定了传输点从通路 1 到通路 3，以及通路 4 到通路 2。E_A 表示为 v_{OA} 提供的能量，而且是在具有较低电感电流值的周期内进行传送。E_B 表示为 v_{OB} 提供的能量，并位于包含峰值电感电流的时间内。此外，当 $V_{MODE}=1$ 时，误差信号 v_{EB} 决定了能量传输点从通路 3 到通路 1，以及通路 2 到通路 4。E_B 是在具有较低电感电流值的周期中导出的，而 E_A 是在峰值电感电流附近得到的。任何一种能量运行模式通过 V_{MODE} 的值都可以实现具有电流编程控制的能量传输方案。

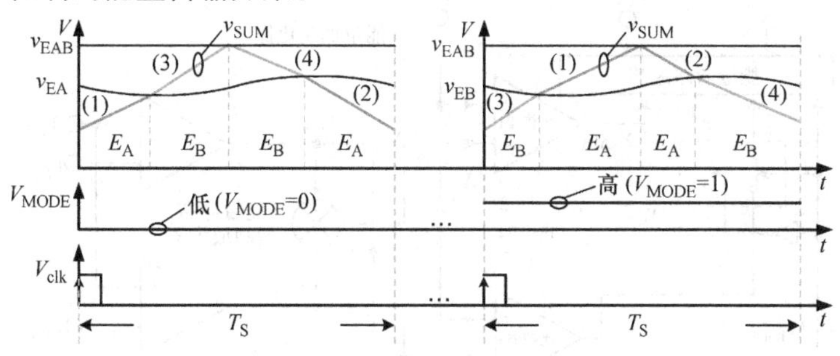

图 6.25　双模能量传输方法

低压配电控制机制（Low - Voltage Energy Distribution Controller，LV - EDC）如图 6.26 所示。在节能模式控制方法中，在能量分配调整放大器电路中的每一个补偿增强多级放大器都作为误差放大器，反馈每一个输出负载情况，并产生误差信号 v_{EA} 或 v_{EB}。有相关资料中介绍补偿增强多级放大器都设计为低压结构，保证了高的系统环路增益，以实现良好的输出电压调整。能量调制电路由三个独立的比较器、能量通路逻辑组成，可以为每个不同的输出电压控制占空因子。

当 V_{MODE} 设置为低时，精确的控制机制如图 6.26a 所示。在图 6.25 中，能量传输通路顺序选择为通路 1 - 3 - 4 - 2，那么通过比较器 1 和 2，v_{EAB} 与 v_{EA} 分别与

v_{SUM}进行比较。紧接着，比较输出信号v_{CAB}和v_{CA}输出到能量通路逻辑中，以决定控制信号，从而控制功率开关的通断。在图6.26b中，当V_{MODE}设置为高时，通过比较器1和2，v_{EAB}与v_{EA}分别与v_{SUM}进行比较，能量传输通路顺序选择为通路3-1-2-4。能量通路逻辑可以决定具有同步时钟信号V_{clk}的4bit控制信号V_{CTL}，从而实现能量传输通路。在功率级，双模能量传输方法会导致不同的能量传输机制产生不同的输出负载电流。为了进一步增强瞬态和稳态交叉调整，能量传输通路必须根据两个输出的关系进行优化。同时必须相应地调整能量运行模式和能量传输通路，以获得用于双输出的合适的能量传输方案。

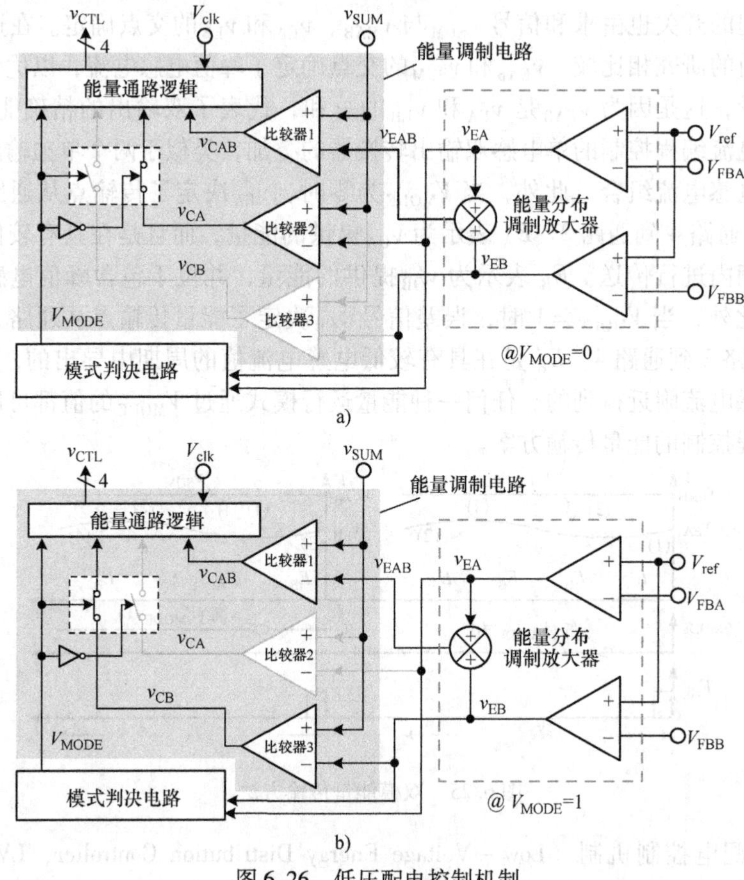

图6.26 低压配电控制机制

a）$V_{MODE}=0$时 b）$V_{MODE}=1$时

6.4.3 能量模式转换

在SoC中，输出电压纹波通常限制在一定的范围内（通常是5%），以避免对其中的一些噪声敏感模拟子电路产生影响。在单电感双输出转换器中，Δv_{OA}和Δv_{OB}分别为两个输出v_{OA}和v_{OB}的输出电压纹波，如式（6.2）和式（6.3）所示。

其中 R_{LA} 和 R_{LB} 分别为 v_{OA} 和 v_{OB} 的等效负载电阻；$T_{on,M3}$ 和 $T_{on,M4}$ 分别为功率开关 M_3 和 M_4 的导通周期；R_{ERA} 和 R_{ERB} 分别为输出电容 C_{OA} 和 C_{OB} 的等效串联电阻。

在式（6.2）和式（6.3）中，第一项包含了输出电压、负载电流以及输出电容的信息。设计参数决定了这些值。所以式（6.4）中电感电流 I_{LSW} 流过每一个开关，也是图 6.23 中 I_{LSW1} 和 I_{LSW2} 的最大值，且 I_{LSW} 决定了输出电压纹波。I_{LSW1} 和 I_{LSW2} 代表能量通路传输点上精确的电感电流值，这个能量通路传输点是在不同能量工作模式下，v_{SUM} 和 v_{EA} 或者 v_{SUM} 和 v_{EB} 的交点。

$$\Delta v_{OA} \approx \frac{v_{OA}}{C_{OA}R_{LA}}T_{on,M4} + R_{ERA}I_{LSW} \tag{6.2}$$

$$\Delta v_{OB} \approx \frac{v_{OB}}{C_{OB}R_{LB}}T_{on,M3} + R_{ERB}I_{LSW} \tag{6.3}$$

其中

$$I_{LSW} = \max\ \{I_{LSW1},\ I_{LSW2}\} \tag{6.4}$$

功率开关 M_3 和 M_4 用于将能量分配到两个输出端，然而，因为仅使用一个片外电感，所以两个开关不能同时接收能量，不连续电感电流的特性可以从两个输出中得到。在输出电容和 I_{LSW} 上的输出电压纹波会受到等效串联电阻的影响，可以通过降低 I_{LSW} 的值来减小输出电压纹波。因此，对于一个给定的与使用材料相关的等效电阻值，最小化电流 I_{LSW} 有利于降低输出电压纹波和稳态交叉调整。因为设计参数的影响，虽然式（6.2）和式（6.3）中的第一项不会得到改善，但能量模式转换操作有助于得到更小的 I_{LSW}，从而降低输出电压纹波。无需续流级，通过叠加理论就可以实现单电感双输出操作，进而降低电感电流水平以得到较小的 I_{LSW} 和输出电压纹波。

然而，当两个输出端的负载电流出现较大差值时，输出电压纹波会随着 I_{LSW} 的增加而增加。电路无法承受较大的输出电压纹波，对于多输出转换器，较宽的负载电流范围是主要的设计目标。举个例子，如果 i_{OA} 远大于 i_{OB}，且 V_{MODE} 设置为零，如图 6.25 所示，则在一个开关周期内，E_A 占据较大的能量传输周期。所以 I_{LSW} 和输出电压纹波都会增加，也就是出现稳态交叉调整现象。通过调节多个输出负载电流条件之间的关系，可以通过调整能量传输路径的组合和持续时间来减小稳态交叉调整。

对于给定的低电平 V_{MODE}，i_{OB} 增加会导致电感电流增加，使得能量传输周期增加，而 v_{OB} 获得更多的能量，如图 6.27 所示。由于 v_{OA} 中存在剩余的负载电流，所以必须维持能量传递模式。因此，能量路径转换点被设置为电感器电流的低值，以防止 v_{OA} 被过充电，从而最小化稳态交叉调整。相反，一旦 i_{OA} 显著增加，能量操作模式从 $V_{MODE}=0$ 跳变到 $V_{MODE}=1$，以获得更优的能量传输机制。也就是说，在低电感电流期间，电感将能量传递给轻负载输出，但是在峰值电感电流持续时间内将能量传递给重负载输出。当负载瞬态响应开始时，将 V_{MODE} 设置为高时，实现类似的操作。因此，当重负载和轻负载输出时，能量模式转换操作确保分别在更高和更低的电感电流电平期间能够接收能量。在负载瞬态响应期间，该操作可以避免过充电。双输出转换器的电压调节可以通过减小输出电压纹波，以及瞬态和稳态交叉调整来保证。

具有相应输出电压纹波的稳态交叉调整如图 6.28 所示。在图 6.27 中，两个输出的能量通路传输点（$V_{MODE}=0$ 时由 v_{EA} 决定，$V_{MODE}=1$ 时由 v_{EB} 决定）设置在较低的电感电流水平上。

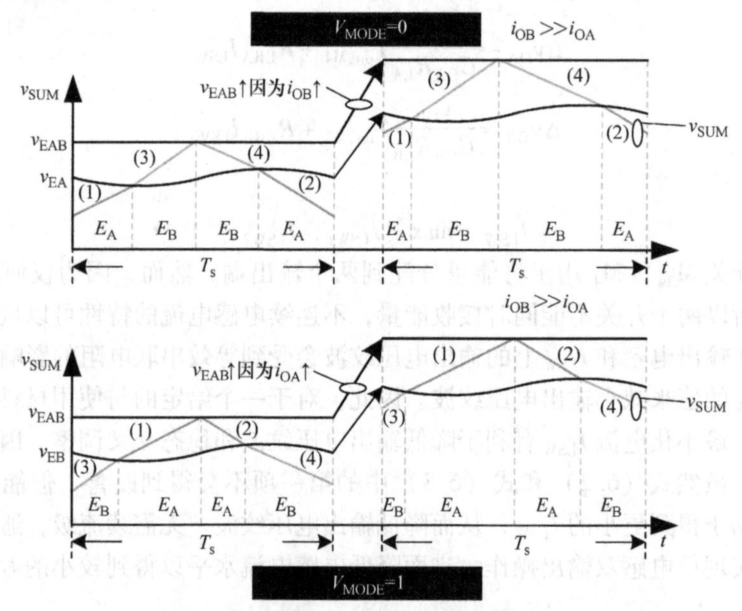

图 6.27　在负载瞬态响应期间的能量模式转换操作

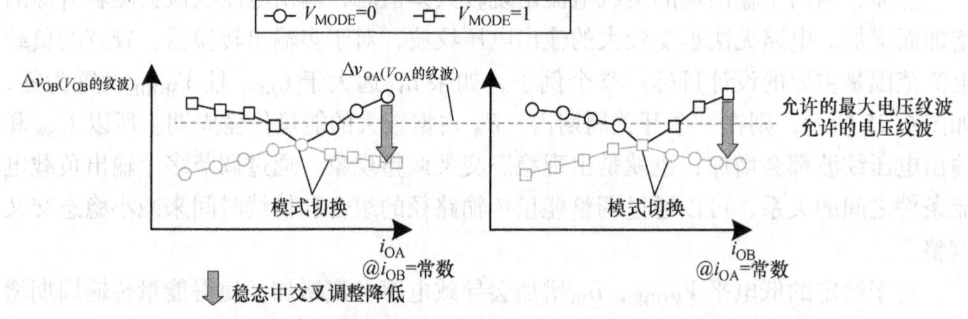

图 6.28　具有相应输出电压纹波的稳态交叉调整

如图 i_{OA} 增加，而 i_{OB} 保持恒定，那么 V_{MODE} 设置为高，而输出电压纹波也会受到能量模式瞬态操作的抑制，所以输出电压纹波被限制在一个允许的范围之内。这个结果表明当 i_{OA} 增加时，v_{OA} 所需的能量从低电感电流周期传输到高电感电流周期。类似地，当 i_{OB} 持续增加时，V_{MODE} 从高电平设置为低电平，但是 i_{OA} 保持不变。所以在稳态操作中，v_{OA} 的输出纹波也被控制在一个允许的范围之内。

通过电流可编程能量传输方法和能量模式转换操作，可以改善瞬态交叉调整。由于存在电流可编程机制，所以输出负载变化可以迅速地响应它们的误差信号来调制电感电流。当一个输出驱动负载电流阶跃信号时，能量模式转换操作也被激活。

当一个输出的负载电流由轻转重时，在每一个开关周期开始时，在能量传输到重负载输出之前，能量都会传输到相对轻负载的输出中，以最小化瞬态交叉调整。由空载变化引起的相对较轻的负载输出在负载过渡期间没有大的电压降，因为它在负载过渡期间得到了恒定的能量供应。所以，在负载瞬态响应期间适当地分配单个电感中的能量，以最小化瞬态交叉调整。总之，能量控制序列是严重影响交叉调整的控制方法之一。这个因素应该考虑来自多个输出的相对能量请求，所以，如果输出端的数量显著增加，则能量控制序列变得更为复杂了。这也是在单电感多输出转换器中输出端数量通常控制在四个以内的主要原因。在 SoC 应用中，四个不同的输出端口，再搭配多个 LDO 稳压器电路就可以实现高性能的电源管理单元。

6.4.4　自动能量旁路

在单电感双输出/单电感多输出转换器设计中，如果一个或者多个输出存在负载相对较轻的情况，则将控制方法从脉宽调制转换到脉冲频率调制是一种可行的方案。脉冲频率调制控制方法在轻负载时具有高效率的优点，为了在单电感双输出/单电感多输出转换器设计拓展脉冲频率调制应用，自动能量旁路（Automatic Energy Bypass，AEB）机制用于进一步增强电源转换效率，以及保证稳态中的电压调整。自动能量旁路机制减少了能量传输通路的数量，从而降低了功率级的开关和导通损耗，而没有对输出电压调整产生影响。所以，当多个输出中的任何一个具有相对小的负载电流条件时，如果负载持续减小，则需要旁路现有的能量传递路径。

当 $V_{MODE}=0$ 时，能量传输路径 1－3－4－2 自动旁路，如图 6.29 所示，虽然具有恒定开关频率的脉宽调制操作仍然应用于其他的输出端。举例来说，当 i_{OA}降低而 i_{OB}保持恒定时，减少的 i_{OA}值降低了由电流编程控制特性产生的与负载电流有关的误差信号 v_{EA}。因此，首先旁路路径 1，以减少向 v_{OA} 能量传递的持续时间，而剩余的三条能量传输通路则可以保证所有输出端的电压调整。在稳态中，轻负载输出没有被过充电，而所有输出端的输出电压纹波仍然保持在允许的范围内。当 i_{OA}持续降低时，也就是说，对于超轻负载或空载情况，电路中不存在 v_{OA}的能量传输通路。i_{OA}的操作从脉宽调制转变为脉冲频率调制。同时，即使两个输出端存在很大的负载电流差，两个输出端的输出电压也能保持恒定。因此，由于自动能量旁路机制的存在，在超轻负载输出时，由重负载输出产生的高电感电流值不会产生过充电。当 $V_{MODE}=1$ 时，对应于 v_{OB}的持续降低，电路也会产生类似的操作。

在单电感双输出转换器中，自动能量旁路机制可以通过能量模式转换操作实现。其原因在于在小电感电流期间，能量模式转换操作可以设置轻负载输出以获得能量。图 6.30 所示为能量模式转换操作和自动能量旁路机制的流程图。因为在所有的供电输出中没有特定的负载电流限制，所以SoC应用中的电源管理单元变得更加灵活。此外，由于与脉冲频率调制类似的自动能量旁路控制机制有效地消除了过充电问题，因此稳态交叉调整得到了缓解。

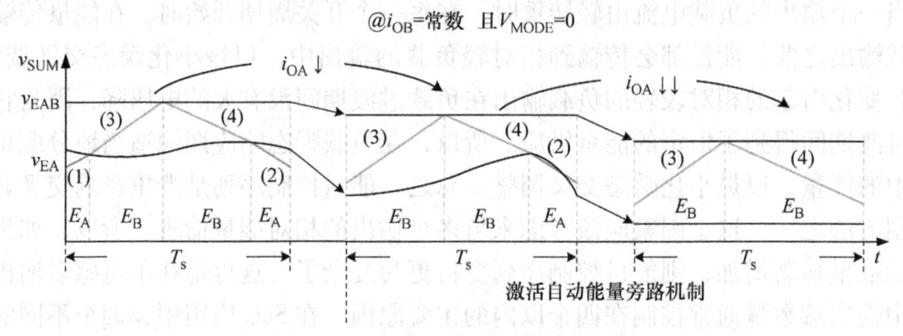

图6.29 当i_{OB}恒定，V_{MODE}=0时，自动能量旁路机制的操作

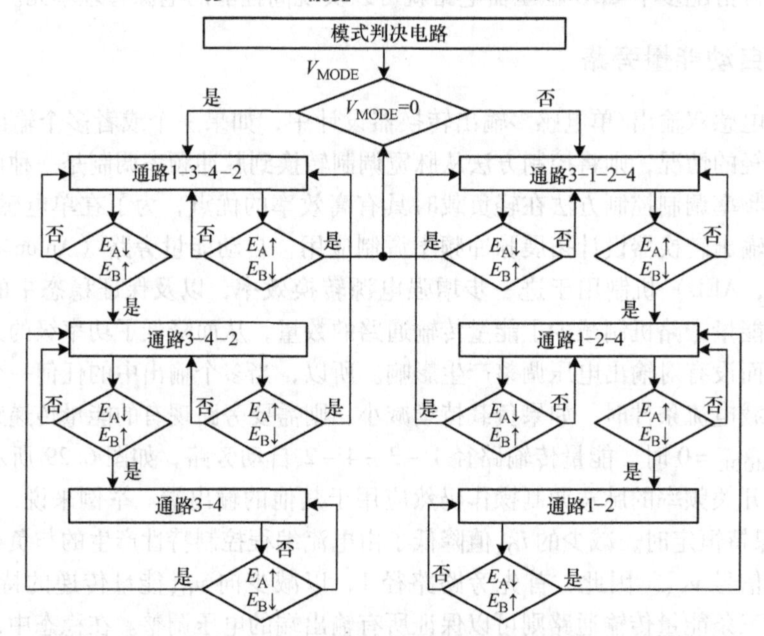

图6.30 具有自动能量旁路的能量模式转换操作框图

6.4.5 瞬态交叉调整的消除

虽然自动能量旁路可以降低交叉调整，但因为无法及时消除能量不平衡现象，所以瞬态交叉调整仍然存在。一种可能的解决方法就是拓展带宽。然而，这种方法增加了功耗，减少了相位裕度，所以这里建立另一条控制通路来消除其他输出端的影响。举个例子，为了消除单电感双输出DC/DC转换器中的交叉调整，在补偿增强多级放大器中得到的能量分布调整放大器电路，通过将其修改为误差放大器，就可以利用能量预测函数。在先进工艺节点，如65nm CMOS工艺中，通过级联函数

得到的多级结构可以工作在低电源电压下。然而，为了缓解瞬态交叉调整，预测函数必须结合能量分布校正放大器，它是通过修改能量分布调整放大器实现的，如图6.31所示，并作为误差放大器来检测输出电压状况。当任何一个输出端的负载电流突然发生变化时，能量分布校正放大器可以对两个输出进行校正，从而消除瞬态交叉调整。

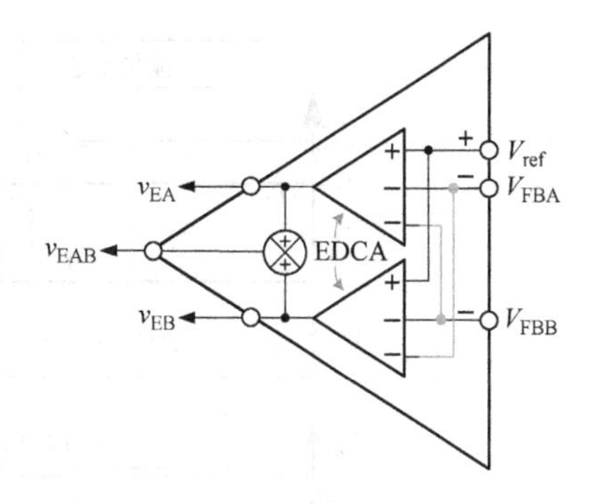

图6.31　用能量分布校正放大器修改能量分布调整放大器来消除单电感双输出DC/DC转换器的瞬态交叉调整

在负载瞬态响应期间，由通路1－3－4－2构成的能量模式的能量传输机制如图6.32所示。在v_{OA}和v_{OB}发生升压负载电流变化时，图6.32a和b分别显示v_{OB}中的过剩能量和v_{OA}的能量不足。即使当v_{OB}处于恒定负载电流状态时，v_{OB}中的过剩能量，仍会使得v_{OB}产生过冲电压。如图6.32a中阴影所示，交叉调整也会使得v_{OB}产生过冲效应。相比之下，v_{OA}的能量不足，如图6.32b中阴影所示，即使当v_{OA}处于恒定负载电流状态时，也会使v_{OA}产生电压降，交叉调整会使得v_{OA}产生下冲电压。输出端中的任何一个负载电流变化都会影响输出，这是因为负载电流变化会影响电感电流。在链式反应中，能量传递序列将干扰传递给其他输出，因此需要减轻交叉调整以接收高质量的多输出信号。

同样，在能量通路为3－1－2－4时，瞬态交叉调整如图6.33所示。当负载电流i_{OB}增加时，由于能量分布机制的改变，会出现不希望的电压波动。当i_{OA}增加时，v_{OB}中的能量不足会产生不期望的电压降。无论能量过剩还是不足都会降低供电质量，这说明必须消除瞬态交叉调整，瞬态交叉调整的总结见表6.1。

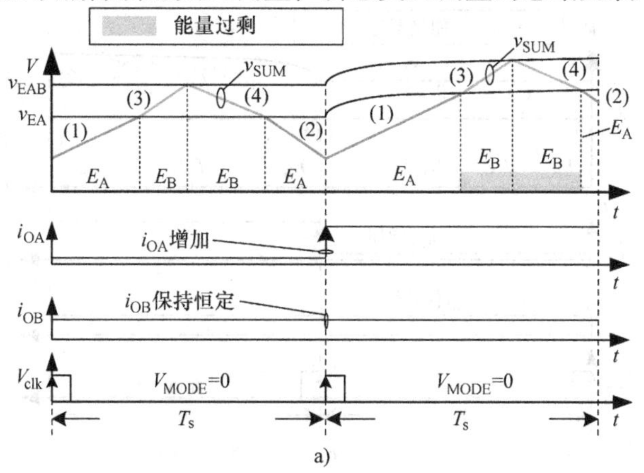

a)

图6.32　当能量通路为1－3－4－2且$V_{MODE}=0$时的瞬态交叉调整

a）v_{OA}的负载阶跃

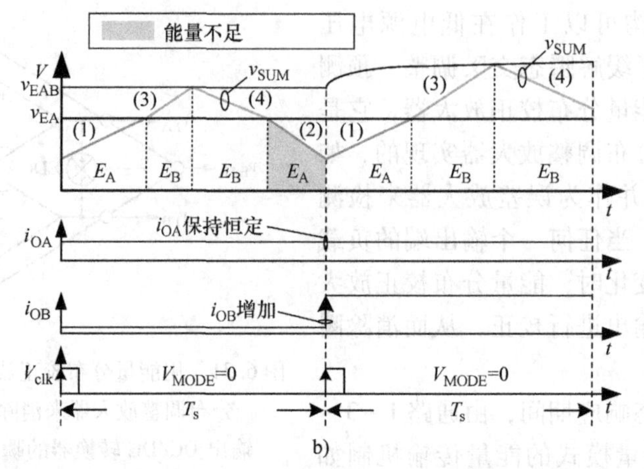

图 6.32 当能量通路为 1－3－4－2 且 $V_{MODE}=0$ 时的瞬态交叉调整（续）

b）v_{OB}的负载阶跃

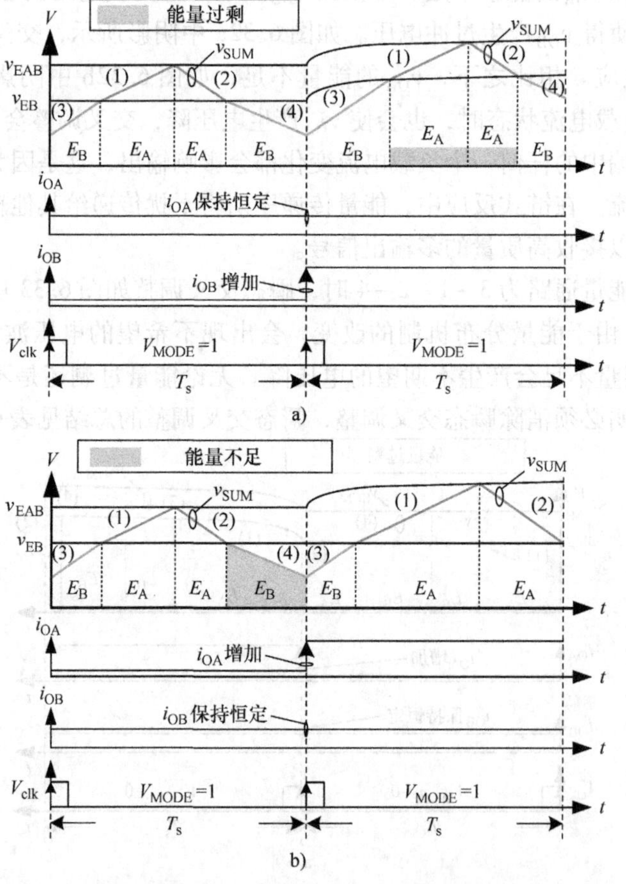

图 6.33 当能量通路为 3－1－2－4 且 $V_{MODE}=1$ 时的瞬态交叉调整

a）v_{OB}的负载阶跃 b）v_{OA}的负载阶跃

表 6.1 瞬态交叉调整总结

操作模式 V_{MODE}	输出负载 i_{OA}	输出负载 i_{OB}	误差信号 v_{EA}	误差信号 v_{EB}	误差信号 v_{EAB}	输出端的能量 E_A	输出端的能量 E_B
$V_{MODE}=0$（通路 1－3－4－2）	增加	保持不变	增加	保持不变	增加	不足	过剩（产生瞬态交叉调整）
	降低	保持不变	降低	保持不变	降低	过剩	不足（产生瞬态交叉调整）
	保持不变	增加	保持不变	增加	增加	不足（产生瞬态交叉调整）	不足
	保持不变	降低	保持不变	降低	降低	过剩（产生瞬态交叉调整）	过剩
$V_{MODE}=1$（通路 3－1－2－4）	增加	保持不变	增加	保持不变	增加	不足	不足（产生瞬态交叉调整）
	降低	保持不变	降低	保持不变	降低	过剩	过剩（产生瞬态交叉调整）
	保持不变	增加	保持不变	增加	增加	过剩（产生瞬态交叉调整）	不足
	保持不变	降低	保持不变	降低	降低	不足（产生瞬态交叉调整）	过剩

为了有效地消除瞬态交叉调整，必须对能量进行预估，以防止对其他输出的影响。所以，如果电感电流能够进行局部调整，那么在恒定负载电流情况下，能量可以合适地分配到其他输出端。

在能量通路为 1－3－4－2 的情况下，能量预估机制如图 6.34a 所示。即使输出 v_{OB}在恒定负载情况下保持不变，也能对误差信号 v_{EB}进行调制。由于对 v_{EB}进行了调整，所以 v_{EAB}值不会跳变到特别大的电压，而产生过冲效应。当负载电流 i_{OB}增加时，能量预估功能也会得到缓解，如图 6.34b 所示。误差信号 v_{EA}也会相应变化，所以 v_{OA}的能量分布可以保持不变，而不会受到 v_{OB}干扰的影响。与图 6.32b 相比，v_{OA}不会出现下冲效应，因此，能量预估功能有助于使得输出端不会受到其他发生突然负载电流变化输出端的影响。因为电感电流被调整到合适的值，所以通过能量预估功能可以最小化瞬态交叉调整。

在能量通路为 3－1－2－4 情况下，能量预估方法如图 6.35 所示。图 6.35a 表明，当 v_{OB}出现负载瞬态响应时，因为在 v_{OB}的负载瞬态周期内 v_{OA}由恒定能量供电，所以瞬态交叉调整效应得到有效的抑制。图 6.35b 表明，当负载瞬态响应出现在 v_{OA}时，类似的操作也会消除瞬态交叉调整效应。相应地，基于每一个输出的电压变化，误差信号 v_{EA}和 v_{EB}都可以得到相应的调整。对于具有恒定负载的输出，此实现方式保证了恒定的能量分布，也就成功消除了由瞬态交叉调整引起的不希望出现的电压降。

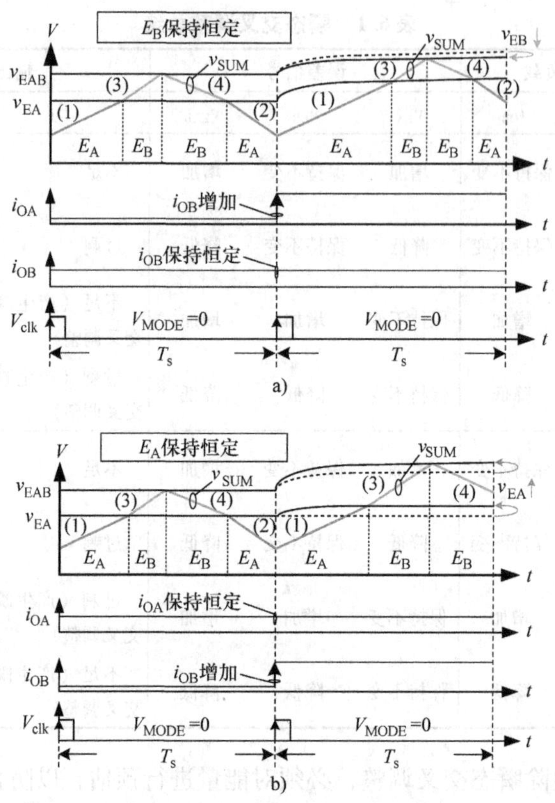

图6.34 当能量通路为1－3－4－2且V_{MODE}＝0时，消除瞬态交叉调整的方法

a）v_{OA}的负载阶跃 b）v_{OB}的负载阶跃

6.4.6 电路实现

6.4.6.1 预调整器

在先进的纳米级CMOS工艺中，因为没有足够的电压应力，所以高输入电池电压$V_{battery}$不能直接连接到低电压的核心器件中。一种简单但不充分的设计是利用高压输入/输出单元（I/O）来实现整个控制器。然而，采用这种方式的缺点在于会消耗大量的硅面积，从而增加了成本。如果必须采用核心器件来实现控制器，那么需要一个预调整器将高输入电压转换为低电压，以避免对核心器件产生损伤。图6.36a所示为整体效率取决于从电池电压转换到多个输出的效率η_{SIMO}和从电池电压转换到预调整器输出的效率$\eta_{pre-regulator}$。为了向单电感双输出/单电感多输出转换器控制器提供调整后无噪声的供电，需要将高效率的预调整器作为设计目标。在商用产品中，预调整器由一个LDO稳压器电路实现。采用LDO稳压器的好处在于它具有简单的结构，且硅面积较小。但是缺陷在于如果预调整器输出电压V_{PRE}较低，那么LDO稳压器的效率就比较差。

随着使用时间增加，电池电压逐渐下降，所以为了实现高转换效率，开关电容

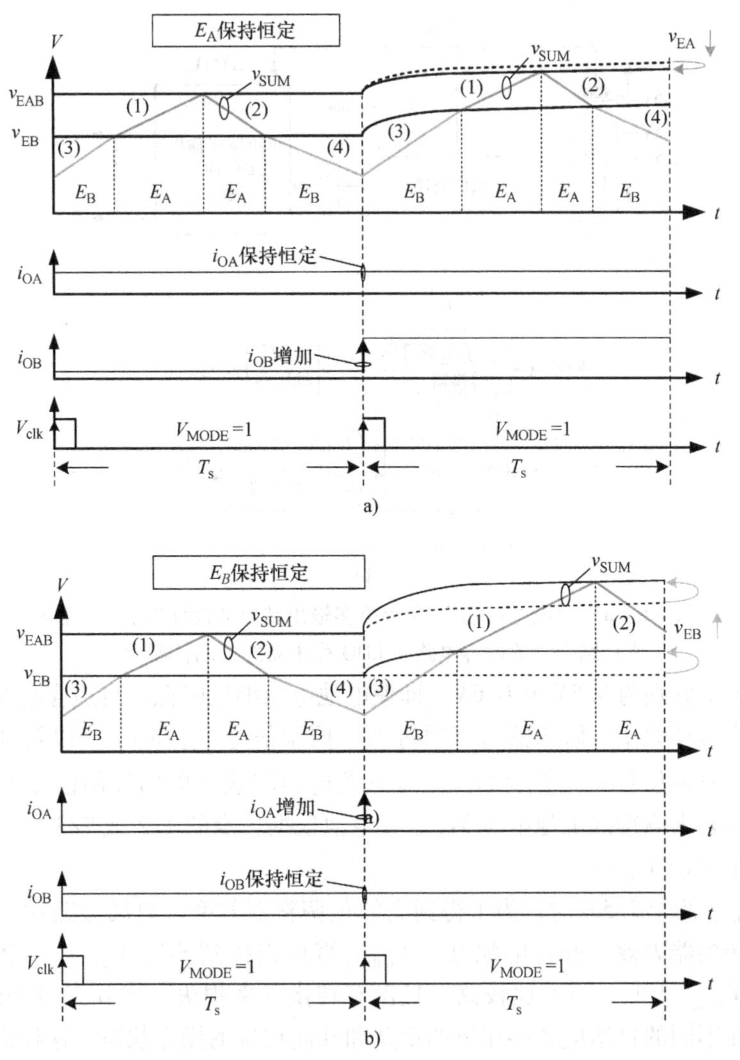

图 6.35 当能量通路为 3－1－2－4 且 $V_{MODE}=1$ 时，消除瞬态交叉调整的方法

a）v_{OB}的负载阶跃 b）v_{OA}的负载阶跃

转换器可以用来提供较大且多样的降压转换比。开关电容转换器的优点是结构简单，但是缺点在于会出现开关电压纹波，所以选择级联 LDO 稳压器电路来抑制开关电容转换器产生的噪声，从而保证稳定和调整后的供电电压来驱动单电感双输出/单电感多输出转换器控制器。开关电容预调整器设计如图 6.36b 所示，它由功率调节电路和相位发生器控制，以获得低输出电压 V_{PRE}。

具有级联 LDO 稳压器电路的开关电容转换器如图 6.37 所示。开关电容转换器由功率调节电路和相位发生器控制。随着使用时间的增加，电池电压持续下降。功率调节电路可以根据高输入电池电压 $V_{battery}$ 的减小趋势来确定开关电容转换器的自适应转换比。R_1 和 R_2 分别为 400kΩ 和 100kΩ。带隙基准参考源电路提供的参考信

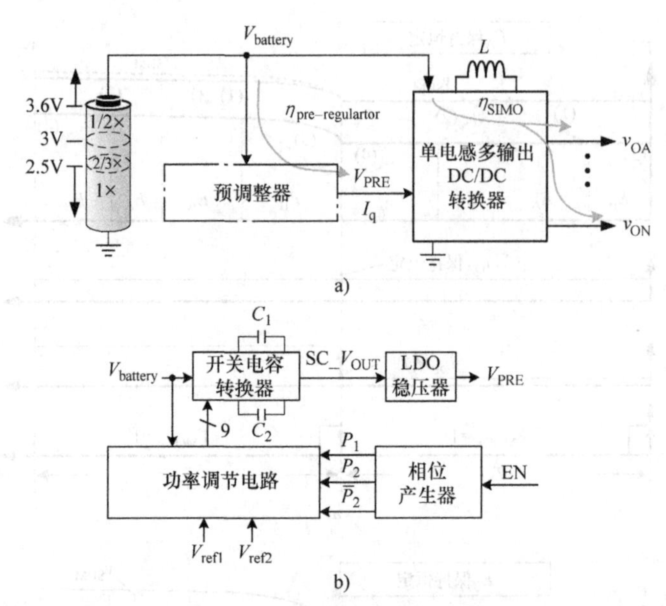

图 6.36 a）单电感双输出/单电感多输出转换器设计中的预调整器
b）结合开关电容电路和 LDO 稳压器的预调整器设计

号 V_{ref1} 和 V_{ref2} 分别为 0.5V 和 0.6V。即使电池电压继续降低，自适应转换率也旨在实现高功率转换效率。解码器可以通过因子控制信号 V_{T1} 和 V_{T0}，以及来自相位发生器的相位时钟信号 P_1、P_2 和 $\overline{P}_2$ 产生开关电容转换器的门控制信号 $S_1 \sim S_9$。功率调节电路要求高输入电池电压 $V_{battery}$ 蓄电池根据预定的 1/2 或 2/3 的因子自动缩小到低电压 SC_ V_{OUT}。

当 $V_{battery}$ 低于 2.5V 时，为了得到高的预调整器效率，自动旁路功能也会使得开关电容转换器失效，并将电池电压 $V_{battery}$ 直接连接到 SC_ V_{OUT} 上。然而，当直接连接到 $V_{battery}$ 上时，效率比较高，且没有转换功率损失。图 6.37 列出了开关电容转换器在不同的自适应转换比下的增益和共同相位的操作状态。这种机制使得预调整器能够在较宽的输入电池电压范围内提高转换效率。在式（6.5）中，M 表示开关电容转换器的自适应转换比。

$$\eta_{PRE} = \eta_{SC} \cdot \eta_{LDO} \approx \frac{SC\_V_{OUT}}{M \cdot V_{IN}} \cdot \frac{V_{PRE}}{SC\_V_{OUT}} = \frac{V_{PRE}}{MV_{IN}} \tag{6.5}$$

预调整器中的 LDO 稳压器电路采用一个 0.1pF 的片上输出电容进行补偿。对于低电压的能量分布校正控制器，该电容可以增加从高输入电池电压的电源抑制。

相位发生器如图 6.38 所示。由环振产生的相位锁定用于防止开关电容转换器的泄漏，该电路还包含一个简单逻辑控制的死区机制。多路复用器通过因子控制信号、V_{T1} 和 V_{T0} 确定开关电容转换器中开关的门控制信号。所以，开关电容转换器中的所有开关都保持在关断状态，以消除在相位交换期间电荷共享的泄漏。因此，预调整器的转换效率可以得到进一步提高。

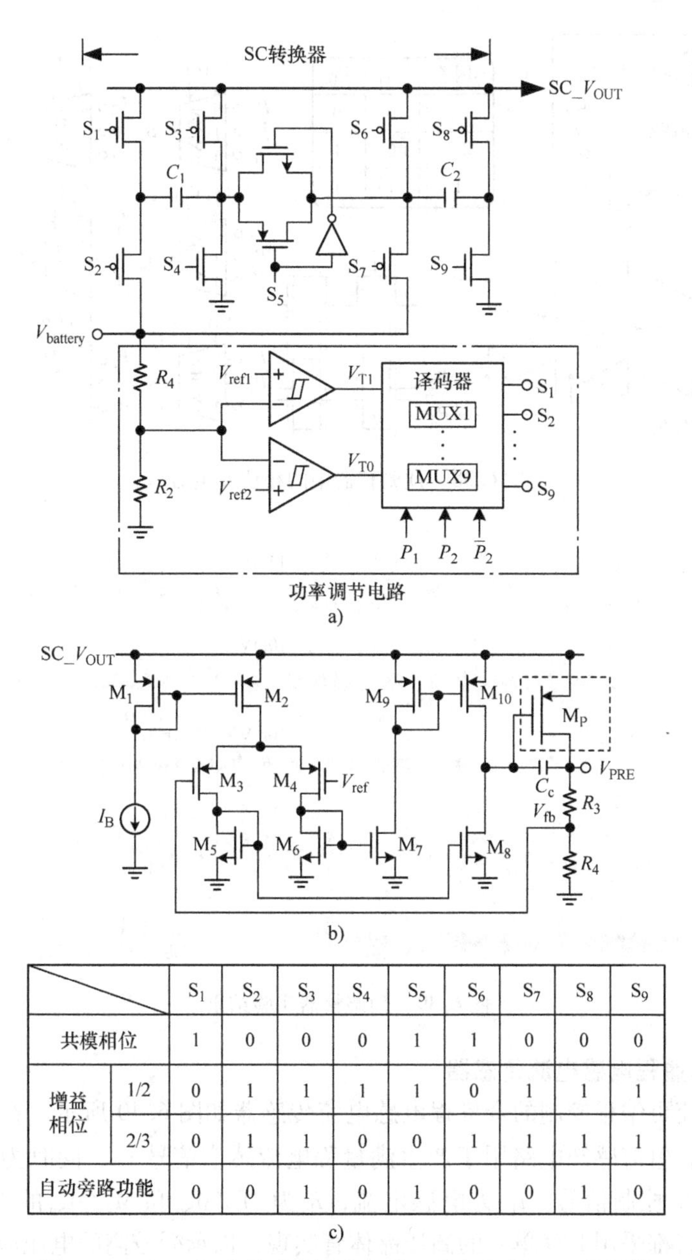

		S_1	S_2	S_3	S_4	S_5	S_6	S_7	S_8	S_9
共模相位		1	0	0	0	1	1	0	0	0
增益相位	1/2	0	1	1	1	1	0	1	1	1
	2/3	0	1	1	0	0	1	1	1	1
自动旁路功能		0	0	1	0	1	0	0	1	0

c)

图 6.37 a)、b) 中的功率调节电路和具有级联 LDO 稳压器电路的开关电容转换器 c) 控制信号真值表

预调整器的实验稳态波形如图 6.39 所示。在预调整器中开关电容转换器的输出电压具有接近 30mV 的纹波。由于将级联 LDO 稳压器作为开关电容转换器的后调整器，因此在预调整器输出 V_{PRE} 的输出电压纹波可以压缩到 10mV。用于低压能量分布校正的恒定供电电压可以保证转换器的性能，由于功率调节电路的存在，预调整器的效率通常保持在 50% 以上。

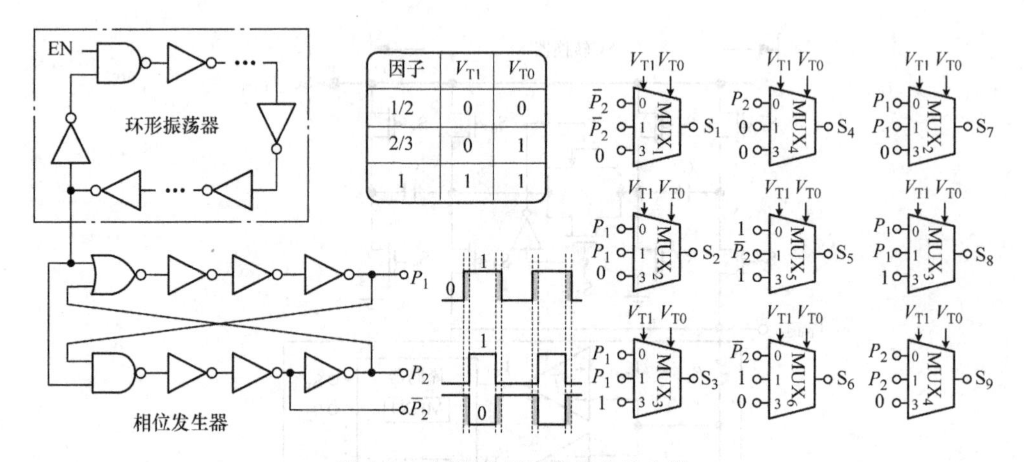

图 6.38　预调整器中的相位发生器

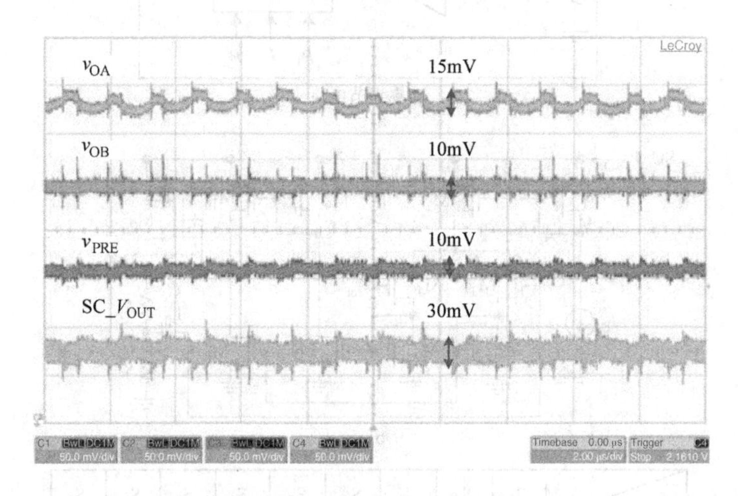

图 6.39　预调整器实验结果

6.4.6.2　满量程电感电流传感器

实现电流可编程控制的全量程电感电流传感器如图 6.40 所示。在单电感双输出转换器中，电流感知电路用于产生满量程电流感应信号 v_S，同时为两个输出端 v_{OA}和 v_{OB}产生控制信号。i_L 为电感电流，K 为 M_1/M_{Sp} 和 M_2/M_{Sn} 的电流感应比。这四个晶体管都采用 I/O 单元的高压晶体管实现，以承受较高的电压应力。在上位功率开关 M_1 的导通周期，晶体管 M_{Sp}产生感应电流。由于运放 OP_1 的闭环控制，M_1 和 M_{Sp}的源极漏电压近似相等。相应地，流过 M_{Sp}的电流 i_{Sp}正比于流过 M_1 的电流，从而实现上位电感电流感应。同样，在下位开关导通周期，M_{Sp}产生电感电流信息。由运放控制的闭环通过晶体管 M_6 和感应晶体管 M_{Sn} 传导感应电流 i_{Sn}。所以，在式（6.6）中，两个感应电流信号 i_{Sp} 和 i_{Sn} 的求和，经过感应电阻 R_S产生全量程电感电流感测信号 v_S。

$$v_S = (i_{Sp} + i_{Sn}) R_S = \frac{i_L}{K} R_S \tag{6.6}$$

所以，在单电感双输出 DC/DC 转换器中，全量程电感电流感测信号 v_S 可以用于检测瞬时电感电流信息，从而实现电流可编程操作。

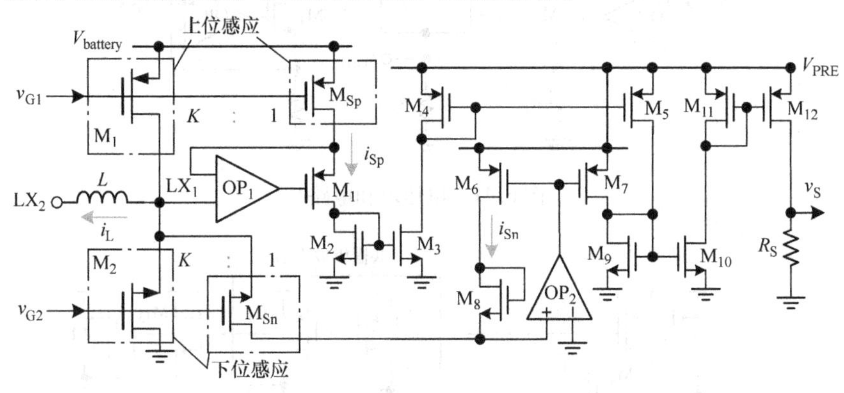

图 6. 40　满量程电感感应电路

6. 4. 6. 3　电压求和电路

为了在单电感双输出 DC－DC 转换器中实现具有电流可编程控制的节能控制，可以利用图 6. 41 中的电压求和电路来实现电压信号的求和功能。由于工作在低电压条件下，故电压求和电路的供电电压是由片上预调整器提供的电压 V_{PRE} 提供的。无噪声以及稳定的驱动能力可以保证模拟子电路具有良好的功能。利用运算放大器 OP_1 和 OP_2 实现的电压转电流结构保证了输出电流 i_{S1} 和 i_{S2} 的转换。两个独立的输入电压 v_{IN1} 和 v_{IN2} 分别通过电阻 R_1 和 R_2 来传导求和电流 i_{S1} 和 i_{S2}。如果电阻 R_1、R_2 和 R_3 设计为具有同样的值，那么就可以实现输入电压 v_{IN1} 和 v_{IN2} 的直接求和。这种方案可以确保节能控制和当前编程功能的叠加操作。在稳定运行的电流可编程控制方法中仍然需要利用次谐波补偿技术。电压求和电路的求和功能可以表示为

$$v_{OUT} = (i_{S1} + i_{S2}) \cdot R_3 = \left(\frac{v_{IN1}}{R_1} + \frac{v_{IN2}}{R_2}\right) \cdot R_3 \tag{6.7}$$

6. 4. 6. 4　模式判定电路

由于采用电流可编程控制，故误差输出信号 v_{EA} 和 v_{EB} 包含了输出负载信息。如图 6. 42a 所示，为了实现双模能量传输方法，模式检测电路需要选择合适的能量操作模式。模式检测电路包括电平移位结构、共栅极放大器和两个去抖动单元。晶体管 M_1 ~ M_4 用于电平提升结构，而 M_5 ~ M_8 实现电平降低操作。共栅极放大器的响应速度要快于传统的运放结构，而不会消耗大量的功耗。迟滞缓冲器和去抖动单元 Db_1 和 Db_2（延迟模式决定信号）是从放大器输出导出的，以保证平稳和稳定的能量模式转换操作。观察图 6. 42b 中的表格，模式判决电路根据输出负载电流状况来决定能量操作模式。

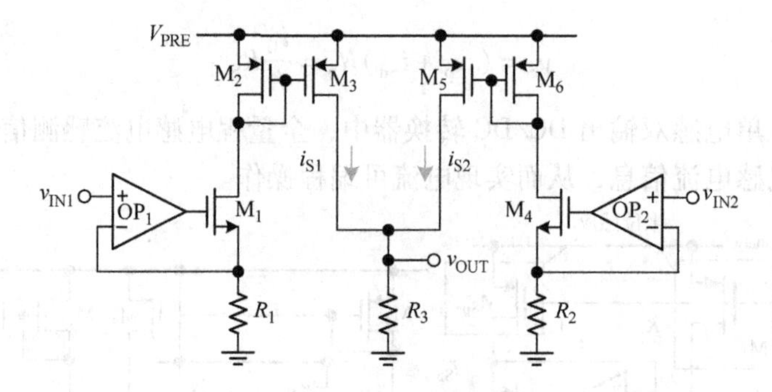

图 6.41 电压求和电路

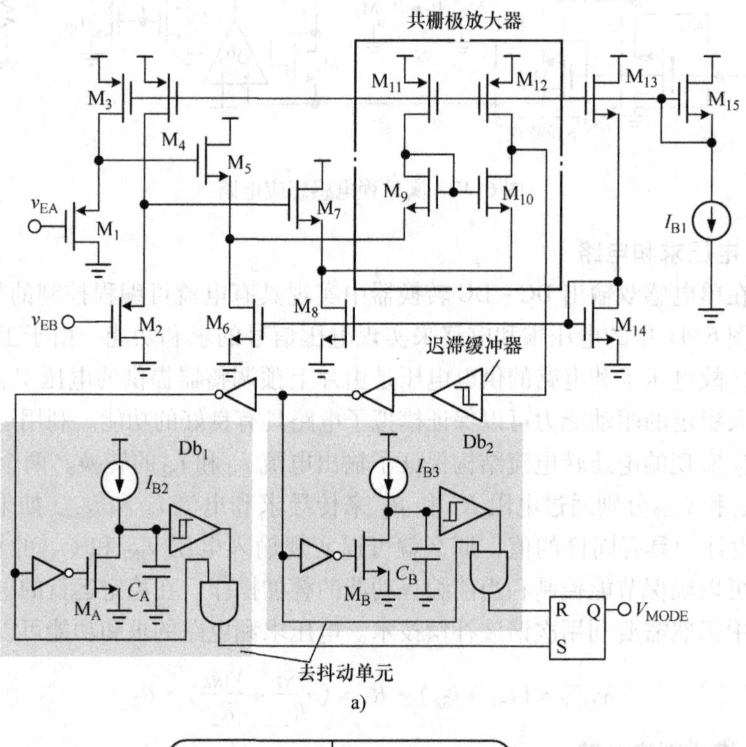

$v_{EA}-v_{EB}$	V_{MODE}
<0	0
>0	1

b)

图 6.42 a）模式检测电路 b）V_{MODE} 的值

此外，还可以利用级联的电平移位结构来处理宽范围误差信号，以实现正确的操作。因为在低压配电控制电路中都是进行低压操作的，所以误差信号也具有较低的电压值，特别是在轻负载时，这是由于电流可编程机制造成的。传统比较器结构具有较大的信号延迟，这会恶化模式判决比较结果和能量模式转换操作。此外，因为增加的偏置电流会影响误差信号电平，可能会造成非正常的工作状态，所以共栅极放大器输入不能直接连接到 v_{EA} 和 v_{EB}。

6.4.6.5　能量路径逻辑

能量调制电路中的能量路径逻辑如图 6.43 所示。为了实现双模能量传输方法，产生一组 4bit 的控制信号 V_{CTL} 用于功率开关控制。如图 6.26 所示，在能量调制电路中，比较器的输出 v_{CA}、v_{CB} 和 v_{CAB} 可以用于决定能量通路转换点。当 $V_{MODE}=0$ 和 $V_{MODE}=1$ 时，译码器 0 和 1 用于产生相应的能量传输通路。最后，通过 V_{MODE} 信号选择多路复用器 V_{CTL} 的输出信号，实现双模能量传输方法。能量通路逻辑的时序图如图 6.44 所示。

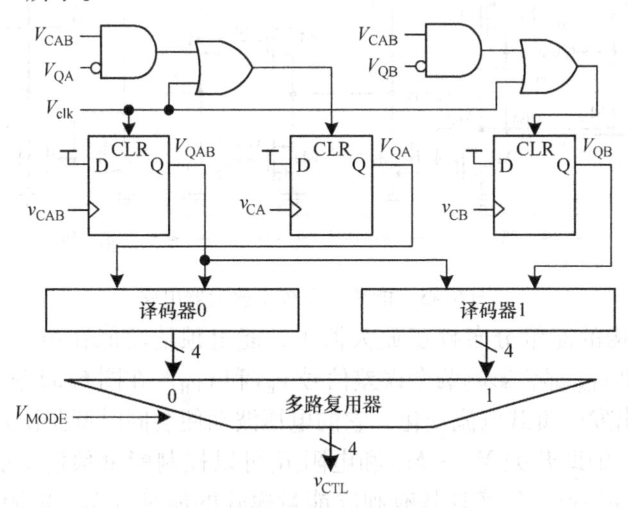

图 6.43　能量传输逻辑框图

所以，在低压配电控制中，功率级的所有能量传输通路都可以通过能量路径逻辑来表示。基于每个输出的负载状况，节能控制方法保证了每个输出电压在每个脉宽调制开关周期内都可以接收到能量。这种方案也有助于确保能量模式转换操作，同时自动能量旁路机制将增强驱动性能，同时实现瞬态和稳态交叉调整最小化。

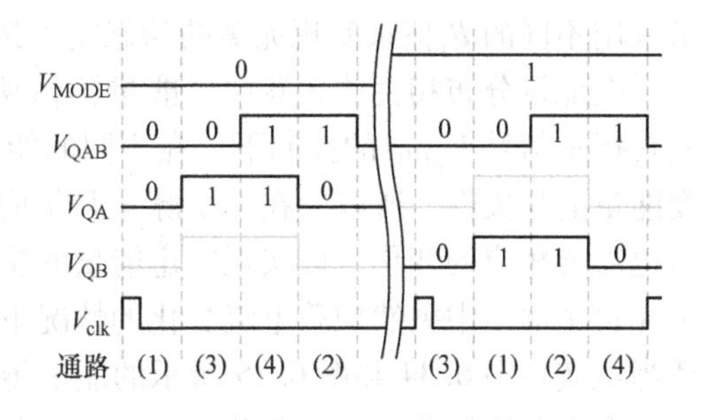

图 6.44　能量通路逻辑时序图

6.4.6.6 能量分布相关放大器

为了在单电感双输出 DC/DC 转换器中实现能量预估功能，从而消除瞬态交叉调整，图 6.45 所示能量分布相关放大器用于实现图 6.26 中的能量调整放大器。能量分布调整放大器作为误差放大器，用于调制两个输出电压以实现能量传输功能。因为在控制器中进行低压操作，所以能量分布相关放大器也可以采用多级级联结构实现。能量分布相关放大器解决了电压裕度不足的问题，并提供足够的电压增益来满足输出电压调整的要求。片上电容 C_c 和电阻 R_c 分别产生补偿极点和零点，来保证系统的稳定性。

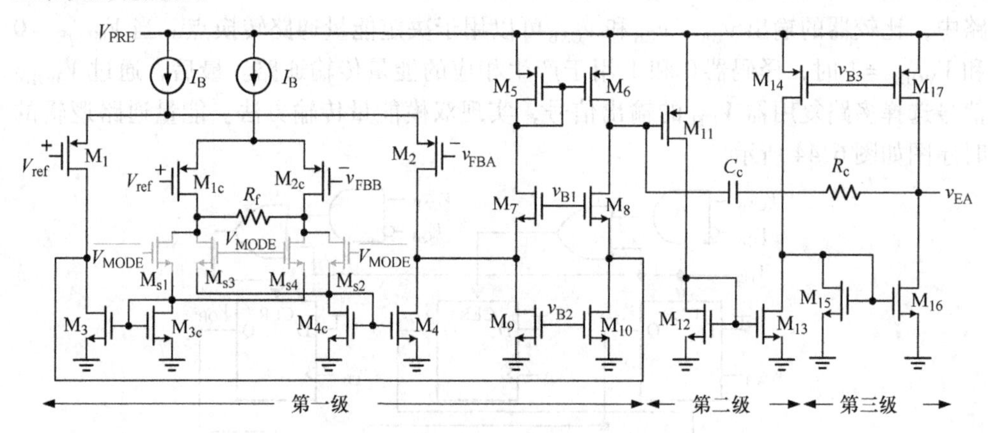

图 6.45 能量分布校正放大器电路

在三级结构的能量分布校正放大器中，能量预估功能在第一级实现。所以，反馈信号 v_{fbA} 和 v_{fbB} 都会影响两个误差信号 v_{EA} 和 v_{EB}。在图 6.32 和图 6.33 中，一旦任何一个输出发生负载电流变化，它的电压波动便会同时调制误差信号，以降低瞬态交叉调整。辅助开关 M_{s1} ~ M_{s4} 和电阻 R_f 可以控制能量预估功能，开关 M_{s1} ~ M_{s4} 由信号 V_{MODE} 控制，以实现具有独立能量模式的能量分布，电阻 R_f 控制能量预估功能的因子。不同的输出状况，比如输入电压、输出电压和负载电流变化都会要求采用不同的 R_f 值来实现完美的瞬态交叉调整消除。

在能量分布相关放大器中，能量预估功能的细节操作如图 6.46 所示。在能量模式指示信号 V_{MODE} 的控制下，在不同的能量模式中，可以导通或者关断开关来改变能量的相关性。所以，在一个脉宽调制周期内，从恒定负载输出中得到的误差信号也需要相应的变化，以实现恒定能量的接收。如图 6.46a 和 b 所示，该操作揭示了在每个输出中突然加载电流变化的情况下适当调制误差信号的方法。因此，可以适当地实现图 6.34 和图 6.35 所示的能量传输方案，以消除瞬态交叉调整。

在电源管理单元中，负载瞬态响应是基本的操作。当输出负载突然变化，且输出负载电流激活升压或降压响应时，输出电压产生下冲或过冲电压。因此，电源管理需要扩大输送功率以补偿电压变化，并导致在负载瞬态响应期间的电压恢复操作。

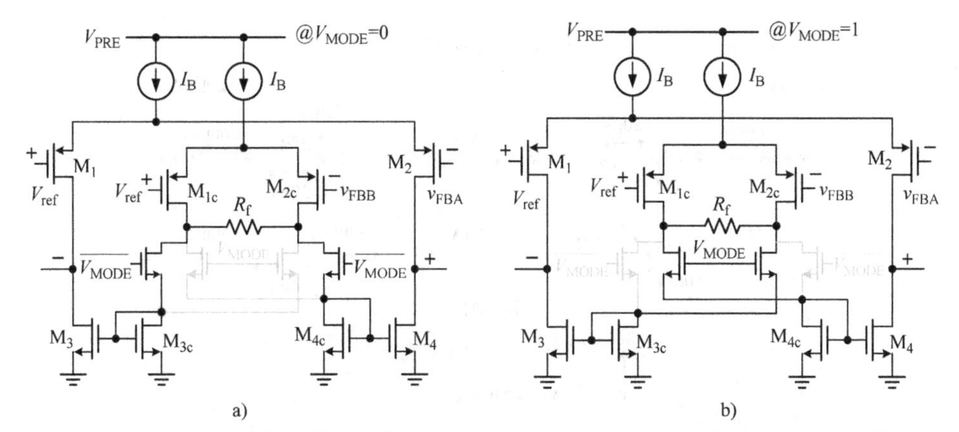

图 6.46 具有不同能量模式的能量分布校正放大器用于消除瞬态交叉调整的操作

a) $V_{MODE}=0$ b) $V_{MODE}=1$

当输入电压为 3.3V，双端输出电压为 1.8V 和 1.2V 时，测量的负载瞬态响应如图 6.47 所示。为了消除瞬态交叉调整，能量预估功能有助于保证足够的能量传输到输出端，而不会对负载变化产生不利影响。在图 6.47a 中，当 i_{OA}产生 240mV 负载阶跃，而 i_{OB}保持不变时，在不使用能量预估功能的情况下，在 v_{OB}处产生 50mV瞬态交叉调整。能量预估功能有助于确保在恒定负载条件下输出的能量分布不变。如图 6.47b 所示，在恒定负载输出时消除了不希望的电压变化。同样，如图 6.48 所示，当 i_{OB}产生 240mV 负载阶跃，而 i_{OA}保持不变时，瞬态交叉调整效应也得到了有效的消除。在单电感双输出 DC/DC 转换器中，能量预估功能也有助于消除瞬态交叉调整。

6.4.7 实验结果

6.4.7.1 芯片照片

具有节能控制方法的单电感双输出 DC/DC 转换器采用 65nm CMOS 工艺实现，如图 6.49 所示，片外电感和片外电容分别为 4.7nH 和 4.7μF，两款芯片都具有四个功率开关。预调整器和低压能量分布校正电路利用核心晶体管实现了正确的控制功能。低压操作可以降低功耗，但会面临一些设计困难，从而增加了设计难度。然而，采用 65nm 工艺实现的芯片表明其可以集成在 SoC 的应用中。

在图 6.49a 中，在一个脉宽调制周期内，芯片具有节能控制方法，将能量传输到两个输出端，芯片的有源面积为 1.44mm²，节能控制的优势在于可以提高电源转换效率。图 6.49b 中的芯片具有降低瞬态和稳态交叉调整的特性，芯片有源面积为 1.28mm²。模式转换操作和能量自动旁路机制有助于保证两个输出端的电压调整，而不会受到负载电流的限制。

6.4.7.2 单电感双出转换器稳态操作测试

具有低压配电控制的单电感多输出转换器具有两个输出，分别是 1.8V 的 v_{OA}

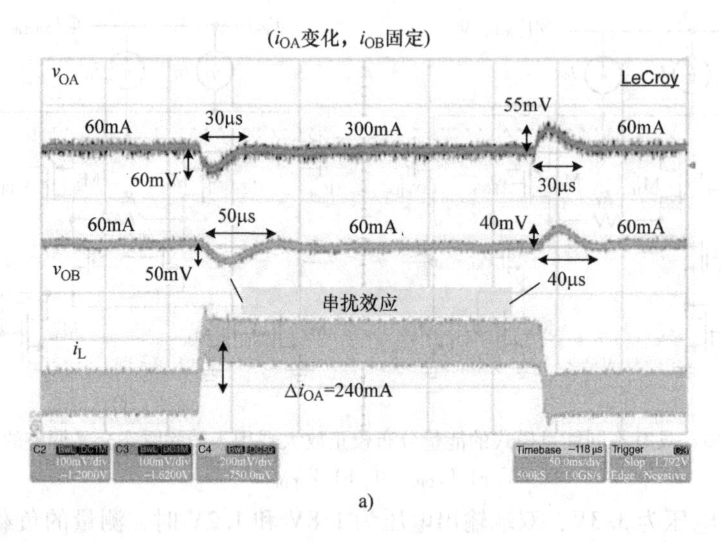

a)

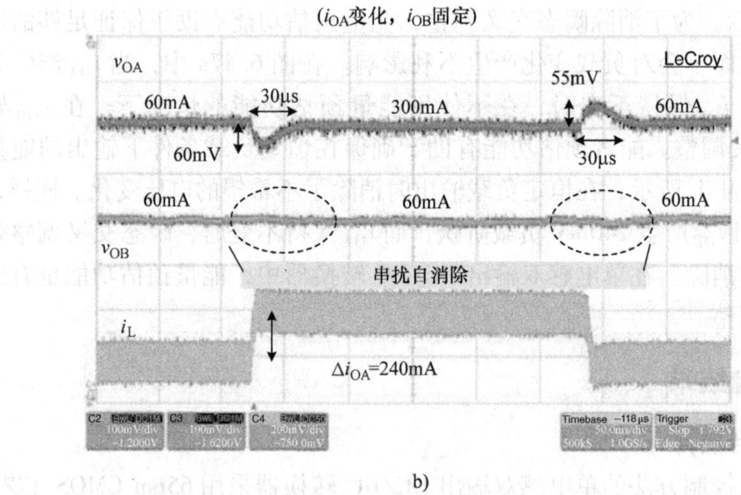

b)

图 6.47　当 i_{OA} 产生负载电流变化时，负载瞬态响应的测试结果
a）无能量预估功能时　b）具有能量预估功能时

和 1.2V 的 v_{OB}。当负载电流 i_{OA} 和 i_{OB} 为 100mA 时，测试得到的稳态操作波形如图 6.50 所示。当 V_{MODE} 设置为低时，能量传输通路 1－3－4－2 如图 6.50a 所示。这时平均电感电流为 200mA，等于两个输出负载电流的总和。v_{OA} 和 v_{OB} 的输出电压纹波分别为 20mV 和 22mV。当 V_{MODE} 设置为高时，能量传输通路 3－1－2－4 如图 6.50b 所示，输出电压纹波保持在 24mV 和 20mV 以内。所以，当两个输出端没有大的负载差时，能量传输方案可以通过两种能量操作模式中的任意一种来实现。

当具有不同的操作模式，且 i_{OA} 和 i_{OB} 分别为 120mA 和 60mA 时，测试波形如图 6.51 所示。设置 V_{MODE} 低电压，测试结果如图 6.51a 所示。在出现峰值电感电流

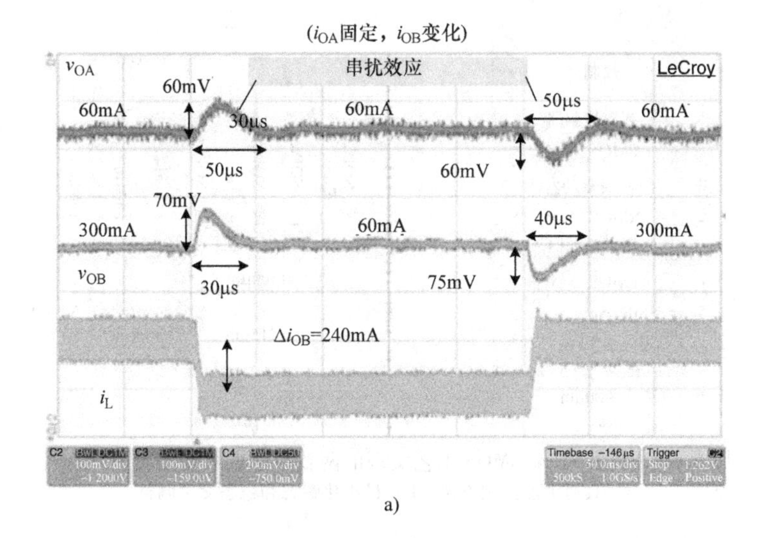

a)

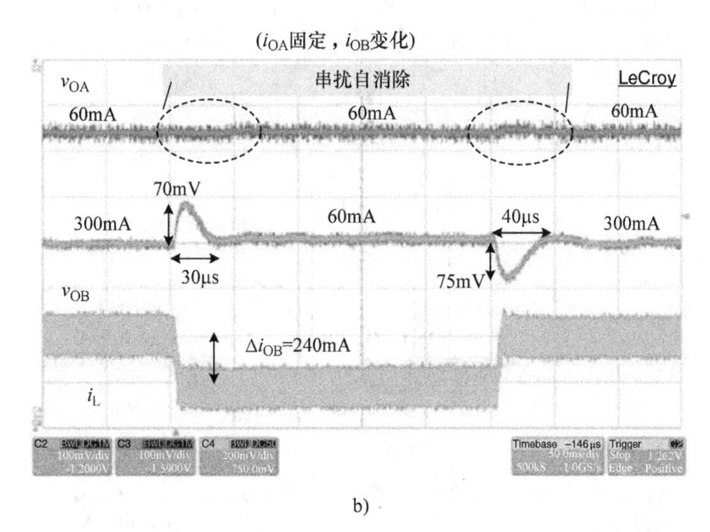

b)

图 6.48　当 i_{OB} 产生负载电流变化时，负载瞬态响应的测试结果

a）无能量预估功能时　b）具有能量预估功能时

期间，轻负载输出 v_{OB} 为输出端获得的能量。所以，v_{OA} 和 v_{OB} 的电压纹波分别为 25mV 和 40mV。这说明因为不合适的能量操作模式，轻负载输出受到稳态交叉调整的影响。图 6.51b 表明，在模式判决电路操作下，v_{OB} 的电压纹波降低到 20mV，而当 V_{MODE} 跳变为高电平时，v_{OA} 的电压纹波保持在 25mV。这个结果表明如果将能量操作模式应用到单电感双输出转换器中，则可以抑制稳态交叉调整。

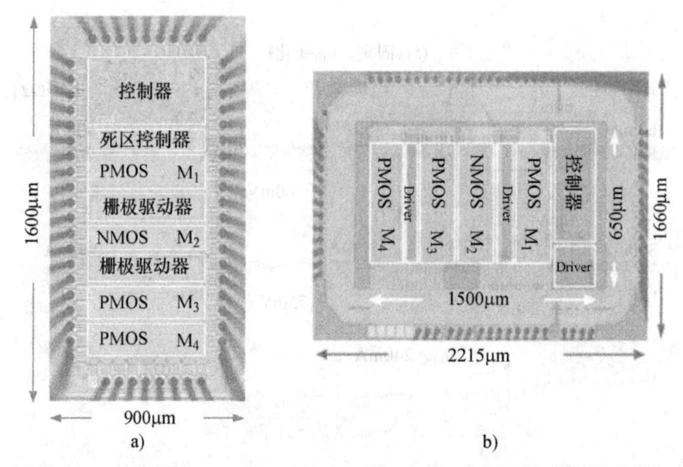

图 6.49 采用65nm CMOS工艺实现的两款单电感双输出转换器芯片

a）具有节能控制方法 b）最小化瞬态和稳态交叉调整

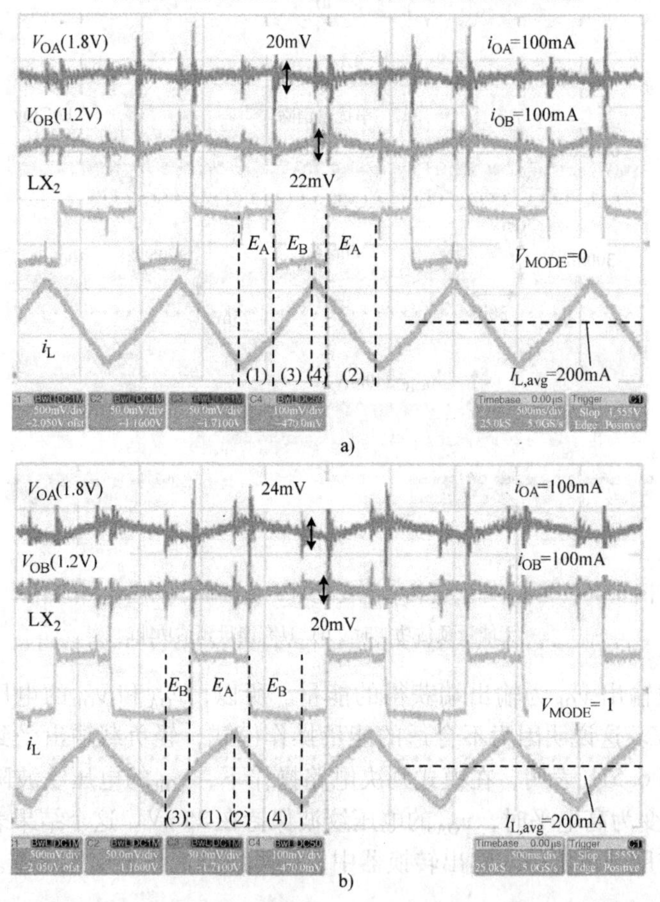

图 6.50 当 v_{IN}为 3.3V，且 i_{OA} = 100mA 和 i_{OB} = 100mA 时，测试得到的稳态操作波形

a）能量传输通路为 1－3－4－2，且 V_{MODE} = 0 b）能量传输通路为 3－1－2－4，且 V_{MODE} = 1

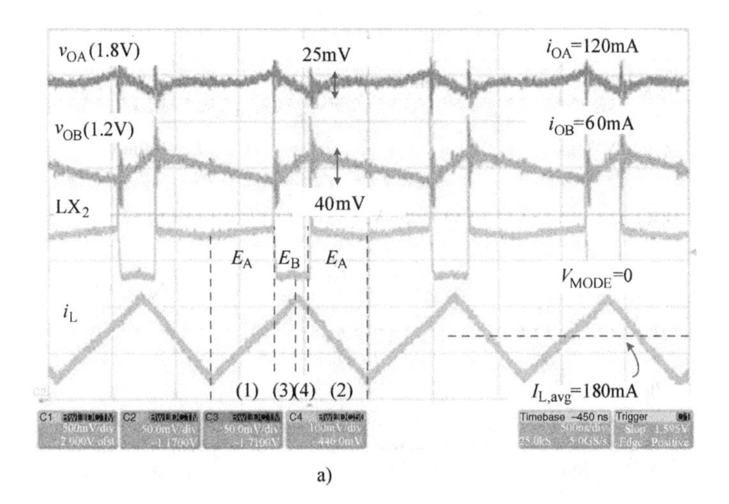

a)

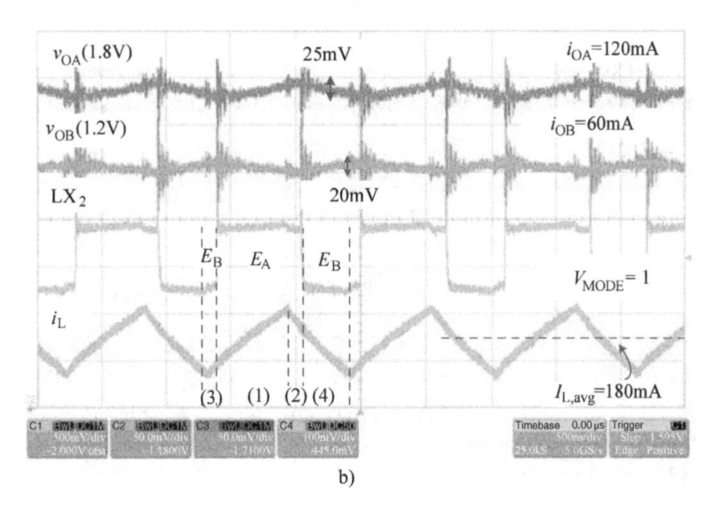

b)

图 6.51　当 v_{IN} 为 3.3V，且 i_{OA} = 120mA 和 i_{OB} = 60mA 时，测试得到的稳态操作波形

a）能量传输通路为 1 – 3 – 4 – 2，且 V_{MODE} = 0　b）能量传输通路为 3 – 1 – 2 – 4，且 V_{MODE} = 1

自动能量旁路的测试结果如图 6.52 所示。当 V_{MODE} 设置为低时，i_{OA} 降低，从而激活自动能量旁通路机制将能量传输通路旁路，提高了效率，也保证了电压调整。当 i_{OA} 和 i_{OB} 分别为 50mA 和 100mA 时，在一个脉宽调制周期内，能量传输通路简化为 3 – 4 – 2，如图 6.52a 所示。所以，开关功率损耗得以降低，同时电压调整也得到了保证。极轻负载情况的 v_{OB} 如图 6.52b 所示。通过自动能量旁路机制，除非 v_{OB} 需要能量补充，否则单电感双输出转换器可以实现 v_{OA} 的单端降压操作。因此，在单电感双输出转换器中，任何输出都不发生最小负载限制，使得这种方式可以在 SoC 应用中实现两个独立的供电电源输出。

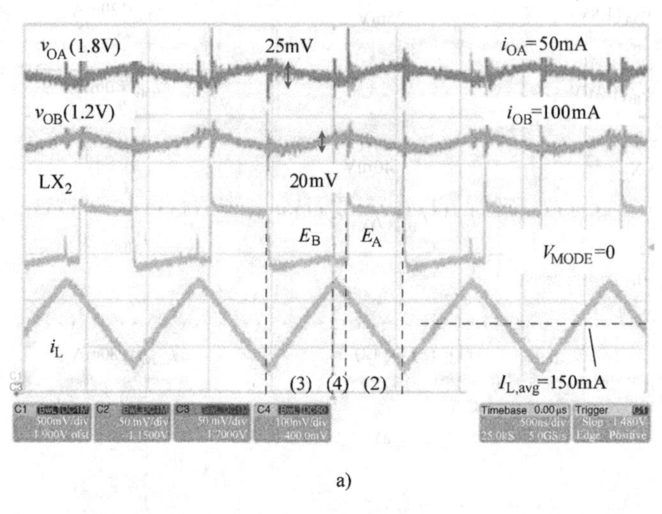

a)

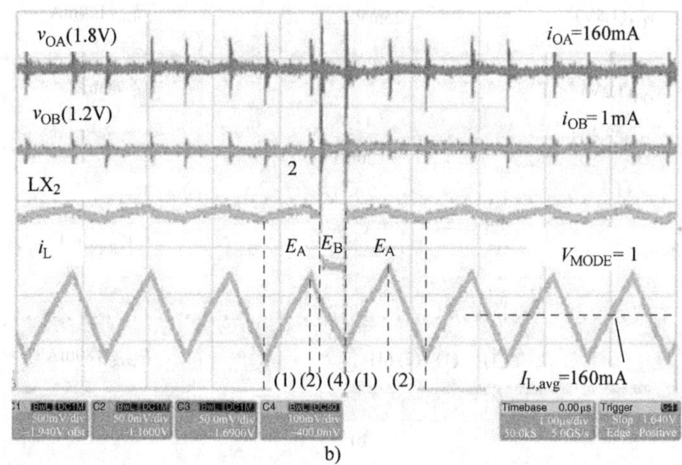

b)

图 6.52　当 v_{IN}为 3.3V 不同负载情况下，测试得到的自动能量旁路机制下的波形

a）$i_{OA}=50mA$，$i_{OB}=100mA$ 且 $V_{MODE}=0$　b）$i_{OA}=160mA$，$i_{OB}=1mA$ 且 $V_{MODE}=1$

6.4.7.3　能量模式转变

负载瞬态响应的测试结果如图 6.53 所示。当 $V_{MODE}=0$ 时，每一个输出的负载电流初始时设置为 60mA。当 i_{OA}突然从 60mA 跳变到 240mA 时，改变能量操作模式，以获得更好的能量传输方案，同时实现包括峰值电感电流在内的 v_{OA}的能量传递周期。接下来，当 i_{OB}从 60mA 增加到 240mA，而 i_{OA}维持在 240mA 时，通过能量模式瞬态操作再次改变能量操作模式。这时最大的电压波动接近 100mV，而电压恢复时间小于 30μs。负载瞬态响应的最终测试值与初始值相同。所以，最终值在每个输出驱动 60mA 负载电流，但与初始态相比，这时每个输出都工作在不同的能量操作模式下。这个结果是由模式判决电路中的迟滞缓冲器产生的。然而，在图

6.50 中，当两个输出负载都接近测量值时，可以使用任何一种能量操作模式。

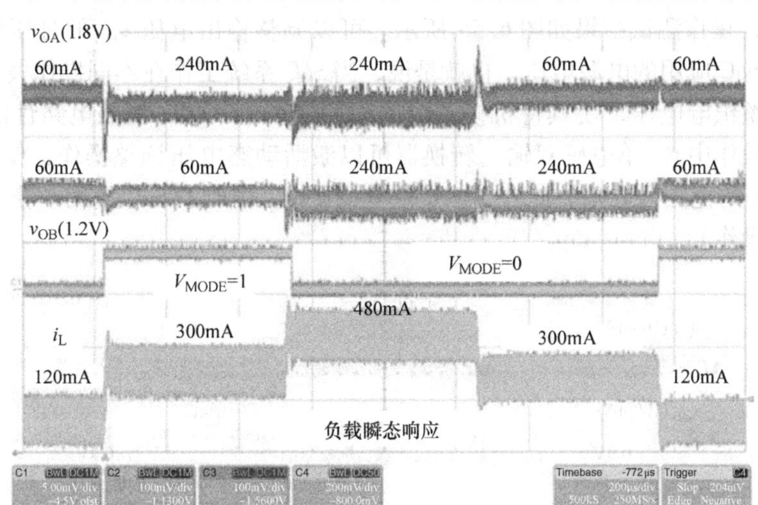

图 6.53　将能量模式转换操作应用于单电感双输出转换器中的负载瞬态响应测试结果

6.4.7.4　线性瞬态响应和动态电压调整的测试

单电感双输出 DC/DC 转换器的线性瞬态响应测试结果如图 6.54 所示。低压配电控制器由预调整器进行供电，输入电池供电电压为其提供恒定的低压电压。所以，即使电池电压突然变化，也不会影响低压配电控制的功能。模拟电路可以保持其正确的操作，而不会导致电压净空不足的问题。所以，当 $V_{battery}$ 在40μs内产生200mV 阶跃时，双端输出电压产生电压变化小于 50mV。低压配电控制有能力保证闭环操作，从而保证调整后的输出电压。

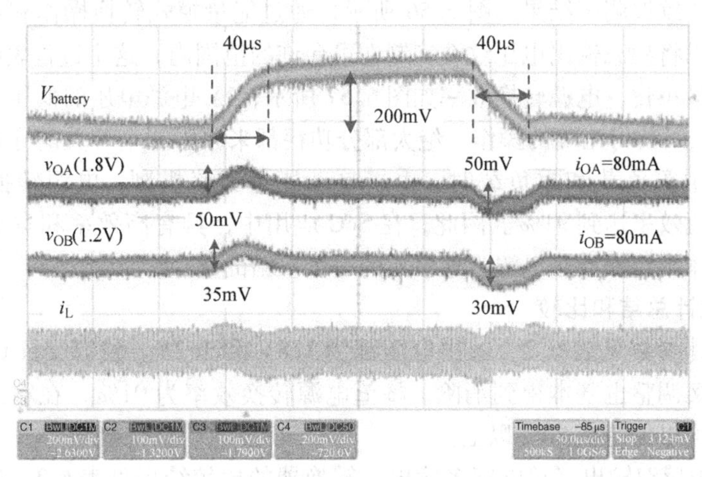

图 6.54　当 i_{OA} = 80mA，i_{OB} = 80mA 时，$V_{battery}$ 产生 0.2V 阶跃时的线性瞬态响应测试结果

在 SoC 应用中，高效率电源管理单元的动态电压调整（Dynamic Voltage Scaling，DVS）操作测试结果如图 6.55 所示。可以调整输出电压 v_{OB} 的分压器，从而得到适合 SoC 应用的电源电压。也就是说，当 SoC 系统工作在不同操作模式时，需要仔细调整供电电压，使其待机模式时的功耗最小化，同时增强电路性能（如在数据传输操作中）。单电感双输出转换器可以激活动态电压调整操作，使得 v_{OB} 在 0.9~1.2V 的范围内调整。此外，恒定供电电压 v_{OA} 实现了 SoC 应用中模拟电路的正确驱动操作。

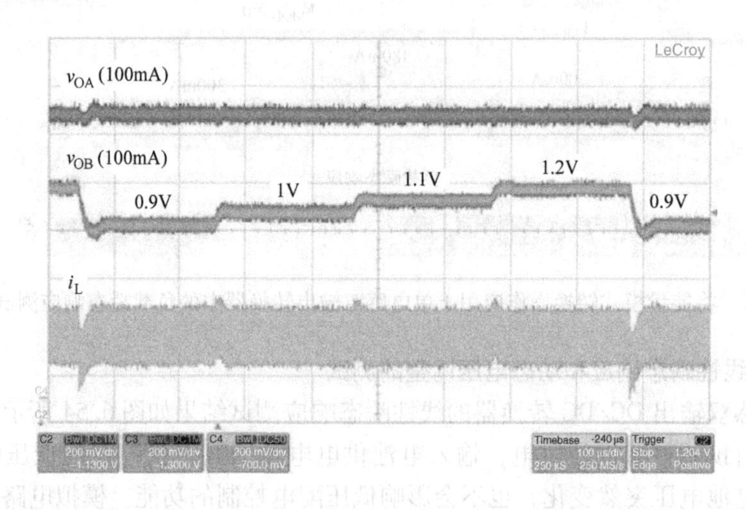

图 6.55 在单电感双输出 DC/DC 转换器中，v_{OB} 动态电压调整的测试结果

6.4.7.5 单电感双输出转换器输出电压纹波和电源转换效率的测试

输出电压纹波测试结果如图 6.56 所示，通过能量模式转换操作和自动能量旁路机制，可以将稳态输出电压纹波抑制在可允许的范围内，这个过程表明稳态交叉调整得到了最小化。电源转换效率如图 6.57 所示，1V 电源电压的低压配电控制电路消耗 60μA 以获得正确的操作。绝大部分功耗都来源于四个开关的导通功耗和开关功耗。在中等负载和重负载时，由于自动能量旁路机制，电源转换效率高于 80%，且峰值效率达到 91%。因此，在 SoC 应用中，具有高效率和宽负载范围的单电感多双输出转换器是电源管理单元的一个不错的选择。

6.4.7.6 设计总结和比较

主要设计参数见表 6.2，输出电压都为 1.8V 和 1.2V。稳态交叉调整得到抑制，瞬态交叉调整也基本得到消除。峰值电源转换效率为 91%，在输出负载电流变化情况下可以保持在 80% 以上。

其他单电感双输出（单电感多输出）转换器的比较结果见表 6.3。通过节能机制，单电感双输出 DC/DC 转换器可以实现能量传输功能，而且无需续流级来稳定系统。在几乎没有瞬态交叉调整的情况下，用于 SoC 应用的供电电压质量也得到了

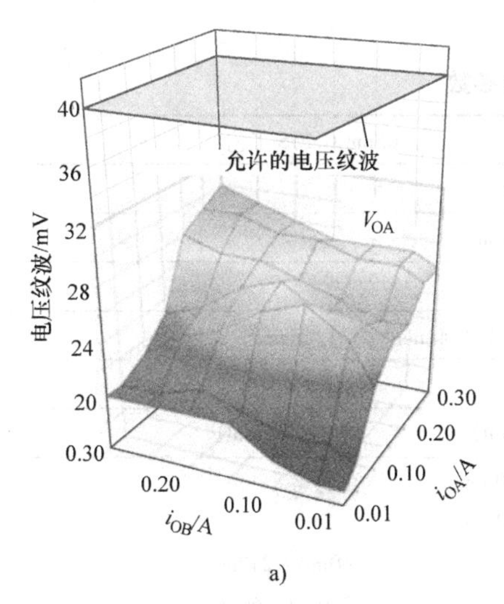

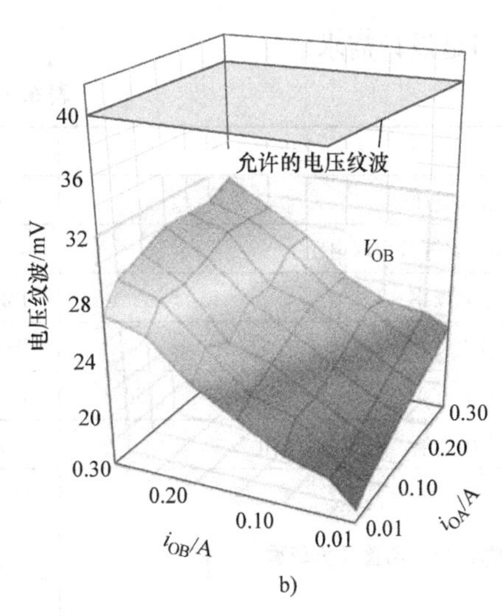

图6.56　输出电压纹波

a）v_{OA}　b）v_{OB}

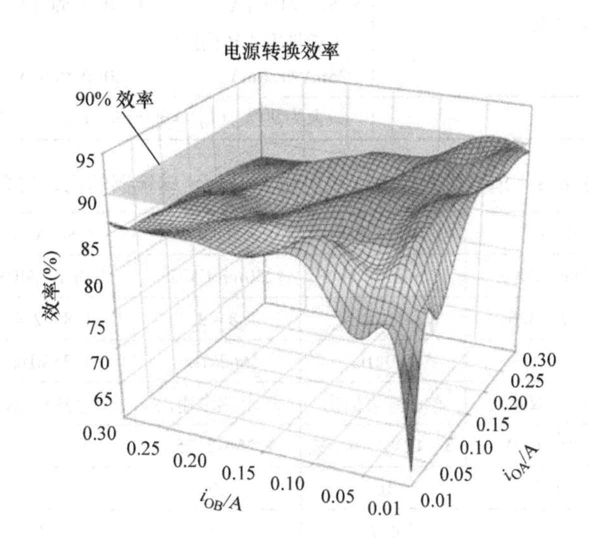

图6.57　当 $v_{IN}=3.3V$，$v_{OA}=1.8V$，$v_{OB}=1.2V$ 时电源转换效率的测试结果

保证。

在SoC应用的电源管理单元应用中，都会使用单电感双输出和单电感多输出结构。这是基于之前的讨论结果，包括功率开关的减少、导通和开关功耗的减少、输出负载电流范围扩展、负载瞬态响应提高、输出电压纹波降低、瞬态和稳态交叉调整降低、电源转换效率提升等方面。但是不可能同时得到这些设计目标，所以基于这些参数需要进行多维的设计折衷。更重要的是，在决定采用何种技术之前，读者需要认识到每一种控制技术的优势和劣势，评估每个设计目标可以优化设计，并使

其满足设计需求。

表 6.2 设计参数

工艺	65nm CMOS 工艺	
输入电压	2.7 ~ 3.6V	
电感/等效串联电阻	4.7μH/200mΩ	
开关频率	1MHz	
芯片尺寸	图 6.49 a) $1.44mm^2$ b) $1.28mm^2$	
输出	$v_{OA}=1.8V$	$v_{OB}=1.2V$
输出电容/等效串联电阻	4.7μH/30mΩ	4.7μH/30mΩ
瞬态交叉调整（负载瞬态响应）	60mA→240mA 240mA→60mA 可忽略	可忽略 60mA→240mA 240mA→60mA
稳态交叉调整（稳态纹波）	具有能量模式转换操作 25mV/120mA 无能量模式转换操作 25mV/120mA	 20mV/60mA 40mV/60mA
效率	最大为 90%（$i_{OA}=300mA$，$i_{OB}=50mA$）	

表 6.3 单电感双输出（单电感多输出）转换器的比较结果

	本设计	JSSC 2007	JSSC 2009	JSSC 2011	PE 2010
工艺	65nm CMOS	500nm BiCMOS	250nm CMOS	350nm CMOS	250nm CMOS
电源电压/V	2.7 ~ 3.6	2.5 ~ 4.5	1.8 ~ 2.2	1.8 ~ 2.4	2.7 ~ 5
开关频率	1MHz	700kHz	660kHz	1.25MHz	1.3MHz
类型	单电感双输出	单电感多输出	单电感多输出	单电感双输出	单电感双输出
输出	1.8V/1.2V	5 ~ 12V/ −9.5V	1.25 ~ 2.25V	3 ~ 3.6V	1.2V/1.8V
电感/μH	4.7	10	10	1	4.7
输出电容/μF	4.7	4.7	33	4.7	47
负载电流/mA	600	110	—	600	600
瞬态电压降/建立时间	100mV/30μs（$\Delta i_{LOAD}=0.18A$）	100mV/ –（$\Delta i_{LOAD}=0.03A$）	—	500mV/100μs（$\Delta i_{LOAD}=0.2A$）	50mV/10μs（$\Delta i_{LOAD}=0.27A$）
瞬态交叉调整 $\Delta V/V$（%）	可忽略	<1	<0.35	<5	<2.7
稳态交叉调整（纹波）/mV	<30	<160	<22	<160	<40
峰值效率（%）	90	81	93	87.8	87
有源面积/mm^2	0.975	8.7	3.78	2.21	5.29

6.5　平板电脑应用中的单电感多输出转换器技术

6.5.1　单电感多输出转换器中的输出独立栅极驱动控制

6.5.1.1　平板电脑应用中的单电感多输出转换器

图 6.58 比较了电源管理单元中传统的电源解决方案与单电感多输出转换器。在商用平板电脑中，四个独立的降压转换器产生四个电压。这四个降压转换器需要四个 2mm×1.6mm 的电感，占据了 $12.8\mathrm{mm}^2$的 PCB 面积。相比之下，单电感多输出 DC/DC 降压转换器的尺寸非常紧凑。如图 6.58 所示，在单电感多输出 DC/DC 降压转换器解决方案中，只需要 2.5mm×3.2mm 的电感面积。因此电感面积减少了 37.5%。此外，芯片数量和 PCB 布线进一步减少了商用平板电脑电源单元的面积和成本。这些优势使得单电感多输出转换器广泛应用于电源管理单元设计中。

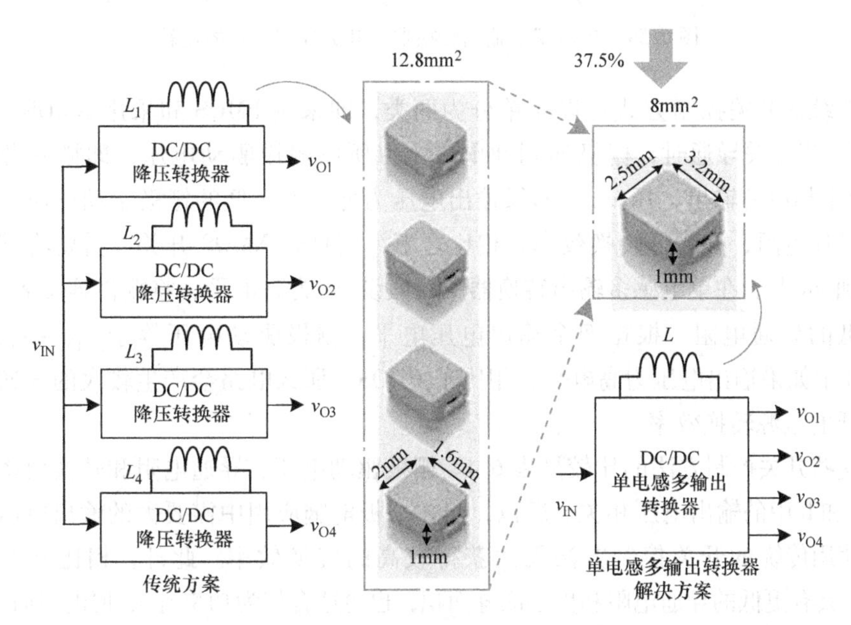

图 6.58　使用单电感多输出转换器替换传统的并联降压转换器方案可以使得 PCB 电感面积减少 37.5%

6.5.1.2　效率和开关控制方法

单电感多输出转换器简化结构如图 6.59 所示，它为平板电脑提供四个不同的电压输出。相比于传统的降压转换器，这里插入四个开关 $M_{O1}\sim M_{O4}$，只通过一个电感将能量分配到四个输出。在单电感多输出转换器中，开关控制方式的选择对于获得更高的转换效率而言至关重要。

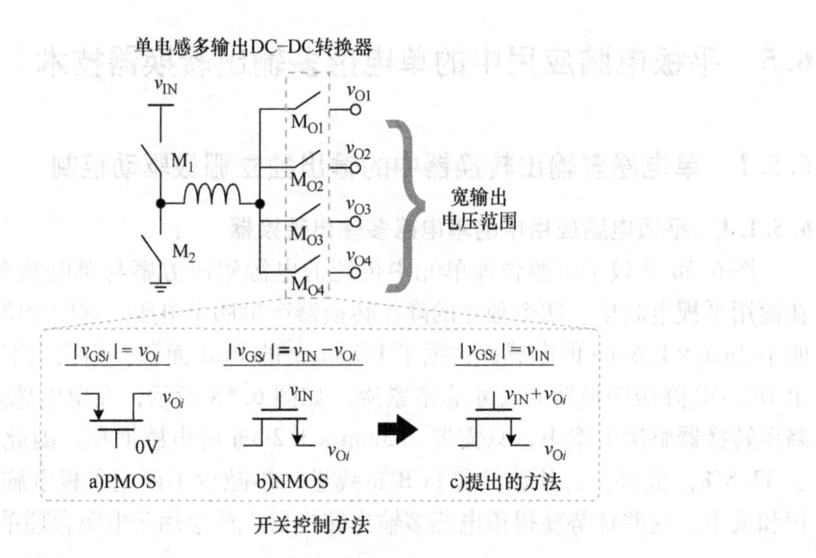

图 6.59　单电感多输出转换器中开关控制方式的比较

传统的开关控制方式可以简单分为两类，即采用 PMOS 和采用 NMOS。采用 PMOS，当开关导通时，栅极连到地电位上，所以栅极驱动电压，即栅－源电压 v_{GSi}等于相应的输出电压 v_{Oi}。如果输出电压为低，那么低的栅极驱动电压会产生高的导通电阻，并降低转换效率。相比之下，要打开 NMOS 开关，需要将其栅极连接到 v_{IN}上。在单电感多输出转换器中，假设 v_{IN}为高电平，将栅极连接到 v_{IN}会产生低的导通电阻。根据四个输出电压电平，栅极驱动电压等于 $v_{IN} - v_{Oi}$。在 NMOS 中如果输出电压为高电平，相比于 PMOS，那么电路会产生较大的导通电阻和较低的电源转换效率。

这些开关控制方法的比较见表 6.4。栅极驱动电压、导通电阻和转换效率与图 6.59a 和 b 中的输出电压相关。所以，当在平板电脑应用中需要大的输出电压范围时，使用传统的开关控制方法无法获得较高的转换效率。此外，相比于 PMOS，NMOS 具有更低的导通电阻和更小的硅面积，也更适合作为功率开关使用。所以，在大输出电压范围内具有恒定栅极驱动电压的 NMOS 的开关控制方法是非常可取的。

表 6.4　开关控制方式比较

开关	PMOS	NMOS	本书中的方法
硅面积	大	小	小
导通电阻	大	中等	小
栅极驱动电压（$\|v_{GSi}\|$，其中 $i=1\sim4$）	v_{Oi}	$v_{IN}-v_{Oi}$	v_{IN}
效率 v_{Oi}独立性	无	无	有

不同开关控制方式的效率比较如图 6. 60 所示。在传统控制方法 a）和 b）中，当多个输出需要满足较宽输出范围，如 1. 2 ~ 3. 3V 时，整体电源转换效率无法满足平板电脑的应用需求。例如，由于低的栅极驱动电压和大的导通电阻，使用 PMOS 和 NMOS 开关在输出为 1. 2V 和 3. 3V 时会分别产生 64% 和 70% 的低效率。这表明，当输出范围较宽时，传统使用 PMOS 和 NMOS 开关的方式不适用于单电感多输出转换器。

一种有效的开关控制方式是对所有的 NMOS 开关采用输出独立栅极驱动控制（Output Independent Gate Drive，OIGD）。无论输出电压处于什么水平，栅极驱动电压都可以保持恒定。此外，内部体控制（Internal Body Control，IBC）会阻止体二极管的形成以及功率 MOSFET 漏极和源极之间的漏电流。这样就可以在宽的输出电压范围内实现高功率效率，以延长商用平板电脑的使用时间。

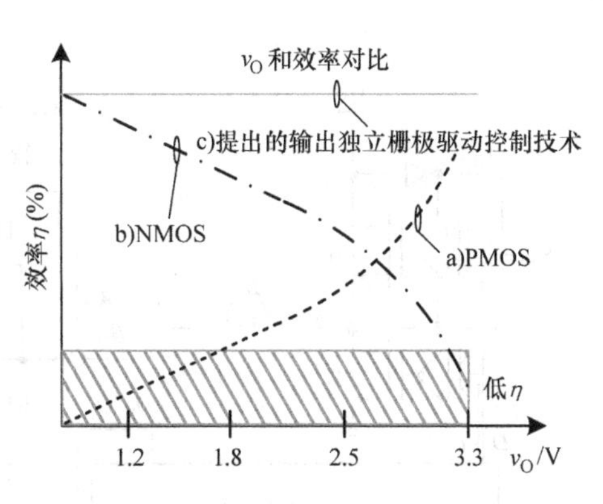

图 6. 60　在大输出条件下，不同开关控制方式的效率比较

6. 5. 1. 3　输出独立的栅极驱动控制

具有输出独立的栅极驱动控制技术的单电感多输出 DC/DC 转换器结构如图 6. 61 所示。与传统单电感多输出转换器类似，在一个开关周期内，M_1 和 M_2 分别控制电感充电和放电相位，而 M_{O1} ~ M_{O4} 轮流传输能量到 v_{O1} ~ v_{O4}。为了进行电压调整，v_{O1} ~ v_{O4} 反馈回单电感多输出控制中，为 M_1、M_2 和 M_{O1} ~ M_{O4} 产生占空因子控制信号 D、$1-D$ 和 D_1 ~ D_4。为了获得低导通电阻和高效率（它们独立于输出电压），利用输出独立的栅极驱动控制技术来控制 N 型功率 MOSFET M_{O1} ~ M_{O4}。每一个独立的栅极驱动控制模块包括两个主要模块，即一个自举栅电路和一个内部体控制电路。

1. 自举栅电路

为了在独立的栅极驱动控制中产生一个恒定的栅极驱动电压，使其独立于 v_{O1} ~ v_{O4}，需要设计一个自举栅电路来驱动 M_{O1} ~ M_{O4} 的栅极。为了实现最小导通电阻的功率开关，单电感多输出降压转换器中的最高电压 v_{IN} 用于驱动栅极。换言之，当功率开关导通时，每一个栅 - 源电压 v_{GSi} 都等于输入电压 v_{IN}。为了实现该控制，每个栅极电压都提升到 $v_{Oi}+v_{GSi}$，其中 $i=1$ ~ 4。

如图 6. 62 所示，以四个输出为例，当 v_{O4} 的占空因子 D_4 为逻辑 0（低电平）时，v_{G4} 连接到地电位，完全关断 M_{O4}。当 D_4 为逻辑 1（高电平）时，独立的栅极驱动控制将 v_{G4} 提升到 $v_{O4}+v_{IN}$，完全打开 M_{O4}。此时，v_{G4} 等于 v_{IN}，而 v_{IN} 始终恒定，且独立于 v_{O4}。具有独立的栅极驱动控制的单电感多输出转换器性能提升如图 6.63 所示。在传统的 NMOS 开关控制中，栅极驱动电压等于 $v_{IN}-v_{Oi}$，当 v_{O4} 增加时导通电阻增加。所以根据 v_{O4} 的情况，电源转换效率会急剧恶化，独立的栅极驱动控制有助于输出电压依赖性问题。简而言之，独立的栅极驱动控制使得栅极驱动电压独立于所有的输出电压，而且在任何输出电压值时都不会出现效率下降的情况。

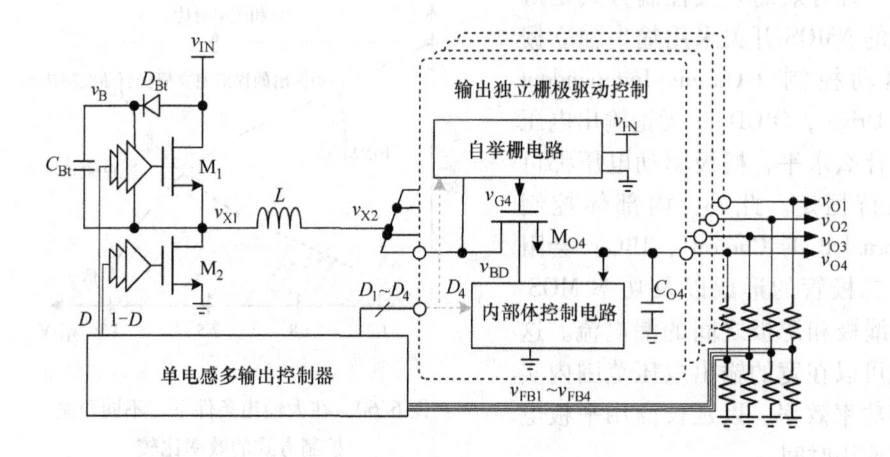

图 6.61　具有独立的栅极驱动控制的单电感多输出转换器结构

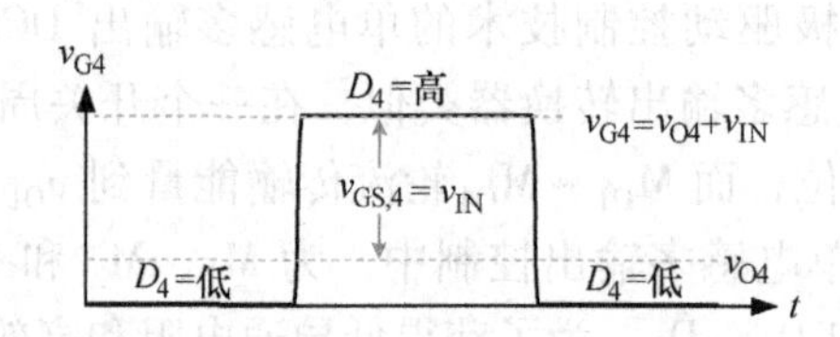

图 6.62　独立的栅极驱动控制的思想

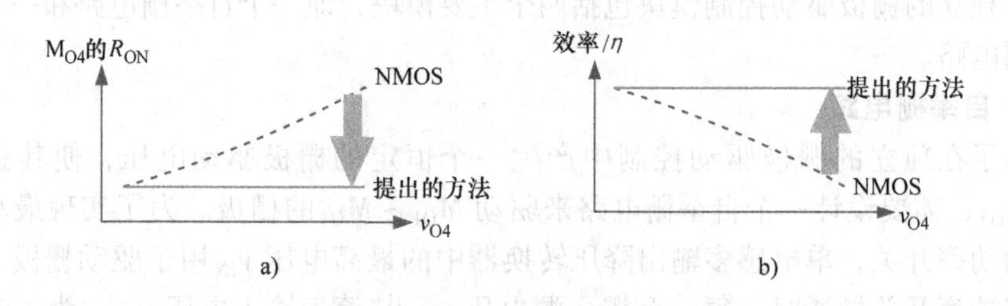

图 6.63　具有独立的栅极驱动控制的单电感多输出转换器的性能提升

a）导通电阻　b）效率

2. 内部体控制

M_{O1} ~ M_{O4} 的栅极电压提升到 $v_{Oi}+v_{IN}$ 以获得与输出独立的特性。在低压 5V 的

NMOS 中，栅极和体端口之间会出现过电压，所以输出独立栅极驱动控制采用内部体控制电路来解决这个问题。

如图 6.61 所示，内部体控制电路根据每一个输出电压控制体电压。当 M_{Oi} 栅极电压提升到 $v_{Oi}+v_{IN}$ 并导通时，体端口由 v_{Oi} 偏置。所以，栅极 - 体电压等于 v_{IN}，其受限于低压 5V 器件的正常工作电压范围，同时，栅极 - 体过应力问题不会发生。此外，因为 M_{Oi} 的源极和体偏置在同样的电平 v_{Oi} 上，所以体效应得以消除。在没有体效应的情况下，导通电阻得以进一步减小，也相应提高了电源转换效率。

6.5.1.4　死区过应力循环

在没有死区的情况下，同时导通 $M_{O1}\sim M_{O4}$ 中的任意两个开关都会产生一个端口到另一个端口的能量泄漏，这会恶化电路的调整性能和效率。所以，$M_{O1}\sim M_{O4}$ 中任意两个开关中的死区对于避免冗余能量传输损耗是十分必要的。

在 $M_{O1}\sim M_{O4}$ 的死区中，这些开关都关断。然而，如图 6.64 所示，因为所有的漏电流通路和体二极管都被阻断，所以电感电流 i_L 持续对节点 v_{X2} 的寄生电容 C_p 充电。过应力电压不可避免地出现在 v_{X2}，进而对 $M_{O1}\sim M_{O4}$ 和其他控制电路产生损伤。过度的电荷积累会产生高的过应力电压，特别是在重负载时，这也表明此时电感电流值较大。在死区期间，低功耗死区过应力循环（Deadtime Overstress Recycling，DOR）技术不仅限制了 v_{X2} 的最大电压，也避免了 $M_{O1}\sim M_{O4}$ 产生过应力，而且将存储在 v_{X2} 的电荷回收至输入源。高的回收效率提高了单电感多输出转换器的效率和平板电脑的使用时间。

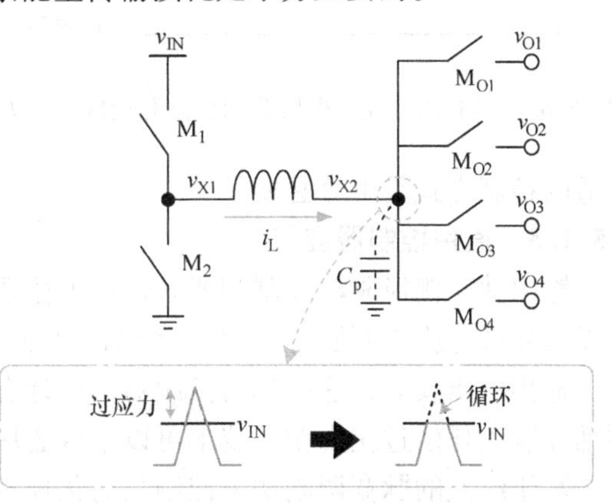

图 6.64　死区过应力问题

具有输出独立栅极驱动控制和死区过应力循环技术的单电感多输出转换器整体结构如图 6.65 所示。死区过应力循环技术构建了一个能量回收通路，将过应力能量从 v_{X2} 回收至 v_{IN}。一旦 v_{X2} 超过 v_{IN}，图中设计了一个具有死区过应力循环技术的精确检测电路来导通回收通路。因此当没有出现过应力时，该电路也可以阻止漏电流的产生。此外，死区过应力循环技术需要进行低功耗设计来增加能量回收效率。

通过输出独立栅极驱动控制和死区过应力循环技术实现了宽输出电压范围内的高效率，并通过能量回收防止过应力问题。功率级的输出独立栅极驱动控制和死区过应力循环技术不会影响到能量通路序列。这两种技术可以应用于传统的单电感多输出转换器中，且所有的开关都采用 NMOS 开关，因此为平板电脑应用设计一种

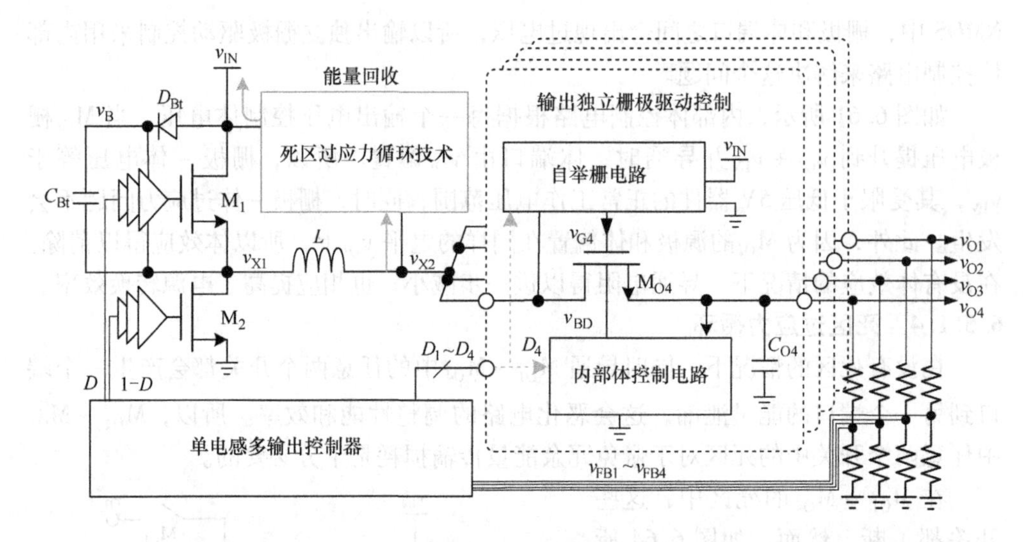

图 6.65　具有输出独立栅极驱动控制和死区过应力循环技术的单电感多输出转换器整体结构

合适的控制方式是十分必要的。

6.5.1.5　通用控制器应用

输出独立栅极驱动控制和死区过应力循环技术解决了功率级中与输出有关的效率以及死区过应力问题。单电感多输出转换器的性能包括输出电压精度、交叉调整、输出电压纹波，这些都与控制器的设计有关。根据不同的应用，输出独立栅极驱动控制和死区过应力循环技术可以结合通用控制方式加以应用。

基于纹波的脉宽调制功率控制是简化控制器设计和降低成本的良好选择。如图 6.66 所示，三个反馈电压 $v_{FB1} \sim v_{FB3}$ 通过三个独立的比较器与参考电压 V_{ref} 进行比较。如图 6.67 所示，当 v_{Oi} 达到 V_{ref} 时，可以容易地决定占空因子 $D_1 \sim D_3$。在每一个开关周期的初始阶段，M_{O1} 导通，将能量传输到 v_{O1}。一旦 v_{O1} 达到 V_{ref}，M_{O2}、M_{O3}、M_{O4} 依次导通，这种方式极大地简化了逻辑电路设计。为了控制电感中的能量，用一个误差放大器替代比较器，连接到 v_{FB4}，用于放大 v_{FB4} 和 V_{ref} 的差值。也就是说，用误差信号 v_{E4} 来决定峰值电感电流。然而，当负载变化时，所有输出端中 v_{FBi} 和 V_{ref} 的误差都积累到误差放大器中，并对峰值电感电流进行调整，不幸的是，这时 v_{O4} 中的交叉调整特别严重。由于 $v_{O1} \sim v_{O3}$ 处没有误差放大器，当四个输出端出现较大负载电流差时，就无法保证输出电压的精度。此外，当 v_{FBi} 和 V_{ref} 进行比较时，需要一个具有大阻值等效串联电阻的电容来提高抗噪声性能。大的电压纹波和交叉调整会对面板产生闪烁效应，降低显示性能。

电流模式控制可以得到较小的电压纹波和高精度的输出电压，非常适合平板电脑应用。具有电流模式控制的单电感多输出转换器结构如图 6.68 所示，四个输出电压 $v_{O1} \sim v_{O4}$ 将反馈 $v_{FB1} \sim v_{FB4}$ 输出到误差放大器中，用于实现较好的电压调整性能。通过放大 $v_{FB1} \sim v_{FB4}$ 和参考电压 V_{ref} 的差值来产生四个误差信号 $v_{E1} \sim v_{E4}$。通

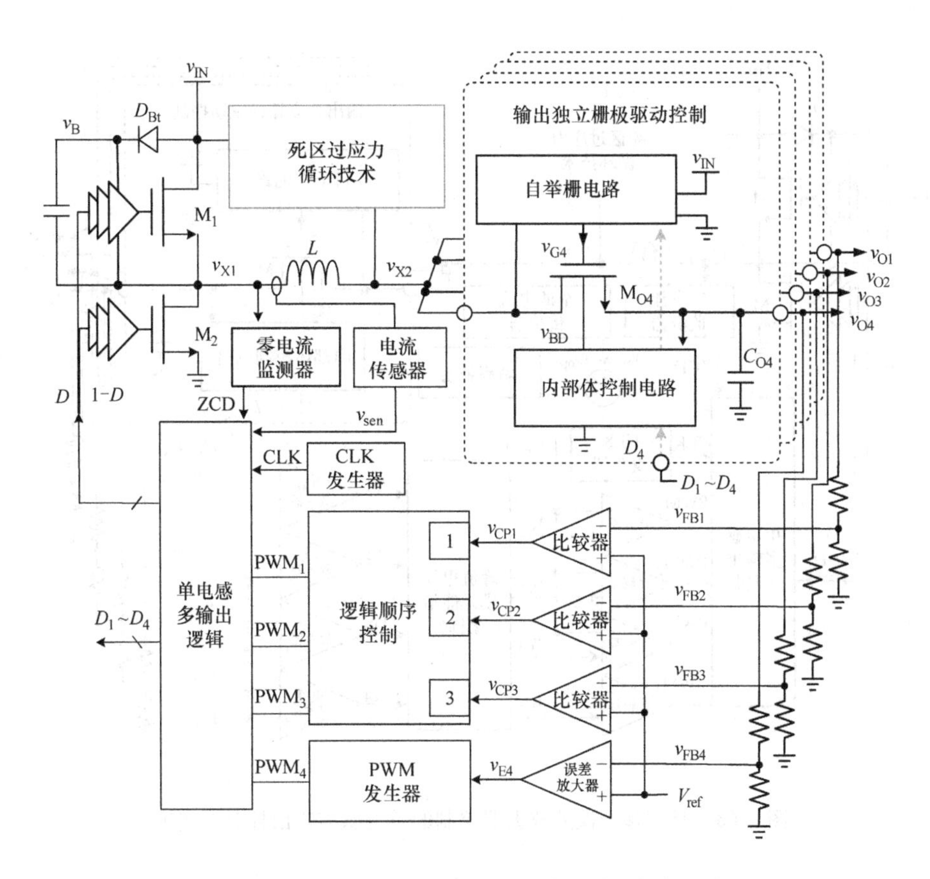

图 6.66　具有基于纹波控制的单电感多输出控制器实现

过峰值电流模式能量控制模块对 $v_{E1} \sim v_{E4}$求和，以产生能量控制信号 $v_{C1} \sim v_{C4}$。通过将 $v_{C1} \sim v_{C4}$ 与 v_{SUM} 比较（其中 v_{SUM} 为电流感应信号 v_{sen} 和斜率补偿信号 v_{slope} 的求和信号），再通过单电感多输出逻辑和时钟发生器电路分别产生 M_1、M_2、$M_{O1} \sim M_{O4}$ 的占空因子 D、$1-D$ 和 $D_1 \sim D_4$。

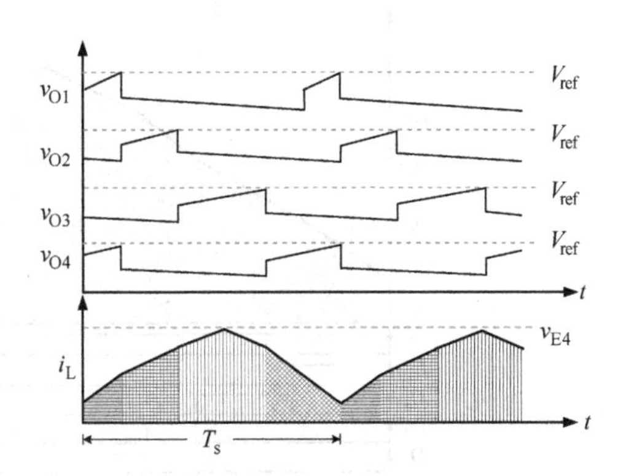

图 6.67　单电感多输出转换器的时序框图

单电感多输出转换器时序框图如图 6.69 所示。峰值电流值 v_{C4}产生信号 D 来控制电感电流的充电和放电，$v_{C1} \sim v_{C3}$通过 $D_1 \sim D_4$ 将电感能量正确地分配到每一个输出。因为输出电压纹波没有用于决定占空因子，所以不需要大的电压纹波来获得良好的抗噪声性能。在峰值电流模式控制中，小阻值等效串联电阻的输出电容也可以得到较小的输出电压纹

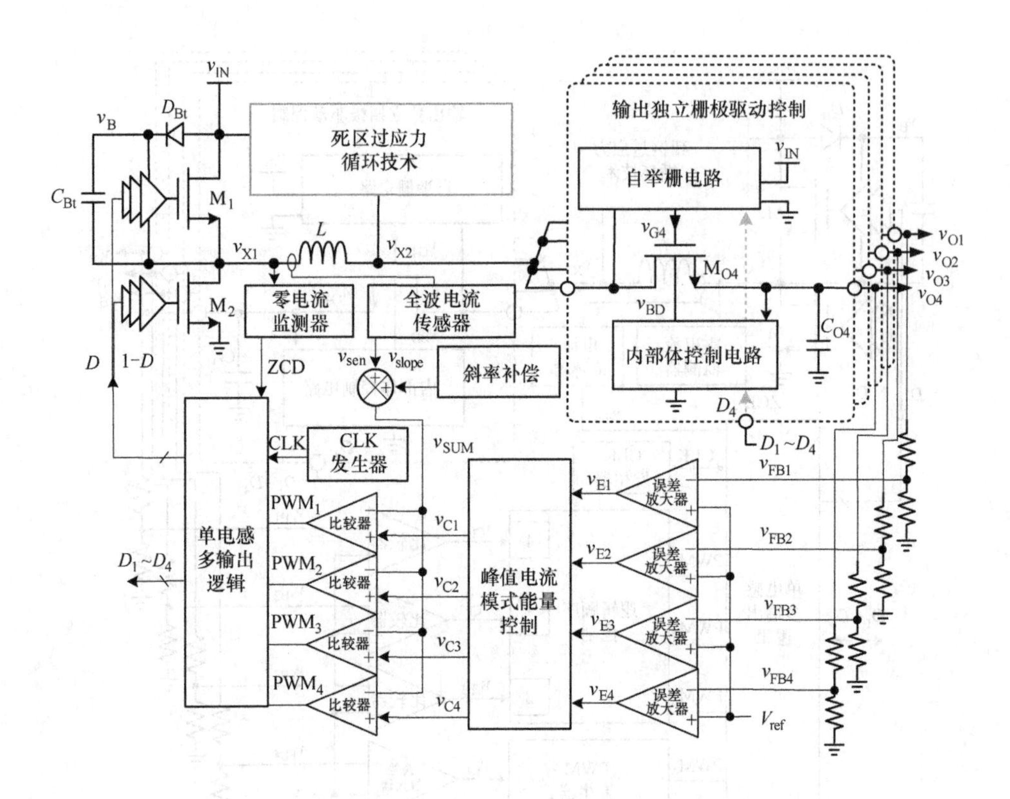

图 6.68　具有基于误差放大器控制的单电感多输出控制器实现

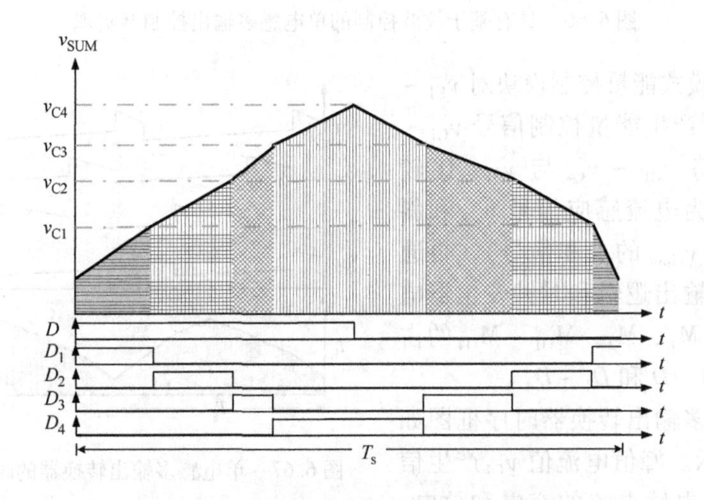

图 6.69　单电感多输出转换器时序框图

波。此外，通过在每一个输出端使用误差放大器，可以获得高的输出电压精度，见表 6.5。采用常规纹波控制、大电压纹波、低输出电压精度，以及在 v_{O4} 上的串联交叉调整都会降低显示面板的性能。基于纹波控制的单电感多输出转换器不适用于为平板电脑供电。相比之下，通过设计电流模式控制电路，可以得到小的电压纹波、低的交叉调整以及高的输出电压精度。然而，如果没有合理控制好功率开关，则低的转换效率会缩短平板电脑的使用时间。输出独立栅极驱动控制和死区过应力循环技术可以极大地降低功率级的功耗。因此，在电流模式控制中的输出独立栅极驱动控制和死区过应力循环技术使得商用平板电脑应用在所有负载情况下都可以获得高性能和高效率。

表 6.5　单电感多输出转换器性能比较

控制方法	基于纹波	电流模	基于纹波 + 输出独立栅极驱动控制和死区过应力循环技术	电流模 + 输出独立栅极驱动控制和死区过应力循环技术
电压纹波	大	小	大	小
交叉调整	v_{O4}较大	小	v_{O4}较大	小
电压精度	低	高	低	高
效率	低	低	高	高

6.5.2　单电感多输出转换器中的连续导通模式/绿色模式相对忽略能量控制

由多个供电电压进行供电的商用平板电脑具有相对较大的负载电流差，这会导致单电感多输出 DC/DC 转换器产生大的电压纹波和严重的交叉调整。因此需要在平板电脑应用中最小化输出端之间的负载电流差，并同时降低每一个输出的电压纹波。单电感多输出转换器需要为不同功能模块提供多个输出电压，而这些模块也需要多种负载电流。因此，设计单电感多输出控制方法来实现这些目标是至关重要的。

现有的单电感多输出转换器性能如图 6.70 所示。虽然有序功率分配控制（Power – Distributive Control，OPDC）提供了一种简单的多输出控制方法，但仍然会产生严重的交叉调整和 160mV 的输出纹波，从而降低了电源性能。同时，基于锁相环的单电感多输出转换器简化了频率补偿网络设计，也简化了具有固定频率控制的抗电磁干扰滤波器设计，然而，对于平板电脑应用它的驱动能力有些不足。为了进一步最小化交叉调整和电压纹波，自适应能量恢复控制引入一个能量缓冲区域。由于导通损耗大，能量缓冲区域会导致效率降低，这使得电池能量会在短时间耗散。在没有任何能量缓冲持续时间的情况下，在一个开关周期中，能量必须被适当地分配给所有输出。在平板应用中，基于纹波的自适应关断时间控制和基于误差的控制仍然不能同时获得高的驱动能力和小的输出纹波。

所以，在这里提出一种控制方法来获得小的输出纹波，并在大驱动能力情况下具有高的效率。无论在稳态还是瞬态，当各个输出端之间具有大电流差时，具有连续导通模式/绿色模式相对忽略能量控制的单电感多输出 DC/DC 转换器都可以最小化输出电压波动。采用电流模式控制，就能同时获得高输出电压精度和小的输出纹波。

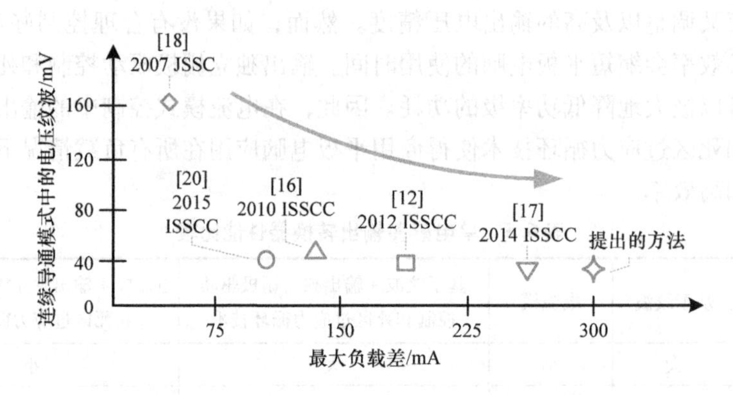

图 6.70　现有成果中，连续导通模式输出电压纹波和最大负载差的比较

6.5.2.1　绝对忽略能量控制

除了 5.1 节中讨论的功率级电源效率提升技术以外，控制方法还与电源效率有关。为了进一步延长平板电脑使用时间，通常在单电感多输出转换器中使用绝对忽略能量控制方法（与负载情况有关）来降低轻负载时的开关损耗。换言之，当负载电流变轻时，在特定的开关周期内，传输到输出端的能量就可以忽略。当负载电流下降时，被忽略的开关周期数量也随之增加。

在单电感多输出转换器中，通过为每一个输出确定绝对忽略方法，就可以建立时序框图，如图 6.71a 所示，其中 $i_{O1} \sim i_{O4}$分别为 $v_{O1} \sim v_{O4}$的负载电流，$SK_1 \sim SK_4$为相应的忽略状态。基于绝对忽略方法，当v_{O1}、v_{O3}、v_{O4}为重负载，而 v_{O2}为轻负载时，v_{O2}可以周期性忽略。当所有的输出都为轻负载时，$v_{O1} \sim v_{O4}$交替地和不规则忽略。这时也不会注入噪声，因此也不会增加电压纹波。这是因为在单电感多输出转换器中，所有的输出都共享同样的开关周期，所以忽略特定的输出端会影响其他输出的能量分布。如图 6.71b 所示，在 $t_1 \sim t_2$ 期间，这种现象会产生大的输出电压纹波和噪声，从而影响平板电脑的功能。此外，因为单电感多输出转换器的效率包括所有输出电压的负载条件，并且忽略一个或两个输出可能不会显著地提高效率，所以，在所有情况下，牺牲纹波性能都没有明显提高效率。这些结果表明，绝对忽略法不适用于单电感多输出转换器。

6.5.2.2　相对忽略能量控制

在单电感多输出转换器中，多个输出共用一个电感。所以，基于每一个输出的绝对能量来确定忽略状态是不合适的。然而，多个输出之间的相对能量可以承担所有输出的总能量，因此，基于相对能量来确定忽略状态可以产生更优的输出供电电压。在 $t_1 \sim t_2$ 期间，具有传统绝对忽略能量控制以及 $t_3 \sim t_4$ 期间具有相对忽略能量控制（Relative Skip Energy Control，RSEC）的波形如图 6.72 所示。这两种忽略方

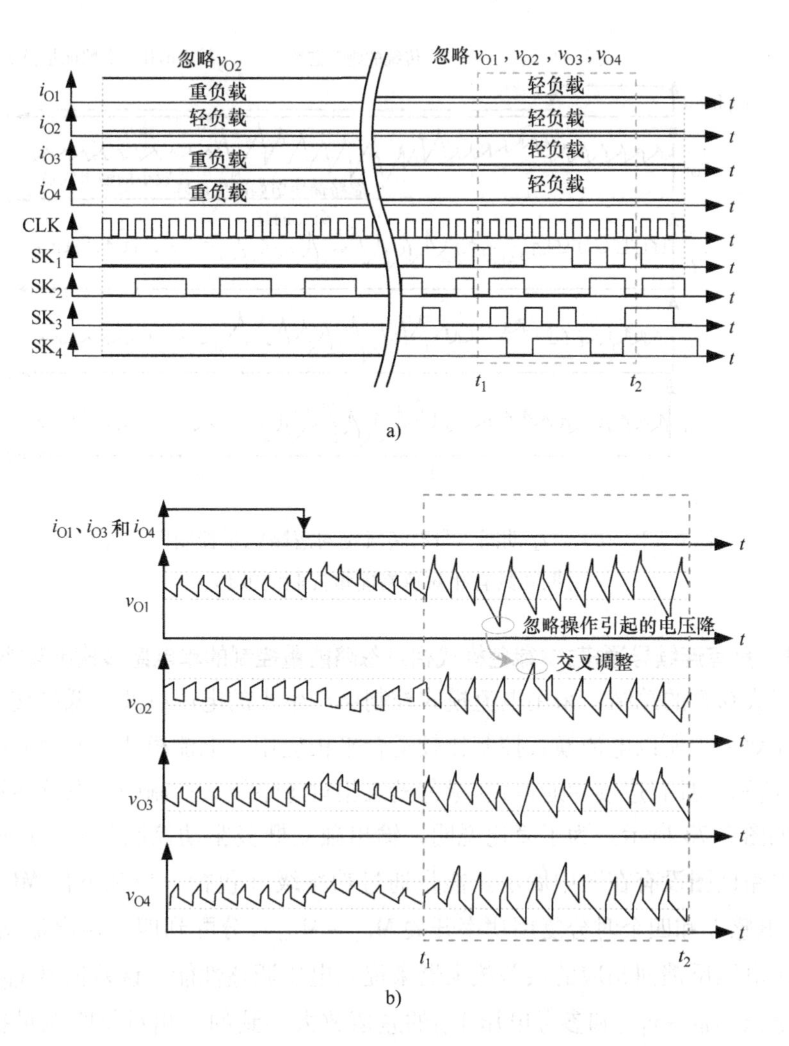

图 6.71　a）具有绝对忽略方法的单电感多输出转换器时序框图

b）在 $t_1 \sim t_2$ 期间，具有绝对忽略方法的输出电压波形

法都可以获得良好的电压调整，但在绝对忽略方法中会产生大的电压纹波。而通过采用相对忽略能量控制，则可以消除忽略方法引起的电压降和交叉调整。

这里示出了单电感多输出 DC/DC 转换器中的连续导通模式/绿色模式相对忽略能量控制。在平板应用的休眠状态中，在高性能模式和节能方面，相对忽略能量控制表明需要在效率和电压纹波之间进行折中，避免不必要的忽略操作，以抑制电压纹波和交叉调整。基于每个输出之间的相对能量，才能确定正确的能量忽略操作。所以，能量需要分布在相对宽的电压和负载电流范围内，这样才能得到良好的负载调整、高功率能力、低噪声以及小的电源纹波。

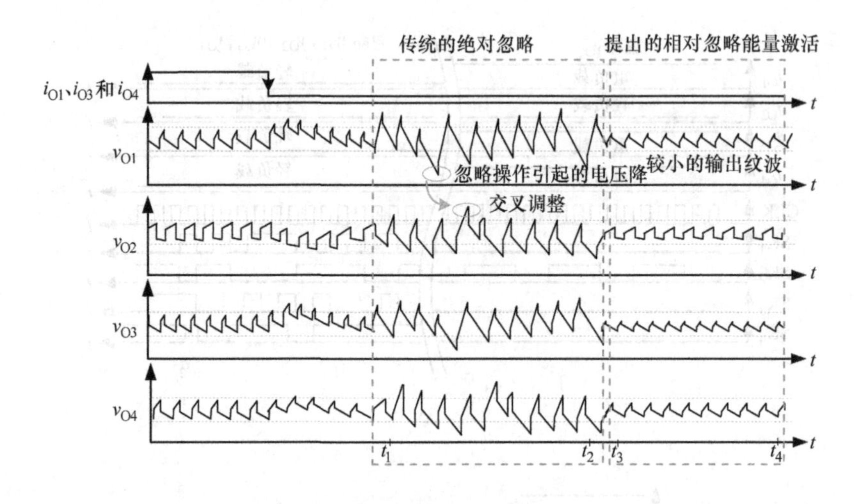

图 6.72 在 $t_1 \sim t_2$ 期间，具有传统绝对忽略能量控制以及 $t_3 \sim t_4$ 期间具有相对忽略能量控制的波形

6.5.2.3 具有连续导通模式/绿色模式相对忽略能量控制的单电感多输出转换器结构

基于表 6.5 的总结，采用电流模式控制会产生小的电压纹波、低的交叉调整和高的电压效率。所以电流模式控制比较适合平板应用。电流模式控制及其时序图如图 6.69 所示。具有连续导通模式/绿色模式相对忽略能量控制的单电感多输出转换器结构如图 6.73 所示。为了简化说明，输出独立栅极驱动控制和死区过应力循环技术的电路框图没有在图中展示。能量通过功率级（包括上位和下位 MOSFET M_1 和 M_2、电感 L 和四个时分复用功率开关 $M_{O1} \sim M_{O4}$）分配到四个输出端 $v_{O1} \sim v_{O4}$，四个输出电压反馈回相应的误差放大器来提高电压调整性能。误差信号 $v_{E1} \sim v_{E4}$ 是由反馈电压 $v_{FB1} \sim v_{FB4}$ 和参考电压 V_{ref} 的差值放大得到的。相对忽略能量控制电路控制误差信号 $v_{E1} \sim v_{E4}$ 来产生能量控制信号 $v_{C1} \sim v_{C4}$。

电流模式控制的单电感多输出 DC - DC 转换器需要一个全波电流传感器，为了避免次谐波振荡，还需要进行斜率补偿。通过加入电流感应信号 V_{sen} 和补偿斜率 v_{slope} 就可以产生信号 v_{SUM}。将 $v_{C1} \sim v_{C4}$ 和 v_{SUM} 进行比较，就可以产生所有功率 MOSFET 的占空因子控制信号，从而实现图 6.69。这里 M_1 和 M_2 的占空因子分别定义为 D 和 $1 - D$，这与传统降压转换器类似。$M_{O1} \sim M_{O4}$ 的占空因子可以表明一个开关周期内的导通周期，分别定义为 $D_1 \sim D_4$。

在非常轻负载时，单电感多输出转换器进入它的绿色模式。一旦零电流监测器检测到零电感电流，所有的功率 MOSFET 都关闭以避免产生负电感电流。当能量需求信号 ER 表明在一个输出端中的能量不足时，电路就重新激活所有的功率 MOSFET 进行电压调整。

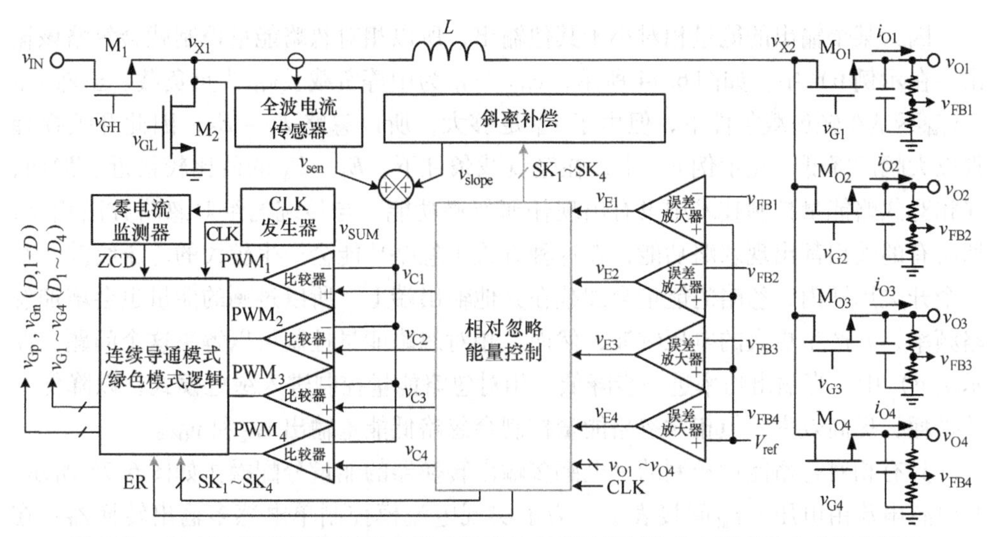

图 6.73 具有连续导通模式/绿色模式相对忽略能量控制的单电感多输出转换器结构

6.5.2.4 相对忽略能量控制

为了解决绝对忽略方法的缺点，连续导通模式/绿色模式相对忽略能量控制的概念如图 6.74 所示。在单电感多输出转换器的总输出功率中，直方图示出了其中四种情况：a）重负载；b）中等负载；c）轻负载和 d）极轻负载。E_1 ~ E_4 分别表示 v_{O1} ~ v_{O4}的输出能量，在纵轴上进行表示。在示例 a）中，虽然 E_3 是在轻负载情况下，但单电感多输出转换器的整体输出功率是在重负载条件下的。这说明单电感多输出转换器的整体输出功率与每个输出的能量没有直接联系，所以不能基于单个输出的绝对能量来简单确定忽略操作。取而代之，可以利用 v_{O1} ~ v_{O4}的相对能量来确定忽略状态。

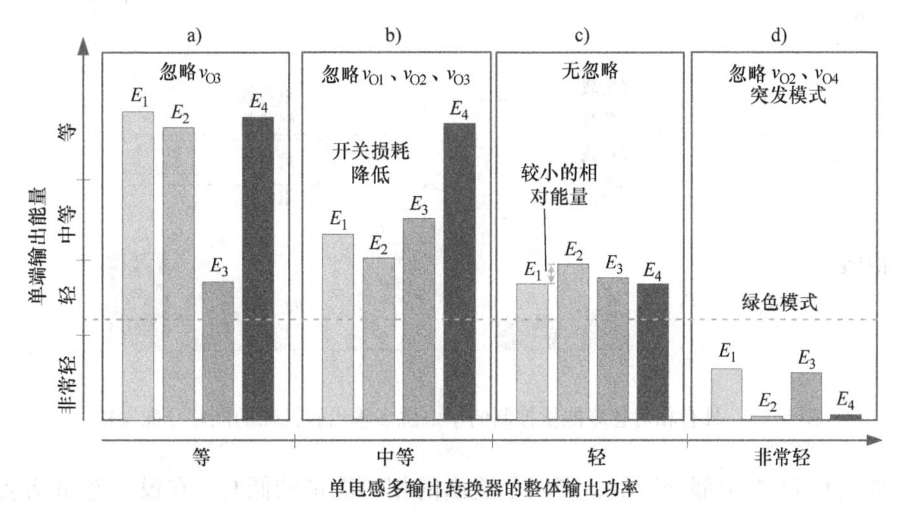

图 6.74 连续导通模式/绿色模式相对忽略能量控制的概念

因为某个输出的能量相对小于其他输出，所以相对忽略能量控制就会忽略该输出。在示例b）中，如图6.74所示，v_{O1} ~ v_{O3}为中等负载，v_{O4}为重负载。虽然v_{O1} ~ v_{O4}不是在轻负载条件下，但由于E_4足够大，所以忽略E_1 ~ E_3，因此开关损耗得以大幅度降低。在示例c）中，在轻负载条件下，E_1 ~ E_4的值比较接近。然而，在相对忽略能量控制技术中没有出现任何忽略功能。与传统的绝对忽略方法相比，即所有的输出都出现忽略功能，在这种方式中忽略功能会产生较大的电压纹波。在一个开关周期内，忽略的能量会加载在其他输出端上，所以过剩的能量也会增加忽略频率，并产生更大的电压纹波，然而，相对忽略能量控制可以解决这个问题。在示例d）中，当输出功率进一步降低，相对忽略能量控制进入绿色模式，以降低开关损耗，提高效率，但相对忽略能量控制会忽略低能量输出v_{O2}和v_{O4}。

具有相对忽略能量控制的单电感多输出转换器的能量分配操作如图6.75所示，总电感电流由电压v_{SUM}间接表示。为了实现电流模控制单电感多输出转换器，在一个开关周期内v_{O1} ~ v_{O4}的输出电流自下向上叠加。在v_{E1}和v_{C1}之间的底层，能量传输到v_{O1}。忽略其他层，通过比较v_{SUM}和v_{C1}确定占空因子后，可以将其认为是一个峰值电流模式降压转换器。同样，第二层、第三层和顶层，分别位于v_{C1}和v_{C2}、v_{C2}和v_{C3}、v_{C3}和v_{C4}之间，分别将能量传输到v_{O2}、v_{O3}、v_{O4}。因此，通过叠加v_{E1} ~ v_{E4}就可以产生能量控制信号v_{C1} ~ v_{C4}。在图6.73中，M_{O1} ~ M_{O4}的占空因子是通过v_{C1} ~ v_{C4}和v_{SUM}的比较结果决定的，其表明了能量的分配状态。

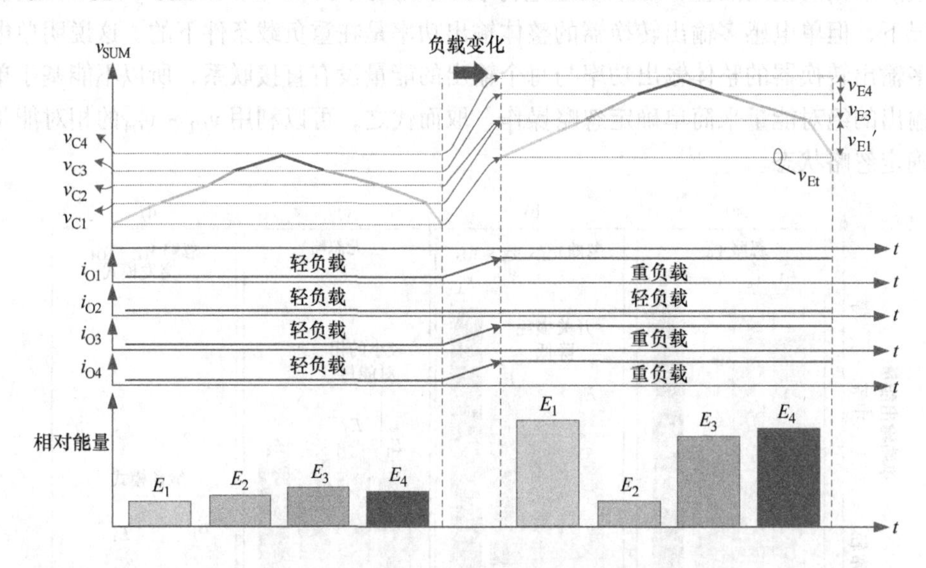

图6.75　具有相对忽略能量控制的单电感多输出转换器的能量分配操作

如图6.75左半部分所示，当四个输出的相对能量较低时，在没有忽略功能的情况下电感电流顺序传输到v_{O1} ~ v_{O4}。如果其中一个输出需要相对低的能量，则需要从能量堆中提取它的能量层。举个例子，如果 v_{O2}所需的能量较低，那么就可以忽略第二个能量层，在这个开关周期中也就没有能量传输到 v_{O2}中。将 $v_{C1} \sim v_{C4}$和 v_{SUM}比较，D_2 始终是零，在这个开关周期中 M_{O2}不会自动导通。

此外，相对忽略能量控制十分重要，在没有忽略功能的情况下，当四个输出端出现较大的负载电流差时，无法保证正常的电压调整。当其中一个输出的负载电流下降时，它的占空因子下降，且用于电压调整的能量减少。然而，如图 6.76 所示，最小的导通时间受限于工艺参数，如逻辑门和比较器的速度，以及驱动器的传播延时。最小的导通时间限制了最小负载电流差，并恶化了电压调整，这时具有相对低能量的输出电压升高，并变得不可调整。相对忽略能量控制技术通过忽略能量传输路径中具有过剩能量的输出来克服负载电流差的限制，等效最小导通时间下降为零，而且输出得到很好的调整，如图 6.76 所示。所以在没有重大效率提升的情况下，在示例 a）中忽略 E_3 以保证电压调整，如图 6.74 所示。

相对忽略能量控制的电路框图如图 6.77 所示。为了实现电流模式控制单电感多输出转换器，相对忽略能量控制通过产生能量控制信号 $v_{C1} \sim v_{C4}$实现叠加。图 6.73 中 $M_{O1} \sim M_{O4}$的占空因子就可以相应地确定。

当忽略功能没有激活时，通过增加 $v_{E1} \sim v_{E4}$的值来决定图 6.75 中的能量层，并产生 $v_{C1} \sim v_{C4}$。举个例子，v_{C2}是 v_{E1}和 v_{E2}的综合，v_{O2}的能量层位于 v_{C1}和 v_{C2}之间，且高度等于 v_{E2}。

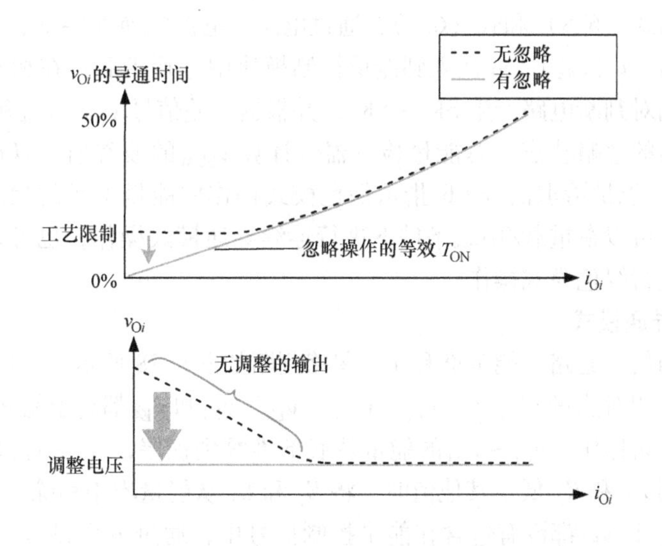

图 6.76　在没有忽略机制的情况下，出现的电压无法调整问题

总的来说，$v_{C1} \sim v_{C4}$可以用式（6.8）来表达，能量控制信号的差值表明了每一个输出的能量层，如式（6.9）所示。

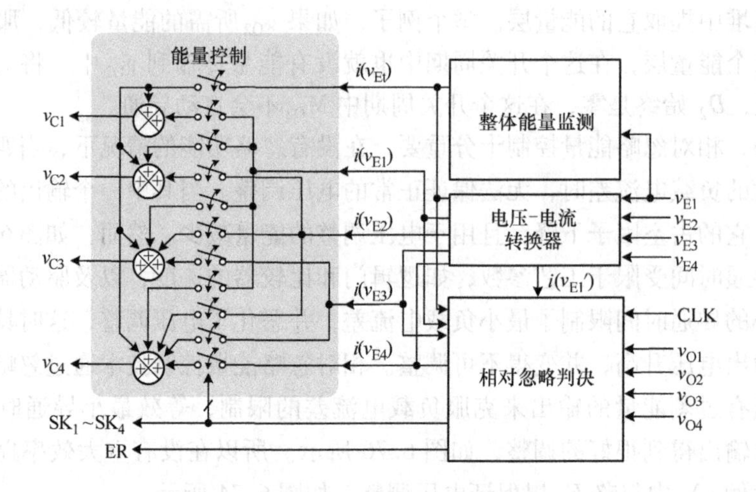

图 6.77　相对忽略能量控制电路框图

$$v_{Cj} = \sum_{i=1}^{j} v_{Ei}, j = 1, \cdots, 4 \tag{6.8}$$

$$v_{C(j+1)} - v_{C(j)} = v_{E(j+1)}, j = 1, \cdots, 3 \tag{6.9}$$

除了 v_{O1}，$v_{O2} \sim v_{O4}$的每一个能量层可以用式（6.9）表示（$j = 1 \sim 3$）。为了判断忽略状态，将 v_{O1}的能量层定义为

$$v'_{E1} = v_{E1} - v_{Et} \tag{6.10}$$

为了得到式（6.8）和式（6.9），通过电压-电流转换器将 $v_{E1} \sim v_{E4}$转换为电流信号 $i(v_{E1}) \sim i(v_{E4})$，并注入到能量控制模块中进行求和。在相对忽略能量控制技术中，相对判断电路产生 $SK_1 \sim SK_4$，并根据误差信号 $v_{O1} \sim v_{O4}$和总能量 v_{Et}来确定每个输出的忽略状态。总能量检测器会计算 v_{SUM}的波谷值，以在每个切换周期中输出 v_{Et}。能量请求信号 ER 指示绿色模式操作中能量不足的状态，相对忽略能量控制技术可以在重载/中载条件下进行连续导通模式操作，也可以在非常轻的负载条件下进行绿色模式操作。

1. 连续导通模式

能量控制信号通路、能量堆和相对忽略判断如图 6.78 所示。如图 6.78a 所示，每一个输出的相对能量 v'_{E1}（$= v_{E1} - v_{Et}$）、v_{E2}、v_{E3}和 v_{E4}都高于忽略阈值 v_{SK}，所以没有出现忽略操作。$v_{O1} \sim v_{O4}$的能量从底部堆叠到顶层，$v_{C1} \sim v_{C4}$是由 $v_{O1} \sim v_{O4}$和组成的。当 E_1 和 E_3 低于其他值时，将 E_1 和 E_3 从能量堆中移除，如图 6.78b 所示。这里，v_{E1}和 v_{E3}都没有包含在能量控制信号中，通过分别设置 $v_{C1} = v_{Et}$和 $v_{C3} = v_{C2}$就可以消除 E_1 和 E_3 的能量层。v_{E1}和 v_{E3}都与 $v_{C1} \sim v_{C4}$无关。考虑不同的负载状况，根据 $SK_1 \sim SK_4$，$v_{C1} \sim v_{C4}$的公式可以从式（6.8）~式（6.11）中进行修改。同样，能量控制信号的差值也可以从式（6.9）~式（6.12）中修改。为了实现这些操作，能量控制中的开关由忽略状态进行控制。

$$v_{Cj} = v_{Et} \cdot SK_1 + \sum_{i=1}^{j} v_{Ei} \cdot \overline{SK_i},\ j = 1,\cdots,4 \tag{6.11}$$

$$v_{C(j+1)} - v_{C(j)} = v_{E(j+1)} \cdot \overline{SK_{(j+1)}},\ j=1,\cdots,3 \tag{6.12}$$

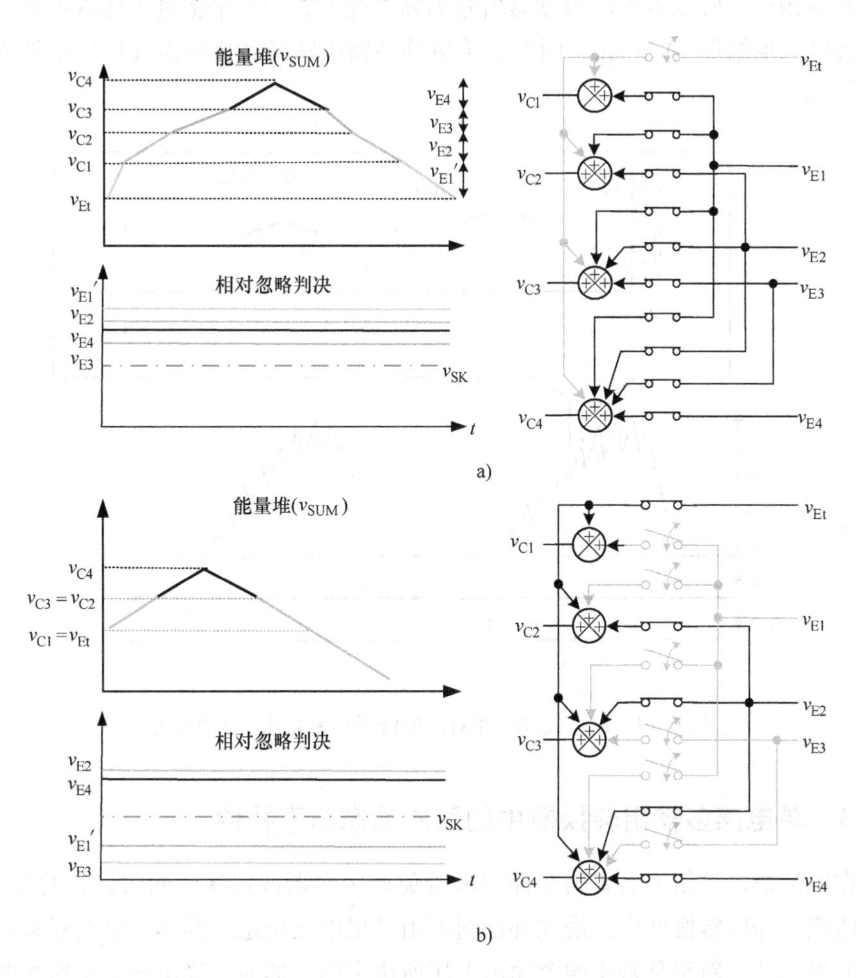

图 6.78　能量控制信号通路、能量堆和相对忽略判断

a）没有忽略操作　b）忽略 v_{O1} 和 v_{O3}

2. 绿色模式

当所有输出功率之和在非常轻的负载时，在绿色模式中单电感多输出转换器的节能操作如图 6.79 所示。当电感电流降为零时，在 $t_0 \sim t_1$ 和 $t_4 \sim t_5$ 期间，所有的功率 MOSFET M_1、M_2 和 $M_{O1} \sim M_{O4}$ 都关断，所以不会出现开关操作，也就不会消耗开关功耗。也没有能量传输到输出端，所以输出电压持续降低，从而增加了 $v_{E1} \sim v_{E4}$ 和 $v_{C1} \sim v_{C4}$。直到四个输出电压中的一个变得非常低时，能量需求信号 ER 保持为高。这个步骤激活开关操作，将能量分配到不足的输出端。举个例子，$t_2 \sim$

t_3 期间包括了两个开关周期，v_{O3}需要更低的能量，所以，SK_3 表示第二个开关周期中的忽略激活信号。得到能量之后，v_{C1} ~ v_{C4}降低，当检测到零电感电流时再次停止开关操作，所以零电流检测器信号为高。此外，一旦平板进入休眠模式，能量缺乏会极大地增加 v_{C1} ~ v_{C4}。因此，单电感多输出转换器自动而且顺畅地进入连续导通模式。

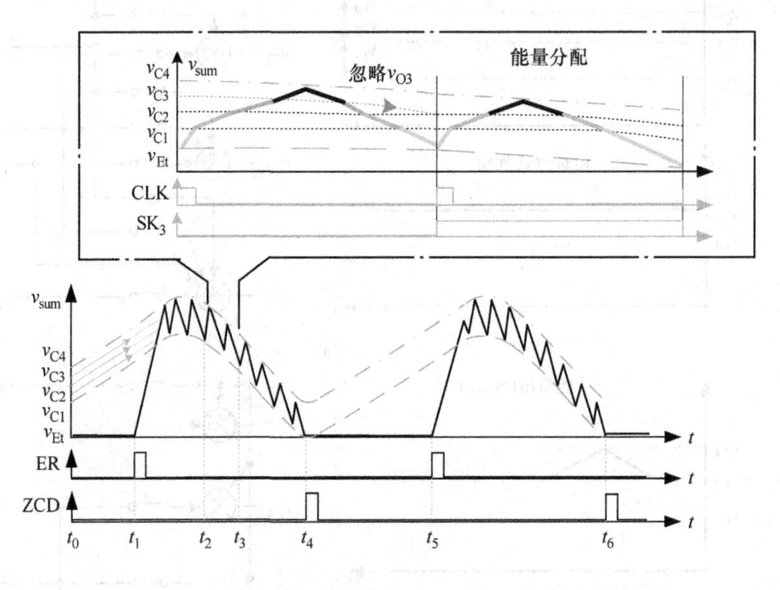

图 6.79 绿色模式中相对忽略能量控制技术的工作波形

6.5.3 单电感多输出转换器中的双向动态斜率补偿

在电流模式控制中需要斜率补偿来避免产生次谐波振荡，同时保证稳态操作。在电流模式降压转换器中，最优补偿斜率由输出电压决定。同样，单电感多输出转换器的最优补偿斜率是基于四个输出电压所决定的。然而，当出现忽略操作时，根据忽略的输出电压，预确定的补偿斜率可能突然变得非常大，或者变得非常小。如图 6.80a 所示，一个不充分的补偿斜率会产生次谐波振荡；而如图 6.80b 所示，过补偿又会降低瞬态响应。

补偿斜率通常与斜率信号的上升沿有关，因此，补偿斜率在电感充电阶段中是至关重要的，该阶段是电感电流具有正斜率时的持续时间。然而，当补偿斜率处于电感放电阶段时，这个阶段是电感电流具有负斜率的持续时间，电流模式降压转换器的性能不受影响。在单电感多输出转换器中，一个开关周期被分成若干个段以向每个输出提供能量。总之，在整个开关周期中的补偿斜率必须考虑在单电感多输出转换器的设计中。

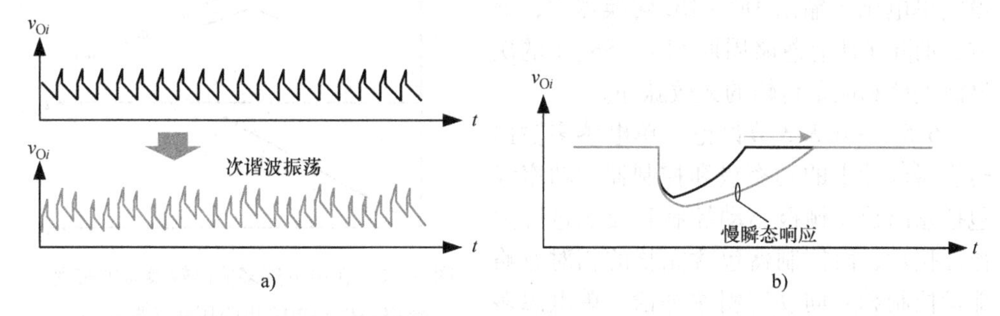

图 6.80　在单电感多输出转换器中，固定补偿斜率会导致的情况

a）当出现忽略功能时产生次谐波振荡　b）过补偿斜率产生较慢的瞬态响应

6.5.3.1　在单电感多输出转换器中的传统斜率补偿

斜坡补偿是电流模式控制 DC－DC 转换器稳定运行的关键。在电感充电阶段（D）期间需要具有斜率 m_a 的补偿斜率。为了避免次谐波振荡，m_a 必须遵循式（6.13）[32]。

$$m_a \geqslant \frac{1}{2} m_2 \tag{6.13}$$

换言之，补偿斜率的最小值必须大于电感电流放电斜率 m_2 的一半，可以表示为

$$m_2 = \frac{v_O}{L} \tag{6.14}$$

在电流模式单电感多输出转换器中，放电电感电流分为四个部分，分别将能量分配给四个输出。四个放电斜率 $m_{21} \sim m_{24}$ 为

$$m_{2i} = \frac{v_{Oi}}{L}, i = 1 \sim 4 \tag{6.15}$$

通过直接对单电感多输出转换器中的降压转换器斜率补偿进行概念化，补偿斜率必须与具有不同值的所有输出一致。为了避免在所有情况下产生次谐波现象，在最差情况中，选择四个输出中的最大输出电压 $v_{O,\max}$。具有斜率 m_a 的补偿斜率波形遵循式（6.16），如图 6.81 所示。

$$m_a = \frac{v_{O,\max}}{L} \tag{6.16}$$

然而，正如图 6.80 所示，在所有负载条件下，不同的忽略状态可能发生次谐波振荡或慢瞬态响应。

6.5.3.2　双向动态斜率补偿

这里提出一种新的双向动态斜率补偿方法来代替传统的斜率补偿。双向动态斜率补偿分别包含多个分段斜率补偿和在电感充放电阶段中的下降斜率校准。在电流

模式单电感多输出 DC - DC 转换器中，该方式消除了所有忽略周期 $SK_1 \sim SK_4$ 中的次谐波振荡和能量传输的无效脉冲。

6.5.1 ~6.5.3 节讨论了单电感多输出转换器设计中的功率级和控制器。功率级包括输出独立栅极驱动控制和死区过应力循环技术，而控制器包含完整的相对忽略能量控制和双向动态斜率补偿。单电感多输出转换器的完整结构如图 6.82 所示。

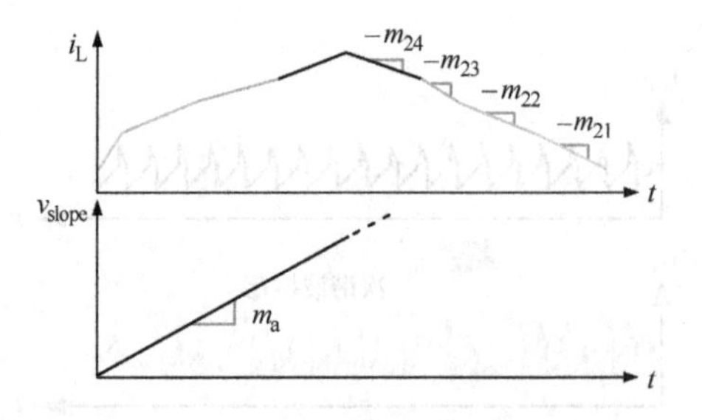

图 6.81　在单电感多输出转换器中实现斜率补偿与单输出降压转换器相似

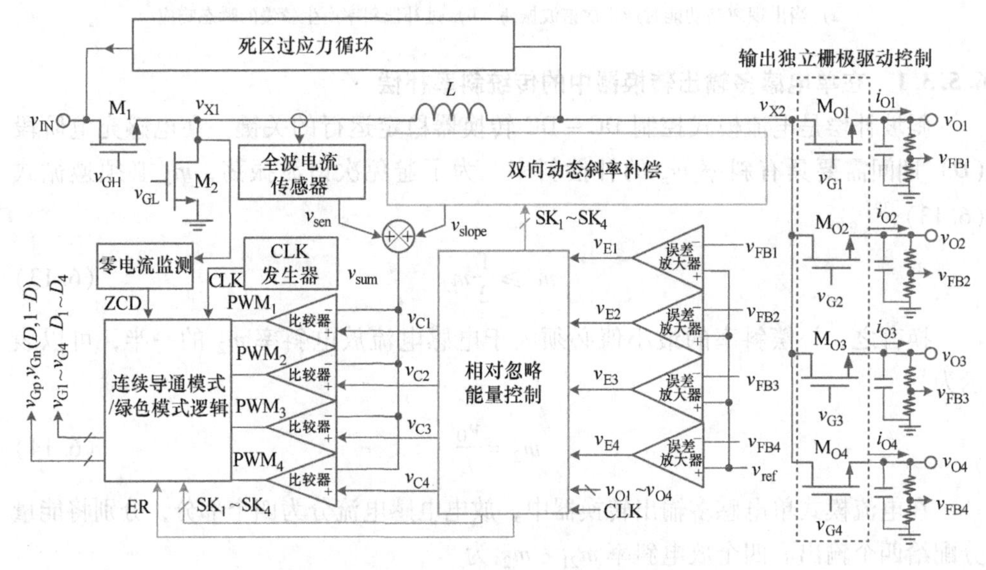

图 6.82　单电感多输出转换器的完整结构

1. 多段斜率补偿

可以利用 $v_{O,max}$ 来计算 m_a，以保证所有情况下的稳态操作。然而，在其他的输出电压中会出现过补偿现象，特别是当忽略 $v_{O,max}$ 时，补偿斜率会变得非常大，且降低瞬态响应。所以，对于输出电压和负载电流条件的任意组合，多段斜率补偿可以获得合适的斜率补偿。如图 6.83a 所示，在电感充电阶段的补偿斜率分为多个段，以分别补偿每一个输出电压。例如，当能量传输到 v_{O1} 中时，补偿斜率由 m_{21} 决定，且只与 v_{O1} 有关。避免产生次谐波振荡的规则相应地从式（6.13）修改为式（6.17）。

$$m_{ai} \geqslant \frac{1}{2} m_{2i}, i = 1 \sim 4 \tag{6.17}$$

当激活忽略功能后，相应的补偿段就被忽略，以避免过补偿。这时最优化补偿就被多段斜率补偿激活。如图 6.83b 所示，如果在某个开关周期中忽略 v_{O2}，那么在多段补偿序列中相应的补偿斜率 m_{a2} 就不会出现，从而实现正确的补偿操作。

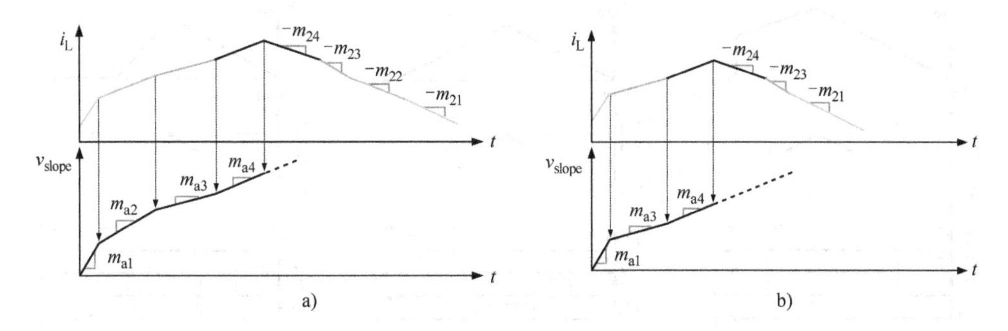

图 6. 83　在电感充电阶段的多段斜率补偿

a）无忽略操作　b）具有 v_{O2} 的忽略操作

2. 下降斜率校正

除了在电感充电阶段需要补偿斜率，在单电感多输出转换器中，在电感放电阶段的斜率信号 v_{slope} 与能量传输和分配十分相关。在降压转换器中，在电感放电阶段的 v_{slope} 与占空因子的确定无关。所以，最简单的办法是在下一个开关周期开始前的电感放电阶段的任何时间内，将 v_{slope} 复位为零。然而，在单电感多输出转换器中，在电感充电和放电阶段，能量分配的占空因子持续确定（$D_1 \sim D_4$）。所以，从两个方面上都必须仔细设计 v_{slope}。

在图 6. 84 中，如果通过一个任意陡峭的下降斜率将 v_{slope} 复位为零，那么整体信号 v_{SUM} 的波形就会发生失真，并且偏离电感电流的波形。将 $v_{C1} \sim v_{C4}$ 分别与 v_{SUM} 进行比较来产生 $D_1 \sim D_4$，这时会产生短脉冲信号，恶化能量分配。正如图 6. 84 右半边所示，在电感放电阶段，在 D_2 和 D_3 中会产生短脉冲信号。由于这些短脉冲信号，在短脉冲结束之前，功率 MOSFET（M_{P2} 和 M_{P3}）完全导通的时间不充分，所以，能量无法传输到 v_{O2} 和 v_{O3} 中，但是又会显著增加开关损耗。v_{slope} 的下降斜率明显不足。然而，如果 v_{slope} 通过一个平坦的下降斜率复位到零，那么在电感放电阶段就不会出现 D_1，如图 6. 84 的左半边所示。因此 v_{O1} 无法得到足够的能量来调整输出电压。

为了进行合理的能量分配，斜率信号 v_{slope} 必须根据它的峰值和电感放电时间进行调整。在每一个开关周期结束时，将 v_{slope} 设置为零是十分重要的。所以，这里提出通过调整下降斜率，采用下降斜率校正来追踪 v_{slope} 至零。

双向斜率补偿可以获得多段斜率补偿和下降斜率补偿，其电路框图如图 6. 85a 所示。斜率信号 v_{slope} 与地电位进行比较来产生 v_Z，指明何时 v_{slope} 为零。当 v_Z 滞后或者超前时钟信号 CLK 时，鉴相器（PFD）分别产生信号 UP 和 DN。经过上/下计数器，斜率发生器有八个电平 $S_0 \sim S_7$ 动态地调整下降斜率。具有平坦和陡峭下降斜率的校正过程分别如图 6. 85b 和 c 所示。在每一个开关周期结束时，CLK 复位

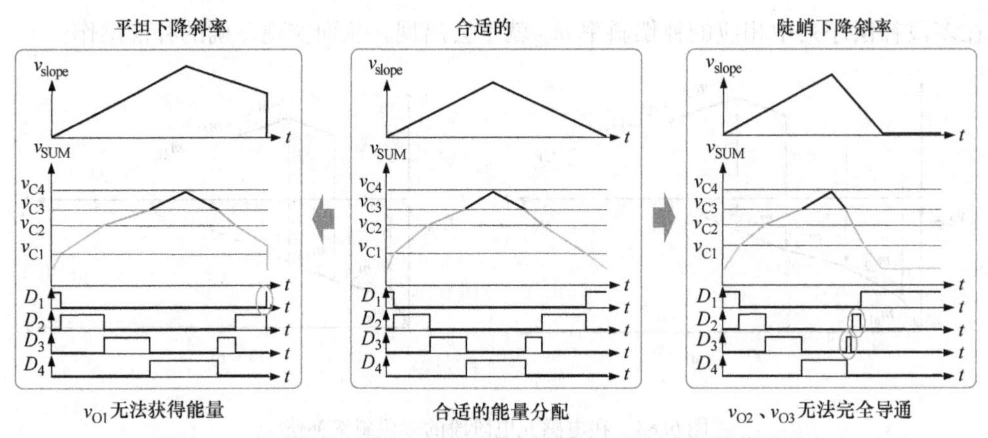

图 6.84　在电感放电阶段，具有不同下降斜率的斜率补偿信号 v_{slope}

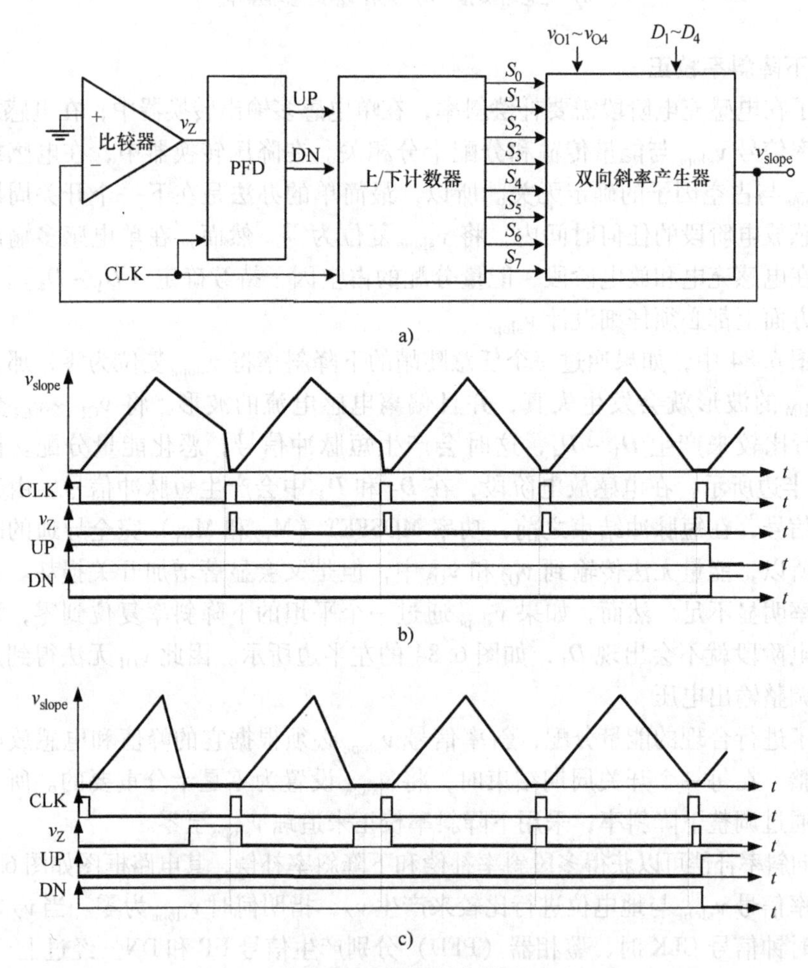

图 6.85　双向斜率补偿

a）电路框图　b）具有平坦下降斜率的校正过程　c）具有陡峭下降斜率的校正过程

v_{slope}，以保证正常的操作。在图 6. 85b 中，当 v_Z 滞后 CLK，且下降斜率较为平坦时，UP 信号被激活，下降斜率持续增加。所以，在开关周期结束时，v_{slope}无法下降到零。在许多个开关周期之后，可以校正得到一个最优的下降斜率。然而，如果下降斜率太陡峭，如图 6. 85c 所示，v_Z 超前 CLK，那么 DN 信号被激活，下降斜率持续降低。

双向斜率补偿的整体波形如图 6. 86 所示。在电感充电阶段，v_{slope}根据 v_{O1} ~ v_{O4}的值和忽略状态分段增加。在电感放电阶段，在开关周期结束时，3bit 可调整的下降斜率将 v_{slope}校正为零，以避免在能量传输过程中产生无效的短脉冲信号。

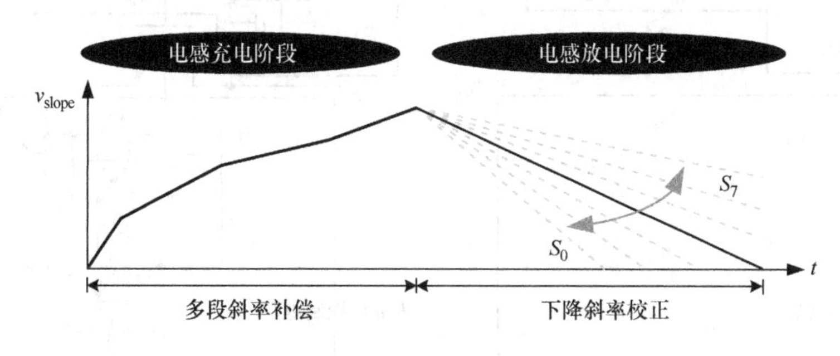

图 6. 86 双向斜率补偿的工作波形

6. 5. 4 电路实现

6. 5. 4. 1 输出独立栅极驱动控制和死区过应力循环技术

1. 自举栅电路和内建体控制电路

输出独立栅极驱动控制的电路实现包括低 i 个输出（$i=1\sim4$）中的 N 型功率 MOSFET M_{Oi}和相应的控制电路，如图 6. 87 所示。输出独立栅极驱动控制电路包括带隙基准（BG）和内部体控制（IBG）电路。带隙基准电路产生一个恒定的栅极驱动电压，以得到与输出电压独立的电源效率，如图 6. 62 和图 6. 63 所示。然而，体控制电路通过控制体电压 M_{Oi}，避免了栅极 - 体过应力问题和体效应。

当每个功率 NMOS 都处于关断状态时（$D_i=0$），输出独立栅极驱动控制如图 6. 87a 所示。为了完全关断 M_{Oi}，它的栅极通过 M_7 连接到地电位上。经过自举电容 C_{Bi}的电压通过 M_1 和 M_2 同时充电到 v_{IN}。相比之下，当每一个功率 NMOS 处于导通状态时（$D_i=1$），输出独立栅极驱动控制如图 6. 87b 所示。在产生恒定栅 - 源电压的过程中，M_4 ~ M_6 导通形成一个通路，以控制栅极电压 v_{Gi}。这时，C_{Bi}的底极板连接到 v_{X2}，当 M_{Oi}导通时，它的电压接近 v_{Oi}，所以，v_{Gi}提升到 $v_{Oi}+v_{IN}$以降低 M_{Oi}的导通电阻，不管输出电压处于什么水平，v_{Gi}都等于 v_{IN}。换言之，输出独立栅极驱动控制强制栅极驱动电压永远等于 v_{IN}。因此，不管输出电压处于什么水平，导通电阻都保持在很低水平，以获得高的效率。

当每个功率 NMOS 都关断时（$D_i=0$），v_{Gi}为零，不会在 M_{Oi}的栅极和体之间

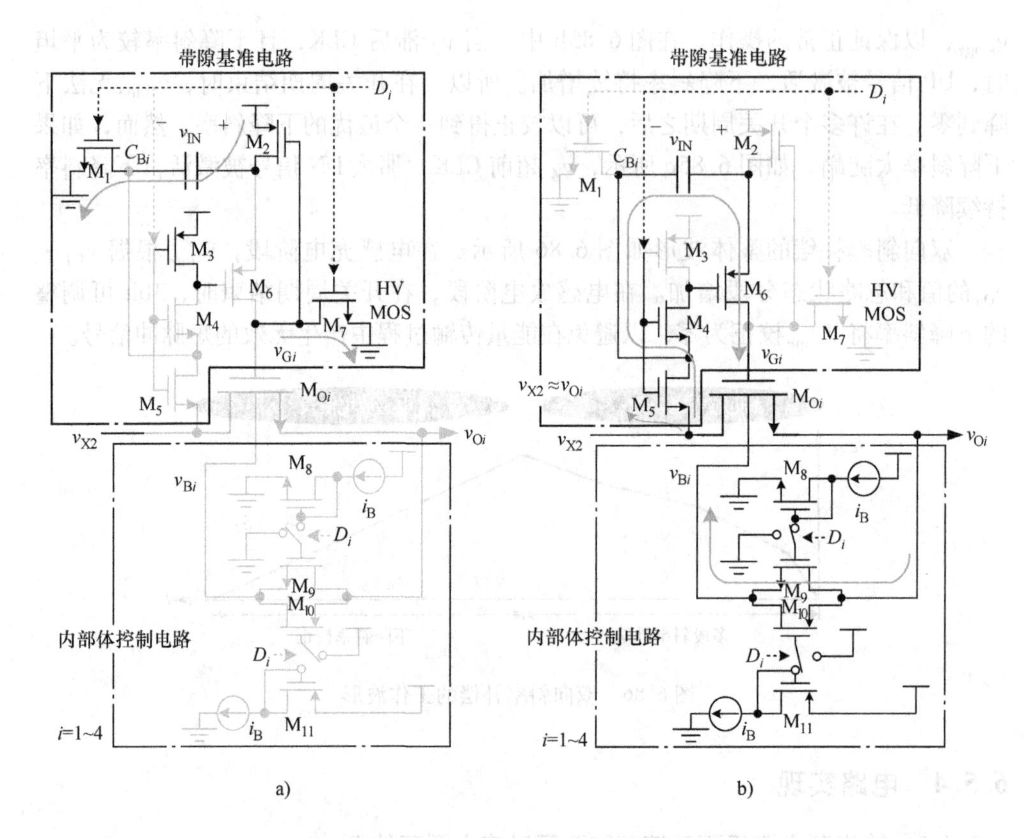

图 6.87　包括带隙基准和内部体控制电路的输出独立栅极驱动控制的电路实现

产生过应力。这时不需要体控制，内部体控制电路关断。在导通期间，且 v_{Gi} 为自举电压时，内部体控制电路对 v_{Bi} 进行偏置，以避免过应力和体效应。然而，一旦 M_{Oi} 导通，直接将 v_{Bi} 连接到 v_{Oi} 上会产生浪涌电流，所以内部体控制电路通过一个恒定电流将 v_{Bi} 充电到 v_{Oi}。考虑宽输出电压范围 $v_{O1} \sim v_{O4}$，M_8、M_9 和 M_{10}、M_{11} 形成 NMOS 和 PMOS 电流镜对，它们由偏置电流 I_B 控制，分别将 v_{Bi} 偏置在 v_{Oi} 的高电平和低电平上。

在输出独立栅极驱动控制中，M_7 为唯一的高电压器件。为了维持 M_7 漏极和源极的带隙电压，该电压高于低压器件允许的最大可承受电压，这时需要一个轻掺杂漏极的 MOSFET。然而，由占空因子 D_i 控制的栅极电压仍然是一个低电压信号。

另一个问题是 M_{Oi} 的体端口悬空，当 M_{Oi} 和内部体控制电路关断时，如图 6.87a 所示。当 M_{Oi} 关断，而体二极管导通时，为了避免电流泄漏，体端口需要连接到地电位上。然而，在每一个开关活动期内，当 M_{Oi} 导通时，体电荷放电到地，并重新充电，这会消耗额外的 v_{Oi} 电荷。代替 M_{Oi} 的体端口悬空，体电荷电流可以自动存储到其他输出端。然而，在漏极和源极之间仍然不会产生泄漏电流。举个例子，如果在四个输出中，v_{Oi} 具有最低的值，如图 6.88 所示，那么在死区中 M_{O1}、

M_{O2}和M_{O4}的体端口悬空，直到M_{O3}导通，v_{X2}下降到一个更低的值，该值接近于v_{O3}。体－漏极寄生二极管导通，对M_{O1}、M_{O2}和M_{O4}的体端口放电，放电现象形成体放电电流I_{BC}，将输出负载恢复为v_{O3}。与体端口连接到地的情况相比，悬空的体端口可以降低能量耗散，并将这些功率损失恢复到输出端。

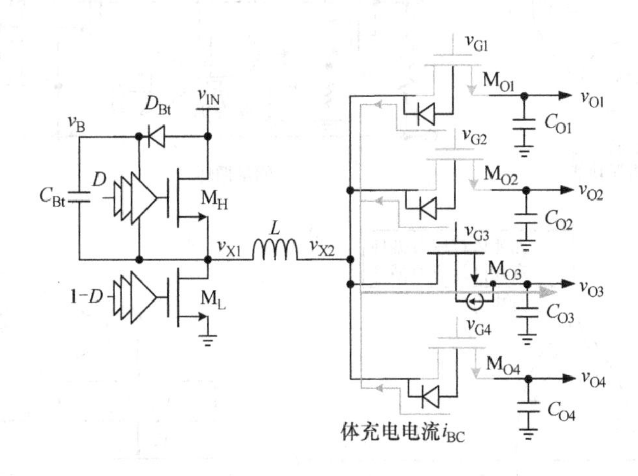

图 6.88　体电荷电流恢复（在四个输出中，v_{Oi}具有最低的值）

2. 死区过应力循环

在死区期间，输出独立栅极驱动控制关断四个功率 MOSFET（M_{O1} ~ M_{O4}）。因为没有通路来释放多余的电感电流，所以连续的电感电流会在v_{X2}处积累电荷，并产生过应力电压。特别是在重负载时，v_{X2}增加到超过v_{IN}。死区过应力循环技术通过将M_{DR}返回到v_{IN}中来回收v_{X2}的能量，从而避免过应力问题。

死区过应力循环技术的低功耗电路实现如图 6.89a 所示，其中M_{DR}在v_{X2}和v_{IN}之间建立一条能量回收通路。电阻R和R_1、电容C、开关S_1、晶体管M_5和M_6以及有限状态机（FSM）构成了能量回收通路的控制。M_1 ~ M_4构成了M_{DR}的体控制；R和C可以快速反映v_{X2}到v_{Tri}的变化；M_5 ~ M_6作为反向器，根据v_{Tri}的值控制M_{DR}和v_{GR}的栅极；R_1与M_5串联以避免噪声引起的误操作。在非死区期间，S_1关断，所以这时不需要能量回收通路。如果噪声注入到v_{Tri}中，即使回收控制电路被误触发，那么R_1也能避免v_{GR}经过M_5被拉到零电平。在死区期间，一旦v_{Tri}触发反向器M_5和M_6，从而导通M_{DR}，那么有限状态机马上导通S_1，将v_{GR}连接到零，而不会有电流流过R_1。所以，回收通路快速形成以避免过应力，同时实现能量回收。此外，当M_{O1} ~ M_{O4}其中一个导通且处于死区时，M_1 ~ M_4可以将M_{DR}的体电压偏置到v_{BR}，以避免漏电流。在非死区期间，v_{IN}高于v_{X2}，M_1和M_2导通或关断在v_{IN}处形成偏置v_{BR}。在死区期间，一旦v_{X2}高于v_{IN}，M_1和M_2便会导通或关断，在v_{IN}处形成偏置v_{BR}。换言之，v_{BR}总是偏置在漏极和源极最高电压决定的电压值上，以避免导通体二极管从而产生漏电流。

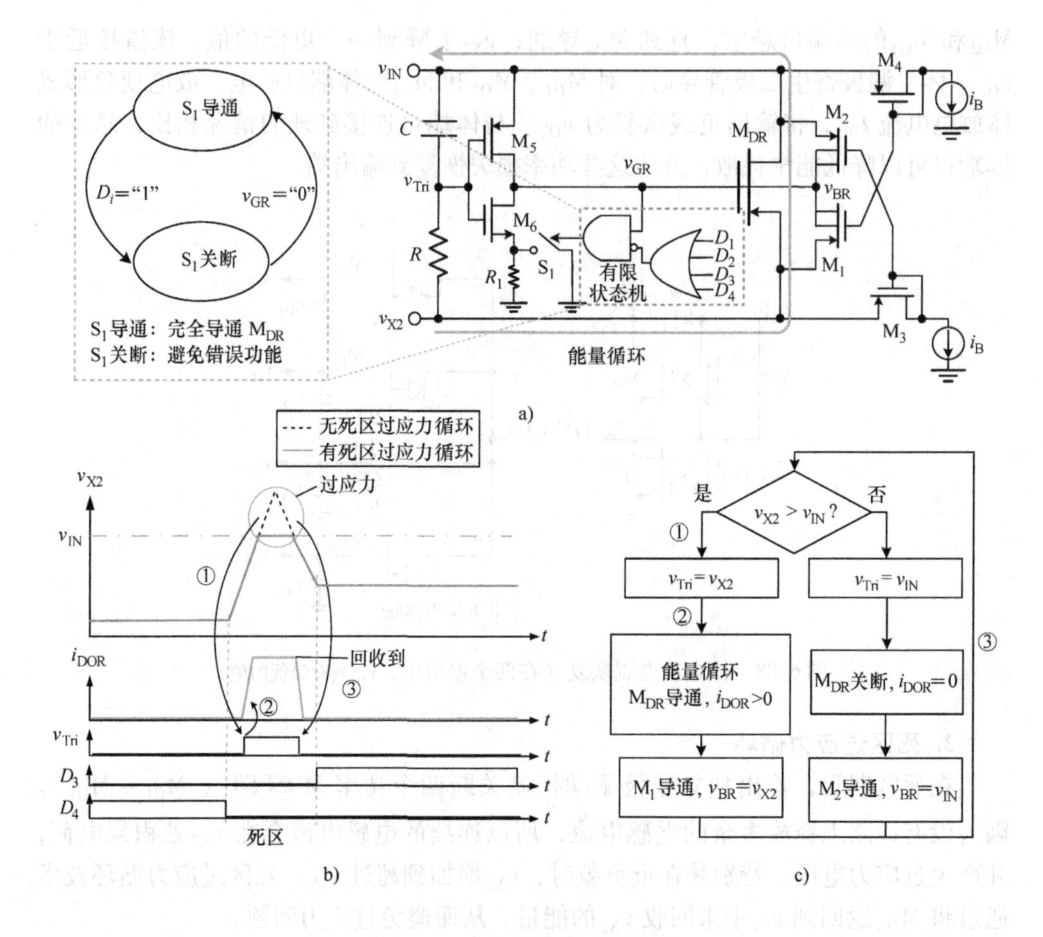

图 6.89　死区过应力循环技术

a）电路实现　b）工作波形　c）流程图

工作波形如图 6.89b 所示，在死区期间，一旦 v_{X2} 高于 v_{IN}，v_{Tri} 快速增加以建立能量回收通路。由黑色虚线所描绘的过应力被转换为循环电流 i_{DOR}，并流回到 v_{IN}，v_{X2} 被缩减到 v_{IN}。因为 v_{X2} 的最大值限制为 v_{IN}，所以功率开关 M_{O1} ~ M_{O4} 和带隙基准电路的稳定性增加。一旦 v_{X2} 小于 v_{IN}，M_{DR} 关断，死区过应力循环技术的流程图如图 6.89c 所示。首先利用 v_{X2} 和 v_{IN} 的关系来评估死区过应力循环技术的工作状态，如果 v_{X2} 小于 v_{IN}，则 v_{Tri} 等于 v_{IN}，表明不需要回收通路，且 $i_{DOR}=0$，v_{BR} 偏置在 v_{IN} 以避免体二极管导通。如果 v_{X2} 大于 v_{IN}，则 v_{Tri} 等于 v_{X2}，确保回收通路形成，且具有 i_{DOR} 大于零，能量从 v_{X2} 恢复到 v_{IN} 以避免过电压，v_{BR} 偏置在 v_{X2} 以避免导通体二极管。

6.5.4.2　相对忽略能量控制技术

相对忽略能量控制的电路实现如图 6.77 所示，具体将在本节中进行讨论。整体能量检测器和电压－电流转换器协助确定电流模式单电感多输出转换器中的叠加操作，如图6.90所示。为了在所有负载情况下产生忽略状态，采用电路相对忽略判决，如图6.91所示。能量控制电路实现叠加操作，并产生能量控制信号v_{C1}~v_{C4}，如图6.92所示。式（6.11）和式（6.12）也是通过这个能量控制电路实现的。

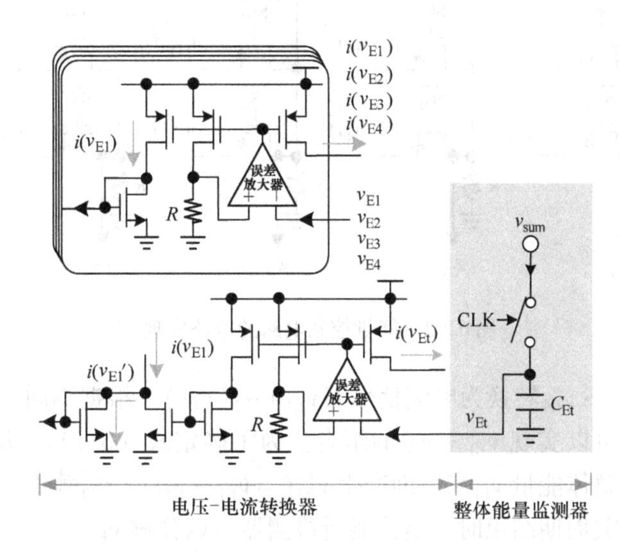

图6.90　整体能量检测器和四个电压–电流转换器的电路实现

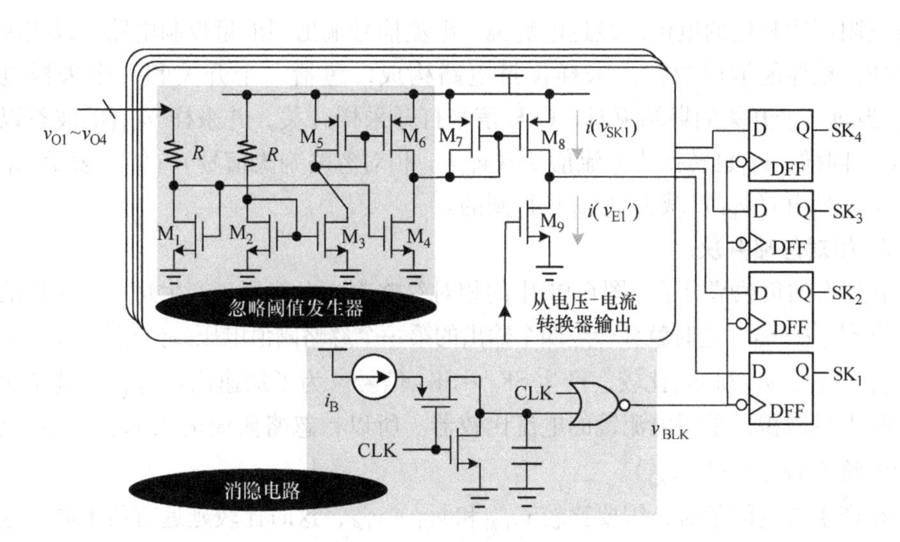

图6.91　相对忽略判决电路的电路实现

1. 整体能量检测器和电压–电流转换器

为了轻松实现能量控制中的叠加操作，在图6.90中采用四个电压–电流转换

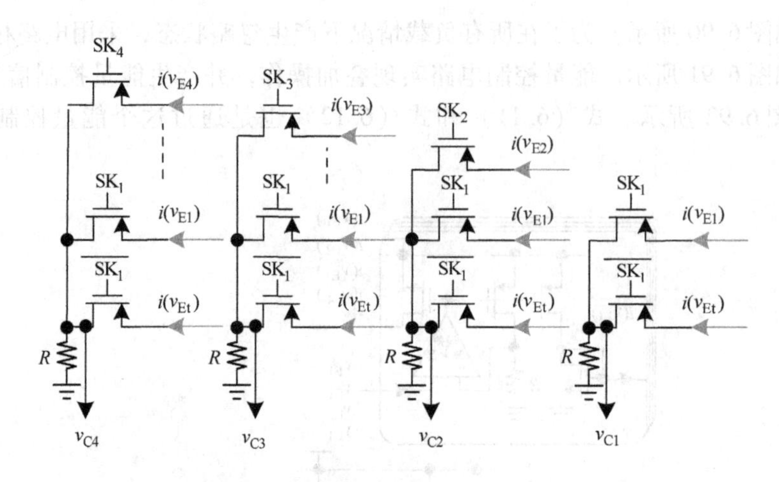

图 6.92　能量控制电路的电路实现

器将误差信号 $v_{E1} \sim v_{E4}$ 转换为电流信号 $i(v_{E1}) \sim i(v_{E4})$。根据不同的忽略状态，通过增加相应电路可以实现 $v_{E1} \sim v_{E4}$ 的组合。为了确定式（6.10），从而判断 v_{O1} 的忽略状态，需要整体能量 v_{Et} 来协助产生 $v'_{Et}(=v_{E1}-v_{Et})$，v_{Et} 等于 v_{SUM} 的波谷。这里，在每一个开关周期结束时，整体能量检测器可以分辨 v_{Et}。

电路中包括五个电压－电流转换器，分别产生 $i(v_{E1}) \sim i(v_{E4})$ 和 $i(v_{Et})$。电压－电流转换器包括误差放大器、电阻 R 和电流镜。利用误差放大器，五个电压经过电阻产生相应的电流。经过电流镜，电流信号输出到能量控制电路中以实现叠加操作。整体能量检测器由采样保持电路构成，包括一个开关和一个采样电容 C_{Et}。当每一个开关周期结束时，CLK 信号打开采样开关，并采样 v_{SUM} 的波谷以得到 v_{Et}。同样，v_{Et} 也转换为电流信号 $i(v_{Et})$。相对忽略判决信号 $i(v'_{E1})$ 表示 v_{O1} 的能量层，是由 $i(v_{E1})$ 减去 $i(v_{Et})$ 得到的。

2. 相对忽略判决

在所有的负载情况下，图 6.91 中的相对忽略判决电路用于产生每一个输出的忽略状态 $SK_1 \sim SK_4$。这时就会产生四个输出的第一个忽略阈值电压。分别将 $v_{SK_1} \sim v_{SK_4}$ 与 v'_{E1}、v_{E2}、v_{E3} 和 v_{E4} 比较，产生 $SK_1 \sim SK_4$ 信号。为了加速比较过程，避免比较器占据大量面积，采用电流镜的电流比较器。所以，忽略阈值电压 $v_{SK_1} \sim v_{SK_4}$ 也转换为电流 $I(v_{SK_1}) \sim I(v_{SK_4})$。

在产生占空因子时，需要比较 v_{SUM} 和 $v_{C1} \sim v_{C4}$，这时比较延迟有所不同，这是因为在不同输出时 v_{SUM} 的斜率随 v_{IN} 和 v_{OUT} 而变化。为了补偿每一个输出的比较延迟，结合 v_{IN} 和 $v_{O1} \sim v_{O4}$ 来确定忽略阈值 $I(v_{SK_1}) \sim I(v_{SK_4})$。通过比较忽略阈值从 $I(v_{SK_1})$ 到 $I(v_{SK_4})$ 和从 $i(v'_{E1})$ 到 $i(v_{E4})$ 的每一个能量层，在 CLK 信号的死区之后，就可以确定从 SK_1 到 SK_4 的忽略状态。

3. 能量控制

如图 6.92 所示，根据相对忽略判断电路产生的不同忽略状态，通过采集五个电压－电流转换器的电流信号来实现能量控制电路。为了产生能量控制信号 v_{C1} ~ v_{C4}，采用与电压－电流转换器中一致的四个电阻来进行电流采集。根据忽略状态控制的开关，电压信号 v_{C1} ~ v_{C4} 从电流信号中重新实现，最终就可以实现式（6.11）和式（6.12）。

相对忽略能量控制的工作波形和流程图分别如图 6.93 和图 6.94 所示。当 CLK 为逻辑高时，一旦下一个开关周期开始，v_{Et} 便追踪 v_{SUM} 并保持为它的波谷值。忽略阈值电压采用忽略阈值发生器确定。如图 6.91 所示，在死区之后，根据 v_{SK1} ~ v_{SK4} 和 v'_{E1} ~ v_{E4} 来确定 SK_1 ~ SK_4，并在信号 v_{BLK} 的负边沿时存储在触发器中。能量传输通路是由 v_{C1} ~ v_{C4} 决定的，它们是由 SK_1 ~ SK_4 产生的。最终能量可以采用相对忽略机制，合理地分配到四个输出端。

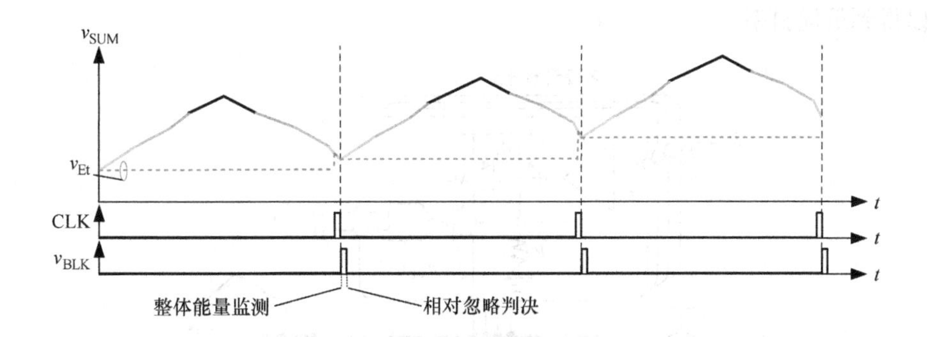

图 6.93　相对忽略能量控制的工作波形

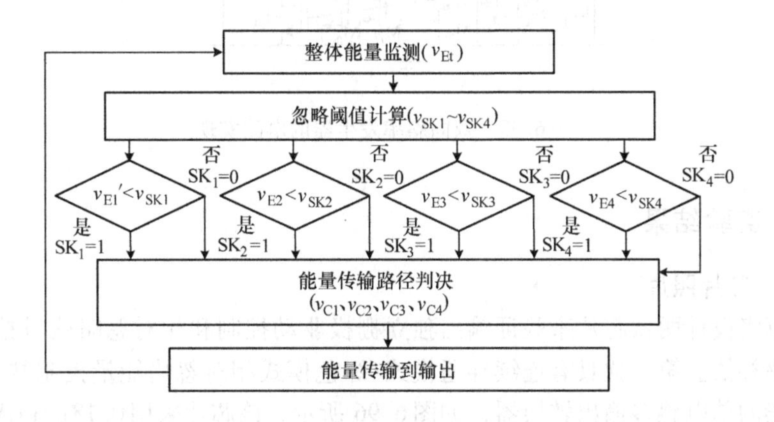

图 6.94　相对忽略能量控制技术的流程图

6.5.4.3 双向动态斜率补偿

双向斜率发生器

双向斜率补偿器的电路框图如图 6.85a 所示，包括一个比较器、鉴相器(PFD)、上/下计数器以及双向斜率发生器。比较器、鉴相器和上/下计数器由传统的基本结构实现，降低了设计复杂度，也减小了面积。

双向斜率发生器的电路实现如图 6.95 所示，它同时执行多段斜率补偿和下降斜率校正。在电感充电期间，多段斜率补偿根据相应的输出电压 $D_1 \sim D_4$ 和 $SK_1 \sim SK_4$ 产生最大的四个补偿段。所以，式（6.17）用于保证稳定的工作状态，避免次谐波振荡。在电感电流放电阶段，下降斜率校正被激活，同时决定了最优的下降斜率。下降斜率分为 3bit，分别由八个偏置电流 M_{i2} - M_{i9}实现。如果下降斜率过于平坦，则在校正过程中，图 6.95 中的校正环路依据 $S_0 \sim S_7$ 的顺序导通更多的偏置电流。然而，如果下降斜率过于陡峭，则在校正过程中，校正环路依据 $S_7 \sim S_0$ 的顺序关断更多的偏置电流。最终，在每一个开关周期结束时，当 v_{slope} 下降为零时，可以得到最优斜率。

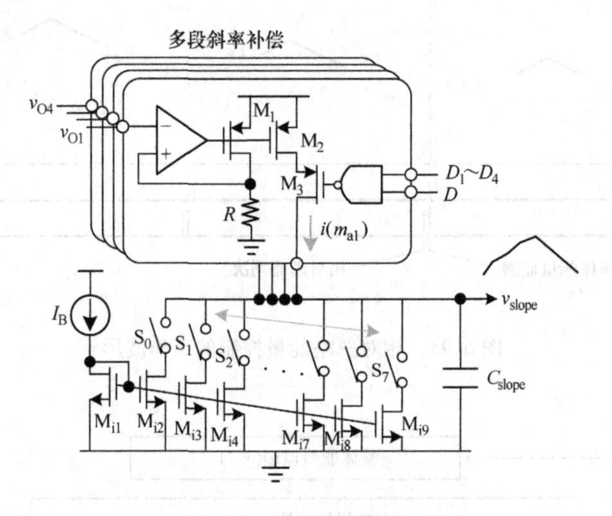

图 6.95　双向斜率发生器的电路实现

6.5.5 实验结果

6.5.5.1 芯片照片

本章将设计两款芯片来验证输出独立栅极驱动控制和相对忽略能量控制技术、双向斜率补偿。第一款具有连续导通模式/绿色模式相对忽略能量控制技术和双向斜率补偿的单电感多输出转换器，如图 6.96 所示，该芯片采用 0.18μm CMOS 工艺实现，有源面积为 2.24mm²。为了简化，$M_{O1} \sim M_{O4}$ 由传统的 PMOS 开关控制显示，如图 6.59a 所示，为了进一步验证输出独立栅极驱动控制和死区过应力循环技术，另一款单电感多输出转换器采用0.25μm CMOS工艺实现，有源面积为3.51mm²，如图6.97所示。

在两款芯片中，采用1MHz开关频率的电流模式控制来最小化交叉调整，并提供良好的线/负载调整。输出滤波器电感和电容分别为4.7μH和4.7μF，输入电压范围为3.6~5V，四个输出电压为1.2V、1.8V、2.5V和3.3V。

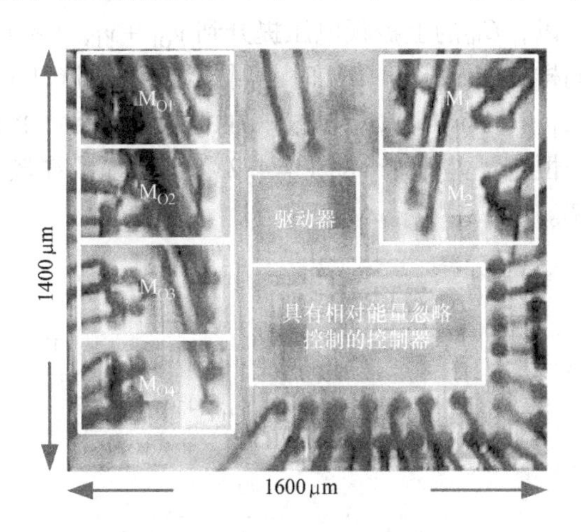

图6.96　具有相对忽略能量控制技术和双向斜率补偿的单电感多输出转换器芯片

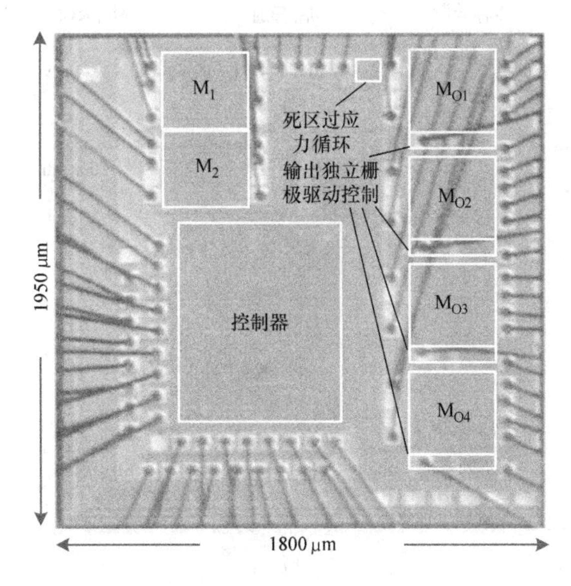

图6.97　具有输出独立栅极驱动控制、相对忽略能量控制技术和双向斜率补偿的单电感多输出转换器芯片

6.5.5.2 功率级设计技术中的测试结果

输出独立栅极驱动控制技术的测试结果如图 6.98 所示。为了清晰地展示输出独立栅极驱动控制技术，同时对C_{Bi}的上极板和下极板进行说明。当$v_{O1}=3.3V$时，测试波形如图 6.98a 所示。当M_{Oi}关断时，C_{Bi}的下极板连接到地电位，经过C_{Bi}的电压充电到v_{IN}，此时v_{IN}等于4.2V。当M_{Oi}导通时，C_{Bi}的下极板连接到v_{X2}，此时v_{X2}近似等于v_{O1}。所以，C_{Bi}的上极板电压提升到$v_{O1}+v_{IN}$（≈7.5V），因此M_{O1}的栅极得到了控制。同样，当$v_{O4}=1.2V$时，测试波形如图 6.98b 所示。C_{Bi}的上极板电压提升到$v_{O4}+v_{IN}$（≈5.4V），因此M_{O1}的栅极也得到了控制。忽略多个输出电压，栅极驱动电压恒定，并等于v_{IN}（=4.2V），保证了在较宽输出电压范围内可以获得较高的效率。

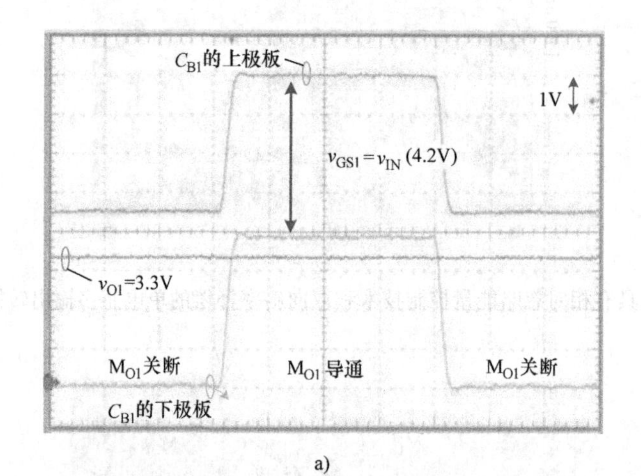

a)

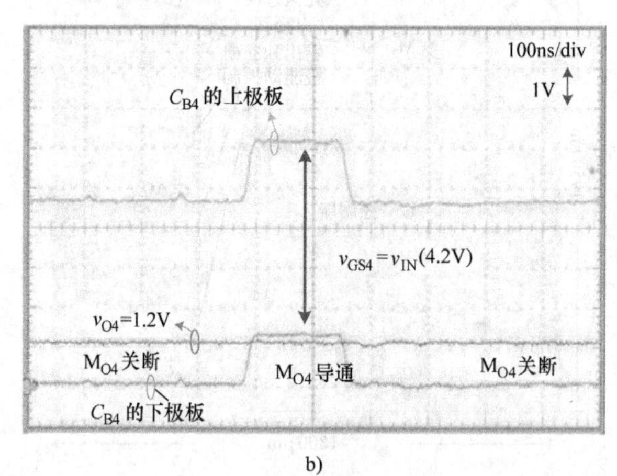

b)

图 6.98 在输出独立栅极驱动控制技术中自举栅的测试结果

a）$v_{O1}=3.3V$ b）$v_{O4}=1.2V$

死区过应力循环技术如图 6.99 所示。在死区期间，由于连续的电感电流，同时缺乏电流释放通路，故 v_{X2} 持续充电。一旦 v_{X2} 增加到 v_{IN}，死区过应力循环技术的回收通路激活，通过恢复过应力能量到 v_N，从而将 v_{X2} 限制在 v_{IN} 附近。当 v_{IN} = 5V 时，最差情况下的过电压如图 6.99 所示。此外，由于 v_{X2} 增加，故电感电流在死区期间发生失真。

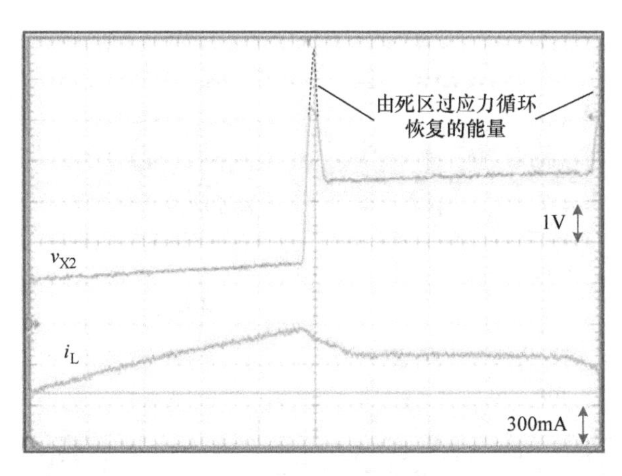

图 6.99 在最坏情况下，当 v_{IN} = 5V 时，死区过应力循环技术的测试结果

6.5.5.3 控制器设计技术中的测试结果

当 i_{O1}、i_{O2}、i_{O3}、i_{O4} 分别为 50mA、50mA、300mA 和 50mA 时，测试结果如图 6.100 所示。在这种情况下，v_{O4} 需要相对低的能量和小的占空因子。在没有忽略功能的情况下，由于 D_4 的最小占空因子受到工艺的限制，这其中包括了比较器和逻辑延迟，所以 v_{O4} 无法得到调整，如图 6.76 所示。在单电感多输出转换器中只使用了一个电感。所以，v_{O4} 中合适的能量分配也会影响其他输出的调整。正如图 6.100a 观测到的，v_{O2} 也会发生振荡。

当忽略功能启动时，所有的输出都得到调整，如图 6.100b 所示。转移到 v_{O4} 中的能量偶尔被忽略，这样才能获得足够的能量。忽略的能量不可避免地重新分配到 v_{O1} ~ v_{O3}，所以会在一定程度增加它们的纹波。然而，在相对忽略能量控制下，最大输出纹波保持在 17mV 以内。

传统绝对忽略方法与相对忽略能量控制技术的比较如图 6.101 所示。在大的负载电流差情况下（i_{O1}、i_{O2}、i_{O3}、i_{O4} 分别为 50mA、50mA、300mA 和 50mA），传统绝对忽略方法周期性地忽略 v_{O4}，并产生高达 36.2mV 的输出电压纹波。SK_4 表明绝对忽略方法以极其混乱的方式分配 v_{O4} 的忽略时间。相比之下，相对忽略能量控制技术间歇性地忽略 v_{O4}。如图 6.101b 所示，SK_4 偶尔忽略 v_{O4}（SK = 1），并传输一点能量到其他输出。当忽略功能产生时，电感电流稍微降低，获取的能量减少。当具有相对忽略能量控制技术时，电压纹波可以从 36.2mV 压缩到 12.6mV。

不同斜率补偿方法的能量分配比较如图 6.102 所示。在图 6.102a 中，固定的下降斜率会产生一个无效的脉冲、更高的开关损耗以及功率分配的恶化。所以，在开关周期中，即使没有忽略功能出现，四个输出的占空因子仍会有一些不同。在没有忽略功能时，这会导致电感电流变化。然而，在图 6.102b 中，双向斜率补偿避免了用于能量分配的无效短脉冲产生，八段分布有效地将能量转移到稳定运行的四个输出。

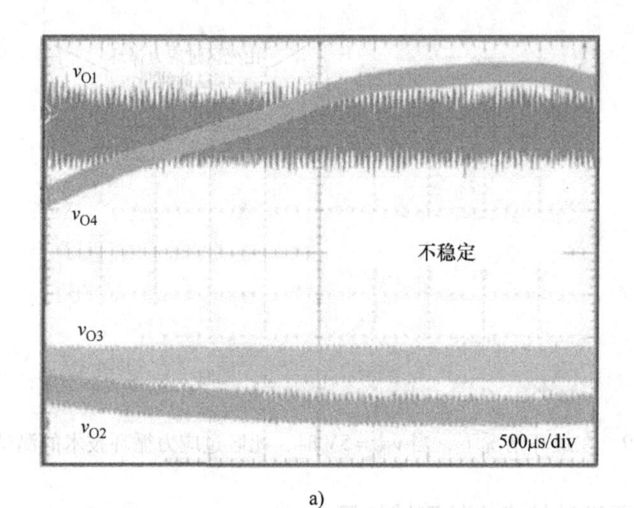

a)

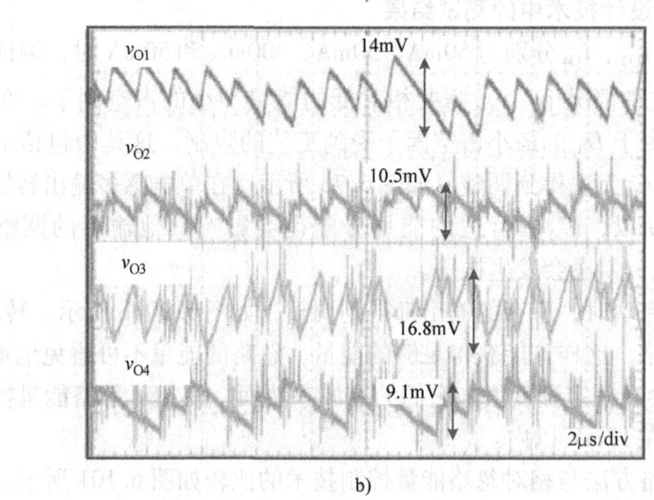

b)

图 6.100　$i_{O1}=i_{O2}=i_{O4}=50\text{mA}$，$i_{O3}=300\text{mA}$ 时

a）具有忽略功能　b）不具有忽略功能

6.5.5.4　不同负载情况下的单电感多输出转换器测试

第一款实现的芯片的瞬态响应测试结果如图 6.103 所示。当 i_{O3} 从 50mA 变化

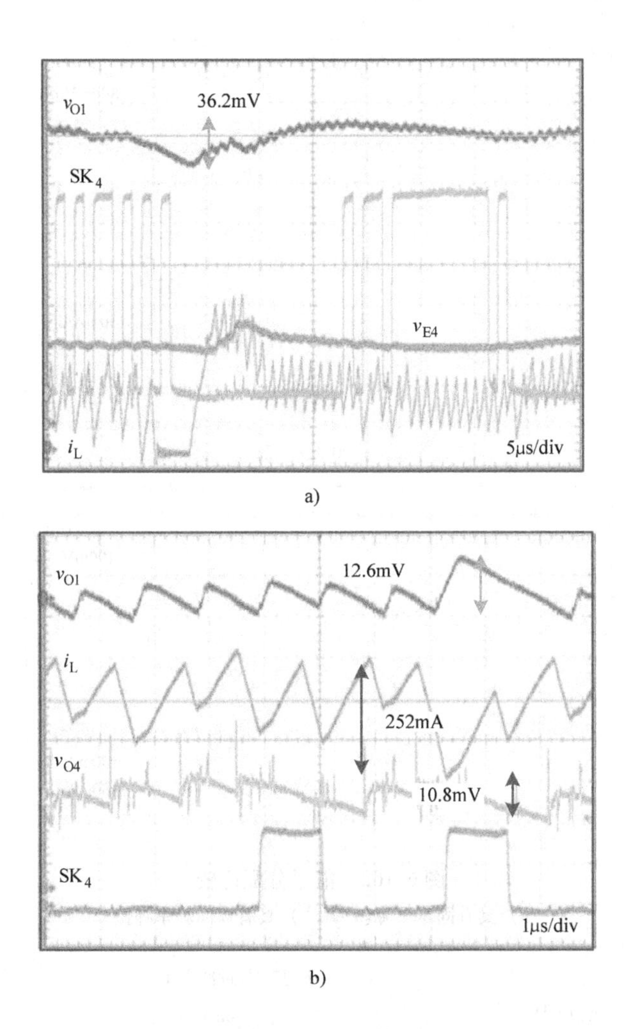

图 6.101　比较

a）传统忽略功能　b）当 $i_{O1}=i_{O2}=i_{O4}=50mA$，$i_{O3}=300mA$ 时的相对忽略能量控制技术

到 300mA 时，所有输出电压的纹波都有小幅度增加。这是因为 v_{O4} 中相对低的能量会使得 v_{O4} 产生忽略操作，这种现象会在 SK_4 中体现。在相对忽略能量控制下，过冲/下冲电压和交叉调整分别保持在 27mV 和 10. 8mV，这是因为能量得到了有效控制。

完整芯片的瞬态响应测试结果如图 6. 104 所示。当引入输出独立栅极驱动控制技术和死区过应力循环技术时，在相对忽略能量控制和双向斜率补偿的同样控制方法的情况下，瞬态性能并没有发生很大变化。当 $i_{O1}=i_{O2}=i_{O4}=50mA$，$i_{O3}$ 从 300mA 变化到 50mA，在进行相反方向的变化时，稳态中的过冲电压/下冲电压、交叉调整、纹波分别保持在 16mV 和 10mV。

在非常轻负载时，相对忽略能量控制单电感多输出转换器进入绿色模式状态，

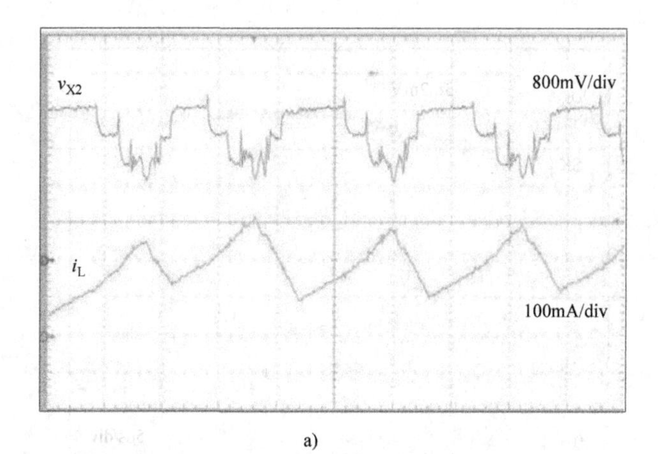

a)

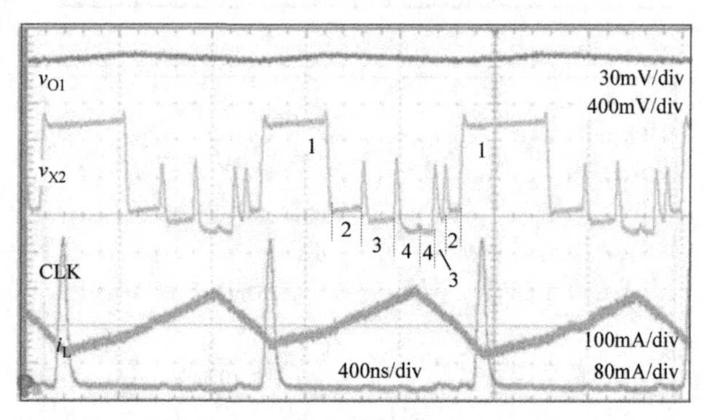

b)

图 6.102　能量分配比较

a）具有固定下降斜率　b）具有双向斜率补偿

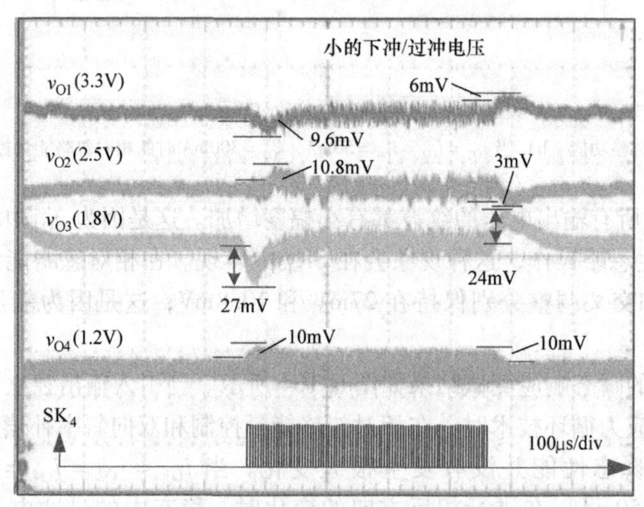

图 6.103　当 $i_{O1}=i_{O2}=i_{O4}=50\text{mA}$，$i_{O3}$ 从 50mA 变化到 300mA 时，具有相对忽略能量控制的芯片 1 的瞬态负载响应

以降低开关损耗，测试波形如图 6.105 所示。一旦电感电流降低到零，所有开关的工作停止。开关损耗降低以保证轻负载时的效率，这是因为在一些开关周期中没有出现开关活动性。当没有获得能量时，输出电压降低，这是因为存储在输出电容中的能量会被负载所消耗，直到其中一个输出获得能量为止。之后，开关重新开始工作以维持电压调整。然而，相对忽略能量控制作为能量过剩的输出会不时地被忽略。在绿色模式时，轻负载的效率可以得到进一步增加。

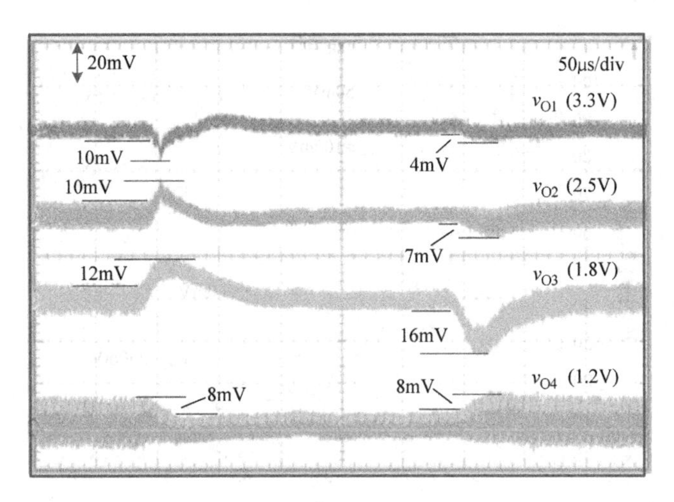

图 6.104　当 $i_{O1}=i_{O2}=i_{O4}=50$mA，i_{O3}从 300mA 变化到 50mA 时，芯片 2 的瞬态负载响应

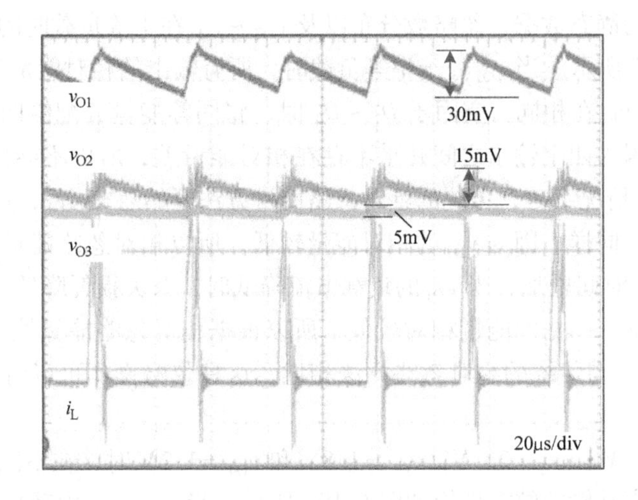

图 6.105　当 $i_{O1}=8.3$mA、$i_{O2}=6$mA、$i_{O3}=i_{O4}=1$mA 时，绿色模式中的相对忽略能量控制

6.5.5.5 静态性能

忽略阈值电压 v_{SK} 的选择如图 6.106 所示。当 v_{SK} 较高时，所有的输出通常都被忽略。这会产生更低的开关损耗和更高的电源效率，但也会产生很大的电压纹波。相比之下，更低的 v_{SK} 是以牺牲电源效率为代价的，从而将电压纹波保持在较低的值。每一个输出的最优忽略阈值电压需要在大的开关损耗和小的电压纹波之间进行折衷来决定。

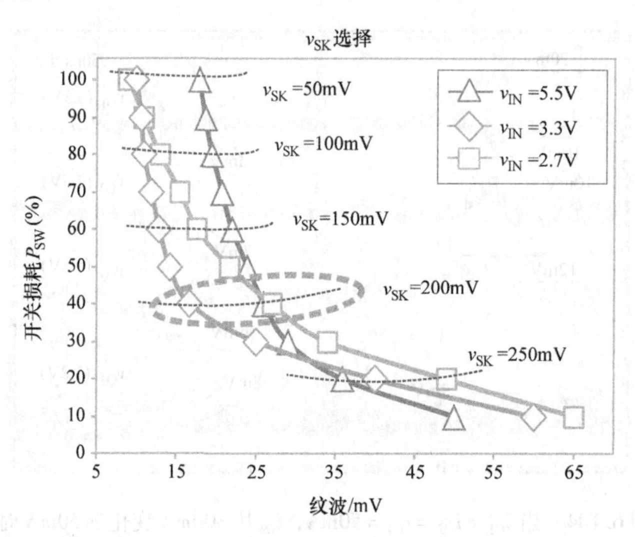

图 6.106 在开关损耗和电压纹波之间进行折衷优化

误差信号的静态数据、忽略数分布以及 $v_{O2} \sim v_{O4}$ 在中等负载时的开关功率损耗压缩如图 6.107 所示。当 v_{O1} 处于中等负载时，所有输出的相对能量都关闭。因此，误差信号 $v_{E1} \sim v_{E4}$ 在相同占空因子 $D_1 \sim D_4$ 时，将同等能量分配给四个输出端。在这种情况下，因为四个输出之间几乎不存在相对能量差，所以不会出现忽略操作。当 v_{O1} 在轻负载情况下时，传统的绝对忽略能量方法开始忽略 v_{O1}，这是因为 v_{O1} 的相对能量较低。同样，因为 v_{O1} 的相对能量较低，所以相对忽略能量控制也会忽略 v_{O1}。v_{O1} 的忽略时间增加，当 v_{O1} 的负载电流降低时，开关损耗降低。当 v_{O1} 处于重负载时，因为 $v_{O2} \sim v_{O4}$ 的能量相对较低，所以根据相对忽略能量控制技术，$v_{O2} \sim v_{O4}$ 交替被忽略。与传统的绝对忽略方法相比，这种忽略操作可以将开关损耗最大降低 60%。

当 $v_{O1} = 3.3\text{V}$，$v_{O2} = 2.5\text{V}$，$v_{O3} = 1.8\text{V}$ 和 $v_{O4} = 1.2\text{V}$ 时，在不同的负载电流情况下，固定斜率补偿的纹波性能如图 6.108 所示。当 $i_{O1} \sim i_{O4}$ 为轻负载时，单电感多输出转换器进入绿色模式。因为在一些开关周期中开关操作暂停，所以纹波有所增加。在连续导通模式中因为整体负载电流增加，所以在最重负载情况下，流经输出电容等效串联电阻的更大的电感电流会产生最大 40mV 的电压纹波。随着 i_{O4} 降

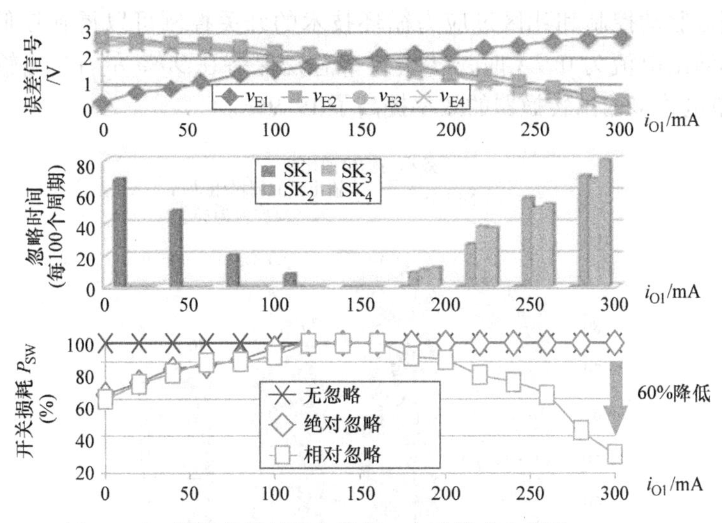

图6.107　误差信号的静态数据、忽略数分布以及 v_{O2} ~ v_{O4} 在中等负载时的开关功率损耗压缩

低，v_{O4}的忽略时间增加。在固定斜率补偿情况下会产生次谐波振荡，恶化电压纹波性能。多段斜率补偿有利于解决这个问题，并且在所有负载情况下将电压纹波保持在50mV以内。

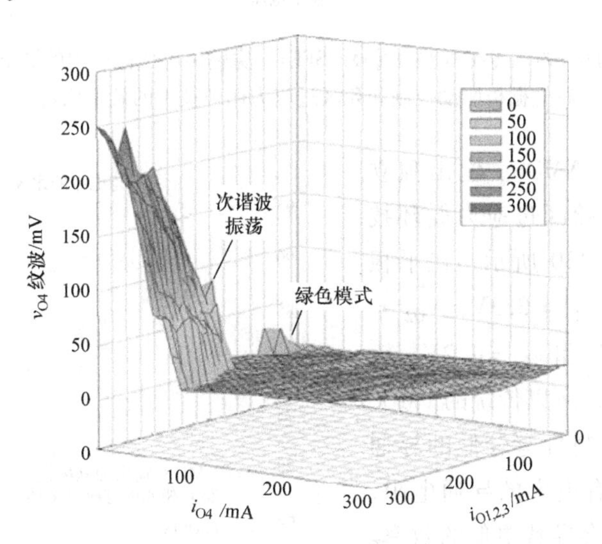

图6.108　当 $v_{O1}=3.3V$，$v_{O2}=2.5V$，$v_{O3}=1.8V$ 和 $v_{O4}=1.2V$ 时，在不同的负载电流情况下，固定斜率补偿的纹波性能

传统NMOS、宽输出电压范围内的输出独立栅极驱动控制和死区过应力循环技术的效率比较如图6.109所示。栅极驱动电压随着输出电压电平的降低而减小，所以，NMOS的导通电阻增加，电源效率降低到70%。在所有输出电压情况下，具有

输出独立栅极驱动控制和死区过应力循环技术的开关控制可以得到较低的导通电阻。当整体输出电流为 0.7A 时，转换效率总是保持在 90% 左右。当输出电压为 3.3V 时，单电感多输出转换器的效率提高了 19.9%。

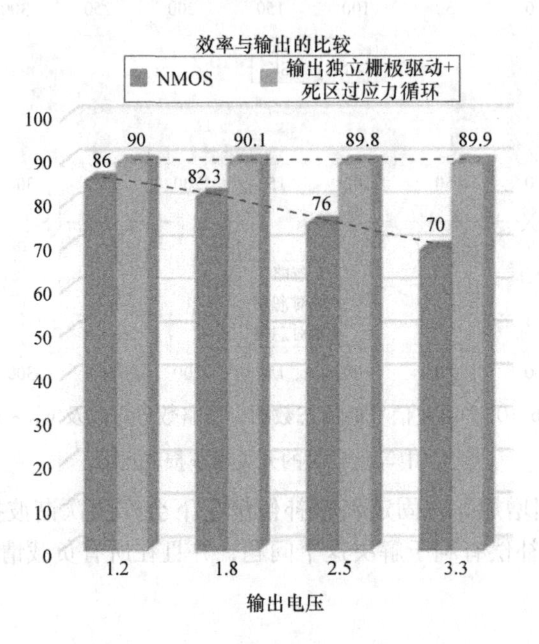

图 6.109 传统 N 型功率 MOSFET、宽输出电压范围内的输出独立栅极驱动控制和死区过应力循环技术的效率比较

传统 PMOS、NMOS、输出独立栅极驱动控制和死区过应力循环技术的比较如图 6.110 所示。在平板电脑应用中，v_{O1} = 3.3V，v_{O2} = 2.5V，v_{O3} = 1.8V 和 v_{O4} = 1.2V，输出电压范围较宽，所以传统的 PMOS 和 NMOS 开关控制具有较低的导通电阻。PMOS 具有更大的导通电阻，在全负载范围内会导致更低的效率。具有 NMOS 的输出独立栅极驱动控制和死区过应力循环技术具有更低的导通电阻，可以极大地提高电源效率。效率比较说明 PMOS、NMOS 和具有 NMOS 的输出独立栅极驱动

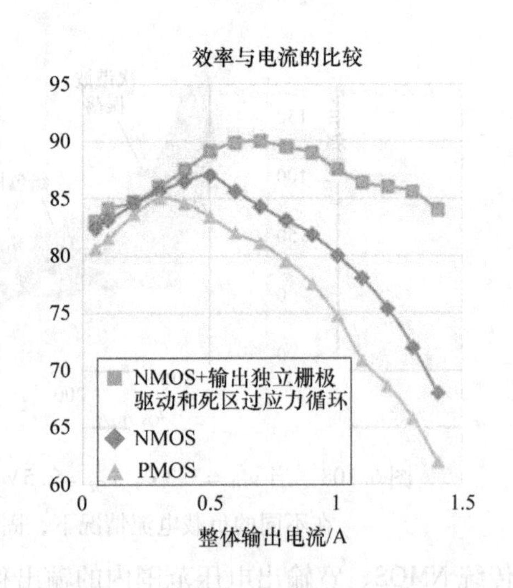

图 6.110 在平板电脑应用中，传统 PMOS、NMOS、输出独立栅极驱动控制和死区过应力循环技术的比较

控制和死区过应力循环技术的峰值效率分别为85%、87%和90%。

在死区期间的循环性能如图6.111所示。为了恢复更多的能量，设计了低功耗的死区过应力循环电路，如图6.89a所示，其中设计了低功耗 v_{X2} 检测和体控制来避免体二极管泄漏。循环效率定义为回收能量与整体能量损耗的比值，从而量化回收能量。如图6.111所示，在死区过应力循环电路中，当回收20μW能量时，消耗1μW能量，所以循环效率为95%。

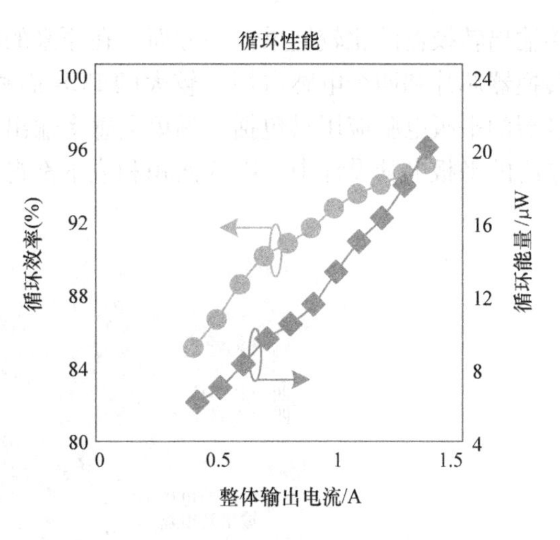

图6.111 死区期间的循环性能

6.5.5.6 平板电脑系统测试环境建立

在图6.112a中，单电感多输出转换器为一个12in[⊖]的平板电脑供电，分别提供1.2V、1.8V、2.5V和3.3V电压。较小的输出纹波和较低的交叉调整可以消除任何闪烁效应。整个平板电脑系统包括触控屏、显示屏、CPU和扬声器，如图6.112b所示。面板堆叠起来，并与触控屏对齐，由单电感多输出转换器供电。通过CPU控制，平板电脑上可以运行不同的APP程序。

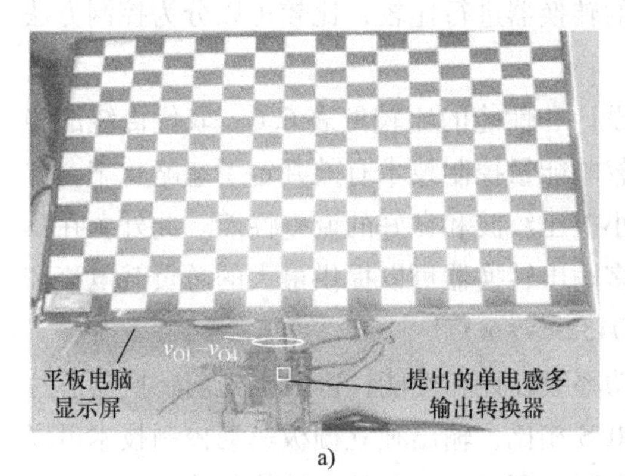

a)

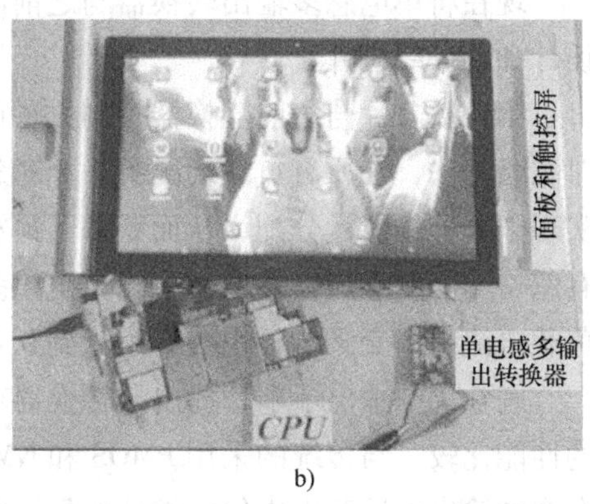

b)

图6.112 a)一个12in的平板电脑由单电感多输出转换器供电 b)包括单电感多输出转换器在内的整个平板电脑系统

图6.113所示为商用平板电脑放大后的原始电源解决方案，并提供了与单电感

⊖ 1in = 0.0254m，后同。

多输出转换器的比较结果。一方面，在原来的电源解决方案中，四个 DC－DC 降压转换器芯片和四个电感占用了较大的 PCB 面积；另一方面，具有单电感多输出转换器的平板电脑应用只包括一颗单电感多输出转换器芯片和一个电感。在更轻、更紧凑的平板电脑设计中，PCB 面积和成本都得到了最小化。

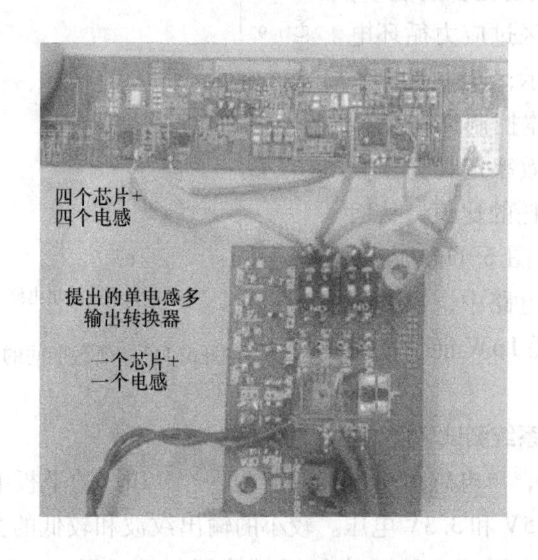

图 6.113　原始电源方案与单电感多输出转换器方案的比较

6.5.5.7　设计总结与比较

现在将单电感多输出转换器与之前的转换器进行比较，比较可以分为控制方法设计和功率级设计。

第一款芯片与之前转换器控制方法设计和性能的比较见表 6.6。取代传统的绝对忽略方法，在所有负载情况下，相对忽略能量控制技术有效判定了忽略状态，并实现了合理的能量分配，从而获得了最小电压纹波和良好的调整性能。此外，在具有忽略功能的电流模式控制下，单电感多输出转换器可以提供最大的总负载电流和负载电流差，交叉调整也被最小化到 0.0432mV/mA。

表 6.7 中示出了本章提出的转换器功率级设计和性能，以及与先前转换器芯片的性能比较。与传统的采用 PMOS 和 NMOS 相比，输出独立栅极驱动控制技术可以在宽的输出电压范围内保持较低的导通电阻。所以，电源效率性能与输出电压电平无关。单电感多输出转换器的最大峰值效率可以达到 90%。随着能量回收，自适应能量回收控制减轻了由插入缓冲区引起的效率退化。然而，只能得到 80% 的能量循环效率，这是因为流过两个功率 MOSFET 的回收电流会造成大的导通损耗。相比之下，因为循环监测电路和循环通路具有低功耗设计，所以死区过应力循环技术在 v_{X2} 处可以恢复最大为 95% 的能量损耗。

表 6.6 第一款芯片与之前转换器控制方法设计和性能的比较

	本书使用的方法	本章参考文献[13]	本章参考文献[10]	本章参考文献[15]
控制方法	相对忽略能量控制技术	基于锁相环+基于纹波	电流模式+电荷控制	电流模式+基于纹波
忽略方法	相对	绝对	绝对	绝对
输入电压/V	2.7~5.5	5	3.4~4.3	2.5~4.5
输出电压/V	0.6~5	1~3	1.2~2.8	7.5~10.2，-9.5
最大连续导通模式电压纹波/mV	<40	<50①	<40	<160
最大整体负载电流/A	1.2	0.78①	1①	0.11
最大负载电流差/A	300	130①	200①	30
交叉调整/(mV/mA)	0.0432	0.93	0.067	1.5
负载调整率/(mV/mA)	0.02	0.93	—	1.5
开关频率	1.1 MHz	2 MHz	1.2MHz	700kHz
最大效率（%）	85.2	—	83.1	80.8
功率密度 I_{max}/(W/mm^2)	1.34	0.17①	1.2	—

① 由测试波形估算。

表 6.7 提出转换器的功率级设计和性能，以及与先前转换器芯片的性能比较

	本书使用的方法	本章参考文献[10]	本章参考文献[13]	本章参考文献[14]
开关	具有输出独立栅极驱动控制的 NMOS	PMOS	NMOS	NMOS
能量循环方法	死区过应力循环	自适应能量回收控制①	X	X
循环效率（%）	95	<80②	X	X
输入电压/V	3.6~5	3.4~4.3	5	2.7~5
输出电压/V	1.2~3.3	1.2~2.8	1~3	0.6~1.8
最大效率（%）	90	83.1	—	87
最大连续导通模式纹波/mV	<40	<40	<25	<30
交叉调整/(mV/mA)	0.04	0.067	—	0.04
负载调整率/(mA/mA)	0.02	—	—	—
开关频率/MHz	1	1.2	2	1
功率密度 I_{max}/(W/mm^2)	1.13	1.2	—	0.4

① 自适应能量恢复控制；

② 由导通损耗估算。

参考文献

[1] Fan, S., Xue, Z., Lu, H., *et al.* (2011) Area-efficient on-chip DC–DC converter with multiple-output for biomedical applications. *IEEE Transactions on Circuits and Systems I*, **61**(11), 1671–1680.

[2] Kim, J., Kim, D.S., and Kim, C. (2013) A single-inductor eight-channel output DC–DC converter with time-limited power distribution control and single shared hysteresis comparator. *IEEE Transactions on Circuits and Systems I*, **60**(12), 3354–3367.

[3] Lee, Y.-H., Fan, M.-Y., Chen, W.-C., *et al.* (2011) A near-zero cross-regulation single-inductor bipolar-output (SIBO) converter with an active-energy-correlation control for driving cholesteric-LCD. *Proceedings of the IEEE Custom Integrated Circuits Conference (CICC)*, San Jose, CA, September 19–21, pp. 1–4.

[4] Qiu, Y., Chen, X., and Liu, H. (2010) Digital average current-mode control using current estimation and capacitor charge balance principle for DC–DC converters operating in DCM. *IEEE Transactions on Power Electronics*, **25**(6), 1537–1545.

[5] Cannizzaro, S.O., Grasso, A.D., Mita, R., *et al.* (2007) Design procedures for three-stage CMOS OTAs with nested-Miller compensation. *IEEE Transactions on Circuits and Systems I: Regular Papers*, **54**(5), 933–940.

[6] Texas Instruments (2013) TI Tablet Solutions, http://www.ti.com/lit/sl/slyy028d/slyy028d.pdf (accessed November 15, 2015).

[7] Samsung Electronics (2013) 2-Chip Display Driver Architecture for Tablet Display, https://www.google.com.tw/url?sa=t&rct=j&q=&esrc=s&source=web&cd=1&ved=0CBwQFjAA&url=http%3A%2F%2Fwww.edn.com%2FPdf%2FViewPdf%3FcontentItemId%3D4425798&ei=-lVdVdvFEYOU8QXR8IGgAw&usg=AFQjCNFRdXsioiH31xKr7UjFbN0mkHNRKg&sig2=OgaHn_OoGISZNBXQlCE95A&bvm=bv.93756505,d.dGc&cad=rja (accessed November 15, 2015).

[8] Jing, X., Mok, P.K.T., and Lee, M.C. (2011), A wide-load-range constant-charge-auto-hopping control single-inductor dual-output boost regulator with minimized cross-regulation. *IEEE Journal of Solid-State Circuits*, **46**(10), 2350–2362.

[9] Ma, D., Ki, W.-H., and Tsui, C.-Y. (2003) A pseudo-CCM/DCM SIMO switching converter with freewheel switching. *IEEE Journal of Solid-State Circuits*, **38**(6), 1007–1014.

[10] Kuan, C.-W. and Lin, H.-C. (2012) Near-independently regulated 5-output single-inductor DC–DC buck converter delivering 1.2 W/mm^2 in 65 nm CMOS. *Proceedings of the IEEE International Solid-State Circuits Conference (ISSCC), Digest of Technical Papers*, San Francisco, CA, February 19–23, pp. 274–276.

[11] Lee, Y.-H., Yang, Y.-Y., Wang, S.-J., *et al.* (2011) Interleaving energy-conservation mode (IECM) control in single-inductor dual-output (SIDO) step-down converters with 91% peak efficiency. *IEEE Journal of Solid-State Circuits*, **46**(4), 904–915.

[12] Jung, S.-H., Jung, N.-S., Hwang, J.-T., *et al.* (1999) An integrated CMOS DC–DC converter for battery-operated systems. *Proceedings of the Power Electronics Specialists Conference (PESC)*, Charleston, SC, August, pp. 43–47.

[13] Lee, K.-C., Chae, C.-S., Cho, G.-H., and Cho, G.-H. (2010) A PLL-based high-stability single-inductor 6-channel output DC–DC buck converter. *Proceedings of the IEEE International Solid-State Circuits Conference (ISSCC), Digest of Technical Papers*, San Francisco, CA, February 7–11, pp. 200–201.

[14] Lu, D., Qian, Y., and Hong, Z. (2014) An 87%-peak-efficiency DVS-capable single-inductor 4-output DC–DC buck converter with ripple-based adaptive off-time control. *Proceedings of the IEEE International Solid-State Circuits Conference (ISSCC), Digest of Technical Papers*, San Francisco, CA, February 9–13, pp. 82–83.

[15] Le, H.-P., Chae, C.-S., Lee, K.-C., *et al.* (2007) A single-inductor switching DC–DC converter with five outputs and ordered power-distributive control. *IEEE Journal of Solid-State Circuits*, **42**(12), 2706–2714.

[16] Jung, M.-Y., Park, S.-H., Bang, J.-S., *et al.* (2015) An error-based controlled single-inductor 10-output DC–DC buck converter with high efficiency at light load using adaptive pulse modulation. *Proceedings of the IEEE International Solid-State Circuits Conference (ISSCC), Digest of Technical Papers*, San Francisco, CA, February 22–26, pp. 222–223.

[17] Woo, Y.-J., Le, H.-P., Cho, G.-H., *et al.* (2008) Load-independent control of switching DC–DC converters with freewheeling current feedback. *Proceedings of the IEEE International Solid-State Circuits Conference (ISSCC), Digest of Technical Papers*, San Francisco, CA, February 3–7, pp. 446–447.

[18] Hazucha, P., Moon, S.T., Schrom, G., *et al.* (2007) High voltage tolerant linear regulator with digital control for biasing of integrated DC–DC converters. *IEEE Journal of Solid-State Circuits*, **42**(1), 66–73.

[19] Milliken, R.J., Silva-Martínez, J., and Sanchez-Sinencio, E. (2007) Full on-chip CMOS low-dropout voltage regulator. *IEEE Transactions on Circuits and Systems I: Regular Papers*, **54**(9), 1879–1890.
[20] Lee, Y.-H., Huang, T.-C., Yang, Y.-Y., *et al.* (2011) Minimized transient and steady-state cross regulation in 55-nm CMOS single-inductor dual-output (SIDO) step-down DC–DC converter. *IEEE Journal of Solid-State Circuits*, **46**(11), 2488–2499.
[21] Xu, W., Li, Y., Gong, X., *et al.* (2010) A dual-mode single-inductor dual-output switching converter with small ripple. *IEEE Transactions on Power Electronics*, **25**(3), 614–623.
[22] Wang, S.-W., Cho, G.-H., and Cho, G.-H. (2012) A high-stability emulated absolute current hysteretic control single-inductor 5-output switching DC–DC converter with energy sharing and balancing. *Proceedings of the IEEE International Solid-State Circuits Conference (ISSCC), Digest of Technical Papers*, San Francisco, CA, February 19–23, pp. 276–277.
[23] Kwan, H.-K., Ng, D.C.W., and So, V.W.K. (2013) Design and analysis of dual-mode digital-control step-up switched-capacitor power converter with pulse-skipping and numerically controlled oscillator-based frequency modulation. *IEEE Transactions on Very Large Scale Integration System*, **21**(11), 2132–2140.
[24] Yan, Y., Lee, F.C., and Mattavelli, P. (2013) Comparison of small signal characteristics in current mode control schemes for point-of-load buck converter applications. *IEEE Transactions on Power Electronics*, **28**(7), 3405–3414.
[25] Erickson, R.W. and Maksimovic, D. (2001) *Fundamentals of Power Electronics*, 2nd edn. Kluwer Academic Publishers, Norwell, MA.
[26] Patounakis, G., Li, Y.W., and Shepard, K.L. (2004) A fully integrated on-chip DC–DC conversion and power management system. *IEEE Journal of Solid-State Circuits*, **39**(3), 443–451.
[27] Alimadadi, M., Sheikhaei, S., Lemieux, G., *et al.* (2007) A 3 GHz switching DC–DC converter using clock-tree charge-recycling in 90 nm CMOS with integrated output filter. *Proceedings of the IEEE International Solid-State Circuits Conference (ISSCC), Digest of Technical Papers*, San Francisco, CA, February 11–15, pp. 532–533.
[28] Ma, F.-F., Chen, W.-Z., and Wu, J.-C. (2007) A monolithic current-mode buck converter with advanced control and protection circuit. *IEEE Transactions on Power Electronics*, **22**(5), 1836–1846.
[29] Mulligan, M.D., Broach, B., and Lee, T.H. (2007) A 3 MHz low-voltage buck converter with improved light load efficiency. *Proceedings of the IEEE International Solid-State Circuits Conference (ISSCC), Digest of Technical Papers*, San Francisco, CA, February 11–15, pp. 528–529.
[30] Ridley, R.B. (1991) A new, continuous-time model for current-mode control. *IEEE Transactions on Power Electronics*, **6**(2), 271–280.

第7章 基于开关的电池充电器

7.1 引言

便携式设备已经成为市场上非常流行和普遍存在的电子商务产品。笔记本电脑、智能手机、平板电脑和最近发展起来的穿戴式设备都具有一个共同的特征：它们都需要电池进行供电。电池的应用使得穿戴式产品成为可能，没有电池进行供电，这些产品会完全失去便携性。所以在模拟电路设计中，电池充电器成为一项重要和成熟的技术。本章将介绍基于开关的电池充电器的基本概念，并分析其基本控制和一些先进的应用。

锂离子电池是笔记本电脑和智能手机的主流电池选择，因为这种类型的电池在可用的商用电池技术中表现出最高的能量密度（单位体积容量）。这种特性对于便携式设备要求小尺寸和长待机时间非常重要。高电池电压允许电池组只包括一个电池，从而简化了电池设计，这种电池组广泛应用于目前的智能手机中。锂离子电池具有低的延续性，这是它的一个优势，而大多数化学电池却无法实现这种低延续性。锂离子电池没有记忆效应，也没有固定的充电周期，因此不会影响电池寿命。

虽然具有很多优点，但是锂电池也具有不少缺点，其中最明显的缺陷是需要一个保护电路来使其保持安全的工作状态。所以对于锂电池应用，一个设计良好的充电方法是十分重要的。

电池充电技术已经得到了快速发展，也已经相当成熟。众所周知，用于锂电池的标准充电拓扑结构包括恒定电流/恒定电压模式控制。在这类控制下，当电压较低时，恒定电流模式控制为电池充电。这个恒定电流在理想状态下设置为1C，其充电电流率等于电池Ah的额定值。然而，在实际设计中，研究人员建议将其设置为0.8C，以保护和延长电池寿命。在恒定电流模式控制下将充电电池电压逐渐增加到设定的电压值。对于一个锂电池组，根据电池容量和制造参数，这个预设电压值通常为4.1~4.3V。典型的预设电压为4.2±50mV，预设电压的精度非常重要。电池必须充电到这个预设电压之上，否则电池会受到损坏，电池寿命也会缩短。此外，如果预设电压太低，那么电池也无法得到充分的充电。

除了恒定电流/恒定电压控制，还有一些其他的控制方式也可以用于保护锂电池。过充电和深度放电是锂电池中的两个主要问题。如果电池电压较低（通常低于2.5V），则电池出于深度放电状态。因为智能手机都具有内建的电池保护机制，即如果电池的充电状态（State of Charge，SoC）低于2%~3%，则手机会关闭，所以通常不会出现深度放电的问题。这种现象经常发生在没有长时间使用的电池中，因为电池具有自泄漏电流，所以会导致完全放电。在这种情况下，由于充电电流迅速增加，故充电电流从低电平开始增加以避免损坏。这种预充电阶段通常称为涓流控制。

在 0.5 C 充电电流率和 4.2V 预设电压下，典型的恒定电流/恒定电压充电过程如图 7.1 所示。充电从恒定充电电流的恒定电流模式开始，考虑到电池电压低于预设电压，充电电流开始为电池充电，使电压增加到预设电压。当恒定电流模式结束时，电池充电到 65%～70%，这意味着电池电压已经达到预设电压。假设电池电压达到上限值，电池充电器进入恒定电压控制模式。为了保持恒定电压，充电电流开始降低，以避免由于过充电产生的损坏。当电池电压达到预设电压且充电电流下降到最小值时，完全充电现象产生，这意味着充电电流不能进一步降低。增加充电电流并不会显著降低完全充电时间，而是使电池电压更快达到预设电压。然而，饱和时间被定义为在恒定电压模式下降低充电电流所需的时间。饱和时间可以用电池的内部等效串联电阻来解释，其影响如图 7.2 所示。所测量的电池电压包括等效串联电阻中的电压降，该电压降受电池单元的充电电流和实际电压的影响。在恒定电流模式中，当电池达到 4.2V 的预设电压时，大约只完成了 65% 的充电，剩余 35% 的未充电容量归因于等效串联电阻中的电压降。充电电流必须减小，以避免过大的电池电压，从而降低等效串联电阻中的电压降，并在预设电压下维持总电池电压。这时电池单元实际上被完全充电，直到等效串联电阻中的电压降变得可忽略不计。充电电流的增加很快将电池充电到大约 65%。然而，由于电池电压应力增加，锂电池完全充电是不必要的。提供较低的预设电压或降低饱和时间可以延长电池寿命，但这也会缩短待机时间，主流商业产品通过设定最大可负担的预设电压来延长最大待机时间。

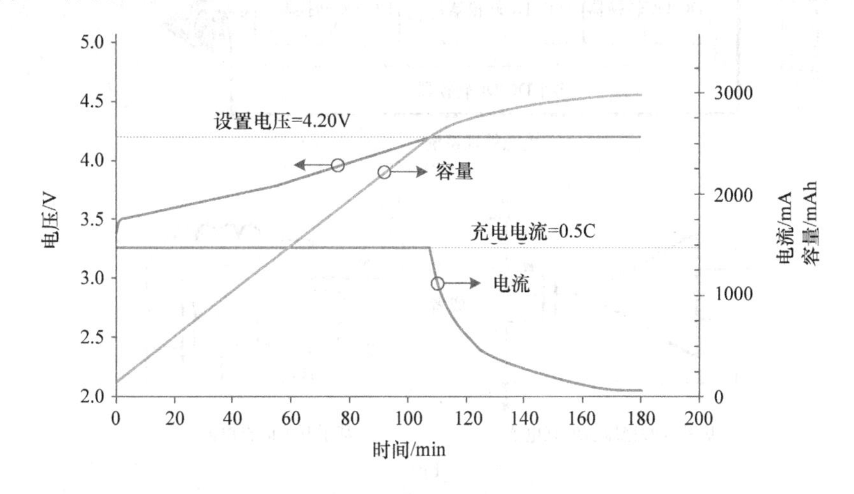

图 7.1　锂电池充电特性

在最近的应用中，电池供电的便携式设备需要多个 DC/DC 转换器为许多不同的芯片组和功能进行供电。电池充电必须具有快速和高效率的特性，以满足复杂的电源需求。因此，便携式设备常常需要嵌入式电源管理系统来满足不同的电源需求，如图 7.3a 所示。利用电源管理系统中的一个能量传输控制器来分配电源通路，从而将优化的能量输出到每一个模块中。之后，多个 DC/DC 转换器为各种功能块转换不同的电源，而充电器电路管理电池充电过程。因此，来自多个 DC/DC 转换器的电源和电池的稳定和连续的能量可以为便携式设备中的不同功能模块提供足够的分布式电压和电流。如图 7.3b 所示，由于充电器系统的设计，通常使用基于 LDO 稳压器或基于开关稳压器的结构。基于 LDO 稳压器的充电器具有无纹波、紧凑和高精度的优点，但在大电压差的情况下，其效率比较低。相比之下，基于开关的充电器可以保证在宽的输入和输出电压范围内获得较高的效率。

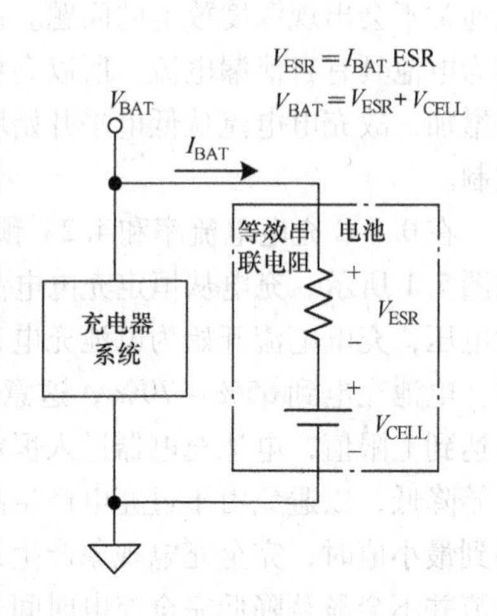

图 7.2 锂电池的等效串联电阻效应

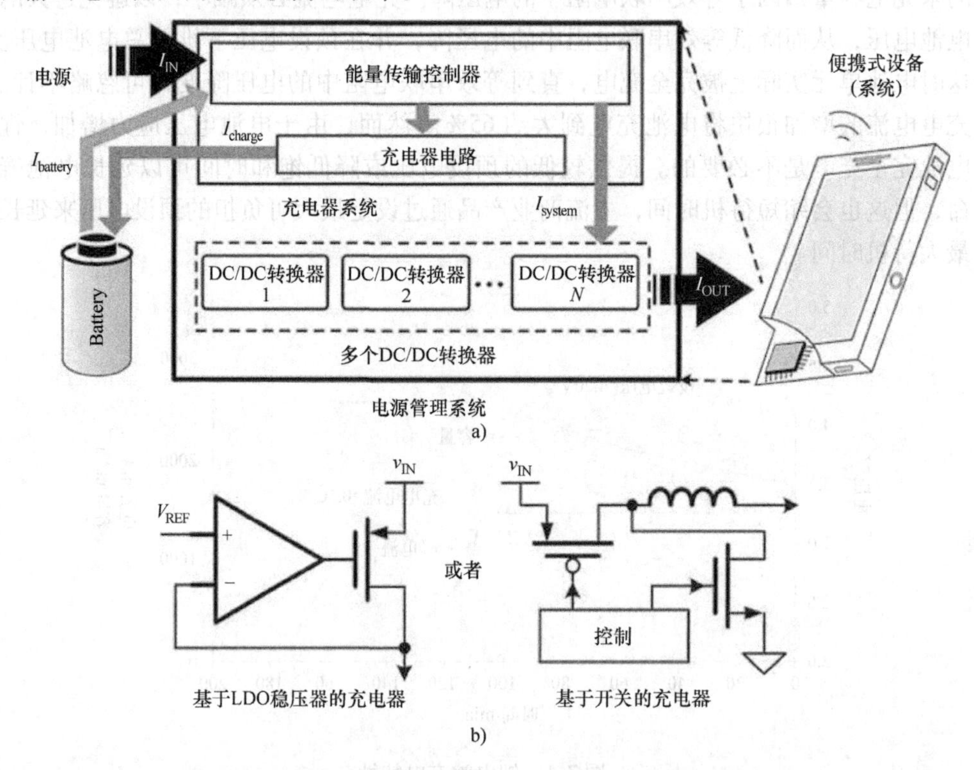

图 7.3 a）嵌入式电源管理单元结构 b）电源管理单元充电器结构

基于开关的电池充电器的简化结构如图 7.4 所示。根据系统、输入电源和电池之间的不同连接，电池充电器系统在不同的电源输送条件下工作。本章参考文献［1］提出了一种基于开关的电池充电器的管理，被称为自动能量传输控制（Automatic Energy Delivery Control，AEDC）。根据不同的电源状况，自动能量传输控制必须通过功率级选择合适的电源传输路径，以平衡输入能量和系统负载。如果外部电源具有足够的能量来驱动负载系统，那么电池可以继续进行额定充电。然而，如果能量源不足以满足充电和负载要求，则充电过程随系统负载变化。

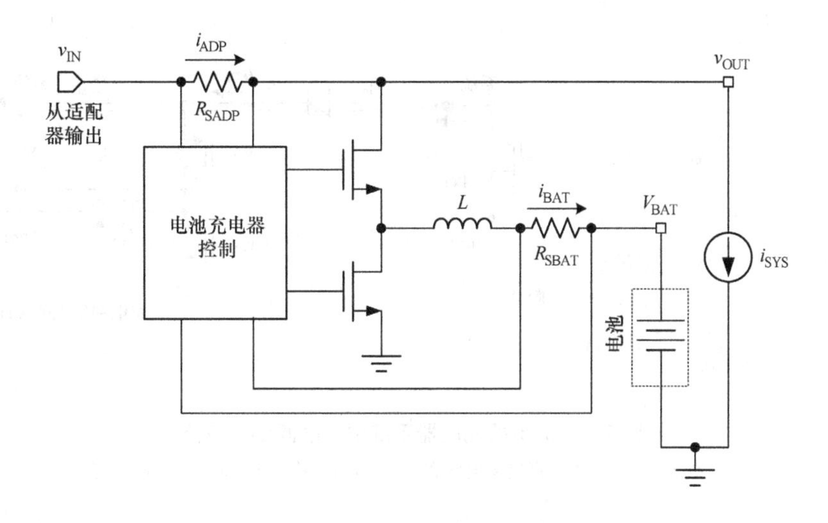

图 7.4　基于开关的电池充电器的简化结构

存在四种运行状态以满足所有的电源条件，即纯充电状态、直接供电状态、断开状态、充电和供电状态。图 7.5 所示为每个状态中的电源路径，其对应于不同的输入和输出关系。输入电源通常具有最大功率限制，因此，充电系统的第一优先级是保持后续系统正常工作。根据输入功率和系统负载信息的限制，在自动能量传输控制中的能量传输控制电路产生门控制信号，以引导功率级和充电器系统执行合适的电源状态。然后，充电器电路与自动能量传输控制电路协作，并对电池充电进行充电电流的调节。接下来对每一个工作状态进行详细分析。

7.1.1　纯充电状态

当负载系统被关闭或与充电器系统断开时，电池是唯一的负载。来自输入电源的能量完全传递给电池，并形成纯充电状态，同时，充电电流受电池额定充电电流的限制。

7.1.2　直接供电状态

输入电源与充电器系统连接时，即使移除了电池，负载系统也可以正常工作，

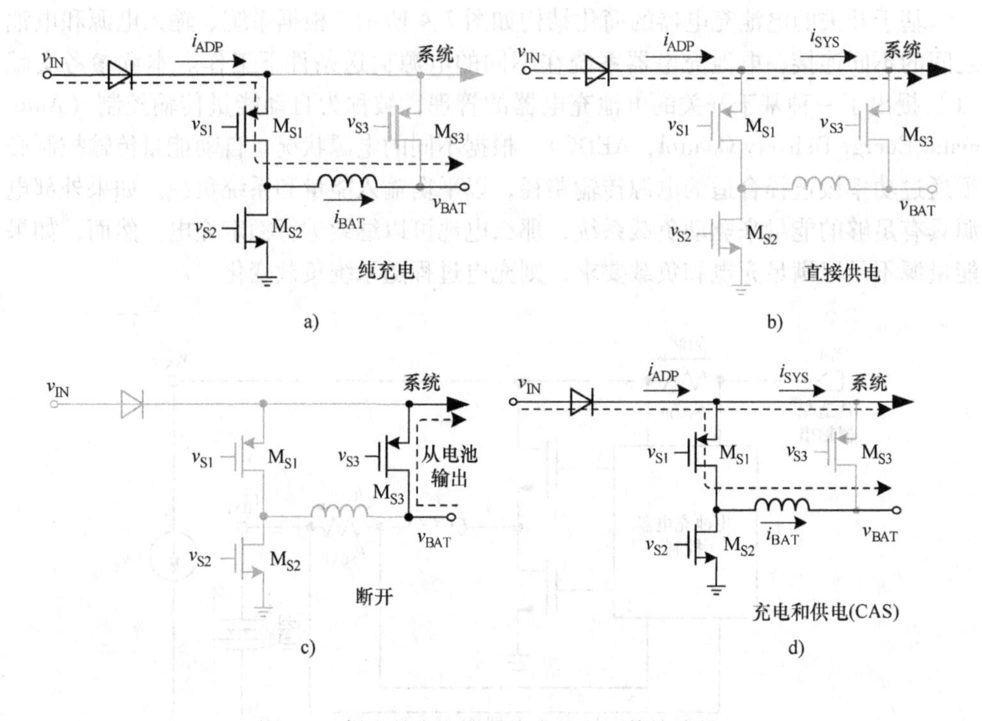

图 7.5 提出的充电器系统中的电源传输路径

a）纯充电状态 b）直接供电状态 c）断开状态 d）充电和供电状态

也就是说，输入电源可以为系统直接提供能量。当电池完全充电时，这种现象就会出现，但充电器系统持续监控电池状态。当电池再次连接到充电器系统，或需要能量时，充电状态迅速切换到充电和供电状态。

7.1.3 断开状态

一旦输入电源断开，便携式系统就使用电池作为电源。因此，充电器系统必须提供从电池到负载系统的电源传输通路。此外，一旦电池电压达到其下限，电池就应该与负载系统断开，以保护电池不被过度放电。

7.1.4 充电和供电状态

随着 CPU 向多核应用发展，对多个复杂任务的快速处理要求需要提高动态性能，所以所需的功率要求也有所提高。这种功率的增加可以使来自输入电源的功率超过最大功率极限。因此，电池需要进入充电和供电状态，以避免这种现象的发生。当 CPU 执行多个任务时，所需的功率也增加，一旦所需功率超过输入电源所能提供的极限，控制器就降低到电池的充电电流，从而减少来自输入电源的总功率。

为了说明充电和供电状态的操作，由输入电源提供的最大功率定义为 $P_{IN,max}$，负载系统的功耗定义为 P_{system}，电池充电功率为 P_{charge}。根据 $P_{IN,max}$、P_{system} 和 P_{charge} 的关系，可以划分出两种情况。首先，如果 $P_{IN,max} \geqslant P_{system} + P_{charge}$，则输入电源可以提供负载系统和电池充电器消耗的总功率。相比之下，如果总功耗超过最大功率，也就是 $P_{IN,max} < P_{system} + P_{charge}$，则系统的功耗比其充电功能更具优先级。所提出的充电和供电状态降低了充电电流，以满足维持负载系统操作的功率需求。所以，输入电源可以通过将电池充电功率 P_{charge} 调整到 P'_{charge}，也就是 $P_{IN,max} = P_{system} + P'_{charge}$，以避免过载。换言之，充电电流变为 I'_{BAT}，并由充电和供电状态决定，可以表示为

$$I'_{BAT} = \frac{V_{IN}}{V_{BAT}}(I_{ADP,max} - I_{SYS}) \tag{7.1}$$

在图 7.6 中，充电和供电状态表明充电电流相应地受限于 I_{SYS}。因此，充电器系统不能用额定电流为电池充电，充电电流是分布式的结果。自动能量传输控制必须仔细控制充电电流，以从 $P_{IN,max}$ 中提取剩余功率。自动能量传输控制保持 I_{ADP} 低于它的最大值，而不会影响负载系统的要求。

最新商用产品的发展趋势是延长待机时间，并提高计算性能。在当前的发展趋势下，基于开关的电池充电器是一个更有竞争力的方案，因为这些设备具有高效率和灵活的功率输送特点。接下来的部分将介绍一个通用的设计流程，用于分析一个典型的电池充电器，这个流程包括通过一个简单的 SPICE 工具来进行小信号分析、闭环建模和演示设置。还会介绍两种先进的应用，即涡轮加速升压（Turbo Boost）技术和连续内建电阻检测（Continuous Built - In Resistance Detection，CBIRD）技术。

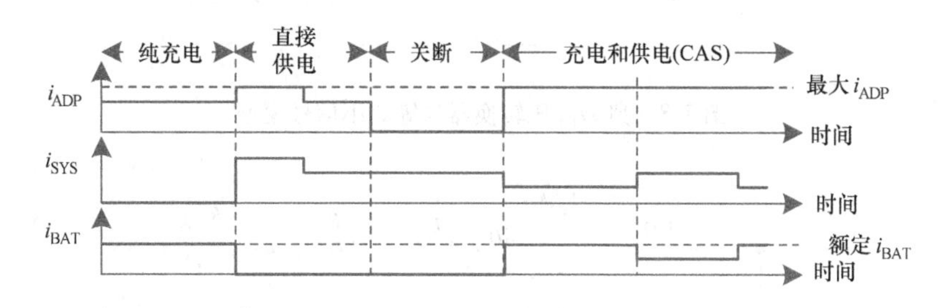

图 7.6　自动能量传输控制决定电流输入到输入电源、电池或负载系统

7.2　基于开关的电池充电器的小信号分析

小信号模型在分析基于开关的电池充电器的行为中是必不可少的。本章参考文献［2］中典型的基于开关的电池充电器等效模型如图 7.7 所示。为了推导等效小

信号模型，本章参考文献［3］中的一些基本概念介绍了典型的降压小信号模型，这些概念是十分有用的。本节中的大写字母符号，如图 7.8 中的 V_g 用于表示直流偏置值或者大信号模型。相比之下，小写符号，如图 7.8 中的$\hat{d}$表示小信号扰动或信号源。如图 7.8 所示，考虑本章参考文献［3］中的降压小信号模型，基于开关的电池充电器的等效小信号模型可以直接替换这个模型。假设基于开关的电池充电器可以视为一个降压转换器，但是具有不同的输出滤波器级和负载，基于开关的电池充电器小信号建模可以利用图 7.9 所示模型实现。

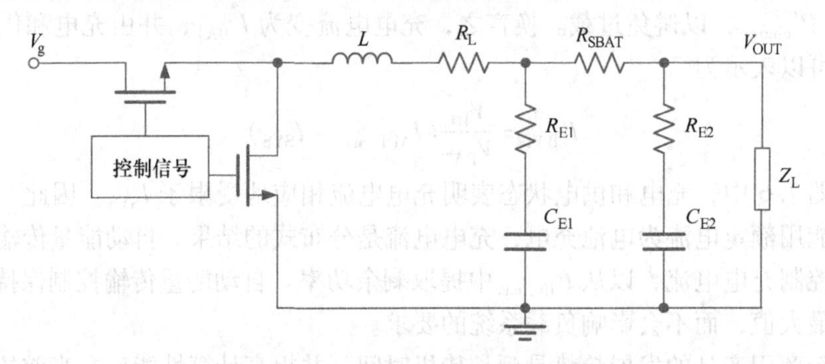

图 7.7　典型电池充电器的等效模型

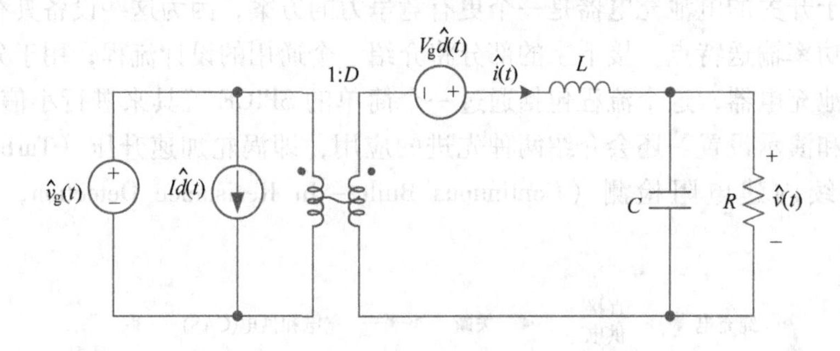

图 7.8　典型降压转换器的等效小信号模型

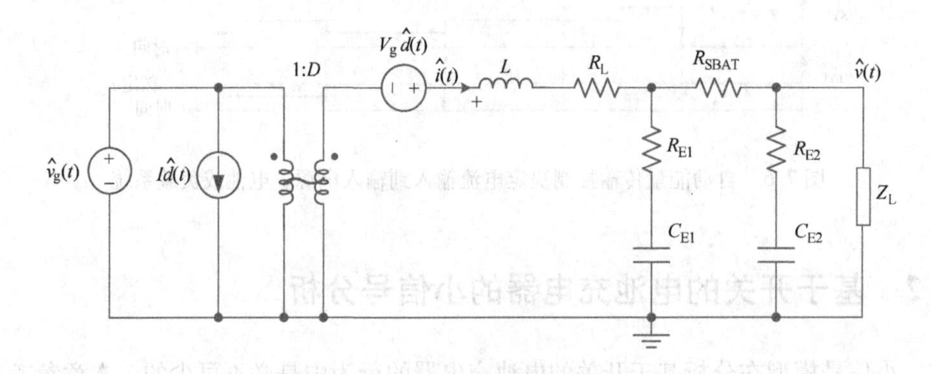

图 7.9　典型电池充电器的等效小信号模型

如7.1节所述，一个典型的基于开关的电池充电器是由恒定电流/恒定电压模式控制的，并依赖于电池充电状态。所以，分析基于开关电池充电器的小信号模型的第一步是构建恒定电流和恒定电压模的传递函数。如图7.9所示，小信号扰动$\hat{v}_g$和$\hat{d}$分别表示电源线的小信号和控制信号（占空因子）的扰动。由于小信号建模的最终目标是由闭环传递函数导出的，因此模型的重点是控制信号$\hat{d}$的扰动，它会直接影响闭环响应。因此，如图7.10所示，忽略电源线上的扰动$\hat{v}_g$，以简化模型。根据图7.10中的小信号模型，从控制信号$\hat{d}$到输出电压$\hat{v}$的传递函数可以用来表示恒定电流模的传递函数，可以推导为式（7.2）和式（7.3）。

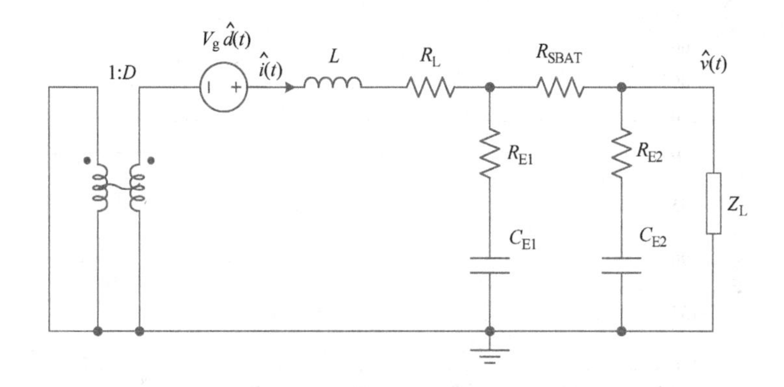

图7.10 恒定电流和恒定电压模的等效小信号模型

$$G_{vd}=\frac{\hat{v}_o}{\hat{d}}=V_g\cdot Z_L\cdot\frac{(\alpha_1 s+1)(\alpha_2 s+1)}{\beta_1 s^3+\beta_2 s^2+\beta_3 s+\beta_4} \tag{7.2}$$

$$\begin{aligned}
\alpha_1 &= R_{E1}C_{E1}\\
\alpha_2 &= R_{E2}C_{E2}\\
\beta_1 &= LC_{E1}C_{E2}(R_{E1}R_{E2}+R_{E1}Z_L+R_{E2}Z_L+R_{SBAT}C_{E2}+R_{SBAT}Z_L)\\
\beta_2 &= R_L C_{E1}C_{E2}(R_{E1}R_{E2}+R_{E1}Z_L+R_{E2}Z_L+R_{SBAT}C_{E2}+R_{SBAT}Z_L)\\
&\quad +L(R_{E1}C_{E1}+R_{E2}C_{E2}+Z_L C_{E1}+Z_L C_{E2}+R_{SBAT}C_{E1})\\
&\quad +R_{E1}R_{E2}Z_L C_{E1}C_{E2}+R_{E1}R_{E2}R_{SBAT}C_{E1}C_{E2}\\
&\quad +R_{E1}R_{SBAT}Z_L C_{E1}C_{E2}\\
\beta_3 &= L+R_L(R_{E1}C_{E1}+R_{E2}C_{E2}+Z_L C_{E1}+Z_L C_{E2}+R_{SBAT}C_{E1})\\
&\quad +R_{E1}C_{E1}Z_L+R_{E1}R_{SBAT}C_{E1}+R_{E2}Z_L C_{E2}+R_{E2}R_{SBAT}C_{E2}\\
&\quad +R_{SBAT}Z_L C_{E2}\\
\beta_4 &= R_L+R_{SBAT}+Z_L
\end{aligned} \tag{7.3}$$

式（4.2）中的伯德图如图7.11所示。这里，伯德图由本章参考文献［2］中的系数通过MATLAB产生，见表7.1。表7.1中所示的输出负载Z_L为阻性负载，但我们的目标是建立电池充电器模型，阻性负载只用于简化模型。接下来的章节将介绍闭环小信号模型的建立、锂电池等效模型，并将其作为一个完整的模型进行分析。虽然在锂离子电池等效模型中存在一些差异，但在实际设计中，稳定性不受这种差异的影响。

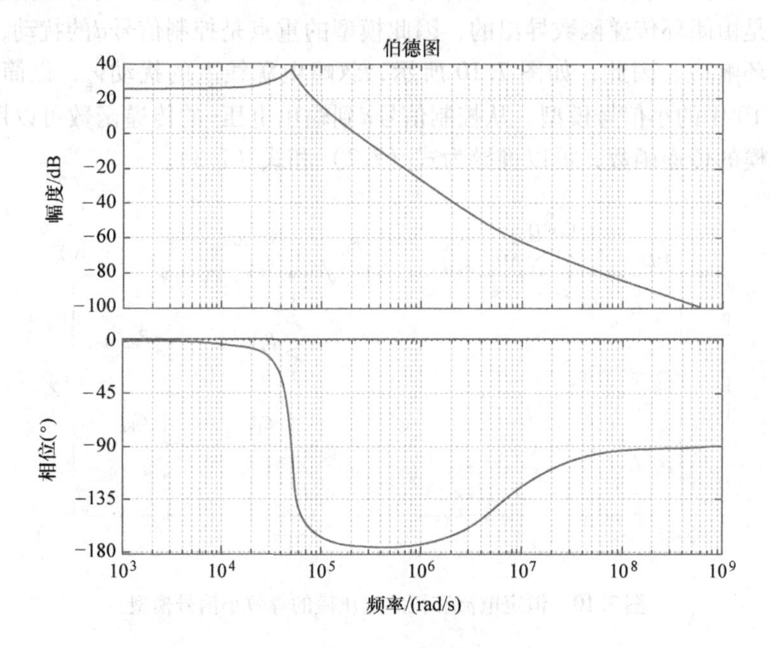

图 7.11 恒定电压模的伯德图

表 7.1 伯德图的参数

V_g	19V	R_{E1}	10mΩ
L	10μH	R_{E2}	10mΩ
C_{E1}	20μF	R_L	20mΩ
C_{E2}	20μF	Z_L	2.25Ω
R_{SBAT}	10mΩ	I	4A

依据图 7.10 中的模型，恒定电流模传递函数可以推导为从控制信号$\hat{d}$到由R_{SBAT}感应的充电电流$\hat{i}$的传递函数，如式（7.4）所示。系数 $\beta_1-\beta_4$ 和 α_1 与式（7.3）中相同。式（7.4）的伯德图如图 7.12 所示，相关系数见表 7.1。

$$G_{id}=\frac{\hat{i}}{\hat{d}}=V_g\cdot\frac{(\alpha_1 s+1)(\alpha_3 s+1)}{\beta_1 s^3+\beta_2 s^2+\beta_3 s+\beta_4} \tag{7.4}$$

$$\alpha_3=(R_{E2}+Z_L)C_{E2} \tag{7.5}$$

除了恒定电压/恒定电流模式，这里也对充电和供电状态进行分析。充电和供电状态的控制环路与恒定电压/恒定电流模式不同，所以有必要讨论充电和供电状

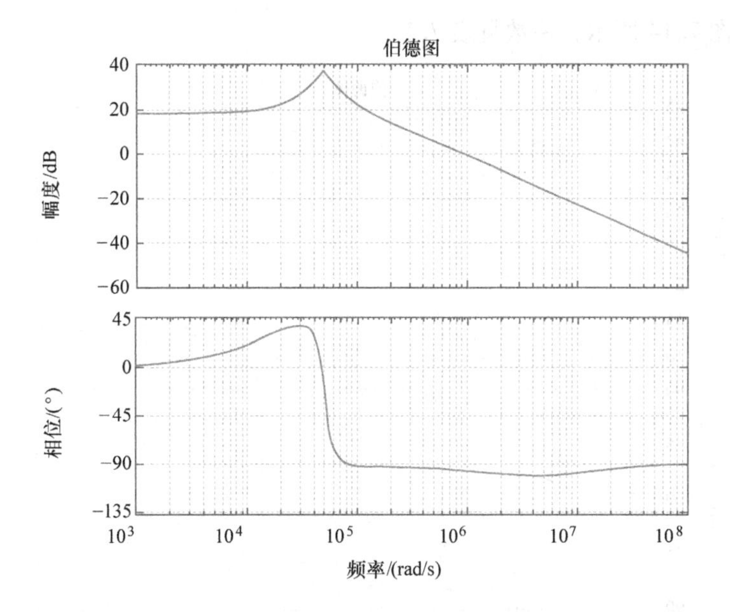

图7.12　恒定电流模式的伯德图

态的小信号模型。图7.10中的小信号模型必须调整为能够模拟充电和供电状态，即能够监测从电源输出的全部功率。所以，需要观测从控制信号$\hat{d}$到输入电流$\hat{i}$的充电和供电状态的传递函数，消除电源线上的扰动，以简化图7.10中的模型。为了计算输入电流，需要加入一个额外的小信号源，如图7.13所示。通过这种调整，充电和供电状态中的控制－输入电流传递函数可以以式（7.6）来建模。图7.13所示为具有控制信号$\hat{d}$的两个激励源，它们分别是$I\hat{d}$和$V_g\hat{d}$。使用叠加理论产生两个零点和三个极点的传递函数是这种情况的一般解决方案。在输入节点，利用基尔霍夫电流定律的式（7.6）来计算这个激励源是一种更直接的方法。然而，式（7.6）仍然表示由加号表示的叠加性质。如果简化式（7.6）中的这两项，那么结果会与采用叠加理论的结果相同。系数β_1～β_4与式（7.3）中的一致。式（7.6）

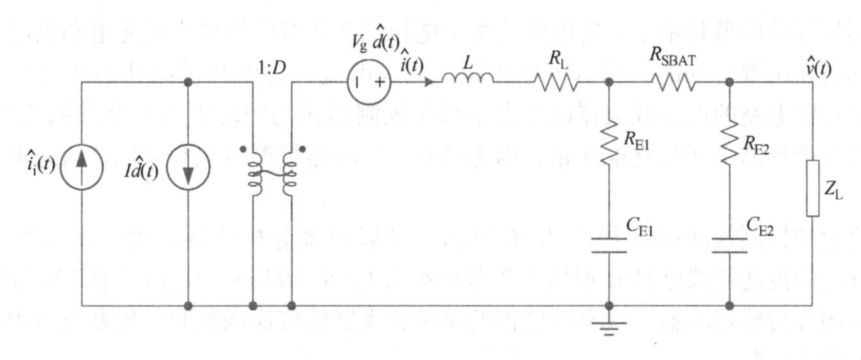

图7.13　充电和供电状态的等效小信号模型

的伯德图如图 7.14 所示，系数见表 7.1。

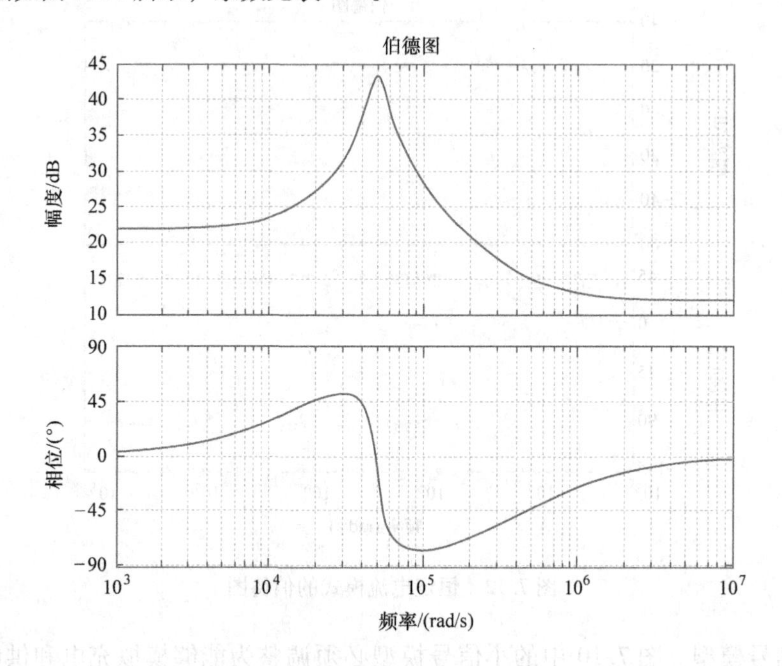

图 7.14　充电和供电状态的伯德图

$$G_{\mathrm{iid}}=\frac{\hat{i}_{\mathrm{i}}}{\hat{d}}=I+V_{\mathrm{g}}\cdot\frac{\gamma_1 s^2+\gamma_2 s+1}{\beta_1 s^3+\beta_2 s^2+\beta_3 s+\beta_4} \tag{7.6}$$

其中

$$\begin{aligned}\gamma_1&=C_{\mathrm{E1}}C_{\mathrm{E2}}(R_{\mathrm{E1}}R_{\mathrm{E2}}+R_{\mathrm{E1}}Z_{\mathrm{L}}+R_{\mathrm{E2}}Z_{\mathrm{L}}+R_{\mathrm{SBAT}}C_{\mathrm{E2}}+R_{\mathrm{SBAT}}Z_{\mathrm{L}})\\ \gamma_2&=C_{\mathrm{E1}}(R_{\mathrm{E1}}+R_{\mathrm{SBAT}}+Z_{\mathrm{L}})+C_{\mathrm{E2}}(R_{\mathrm{E2}}+Z_{\mathrm{L}})\end{aligned} \tag{7.7}$$

7.3 闭环等效模型

闭环等效模型是基于恒定电流、恒定电压和 7.2 节中推导出的充电和供电状态环路的传递函数得到的。具有恒定电压、恒定电流、充电和供电状态环路反馈电路、带补偿电路的误差放大器以及占空因子控制模块的闭环控制电路如图 7.15 所示。这三个环路不同时支配环路，因为只有一个环路根据电池和系统的状态来控制系统。

简化的控制模块框图如图 7.16 所示，可以用来分析闭环模型。功率级 G_{vd}、G_{id}和 G_{iid}的传递函数已经分别从 7.2 节中推导得到。$H(s)$、$G_{\mathrm{C}}(s)$ 和 FM 分别表示表示闭环传感器增益、具有补偿器的误差放大器的传递函数和从控制电压到占空因子的传递函数。

闭环模型可以分为三个部分，即恒定电压、恒定电流和充电和供电状态环路。

分析从恒定电压环路开始，因为传递函数 G_{vd} 已经由式（7.2）表示，所以目前的重点是反馈传感器的增益和补偿。恒定电压环路可以视为电压模式控制的降压转换器，所以对于恒定电压环路，反馈传感器增益的传递函数由反馈电压分压器构成。反馈电压分压器通常包括电阻和电压放大器，对感知的反馈电压进行放大。接下来本节中所示的传递函数是使用所演示仿真中的参数导出的，读者应根据自己的设计问题来设计实际值，本节中的参数可能不符合所有条件。

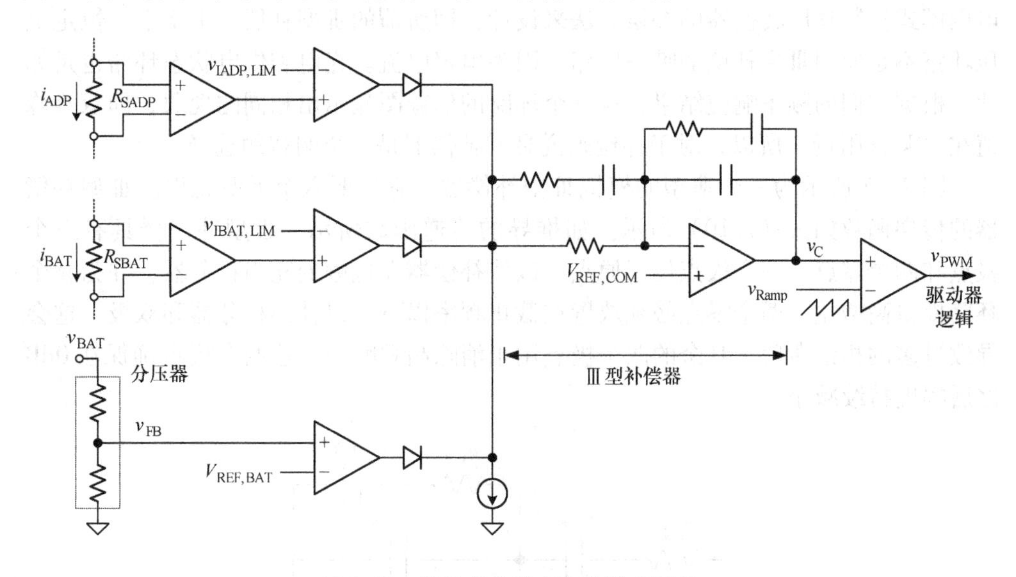

图7.15　简化的电池充电器控制模块

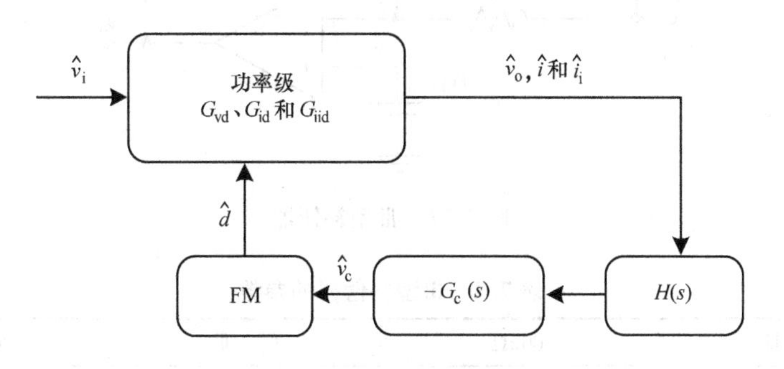

图7.16　简化的闭环模块框图

对于恒定电压环路，反馈增益 $H(s)$ 的传递函数如式（7.8）所示，g_{rd} 和 g_{va} 分别表示电阻分压器和电压放大器增益。

$$H(s)=g_{rd}g_{va} \tag{7.8}$$

将控制电压 $\hat{v}_c$ 和斜坡信号比较，可以产生脉宽调制控制占空因子。当决定了斜坡峰值电压 V_{peak} 之后，FM 可以从式（7.9）中导出，作为从控制电压到占空因子信号的传递函数。

$$\mathrm{FM} = \frac{1}{V_{\mathrm{peak}}} \tag{7.9}$$

图 7.11 中的伯德图说明了恒定电压模式的传递函数，双极性峰值在 40kHz 附近。该峰值在典型的电压模式控制降压转换器的功率级也会出现，这是因为输出滤波器的 *LC* 双极性。根据这种关系，恒定电压环路的补偿可以直接通过遵循典型的电压模式控制降压转换器的补偿方法来设计，即所谓的Ⅲ型补偿。事实上，恒定电压环路不是使用Ⅲ型补偿的唯一回路，因为恒定电流。充电和供电状态环路也是如此。根据它们的频率响应结果，这三个环路的伯德图显示出相同的现象，即双峰峰值在 40kHz 附近。所以，对于补偿来说Ⅲ型补偿器是一个明智的选择。

图 7.17 所示为一个典型的模拟Ⅲ型补偿器，它需要六个无源元件。Ⅲ型补偿器的传递函数如式（7.10）所示。如推导的传递函数所示，Ⅲ型补偿器具有三个极点和两个零点。一个极点位于原点，以使补偿器在低频处充当积分器，并为整个环路提供高增益。两个零点必须放置在截止频率以下，以补偿积分器和双极，这会导致过多的相位滞后。其余的两个极点用于消除高频噪声，这两个极点确保在 0dB 之后幅度持续减小。

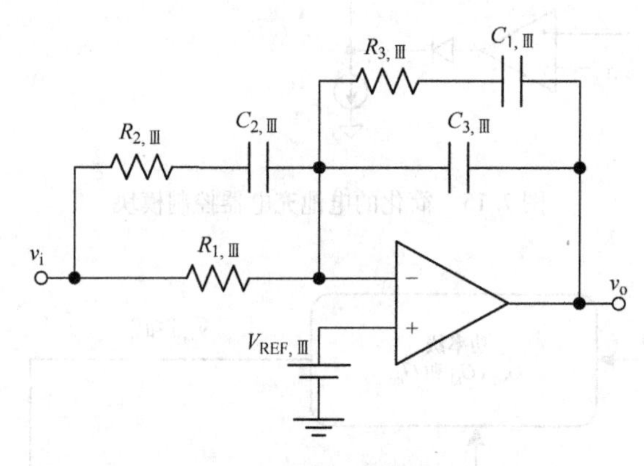

图 7.17　Ⅲ型补偿器

表 7.2　Ⅲ型补偿器的参数

R_1，Ⅲ	200kΩ	C_1，Ⅲ	2000pF
R_2，Ⅲ	7.5kΩ	C_2，Ⅲ	130pF
R_3，Ⅲ	20kΩ	C_3，Ⅲ	51pF

$$G_{\mathrm{C}}(s) = \frac{1}{R_{1,\mathrm{III}}(C_{1,\mathrm{III}} + C_{3,\mathrm{III}})} \cdot \frac{[s(R_{3,\mathrm{III}}C_{1,\mathrm{III}}) + 1]\{s[(R_{1,\mathrm{III}} + R_{2,\mathrm{III}})C_{2,\mathrm{III}}] + 1\}}{s[s(R_{2,\mathrm{III}}C_{2,\mathrm{III}}) + 1][s(R_{3,\mathrm{III}}\frac{C_{1,\mathrm{III}}C_{3,\mathrm{III}}}{C_{1,\mathrm{III}} + C_{3,\mathrm{III}}}) + 1]} \tag{7.10}$$

$$
\begin{aligned}
\omega_{z1} &= \frac{1}{R_{3,Ⅲ} C_{1,Ⅲ}} \\
\omega_{z2} &= \frac{1}{(R_{1,Ⅲ} + R_{2,Ⅲ}) C_{2,Ⅲ}} \\
\omega_{p1} &= \frac{1}{R_{2,Ⅲ} C_{2,Ⅲ}} \\
\omega_{p2} &= \frac{1}{R_{3,Ⅲ} \dfrac{C_{1,Ⅲ} C_{3,Ⅲ}}{C_{1,Ⅲ} + C_{3,Ⅲ}}}
\end{aligned}
\tag{7.11}
$$

在实际设计中，开关型转换器的截止频率通常被设置为小于开关频率的至少十倍。在演示仿真中的开关频率为 300kHz，所以截止频率建议在 10 ~ 30kHz。恒定电压环路的功率级也产生了两个零点，如式（7.2）所示。这两个零点大于开关频率的一半，所以必须将Ⅲ型补偿器所采用的两个极点置于开关频率的一半以下，以消除高频噪声。根据之前的考虑，并假设 $R_{1,Ⅲ} = 200\text{k}\Omega$，计算所得的无源器件的参数见表 7.2。设计的Ⅲ型补偿器的伯德图如图 7.18 所示。利用以上的分析，恒定电压环路的闭环传递函数如式（7.2）、式（7.8）~ 式（7.10）所示。整个闭环增益的伯德图如图 7.19 所示。

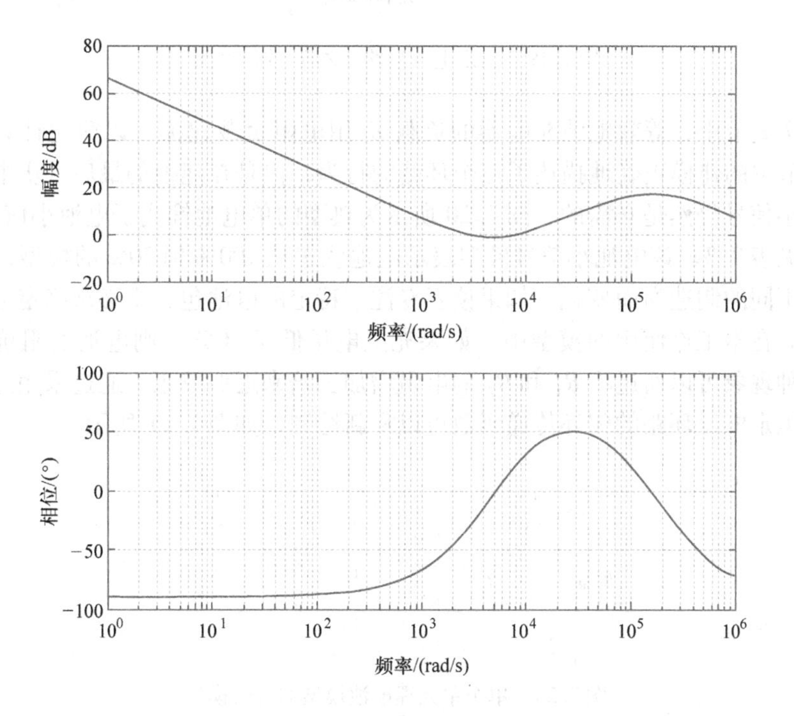

图 7.18　Ⅲ型补偿器的伯德图

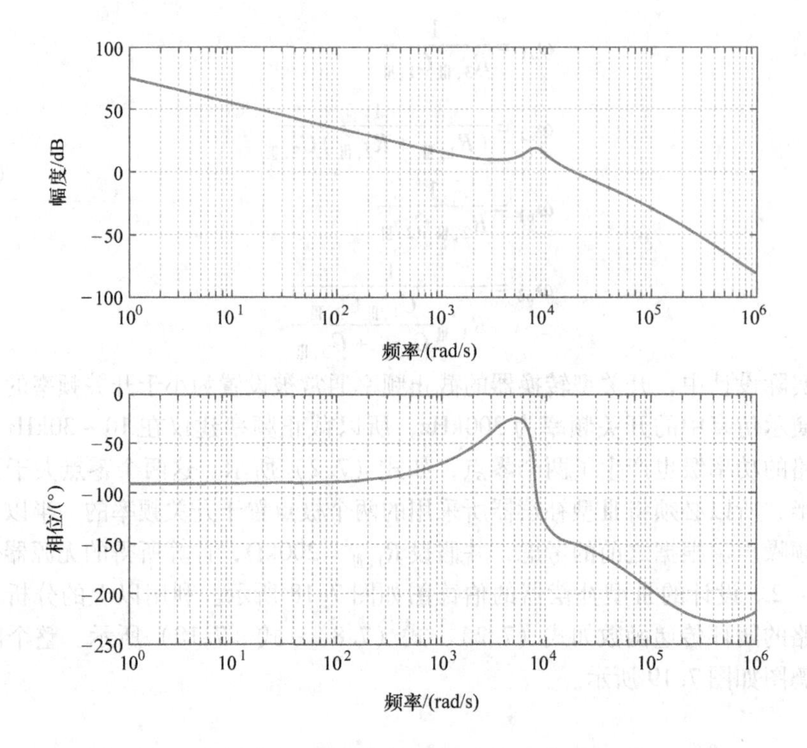

图 7.19 恒定电压环路（Z_L）的伯德图

在 7.2 节中，等效电池充电器的负载 Z_L用电阻负载建模，以简化计算。虽然在 7.2 节中的建模正确地描述了三个环路的行为，但是在建模的最后一步中，电池的实际小信号仍然是必需的。图 7.20 所示为典型的单电池锂离子电池小信号模型，其参数见表 7.3。该电池小信号模型表示电池状态从 100% 到 20% 的模型，参数可以根据不同的制造商而变化。如果读者专注于特定的电池包，则必须确定电池模型的特性。在本工作使用的模型中，如果充电电量低于 20%，则电池的阻抗迅速增加。这种现象可以通过将 R_1 和 R_2 的电阻增加三倍来近似校正，通过采用这种电池模型，恒定电压环路的闭环传递函数可以重新绘制，如图 7.21 所示。

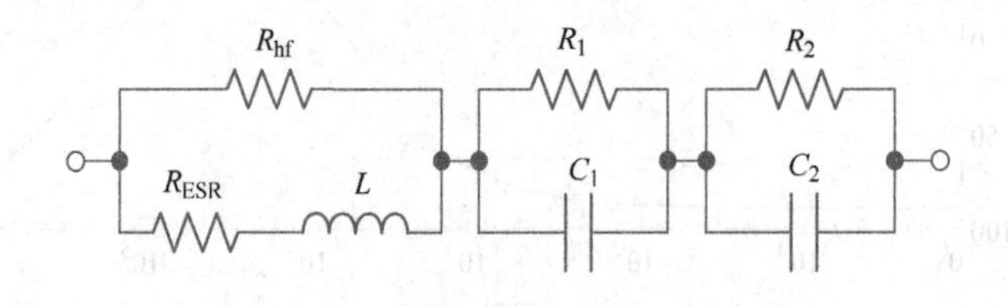

图 7.20 单个单元锂电池模型的等效模型

表 7.3　等效电池模型的参数

R_1	13.77mΩ	C_1	0.337672
R_2	47.15mΩ	C_2	1.79935
R_{hf}	5.8Ω	L	0.637μH
R_{ESR}	65.18mΩ		

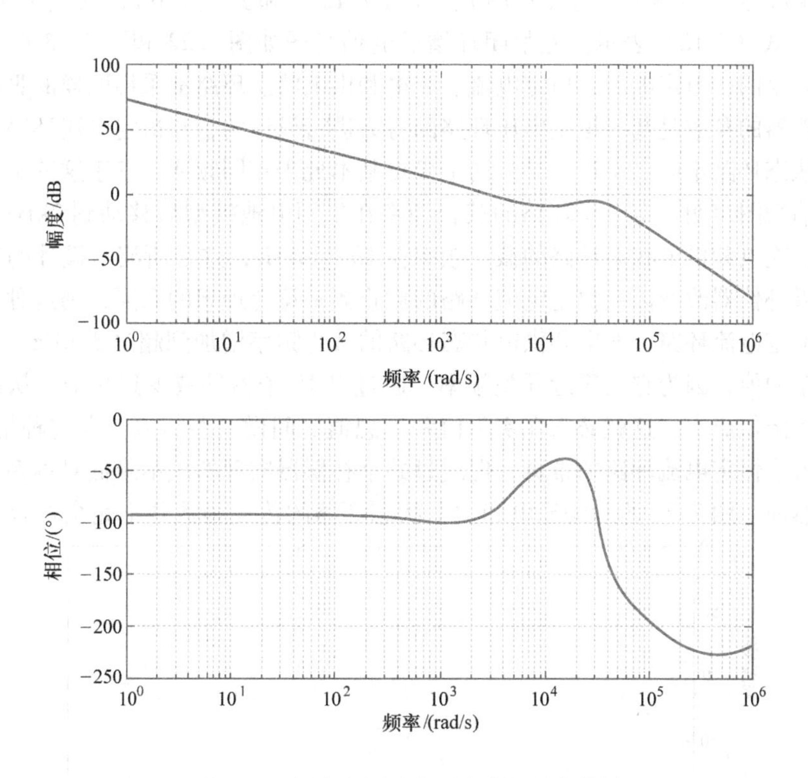

图 7.21　恒定电压环路（电池）的伯德图

其他两个环路，即恒定电流、充电和供电状态环路使用相同的补偿器和相同的 PWM 控制方案，因此，环路之间的差异主要是功率级和反馈传感器增益。这两个环路分别通过感测电阻 R_{SADP} 和 R_{SBAT} 检测电池充电电流和适配器（输入）电流。反馈传感器增益的传递函数可以在式（7.12）中导出，其中 R_{sense} 和 g_{ca} 分别表示感测电阻器和电流放大器的增益。采用 T_{filter}（s）来滤除当电流检测拓扑被占用时产生的高频谐波，仿真值如式（7.13）所示。恒定电流、充电和供电状态环路共用相同的值，这是因为它们的感知过程高度相似。滤波器的两个极点设置为 60kHz 和 150kHz。

$$H(s) = R_{sense} g_{ca} T_{filter}(s)$$
$$R_{sense} = R_{SADP} = R_{SBAT} \tag{7.12}$$

$$T_{\text{filter}}(s)=\frac{1}{\left(\dfrac{s}{\omega_{\text{f1}}}+1\right)\left(\dfrac{s}{\omega_{\text{f2}}}+1\right)}$$

$$H(s)=10\text{m}\times 40T_{\text{filter}}(s) \tag{7.13}$$

利用以上的结果，恒定电流、充电和供电状态环路的闭环传递函数可以分别用式（7.4）、式（7.9）、式（7.10）、式（7.12）和式（7.6）、式（7.9）、式（7.10）、式（7.12）表示。完整闭环增益的伯德图如图 7.22 和图 7.23 所示。正如之前讨论的，恒定电压、恒定电流、充电和供电状态环路都采用同样的Ⅲ型补偿器。补偿器的参数是基于恒定电压环路的行为进行设计的，与恒定电流环路、充电和供电状态环路不同。幸运的是，两个极点基本处于相同频率。基于这三个环路的结果，伯德图表明恒定电压环路的截止频率在采用电池模型后移动到 2kHz，而恒定电流、充电和供电状态环路的截止频率在 10～30kHz，这是所演示设计的理想间隔。如果补偿器改变以使恒定电流环路的截止频率符合理想的间隔，则这种变化可能会使恒定电流环路、充电和供电状态环路的截止频率增加到超过 30kHz，这是一个不希望的值，因为它太靠近开关频率。通过将 18 个器件减少到 6 个，从而共享补偿器和降低成本，这就必须在实际值和理想值之间做一些折衷。在这种情况下，虽然牺牲了恒定电流环路的带宽，但通过共享补偿器实现的成本降低对本系统是有益的。然而，图 7.23 所示的充电和供电状态环路的传递函数并不完全符合实际响

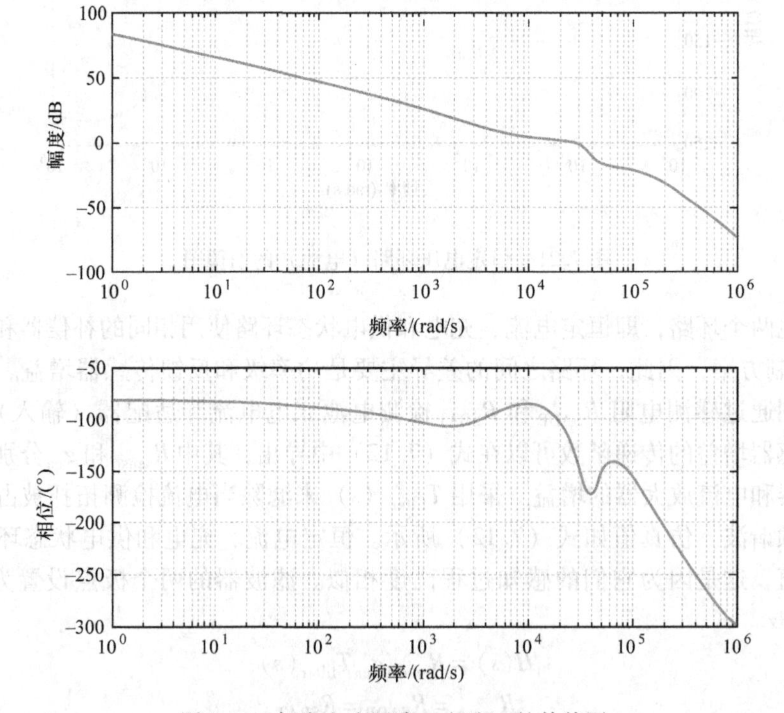

图 7.22　恒定电流环路（电池）的伯德图

应。所获得的差异归因于式（7.6）中不能使用 HSPICE 模拟进行叠加，因此在高频处存在缺失的零点，这种零点的缺失对分析没有显著影响。如果没有这个零点，频率响应比原始值差，则意味着如果图 7.23 所示的结果是合适的，那么实际结果也必须是合适的。

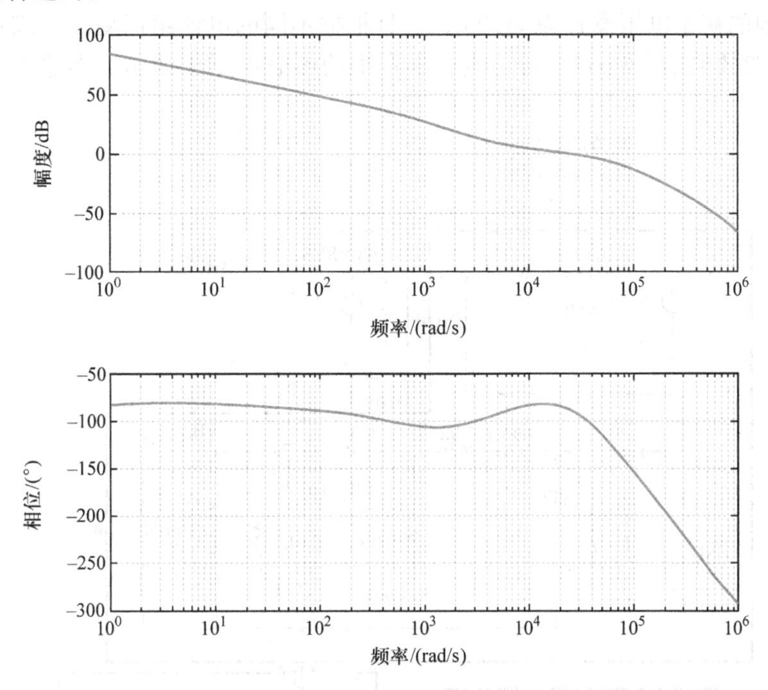

图 7.23 充电和供电状态（电池）的伯德图

7.4 采用 PSIM 进行仿真

7.2 节和 7.3 节分别分析了功率级的小信号和闭环的传递函数，通过这些分析可以建立完整的电池充电器系统。在集成电路中，HSPICE 是最为可靠的仿真工具。然而，构建一个功能齐全的电池充电器需要时间和大量的努力。另一个问题是仿真时间，即利用 HSPICE，至少需要 12h 来仿真一个精心设计的电池充电器，而这个系统只包括恒定电压和恒定电流模式。可以通过一个简单的 SPICE 工具更快地了解电池充电器的瞬态行为，本节将采用 PSIM 进行仿真。

在图 7.24 中，基本的充电器系统包括恒定电压、恒定电流、充电和供电状态环路。电池模型可以明显地被用于表示电池内部阻抗的电容和电阻所取代。图 7.20 中介绍的电池模型变化归因于改善仿真时间的努力。虽然仿真工具已经被一个简单的 SPICE 工具所取代，但是由于模型的大电容，充电实际电池模型所需的仿真时间相对较长。因此，原电池模型被较小的电容和等效的内部电阻代替，这种变化意味着仿真结果并不完全符合实际电池的充电行为。然而，在本仿真中所展示的现象为读者提供了一种具有短仿真时间的电池充电器的初步概念。图 7.24 所示为在第 7.2 节中介绍的基于开关的充电器的等效模型。除了被替换的负载和内部阻抗，所有参数都在表 7.1 中示出，被替换的负载和内部阻抗分别为 50μF 和 55 MΩ。电池的初始电压设置为 11.2V，并且根据不同的电池组而变化。该系统用电流负载和等效电容 220μF 进行仿真，本章中的参数仅用于演示，不适用于所有可能的情况。

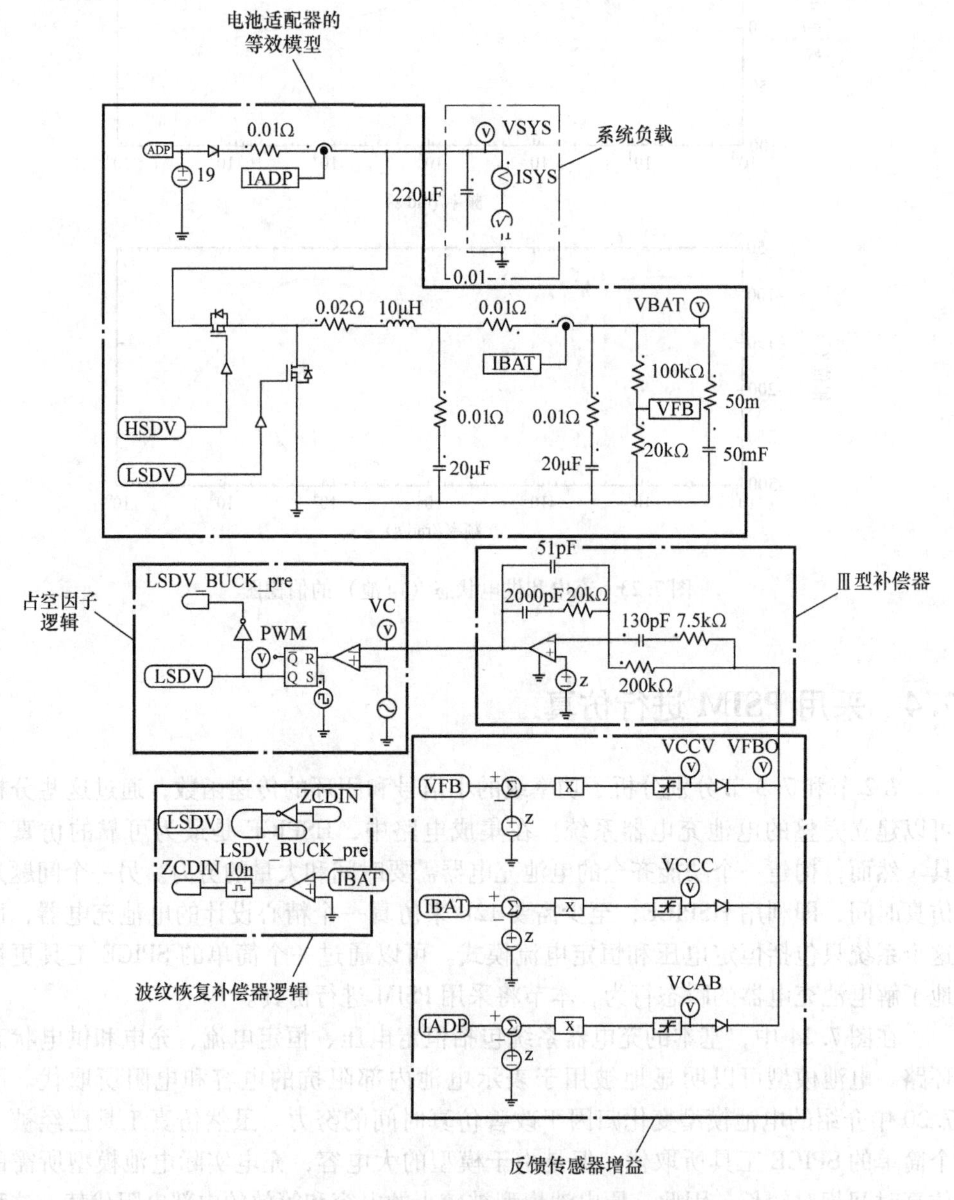

图 7.24 PSIM 中电池充电系统的电路图

图 7.24 中的控制器基于 7.3 节中的结果，细节如图 7.25 所示，恒定电压环路的控制环路基于式（7.8），电池电压 V_{BAT} 以电压分压器比例的形式提供反馈。这个反馈电压（图 7.25 中的 V_{FB}）由减法器得到，它表现为一个具有单位增益的误差放大器。该电压误差由设计的电压放大器增益 g_{va} 放大，并由限幅器钳位以模拟有限的电压源。恒定电流也是基于相同的过程，电感电流用于代表充电电流，表示为 I_{BAT}。该电流通过一个减法器减去期望的充电电流，在例子中设置为 2A，这个误差将被电流放大器增益 g_{va} 放大，也被限幅器钳位。在式（7.8）和式（7.12）中，g_{va} 和 g_{ca} 分别设置为 6 和 40，在例子中相应的值设置为 600 和 40。这种差异可以通过式（7.12）中的包括感知电阻在内的反馈传感器增益来解释，该电阻通常出现在基于 CMOS 的电流检测电路中。在 PSIM 中电流传感器为实际的充电电流，所以感知电阻并没有包括在仿真中，恒定电压环路的增益也远大于恒定电流环路。在感知电阻中，g_{va} 增加以补偿这个差值。式（7.12）和例子之间的另一个差异是高频滤波器。由于在仿真中的电流检测是理想的，并且不产生高频谐波，所以不需要采用滤波器。充电和供电状态环路的反馈传感器增益与式（7.12）中的恒定电

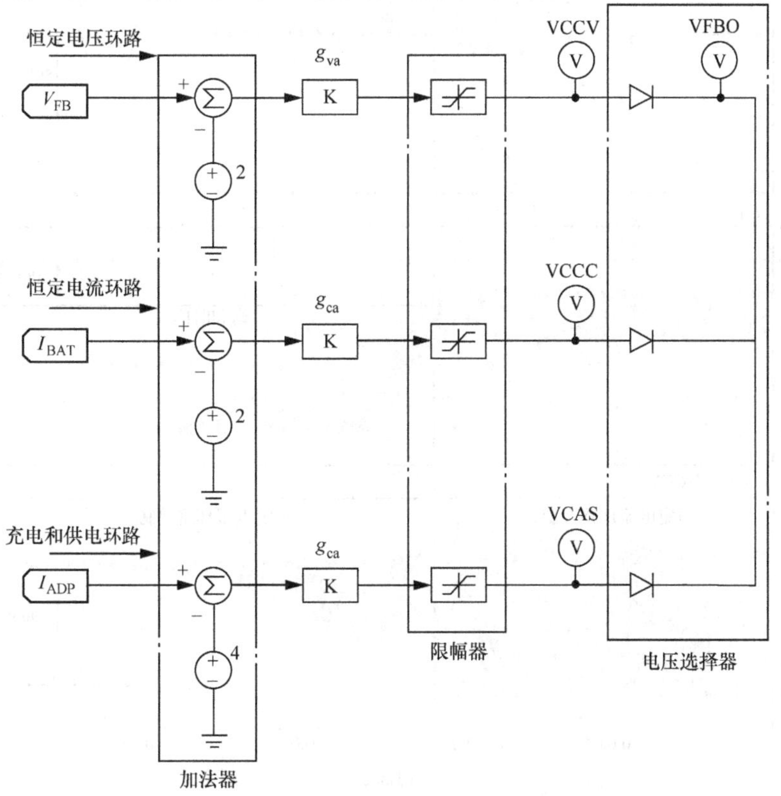

图 7.25　PSIM 中电池充电控制器的电路图

流环路一致。充电和供电状态环路不同于恒定电流环路，因为充电和供电状态环路感知输入电流 I_{ADP}，并且在减法器中的参考电流是适配器的极限。

使用上述三个环路，V_{BAT}、充电电流 I_{BAT} 和输入电流 I_{ADP} 的反馈信号都得到了很好的检测。在电池充电器系统的不同状态中，三个二极管依次作为电压选择器来选择最大的反馈信号。Ⅲ型补偿器对选择的反馈信号进行补偿，并产生控制电压。控制电压通过比较器与斜坡信号进行比较，并产生脉宽调制信号，驱动逻辑电路。

从恒定电流模式到恒定电压模式的仿真结果如图 7.26 所示。在仿真中，电池电压在初始时小于 12V 的目标预设电压。所以，V_{FB} 在仿真开始时保持为低，由二极管构成的电压选择器选择恒定电流环路作为主环路（观测图 7.25 中的标签，VFBO = VCCC）。当恒定电流环路开始为电池充电（$I_{BAT}=2A$）时，V_{BAT} 也开始增加，直到达到预设电压（$V_{BAT}=12V$）。V_{FB} 增加，控制电压选择器达到 2V 的目标电压。之后，恒定电压开始支配系统（观测图 7.25 中的标签，VFBO = VCCC)，充电电流开始降低。充电电流将会持续下降，以避免 V_{BAT} 产生过电压，在 7.1 节

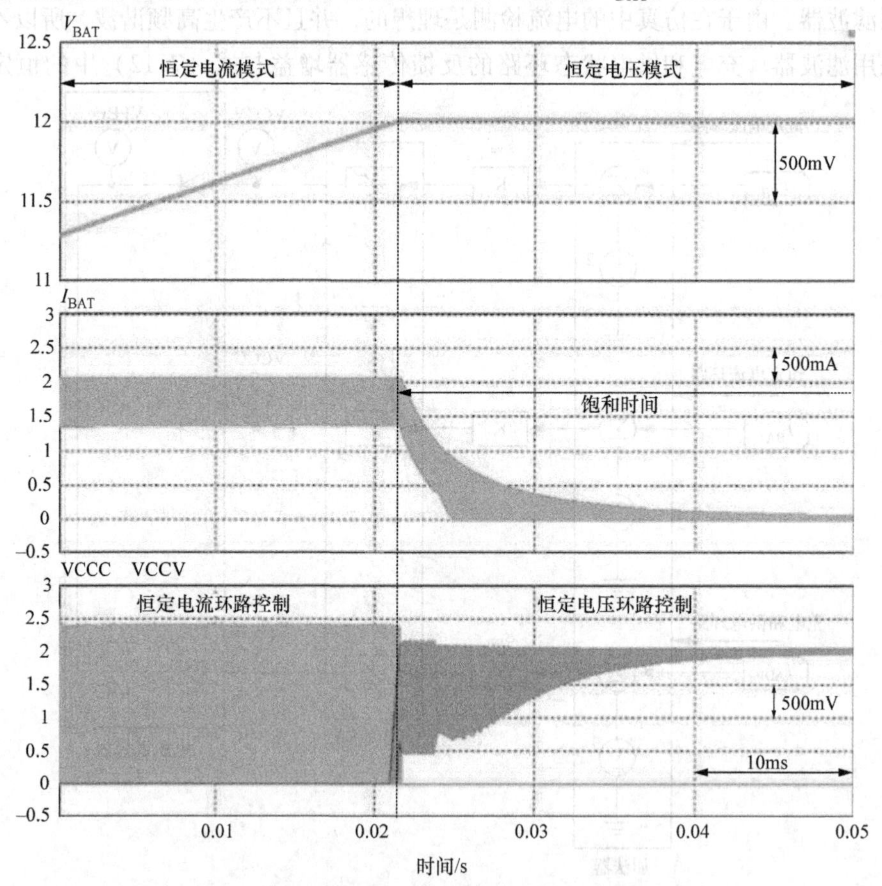

图 7.26 PSIM 中恒定电流/恒定电压模式下的仿真结果

中这称为饱和时间。

充电和供电状态的瞬态结果如图 7.27 所示。系统负载 I_{SYS} 被设置为具有增加的加载周期。一旦 I_{SYS} 上升，适配器电流 I_{ADP} 也会上升直到它达到预设的适配器电流限制（$I_{ADP}=4A$）。之后，充电和供电状态环路开始控制系统（观测图 7.25 中的标签，VFBO = VCAS）。总电流必须由适配器提供，并控制在电流极限以下。因此，充电电流必须减小以保护适配器。在系统负载完成瞬态周期之后，充电电流回到原来的充电电流值（$I_{BAT}=2A$）。

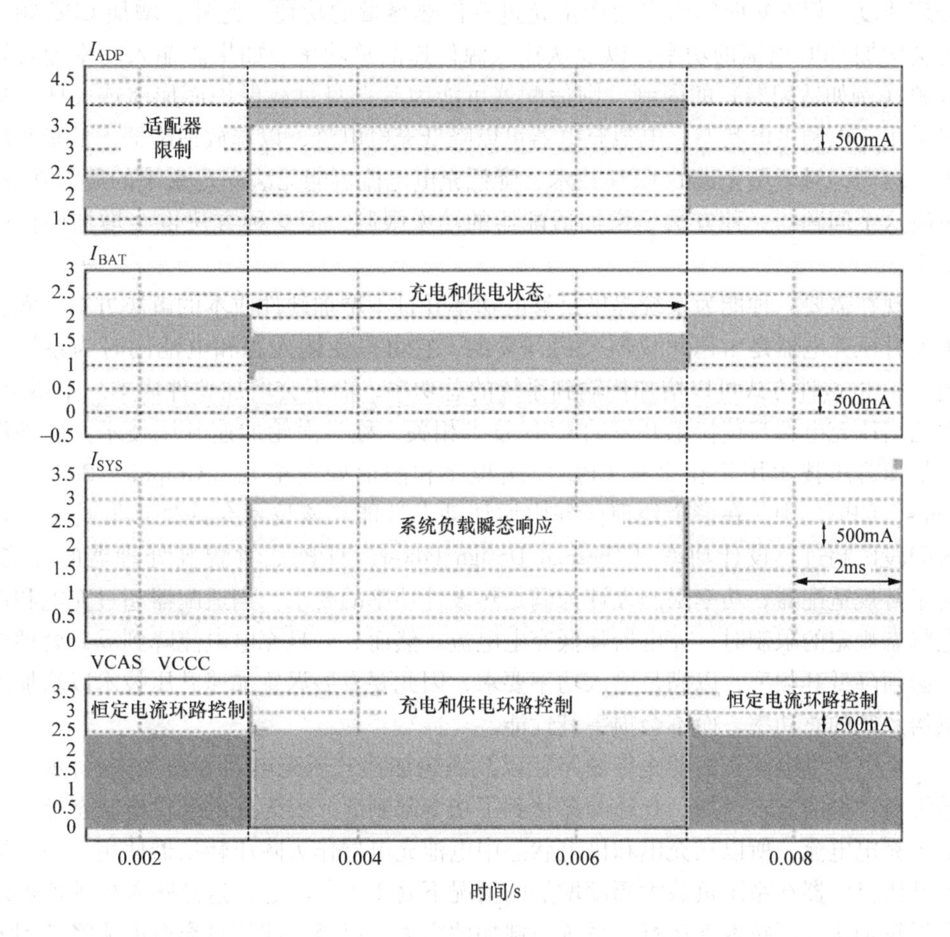

图 7.27 在 PSIM 中，充电和供电状态的仿真结果

上面的仿真使用了一个简单的 SPICE 工具来提供对开关电池充电器拓扑的简要理解。在 7.2 节和 7.3 节中，使用 HSPICE 进行了更详细的仿真，从而得出了用于整个系统补偿和稳定性的有用参数。此外，使用 PSIM 的仿真提供了 HSPICE 仿真结果的良好确认。为了验证电路的功能，可以通过 PSIM 测试结果。

7.5 涡轮加速升压充电器

对于一种典型的基于开关的电池充电器，可以提供四种类型的功率传输通路，即纯充电状态、直接供电状态、断开状态、充电和供电状态，这些通路如图 7.5 所示。如 7.1 节所述，采用充电和供电状态来满足具有多核应用 CPU 中的额外功耗。然而，CPU 技术正以非常快的速度发展，增加 CPU 频率可以增加执行多个任务的处理速度，但在短时间内也会产生超过器件热容量的功耗。此外，增加 CPU 频率还会增加 CPU 所需的功率，以及从输入源传递的总功率。如果总输入功率超过输入源（例如适配器）的限制，则适配器可能因其自身过载保护而崩溃或关闭。通过采用充电和供电状态，电池充电器可以降低充电电流，以释放适配器上的负载应力。然而，对于更先进的 CPU 技术，降低充电电流可能无法满足系统的所需功率。解决这个问题的一种方法是增加适配器的功率限制，但这种方法也会增加硬件的成本。

现在需要一种能为系统提供足够的功率并且不增加硬件成本的解决方案。涡轮加速升压充电器是由德州仪器公司开发的，它可以让输入源和电池同时为系统供电[5]。以这种方式可以增加传输到系统的总功率，而不会增加硬件成本。本质上，涡轮增压充电器与英特尔开发的 CPU 技术相关，称为涡轮加速升压技术。这种涡轮加速升压技术用于在多核 CPU 应用程序和图形处理单元（Graphics Processing Units，GPU）中，在多个处理任务中增加动态性能。该技术允许处理器功率在短时间段内超过热设计功率（Thermal Design Power，TDP），并提高处理器的性能。对于常规适配器，功率限制设计为满足热设计功率的要求。当适配器超过充电和供电状态规定的限制时，充电器降低充电电流。然而，一旦充电电流降到零，处理器就必须降低其频率，以满足输入功率要求，因此要发展涡轮加速升压技术以增加提供给系统的总功率，而不会损害其性能。

充电和供电状态的功率传输路径以及涡轮加速升压充电器如图 7.28 所示。当系统对功率的需求增加、且适配器达到了功率限制后，因为充电和供电状态控制降低了充电电流，所以在充电和供电状态中电池充电器作为降压转换器使用。涡轮加速升压充电器在系统负载大幅度增加的情况下处于工作状态，这意味着处理器得以在涡轮加速升压技术下运行。系统负载如此之大，以至于即使将充电电流降低到零也无法给系统提供足够的功率。解决这个问题的一个简单的方法是添加另一个电源路径。在本系统中，只有一个电源可以提供额外的功率，即电池。因此，电池充电器作为升压转换器使用，它将功率从电池转移到系统中。充电和供电状态、涡轮加速升压充电器的工作状态如图 7.29 所示。由于 CPU 的涡轮加速升压功能可以在任何时候起动，所以电池充电器必须自动检测负载以涡轮加速升压充电器。

在确定涡轮加速升压技术的基本概念之后，下一步是实现涡轮加速升压充电

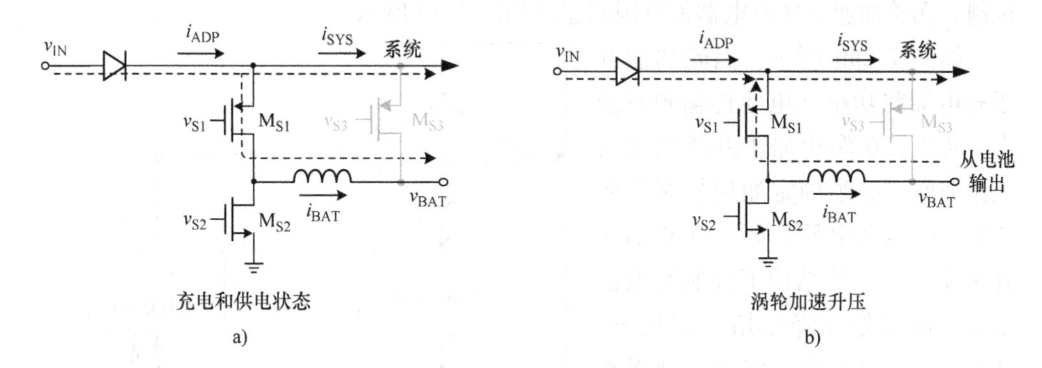

图7.28　功率传输通路
a）充电和供电状态　b）涡轮加速升压技术

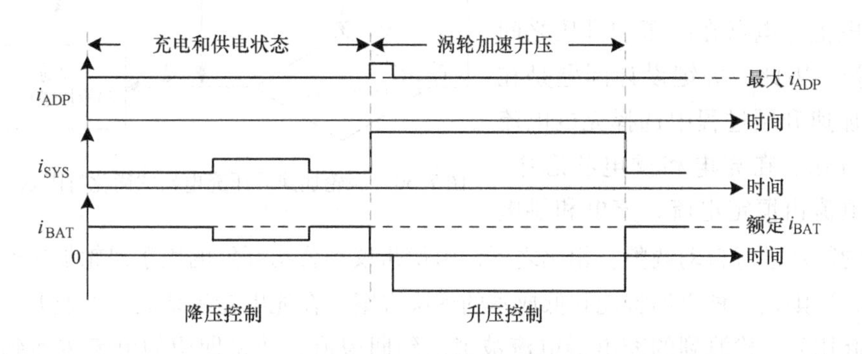

图7.29　充电和供电状态、涡轮加速升压技术的时序

器。德州仪器公司最近发布了几项专利，用来描述涡轮加速升压的控制方法，在这里不讨论这些专利的细节。下面的分析将集中在概念设计问题上。

充电和供电状态、涡轮加速升压充电器都对输入适配器电流进行监测，然而，涡轮加速升压充电器设计成可以提供比充电和供电状态大得多的系统负载。因此，涡轮加速升压充电器的感知路径与7.3节中所示的充电和供电状态环路相同。一旦I_{ADP}超过预设的电流限制，电池充电器将会关断充电电流，并保持在待机状态。在一些延迟时间之后，如果I_{ADP}还是高于限制电流，那么充电器系统将会起动涡轮加速升压技术，并激活涡轮加速升压充电器。为了终止涡轮加速升压充电器操作，CPU中的涡轮加速升压电路关断，这会导致系统负载和输入电流降低。一旦I_{ADP}降低到预设的低边界上，涡轮加速升压充电器被禁用，电池充电器恢复到降压型充电器状态。然而，必须考虑一些情况来保护和稳定电池充电器系统。例如，如果电池的充电状态处于低电压状态，那么电池无需提供额外的功率，所以涡轮加速升压充电器被禁用。温度条件和过量电流/电压也会影响涡轮加速升压充电器的起用/禁用机制。涡轮加速升压充电器的有限状态机如图 7. 30 所示。

如图 7. 28b 所示，涡轮加速升压充电器将功率从电池传输到系统中。所以，在涡轮加速升压充电器工作期间，必须确定如何控制功率传输。电池充电器需要在涡轮加速升压充电器拓扑结构下控制充电器系统，而不是在降压拓扑结构下。基本上，充电和供电状态以及涡轮加速升压充电器通过感应 I_{BAT} 来控制充电电流，可以通过控制逻辑来完成电池充电器在降压和升压之间的切换。因此，关键设计问题是在涡轮加速升压过程中选择充电电流量的方法。在充电和供电状态中，充电电流由恒定电流、充电和供电环路的闭环进行自动调整。相比之下，由德州仪器公司开发的用于涡轮加速升压的控制方法则是一种更加智能和低成本的解决方案。在充电器确认涡轮加速升压充电器被起用后，检测到的充电器电流被锁定到期望值，并将期望的电流传递到系统中。期望值由用户设置内部参考电压决定，或者主机从 CPU 加载数字信息并将其传送到参考电压中进行设置。这种控制可以归类为开环控制，由于充电电流不受任何反馈信号的调节，故充电电流将始终保持在期望值，不像充电和供电状态环路中充电电流随系统负载而变化。通过这种控制方法，可以有效地降低电路复杂度，并且检测电路可以与充电和供电环路共享。由于开环控制，系统减少了对额外器件的需要，对于补偿的考虑也不再是必需的了。

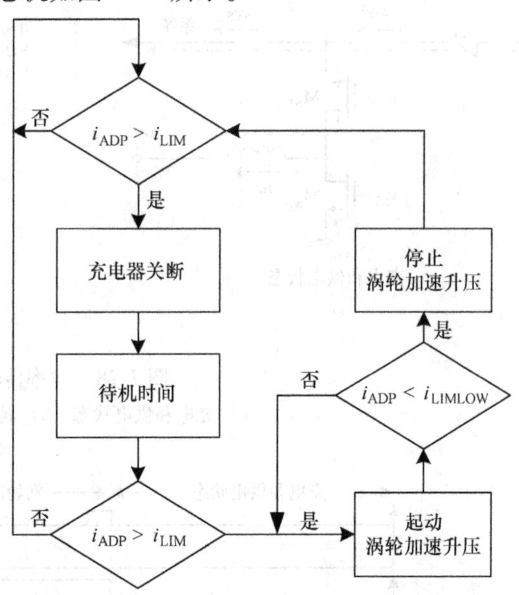

图 7. 30　涡轮加速升压充电器的简化有限状态机

现在在 PSIM 中建立涡轮加速升压充电器的仿真环境，基本充电器与图 7. 24 中一样，涡轮加速升压充电器中额外的控制器如图 7. 31 所示，系统负载被设置为具有重负载的瞬态周期，可以模拟 CPU 的涡轮加速升压技术的行为。仿真结果如图 7. 32 所示，当系统负载增加时，输入电流 I_{ADP} 也会增加。因为增加的负载非常大，所以 I_{ADP} 达到预设的 4. 2A 的输入极限（图 7. 30 中的 I_{LIM}），并进入涡轮加速升压充电器模式。充电电流 I_{BAT} 变为负值，这意味着电荷通过升压路径从电池传输到系统，如图 7. 28 所示。正如之前讨论的，在涡轮加速升压期间的控制是开环控制，这里的方法是通过一个值为 2A 的滞环控制来控制 I_{BAT}，如图 7. 31 所示。一旦充电器系统进入涡轮加速升压充电器模式，逻辑电路将驱动信号从常规充电器调整为迟

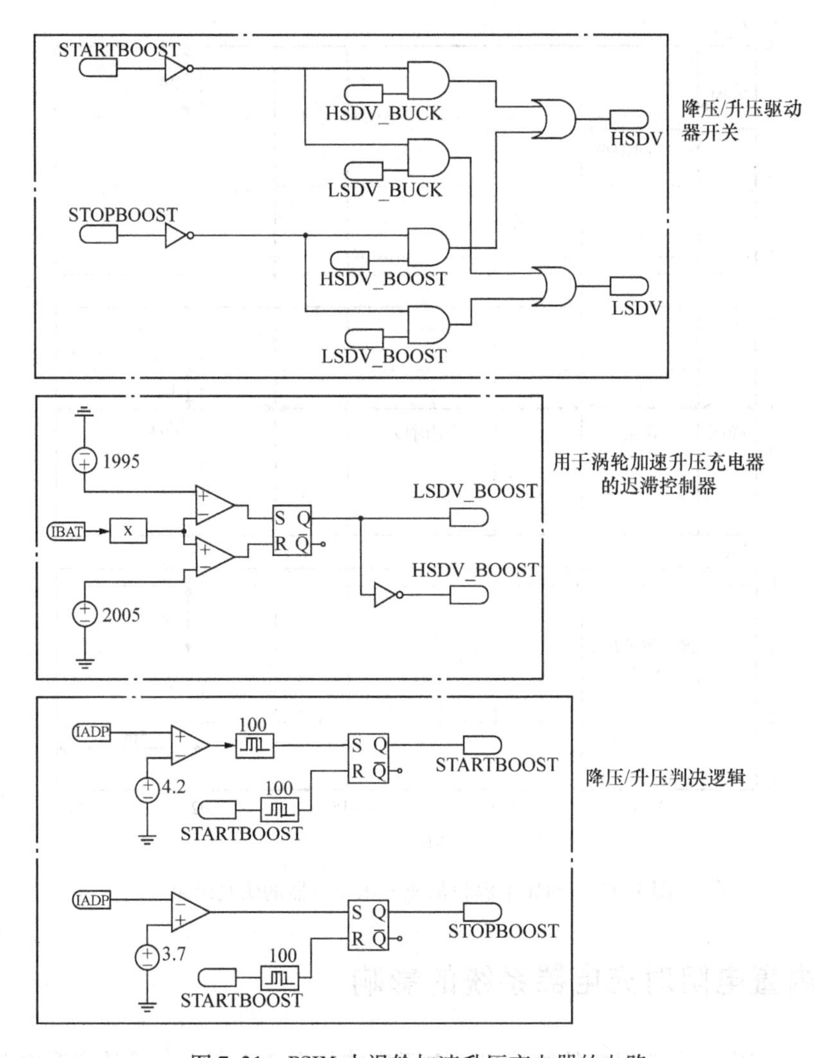

图 7.31　PSIM 中涡轮加速升压充电器的电路

滞控制器。在负载瞬态响应之后，I_{ADP} 低于预设的低限制值 3.7A（图 7.30 中的 I_{LIM}），涡轮加速升压充电器关闭，逻辑电路将控制器恢复到常规充电器环路。在涡轮加速升压充电器被关闭后，会出现一个空闲时段，这个空闲时段是由于充电和供电环路感应 I_{ADP}，而涡轮加速升压充电器被导通所致。因此，由于Ⅲ型补偿器中的电容，感应反馈信号允许 VFBO 保持在一个较大的值。在逻辑电路将控制器转换成常规充电器环路之后，充电和供电环路中的存储值需要减少到正常值，从而导致空闲时段的产生，之后充电器又可以开始进入正常的工作状态。在仿真中，空闲时段大约为 1ms，相比于整个充电周期，可以忽略这段时间。图 7.31 所示的仿真着重于涡轮加速升压充电器的基本操作，仿真过程通过忽略待机检查和保护电路进行了简化。

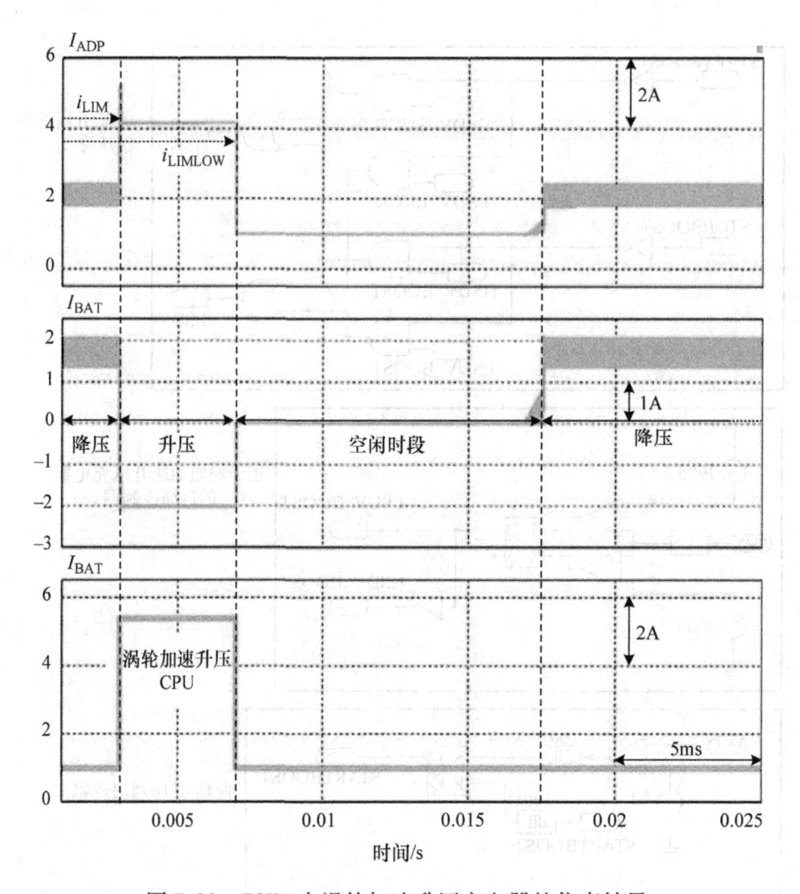

图 7.32 PSIM 中涡轮加速升压充电器的仿真结果

7.6 内置电阻对充电器系统的影响

在 7.1 节中，电池组中的等效串联电阻影响如图 7.2 所示。等效串联电阻会引入误差电压 V_{ESR}，进而影响到感知电压 V_{BAT}。为了进行更加精确的表示，锂电池充电器的内置电阻包括多个寄生电阻［统一称为内建电阻（Built - In Resistance, BIR）R_{BIR}］、接触电阻（$R_{CONTACT}$）、熔断电阻、PCB 上的线电阻、等效串联电阻，如图 7.33 所示。在锂电池充电器系统中，根据不同类型的锂离子电池和 PCB 布局，R_{BIR} 可以在 100 ~ 500Ω 之间变化。内建电阻对充电过程产生了严重的影响。误差电压降 V_{ESR} 被放大到 V_{BIR}，如式（7.14）所示。由于饱和时间延长，增大的电压降可能导致缓慢的完全充电时间。

$$V_{BAT} = V_{BIR} + V_{CELL}$$

$$V_{BIR} = I_{charge} R_{BIR} = I_{charge}(R_{CONTACT} + R_{FUSE} + R_{PCB} + ESR) \tag{7.14}$$

充电框图如图 7.34 所示，其中包括了在内建电阻影响下典型的恒定电流和恒定电压模式。在充电过程中，V_{BAT}是经过所有内建电阻电压的综合。V_{BIR}和V_{CELL}准确地表示了存储在电池中的能量。然而，我们只能在V_{BAT}节点感知电池电压。由于内建电阻的存在，系统很早就会从恒定电流模式切换到恒定电压模式。由于恒定电压模式中的充电电流比恒定电流模式中的充电电流小得多，因此过早的过渡将导致恒定电流模式中的周期缩短和充电时间延长。换言之，如果恒定电流模式持续时间延长，则可以实现快速充电。

为了确定一个合适的过渡点（$V_{FULL,COMP}$），进行快速充电，许多先前的工作建议通过延长恒定电流充电时间来消除内建电阻效应[1,8]。如果可以从充电电流中估算内建电阻值，那么就可以确定内建电阻上的电压降。所以，合适的从恒定电流模式到恒定电压模式的过渡点有效扩展了恒定电流模式的周期，并获得了大量的能量，从而实现了快速充电。通过产生补偿电压$V_{FULL,COMP}$来代替传统的预设电压V_{FULL}，恒定电流模式周期得到扩展，如图 7.34 所示。

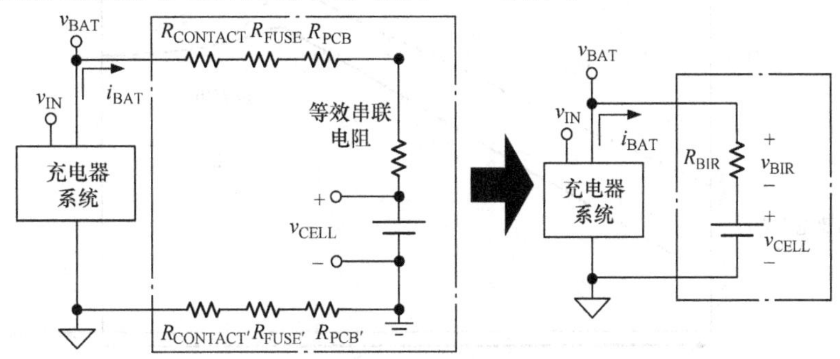

图 7.33　充电系统中的等效寄生电阻

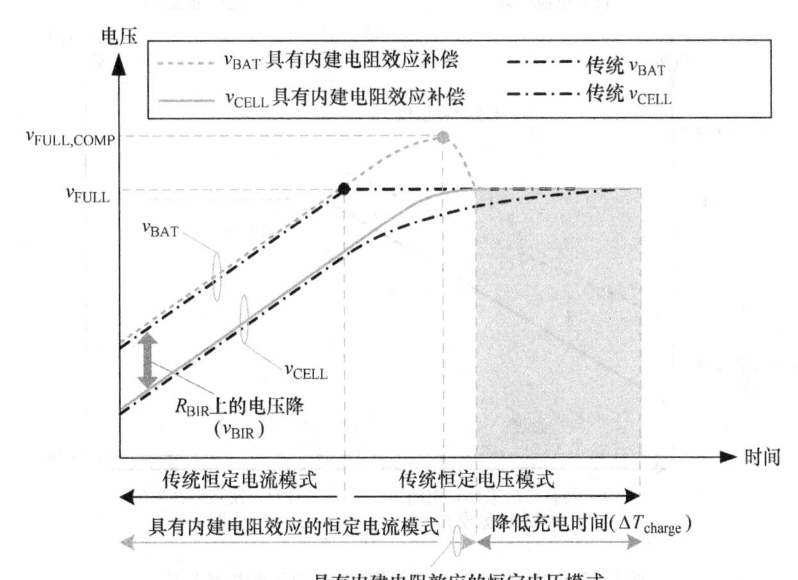

图 7.34　具有内建电阻效应的充电过程

之前用于减轻内建电阻效应的技术是通过在充电过程中的一次内建电阻检测来完成的。遗憾的是，内建电阻与温度、电压和环境有关。如图 7.35a 所示，在不同的环境中，特别是在不同的温度下，锂电池中的 R_{BIR} 都会发生变化。在充电过程中，较大的电流流过电池，并在 R_{BIR} 上产生大量的热量。R_{BIR} 的特性与温度有关，所以仅通过一次检测可能会产生错误的补偿值，而对降低内建电阻效应并不明显。更严重的是，不合适的补偿内建电阻效应会导致过充电现象，甚至产生永久的损害，或引发电池爆炸。换言之，在充电过程中，仅靠一次检测并不能处理不确定的环境变量对内建电阻的影响。也就是说，对于 R_{BIR} 的自适应补偿才能跟踪温度的变化，并最终实现精确的补偿，如图 7.35b 所示。所以，需要对内建电阻进行实时

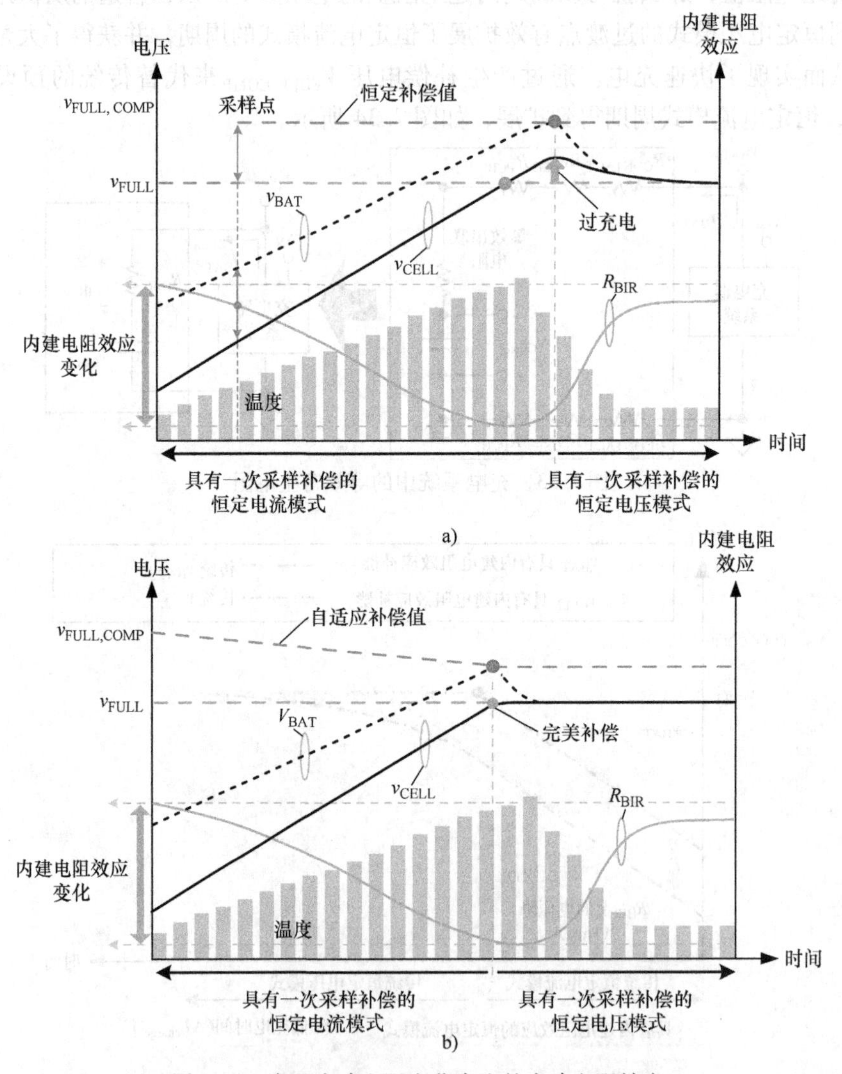

图 7.35 由于内建电阻变化产生的内建电阻效应

a）如果内建电阻变化，则进行一次内建电阻检测 b）如果内建电阻变化，则进行实时内建电阻检测

监测，以准确地缓解内建电阻效应。

如图 7.6 所示，由于 I_{SYS}会随着负载系统而变化，所以充电和供电状态中的 I_{BAT}是不可预知的。在充电过程中，这个变化会使得内建电阻效应的补偿更加复杂。为了补偿内建电阻效应，充电器系统必须仔细考虑充电电流信息。如图 7.36a 所示，当充电器工作在充电和供电状态时，传统的一次监测方法会导致错误的预测，这会导致过充电现象，甚至产生永久的损害，或引发电池爆炸。在充电和供电模式中的充电电流变化，以及不同环境中的内建电阻变化都表明需要补偿电压 $V_{FULL,COMP}$可以自适应地进行调整。实时监测会收集最近的充电信息，并持续监测内建电阻值，从而产生精确和自适应的补偿电压 $V_{FULL,COMP}$。如图 7.36a 所示，$V_{FULL,COMP}$追寻充电电流的变化。可以得到一个最优值，对内建电阻效应进行补偿，并缩短锂电池充电时间。

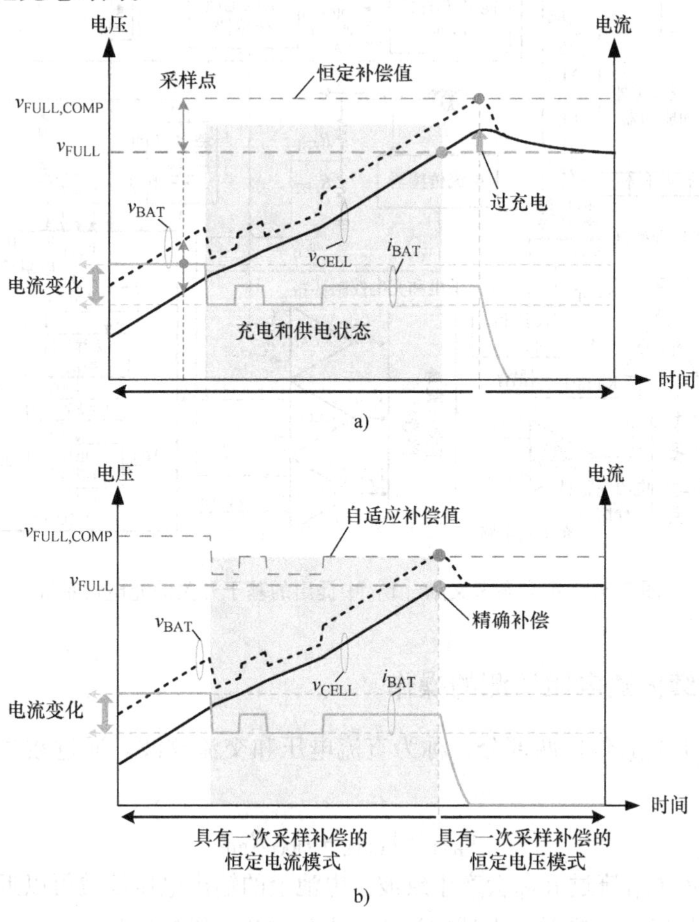

图 7.36　由于电流变化产生的内建电阻效应

a）进行一次内建电阻检测与充电电流变化的对比　b）进行连续内建电阻检测与充电电流变化的对比

7.7 设计实例：连续内建电阻监测

正如7.6节所讨论的，内建电阻会影响充电时间。即使具有内建电阻补偿技术，由于温度和充电电流的变化，实时采样仍然会产生过充电的风险。所以，本章参考文献［1］中提出连续内建电阻监测（Continuous BIR Detection，CBIRD）以消除内建电阻效应，并加速充电过程。本章参考文献［1］中提出的充电系统如图7.37所示。

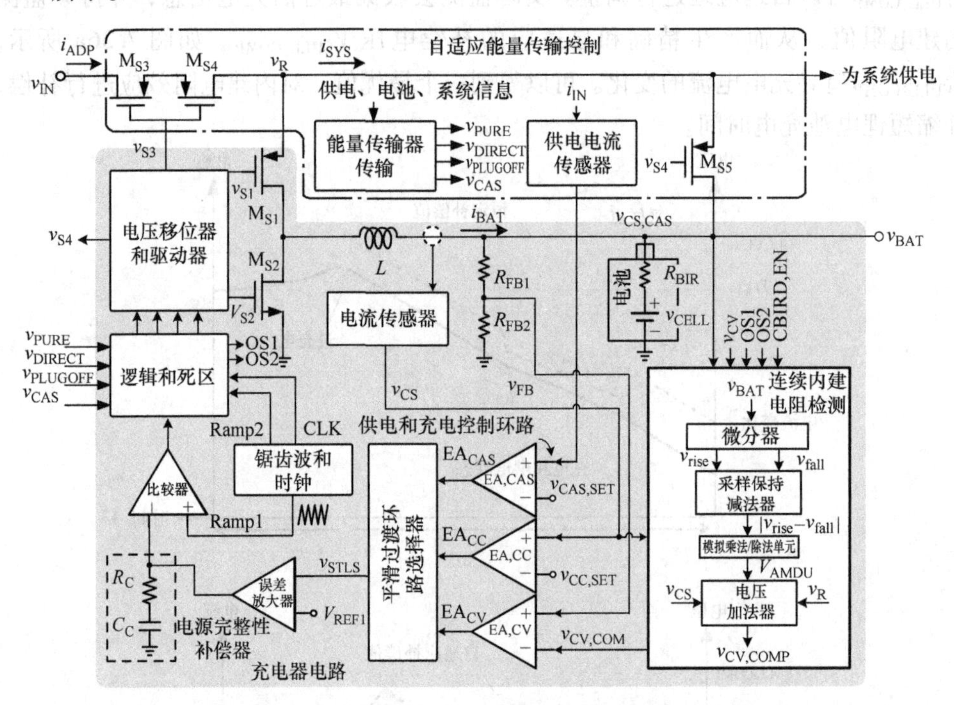

图7.37 本章参考文献［1］中提出的基于开关的充电器系统

7.7.1 连续内建电阻监测的操作

输出电压V_{BAT}包括两部分，称为直流电压和交流纹波。通过数学推导，V_{BAT}可以表示为

$$V_{BAT}=V_{CELL}+I_{BAT}R_{BIR} \tag{7.15}$$

充电电流I_{BAT}流过R_{BIR}会产生纹波。电池上的输出电压纹波可以近似表示为式（7.16）中的ΔV_{CV}，它是由电感电流I_{BAT}中的内建电阻决定的。

$$\Delta V_{CV}=I_{BAT}R_{BIR} \tag{7.16}$$

为了补偿内建电阻效应，必须首先推导ΔV_{CV}。之后，如图7.37所示的补偿电

压 $V_{CV,COMP}$就可以连续生成。所提出的检测和补偿方法与以前的技术相比，可在充电过程中不中断，而连续进行。提出的连续内建电阻监测从 V_{BAT}的交流纹波中得到 ΔV_{CV}，而这个过程不会影响到充电过程。连续监测可以获得自适应的补偿。

基于开关的充电器操作与连续导通时间降压转换器类似。在充电和放电阶段，两个电感电流斜坡构成了 V_{BAT}的交流电压纹波。通过微分操作，V_{BAT}的直流部分得以消除，经过内建电阻的电压纹波斜率可以用式（7.17）表示，其中 V_R 表示输入电压 V_{IN}经过共源共栅功率开关 M_{S3}和 M_{S4}的电压值，如图 7.37 所示。

$$V_{rise}=K_1\frac{dV_{BAT}}{dt}=K_1R_{BIR}\frac{V_R-V_{BAT}}{L}$$

$$V_{fall}=K_1\frac{dV_{BAT}}{dt}=-K_1R_{BIR}\frac{V_{BAT}}{L} \tag{7.17}$$

式中，V_{rise}和 V_{fall}分别是充电和放电阶段的电感电流斜率；K_1 是微分电路产生的系数。V_{rise}和 V_{fall}的差包括 R_{BIR}的信息如下：

$$|V_{rise}-V_{fall}|=K_1R_{BIR}\frac{V_R}{L} \tag{7.18}$$

此外，充电电流 I_{BAT}可由图 7.37 中的电流检测电路确定，以导出 ΔV_{CV}。在本设计中，感知比设计为 K_2，也就是 $V_{CS}=K_2\cdot I_{BAT}$。所以，ΔV_{CV}的函数可以由电流感知信号 V_{CS}和$|V_{rise}-V_{fall}|$的乘积得到，表示为式（7.19）。由于 K 值为常数，所以通过估计 V_{CS}、V_{rise}和 V_{fall}，可以准确地计算出 V_R、L 和 ΔV_{CV}的值。将缩放因子 $R_{FB2}/(R_{FB1}+R_{FB2})$ 添加到原始 V_{CV}的 ΔV_{CV}中，可以导出精确过渡点 $V_{CV,COMP}$，如式（7.20）所示。

$$V_{CS}|V_{rise}-V_{fall}|=K_2I_{BAT}K_1R_{BIR}\frac{V_R}{L}=\Delta V_{CV}K\frac{V_R}{L} \tag{7.19}$$

其中，$\Delta V_{CV}=I_{BAT}R_{BIR}$，$K=K_1K_2$。

$$\begin{aligned}V_{CV,COMP}&=\frac{R_{FB2}}{R_{FB1}+R_{FB2}}V_{FULL,COMP}=\frac{R_{FB2}}{R_{FB1}+R_{FB2}}(V_{FULL}+\Delta V_{CV})\\&=V_{CV}+\frac{R_{FB2}}{R_{FB1}+R_{FB2}}I_{Charge}R_{BIR}\end{aligned} \tag{7.20}$$

这里提出的连续内建电阻监测可以通过式（7.15）~式（7.20）进行设计实现。图 7.38 所示为实现连续内建电阻监测功能的电路信号流图，包括一个微分器、一个采样和保持减法器、一个模拟乘法/除法单元（Multiplication/Division Unit，AMDU）和一个电压加法器。首先，微分器用于得到 V_{BAT}的交流纹波，以及式（7.17）中滤除直流电压后的 V_{rise}和 V_{fall}。采样保持减法器采样 V_{rise}和 V_{fall}，并将它们的差值保持住，如式（7.18）所示。之后，通过乘法/除法单元，乘法功能将 V_{CS}和$|V_{rise}-V_{fall}|$相乘，除法功能则得到式（7.19）中的 ΔV_{CV}。通过电压加法器，ΔV_{CV}可以通过分压器比例缩小，然后添加到 V_{CV}中以实现式（7.20）中的

$V_{CV,COMP}$。最终，采用$V_{CV,COMP}$作为基准电压，动态调整模式过渡点，补偿内建电阻效应。

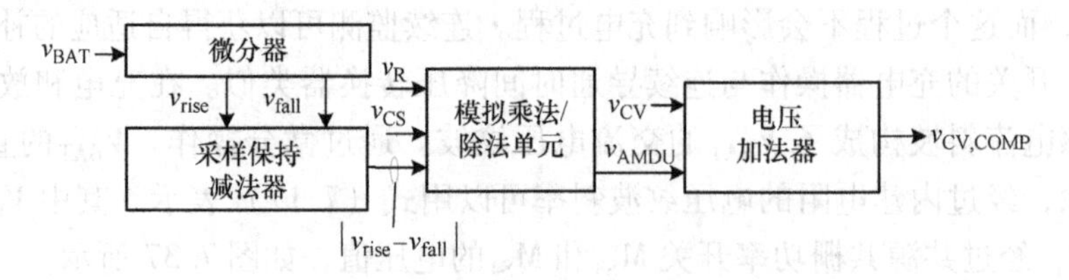

图 7.38 连续内建电阻监测电路的实现

7.7.2 连续内建电阻监测的电路实现

7.7.2.1 微分器

图 7.39 所示微分器使用耦合电容 C_C 来阻断直流分量，并从 V_{BAT} 获得交流信息。误差放大器和晶体管 M_{N4} 保持输出节点 V_{S4} 的直流电压，所以只有交流电压信息通过压控电流源电路转换为电流信号。上升电压纹波 V_{rise} 和下降电压纹波信息 V_{fall} 可以在节点 V_{SLP} 得到。微分器输出 V_{rise} 和 V_{fall} 分别对应于充电和放电阶段。V_{rise} 和 V_{fall} 都满足式（7.17）。由于微分器需要一个稳定时间来确保 V_{SLP} 改变其在 V_{rise} 和 V_{fall} 之间的值，因此采样保持减法器的采样时间应该与微分器的操作相匹配，以获得正确的 V_{rise} 和 V_{fall}。由于工艺、电压和温度的变化，V_{SLP} 的共模电压可能会发生变化。然而，共模电压水平不会影响微分结果，因为将采样和计算 V_{rise} 和 V_{fall} 之间的差值，并作为内建电阻信息。

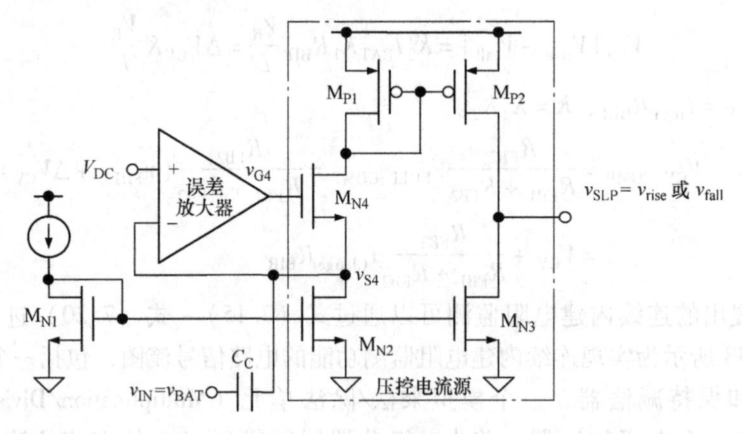

图 7.39 提出的微分电路

7.7.2.2 采样保持减法器

在图 7.40 中，在充电和放电阶段，采样保持减法器电路采样微分器的输出。在充电和放电阶段通过选择采样通路，可以同时实现式（7.18）中的减法功能。

正如式（7.41）所示，在采样 V_{SLP}时，采样时钟 OS_1 和 OS_2 控制 $M_{N1}\sim M_{N4}$。在充电阶段，M_{N1}和 M_{N2}导通，V_{rise}存储在 C_{FLY}中。在放电阶段，M_{N3}和 M_{N4}导通，C_{OUT}存储 $V_{fall}-V_{rise}$的值。根据基尔霍夫电压定律，这个值等于$|V_{rise}-V_{fall}|$。

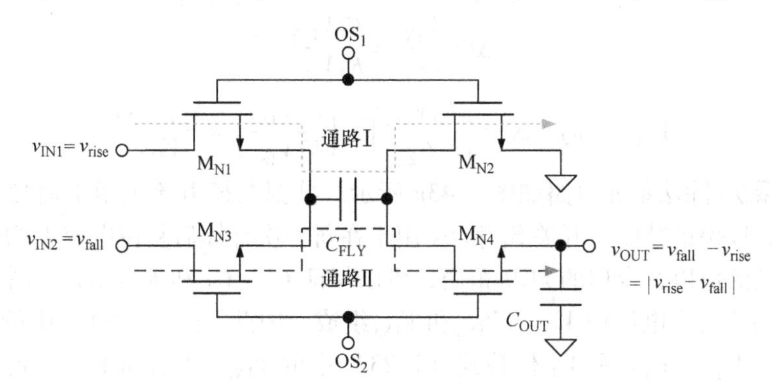

图 7.40　提出的采样保持减法器电路

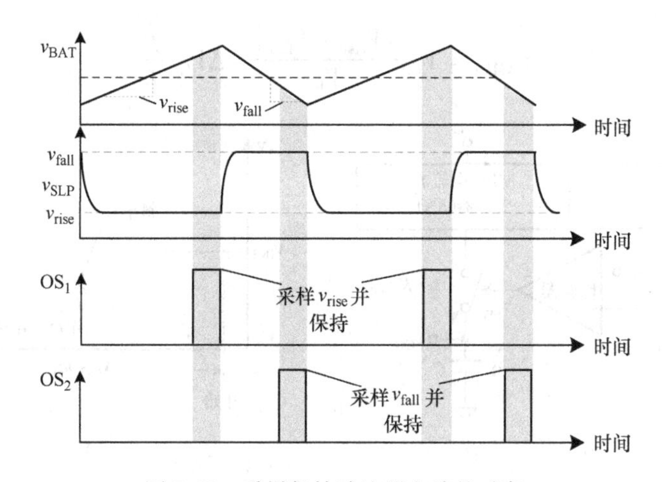

图 7.41　采样保持减法器电路的时序

7.7.2.3　模拟乘法/除法单元

模拟乘法/除法单元的电路和概念如图 7.42a 所示，它由两个电压 - 电流转换器（V 转 I_1、V 转 I_2）、一个比较器和一个开关 S_{SW} 组成。V 转 I_1 将 V_{IN1} 转换为 K_1I_1，以充电斜率 m_1 对 C_1 充电，如式（7.21）所示。同样，V 转 I_2 将 V_{IN2}转换为 K_2I_2，以充电斜率 m_2 对 C_2 充电，如式（7.21）所示。

$$m_1=\frac{I_1}{C_1}=\frac{K_1V_{IN1}}{C_1},m_2=\frac{I_2}{C_2}=\frac{K_2V_{IN2}}{C_2} \tag{7.21}$$

式中，K_1 和 K_2 分别是两个电压转电流的系数。一旦存储在 C_1 中的电压接近 V_{IN3}，比较器的输出变低，关断开关 S_{SW}。所以就获得了与 V_{IN1} 和 V_{IN3} 相关的充电时间

Δt，以实现式（7.22）描述的除法函数。因此，C_2 的充电时间可以由 Δt 决定。最终，模拟乘法/除法单元的 V_{OUT} 可以由式（7.23）计算得到，并完成除法功能。模拟乘法/除法单元的时序如图 7.42b 所示。

$$\Delta t=\frac{V_{IN3}}{m_1}=\frac{C_1 V_{IN3}}{K_1 V_{IN1}} \tag{7.22}$$

$$V_{OUT}=m_2\cdot\Delta t=\left(\frac{K_2 V_{IN2}}{C_2}\right)\cdot\left(\frac{C_1 V_{IN3}}{K_1 V_{IN1}}\right)=\frac{V_{IN2} V_{IN3}}{V_{IN1}} \tag{7.23}$$

模拟乘法/除法单元电路如图 7.43a 所示。共源共栅电流镜用于消除沟道长度调制效应，以保证精度。开关 S_1 和 S_2 用于在每一次计算后复位电容上的电压。通过设置相同的值以及合理的 PCB 布局，可以保证 $C_1=C_2$ 和 $K_1=K_2$。模拟乘法/除法单元电路的输出电压由 V_{IN1}、V_{IN2} 和 V_{IN3} 组成。因此，式（7.24）中的 V_{AMDU} 可以用 V_{CS}、$|V_{rise}-V_{fall}|$ 和 V_R 代替式（7.23）中的 V_{IN1}、V_{IN2} 和 V_{IN3} 得到。为了得到 ΔV_{CV}，V_{AMDU} 应通过电压加法器对电压分压比进行修正，以正确反映内建电阻效应。

$$V_{AMDU}=V_{CS}\frac{|V_{rise}-V_{fall}|}{V_R}=\Delta V_{CV}\frac{K}{L} \tag{7.24}$$

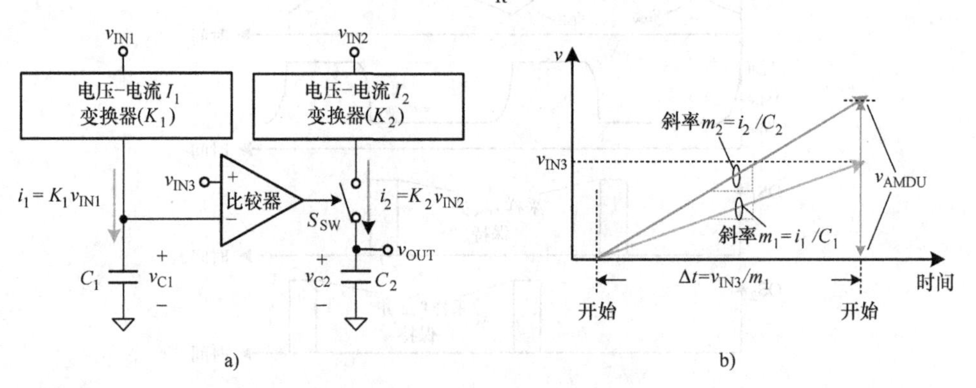

图 7.42 a）模拟乘法/除法单元电路的概念框图 b）模拟乘法/除法单元电路的时序

7.7.2.4 电压加法器

电压加法器如图 7.43b 所示，其中包括单位增益缓冲器、电压转电流电路和一个共源共栅电流镜。单位增益缓冲器误差放大器 2 用于保持 V_{CV}。电压转电流电路将 V_{AMDU} 转为电流信号，方便进行信号处理。之后，电流信号经过电流镜，在电阻 R_2 上转换回电压信号，R_1 和 R_2 用于提供缩减比例 β。

$$V_{CV,COMP}=V_{CV}+\beta V_{AMDU}=V_{CV}+\Delta V_{CV} \tag{7.25}$$

其中，$\beta=\frac{R_2}{R_1}=\frac{R_{FB2}}{R_{FB1}+R_{FB2}}\cdot\frac{L}{K}$。通过设定 β 值来建立式（7.19）中分压器、电感值和常数 K 之间的关系。而通过调整 4bit 校准数字码来调整 β 值，则可以得到精

确的结果。为了解决电路中不可避免的失配问题，在本设计中增加了修调过程，以提高性能。在系统操作开始时，使用已知的等效串联电阻值来调整模拟乘法/除法单元输出中的电压转电流的电阻值，所以可以有效消除非理想效应。此外，由于 V_X 和 $V_{CV,COMP}$之间存在较大的差值，所以共源共栅电流镜 M_{P1} ~ M_{P4}用于消除沟道长度调制效应，并保证操作精度。最终，电压加法器实现式（7.25），并产生补偿电压 $V_{CV,COMP}$。$V_{CV,COMP}$将作为从恒定电流模式到恒定电压模式转换的新的参考电压。

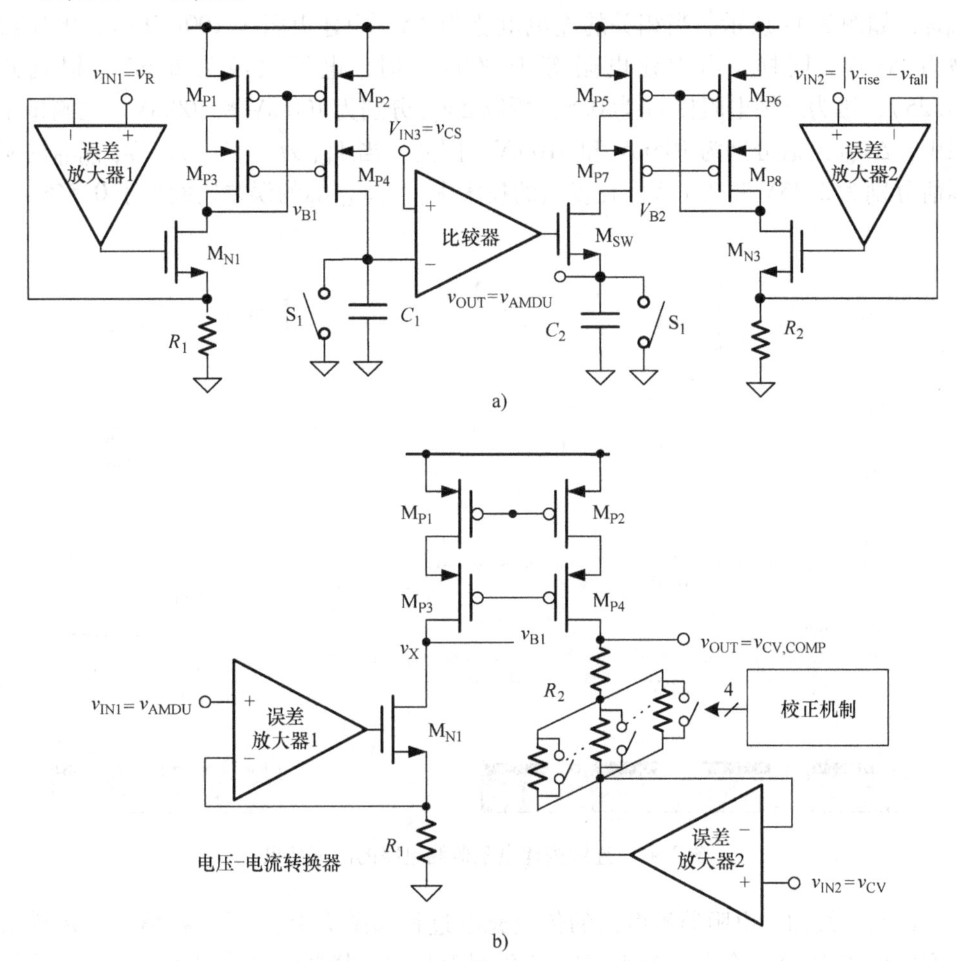

图 7.43　a）模拟乘法/除法单元　b）电压加法器

内建电阻补偿缩短了充电时间，但是会在恒定电流到恒定电压模式转换器时引入稳定性问题。在之前的文献中并没有讨论过这个问题[1]，而这个问题与 ΔV_{CV}的释放有关。当充电模式进入恒定电压模式时，ΔV_{CV}会从 $V_{CV,COMP}$中移除。过渡电压的突然变化会导致在不同充电模式之间的快速转换甚至振荡。在连续内建电阻监测下，ΔV_{CV}平稳、合适地释放。根据式（7.20），ΔV_{CV}包含充电电流的信息。一旦充电器系统进入恒定电压模式，充电电流 I_{BAT} 将逐渐通过恒定电压环路调整而降低。所以 ΔV_{CV} 随着电感电流和 $V_{CV,COMP}$ 的下降而平稳降低，从而使得恒定电流模式向恒定电压模式过渡。

7.7.3 实验结果

为了验证连续内建电阻监测电路，模拟电压纹波的测试信号被用作输入电压 V_{BAT}，如图7.44所示。当相关的充电电流为2A，内建电阻为100mΩ时，电压纹波为20mV。同样，当内建电阻等于300mΩ时，电压纹波为60mV。根据式(7.25)，因为反馈电阻比 m 为0.5，所以 ΔV_{CV} 分别为100mV和300mV。在测试结果中，ΔV_{CV} 的值分别为105mV和310mV。因此，当 V_{CV} 为2.1V时，$V_{CV,COMP}$ 的实际值分别为2.25V和2.15V。在提出的技术中，$V_{CV,COMP}$ 的误差比例小于0.5%。

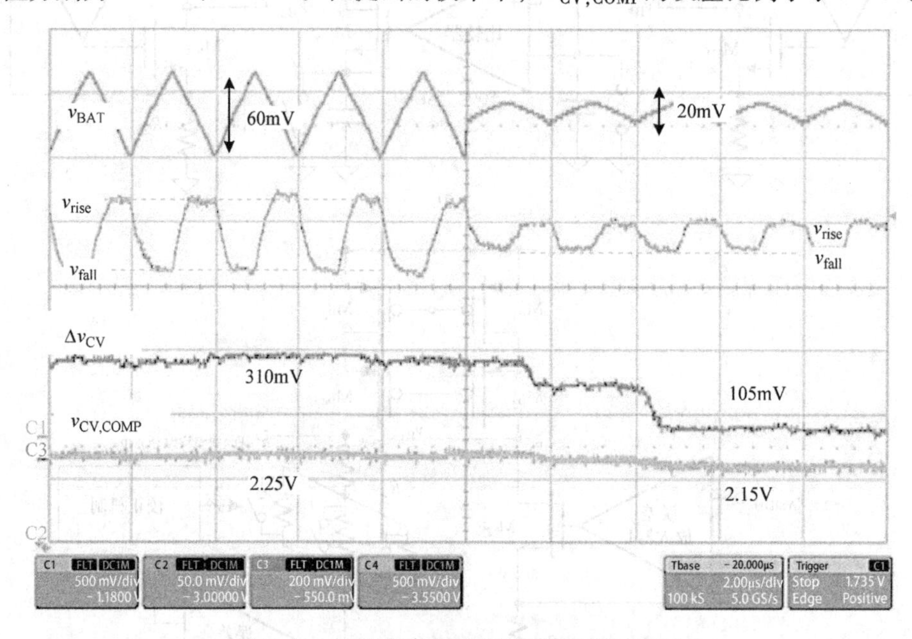

图7.44 连续内建电阻监测电路的测试结果

没有连续内建电阻监测电路的传统充电过程如图7.45所示。在恒定电流模式下充电电流为1A，全电压为4.2V。平滑过渡环路选择器电路确保了在两个模式切换时的环路稳定性。然而，在充电器控制下，由于内建电阻效应，恒定电流模式向恒定电压模式的过渡过早地发生了。结果，因为恒定电流模式周期缩短，所以充电时间延长。如图7.45所示，当 V_{BAT} 达到4.2V时，充电器从恒定电流向恒定电压模式过渡。电池的实际电压 V_{BAT} 没有完全充电，所以在恒定电压模式中，随着充电电流降低，充电器持续将能量传输到电池中。在恒定电压模式中，直到充电过程终止，充电器需要2100μs。

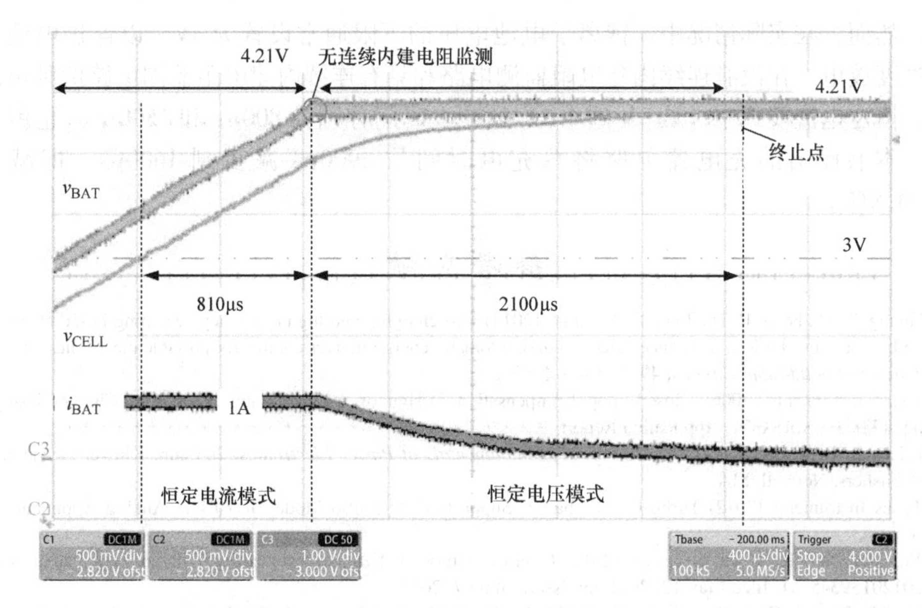

图 7.45　无连续内建电阻监测电路时，在恒定电流模式和恒定电压模式下的充电过程

相比之下，具有连续内建电阻监测电路的充电过程如图 7.46 所示，测试环境与图 7.45 一致。由于连续内建电阻监测技术的存在，恒定电压模式的过渡点从 4.21V 调整到 4.55V。所以，恒定电流模式的工作周期延长了近 350μs。换言之，内建电阻监测电路补偿了内建电阻效应。与图 7.45 中传统的充电器相比，本书提出的充电器可以减少 1300μs 的充电时间。在测试结果中，模拟电容从 0V 开始充

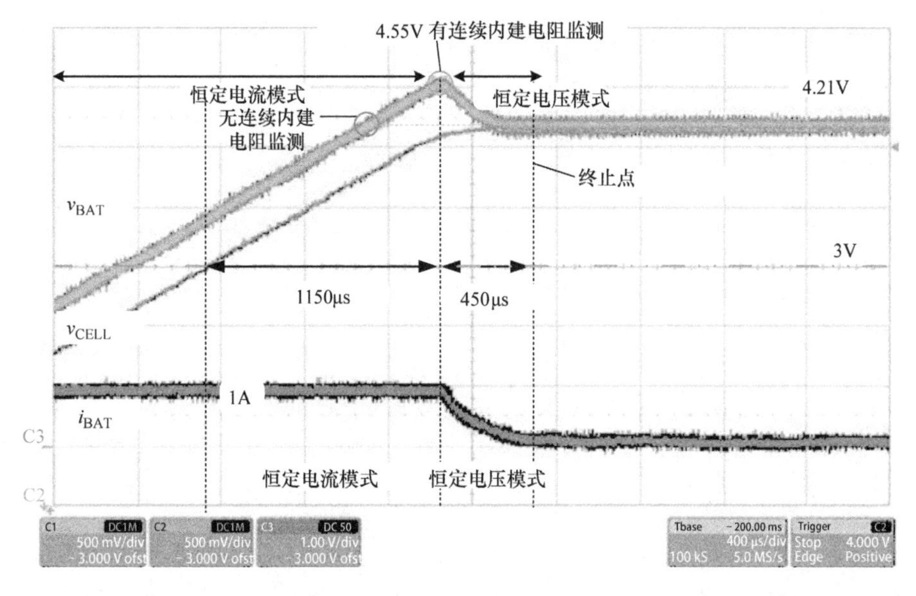

图 7.46　具有本书提出的连续内建电阻监测电路，在恒定电流模式和恒定电压模式下的充电过程

电。然而，在实际情况中，锂离子电池电压的下限通常设置为3V，以保护电池不被过度放电。在没有连续内建电阻监测电路和具有连续内建电阻监测电路两种情况下，恒定电流模式中，从3V到4.2V的充电时间分别为800μs和1500μs。也就是说，本书提出的充电器电路将总充电时间从2900μs减少到1600μs，即减少了44.8%。

参考文献

[1] Huang, T.-C., Peng, R.-H., Tsai, T.-W., *et al.* (2014) Fast charging and high efficiency switching-based charger with continuous built-in resistance detection and automatic energy deliver control for portable electronics. *IEEE Journal of Solid-State Circuits*, **49**(7), 1580–1593.

[2] Texas Instruments (2006) Closed-Loop Compensation Design of a Synchronous Switching Charger Using bq2472x/3x, SLUA371, Application Report.

[3] Erickson, R.W. and Maksimovic, D. (2001) *Fundamentals of Power Electronics*, 2nd edn. Kluwer Academic Publishers, Norwell, MA.

[4] Texas Instruments (2012) Turbo-Boost Charger Supports CPU Turbo Mode, SLYT448, Analog Applications Journal.

[5] Ye, M., Stair, R., Chen, S., *et al.* (2012) Control method of hybrid power battery charger. US Patent No. 20120139345 A1, filed May 12, 2011 and issued June 7, 2012.

[6] Ye, M., Qian, J., Chen, S., and Stair, R. (2012) Method for limiting battery discharging current in battery charger and discharger circuit. US Patent No. 20120139500 A1, issued June 7, 2012.

[7] Saint-Pierre, R. (2000) A dynamic voltage-compensation technique for reducing charge time in Li-ion batteries. *Proceedings of the 15th Annual Battery Conference on Applications and Advances*, Long Beach, CA, January 11–14, pp. 179–184.

第 8 章　能量收集系统

8.1　能量收集系统概述

在过去的十年中，关于能量收集系统的应用已成为重要的研究领域[1-10]。最经常讨论的应用包括用于健康看护的无线传感器节点、基于医疗应用的嵌入式或植入式传感器节点、车用胎压监测系统、长时间使用的电池充电设备、家庭安全或报警系统以及环境状态监测系统。图 8.1[11] 所示为用于监测病人血管的无线医疗生物无线传感器网络（Wireless Sensor Network，WSN）[12]。每一个病人都会佩戴数个传感器节点作为小型检测系统，比如心电图系统（Electrocardio Gram，ECG）等。每一个系统负责检测特定的生理信号，中央健康服务器可以通过无线通信收集感知数据。

无线传感器网络的普及和广泛使用可能归因于几个因素。第一个因素是硅工艺在微米级的进步，目前工艺甚至进入了纳米级。根据摩尔定律[13]，集成电路中晶体管的尺寸每一年半缩小 0.7 倍。芯片中逻辑门的数量，包括工作频率和运行性能都会大幅度提高。在先进纳米级工艺中随着栅氧化层厚度的降低，芯片的供电电压随之降低。越小的晶体管或者无源器件所产生的寄生效应越小，所以功耗也进一步降低。当晶体管尺寸以系数 α（$\alpha>1$）降低，芯片在完成同样功能时，功耗下降为原来的 $(1/\alpha)^3$[1]。第二个因素是射频工艺的进步。射频工艺，特别是在例如 Zigbee[14] 和低功耗蓝牙[15]等低功耗传输网络中，有利于数据传输和无线传感器网络的构建。第三个因素就是 SoC 系统集成和异构系统。高集成度的 SoC 降低了外部器件的需求，所以降低了整个系统的体积和重量。异构集成技术通过硅通孔（Through - Silicon Via，TSV）和三维集成电路封装[16]技术集成了微机电系统（Micro - Electro - Mechanical Systems ，MEMS）、生物医用或化学传感器、显示器件和微电子电路，所以高集成度系统极大地降低了传感器节点尺寸。由于先进的硅和系统集成技术进步，器件尺寸与功耗的发展趋势如图 8.2 所示。

相比于快速发展的硅和 SoC 技术，能量存储技术并没有得到相应的发展，如图 8.3 所示[3]。电池技术的发展主要聚焦在大规模生产和封装方面，而电池材料方面的改进则非常有限。所以电池价格大幅度下降，而同等体积的能量密度则增长缓慢。这些限制在一定程度上制约了使用电池的便携式电子设备或传感器的使用寿命。

技术的发展需要低能量耗散、紧凑尺寸、高性能和传感网中的无线通信或便携

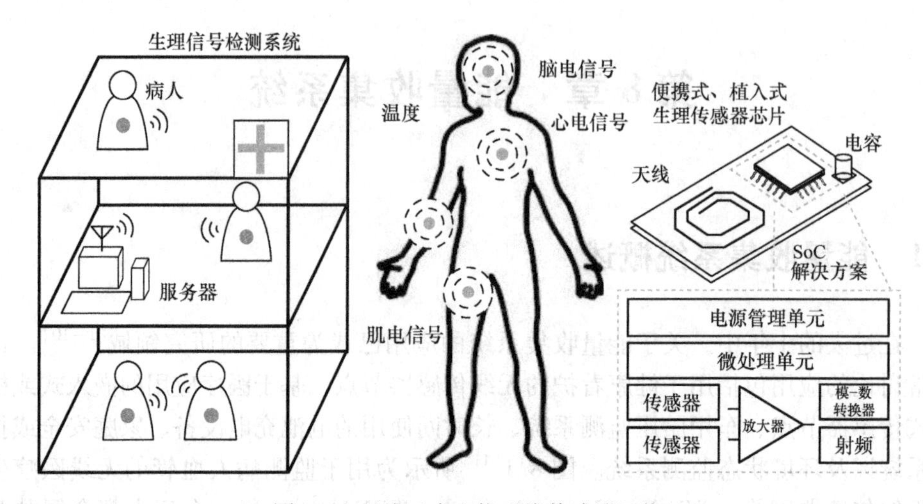

图 8.1 无线医疗生物无线传感器网络

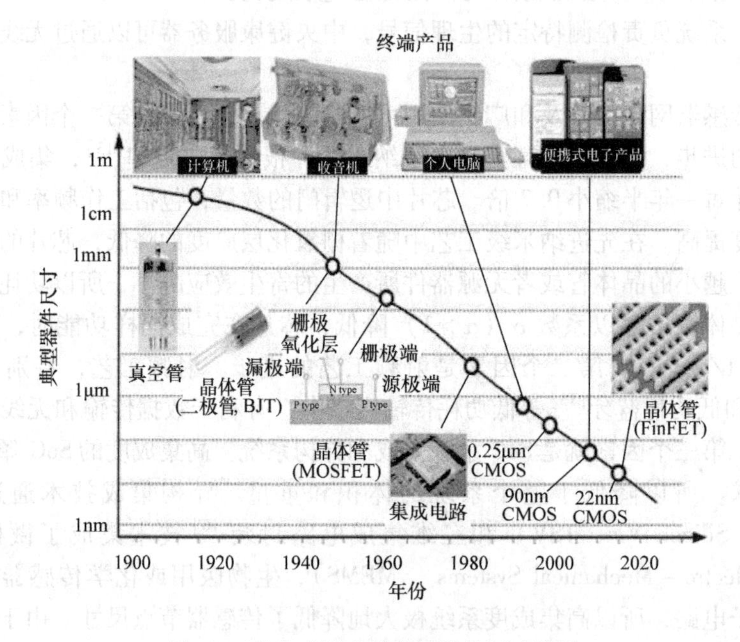

图 8.2 硅集成技术带来的器件尺寸降低

式设备。然而，工作时长仍然是一个巨大的挑战。如果能量存储装置的数量和能量密度不能显著提高，则仍然可以通过重新充电储能装置来延长系统寿命，以允许系统在正常或备用操作期间自供电[6-10]。从环境中获取能量是上述需求最合适的选择。

能量收集包括能量源分析、存储设备、能量转换电路设计与材料物理[9]。近期的发展包括组件和器件在微观和宏观的尺寸变化，涵盖了材料、电子和集成度等方面。能量收集技术的普及得益于低功耗电子技术的发展，微瓦级的低收集能量可以用作供电能量归功于低功耗需求，低功耗需求也降低了能提供足够能量的能量源的尺寸。一个能量收集系统包括三个重要部分，即能量转换器（能量源/产生器）、收集电路和能量存储器件。能量源和产生器将在 8.2 节中讨论，8.3 节将对不同的电路进行分类和讨论。

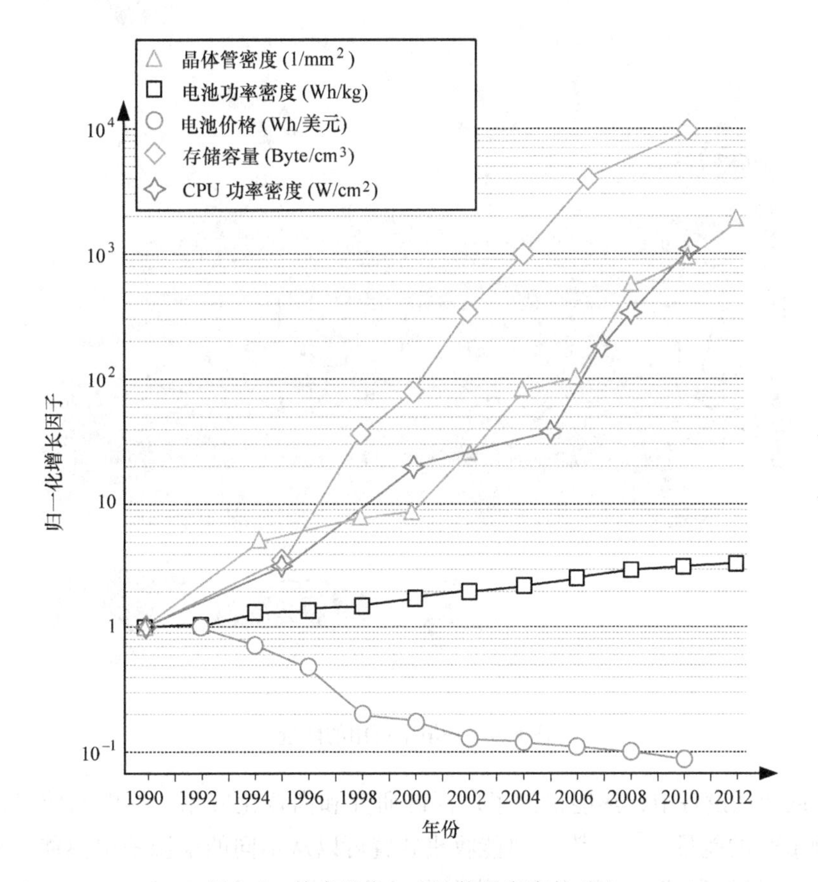

图 8.3　技术进步与电池能量密度的对比

8.2　能量收集源

如图 8.4 所示，能量收集的目的在于从环境和人工设施或生物中循环利用或回收能源。能量源分为许多类，如动能、热能和电磁辐射[1,5]。

动能是生物和环境中最容易获得的能源之一，本节将简要说明利用不同的换能器将动能转换为电能的工作原理。动能收获的主要原理是运动部件的位移或结构的机械变形，位移或变形可以通过不同的方法转化为电能。常用的动能换能器，即磁感应、压电和静电换能器将分别在8.2.1～8.2.3节讨论[1,5,17-20]。风也是从空气运动中获得的动能诱导源，将在8.2.4节中介绍将风能转换为电能的风力传感器。

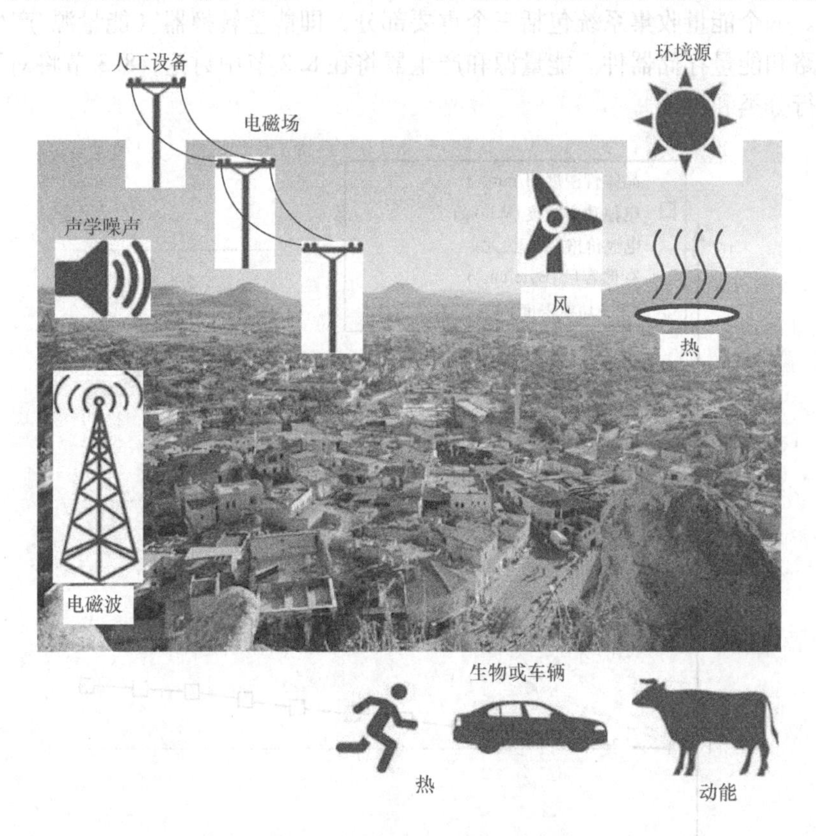

图8.4　环境中可用的能量

在低功耗设备中，热能得到了广泛的研究和商业化应用，热电系统可以产生小于100μW的能量[1,5,25-29]。热能收集装置可以从不同的来源获得热能，例如人类、动物、机器和其他自然来源。热电发电机（Thermoelectric Generator，TEG）基本上由热电偶组成，热电偶包括P型和N型半导体，并产生与冷热结之间的温差成正比的电流。8.2.5节将详细讨论热电发电机。

电磁辐射，无论是以光、磁场、射频微波的形式存在，都可能来自自然或人工光源。这些能源的能量传输是无线的，不存在必需的设备。8.2.6～8.2.8节将分别讨论太阳电池[1,5,30-33]、磁场[1,5,34]和射频功率[1,5,35-38]。图8.5所示为不同能量源的相应能量范围。下面的小节将介绍最常用的八种能量收集换能器，并描述它们各自的行为。不同能量源的特性和比较见表8.1。

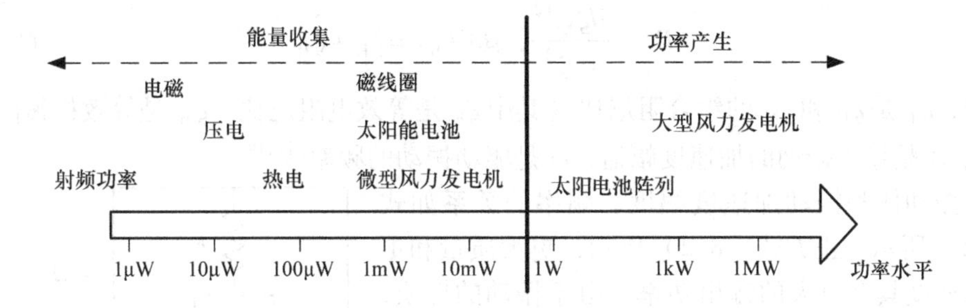

图8.5 不同能量源的能量范围

表8.1 给定空间约束下不同能量源的功率范围

	估计功率/cm^3或cm^2	输出类型	输出范围
太阳电池	10μW～15mW（户外：0.15～15mW，室内：<10μW）	直流	1V（单电池）
动能	<1～200μW（压电：约200μW，静电：50～100μW，电磁：<1μW）	交流	几十伏（峰值电压）
热能	15μW（10℃梯度）	直流	10～100mV
射频功率	<1～300μW（与源有关）	交流	数百微伏
风能产生器	<10～1000μW	交流	与发电机有关的大约为几伏，即大约几十伏
电池线圈	—	交流	与线圈有关的大约为几伏，即大约几十伏

8.2.1 振动电磁换能器

所有的动态系统都存在振动，电磁换能器通常用于收集动态（振动）能量。图8.6所示为在振动体中动态能量转换为电能的一般模型。Williams 和 Yates 提出了基于线性系统理论的简单等效模型[39]。该模型的数学描述为

$$M\Delta Z'' + (b_E + b_M)\Delta Z' + K\Delta Z = -M\Delta Y'' \tag{8.1}$$

式中，M是振动体的重量；ΔZ是振动体的移动；ΔY是输入位移；K是弹簧的弹性系数；b_E是电阻尼系数；b_M是机械阻尼系数；$\Delta Z'$和$\Delta Z''$分别是ΔZ的一阶和二阶微分值，且分别表示振动体的速度和加速度；$\Delta Y''$是输入位移的加速度，该模型是建立在力平衡基础上的。从振荡体传输的能量以及转换的电能表现为振荡体弹簧系统的线性阻尼器。在系统中转换为电能的动力等于机械振动降低的功率。电感应力是$b_E\Delta Z$，功率可以定义为力和速度的乘积。例如，通过拉普拉斯变换和数学推导将力$b_E\Delta Z$和速度$\Delta Z'$进行积分，输出功率的大小可以在式（8.2）中定义。

$$|P| = \frac{M\zeta_E A^2}{4\omega\zeta_T^2}，其中\ \zeta_T = \zeta_E + \zeta_M \tag{8.2}$$

式中，ζ_T 是ζ_E 和ζ_M 的组合阻尼比（其中ζ_E 是等效电阻尼比，ζ_M 是等效机械阻尼比）；A 是输入振动的加速度幅值；ω 是驱动振动的频率[17,18]。

振动体和振动加速度幅度、频率的关系如式（8.2）所示。正如式（8.2）所示，更大质量和更大加速度具有更大的输出功率。由于振动的性质，如果与图 8.6 中所示系统相似的阻尼系统的弹簧具有恒定的弹性系数 K，则较高的振动频率会导致较小的加速度，该前提表明，在输入频谱的最低基频，而不是高次谐波上，换能器应设计成共振。机械结构的损失由 ζ_M 表示，而且应尽可能低。最后，功率与质量呈线性正比例。因此，在空间限制内，转换器设计应具有最大的质量。

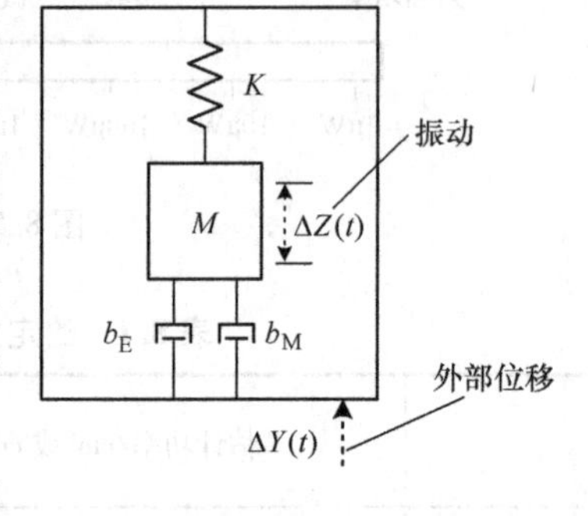

图 8.6　通用振动转换器的原理图

通过使用输入振动和应用法拉第定律，在磁场中，可以从电导体的相对运动获得电磁功率转换。根据法拉第定律，通过电路的磁通量的变化会产生电场，这种磁通量变化可以用磁通磁铁实现，其中磁通与固定线圈相连，或者用磁通与动圈相连的固定磁铁进行连接。由于电线固定，所以第一配置优于第二配置。线性电磁发生器的一个简单例子如图 8.7 所示[8,40,41]。

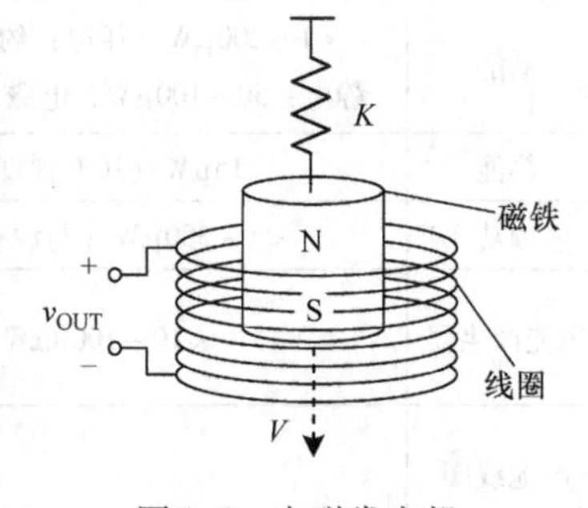

图 8.7　电磁发电机

线圈上的电压由法拉第定律确定，如式（8.3）所示。

$$\varepsilon = -\frac{d\Phi_B}{dt} \tag{8.3}$$

式中，ε 是感应电磁场；Φ_B 是磁通量。

由线性电磁发电机产生的开路电压 V_{Out} 由式（8.4）定义。如果发电机负载有电阻，则从发电机中提取功率，并且电流将在线圈中流动。这个电流产生它自己的磁场，与感应磁场相反，由感应电流引起的磁场与磁场的相互作用会产生与运动相反的力。

$$V_{Out} = NBA_{Coil}v \tag{8.4}$$

式中，N 是线圈中的匝数；B 是磁体的磁强度；A_{Coil} 是线圈的横截面积；v 是磁体在其通过线圈移动时的速度。

电磁换能器的输出电压较低，在 100mV 的范围内。电磁换能器的主要缺点是难以集成到电子和微系统中，低能量密度也限制了电磁换能器的应用。

8.2.2 压电发电机

1880 年，Curie 兄弟在石英晶体中发现了压电效应。通常，压电效应可以被定义为机械能转化为电能（直接效应）或电能转化为机械能（逆效应）。当受到机械应变时，某些材料会遭受与施加应变成正比的电极化。压电悬臂梁的示意图如图 8.8 所示[1,3,5]。

在式（8.5）和式（8.6）中给出了压电材料的方程。

$$\delta = \frac{\sigma}{Y} + dE \tag{8.5}$$

$$D = \varepsilon_{\mathrm{P}} E + d\sigma \tag{8.6}$$

式中，δ 是机械应变；σ 是机械应力；Y 是弹性模量[3]；d 是压电应变系数；D 是电位移（电荷密度）；E 是电场；ε_{P} 是压电材料的介电常数。

式（8.5）用 dE 表示胡克定律的组合，用 σ/Y 表示压电耦合。同样，式（8.6）用 $\varepsilon_{\mathrm{P}}E$ 表示高斯定律和电能的组合，用 dσ 表示压电耦合。压电耦合提供了机械能和电能之间的双向转换。穿过材料的电场会影响其力学结构，而材料中的应力会影响其介电性能。

压电器件通常被假定为提供高电压和低电流。然而，电压和电流水平取决于物理实现和所使用的特定电负载电路。实际上，设计一个在有用范围内产生电压和电流的系统是相当容易的。实验结果表明，在几伏特范围内的转换电压和在几十到几百微安的转换电流是可以实现的。压电转换的优点是直接产生适当的电压，由于高能量密度，与电磁和静电能量发生器相比，对于振动能量收集，压电发电机被认为是一个比较好的选择。

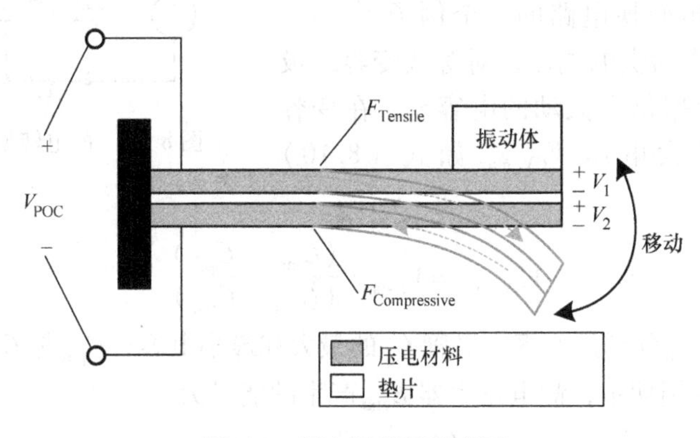

图 8.8　压电悬臂梁示意图

8.2.3 静电能量发生器

静电能量发生器的工作原理表明，换能器的运动部分相对于电场运动，从而产生能量[1,3,5]。用矩形平行板电容来说明静电能量转换的原理，电容上的电压 V 用式（8.7）表示。图 8.9 所示为静电发生器的示意图。

$$V=\frac{Qd}{\varepsilon_0 A} \tag{8.7}$$

式中，Q 是电容器上的电荷；d 是板之间的间隙或距离；A 是极板的面积；ε_0 是自由空间的介电常数。

电容值定义为

$$\frac{Q}{V}=C=\frac{\varepsilon_0 A}{d} \tag{8.8}$$

如果板上的电荷保持恒定，则可以通过减小电容来增加电压。可以通过减小板之间的距离 d 或通过减小 A 来实现电容减小，从而增加电压。存储在电容中的能量由式（8.9）表示。如果电压保持恒定，则可以通过减少 d 或增加 A 来增加电荷。增加电压或电荷会增加存储在电容中的能量，因此，能量转移方案可以分为电荷或电压约束转换，在各种工程中都采用了两种能量传递方案[1]。

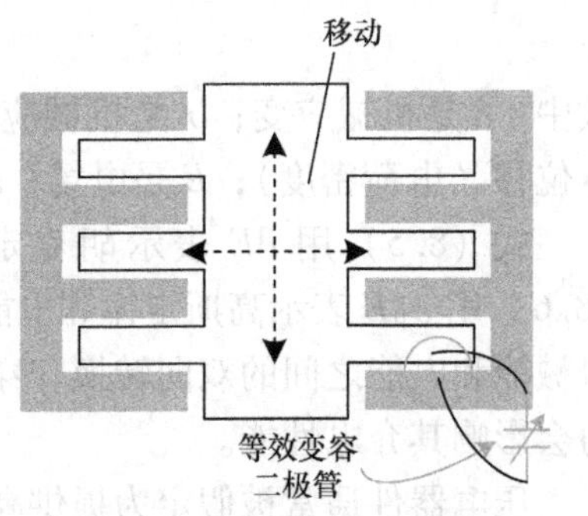

图 8.9　静电发生器原理图

$$E_{stat}=\frac{1}{2}QV=\frac{1}{2}CV^2=\frac{Q^2}{2C} \tag{8.9}$$

静电发生器的主要缺点是电压源要求起动转换过程，因为电容必须充电到初始电压。图 8.10 所示为静电转换电路的一个例子[42]。一个电压源 V_{Esta} 作为供电电压，对等效变容二极管 C_V 充电。根据每个振动的电容差，在变容二极管上的最大电压 $V_{CV,max}$ 如式（8.10）所示。

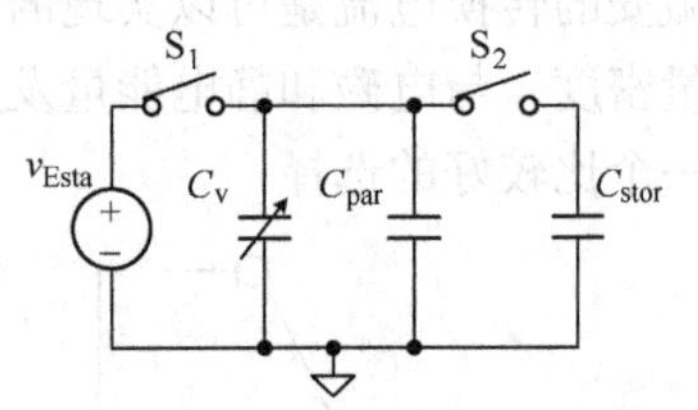

图 8.10　静电转换电路模型

$$V_{CV,max}=V_{Esta}\cdot\frac{(C_{max}+C_{par})}{(C_{min}-C_{par})} \tag{8.10}$$

式中，C_{max} 和 C_{min} 分别是变容二极管 C_V 的最大和最小电容；C_{par} 是 C_V 的寄生电容。

在每个振动周期中，静电发生器 E_{stat} 产生的能量为

$$E_{stat}=\frac{1}{2}V_{Esta}^2\cdot(C_{max}-C_{min})\cdot\frac{(C_{max}+C_{par})}{(C_{min}+C_{par})}=\frac{1}{2}V_{CV,max}\cdot V_{Esta}\cdot(C_{max}-C_{min}) \tag{8.11}$$

C_{max} 和 C_{min} 可以从几百 pF 变化到几十 pF。C_{max} 和 C_{min} 之间较大的差会在 $V_{CV,max}$ 中产生大的变化。在 1V 的 V_{Esta} 供电时，这种变化可能达到数百伏，高输出

电压会对器件的选择产生限制。静电发生器的另一个缺点是电容极板突然相互接触可能会导致短路，因此，在设计中必须包括机械止动件。尽管其具有局限性，静电发生器仍然被认为是 SoC 应用的一个好选择，因为它们有可能通过微机电系统技术集成到硅工艺中。

8.2.4 风力发电装置

几十年来，风力发电机用于并网应用的大规模发电已经成为一种众所周知的可再生能源。近年来，如图 8.11 所示，微型风力发电机作为电源已被用作室内或自治监测系统的能量收集源，应用更加广泛[1,21 - 24]。尽管能量收集的需求不断增长，但并非所有地方都有强风，因此，设计微型风力发电机的挑战是使其即使在低风速时也能保证正常的工作状态。

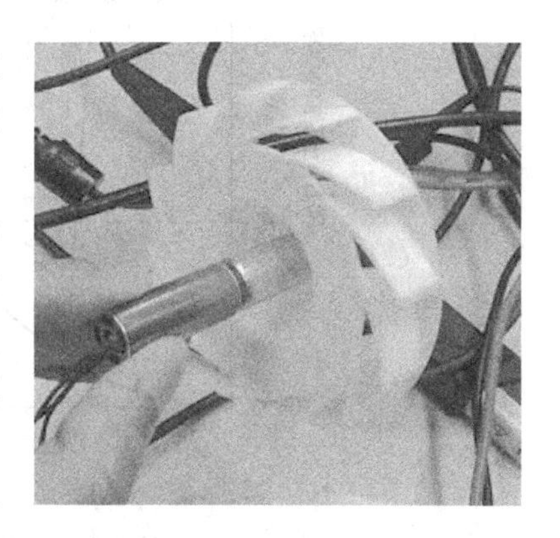

图 8.11 微型风力发电机

由风力涡轮机捕获的功率 P_{WT} 与叶片形状、桨距角和半径速度有关。式（8.12）定义 P_{WT}，并显示相关参数。

$$P_{WT} = \frac{1}{2}\pi\rho T_p(\lambda,\beta)R^2V^3 \tag{8.12}$$

式中，ρ 是空气密度（通常为 1.25 kg/m^3）；T_p（λ，β）是风力涡轮机的动力传递函数，它随设计而变化；β 是桨距角，单位为°；λ 是叶尖速度比；R 是叶片半径，单位为 m；V 是风速，单位为 m/s。

根据贝兹极限[23]，在式（8.12）中将 T_p 限制在 0.59。在式（8.13）中，叶尖速度比 λ 是叶片尖端的旋转速度与风的实际速度之间的比率。

$$\lambda = \frac{\Omega R}{V} \tag{8.13}$$

式中，Ω 是风力发电机转子旋转速度，单位为 rad/s。

风力发电机将产生的风能转换为动能，因为风力发电的原理与正常发电的原理相同。通过多路复用发电机的效率 η_G，由风力发电机产生的总功率 P_{WG} 如下：

$$P_{WG} = \eta_G P_{WT} \tag{8.14}$$

风力发电机功率系数不是恒定的，但对于叶尖速度比为最佳时可以得到最大化。在某一转速下存在风力发电机输出功率最大的特定点，在各种风速下的风力发电机功率曲线如图 8.12 所示。[21] 图 8.12 显示出对于所有最大功率点，最佳叶尖速度比的值是恒定的。如式（8.15）所示，风力发电机旋转的速度与风速有关。

$$\Omega_n = \lambda_{\text{optimal}}\frac{V_n}{R} \tag{8.15}$$

式中，Ω_n 是在一定风速 V_n 下的最佳旋转速度。

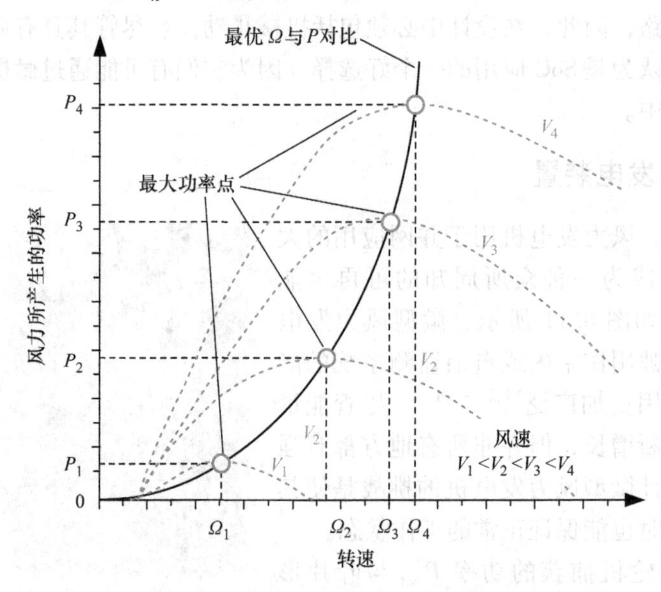

图 8.12　旋转速度与产生功率的对比

在相同风速下，不同的旋转速度会产生不同的功率。负载条件会影响风力发电机的运行速度，因为发电机产生的电流会产生与风力涡轮机扭矩相反的转矩。输入转矩和反向转矩之间的平衡可以通过负载控制来实现，以提取最大功率。风能取决于环境条件，微型风力发电机可以产生几毫瓦的功率，这是相对大的范围内的能量收集。通过连续收集，由微型风力发电机产生的功率能够完全满足监视器传感器的功率需求。然而，风力发电的缺点是风力发电机的大尺寸，但由于风力发电密度和风力涡轮机机制，很难减小风力发电机的尺寸。风力发电被认为是监测环境因素的一个较有竞争性的选择。

8.2.5　热电式发电机

热电效应是温度差与电压的直接转换，反之亦然。当一侧的温度与另一侧的温度不同时，热电装置产生电压。相反，当电压被施加到装置时，会产生温度差[1,5]。Thomas Johann Seebeck 发现，指南针会在由一个两个金属构成的闭合环内偏转，两个金属在结中存在温度差。这种效应归因于金属对温度差的响应不同，从而产生电流回路和磁场。但 Seebeck 没有意识到磁场是由电流引起的，将这种现象称为热磁效应，直到丹麦物理学家 Hans Christian 纠正了这个错误并更名为“热电”现象。

随着热电研究的发展，目前的热电发电机是固态设备。图 8.13 所示为热电发电机的示意图。金属和半导体中的电荷载流子可以自由移动，并且类似于携带电荷和热量的气体分子。当材料中存在温度梯度时，热端的移动电荷载流子优先扩散到冷端。电荷载流子的集合导致了净电荷和静电势积累，这种机制是热电发电的基础。

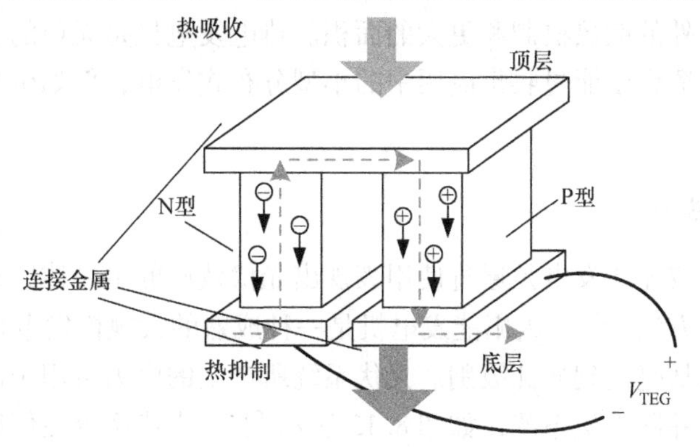

图 8.13　热电发电机原理图

图 8.13 所示为半导体热电偶，或由 N 型（含自由电子）和 P 型（含自由空穴）的热电元件组成的热电偶[25-29]。电子和空穴载流子在相反的方向上流动，从而构成净电流。最好的热电材料是重掺杂半导体。热电发电机的输出电压在几毫伏的范围内，为了达到合理的输出电压，需要大量的热电偶，这些热电偶以串联和热并联的方式放置。图 8.14 所示为热电发电机的等效模型，其中 V_{th} 为热电发电机产生的电压，R_{TEG} 为热电发电机的内电阻。

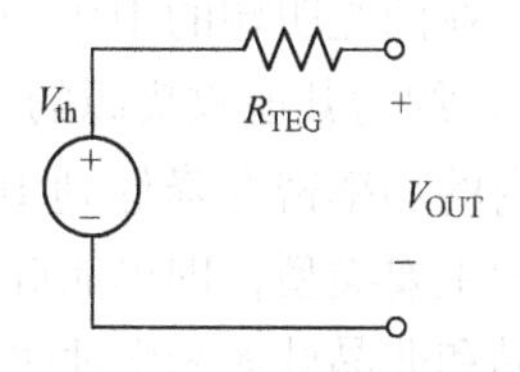

图 8.14　热电发电机模型

温度差产生了式（8.16）中定义的电压 V_{TEG}，V_{TEG} 是由热电发电机开环电路产生的，热流驱动电流，这也决定了功率输出。

$$V_{TEG} = \alpha \Delta T \tag{8.16}$$

式中，α 是塞贝克系数；ΔT 是从顶板到底板的温差。

根据卡诺定理[1]，热储之间的能量传递具有有限的效率，这是由式（8.17）定义的。这个极限值 η_{th} 被称为卡诺循环效率，因为它是理想的效率。

$$\eta_{th} = 1 - \frac{T_c}{T_h} \tag{8.17}$$

式中，T_h 和 T_c 分别是顶板和底板的温度。

热电发电机以效率 η 将热能（Q）转换为电能（P）。

$$P = \eta Q \tag{8.18}$$

效率 η 不是恒定值，因为它随热电板温差 $T_h - T_c$ 的变化而变化。热电发电机的效率随温度差几乎线性增加，这种效应是由于热电发电机和所有热机的特点，即效率受卡诺循环的限制。式（8.19）简要地描述了热电发电机的效率。

$$\eta = \Delta T \frac{\eta_r}{T_h} \tag{8.19}$$

式中，η_r 是降低后的效率，该效率是相对于卡诺效率而言的。

热电发电机的能量传输效率通常低于 10%，被排斥的热量必须通过散热器被移除，这需要额外的散热机制和更大的面积。热电发电机是无声的、可靠的和可扩展的，它们非常适合于能量收集应用中的小型分布式发电，例如生物无线传感器网络中。

8.2.6 太阳电池

太阳能发电或光伏发电是通过使用表现出光伏效应的半导体，将太阳辐射直接转换成电的发电方法[1,5]。太阳能发电机是一种成熟的大规模发电技术，光伏系统产生的能量可以从毫瓦到兆瓦级别。光伏系统所产生的电力可用于许多应用，如热水器、信号灯和并网光伏系统，如图 8.15 所示[43]。光伏系统在便携式产品中的应用，如计算器、手表或监控传感器节点是在适当条件下的有效选择。

在阳光明媚的中午户外环境中，地球表面的太阳辐射功率密度约为 100mW/cm^3，约为其他收集源的三倍。然而，太阳能对室内环境没有特别的吸引力，因为室内的功率密度降低到 10 ~20μW/ cm^3。硅太阳电池是一种成熟的技术，可分为两种主要类型，即单晶硅和薄膜多晶。单晶硅电池的效率从 12%~25% 不等，薄膜多晶和非晶硅太阳电池也是商业上可用的，并且比单晶硅电池具有更低的成本和效率。表 8.2 示出了单晶硅太阳电池在各种条件下的输出功率，其效率为 15%。正如预期的那样，太阳辐射的功率密度大约为 $1/d^2$，其中 d 是光源的距离。

图 8.15　户外太阳电池

表 8.2 不同条件下的太阳电池功率

条件	户外中午	户外阴天	距离 60W 灯泡 10cm	距离 60W 灯泡 38cm	室内照明
功率/($\mu W/cm^3$)	15000	750	5000	550	6.5

太阳电池模型如图 8.16 所示[30-33]。这个模型中包括两个寄生电阻，即并联分流电阻 R_{SH} 和串联电阻 R_S，以及并联二极管。光伏单元的输出电流 I_{PV} 如式(8.20) 所示。

$$I_{PV} = I_L - I_D - I_{SH} = I_L - I_0\left[e^{\frac{q(V_{PV}+I_{PV}R_S)}{nkT}} - 1\right] - \frac{V_{PV}+I_{PV}R_S}{R_{SH}} \tag{8.20}$$

式中，I_L 是由太阳电池产生的电流；I_D 是与电压有关的二极管电流；I_{SH}是由于分流电阻造成的电流损失。二极管电流 I_D 用理想二极管的肖克利方程来模拟，其中 n 是二极管理想因子(对于单个结电池通常为 1 ~2)；I_0 是饱和电流；k 是玻尔兹曼常数（1.38×10^{-23}J/K)；q 是电子电荷。对于理想单元，R_{SH}无限大，而且没有电流泄漏，其中 R_S 为零，在 V_{PV}中也没有电压降。

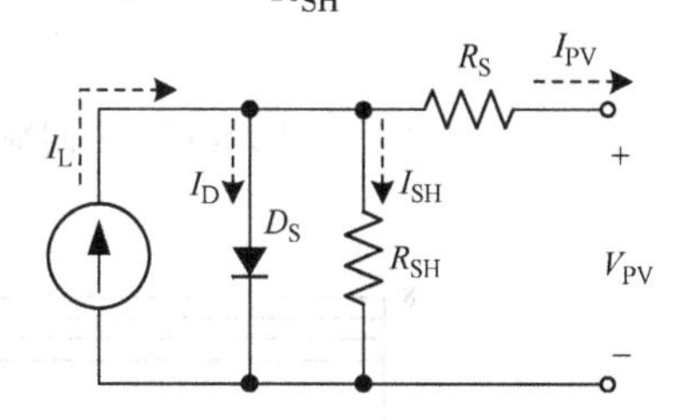

图 8.16 太阳电池模型

在运行期间由太阳电池产生的电流由内部电阻和二极管的功率损耗共享。太阳电池板的特性曲线包括不同的辐射水平和不同的环境温度，如图 8.17 所示。在式(8.21) 中，用开路电压、V_{OC}和短路电流 I_{SC}乘以填充因子 FF_N来代表电池的效率 η，I_{SC}和 V_{OC}的功耗为零，最大功率点的电压和电流分别由 V_{MP}和 I_{MP}表示，P_{in}表示输入辐射功率。如式（8.22）所示，FF_N 定义为实际最大功率点 $P_{max,n}$和理论功率 $P_{T,n}$的比值，其中 $P_{T,n}$为 I_{SC}和 V_{OC}的乘积。

$$\eta = \frac{I_{SCN}\cdot V_{OCN}\cdot FF_N}{P_{in}} \tag{8.21}$$

$$FF_N = \frac{P_{max,n}}{P_{T,n}} = \frac{I_{MPN}\cdot V_{MPN}}{I_{SCN}\cdot V_{OCN}} \tag{8.22}$$

由太阳电池提供的最大可用功率 P_{max}与环境温度和辐射水平有关，如图 8.17 和图 8.18 所示[43]。鉴于其高能量密度，在有足够光的区域，光伏电池是一个很好的能源选择。然而，光伏板的输出功率随输出电压和电流变化很大。因此，商用光伏逆变器产品通常使用最大功率点跟踪（Maximum Power Point Tracking，MPPT）技术来实现光伏板优良的能量提取功能。

8.2.7 磁线圈

电磁换能器使用动能，在固定线圈上引起磁场通量变化以产生能量。除了引线

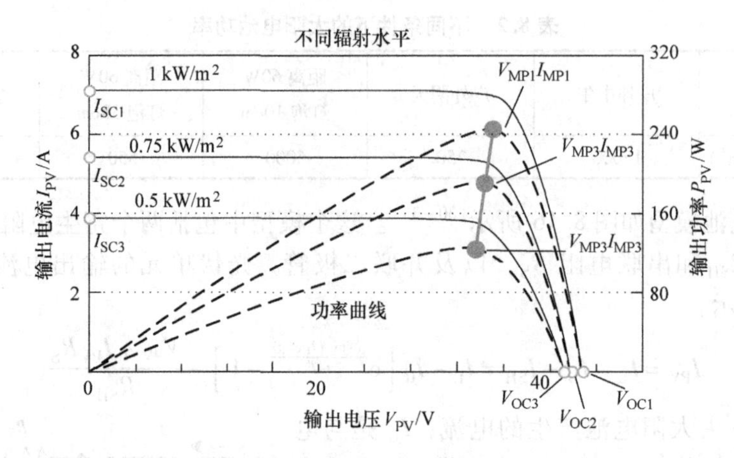

图 8.17 不同辐照水平下太阳电池板的特性曲线

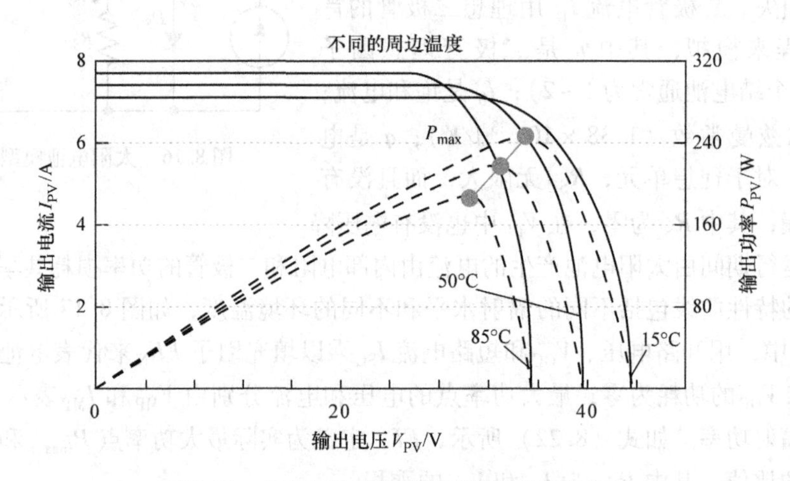

图 8.18 太阳电池板在不同温度下的特性曲线

磁铁之外，电源线上的交流电也会产生时变磁场。磁场变化的大小与电源线上的电流成正比，大磁通的大电流能产生相当大的能量[1,5]。

电流传感器，如基于法拉第感应定律的 Rogowski 线圈和电流互感器通常用于提供输出信号与测量电流之间的固有电隔离[34]。图 8.19 所示为 Rogowski 线圈的示意图，其中 r 为线圈的半径，V_{Rcoil} 为开路电压。线圈内磁通密度 B 的路径积分表示为等式(8.23)。

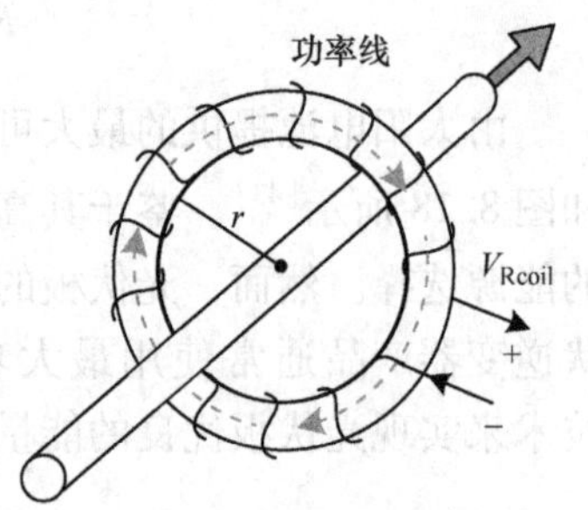

图 8.19 Rogowski 线圈

$$\oint_C \vec{B} \cdot \mathrm{d}\,\vec{l} = \mu_0 I_{AC} \tag{8.23}$$

式中，μ_0 是自由空间的磁导率；I_{AC}是电源线中的电流。电流 I_{AC}流经由 C 表示的曲线包围的封闭区域。

如果 Rogowski 线圈的横截面直径小于其半径 r，则磁通密度 B 可以简化为

$$B = \frac{\mu_0 I_{AC}}{2\pi r} \tag{8.24}$$

通过应用法拉第感应定律，可以利用式（8.25）获得 Rogowski 线圈在电流 I_{AC}变化时的输出电压，电压 V_{Rcoil}与 I_{AC}的导数加上初始电压 V_{Rcoil}（0）成正比。

$$V_{Rcoil} = -N\frac{d\phi}{dt} = \frac{\mu_0 NA}{2\pi r}\cdot k\int_t \frac{dI_{AC}}{dt}\cdot dt + V_{Rcoil}(0) = -\frac{\mu_0 NA}{2\pi r}\cdot k\cdot I_{AC} + V_{Rcoil}(0) \tag{8.25}$$

式中，A 是线圈体的横截面面积，它是由绕组形成的；k 是积分常数；N 是匝数。

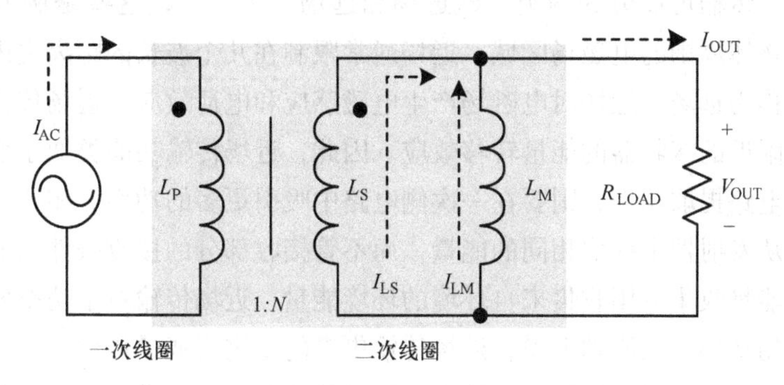

图 8.20　电流互感器

电流互感器也利用法拉第感应定律来测量电流，类似于 Rogowski 线圈。电流互感器的构造基本上与 Rogowski 线圈相同，但是将具有高相对渗透率的芯材料插入到线圈中。Rogowski 线圈的输出是与一次电流的导数成比例的电压。电流互感器的输出是二次绕组 I_{OUT}的感应电流。因此，电流互感器的输出加载有电流检测电阻 R_{LOAD}。通过 R_{LOAD}产生的电流产生磁通量，以抵消由一次电流产生的磁通。图 8.20 中描述的带有电流检测电阻 R_{LOAD}的电流互感器模型忽略了杂散电感、铁心损耗和绕组电阻。然而，这样的电流互感器仍然可以提供足够的电流互感器操作理论。图 8.20 中的 I_{AC}为来自设备的感应电流，L_P为一次电感，L_S为由一次侧感应的电感，L_M为磁化电感。因此，I_{LM}受经过 L_M电压的影响，I_{LS}由 I_{AC}引起，I_{OUT}可以表示为 I_{LM}和 I_{LS}的和。

$$I_{OUT} = I_{LS} + I_{LM} = \frac{I_{AC}}{N} - \frac{1}{L_M\int_t V_{OUT}\cdot dt} \tag{8.26}$$

在电流检测中，R_{LOAD}应该是非常低的，以减少电流 I_{LM}，并提高感知精度。相比之下，在能量收集应用中最重要的问题是从电流互感器中转移最大能量。负载

电阻应与电流互感器等效电阻匹配，以提取最大功率，放置在电器线路上的检测传感器就可以利用电流互感器作为它的电源。

8.2.8 射频/无线

无线能量传输的概念并不新鲜。大约100年前，尼古拉·特斯拉就试图在长距离传输低频能量。在20世纪50年代，在高功率光束的背景下，科学家开始提出和研究微波信号的校正。一个无线功率传输实验如图8.21所示[44]。近场无线能量传输无处不在，所有无源射频识别（Radio Frequency Identification，RFID）标签的作用原理相同。

无线能量传输可以分为两类，即近场和远场[1,5,35-38]，这些是例如发射天线等辐射发射物体周围的电磁场区域。近场通常限制在几个波长的距离之内，超出近场的距离则称为远场。近场对电磁场产生电磁感应和电荷效应。近场传输涉及直接耦合到天线附近的接收器的能量转移效应。因此，近场传输功能类似于变压器，如果从二次侧电路提取功率，则要在一次侧电路中吸引更多的功率。相比之下，远场传输不断地从发射器中提取相同的能量，而不管接收部分的接收条件如何。

然而，能量收集应用收集来自环境的环境能量，近场传输对于功率发射机来说会消耗更大的功率。从原理上说，近场传输更多的是进行能量传输，而不是能量收集。因此，射频收集器的应用主要集中在远场传输上。许多潜在的射频源，如广播无线电、移动电话和无线网络都布置于人口密集的地区。

式（8.27）示出了接收功率与发射功率之间的差值。

$$P_{\text{rad}} = \frac{P_{\text{S}}\lambda^2}{4\pi R^2} \tag{8.27}$$

式中，P_{rad}是节点上的功率；P_{S}是辐射功率；λ是波长；R是阅读器和节点之间的距离。

可用功率随传播距离的增加而迅速减小。实际上，传输功率在室内环境中以比$1/R^2$还快的速率迅速下降。更可靠的比例是$1/R^4$[35-38]。射频能量采集的目标是从不同的源收集尽可能多的射频源，并将所收集的射频源转换成有用的能量。能量收集是基于天线实现的，然而，对于远场传输存在一些挑战。首先，所接收的能量非常低，仅在纳瓦量级上，大多数射频采集电路的高辐射频率和无源电路结构都会对效率产生不利影响。高输入频率阻碍了利用有源电路来提高效率，并且高速控制电路的功耗相应提高。其次，能量收集是通过天线实现的，每个天线都有自己的特性阻抗和匹配频率。因此，使用单个天线从多个源获取多个频率是困难的，由射频能量源提供的能量水平太低，不能完全满足当前电子设备的所有要求。

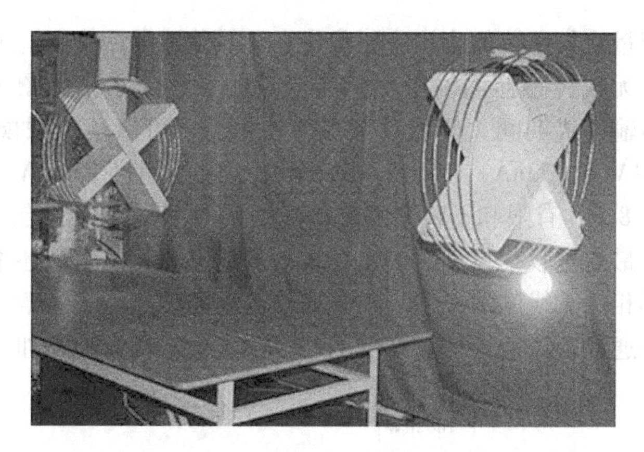

图 8.21　射频能量传输：麻省理工学院首先展示了电力如何被无线传输到另一个设备

8.3　能量收集电路

8.3.1　能量收集电路的基本概念

8.2 节讨论了能量收集换能器从能量源中转移能量。这些能量源与环境有关，但光强、热、磁场和振动既不恒定也不可预测。为了延长系统的可持续性，人们应该观察可用能量的水平，并使其与系统的功率消耗相平衡。环境特征定义了可能的能量收集源，通过选择合适的功率转换器拓扑结构来选择能量收集源，就可以有效地利用收集的能量[1-9,25,30]。

在传统的便携式电子设备以及传感器节点中，电池是最常用的电源，因为它们是最具成本效益的选择。除了成本之外，电池还具有广泛可用性、高可靠性、成熟的大规模生产技术、最小至零的环境校准要求、易于使用（不需要热、振动或光照，这些要求都超出了传感器的设计目标）的优点，以及更少的能量转换（电池就是电压源）。然而，电池更换是一些传感应用的主要问题，有时，当传感器节点具有体积约束时，电池体积也会引起相应的问题。

尽管电路都会消耗功耗，但由于其化学性质，电池本身每月仅消耗 0.1% ~ 5% 的电量。自放电速率取决于电池的材料，暴露在高温中会使得电池的自放电速度加快。不管成本如何，都需要基于环境和能量这两个因素来确定环境能量收集应用的适用性。可以估计使用电池进行供电（在一定尺寸限制下）的系统寿命，系统寿命可以被认为是收集源寿命的基准。环境条件定义了可用的功率，并决定应该使用什么样的能源。考虑到能量收集系统的使用，在能量密度、功率密度和/或成本方面，它的总体性能需要优于电池解决方案。通常，能量收集需要应用在长时间工作的环境中，因此能量密度是十分关键的因素。有些传感器节点布置的位置是人们不可触及的，且要替换这些传感器也是十分困难或者无法实现的[1]。

近年来，能量收集系统的应用主要集中在无线传感器网络上。为了定义电源结构，应该先分析无线传感器网络中传感器节点的功率需求，如图 8.22 所示[3,4]。因此，在射频传输模式期间，传感器节点的功率需求可以从睡眠模式下的 100nW（如负载功率为 1V 和 100nA）提高 5 ~6 个量级，甚至超过 100mW。不同情况下的传感器功耗见表 8.3。有限和不稳定的环境能量基本不可能抵消传感器节点消耗的功耗，事实上，最先进收集技术的输出功率与高功率消耗的负载还不相称，例如在功率放大器及其相关天线的情况中。射频通信信号的传播能量随着行进距离的二次方而减小，随着通信距离的增加，功放的功率需求也会相应地增加。

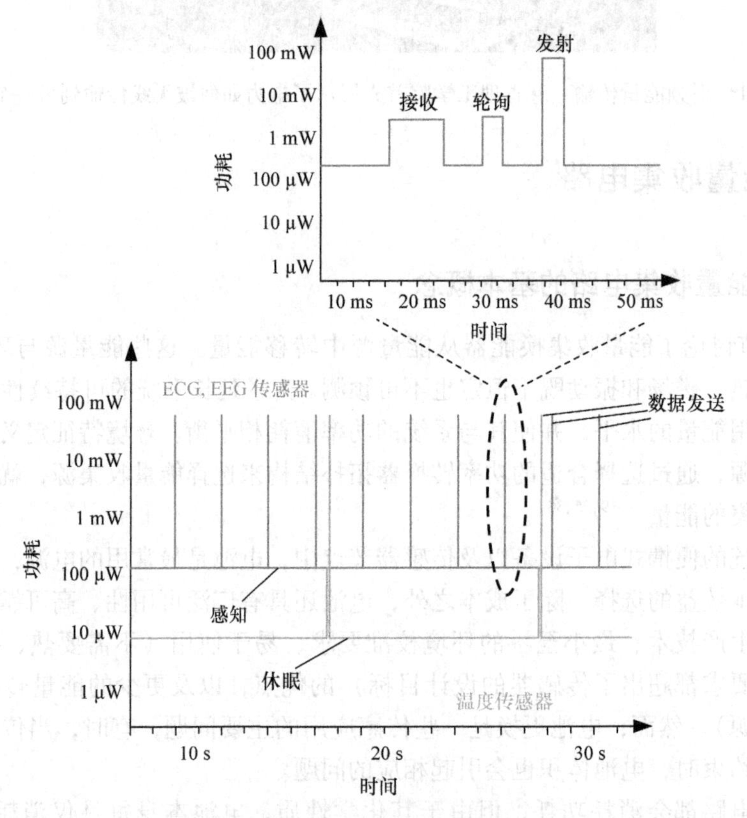

图 8.22　无线传感器节点的功耗情况

表 8.3　无线传感器节点的工作模式和功耗

	功耗	周期/s	需求
睡眠	10^{-2} ~ 10^{-1}μW	10^{-4} ~ 10^{-1}	使电路在事件发生时唤醒的最小功率
感知	10μW ~ 10mW	10^{-4} ~ 10^{4}	从传感器中读出、转换和存储信号
接收	10^{-1} ~ 10mW	10^{-3} ~ 1	从服务器监听数据包或命令
轮询	10μW ~ 10^{2}mW	10^{-5} ~ 10	信号处理，可能涉及到感知电流操作
传输	10^{-2} ~ 1mW	10^{-6} ~ 1	向服务器发送状态、数据或命令

从表 8.3 中的信息和无线传感器网络的特性来看，如果传感器节点仅依赖于获取的能量，那么可能会遇到两个问题。首先，收集的能量可能不足以提供动态系统负载。从收集源得到的平均功率可能高于传感器节点的平均功率需求，但是传感器节点无法承担较大的瞬态功率需求。其次，即使所获取的能量对于动态系统负载是足够的，系统也仍然需要用于高效率需求的存储设备。与最大功率点跟踪相关的能量效率将在第 8.4 节中描述。

这里推荐一种混合模式的电源系统，以克服能量收集和电池供电系统的缺点。使用可再充电电池是收集能量的一种优选方法，电池可以在短时间内（在接收、发送和轮询模式期间）提供高功率（高达几毫瓦）。在剩余的时间里，能量收集器用涓流电流为电池充电。传统串行收集系统的系统图如图 8.23 所示。AC/DC、DC/DC 转换器级处理输入源，并为存储装置产生充电电流。DC/DC 转换器级执行调节功能，这种结构符合理想的情况，是许多应用中常用的方式。由于输入能量必须转换两次，故这种两级转换方法的缺点是效率太低。为了进一步优化转换效率和减少能量损失，如果能量直接传递到输出负载，则可以减少由两级结构引起的附加转换损耗。

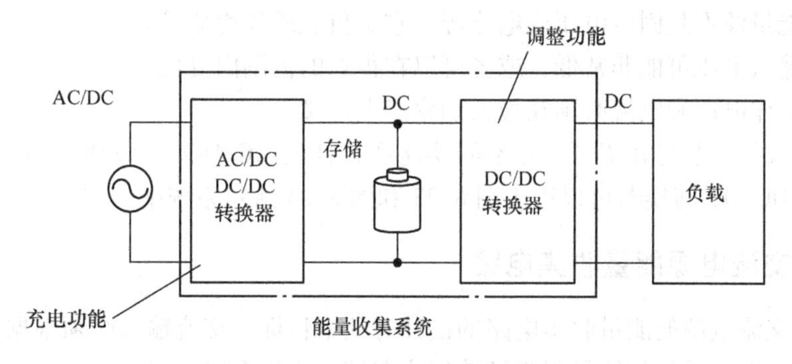

图 8.23 传统串行收集系统的系统框图

并行收集系统的系统框图如图 8.24 所示，该并行结构旨在提高转换效率并保持充电功能。并行结构采用一级路径将能量直接转换为负载，使用一级转换可以避免额外的转换损耗。次级路径将冗余能量传递到存储设备，并且当能量源产生比所需负载更多的能量时执行充电功能。当能量源不完全适合负载时，DC/DC 转换器被放置在电池之后为主通路供电。

然而，并行结构比传统的串行结构引入了更多的设计挑战。首先，主通路 AC/DC 到 DC/DC 转换器必须具有调节输出电压的能力。其次，需要能量分配方案来精确地将输入能量分配给两个路径，因为一级路径和次级路径共享相同的能量源。再次，额外的电路增加了成本和面积。

许多收集电路类似于传统的功率转换器。能量收集电路设计与传统的 DC/DC 或 AC/DC 转换器设计的一些主要区别如下：

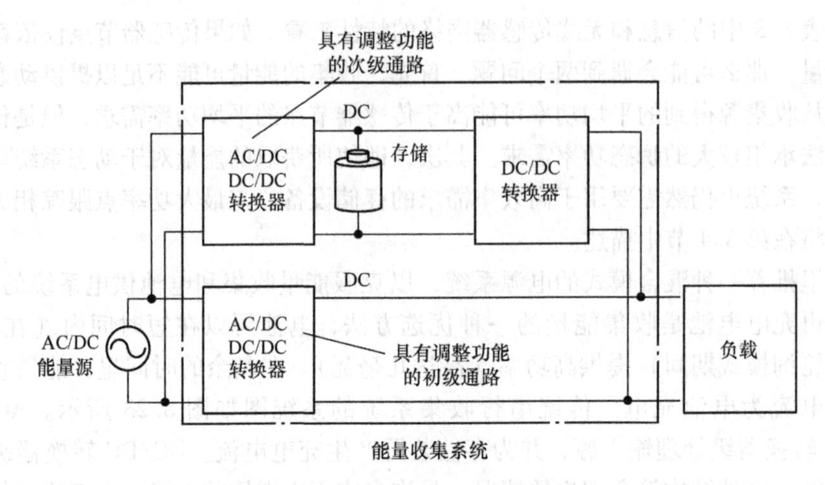

图 8.24 并行收集系统的系统框图

1）来自能量源的能量是有限的。因此，系统的负载条件必须满足能量收集源的特性。

2）能量源不是固定电压或电流源，它是负载或环境变量。

3）输入电压可能非常低，或者可以在很宽的范围内变化。

4）操作电压和电流必须在最大功率点上定义。

接下来的小节将介绍可具有不同功能和特性的 AC/DC、DC/DC 转换器，这些 AC/DC、DC/DC 转换器可以用于图 8.23 和图 8.24 所示系统中。

8.3.2 交流电源能量收集电路

具有交流电源的能量收集电路的设计有几个目标，交流输入必须根据直流值进行整流，否则所采集的能量很难被使用或存储。收集系统中交流源的大小随着环境条件相应地变化。因此，为了保护电路免受过电压损坏，需要对一些交流应用进行电压限制。在先前文献中提出的两级交流源收集方法是目前主流的方法，如图 8.23 所示。根据输入电压和电流范围，AC/DC 转换需要将输入电压转换为适当的电压电平后，才能用于后端。在下面的小节中，将从无源整流器到有源整流器进行电路描述，接着会介绍近年来将 AC/DC 转换为 DC/DC 转换器和 DC/DC 电压调节器的几种结构。在每一种电路后面，都会相应地介绍它们在设计上的优势和劣势。

8.3.2.1 全桥/半桥整流器

传统的全桥整流器是最简单和鲁棒性最强的 AC/DC 转换器，如图 8.25 所示。无源全桥整流器不需要控制，并且在收集应用中非常有用。收集系统可能耗尽所有电能，这时可能必须完全关闭以节省能量。无源元件除了发生泄漏外，没有静态功耗，有时在低功率条件下的输入电压几乎无法达到全桥整流器的导通电压。即使输入电压足够，当输入电压较低时，二极管上的电压也会严重影响功率效率。具有低正向电压的肖特基二极管可以提高效率，但会受到反向漏电流和反向恢复泄漏的影响。

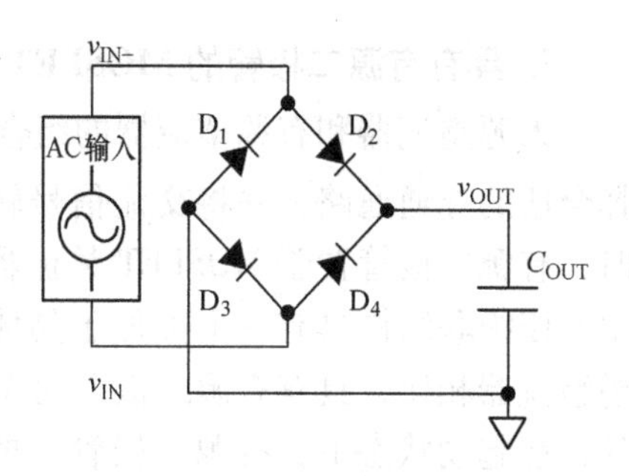

图 8.25 全桥整流器

1. 电荷泵整流器

倍压电荷泵类似于全桥整流器，如图 8.26 所示[45,46]。由于高频开关操作耗电且难以精确控制，因此在高频应用中，如 RFID 供电已经使用了完全无源结构。输入电压通过级联自动泵到更高的水平，级联对于输出电压相对较低的输入源是极为有用的。然而，对于这个电路，二极管损耗仍然是一个严重的问题。如果二极管正向电压为 V_D，则输出电压与式（8.28）中描述的 N 级电荷泵的输出电压相似。

$$V_{OUT}=N(V_{IN}-2V_D)+V_D \tag{8.28}$$

每个级联级都会受到电压下降的影响，级联级越高，二极管中出现的功率损耗越大。相当数量的组件会导致成本或面积效率的降低。

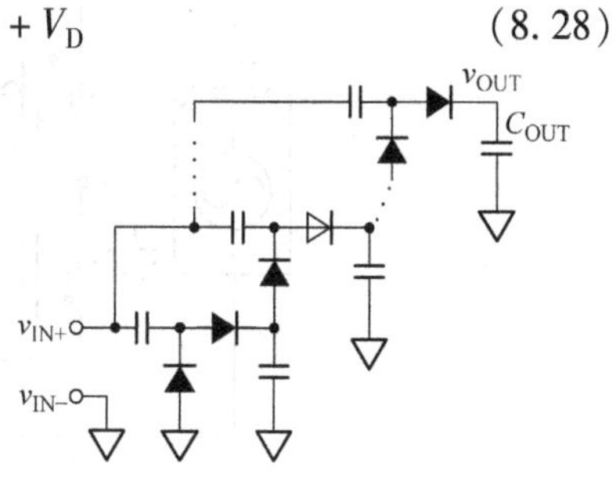

图 8.26 倍压电荷泵

2. 有源整流器

有源二极管整流器控制晶体管作为开关，大的二极管正向电压被晶体管的电压降所取代。全同步有源整流器如图 8.27 所示。两个比较器用于比较两个端口的电压，即 V_{IN+}、V_{IN-} 和输出电压 V_{OUT}。当端口电压高于 V_{OUT} 时，相应的通路导通并执行整流操作。二极管正向电压所构成的最小输入电压可以被释放，这时二极管也会遭受能量损失。然而，上述优点的权衡是控制电路的要求，控制电路必须先通电才能起动有源整流器。因此，当存储的能量耗尽时，电路不能完全关闭，也不能起动。这些权衡不利于高的系统可持续性。

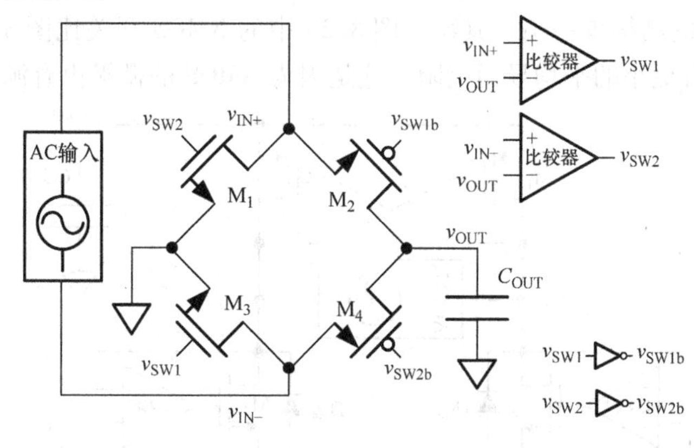

图 8.27 全同步有源整流器

3. 具有有源二极管的 MOSFET 整流器

无源整流器和有源整流器的组合如图 8.28 所示[47]。$M_1 \sim M_4$ 作为整流器来选择合适的导通通路，并将交流信号转换为直流输出。当 V_{OUT} 高于交流输入端电压时，有源二极管置于 MOSFET 整流器和输出存储装置之间，以防止反向电流的产生。该级联结构具有一个类似于晶体管阈值电压（V_{th}）的正向电压。与传统的全桥整流器相比，具有有源二极管的 MOSFET 整流器会节约一个 V_{th} 的正向电压。此外，在起动状态下，有源二极管中的 MOSFET 开关的体二极管可以用作正向二极管。因此，即使在零能量条件下，组合结构也可以被动地和自动地起动，而不需要任何通电方案。

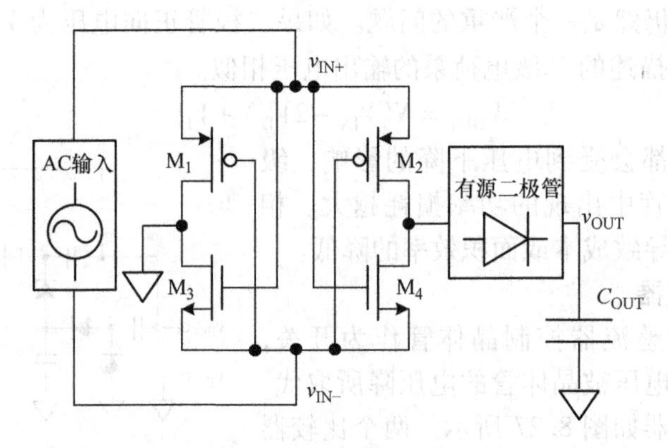

图 8.28　具有有源二极管的无源 MOSFET 整流器

4. 具有有源 NMOS 的交叉耦合 PMOS 整流器

图 8.29 所示为另一种结构，它使用二极管连接的 PMOS 和基于比较器的 NMOS 开关作为整流器[48-50]。该结构具有与有源二极管的无源 MOSFET 整流器相同的功能，但由于两个原因，导通损耗较小。首先，功率路径通过两个晶体管，这比图 8.28 所示的结构少一倍。其次，图 8.29 中的 NMOS 开关比图 8.28 中整流器中的 NMOS 具有更小的平均导通电阻，这是因为 NMOS 的栅极由有源电路控制。

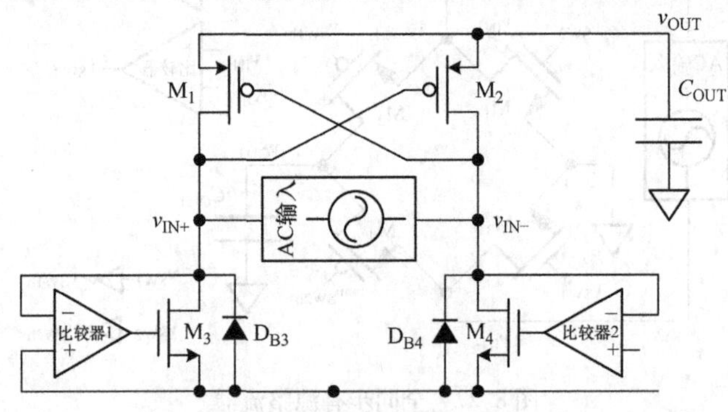

图 8.29　具有有源 NMOS 的二极管连接 PMOS 整流器

5. 双升压型 AC/DC 转换器

上述整流器电路仅在没有任何调节能力的情况下执行 AC/DC 转换，整流器的输出电压电平由输入交流电压决定。因此，通过相同的电路，一个整流器可以同时整流和调节输出电压，这是一个很好的选择。用于 AC/DC 转换的双升压转换器如图 8. 30 所示。当交流输入极性改变时，两组升压转换器交替工作。当 V_{OUT}超过额定值时，升压转换器可以关闭。因此，如果输入能量足够高以完全支持输出负载，那么双升压结构具有调节 V_{OUT}的能力，并且可以直接供给后端系统。

然而，在零能量起动和调节之间需要进行折衷，调节功能依赖于完全关闭系统来限制被传输的能量。如果系统不首先供电，则禁止从收集源中获取能量。图 8. 26 中作为倍压器的无源整流器可以协助解决这个问题。

在效率方面，倍压电荷泵不是一个良好的选择。然而，鉴于其完全无源和升压特性，对起动电路而言，倍压电荷泵是一个良好的选择。如果收集系统从零能量开始，则倍压电荷泵可以提供电压，在起动过程用于驱动控制电路，之后可以使用更高效的转换器代替电荷泵。许多收集系统需要这种“切换”方案来从零能量开始起动系统，并在正常工作时提高效率。从理论上，切换结构可以将系统的可持续性扩展到无限的范围。只要收集器能够提供足够的能量，系统就可以再次运行。

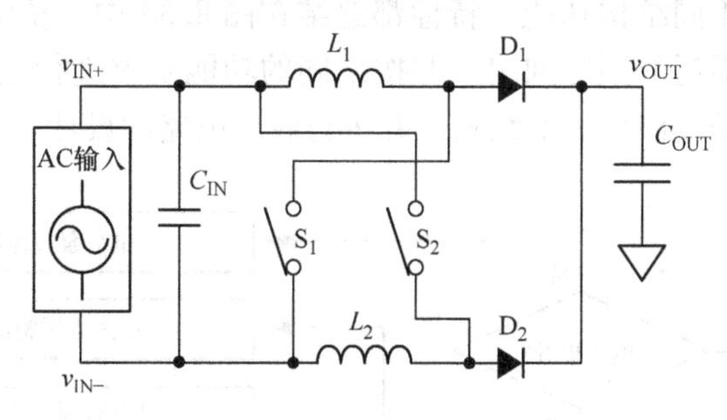

图 8. 30　用于 AC/DC 转换的双升压转换器

6. 单电感双升压转换器

基于图 8. 30 中的结构，一种修改型的单电感双升压转换器如图 8. 31 所示。通过布置开关，即 S_1 和 S_2，以及二极管，两个升压转换器共用一个电感器。这种方法在保持双升压结构相同功能的同时减小了笨重的外部元部件。

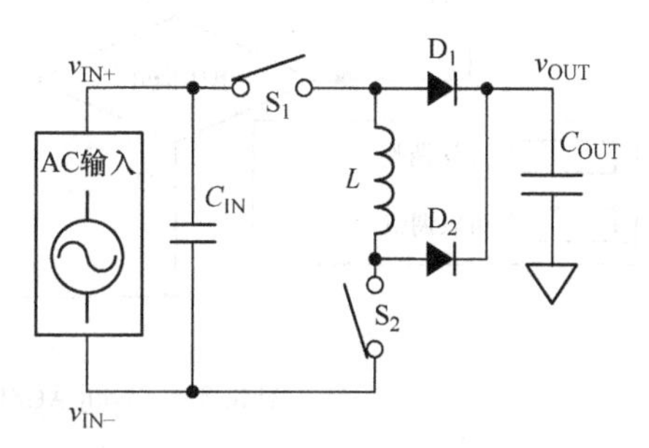

图 8. 31　单电感双升压转换器

7. 单电感降压 – 升压转换器

不同的能量源具有不同的输出电压。对于通用功率转换，单电感器降压/升压转换器如图 8. 32 所示[53]。降压/升压结构具有向上转换或向下转换输入电压的能力，这为选择能量收集源提供了更大的灵活性。输入电压电平不受转换器结构的限制，图 8.30 ~ 图 8.32 中的二极管可用有源二极管代替，以进一步提高转换效率。

能量源可能没有存储电荷的能力。在基于开关的收集电路中，来自电感的突然电流提取会在能量收集源中引起相当大的电压降，有时电压降过大会造成反向泄漏或影响转换器的正常运行。因此，输入电容 C_{IN} 对于基于电感的转换器是必要的，来自能量源的能量可以作为缓冲器存储在 C_{IN} 中，以保持相对稳定的电压。

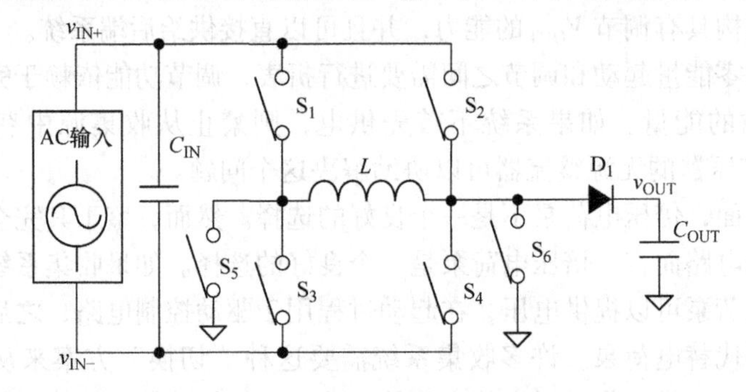

图 8.32　单电感降压 - 升压转换器

本节中讨论的不同结构功能、特性都总结在图 8.33 中。整流器和转换器按高功率损耗到低功率损耗的顺序列出，并按不同的功能要求进行划分。图 8.33 提供了简单的说明来帮助过滤可能的结构，并进行收集电路的设计。

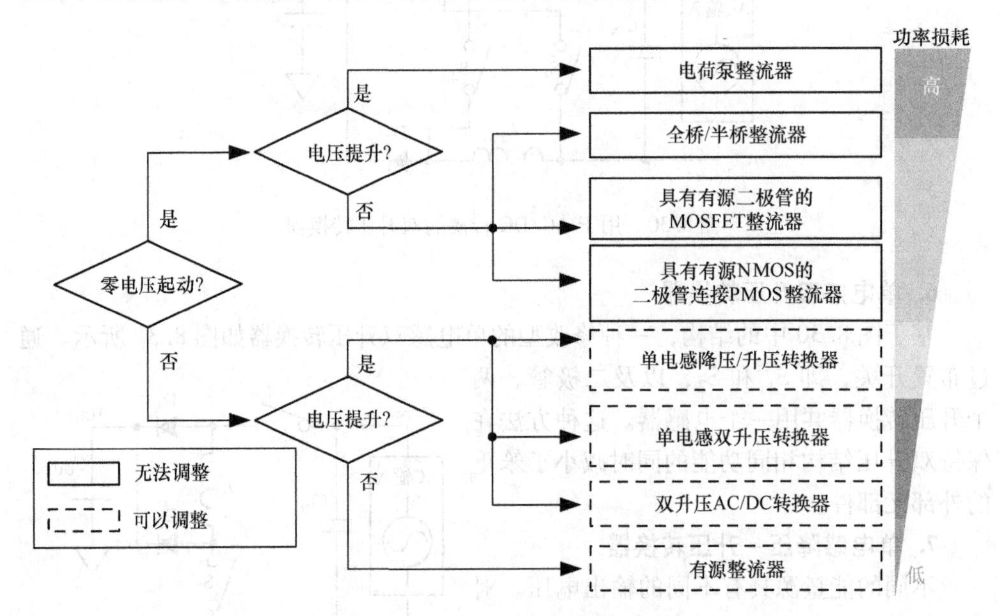

图 8.33　不同 AC/DC 结构的功能选择和特性

8.3.3　直流电源能量收集电路

在能量收集中，交流源的数量大于直流源，最广泛讨论的直流收集源包括热电发电机和太阳电池。直流收集电路的目标是将输入电压转换成适当的和可调节的电压电平，用于电池充电或系统供电。直流源收集器电路比交流源收集器电路简单，前者类似于传统的 DC/DC 转换器。DC/DC 收集电路也可以用作执行电压调节的 DC/DC 转换器，如图 8.23 和图 8.24 所示。关于能量收集应用中的转换器的一些内容将在 8.4 节中讨论。

8.3.3.1　低压差线性（Low - Dropout，LDO）稳压器

LDO 稳压器最具吸引力的特点是低噪声、尺寸紧凑和瞬态响应快速，LDO 稳压器电路如图 8.34 所示。从图 8.34 中看出，如果不需要特殊的参数设计，那么 LDO 稳压器显然是非常简单的。在较少外部元器件的情况下，LDO 稳压器在面积和成本方面是有效的。在功率晶体管和高环路增益不切换的情况下，LDO 稳压器显示出极大的抗噪声能力，这对于植入生物医学信号传感应用尤为重要。例如，使用诸如心电信号之类的小生理信号的传感系统，对噪声十分敏感，且受限于体积。对于这样的应用，LDO 稳压器作为电源管理单元是一个很好的选择。

LDO 稳压器有效率低和性能受限于步进转换的缺点。由一些收集源产生的低电源电压也限制了 LDO 稳压器的使用，尤其是当需要电池充电功能时。LDO 稳压器的效率取决于输入电压和输出电压的差异。当输入电压较高且输出电压较低时，由于大的电压降，大部分能量被浪费在功率晶体管上。然而，DC - DC 电压调节器的低静态功率使得线性稳压器对于低功率系统是一个很好的选择。

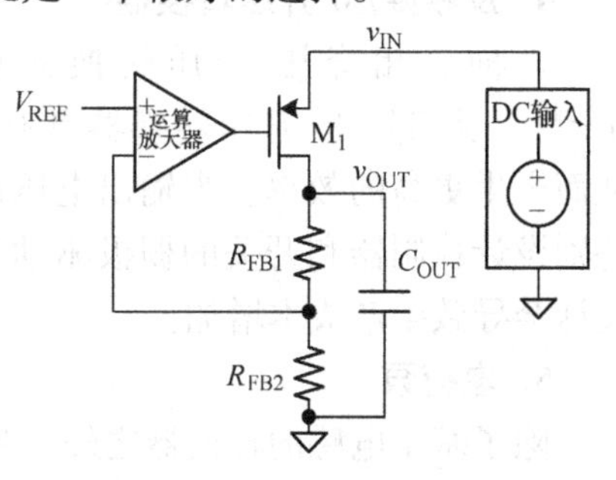

图 8.34　LDO 稳压器电路

1. 降压转换器

与 LDO 稳压器类似，降压转换器可以提供降压转换。图 8.35 所示为标准降压转换器的功率级[54]。开关转换器的特性具有高效率，但也会产生开关噪声。

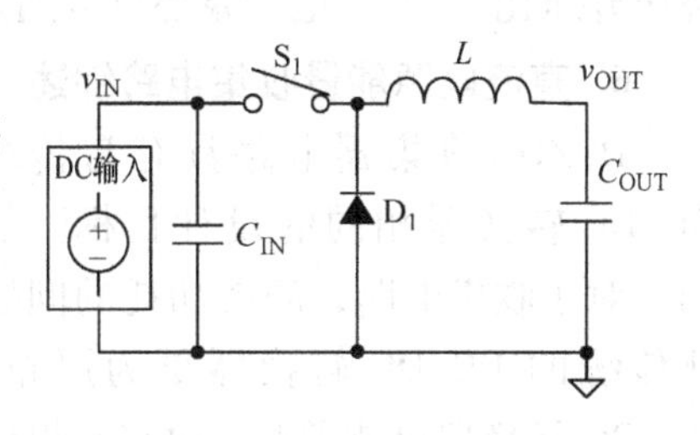

图 8.35　降压转换器

2. 升压转换器

能量收集源，如热电发电机具有非常低的直流电压。单个太阳电池可以提供高达 1V（开路）的较高电压，然而，这样的电压仍然不足以为电池充电。升压转换器一直是一个简单的解决方案，广泛应用于各种产品中[54]。升压转换器的电路图如图 8.36 所示。升压转换器具有效率高、输出

电压调节能力强等优点。升压转换器可以作为电池充电器，甚至直接为负载系统供电。

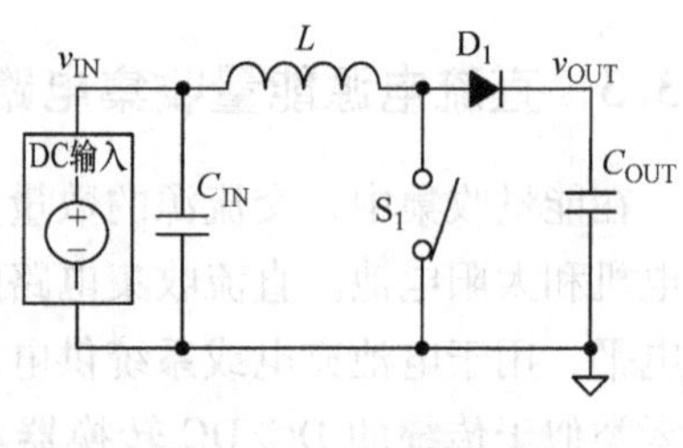

图 8.36　升压转换器

3. 降压/升压转换器

如图 8.32 所示，降压/升压转换器对输入和输出电压范围都提供了更大的灵活性[54]。图 8.37 所示为一个非反相降压/升压转换器的示意图。该转换器的缺点是由额外晶体管引起的效率降低和驱动损耗。

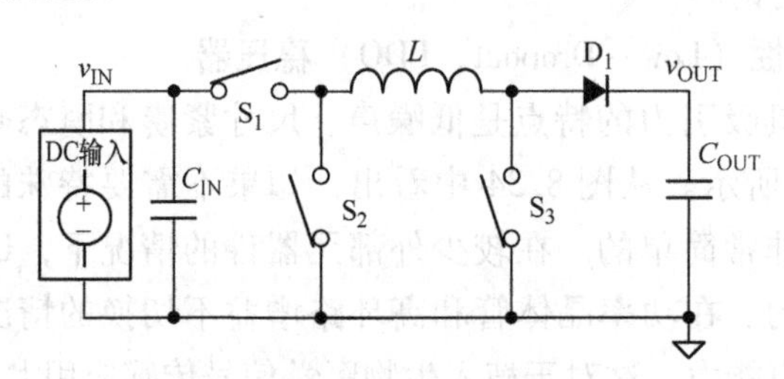

图 8.37　降压转换器

4. 反相降压/升压转换器

一种反相降压/升压转换器如图 8.38 所示[54]。反相降压/升压转换器具有较少的开关，从而产生更高的效率。当输出电压反转时，必须特别设计控制器和开关的栅极驱动电路，这样的设计会导致生产成本增加。

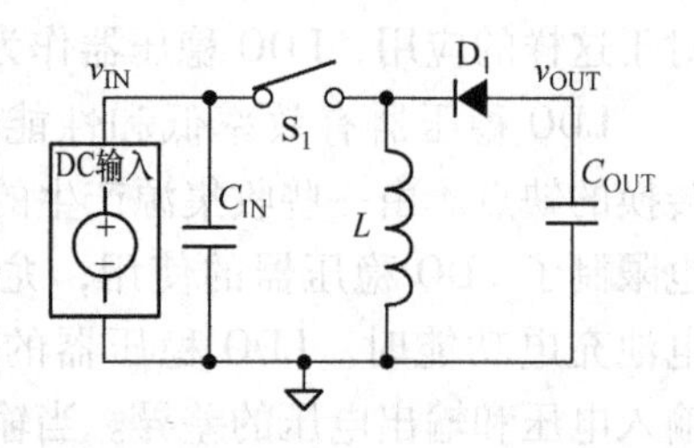

图 8.38　反相降压/升压转换器

5. 电荷泵

除了基于电感的转换器之外，基于电容的转换器，如电荷泵也广泛用于能量收集电路中。图 8.39 所示为一个 2 倍升压电荷泵电路。如果电路级联，则可以实现高压升压比[55,56]。电荷泵还可以通过闭环控制来实现电压调节。

6. 直流电源能量收集电路综述

DC/DC 收集器电路具有与传统 DC/DC 转换器相同的设计目标。然而，对于收集电路，静态功耗的问题比传统的 DC/DC 转换器更为严重。DC/DC 转换器可能需要子电路来提供参考电压或偏置电流，以支持对 DC / DC 转换器的电压调整。这些子电路，例如带隙基准电压源、比较器或放大器都会消耗相当大的功率，功率损耗

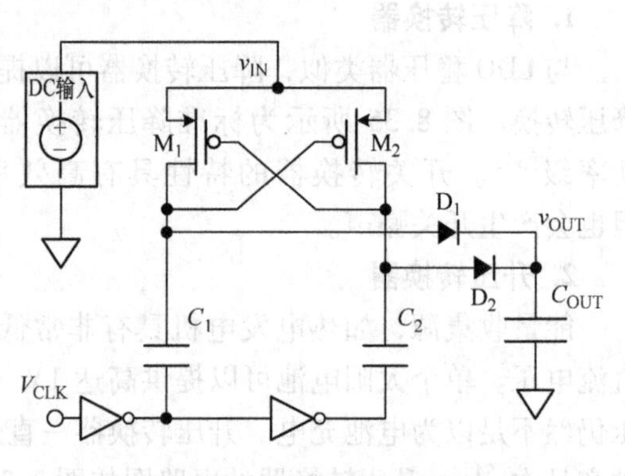

图 8.39　电荷泵升压转换器

可能达到几百微瓦。对于 DC – DC 转换器，当转换输出大功率或需要快速瞬态响应时，由控制器引起的大功率消耗是必需的。相比之下，低输入功率应用中的功率消耗，例如收集功能可能无法负担甚至可能超过输入功率。因此，设计 DC – DC 收集器电路面临的挑战之一是如何设计超低功率控制电路和操作方案。

8.4　最大功率点跟踪

8.4.1　最大功率点跟踪的基本概念

收集源，例如太阳电池、热电发电机、振荡或磁线圈都具有各自的电气和机械特性，每个源的输出电压、电流和功率都会受到负载效应的影响。在稳定的环境条件下，每个源都具有相应的输出电压和电流值，以产生最大输出功率。产生最大输出功率的点被选择为最大功率点，并且应该通过最大功率点跟踪控制进行定义，并跟踪该点上的等效负载[1,23,30]。

使用图 8.16 中太阳电池的等效模型作为参考，在稳定的照射条件下假定由太阳电池产生的电流 I_L 是恒定的。如果输出电压 V_{PV} 上的负载较轻，则 V_{PV} 上升到更高的电压，这会导致寄生二极管 D_S 和电阻 R_{SH} 上产生电流泄漏。因此，如果是重负载的情况，则 V_{PV} 下降到低电压水平，而大部分功率都损失在串联电阻 R_S 上。因此，识别最大功率点对于在相同的环境条件下提取最大可能的功率是非常重要的。许多收集系统利用最大功率点跟踪电路来提高效率，并获得最大输出功率[1,21 – 23,25,35]。然而，对于具有最大功率点跟踪功能的收集系统，应注意以下事项：

1）在应用最大功率点跟踪方法之前，必须知道能量源的特性；

2）最大功率点跟踪电路的功耗对于众多低功耗应用来说至关重要；

3）最大功率点跟踪控制将输入源固定在其最大输出能量上；

4）对于采用最大功率点跟踪功能的收集系统，存储设备是必要的；

5）为了克服环境条件的变化，连续跟踪是必要的。最大功率点在不同的环境条件下变化，收集电路应该控制功率输送条件，以确保能量收集系统在其最大功率点上工作。

最大功率点跟踪方案是一种跟踪输入功率的方法。如果收集系统直接向负载系统供电，则最大功率点跟踪功能会阻碍采集系统，同时进行输出电压调节，除非输入功率总是与负载要求相同，但这种情况是不可能出现的。因此，在下面的小节中将提出一些实现最大功率点跟踪控制的一般思路和方法。

8.4.2　阻抗匹配

许多收集源具有复杂的行为或内部等效电路模型。先前的研究，例如本章参考文献［23，25，52，57 ］已经针对不同的源和特性提出了许多优化设计，但这些电路只能用于它们进行设计时的特定源。阻抗匹配法是通用最大功率点跟踪中最常用和最重要的方法。图 8.40 所示为一个能量采集源的戴维南等效电路，它包括理想电压源 V_{EQ} 和串联电阻 R_S。一般来说，所有的源都可以被建模为图 8.40，即使电阻不是纯电阻，并且包括电感和电容，也有不同的戴维南等效阻抗。然而，将负载阻抗与内部阻抗匹配的想法仍然有效，并且在需要最大功率点跟踪时能够提供跟踪指导。

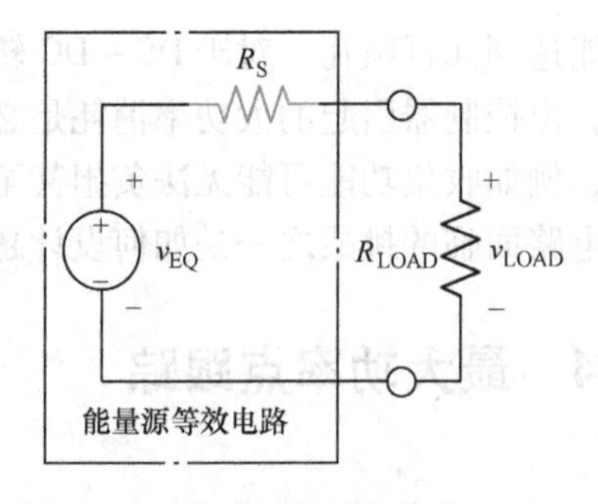

图 8.40　能量源的戴维南等效电路

在输出负载 R_{LOAD} 上的功率为

$$P_{LOAD} = V_{LOAD}^2 / R_{LOAD} = \left(\frac{V_{EQ}}{R_S + R_{LOAD}}\right)^2 R_{LOAD} \tag{8.29}$$

阻抗匹配理论意味着当负载阻抗相当于内部阻抗时，系统实现最大功率转移。传输到负载的最大输出功率为 $P_{LOAD,max}$，如式（8.30）所示。匹配效率定义为负载中的功率与最大输出功率之比，如式（8.31）所示。

$$P_{LOAD,max} = \frac{V_{EQ}^2}{4R_{LOAD}} \tag{8.30}$$

$$\frac{P_{LOAD}}{P_{LOAD,max}} = \frac{4}{2 + \dfrac{R_{LOAD}}{R_S} + \dfrac{R_S}{R_{LOAD}}} \tag{8.31}$$

图 8.41 所示为在不同阻抗误差下的匹配效率，阻抗误差表示与收集源内部阻抗相比的失配百分比。当负载阻抗与内部阻抗完全匹配时，误差百分比为零，匹配效率是一致的。如果需要 90% 的匹配效率，则可承受的负载阻抗误差范围从

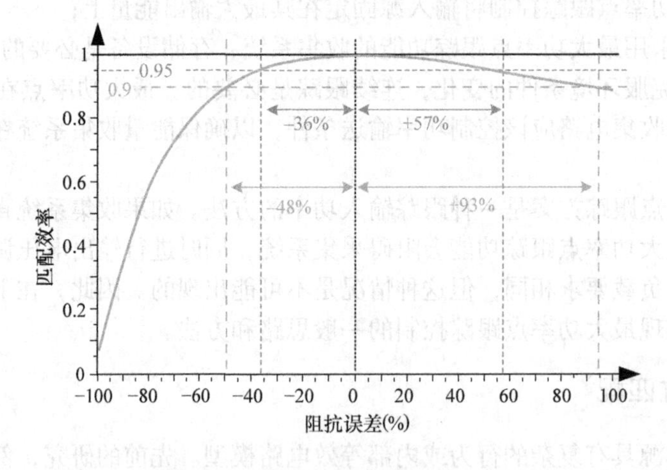

图 8.41　匹配效率与阻抗误差的对比

−48% 变为 +93%。这个大的可承受范围表明，即使发生大的误差百分比，输出功率仍然非常接近最大功率点。

8.4.3　电阻模拟

如果考虑输入电压与平均输入电流之比，则无论是否采用开关或线性功率转换器，都可获得转换器的等效电阻，这种方案称为电阻模拟[23,25,30,58]。等效电阻可以通过计算转换器工作期间的平均输入电流来得到。例如，如果图 8.37 中具有恒定开关频率 PWM 控制的降压/升压转换器工作在连续导通模式，则降压/升压转换器的充电和放电阶段如图 8.42 所示。当输入电压变化时，电感电流的行为如图 8.43 所示。

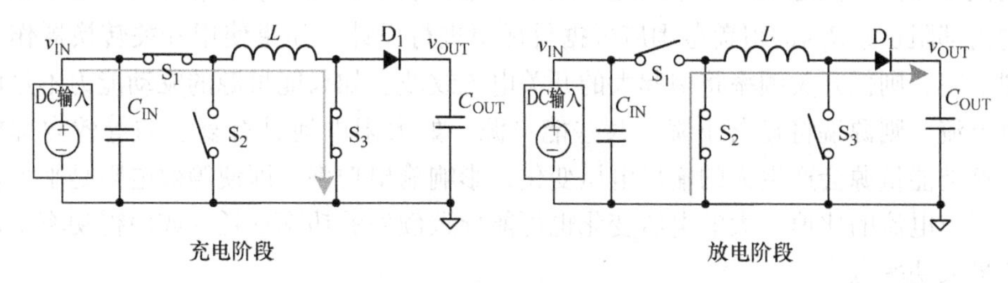

图 8.42　降压/升压转换器工作状态

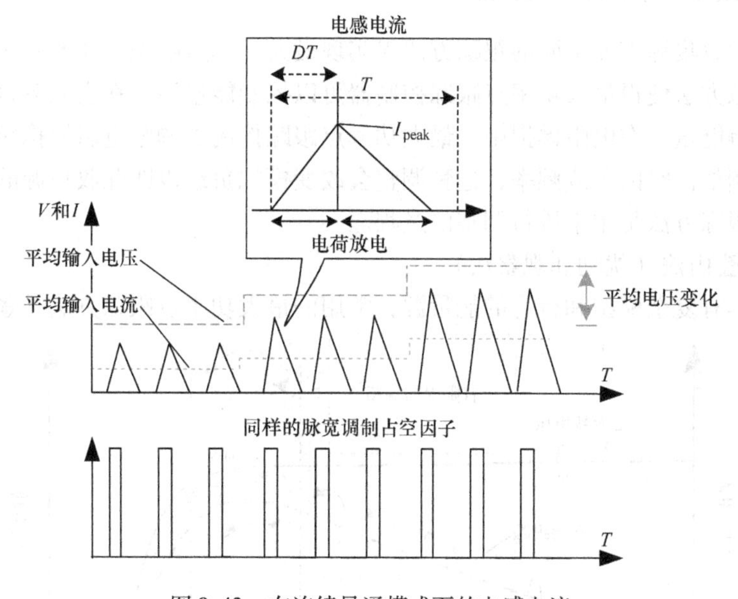

图 8.43　在连续导通模式下的电感电流

降压/升压转换器只在充电阶段连接到输入电压源，其中 I_{peak} 是充电阶段中的峰值电流。转换器的平均输入电流 $I_{IN,avg}$ 由式（8.32）定义。

$$I_{\mathrm{IN,avg}}=\frac{I_{\mathrm{peak}}\cdot D}{2T}=\frac{V_{\mathrm{in}}T\cdot D^2}{2L} \tag{8.32}$$

式中，D 是占空因子；T 是开关周期的时间；L 是转换器中使用的电感。

输入电压 V_{IN} 除以 $I_{\mathrm{IN,avg}}$ 可以得到等效电阻 R_{EQ}，如式（8.33）所示，这与 D 和 T 有关。

$$R_{\mathrm{EQ}}=\frac{V_{\mathrm{IN}}}{I_{\mathrm{IN,avg}}}=\frac{2L}{T\cdot D^2} \tag{8.33}$$

通过脉宽调制或者脉冲频率调制，占空因子或开关频率可用来调整 R_{eq}。因此，转换器可以认为是一个可调谐电阻，匹配内部阻抗并获得最大输出功率。关于电阻模拟方法应注意以下几个问题：应适当选择转换器参数；R_{EQ} 应该适用于收集源的内部阻抗；R_{EQ} 的覆盖范围应根据目标源进行设计。如果使用开关转换器作为模拟电阻，则低开关频率将引起大的开关电流纹波。如果能量源的驱动能力不足以吸收电流，则源端将显著下降。某些能量源，如太阳电池具有复杂的等效内部模型，这类能量源会产生大的输出电压变化，影响输出功率。即使等效电阻是平均输入电压与电流的比值，大的电压变化也可能导致额外的功率损耗，或使得功率条件偏离最大功率点。

8.4.4 最大功率点跟踪方法

不同的收集源需要不同的跟踪方法来实现最大功率点跟踪。在 8.4.3 节中介绍的电阻模拟方法使得最大功率点跟踪控制器可以控制能量源，在它们各自的最大功率点上获得能量。在电阻模拟中，最大功率点跟踪控制器调整电阻模拟转换器的控制因子，例如占空因子或频率，这种调整会改变模拟负载以匹配收集源的特性。最大功率点跟踪方法是用来进行调整的过程。

8.4.4.1 登山法（扰动和观察法）

对于具有复杂模型和行为的能量源，常用的最大功率点跟踪方法是登山法，也

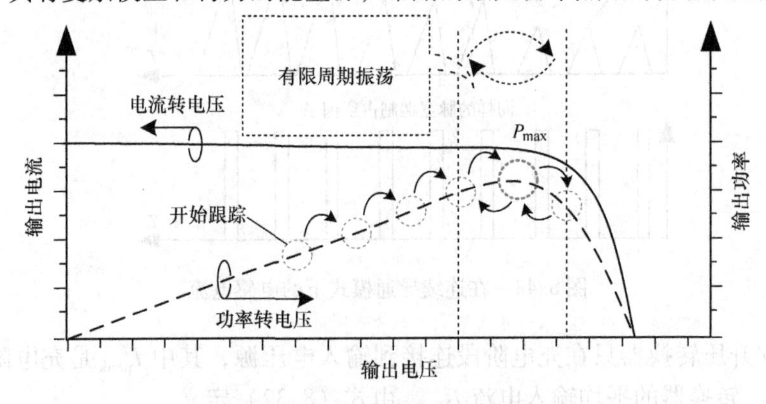

图 8.44 太阳电池的最大功率点跟踪

称为扰动和观察法[23,30]。这种方法由于其工作环境与最大功率之间的复杂关系而应用于太阳电池。太阳电池的最大功率点跟踪操作如图 8.44 所示。在每次调整之后都会测量输出功率，如果功率增加，则在同一方向上进行进一步的调整，直到功率不再增加。这种方法之所以这样命名是因为它与登山相似，取决于低于最大功率点时功率 - 电压曲线的上升。一旦调整超过最大功率点，输出功率将下降到最大功率点以下。这时调整转向相反的方向，并追溯到最大功率点。跟踪操作在最大功率点周围来回进行。为了连续跟踪输出功率，应定期进行调整以应对环境变化。因此，如果环境条件稳定，则调节处于有限的周期振荡状态。

最大功率点跟踪的流程图如图 8.45 所示。在一些应用中，如果最大功率点曲线的峰值不止一个，则登山法可能会受到局部优化问题的影响。这表明跟踪最大功率点不是最大功率点曲线中的全局优化，而是局部优化，但跟踪流程无法检测它是否位于全局优化或局部优化。扰动和观察法是最常用的最大功率点跟踪方法，因为其易于实现以及在不同应用中的灵活性。为了保证调整的适当性，登山法需要不断地采样和监测输出功率情况。采样和监测是该方法最具挑战性的部分，通常用一组数据转换器对发电太阳电池阵列中的输出电流和电压进行采样，这种数据转换和计算也应用在太阳能收集中，如图 8.46 所示。采样电流和功率的信息由处理器进行计算，然后存储在存储器中以控制跟踪策略。该方法简单易行，且具有精度高的优点，同样的方法也可以应用于输出部分。在监测输出电流和电压时，输出功率也代表输入源的状态，如图 8.47 所示[43]。

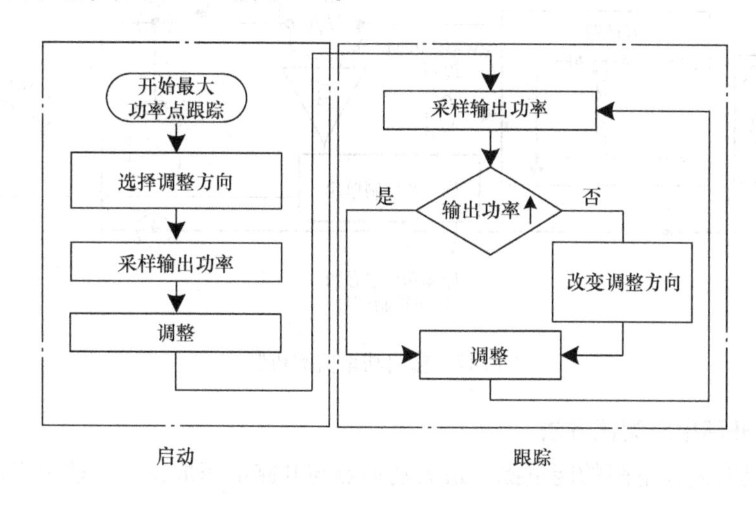

图 8.45 最大功率点跟踪流程图

然而，连续的数据转换、数字信号处理和存储都会消耗功率。对于低功率的能量收集应用，跟踪方法所消耗的可观功率会显著地影响输出功率。一些低输入功率应用使用开关功率转换器的特性来监视功率状态，而无需复杂的数据转换和计算。

峰值电感电流监测方法如图 8.48 所示[53,59]。如果功率转换器工作在连续导通模式下，则存储在每个周期的电感中的能量将被完全传输到输出端，这意味着输出功率与峰值电流成正比。通过使用功率转换器中的电流检测电路，峰值电流 I_{peak} 可以用作验证功率条件的指标。上述功率传感方法只能在一定的转换器结构和工作模式下使用。

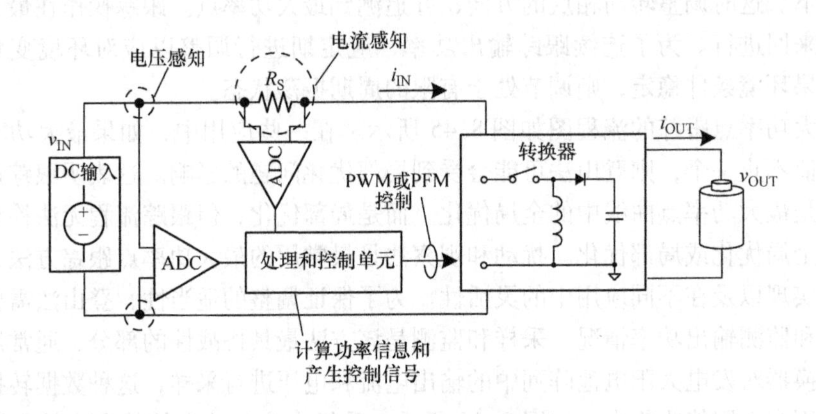

图 8.46　输入功率监测机制

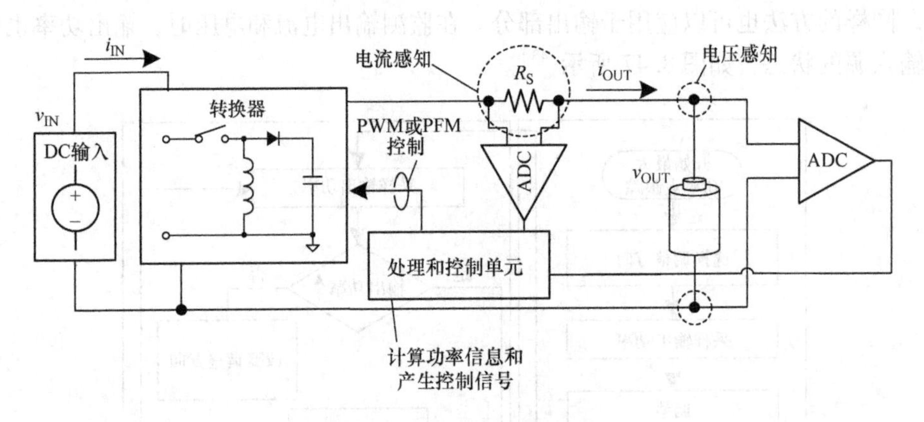

图 8.47　输出功率监测机制

8.4.4.2　开环电路测试方法

对于具有内建电阻的能量源，最大功率点与开路电压成正比。热电发电机是最经常应用开环电路测试方法的能量源[25,27]，电流 I_{TEG} 和功率 P_{TEG} 超过热电发电机电压，如图 8.49 所示。该方法应用阻抗匹配的思想，即当内阻与负载电阻相同时，存在最大功率。根据分压器理论，最大功率点跟踪电压约为开路电压的一半。

采用开环电路测试方法的能量收集系统电路框图如图 8.50 所示。正如该方法的名称所示，在采样期间，功率监测和采样是通过从收集源打开电路来实现的。在

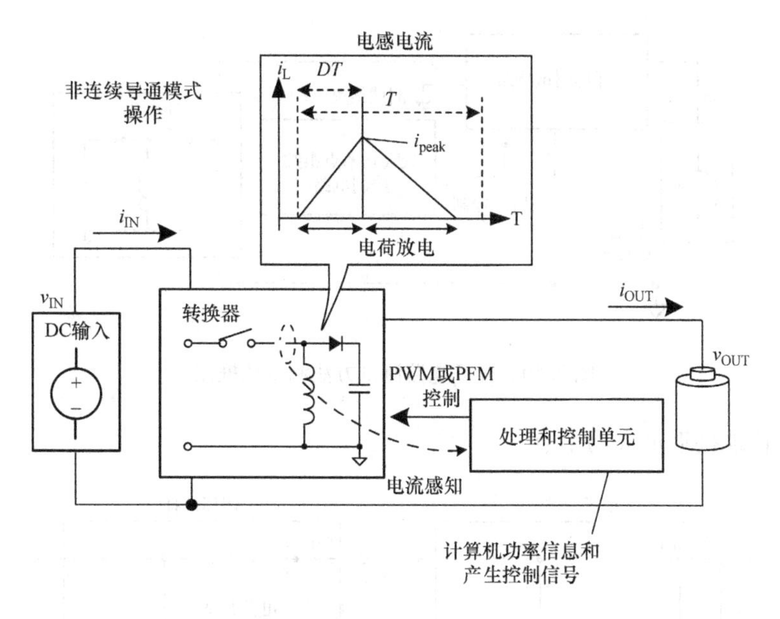

图 8.48　峰值电感电流输出功率监测机制

该操作中实现了采样电压与闭环电压的比较。

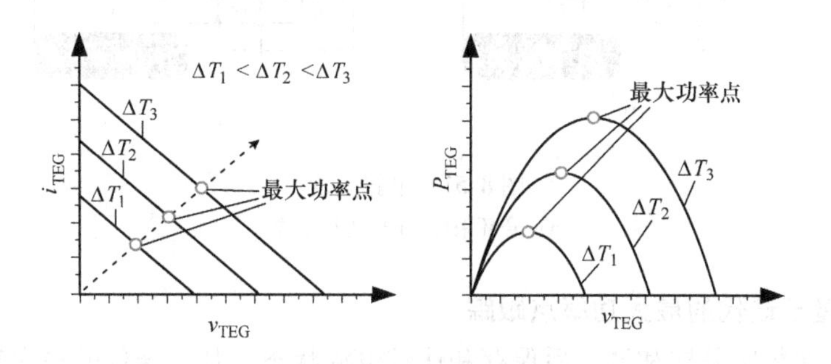

图 8.49　电流 I_{TEG} 和功率 P_{TEG} 超过热电发电机电压

由于能量的有限驱动能力和转换器在开环和闭环采样中的运行速度，电源的输出电压需要瞬态时间来实现稳态电压。恢复时间是与能量源相关的，并且应该在采样定时控制中考虑。开环测试方法的实现如图 8.51 所示，开环采样和闭环采样过程中的电路操作分别如图 8.51a 和 b 所示。C_{O1} 和 C_{O2} 具有相同的电容值并共享电荷，以获得开路电压 $V_{IN,open}$ 的一半。将闭环电压 $V_{IN,close}$ 和 $V_{IN,open}$ 比较来决定功率状况，转换器根据比较结果调节模拟电阻。如果 $V_{IN,open}$ 大于 $V_{IN,close}$，那么模拟电阻非常大；相比之下，如果 $V_{IN,open}$ 小于 $V_{IN,close}$，那么模拟电阻则非常小。开环测试方法也在太阳电池最大功率点跟踪中使用，但采用不同的分频比（0.7）。太阳电池的最大功率点常常接近其开路电压的 0.7 倍，因此，与慢速登山法相比，开环

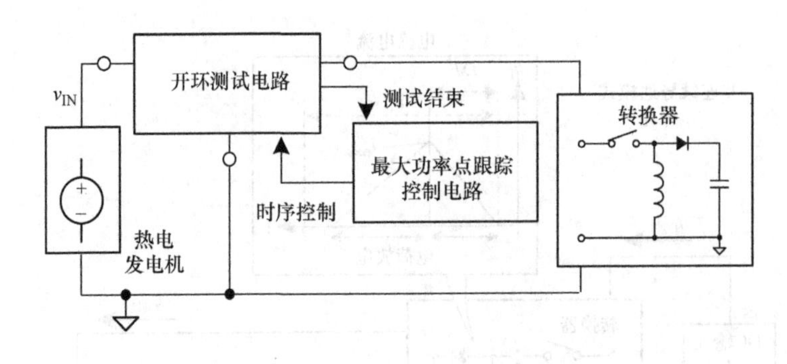

图 8.50　开环电路测试方法和系统框图

实验能较快地接近最大功率点。

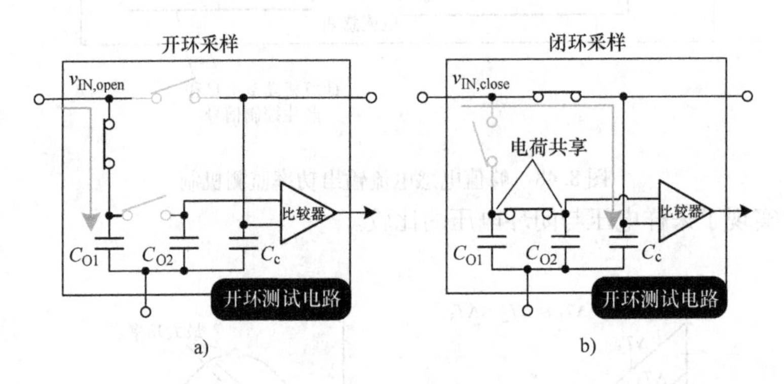

图 8.51　电路实现
a）开环采样　b）闭环采样

8.4.4.3　基于迭代的最大功率点跟踪

登山法在每次采样和调整后保存和比较电源状态。基于迭代的最大功率点跟踪方法通过以下步骤，将先前采样功率状态的比较操作转移到动态目标功率。首先，目标功率跟踪当前采样的功率状态；然后提升目标功率电平，并将转换后的功率调整为接近目标；重复该过程，并且功率目标和采样功率状态迭代，并彼此跟踪以达到最大功率点[53]。

在该方法中，将图 8.48 中的连续导通模式作为转换器实例，并利用脉宽调制占空因子作为控制因子，跟踪操作如图 8.52 所示。将由电压信号 V_{Target} 表示的目标功率与电流感应信号 V_{CS} 的峰值做比较。最初，V_{Target} 设置为高于 V_{CS}，超时期间 T_O 被设计为转换器和能量收集源的稳定时间。如果 V_{Target} 和 V_{CS} 在超时周期内相等，则 V_{Target} 将被设置为较低的电压。经过多次比较，V_{Target} 将接近 V_{CS}，同时，V_{Target} 也表示最近的功率状态。之后，将 V_{Target} 作为 V_{CS} 的新目标，将其设置为更高的电压值。最大功率点跟踪控制器调整脉宽调制占空因子，并检测 V_{CS} 的变化，该调整可能导致输出功率上升或下降。在超时期间，V_{CS} 达到 V_{Target}，这表明输出功率上升，占空因子调整趋势正确。同时 V_{Target} 调整到更高的水平，并被设置为新的目标，然后调整趋势继续向同一方向发展。然而，如果 V_{CS} 没有达到 V_{Target}，则会出现不正确的调整趋势。在超时周期后，最大功率点跟踪控制器降低 V_{Target}，从而找到 V_{CS}，并改变调整趋势。总之，与最近的输入功率条件相比，V_{Target} 总是被设置为稍高的目标。基于迭代的最大功率点跟踪控制的有限状态机如图 8.53 所示。

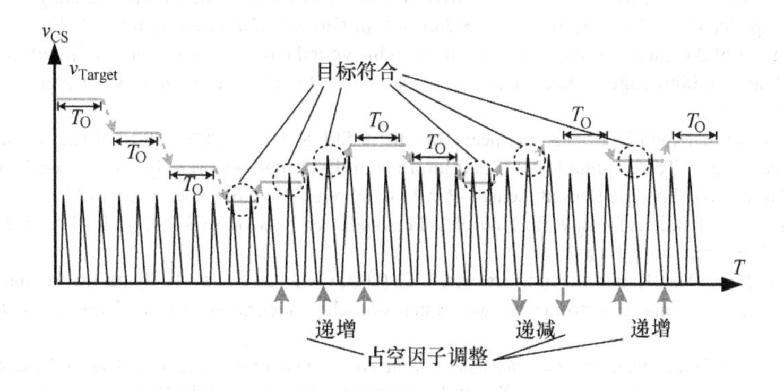

图 8.52　目标功率和采样功率状态相互跟踪

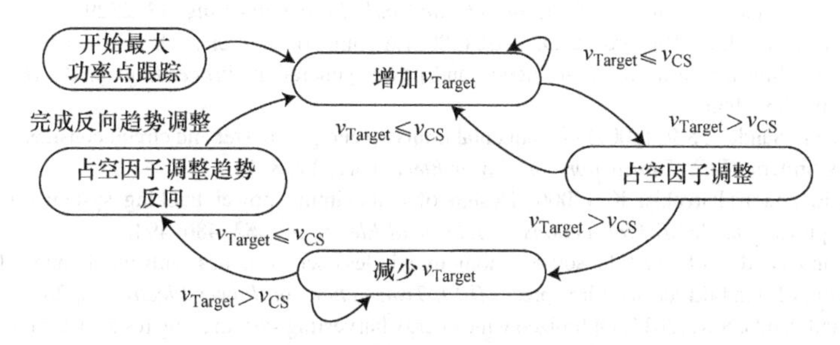

图 8.53　基于迭代的最大功率点跟踪控制的有限状态机

参考文献

[1] Priya, S. and Inman, D.J. (2009) *Energy Harvesting Technologies*. Springer-Verlag, New York.
[2] Yang, Y., Lambert, F., and Divan, D. (2007) A survey on technologies for implementing sensor networks for power delivery systems. *Proceedings of the IEEE Power Engineering Society General Meeting*, June, pp. 1–8.
[3] Roundy, S.J. (2003) Energy scavenging for wireless sensor nodes with a focus on vibration to electricity conversion. PhD thesis, University of California, Berkeley, CA.
[4] Paradiso, A. (2008) Energy Scavenging for Mobile and Wireless Electronics. Massachusetts Institute of Technology Media Laboratory Thad Starner, Georgia Institute of Technology, GVU Center.
[5] Mateu, L. and Moll, F. (2005) Review of energy harvesting techniques and applications for microelectronics. *Proceedings of SPIE*, **5837**, 359–373.
[6] Meindl, J. (1995) Low power microelectronics: Retrospect and prospect. *Proceedings of the IEEE*, **83**, 619–635.

[7] Rabaey, J., Ammer, J., Karalar, T., *et al.* (2002) Picoradios for wireless sensor networks: The next challenge in ultralow-power design. *IEEE International Solid-State Circuits Conference (ISSCC), Digest of Technical Papers*, San Francisco, CA, February 3–7, pp. 200–201.
[8] Calhoun, B., Daly, D., Verma, N., *et al.* (2005) Design considerations for ultra-low energy wireless microsensor nodes. *IEEE Transactions on Computers*, **54**(6), 727–740.
[9] Chapman, P. and Raju, M. (2008) Designing power systems to meet energy harvesting needs. *TechOnline India*, **8**(42).
[10] Paulo, J. and Gaspar, P.D. (2010) Review and future trend of energy harvesting methods for portable medical devices. *Proceedings of the World Congress on Engineering (WCE)*, San Francisco, CA, October, Vol. **2**.
[11] Huang, T.-C., Hsieh, C.-Y., Yang, Y.-Y., *et al.* (2012) A battery-free 217 nW static control power buck converter for wireless RF energy harvesting with α-calibrated dynamic on/off time and adaptive phase lead control. *IEEE Journal of Solid-State Circuits*, **47**, 852–862.
[12] Zhang, X.Y., Jiang, H.J., Zhang, L.W., *et al.* (2010) An energy-efficient ASIC for wireless body sensor networks in medical applications. *IEEE Transactions on Biomedical Circuits and Systems*, **3**(1), 11–18.
[13] Moore, G.E. (1998) Cramming more components onto integrated circuits. *Proceedings of the IEEE*, **86**, 82–85.
[14] ZigBee Alliance (2006) ZigBee Specifications, Version 1.0 r13, December. http://www.zigbee.org/(accessed November 13, 2015).
[15] Institute of Electrical and Electronics Engineers, Inc. IEEE Std. 802.15.4- 2003 (2003) IEEE Standard for Information Technology—Telecommunications and Information Exchange between Systems—Local and Metropolitan Area Networks—Specific Requirements—Part 15.4: Wireless Medium Access Control (MAC) and Physical Layer (PHY) Specifications for Low Rate Wireless Personal Area Networks (WPANs). Institute of Electrical and Electronics Engineers, Inc., New York.
[16] Banerjee, K., Souri, S.J., Kapur, P., and Saraswat, K.C. (2001) 3-D ICs: A novel chip design for improving deep-submicrometer interconnect performance and systems-on-chip integration. *Proceedings of the IEEE*, **89**(5), 602–633.
[17] Pereyma, M. (2007) *Overview of the modern state of the vibration energy harvesting devices*. Proceedings of the International Conference on Perspective Technologies and Methods in MEMS Design, May, pp. 107–112.
[18] Cheng, S., Wang, N., and Arnold, D.P. (2007) Modeling of magnetic vibrational energy harvesters using equivalent circuit representations. *Journal of Micromechanics and Microengineering*, **17**, 2329–2335.
[19] Anderson, M.J., Cho, J. H., Richards, C.D., *et al.* (2005) A comparison of piezoelectric and electrostatic electromechanical coupling for ultrasonic transduction and power generation. *Proceedings of the IEEE Ultrasonics Symposium*, pp. 950–955.
[20] Flynn, A.M. and Sanders, S.R. (2002) Fundamental limits on energy transfer and circuit considerations for piezoelectric transformers. *IEEE Transactions on Power Electronics*, **17**, 8–14.
[21] Koutroulis, E. and Kalaitzakis, K. (2006) Design of a maximum power tracking system for wind-energy-conversion applications. *IEEE Transactions on Industrial Electronics*, **53**, 486–494.
[22] Tan, Y.-K. and Panda, S.K. (2011) Self-autonomous wireless sensor nodes with wind energy harvesting for remote sensing of wind-driven wildfire spread. *IEEE Transactions on Power Electronics*, **26**(4), 1367–1377.
[23] Tan, Y.-K. and Panda, S.K. (2011) Optimized wind energy harvesting system using resistance emulator and active rectifier for wireless sensor nodes. *IEEE Transactions on Power Electronics*, **26**(1), 38–50.
[24] Roundy, S., Steingart, D., Frechette, L., *et al.* (2004) Power sources for wireless sensor networks. Presented at the *Proceedings of 1st European Workshop on Wireless Sensor Networks (EWSN)*, Berlin, Germany.
[25] Ramadass, Y.K. and Chandrakasan, A.P. (2011) A battery-less thermoelectric energy harvesting interface circuit with 35 mV startup voltage. *IEEE Journal of Solid-State Circuits*, **46**(1), 333–341.
[26] Carlson, E.J., Strunz, K., and Otis, B.P. (2009) A 20 mV input boost converter with efficient digital control for thermoelectric energy harvesting. *IEEE Journal of Solid-State Circuits*, **45**(4), 741–750.
[27] Tellurex (N.D.) Thermoelectric Generators. http://www.tellurex.com/(accessed November 14, 2015).
[28] Kishi, M., Nemoto, H., Hamao, T., *et al.* (1999) Micro thermoelectric modules and their application to wristwatches as an energy source. *Proceedings of the International Conference on Thermoelectrics*, pp. 301–307.
[29] Lineykin, S. and Ben-Yaakov, S. (2007) Modeling and analysis of thermoelectric modules. *IEEE Transactions on Industry Application*, **43**(2), 505–512.
[30] Bandyopadhyay, S. and Chandrakasan, A.P. (2012) Platform architecture for solar, thermal, and vibration energy combining with MPPT and single inductor. *IEEE Journal of Solid-State Circuits*, **47**(9), 2199–2215.
[31] Schoeman, J.J. and van Wyk, J.D. (1982) A simplified maximal power controller for terrestrial photovoltaic panel arrays. *IEEE Power Electronics Specialists Conference*, pp. 361–367.

[32] Sullivan, C.R. and Powers, M.J. (1993) A high-efficiency maximum power point tracker for photovoltaic arrays in a solar-powered race vehicle. *IEEE Power Electronics Specialists Conference*, pp. 574–580.

[33] Esram, T. and Chapman, P.L. (2007) Comparison of photovoltaic array maximum power point tracking techniques. *IEEE Transactions on Energy Conversion*, **22**(2), 439–449.

[34] Ziegler, S., Woodward, R.C., Iu, H.H.-C., and Borle, L.J. (2009) Current sensing techniques: A review. *IEEE Sensors Journal*, **9**(4), 354–376.

[35] Paing, T., Falkenstein, E., Zane, R., and Popovic, Z. (2009) Custom IC for ultra-low power RF energy harvesting. IEEE Applied Power Electronics Conference and Exposition (APEC 2009), pp. 1239–1245.

[36] Smith, A.A. (1998) *Radio Frequency Principles and Applications: The Generation, Propagation, and Reception of Signals and Noise*. IEEE Press, New York.

[37] Ungan, T. and Reindl, L. (2008) Harvesting low ambient RF-sources for autonomous measurement systems. *Proceedings of the IEEE International Instrumentation and Measurement Technology Conference (IMTC)*, pp. 62–65.

[38] Nintanavongsa, P., Muncuk, U., Lewis, D.R., and Chowdhury, K.R. (2012) Design optimization and implementation for RF energy harvesting circuits. *IEEE Journal on Emerging and Selected Topics in Circuits and Systems*, **2**(1), 24–33.

[39] Williams, C.B. and Yates, R.B. (1996) Analysis of a micro-electric generator for microsystems. *Sensors and Actuators*, **52**(1–3), 8–11.

[40] Maurath, D., Becker, P.F., Spreemann, D., and Manoli, Y. (2012) Efficient energy harvesting with electromagnetic energy transducers using active low-voltage rectification and maximum power point tracking. *IEEE Journal of Solid-State Circuits*, **47**(6), 1369–1380.

[41] Arroyo, E. and Badel, A. (2011) Electromagnetic vibration energy harvesting device optimization by synchronous energy extraction. *Sensors and Actuators A: Physical*, **171**(2), 266–273.

[42] Roundy, S., Wright, P.K., and Rabaey, J. (2002) Micro-electrostatic vibration-to-electricity converters. *Proceedings of the ASME 2002 International Mechanical Engineering Congress and Exposition*, pp. 487–496.

[43] Huang, T.-C., Lee, Y.-H., Du, M.-J., *et al.* (2012) A photovoltaic system with analog maximum power point tracking and grid-synchronous control. *Proceedings of the IEEE 15th International Power Electronics and Motion Control Conference (EPE/PEMC)*, September, pp. LS1d.3-1–LS1d.3-6.

[44] Kurs, A., Karalis, A., Moffatt, R., *et al.* (2007) Wireless power transfer via strongly coupled magnetic resonances. *Science Express*, **317**(5834), 83–86.

[45] Nakamoto, H., Yamazaki, D., Yamamotot, T., *et al.* (2006) A passive UHF RFID tag LSI with 36.5% efficiency CMOS-only rectifier and current-mode demodulator in 0.35 μm FeRAM technology. *IEEE International Solid-State Circuits Conference (ISSCC), Digest of Technical Papers*, San Francisco, CA, February 3–7, pp. 310–311.

[46] Yi, J., Ki, W.-H., Mok, P.K.T., and Tsui, C.-Y. (2009) *Dual-power-path RF-DC multi-output power management unit for RFID tags. Proceedings of the IEEE Symposium on VLSI Circuits*, June, pp. 200–201.

[47] Rao, Y. and Arnold, D.P. (2011) An input-powered vibrational energy harvesting interface circuit with zero standby power. *IEEE Transactions on Power Electronics*, **26**(12), 3524–3533.

[48] Mandal, S. and Sarpeshkar, R. (2007) Low-power CMOS rectifier design for RFID applications. *IEEE Transactions on Circuits and Systems I: Regular Papers*, **54**(6), 1177–1188.

[49] Guo, S. and Lee, H. (2009) An efficiency-enhanced CMOS rectifier with unbalanced-biased comparators for transcutaneous-powered high-current implants. *IEEE Journal of Solid-State Circuits*, **44**(6), 1796–1804.

[50] Lu, Y., Ki, W.-H., and Yi, J. (2011) A 13.56 MHz CMOS rectifier with switched-offset for reversion current control. *Proceedings of the IEEE Symposium on VLSI Circuits*, June, pp. 246–247.

[51] Dwari, S. and Parsa, L. (2010) An efficient AC–DC step-up converter for low-voltage energy harvesting. *IEEE Transactions on Power Electronics*, **25**(8), 2188–2199.

[52] Kwon, D. and Rincon-Mora, G.A. (2010) A single-inductor AC–DC piezoelectric energy-harvester/battery-charger IC converting ±(0.35 to 1.2V) to (2.7 to 4.5V). *IEEE International Solid-State Circuits Conference (ISSCC), Digest of Technical Papers*, San Francisco, CA, February 7–11, pp. 494–495.

[53] Huang, T.-C., Du, M.-J., Lin, K.-L., *et al.* (2014) A direct AC-DC and DC-DC cross-source energy harvesting circuit with analog iterating-based MPPT technique with 72.5% conversion efficiency and 94.6% tracking efficiency. *Proceedings of the IEEE Symposium on VLSI Circuits*, June, pp. 26–27.

[54] Erickson, R.W. and Maksimovic, D. (2001) *Fundamentals of Power Electronics*, 2nd edn. Kluwer Academic Publishers, Secaucus, NJ.

[55] Pylarinos, L. (2003) Charge Pumps: An Overview. http://www.eecg.utoronto.ca/~kphang/ece1371/chargepumps.pdf (accessed November 14, 2015).

[56] Favrat, P., Deval, P., and Declercq, M.J. (1998) High-efficiency CMOS voltage doubler. *IEEE Journal of Solid-State Circuits*, **33**(3), 410–416.

[57] Huang, T.-C., Du, M.-J., Yang, Y.-Y., *et al.* (2012) Non-invasion power monitoring with 120% harvesting energy improvement by maximum power extracting control for high sustainability power meter system. Proceedings of the IEEE Custom Integrated Circuits Conference (CICC), September, pp. 1–4.

[58] Paing, T., Shin, J., Zane, R., and Popovic, Z. (2008) Resistor emulation approach to low-power RF energy harvesting. *IEEE Transactions on Power Electronics*, **23**(3), 1494–1501.

[59] Enne, R., Nikolic, M., and Zimmermann, H. (2010) A maximum power-point tracker without digital signal processing in 0.35 μm CMOS for automotive applications. IEEE International Solid-State Circuits Conference (ISSCC), Digest of Technical Papers, February 7–11, pp. 494–495.